Berichtigungen

S. 23, 10. Zeile v. oben	statt	kyroskopische
S. 26, 6. Zeile v. unten	statt	$\frac{1}{240000}$
S. 60, 2. Zeile v. oben	statt	2 und 1 Moleküle, 2 und 0 Moleküle
S. 130, 5. Zeile v. oben	statt	Tritolyl-ammonium-perchlorat
S. 162, 1. Zeile v. oben	statt	nach 1932 vor 1932
S. 201, 13. Zeile v. oben	statt	A: $\log \frac{1}{e}$
S. 212, 14. Zeile v. oben	statt	5160
S. 250, 6. Zeile v. unten	statt	GROUP-BESANEZ
S. 260, 3. Zeile v. unten	statt	13 [1961]
S. 378, 2. Zeile v. oben u. 5. Zeile v. oben	statt	Thiosuccinimid
Buchmerkz. 3. Zeile v. unten	statt	3,06 : 10^{13} km

5526 — RAST, Phys.-chem. Rechnungen

BUCHMERKZEICHEN

R = 82 ccm — Atmosphären
R = 1,986 cal (∼ 2 cal)
2,3026 · 1,986 = *4,58*
1 Mol Gas bei 0 °C und 760 mm = 22,4 Liter
$\frac{1}{273} = 0{,}00367$
1 Torr = 1 mm Quecksilber (Druck)
1 Millibar = 0,75 mm Quecksilber (Druck)
1 Bar = 750 mm Quecksilber (Druck)
1000 lb = 70,3 kg/cm² (Druck) (englisch)
1 Kilowattstunde = 1,36 Pferdekraftstunden = 367000 mkg
1 Mol Elektrolysenarbeit, einwertig, einvoltig = 0,0268 Kilowattstunden
Schmelzwärme des Eises: 80 cal pro Gramm
Verdampfungswärme des Wassers: 537 cal pro Gramm, 9666 cal pro Mol
Dielektrizitätskonstante des Wassers: 80
Dichte des Quecksilbers: 13,6
Widerstand von Kupferdraht, 1 Meter, 1 qmm Querschnitt: $\frac{1}{57}$ Ohm
Widerstand von gesättigter NaCl-Lösung: 1-cm-Würfel von einer Fläche zur gegenüberliegenden: 4 Ohm
Äquivalentleitfähigkeit von KCl = Λ_∞ = 130
Ionenprodukt des Wassers bei 22 °C: 10^{-14}
NERNSTsche Formel, 1 Zehnerpotenz, einwertig: 58 Millivolt bei Zimmertemp.
NERNSTsche Formel, 1 Zehnerpotenz, zweiwertig: 29 Millivolt bei Zimmertemp.
1 Atmosphäre = 760 mm Quecksilber = 1033 g pro Quadratzentimeter
1 Dyn = 1,02 Milligramm Kraft = 1,02 Millipond
1 Wattsekunde = 0,239 cal
1 kcal = 427 mkg
1 Literatmosphäre = 10,33 mkg
1 F = 96500 Coulomb
1 Ampere-Sekunde entspricht 1,118 Milligramm Silber (Abscheidung) (Definition des Ampere)
Lineare Zerfallsgeschwindigkeit des Radiums: 1 ‰ in 2,28 Jahren
Mittlere Lebensdauer des Radiums = 2280 Jahre
Halbwertszeit des Radiums 1580 Jahre
Halbwertszeit = 0,693 mal mittlere Lebensdauer

log nat 2 = 0,693
log nat 10 = 2,3026
e = 2,71828
log e = 0,4343
$\frac{1}{0{,}4343} = 2{,}3026$
$\frac{1}{e} = 0{,}368$
log 2 = 0,3010
log 0,5 = 0,6990 − 1 = − 0,3010

$\sqrt{2} = 1{,}414$ $\sqrt{10} = 3{,}162$

$\sqrt{3} = 1{,}732$ $\frac{1}{\sqrt{10}} = 0{,}3162$

$\pi = 3{,}1416$ $\log \pi = 0{,}49715$

$\frac{4\pi}{3} = 4{,}1888$ $\log \frac{4\pi}{3} = 0{,}62209$

Volumen der Kugel = 52,36 % des umbeschriebenen Würfels
Oberfläche der Kugel = 52,36% der Oberfläche des umbeschriebenen Würfels
Kreisfläche = 78,54% des umbeschriebenen Quadrats
Kreisumfang = 78.54% des Umfangs des umbeschriebenen Quadrats
Zylindervolumen = 78,54% des umbeschriebenen Quaders (die genaueren Werte sind 52,3598 % und 78,5398%)
LOSCHMIDTsche Zahl $6{,}02 \cdot 10^{23}$ (Moleküle im Mol) (N) oder $26{,}9 \cdot 10^{18}$ Moleküle im ccm Gas (L)
Masse des Wasserstoffatoms: $1{,}673 \cdot 10^{-24}$ g
Masse des Elektrons:
$9{,}1 \cdot 10^{-28}$ g (= 1840 mal kleiner)
$h = 6{,}62 \cdot 10^{-27}$ erg. sec.
1 Elektron = $4{,}802 \cdot 10^{-10}$ e. s. e. = $1{,}60 \cdot 10^{-19}$ Coulomb
$\log 4{,}802 \cdot 10^{-10} = 0{,}6814 - 10$
$\log (4{,}802 \cdot 10^{-10})^2 = 1{,}3628 - 20$
$(4{,}802 \cdot 10^{-10})^2 = 23 \cdot 10^{-20}$
Natriumlinie = 589,3 mμ
Quant derselben = $33{,}26 \cdot 10^{-13}$ erg ($h\nu$)
Molquant derselben = 50 kcal ($Nh\nu$)
Schwingungszahl derselben = $5{,}09 \cdot 10^{14}$ pro Sekunde
1 Elektronenvolt = 23053 cal/N

1 Elektron = 511000 e-Volt
1 Quecksilberatom = $\frac{1}{3}$ erg
1 μg = 9,2 Tonnenkilometer
= $\frac{1}{1000}$ mg

$E = mc^2$ (EINSTEINsche Gleichung)

1 Tag	= 86400 Sekunden
1 Jahr	= $31{,}55 \cdot 10^6$ Sekunden
Erdradius	= 6378,4 km am Äquator
	= 6356,9 km am Pol

Differenz = 21,5 km = $\frac{1}{298}$ des Radius am Äquator
Erdquadrant = $^1/_4$ Meridian = 10000 km
Volumen des Erdballs $1{,}07 \cdot 10^{12}$ Kubikkilometer
Gewicht des Erdballs $6 \cdot 10^{21}$ Tonnen
Oberfläche des Erdballs $510 \cdot 10^6$ Quadratkilometer

1 Å	= 10^{-8} cm
1 X	= 10^{-11} cm
1 fermi	= 10^{-13} cm
1 barn	= 10^{-24} cm^2
1 parsec	= 3,26 Lichtjahre = $3{,}06 \cdot 10^{13}$ km
1 megaparsec	= $3{,}26 \cdot 10^6$ Lichtjahre
	= $3{,}08 \cdot 10^{19}$ km

5526 Rast, Phys.-chem. Rechnungen
Akademie-Verlag · Berlin

Karl Rast

PHYSIKALISCH-CHEMISCHE RECHNUNGEN

KARL RAST
LÜBECK

PHYSIKALISCH-CHEMISCHE RECHNUNGEN

*Mit 113 Abbildungen und 29 Tabellen im Text
sowie 1 Einstecktafel*

AKADEMIE-VERLAG · BERLIN
1964

Erschienen im Akademie-Verlag GmbH, Berlin W 8, Leipziger Straße 3—4

Lizenznummer: 202 · 100/457/64
Gesamtherstellung: VEB Druckhaus „Maxim Gorki", Altenburg
Bestellnummer: 5526 · ES 18 C 1/2

VORWORT

Bei der Zusammenstellung eines Kompendiums, das die Studierenden befähigen soll, ohne größere Schwierigkeiten Rechenaufgaben physikalisch-chemischer Art zu lösen, entstand natürlicherweise die Frage nach einer geeigneten Darlegung und Behandlung dieses Stoffes. Eine detailliertere Darstellung dieses Problems erfolgt in den Lehrbüchern meist nicht aus Platzmangel, in den Vorlesungen bleibt es häufig wegen Zeitnot unberücksichtigt. Ich habe daher in meiner Sammlung versucht, durch zweckmäßigen Aufbau des Stoffes den Studierenden der Chemie und Physik und auch den Praktikern das Verständnis wesentlich zu erleichtern, und hoffe, daß sich mein eingeschlagener Weg als günstig erweisen wird.

In den Abschnitten A—J der vorliegenden Darstellung werden mit voller Absicht zunächst zweckentsprechende leichte mathematische Beispiele behandelt, die allmählich zu schwierigeren Übungen übergehen und schließlich den Studenten in die Lage versetzen sollen, die Aufgabensammlung des Abschnittes K erfolgreich zu bearbeiten.

Sechs der Aufgaben im einführenden Teil sind der Sammlung Knox entnommen (J. Knox, Physico-Chemical Calculations, Methuen & Co., London, 1962); sie sind mit einem Sternchen gekennzeichnet. Jedoch wurde auch der Text für die Lösung dieser Aufgaben von mir erarbeitet.

Die Rechenbeispiele für den Abschnitt K entnahm ich der vor Jahrzehnten erschienenen und nicht mehr aufgelegten Sammlung von Abegg und Sackur mit freundlicher Genehmigung des Verlages de Gruyter & Co., Berlin, dem ich hierfür bestens danken möchte. Der Textteil dieses Abschnittes blieb fast unverändert, die Lösungen dagegen wurden neu berechnet und der Lösungsweg sehr viel ausführlicher beschrieben.

Wenn es mir aus Gründen der Leichtverständlichkeit nützlich schien, apparative Dinge mit zu berühren, dann habe ich diese Dinge umrißweise dargestellt; insbesondere ist das geschehen bei den Kapiteln Molekulargewichtsbestimmung, Calorimetrie und p_H-Messung. Das Buch hat so — wie ich hoffe — ein wenig auch den Charakter eines Vorbereitungsbuches für das physikalisch-chemische Praktikum erhalten. Im übrigen verweise ich bezüglich der Meßmethoden auf die Lehrbücher der physikalischen Chemie (Eggert, Eucken, Brdička u. a.) und auf die kurze, sehr konzentrierte Darstellung, die der Bodensteinsche Nachruf auf Walter Nernst enthält (Ber. dtsch. chem. Ges., Teil A, **75**, S. 79, Juni 1942).

Besonderer Wert wurde darauf gelegt, ältere und neuere Bezeichnungsweisen nebeneinanderzusetzen, um allen das Studium der älteren respektive neueren

Literatur zu erleichtern. Das bezieht sich auf die Nomenklatur (z. B. die Bezeichnungen Mercurojodid und Quecksilber-(I)-jodid für Hg_2J_2), auf Ionenschreibweisen (z. B. $NH_4^{\cdot}$, SO_4'', $NH_4^{\oplus}$, $SO_4^{\ominus\ominus}$ usw.), auf die ältere und neuere Vorzeichengebung in der Thermochemie, auf die ältere und neuere Verwendung der Wörter „adiabatisch" und „isotherm" in der Calorimetrie usw.

Vom Benutzer werden nur chemische Kenntnisse vorausgesetzt; er kann sich in dem Werk ohne Zuhilfenahme anderer Lehrbücher orientieren. Dagegen wurde großer Wert darauf gelegt, überall Verbindung zu den Konstantensammlungen (Chemiker-Taschenbuch, Chemiker-Kalender, Staude, Landolt-Börnstein, Perelman usw.) herzustellen und in jedem Falle genau zu zitieren, wo diese Konstanten zu finden sind, z. B. kryoskopische und ebullioskopische Konstanten, Verdampfungswärmen, Löslichkeitsprodukte usw. Erfahrungsgemäß kommt der Studierende hiermit erstmals im Praktikum in Berührung. Einige kleinere Tabellen sind des leichteren Verständnisses halber gleich beigefügt.

Für jeden Hinweis, der noch verborgene Fehler aufdeckt, bin ich jederzeit dankbar.

Ferner danke ich den Herren Prof. Dr. Ing. F. Asinger, Aachen, und Prof. Dr. H. Sackmann, Halle, für die aufmerksame Durchsicht des Manuskriptes sowie für eine Reihe von wichtigen Ratschlägen.

Lübeck, Januar 1964

Dr. Karl Rast

INHALTSÜBERSICHT

A

GASGESETZE UND OSMOTISCHER DRUCK

1. Gasgesetze

Ein Mol irgend eines Gases nimmt bei 0 °C und 1 atm *22,4 Liter* ein. Dieser Wert steigt proportional der absoluten Temperatur. Bei 100 °C ist er also nicht 22,4, sondern $22{,}4 \cdot \frac{373}{273}$ Liter. Desgleichen steigt er mit abnehmendem Druck. Bei 400 mm Druck ist er z. B. nicht 22,4, sondern

$$22{,}4 \cdot \frac{760}{400} \text{ Liter.}$$

Ändern sich Druck *und* Temperatur, so überlagern sich beide Einflüsse. Bei 100 °C und 400 mm Druck ist er z. B.

$$22{,}4 \cdot \frac{373}{273} \cdot \frac{760}{400} \text{ Liter.}$$

Der osmotische Druck, den eine Substanz in Lösung ausübt, ist gleich dem Druck, den sie gasförmig bei gleicher Temperatur auf das gleiche Volumen verteilt ausüben würde. Der osmotische Druck, den 1 Mol Zucker in 22,4 Liter Wasser gelöst bei 0 °C ausübt, ist 1 Atmosphäre.

Beispiel 1 Welches Volumen nimmt 1 Mol Stickstoff bei 0 °C und 1 atm ein?
A: 22,4 Liter.

Beispiel 2 Welches Volumen bei 273 °C und 1 atm?
A: 44,8 Liter.

Beispiel 3 Welches Volumen bei 0 °C und $^1/_2$ atm?
A: 44,8 Liter.

Beispiel 4 Welches Volumen bei 273 °C und $^1/_2$ atm?
A: $4 \cdot 22{,}4 = 89{,}6$ Liter,

Beispiel 5 Welches Volumen bei 350 °*abs.* und 530 mm Druck?
A: $22{,}4 \cdot \frac{350}{273} \cdot \frac{760}{530}$ Liter.

Beispiel 6 Was ist 1 Atmosphäre?
A: Der Druck von 1033 g pro qcm oder der Druck einer Quecksilbersäule von 760 mm.

Beispiel 7 Welches Volumen nimmt 1 Millimol Chlorgas unter Normalumständen ein und wieviel wiegt es?

A: 22,4 ccm; 71 Milligramm.

Beispiel 8 Was wiegt 1 Liter Wasserstoff unter Normalumständen?

A: 22,4 Liter Wasserstoff wiegen 2 g, 1 Liter Wasserstoff wiegt $^{1}/_{11,2}$ = **0,09 Gramm**.

Beispiel 9 Was wiegt 1 Liter Luft?

A: 14,5mal soviel, d. i. **1,3 Gramm** (14,5 = $^{29}/_{2}$).

Beispiel 10 Welchen Auftrieb hat 1 cbm Wasserstoff?

A: 1,30—0,09 = **1,21 Kilogramm**.

Beispiel 11 Welche Tragkraft hat 1 cbm Wasserstoff in einer Höhe, in der nur noch ein Druck von $^{1}/_{2}$ atm herrscht?

A: 0,605 Kilogramm.

Beispiel 12 In einen Autoklaven von 44,8 Liter Inhalt, der zur Hälfte seines Volumens von einer festen Substanz belegt ist, werden 10 Mole Ammoniak eingepreßt, worauf der Autoklav auf 273 °C erhitzt wird. Welcher Höchstdruck ist zu erwarten, wenn das Gas nicht vor der Erreichung dieser Temperatur wegreagiert? Welcher, wenn das Ammoniak an der Gußhaut des Autoklaven vollständig in die Elemente gespalten wird?

A: a) **20 atm,** b) **40 atm.**

Beispiel 13 Wenn man Wasser auf 100 °C erhitzt, geht es in Dampf über. Auf das wievielfache Volumen dehnt es sich dabei aus?

A: 1 Mol flüssiges Wasser sind 18 ccm. Im Dampfzustand bei 100 °C sind es $22{,}4 \cdot \frac{373}{273} = 30{,}6$ Liter.

30,6 Liter sind das **1700fache** von 18 ccm.

Beispiel 14 Eine Gasbombe von 100 Liter Inhalt ist bei 0 °C unter 224 atm gefüllt. Wie groß ist der Unterschied zwischen Voll- und Leergewicht bei Füllung a) mit Xenon, b) mit Sauerstoff, c) mit Wasserstoff?

A: a) 1 Liter unter 22,4 atm = 1 Mol

1 Liter unter 224 atm = 10 Mole

100 Liter unter 224 atm = 1000 Mole

1 Mol Xenon = 131 g

1000 Mole Xenon = **131 kg**

b) 1 Mol O_2 = 32 g

1000 Mole = **32 kg**

c) 1 Mol H_2 = 2 g

1000 Mole = **2 kg**

Beispiel 15 Eine 1 m Rohrzuckerlösung wird in eine große Pfeffersche Zelle mit dünnem Steigrohr gefüllt und diese in reines Wasser versenkt. Wie hoch steigt die Lösung im Rohr a) vor und b) nach Inversion des Zuckers?

(Die Volumenzunahme werde dadurch kompensiert, daß Zucker in dem Maße nachgegeben wird, daß die Konzentration konstant bleibt.)

A: a) **224 Meter** b) **448 Meter.**

(In Wirklichkeit bricht lange vorher[1]) die Membran durch; obiges sind aber die theoretischen Werte.)

Beispiel 16 Wie groß ist das Volumen, das 1 Mol ideales Gas[2]) bei 1 °*abs.* und Atmosphärendruck einnimmt?

A: $\frac{1}{273}$ des Volumens bei 0 °C, also $\frac{22{,}4}{273}$ Liter = 0,082 Liter = **82 ccm.**

Beispiel 17 Wie groß ist das Volumen, das 1 Mol ideales Gas bei T° *abs.* und Atmosphärendruck einnimmt?

A: 82 *T* ccm oder 0,082 T Liter

$$= R\,T \text{ Liter.}$$

Bezeichnet man den Faktor 0,082 mit dem Buchstaben R, so wird

$$\boldsymbol{pV = RT.}$$

Beispiel 18 Wie groß ist die Arbeit, die 1 Mol ideales Gas leistet, wenn es sich bei Atmosphärendruck von 0 °*abs.* bis 1 °*abs.* erwärmt?

A: Bei 0 °*abs.* nimmt es das Volumen Null ein, bei 1 °*abs.* das Volumen 82 ccm. Auf diese 82 ccm dehnt es sich stetig aus, von Null ausgehend. In einem Zylinder von 1 qcm Querschnitt schiebt es z. B. einen mit 1033 g belasteten Stempel 82 cm weit vor sich her, es leistet also

82 Kubikzentimeteratmosphären

oder **0,082 Literatmosphären.**

Die Dimension von R ist die einer Arbeit[3]); je nach der Arbeitseinheit hat R dann verschiedene Werte, in Literatmosphären also

0,082.

---

[1]) spätestens bei 22 Atmosphären.

[2]) Ein ideales Gas ist ein gedachtes (nicht wirklich existierendes) Gas, das die Gasgesetze *genau* erfüllt (und sich auch nicht verflüssigt). Helium kommt einem idealen Gas nahe.

[3]) genauer: Arbeit pro Grad; s. unter 4. Historisches.

Äußerst wichtig ist noch der Wert in cal. Er beträgt

1,985 cal

= rund 2 cal.[1]) Er spielt in späteren Betrachtungen eine große Rolle.

Beispiel 19 Man erklärt, der absolute Nullpunkt der Temperatur liege bei −273 °C, es gebe keine tiefere Temperatur als −273 °C. Welche physikalischen Erscheinungen haben zu dieser Annahme geführt?

A: a) Wenn man ein ideales Gas bei gleichbleibendem Druck stufenweise um je 1 °C abkühlt von 0 °C auf 0 °*abs.*, so sinkt sein Volumen stufenweise und ganz regelmäßig auf das Volumen Null; beim absoluten Nullpunkt nimmt es also kein Volumen mehr ein.

b) Wenn man ein ideales Gas bei gleichbleibendem Volumen stufenweise um je 1 °C abkühlt von 0 °C auf 0 °*abs.*, so sinkt sein Druck stufenweise und ganz regelmäßig auf den Druck Null; beim absoluten Nullpunkt übt es also keinen Druck mehr aus. Die Moleküle des Gases befinden sich dann in Ruhe, das Bombardement der Wände durch die Moleküle ist zum Stillstand gekommen. *Da die Bewegung nicht weiter als bis Null abnehmen kann*, gibt es also auch keine tiefere Temperatur.

Beispiel 20 Ein 1 m langes, oben geschlossenes Glasrohr von 2,5 cm lichter Weite wird bei der Temperatur 30 °C und dem Barometerstand 750 mm in senkrechter Lage bis zur Hälfte seiner Länge in Quecksilber eingetaucht (Abb. 1) (spez. Gewicht des Quecksilbers $s = 13{,}6$). Wie hoch dringt das Quecksilber ins Rohr ein?

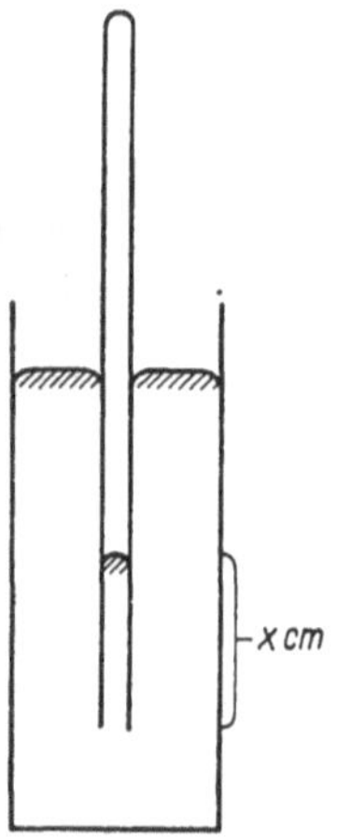

Abb. 1

A: Ob die lichte Weite 2,5 cm ist oder eine andere, ist offenbar gleichgültig. Ob die Temperatur 30 °C ist oder eine andere, ist ebenfalls gleichgültig. Wir nehmen deshalb an, der Querschnitt des Rohres sei 1 qcm. Beim Eindrücken des Rohres in Quecksilber wird sein Luftinhalt abgesperrt und komprimiert. Das Anfangsvolumen der abgesperrten Luft ist 100 ccm, das Schlußvolumen $(100 - x)$ ccm, wenn das Quecksilber x cm hoch in das Rohr eindringt.
Der Überdruck im Rohr beträgt $(50 - x)$ cm Quecksilber, der Gesamtdruck also $75 + 50 - x = (125 - x)$ cm Quecksilber. Der Anfangsdruck ist 75 cm Quecksilber.

---

[1]) Die Umrechnung erfolgt nach der S. 2 aufgeführten Gleichung 0,102 mgk = 0,239 cal (82 ccm Atm. = 0,847 mkg).

Die Volumina vor und nach der Kompression verhalten sich umgekehrt wie die Drücke vor und nach der Kompression, also

$$100 : (100 - x) = (125 - x) : 75,$$

woraus sich $x = \mathbf{25\ cm}$ ergibt.
Das Quecksilber dringt also 25 cm tief ins Rohr ein. Die Angaben

$$d = 2{,}5\ \text{cm}, \quad t = 30\,°\text{C} \quad \text{und} \quad s = 13{,}6$$

des Aufgabentextes sind überflüssig. (Es kommt nur das *Boyle-sche Gesetz* in Frage, und der Außendruck ist schon in cm Hg gegeben.)

Beispiel 21 Die wahre Dichte des amorphen Kohlenstoffs (ohne die Poren), der in Form von Buchenholzkohle vorliegt, sei mit Hilfe des Volumenometers auf Grund des Boyle-Mariotteschen Gesetzes zu ermitteln. Wie ist der Gedankengang?

A: Das Volumenometer sei gebildet durch zwei Räume A und B von je 100 ccm Fassungsvermögen, die durch den Hahn H verbunden oder getrennt werden können (Abb. 2). Der Raum

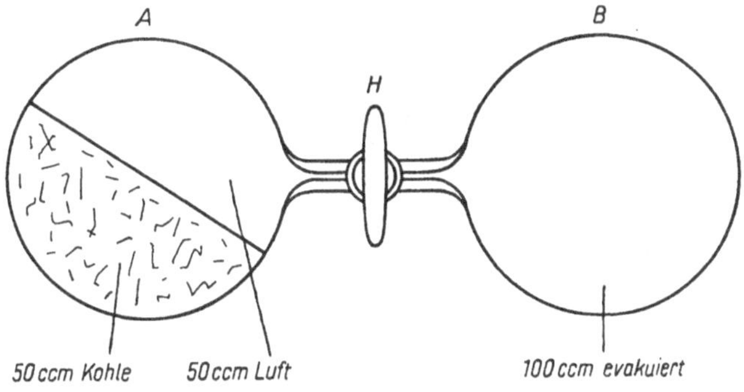

Abb. 2. Volumenometer (Prinzip)

A ist zur Aufnahme der Holzkohle bestimmt. Der Raum B ist evakuierbar und mit einem Manometer verbunden.
Der Raum A sei zunächst nur mit der Luft von Atmosphärendruck gefüllt, der Raum B evakuiert. Nach Öffnen des Hahnes H gleicht sich der Druck aus. Der Enddruck beträgt $^1/_2$ Atmosphäre.
Bei einer Wiederholung des Versuches sei nun der Raum A teilweise mit Holzkohle gefüllt. Diese nimmt nach Maßgabe ihres wirklichen Volumens einen Teil des Raumes A in Anspruch, beispielsweise 50 ccm, so daß nun nur noch 50 ccm für die Luft übrig bleiben. Nach Öffnen des Hahnes H dehnen sich diese 50 ccm auf 150 ccm aus, und der Druck sinkt auf $\frac{1}{3}$ Atmosphäre.

Aus diesen Angaben ist das Volumen der Kohle, d. h. der von der Kohle (ohne die Poren) wirklich eingenommene Raum, berechenbar.
Die beiden Räume *A* und *B* brauchen natürlich nicht gleich zu sein. Der Raum *B* samt Hahn und Manometer wird in der Praxis

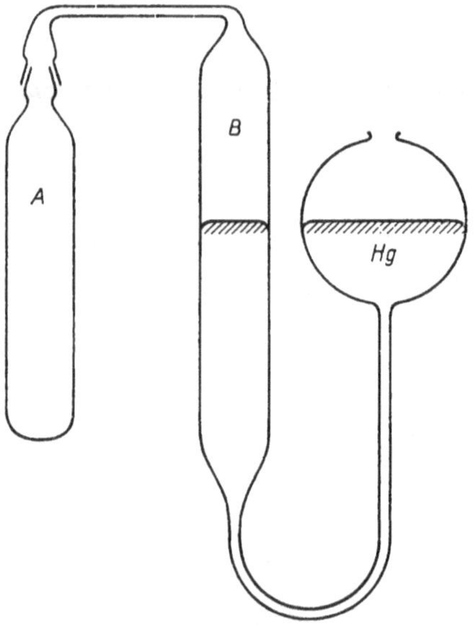

Abb. 3. Volumenometer (tatsächliche Ausführung)

ersetzt durch eine Gasbürette mit senkbarem Quecksilberniveau (Abb. 3).

Beispiel 22 Was heißt der Satz: „Die Gaskonstante beträgt 0,082 Literatmosphären"?

A: Er heißt: 1 Mol ideales Gas nimmt bei 1 °*abs.* und 1 atm den Raum von 82 ccm = 0,082 Liter ein.
Man kann jedoch für Gasrechnungen ebensogut die Tatsache als Grundlage benützen, daß 1 Mol Gas unter Normalumständen (0 °C, 1 atm) 22,4 Liter einnimmt.
Erdmann endlich zieht es vor, bei Gasrechnungen von der Tatsache auszugehen, daß 1 Liter Wasserstoff unter Normalumständen *0,09 Gramm* wiegt, für welche Größe es die alte Einheitsbezeichnung 1 Krith gibt. Am meisten gebräuchlich ist jedoch die Gaskonstante. (Über die Dimension derselben siehe Fußnote zu Beispiel 18 und S. 14.)

Beispiel 23 Wie groß ist der osmotische Druck einer 0,1 m Harnstofflösung[1]) in Wasser bei 30 °C?

---

[1]) Statt Harnstoff könnte man auch eine andere wasserlösliche Substanz ohne Salzcharakter wählen, z. B. Zucker, Antipyrin, Resorcin, Glycerin etc., nicht dagegen Kochsalz, da dieses dissoziiert und damit eine Komplikation hereinbringt.

A: $2{,}24 \cdot \frac{303}{273} = \mathbf{2{,}49\ atm.}$

(Bei 0 °C ist er $\frac{1}{10}$ von 22,4; bei 303°*abs.* $\frac{303}{273}$-mal größer)

Beispiel 24 Wie schwer ist die Erdatmosphäre?

A: In Meereshöhe lasten auf jedem qcm Erdoberfläche 1033 g Luft. Der Erdradius ist 6370 km, die Erdoberfläche daher $500 \cdot 10^{16}$ qcm. Auf der gesamten Erdoberfläche lasten demnach $1{,}033 \cdot 500 \cdot 10^{16}$ kg Luft $= 516{,}5 \cdot 10^{16}$ kg. Doch ist das ein wenig zuviel gerechnet, da wir das Volumen der Kontinente mitgerechnet haben. Berücksichtigen wir diesen Umstand, so kommen wir zu folgender Rechnung:

Von der Erdoberfläche sind $\frac{2}{3}$ Wasser, also $333 \cdot 10^{16}$ qcm, und für diese gilt obige Rechnung ohne weiteres; also $333 \cdot 10^{16} \cdot 1{,}033$ kg $= 344 \cdot 10^{16}$ kg über Wasser.

Ferner $\frac{1}{3}$ Land, d. i. $166 \cdot 10^{16}$ qcm. Rechnen wir eine durchschnittliche Höhe von 700 m für die Kontinente, so müssen wir von den 1033 g Luft 700 m Luftsäule abziehen, d. i. ca. 70 Liter Luft oder 91 g. Diese von 1033 g abgezogen, gibt 942 g pro qcm Kontinentoberfläche; $166 \cdot 10^{16} \cdot 942 = 156 \cdot 10^{16}$ kg für die Landoberfläche. Zusammen ist das $(344 + 156) \cdot 10^{16}$ kg oder $500 \cdot 10^{16}$ kg $= \mathbf{5 \cdot 10^{15}}$ **Tonnen Luft.**

Beispiel 25 Eine Dampfkesselfeuerung gibt Rauchgas ab von 150 °C und der Zusammensetzung 80% Stickstoff, 10% Sauerstoff, 10% Kohlendioxid. Wie groß ist das mittlere Molekulargewicht des Rauchgases?

A:
$$\begin{aligned} 0{,}8 \cdot 28 &= 22{,}4 \\ +\ 0{,}1 \cdot 32 &= 3{,}2 \\ +\ 0{,}1 \cdot 44 &= \underline{4{,}4} \\ &\ \ \mathbf{30{,}0} \end{aligned}$$

Beispiel 26 Was wiegt 1 cbm dieses Rauchgases bei 150 °C und 1 atm?

A: Luft von $M = 29$ und 273 °*abs.* wiegt 1,294 kg,

Gas von $M = 30$ und 423 °*abs.* wiegt $1{,}294 \cdot \frac{30}{29} \frac{273}{423} = \mathbf{0{,}865\ kg.}$

Beispiel 27 Wie groß ist der Auftrieb von 1 cbm dieses Rauchgases in Luft von 0 °C und 1 atm?

A: $1294 - 865 = \mathbf{429\ g}$ (Differenz der absoluten Gewichte von 1 cbm)

Beispiel 28 Welchen Zug (in cm Wassersäule) hat ein Schornstein von 35 m Höhe, der mit diesem Rauchgas von 150 °C gefüllt ist, bei einer Außentemperatur von 0 °C und 1 atm?

A: Den Querschnitt des Schornsteins können wir offenbar beliebig annehmen. Nehmen wir einmal 1 qm an, so befindet sich im Schornstein eine Gassäule von 35 m Höhe und 1 qm Querschnitt, welche gegen außen einen Auftrieb von $35 \cdot 0{,}429$ kg $= 15$ kg hat. 15 kg entsprechen einer 1-qm-Wassersäule von 1,5 cm Höhe. Also: **1,5 cm Wassersäule.**

Beispiel 29 Wie hoch muß der Schornstein werden, wenn 2 cm Wassersäule Zug erreicht werden sollen, und welchen Querschnitt muß er bekommen, wenn die Feuerung pro Sekunde 4 cbm Rauchgas liefert und die Strömungsgeschwindigkeit im Schornstein 2 m pro Sekunde betragen soll?

A: $35 \cdot \frac{2}{1{,}5} =$ **46,7 m hoch, 2 qm Querschnitt.**

Beispiel 30 Ein Warmluftballon wird mit diesem Rauchgas gefüllt. Wie groß muß er werden, um bloß seine eigene Hülle tragen zu können, wenn der Stoff der Hülle 300 g pro qm wiegt? (Außentemperatur 0 °C.)

A: Der Radius ist r Meter, das Volumen ist dann $\frac{4}{3} r^3 \pi$ cbm, die Oberfläche $4\, r^2 \pi$ qm. Der cbm Gas trägt 429 g, der qm Stoff wiegt 300 g.

$$\frac{4}{3}\, r^2 \pi \cdot 429 = 4\, r^2 \pi \cdot 300$$

$$\frac{r}{3} \cdot 429 = 300$$

$$r = 900 : 429 = 2{,}1 \text{ m}$$

Durchmesser also **4,2 Meter**.

Beispiel 31 Ein Hochdruckbehälter faßt 10 cbm und ist mit Wasserstoff von 100 atm und 0 °C gefüllt. Welchem Gewicht entspricht dieser Wasserstoff?

A: 1 Liter von1 atm = 90 Milligramm Wasserstoff (vgl. Beispiel 22)

1 cbm von 1 atm = 90 Gramm

10 cbm von 100 atm = **90 Kilogramm**

Beispiel 32 Ein zylindrischer Hochdruckbehälter hat einen Innendurchmesser von 1 m, eine Wandstärke von 1 cm und besteht aus Stahl von einer Zugfestigkeit von 100 kg pro qmm. Bei wieviel Atmosphären Innendruck platzt er?

A: Wir betrachten ein Zylinderstück von 1 cm Länge. Auf beiden Seiten haben wir je 1 qcm Stahl; diese reißen erst bei einem Zug von 20000 kg insgesamt. Diese 20000 kg wirken sich aus auf einer (Projektions-)Fläche von 1 m Länge und 1 cm Breite, also 100 qcm Fläche. Diese 20000 kg Zug werden aber auf dieser Fläche erreicht bei 200 atm. Beim Druck **200 atm** platzt er (vgl. Abb. 4).

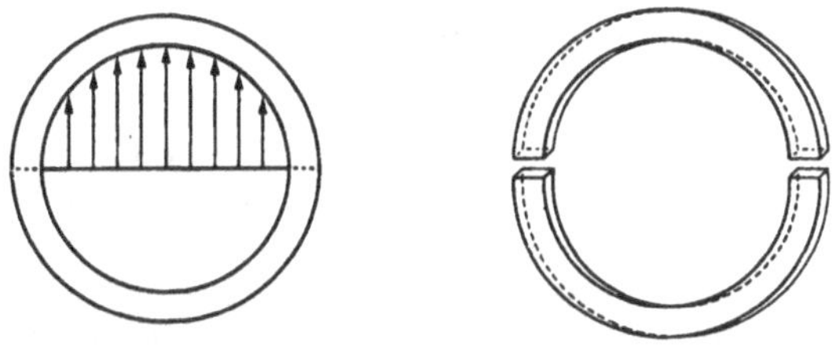

Abb. 4. Druckfestigkeit eines Rohres

Die beiden Bruchflächen rechts und links sind je 1 qcm. Es werden an diesen zwei Stellen zwei Stabstücke von je 1 qcm Querschnitt durch Reckung auseinandergerissen. Die Kraft, die hierzu nötig ist, ist durch die Zerreißfestigkeit gegeben.

Beispiel 33 Ein Stück Eisenrohr hat einen Innendurchmesser von 2 cm, eine Wandstärke von 5 mm und besteht aus Eisen von einer Zugfestigkeit von 50 kg pro qmm. Wieviel Atmosphären Innendruck hält es eben noch aus?

A: Zylinderstück von 1 cm Länge. Auf beiden Seiten je 0,5 qcm Eisen von $50 \cdot 50 = 2500$ kg Zugfestigkeit, zusammen 5000 kg. Gasangriffsfläche senkrecht zur Zugrichtung 2 qcm; das erfordert **2500 atm**.

Beispiel 34 Eine gläserne Schmelzpunktskapillare hat einen Innendurchmesser von 1 mm und eine Wandstärke von $^1/_4$ mm. Welchen Innendruck hält sie aus, wenn das Glas eine Zugfestigkeit von 2 kg pro qmm besitzt?

A: Zylinderstück von 1 mm Länge. Auf beiden Seiten je $^1/_4$ qmm Glas von 0,5 kg Zugfestigkeit, zusammen 1 kg Zug.
Angriffsfläche 1 qmm; das erfordert **100 atm**.
Bei gleicher Wandstärke hält also ein enges Rohr einen viel größeren Druck aus als ein weiter Zylinder. Die ausgehaltenen Drücke verhalten sich umgekehrt wie die lichten Weiten. An eine Bombe von 5 mm Wandstärke aus bestem Stahl, welche mit Wasserstoff von 200 atm gefüllt ist, kann man eine dünne Kupferschlange von Federkieldicke anschließen, die eine Wandstärke von < 1 mm hat. Sie ist viel weiter vom Platzen entfernt als die Bombe.

Beispiel 35 Furan entsteht in glatter Reaktion mit quantitativer Ausbeute durch Erhitzen von Brenzschleimsäure auf 260—275 °C (Decarboxylierung):

$$C_4H_3O \cdot COOH = C_4H_4O + CO_2$$

Man erhitzt zu diesem Zweck 11,2 g Brenzschleimsäure (M = 112) in einem 100 ccm fassenden Bombenrohr 2 Stunden auf 273 °C. Welchen Druck hat das Rohr auszuhalten?

A: $\frac{1}{10}$ Mol CO_2 bei 0 °C in 100 ccm wäre 22,4 atm, bei 273 °C doppelt so viel, also 44,8 atm.

Für den Furandampf kommt noch einmal dasselbe hinzu (Furan siedet niedriger als Äther und hat bei 273 °C seine kritische Temperatur weit überschritten); das macht zusammen 89,6 atm. Dazu kommt noch 1 atm für die Druckvermehrung der miteingeschlossenen Luft, alles zusammen also $\sim$ **90 atm**. (Das hält das Bombenrohr in der Regel *nicht* aus; vgl. die Darstellungsvorschrift in VANINO, Handbuch der präparativen Chemie, Enke, Stuttgart 1914, Bd. II, S. 689.)

Beispiel 36 6,4 g festes Ammoniumnitrit werden in 250 ccm Wasser gelöst und in ein „Volhardrohr" (armdickes Bombenrohr von besonderer Festigkeit) gebracht. Das Volhardrohr faßt 450 ccm und soll 50 Atmosphären aushalten. Es wird dann zugeschmolzen und im Bombenofen auf 200 °C erhitzt. Dabei zerfällt das Ammoniumnitrit nach der Gleichung

$$NO_2 \cdot NH_4 = N_2 + 2H_2O.$$

Hält das Rohr den zu erwartenden Druck aus?

A: Der verfügbare Raum ist 200 ccm, die Menge Ammoniumnitrit $\frac{1}{10}$ Mol. $\frac{1}{10}$ Mol N_2 in 200 ccm würde bei 0 °C den Druck von 11,2 atm erzeugen, bei 200 °C aber $\frac{473}{273} = 1{,}73$mal so viel, also 19,7 atm. Dazu kommt noch die Dampftension des Wassers bei 200 °C mit 15,3 atm. Zusammen **35,0 atm**. Die entstehenden 2 Mole H_2O rechnen nicht mit, da Wasser als Bodenkörper vorhanden ist. Das Rohr müßte diesen Druck aushalten.

Beispiel 37 Ein Heliumballon hat die Gesamttragkraft 100 kg (Hülle und Nutzlast) bei 0 °C und 1 atm. Das Helium wird durch Wasserstoff verdrängt. Um wieviel steigt die Tragkraft?

A: Um 8 kg.

22,4 Liter Luft wiegen 29 g, ebensoviel Helium 4 g, ebensoviel Wasserstoff 2 g. Die Tragkraft Luft — Helium ist 29 — 4 = 25 g, die von Luft — Wasserstoff 27 g. 25 : 27 = 100 : 108. Die Differenz gegen 100 kg ist **8 kg**.

2. Normalität, Molarität, Molalität

Die Konzentrationseinheiten bei Gasen sind die *Drücke*, über deren gebräuchliche Einheiten atm und Torr unter 3. Näheres gesagt wird.

Bei Lösungen rechnet man in der Regel nicht mit dem osmotischen Druck in Atmosphären, sondern benützt als Konzentrationseinheit die *Normalität* bzw. *Molarität*. Die Molarität (Mol pro Liter) wird aber auch bei Gasen häufig gebraucht, wie im Kapitel Gasgleichgewichte gezeigt werden wird.

Unter Normalität versteht man — wie aus der Maßanalyse bekannt — *1 Äquivalent* Gelöstes in 1 Liter Lösung, also z. B. 1 Mol HCl oder $\frac{1}{2}$ Mol H_2SO_4 im Liter Lösung. Bezeichnung: 1 n HCl etc.

Unter Molarität versteht man 1 Mol Gelöstes im Liter Lösung, also z. B. 1 Mol H_2SO_4 oder 1 Mol $BaCl_2$ oder *1 Mol* NaCl im Liter Lösung. Bezeichnung: 1 m $BaCl_2$ etc.

Genauer ausgedrückt, ist das die *Liter*molarität. Sie ist im folgenden stets gemeint, wenn nicht ausdrücklich anders vermerkt. Daneben gibt es noch die Kilogrammolarität. Unter ihr versteht man 1 Mol *pro kg Lösungsmittel*, also z. B. 1 Mol Rohrzucker pro kg Wasser oder 1 Mol Naphthalin pro kg Benzol. Diese Größe wird stets gebraucht bei den Methoden der Molekulargewichtsbestimmung, die mit Lösungen arbeiten (Kryoskopie, Ebullioskopie, isotherme Destillation).

Im amerikanischen Schrifttum ist es üblich geworden, für die Litermolarität, also das erstere, die Bezeichnung „molarity", für die Kilogrammolarität, also das letztere, die Bezeichnung „molality" anzuwenden.

Ein weiteres Konzentrationsmaß ist der Molenbruch. Er wird im Kapitel B unter „Molekulargewichtsbestimmung aus der Dampfdruckerniedrigung" eingeführt.

Beispiel 38 Es gibt den sonderbaren Fall, daß eine Lösung weniger Raum einnimmt als das Wasser, das zu ihrer Herstellung verwendet wurde. Dieser Fall tritt z. B. bei einer $^7/_{100}$ kilogrammolaren Magnesiumsulfatlösung ein. 1 kg Wasser nimmt bei 18 °C 1001,33 ccm ein; nach Zufügung von $\frac{7}{100}$ Molen $MgSO_4$ = 8,4 g $MgSO_4$ nimmt die Gesamtlösung aber nur 1001,22 ccm ein; sie hat sich also um 0,11 ccm vermindert. Wie groß ist das scheinbare molare Lösungsvolumen des $MgSO_4$ in der Lösung bei dieser Konzentration?

A: $^7/_{100}$ Mole haben das scheinbare Lösungsvolumen — 0,11 ccm, 1 Mol daher $^{100}/_7$ mal soviel, also $-\frac{11}{7}$ ccm = **— 1,57 ccm**. Der wirkliche Sachverhalt ist natürlich der, daß sich das Wasser kontrahiert, und zwar um 0,11 ccm mehr als der Volumenzuwachs durch die $\frac{7}{100}$ Mole $MgSO_4$ beträgt.

Beispiel 39 Es sollen ca. 8 Liter einer 1 n Salzsäure hergestellt werden. Zur Verfügung steht lediglich eine Flasche von ca. 10 Liter Inhalt, dagegen keine Dezimalwaage und kein Meßkolben für 8 Liter. Wie verfährt man zweckmäßig?

A: Man kann auf zweierlei Arten verfahren. Die erste Art ist das „Annäherungsverfahren in $\frac{9}{10}$-Stufen" von PREGL. Die zweite ist das einstufige Verfahren von FUCHS. Das erste Verfahren beruht auf *mehr*stufigem Herantasten, stets von derselben Seite her.

1. Verfahren. Das Verfahren von PREGL besteht darin, daß man zuerst eine etwas zu starke Lösung macht, diese titriert und den notwendigen Wasserzusatz (roh) berechnet. Diesen gibt man aber nicht ganz zu, sondern nur $\frac{9}{10}$ dieser Menge. (Das hat die Folge, daß man immer auf derselben Fehlerseite bleibt, daß die Lösung also immer zu *stark* ist und immer von derselben Seite her, durch Wasserzusatz, nachkorrigiert werden kann.) Man titriert nochmal und berechnet abermals den notwendigen Wasserzusatz, der jetzt schon viel kleiner ist. Aber auch diesen setzt man nicht ganz zu, sondern nur $\frac{9}{10}$ davon usw. So kommt man sehr schnell auf einen Fehler, der unmerklich klein wird.

Man markiert durch einen Strich auf der Flasche das geschätzte Volumen 8 Liter einer etwas zu starken Salzsäure. Theoretisch braucht man etwa 800 g konzentrierte Salzsäure, die zu 8 Litern aufzufüllen sind. Man wird also etwa 820 g einwägen (oder nach Schätzung ca. 800 ccm einschütten) und bis zum Strich auffüllen. Dann titriert man. Die Säure sei z. B. 5% zu stark. Es müssen also ca. 100 ccm auf 105 aufgefüllt werden oder 1000 auf 1050 oder 8000 auf 8400 ccm. Es wären also 400 ccm Wasser nachzuschütten. Man nimmt nun aber nicht 400 ccm, sondern nur $\frac{9}{10}$ dieser Menge, also 360 ccm. Man mischt sie bei und titriert noch einmal. Jetzt ist der Fehler schon viel kleiner, beispielsweise 2‰. Man müßte daher jetzt 16 ccm Wasser nachfüllen. Man nimmt wieder nur $\frac{9}{10}$ davon, d. i. 14,4 ccm, fügt sie bei und titriert nochmals. Der Fehler ist dann schon unmerklich; bestimmt wird er es aber durch einen dritten Zusatz.[1])

2. Verfahren. Es gibt noch einen zweiten Weg, der erst 1944 aufgefunden oder wenigstens zu Papier gebracht wurde (FUCHS, Chemie *57*, 156 (1944). Das Charakteristische an diesem Weg ist, 1. daß nicht mit *Wasser* herangetastet wird, sondern mit der *festen zu lösenden Substanz*, z. B. technischem Natriumnitrit,

[1]) Vgl. A. FRIEDRICH, Die Praxis der quantitativen organischen Mikroanalyse, Verlag Franz Deuticke, Leipzig und Wien 1933, S. 175.

2. daß auch schon die erste, die Hauptmenge dieser Substanz, genau gewogen wird,

3. daß man im Besitz dieser Zahl, der Hauptmenge, das Prinzip des *mehr*stufigen Herantastens verläßt und *ein*stufiges Herantasten versucht. Theoretisch geht das; auch wenn die 8 Liter nur annähernd getroffen werden, macht das nichts.

Bei diesem Weg will man also überhaupt nicht mehrmals tasten, sondern nur einmal, dabei den Fehler *genau* feststellen und ihn nun *in einer Stufe* beseitigen. Da das Verfahren nur *eine* Titration benötigt und nur eine Nacheinwaage, ist es prinzipiell kürzer als der vorbeschriebene Weg. Da man aber stets sich durch eine zweite Titration von der Richtigkeit der Einstellung überzeugen wird, dürfte der Vorsprung nicht sehr erheblich sein, um so mehr, als das andere Verfahren immerhin auf sehr stark konvergierender Reihe arbeitet.

3. Druckeinheiten

1 Atmosphäre (im folgenden auch abgekürzt 1 atm) = 1033 g pro qcm = 760 mm Quecksilber. Diese Einheit wird in der physikalischen Chemie ausschließlich gebraucht.

1 atü = 1 kg pro qcm *Überdruck* über den jeweils herrschenden Außendruck der Atmosphäre.

1 ata = 1 kg pro qcm Druck, absolut.

1 atü ist also bei niedrigem Barometerstand = ~ 2 ata, 5 atü = ~ 6 ata usw. Die Einheiten atü und ata werden in der Technik gebraucht, nie in der physikalischen Chemie.

1 Torr = 1 mm Quecksilber (Druck)
1 Millibar = 0,75 mm Quecksilber (Druck)
1 Bar = 750 mm Quecksilber (Druck) = 1000 Millibar
= 75/76 Atmosphären

1000 „lb" (englisch) = 70,3 kg/qcm (= engl. Pfund pro engl. Quadratzoll)
(Die „Organic Syntheses" geben die Drücke in lb an.)

4. Historisches

Der eben entwickelte Tatsachenkomplex wurde nicht auf einmal entdeckt. Zuerst wurde gefunden, daß ein Gas — eine beliebige Menge Gas, der Molbegriff entstand erst viel später — *um so weniger Volumen einnimmt, je mehr man Druck daraufsetzt.* Oder anders ausgedrückt, daß Druck mal Volumen eine Konstante bilden

$$pV = c.$$

Dieses Gesetz hieß lange Zeit das MARIOTTEsche Gesetz, bis gefunden wurde, daß die Priorität BOYLE zukommt; man nennt es deshalb heute richtiger das BOYLEsche Gesetz. Dann wurde gefunden, daß eine beliebige Menge Gas bei konstant gehaltenem Druck *um so mehr Volumen beansprucht, je wärmer es ist, und zwar nimmt das Volumen proportional der absoluten Temperatur zu.* Genau dasselbe tut auch der Druck bei konstant gehaltenem Volumen; auch dieser Druck geht proportional der absoluten Temperatur und wird Null beim absoluten Nullpunkt (GAY-LUSSAC). Dasselbe tut auch noch das Produkt pV (bei wechselnden Druck- und Volumenwerten). Auch dies geht proportional der absoluten Temperatur, oder

$$pV = \varrho T,$$

wenn wir den Proportionalitätskoeffizienten vorläufig mit ϱ bezeichnen wollen, und diese Zusammenfassung heißt das GAY-LUSSAC-BOYLEsche Gesetz. Soweit war alles noch eine Angelegenheit der Physiker. Erst nach dem Aufkommen der physikalischen Chemie wurde es deutlich, daß es nun noch wichtig war, das Ganze nicht auf eine beliebige Gasmenge, sondern auf *1 Mol* Gas zu beziehen, um Anschluß an die Rechnung des Chemikers zu bekommen. Daß alle Gase pro Mol *dasselbe* Volumen beanspruchen, wenn Temperatur und Druck gleich sind, war schon bekannt. Unter Beziehung auf 1 Mol Gas nimmt nun die letzte Gleichung die Form an

$$pV = RT,$$

wobei wir den Sinn von R in Beispiel 17 erörtert haben. Diese Volumendeutung ist zunächst die sinnfälligste; allmählich legte man mehr Wert auf die Auffassung von R als einer *Arbeitsgröße* (82 ccm atm = 1,985 cal), noch später erklärte man, die Dimension sei nicht cal, *sondern cal pro Grad,* und neuestens *cal pro Grad und Mol.*

Ihr Wert ist, wie früher ausgeführt,

in Literatmosphären	0,082 (Literatm./Grad)
in cal	1,985 (cal/Grad)
in Joule	8,3 (Joule/Grad)

Derjenige Bruchteil der Gaskonstante, der nur einem einzigen Molekül entspricht, heißt *Boltzmannkonstante k.* Die Boltzmannkonstante k ist also die Gaskonstante, dividiert durch die Loschmidtsche Zahl N,

$$k = \frac{R}{N} = \frac{8{,}3}{6 \cdot 10^{23}} = 1{,}38 \cdot 10^{-23} \text{ Joule/Grad},$$

mit ausgezeichneter Übereinstimmung direkt bestimmt (aus dem thermischen Rauschen von Schichtwiderständen). Sie spielt eine große Rolle in der neueren Atomtheorie.

B

MOLEKULARGEWICHTSBESTIMMUNG

1. Prinzipien der Methoden

Das allgemeine Prinzip der Molekulargewichtsbestimmung besteht einfach darin, eine Gleichung über Gasdruck oder osmotischen Druck nach M als Unbekannter aufzulösen. Natürlich müssen dann alle anderen Stücke bekannt sein.

Da nach dem Satz von AVOGADRO gleiche Volumina von Gasen gleichen Molzahlen entsprechen, verhalten sich die Molekulargewichte wie die Gasdichten (wobei Sauerstoff $0_2 = 32$ ist), und das theoretisch einfachste Prinzip der Molekulargewichtsbestimmung ist die Bestimmung der *Gasdichte*.

Beispiel 1 Was ist das Prinzip des Verfahrens von DUMAS?

A: Dampfdichtebestimmung. Es wird das Gewicht eines *gegebenen Volumens* Dampf bestimmt.

Beispiel 2 Was ist das Prinzip des Verfahrens von VIKTOR MEYER?

A: Dampfdichtebestimmung. Es wird das Volumen eines *gegebenen Gewichts* Dampf bestimmt.

Beispiel 3 Was ist beim Verfahren von VIKTOR MEYER besonders bemerkenswert?

A: Das Volumen wird bei Zimmertemperatur und gewöhnlichem Druck gemessen. Arbeitet man bei der Temperatur der pneumatischen Wanne 0 °C und dem Druck 760 mm, so ist das Volumen schon korrigiert. Die Temperatur des Verdampfungsbads kommt in der Rechnung überhaupt nicht vor.

Beispiel 4 Warum kommt sie nicht vor?

A: Weil die Substanz wohl bei hoher Temperatur vergast wird, die vom Gas verdrängte Luft aber *bei Zimmertemperatur* gemessen wird.

Beispiel 5 Was ist das Prinzip des Verfahrens von LEHRER und KUSS („Gaswaage")?

A: Gasdichtebestimmung. Es wird der Auftrieb bestimmt, den ein kleiner Gasballon in dem betreffenden Gase erfährt. Daraus erfährt man das spezifische Gewicht des Gases.

Beispiel 6 Was ist das Prinzip der Methode von LUMSDEN?

A: Gasdichtebestimmung. Eine bekannte Menge Substanz wird in einem lufterfüllten Raum von bekannten, konstant gehaltenem Volumen bei bekannter Temperatur verdampft und die *Druck-*

steigerung gemessen. Dieses ganze Volumen wird mit Ausnahme eines kleinen kapillaren Rohres, das zum Manometer führt, auf der bestimmten Temperatur gehalten (durch ein Dampfbad), und durch Heben eines Quecksilbergefäßes der Druck erzeugt, der notwendig ist, um das Volumen einzuhalten. Dieser Druck wird abgelsen.

Also: Messung des *Druckes*: die anderen Stücke sind vorgegeben.

Beispiel 7 Was ist das Prinzip der Molekulargewichtsbestimmung aus dem osmotischen Druck?

A: Der osmotische Druck, den eine Substanz in Lösung ausübt, ist numerisch gleich dem Druck, den dieselbe Substanz als Gas in dem Raum der Lösung verteilt einnehmen würde. Der osmotische Druck einer molaren Zuckerlösung bei 0 °C ist also z. B. *22,4 Atmosphären*. Daraus kann man nach den Gasgesetzen das Molekulargewicht ausrechnen.

Beispiel 8 Warum benützt man die Molekulargewichtsbestimmung direkt aus dem osmotischen Druck bei niedermolekularen Verbindungen relativ selten?

A: Weil der osmotische Druck unbequem im absoluten Maß zu bestimmen ist. In linearem Zusammenhang mit ihm stehen jedoch drei andere Größen, nämlich Dampfdruckerniedrigung, Gefrierpunktserniedrigung und Siedepunktserhöhung, und deshalb zieht man in der Regel diese heran; theoretisch führen sie alle über die Dampfdruckerniedrigung.

Beispiel 9 Was ist das mathematische Prinzip der Kryoskopie?

A: Beispiel: eine molale benzolische Lösung gefriert 5° tiefer als reines Benzol; gefriert eine andere bloß $2^1/_2$ Grad tiefer, so ist sie eben bloß halbmolal.

Beispiel 10 Was ist das Prinzip der Ebullioskopie?

A: Beispiel: Eine molale benzolische Lösung siedet 2,6° höher als reines Benzol; siedet eine andere bloß 1,3° höher, so ist sie eben bloß halbmolal.

Beispiel 11 Welche Rolle spielt dabei die Zahl 5 resp. 2,6?

A: 5 ist die „kryoskopische BECKMANNkonstante" für Benzol. 2,6 die „ebullioskopische BECKMANNkonstante" für Benzol.

Beispiel 12 Wie sind diese Konstanten zugänglich?

A: Außer durch experimentelle Bestimmung sind die Konstanten zugänglich durch *Berechnung*, und zwar nach der VAN't HOFFschen Formel.

Beispiel 13 Was ist hierbei unter Molalität zu verstehen?

A: *1 Mol pro kg Lösungsmittel.* Das ist nicht genau dasselbe wie in der Maßanalyse (1 Mol im Liter Lösung), doch geht der kleine Unterschied in die Konstante ein (s. dazu Kapitel A).

Beispiel 14 Was ist das Prinzip der Molekulargewichtsbestimmung aus der Dampfdruckerniedrigung?

A: Beispiel: eine Lösung von 1 Mol Harnstoff in 99 Molen Wasser hat bloß $\frac{99}{100}$ des Dampfdruckes von reinem Wasser. Mit anderen Worten, die relative Dampfdruckerniedrigung $\frac{1}{100}$ des Wassers ist gleich dem „Molenbruch" des Harnstoffs $\left(\frac{1}{100}\right)$. So erhält man den Molenbruch.

Beispiel 15 Was ist das Prinzip der Methode der isothermen Destillation?

A: Beim Verfahren von Barger-Rast sind in einer Kapillare zwei ca. 1—2 cm lange Flüssigkeitssäulen, durch eine Luftblase getrennt, eingeschlossen. Die eine ist eine bekannte Lösung von Azobenzol, die andere eine Lösung der Objektsubstanz (in demselben Lösungsmittel). Die osmotisch schwächere Lösung (also die von geringerer Molalität) besitzt den höheren Dampfdruck; von ihr destilliert deshalb beim Aufbewahren Lösungsmittel zur stärkeren hinüber (isotherme Destillation durch die Luftblase hindurch). Man kann so eine Objektlösung als osmotisch stärker oder schwächer als eine bekannte Azobenzollösung erklären. Indem man eine Serie solcher Kapillaren mit bekannten, verschieden starken Azobenzollösungen ansetzt, kann man die Objektlösung eingabeln und erfährt so ihre Molalität. Azobenzol wird gewählt, weil es eine leicht lösliche, gut definierte Urtitersubstanz des Molekulargewichts ist, das durch seine Farbe eine Verwechslung mit der Objektlösung ausschließt. Die Beobachtung der Zu- oder Abnahme geschieht unter dem Mikroskop.

Die Methode der isothermen Destillation beruht also auf einer Bestimmung der *Dampfdruckerniedrigung.* Dasselbe tun auch die Methoden der Gefrierpunktserniedrigung und Siedepunktserhöhung (s. darüber die Lehrbücher); bei der isothermen Destillation wird es nur augenfälliger.

Über die Apparaturen, ihre Bedienung und Leistungsfähigkeit unterrichtet das Kapitel „Molekulargewichtsbestimmung von niedermolekularen Stoffen" in Houben, *Arbeitsmethoden der organischen Chemie, Georg-Thieme-Verlag 1955, Stuttgart, Bd III/1, S. 331, vom selben Verfasser. Daselbst auch die Methoden für höhermolekulare Stoffe* (Schultz, Meyerhoff *und* Cantow).

2. Beispiele

a) Beispiele zur Dampfdichtebestimmung

Beispiel 16 Das Molekulargewicht von Chlorgas soll im *Gaswägekölbchen* Abb. 5 ermittelt werden. Ein Gaswägekölbchen von 200 ccm wiegt luftleer 90,000 g, gasgefüllt 90,560 g. Druck und Temperatur können

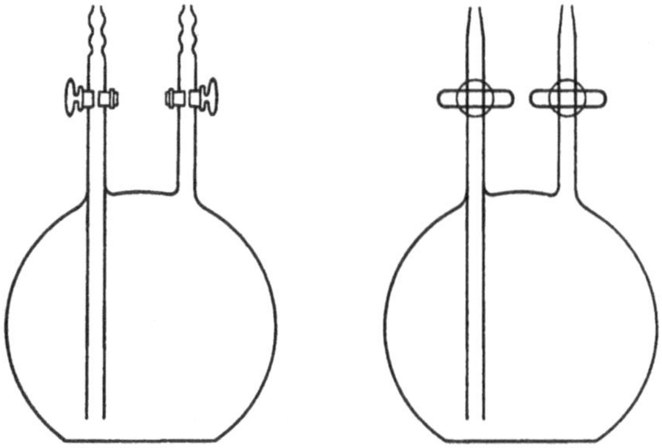

Abb. 5a und b. Gaswägekölbchen. Das Kölbchen wird luftleer und gasgefüllt gewogen

im Zimmer abgelesen werden; sie seien 740 Torr und 27 °C = 300 °K. Wie groß ist das Molekulargewicht des Chlors?

A: Das Gewicht des Chlors ist 560 mg.

$$M = \frac{e}{V} \cdot \frac{T}{p} \cdot 62{,}4 = \frac{560}{200} \cdot \frac{300}{740} \cdot 62{,}4 = 71$$

Beispiel 17 Das Molekulargewicht von Chloroform soll im *Dumaskölbchen* Abb. 6 bestimmt werden. Das Dumaskölbchen von 200 ccm wiegt luftgefüllt, mit offener Spitze, 90,226 g, dampfgefüllt 00,768 g; die Temperatur des Wärmebades ist 90 °C = 363 °K, der Luftdruck im Zimmer 730 Torr, die Temperatur im Zimmer 27 °C (= 300 °K). Wie groß ist das Molekulargewicht des Chloroforms?

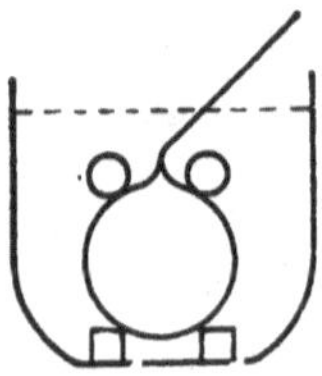

Abb. 6. Dumaskolben im Bad mit beschwerendem Bleiring

A: Man muß zuerst das Gewicht „luftleer" ausrechnen. Hierfür müssen wir *das Gewicht der eingeschlossenen Luft ausrechnen.* (Dafür brauchen wir die Zimmertemperatur.)

1 Liter Luft von 0 °C = 273 °K und 760 Torr wiegt 1,293 g,

1 Liter Luft von 27 °C = 300 °K und 730 Torr wiegt

$$1{,}293 \cdot \frac{273}{300} \cdot \frac{730}{760} = 1{,}13 \text{ g}.$$

200 ccm wiegen also *0,226 g.*

Gewicht „luftleer"	90,226 − 0,226	= 90,000 g
Gewicht dampfgefüllt		90,768 g
Gewicht des Chloroformdampfes		0,768 g
		= 768 mg

$$M = \frac{e}{V} \cdot \frac{T}{p} \cdot 62{,}4 = \frac{768}{200} \cdot \frac{363}{730} \cdot 62{,}4 = 119$$

Bei der Methode des Gaswägekölbchens wird ein Kölbchen luftleer und mit Gas gefüllt gewogen; man hat dann schon alle Stücke, die man braucht. Die Methode von DUMAS ist im Grunde identisch mit der des Gaswägekölbchens; nur wird die Wägung „luftleer" nicht direkt ausgeführt; man wägt statt dessen das Kölbchen luftgefüllt, mit offener Spitze, und zieht das Gewicht der Luft, das man ausgerechnet hat, ab. Für alle Bestimmungen des Molekulargewichts aus der Dampfdichte gilt die einfache Formel

$$M = \frac{e}{V} \cdot \frac{T}{p} \cdot 62{,}4,$$

die vorstehend bei zwei Beispielen angewendet wurde.

Beispiel 18 (VIKTOR MEYER) In einer NERNSTschen Iridiumbirne werden 5,85 mg Kochsalz bei 1500 °C verdampft; sie drängen dabei 2,24 ccm Luft in die Bürette Abb. 7. Raumtemperatur 0 °C, Barometerstand 760 Torr. Wie groß ist das Molekulargewicht des Kochsalzdampfes?

A: 2,24 ccm Luft unter Normalumständen entsprechen $\frac{1}{10}$ Millimol. 5,85 mg NaCl sind also $\frac{1}{10}$ Millimol. Das Molekulargewicht des Kochsalzdampfes ist dann 58,5, was der Formel NaCl entspricht. Die 1500 °C kommen in der Rechnung nicht vor.
Nach der Formel gerechnet:

$$M = \frac{e}{V} \cdot \frac{T}{p} \cdot 62{,}4 = \frac{5{,}85}{2{,}24} \cdot \frac{273}{760} \cdot 62{,}4 = 58{,}5$$

Beispiel 19 Bestimmung des Molekulargewichts nach dem Prinzip des Apparats von LUMSDEN Abb. 8 (der Druck wird gemessen, alles andere vorgegeben) unter Benutzung einer *Apparatkonstante*. In einen aufgeheizten Apparat von LUMSDEN[1]) oder MENZIES I (HOUBEN, Arbeitsmethoden der organischen Chemie, Georg-Thieme-Verlag,

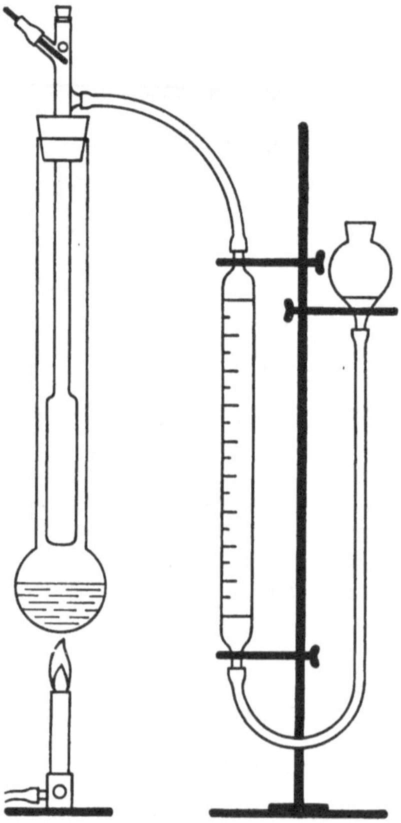

Abb. 7.
Apparat von VIKTOR MEYER

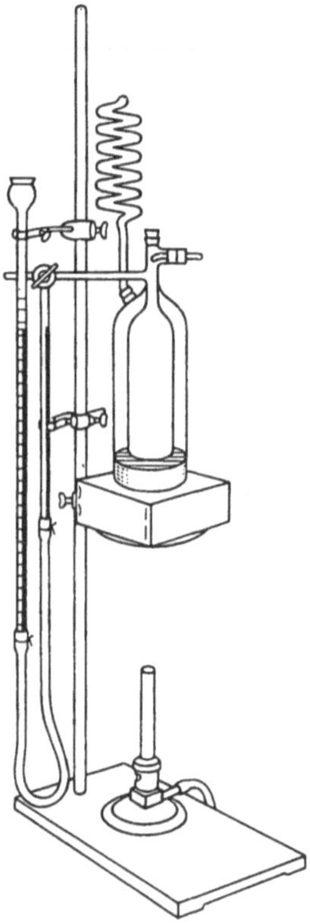

Abb. 8.
Apparat von LUMSDEN

Stuttgart 1955, Bd. III/1, S. 337) werden zur Bestimmung der Apparatkonstante in einer einseitig geschlossenen Kapillare 20 mg Tetrachlorkohlenstoff geworfen. Die Temperatur des Heizbades beträgt 100 °C, der Druckanstieg 30 mm Quecksilber. Wie groß ist die Apparatkonstante ϱ?

A: $M = \varrho \frac{e}{p} = 154$ (Molekulargewicht des CCl_4),

[1]) Es gibt einen Halbmikro-Lumsden-Apparat von A. C. BRATTON H. C. LOCHTE, und A. F. COLSON; s. S. 337 im HOUBEN, l. c.

woraus

$$\varrho = 154 \frac{p}{e}$$

$$= 154 \frac{30}{20}$$

$$= 230.$$

Beispiel 20 Mit dieser Apparatkonstante wird nun in demselben Apparat bei derselben Temperatur das Molekulargewicht des Chloroforms bestimmt. Einwaage 18 mg, gemessener Druckanstieg 35 mm Hg. Wie groß ist das Molekulargewicht des Chloroforms?

A: Der Druckanstieg ist diesmal 35 mm Hg.

$$M = \varrho \cdot \frac{e}{p} = 230 \cdot \frac{18}{35} = 118$$

Beispiel 21 Im Apparat von HOFMANN (Abb. 9) soll das Molekulargewicht von Methylenchlorid bestimmt werden. Das vorher vorhandene TORRICELLIsche Vakuum beträgt 10 ccm, eingespritzt werden 85,0 mg Methylenchlorid, das durch Auswiegen festgestellte Volumen des Dampfraums ist 44,8 ccm, die Zimmertemperatur 0°C, der Barometerstand 730 mm und die ziehende Säule 350 mm Hg. Wie groß ist das Molekulargewicht?

A: Die 10 ccm TORRICELLIsches Vakuum, die vorher vorhanden waren, sind gleichgültig, sie kommen in der Rechnung nicht vor. $p = 730 - 350 = 380$ Torr im Dampfraum.

$$M = \frac{e}{V} \cdot \frac{T}{p} \cdot 62{,}4 = \frac{85{,}0}{44{,}8} \cdot \frac{273}{380} \cdot 62{,}4 = 85$$

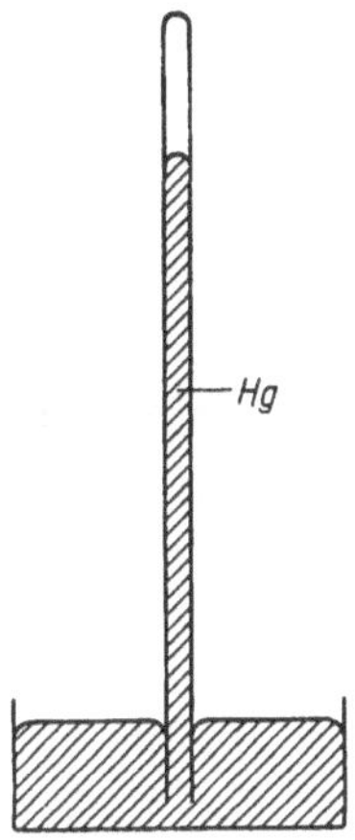

Abb. 9. Apparat von HOFMANN

Beispiel 22 Was sind *Absolutbestimmungen* des Molekulargewichts aus der Dampfdichte?

A: Absolutbestimmungen sind solche Bestimmungen, die alle vier notwendigen Stücke (Gewicht, Volumen, Druck, Temperatur) beibringen. Oder anders gesagt, alle Bestimmungen, welche *nicht* von der Vereinfachung Gebrauch machen, daß man ja auch zwei Dampfdichten *vergleichen* kann, wobei die eine als bekannt angesehen wird. Beispiele: VIKTOR MEYER, HOFMANN (bei beiden werden alle vier Stücke beigebracht).

Beispiel 23 Was sind *Relativbestimmungen*?

A: Relativbestimmungen sind sämtliche Bestimmungen mit *Gaswaagen* und sämtliche Bestimmungen, die eine *Apparatkon-*

stante benützen. Bei den Gaswaagen wird das Molekulargewicht der Luft (oder eines anderen Vergleichsgases) vorausgesetzt, bei den Bestimmungen mit einer Apparatkonstante (vor allem üblich beim Typus LUMSDEN) in der Regel das Molekulargewicht des Tetrachlorkohlenstoffs oder der Hilfssubstanz, mit der man die Apparatkonstante ermittelt hat. Auch die Methode von DUMAS ist (wegen der Benutzung des Molekulargewichts der Luft in der Rechnung) eine Relativbestimmung; die Methode des Gaswägekölbchens dagegen ist eine Absolutbestimmung. Bei Relativbestimmungen werden also zwei Gasdichten verglichen, wobei eine als bekannt angenommen wird.

b) Beispiele zur Kryoskopie

Beispiel 24 Azobenzol hat das Molekulargewicht 182, Eisessig die kryoskopische BECKMANNkonstante 4. Wie groß ist die Gefrierpunkterniedrigung, die eine Lösung von a) 182 g, b) von 18,2 g Azobenzol in 1 kg Eisessig zeigt?

A: a) **4°** b) **0,4°**[1]).

Beispiel 25 Naphthalin hat das Molekulargewicht 128, Benzol die kryoskopische BECKMANNkonstante 5 und den Gefrierpunkt + 6 °C. Wie groß ist die Gefrierpunkterniedrigung, die eine Lösung von a) 128 g, b) 12,8 g Naphthalin in 1 kg Benzol zeigt?

A: a) **5°** b) **0,5°**.

Beispiel 26 Die kryoskopische BECKMANNkonstante des Benzols ist 5. Eine Lösung von 182 g Azobenzol in 1000 g Benzol gefriert bei + 1 °C (reines Benzol bei + 6 °C). Wie groß ist das Molekulargewicht des Azobenzols?

A: 182. Die Lösung zeigt 5° Gefrierpunktserniedrigung, ist also molal.

Ausführliche Tabellen der kryoskopischen und ebullioskopischen Konstanten finden sich u. a. in

H. STAUDE, Physikalisch-chemisches Taschenbuch, Akademische Verlagsgesellschaft Geest & Portig KG, Leipzig 1949, Bd. 2, S. 1370

F. D. D'ANS und E. LAX, Taschenbuch für Physiker und Chemiker, Springer-Verlag, Berlin 1943, S. 966

---

[1]) Die ursprünglich von BECKMANN definierte Konstante war 10mal so groß als obige, betrug also z. B. für Eisessig 40, für Wasser 18,6. Sie war nicht auf 1 Mol pro kg Lösungsmittel, sondern auf 1 Mol pro 100 g Lösungsmittel bezogen. Heute rechnet man ausschließlich mit den obigen kleineren Zahlen; in der älteren Literatur stößt man aber ab und zu noch auf die 10mal größeren. Eine Verwechselung kann kaum entstehen, da der Unterschied eine ganze Zehnerpotenz beträgt.

LANDOLT/BÖRNSTEIN, Physikalisch-chemische Tabellen, Springer-Verlag, Berlin 1923, 5. Aufl., 2. Band, S. 1425

F. PREGL und H. ROTH, Quantitative organische Mikroanalyse, Verlag J. Springer, Berlin 1958, 7. Aufl.

Beispiel 27 Die kryoskopische BECKMANNkonstante des Wassers ist 1,86. Eine Lösung von 30 g Harnstoff in 1000 g Wasser gefriert bei −0,93 °C. Wie groß ist das Molekulargewicht des Harnstoffs?

A: $\Delta = 0{,}93$; die Lösung ist halbmolal. Das Molekulargewicht des Harnstoffs ist demnach $2 \cdot 30 = \mathbf{60}$.

Beispiel 28 Die kyroskopische BECKMANNkonstante des Camphers ist 40. Eine Lösung von 1 mg Substanz in 10 mg Campher zeigt eine Gefrierpunktserniedrigung von 40°. Wie groß ist das Molekulargewicht der Substanz?

A: 1 mg in 10 mg entspricht 100 mg in 1000 mg Campher. $\Delta = 40$, die Lösung, ist molal. Molekulargewicht also = **100**.

Beispiel 29 Eine Lösung von 2,3 mg Substanz in 46 mg Campher zeigt eine Gefrierpunktserniedrigung von 20°. Wie ist die Formel für die Berechnung des Molekulargewichts?

A: $M = \frac{2{,}3}{46} \cdot \frac{40}{20} \cdot 1000 = 100$ (40 ist eine Konstante).

c) Beispiele zur Ebullioskopie

Beispiel 30 Die ebullioskopische BECKMANNkonstante des Wassers ist 0,515. Eine Lösung von 140 g Hexamethylentetramin in 1000 g Wasser siedet bei 100, 515 °C. Wie groß ist das Molekulargewicht des Hexamethylentetramins?

A: $\Delta = 0{,}515$; die Lösung ist molal. Das Molekulargewicht ist **140**.

Beispiel 31 Die ebullioskopische BECKMANNkonstante des Alkohols ist 1,20. Eine Lösung von 18,8 g Antipyrin in 1000 g Alkohol zeigt eine Siedepunktserhöhung von 0,12 °. Wie groß ist das Molekulargewicht des Antipyrins?

A: $\Delta = 0{,}12°$; die Lösung ist $\frac{1}{10}$ molal.

Das Molekulargewicht ist **188**.

Beispiel 32 Eine Lösung von 2,3 g Substanz in 46 g Alkohol hat eine Siedepunktserhöhung von 0,6°. Wie ist die Formel für die Berechnung des Molekulargewichts?

A: $M = \frac{2{,}3}{46} \cdot \frac{1{,}2}{0{,}6} \cdot 1000 = 100$ (1,2 ist eine Konstante).

d) Beispiele zur isothermen Destillation

Beispie 33 Bei einer Molekulargewichtsbestimmung nach BARGER/RAST (Abb. 10) findet man, daß eine Lösung von 169 g Objektsubstanz (Diphenylamin) in 1000 g Essigester isotonisch ist mit einer molalen Lösung von Azobenzol in Essigester. Wie groß ist das Molekulargewicht des Diphenylamins?

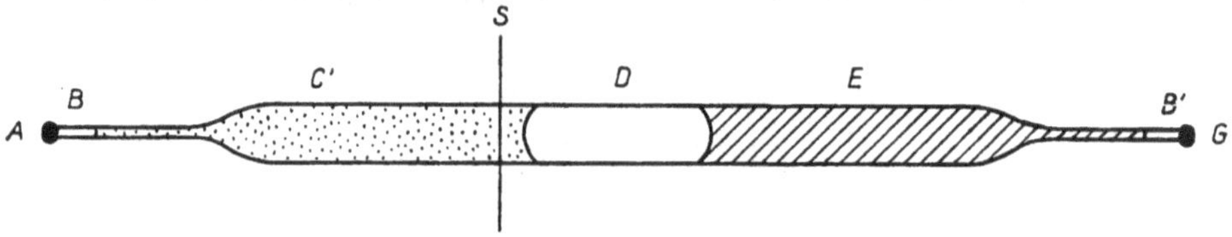

Abb. 10a. Kapillare der Methode BARGER/RAST (vergrößert).

A Zuschmelzung; *B*, *B'* Mikroblase; *C* Objektlösung; *D* Luftblase; *E* Vergleichslösung; *G* Zuschmelzung; *S* Strichmarke auf der Unterlage (Glasstreifen).

Abb. 10b. Füllungsmethode einer Kapillare (BARGER-RAST-Verfahren)

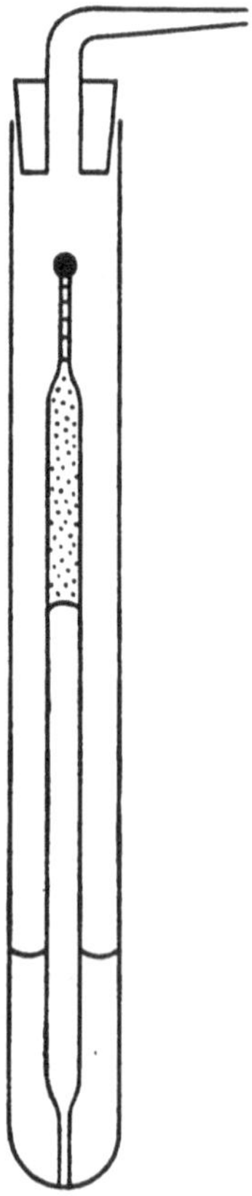

A: Die Diphenylaminlösung ist molal. Das Molekulargewicht ist 169.

Beispiel 34 Bei einer Bestimmung nach BARGER/RAST findet man, daß eine Lösung von 18,8 mg Antipyrin in 1000 mg Aceton isotonisch ist mit einer $\frac{1}{10}$ molalen Lösung von Azobenzol in Aceton (sie fällt in die Lücke zwischen 0,09 und 0,11 molal). Wie groß ist das Molekulargewicht des Antipyrins?

A: Die Lösung des Antipyrins ist $\frac{1}{10}$ molal. Das Molekulargewicht ist 188.

Beispiel 35 Bei einer Bestimmung nach BARGER/RAST fällt eine Lösung von 23 mg Objektsubstanz in 460 mg Aceton in die Lücke von 0,19 und 0,21 molaler Lösung von Azobenzol in Aceton. Wie groß ist das Molekulargewicht der Objektsubstanz?

A: Die Lösung der Objektsubstanz ist 0,2 molal.

$$M = \frac{23}{460} \cdot \frac{1}{0{,}2} \cdot 1000 = 250.$$

Beispiel 35a Gegeben sei eine neuentdeckte Substanz, die in Aceton gut löslich ist. Ihr Molekulargewicht soll bestimmt werden. Welche Konzentration der Vergleichslösungen wird man wählen?

A: Wenn die Substanz gut löslich ist, wählt man starke Lösungen. In diesem Fall wird man als erste Serie der Azobenzollösungen die Stärken 1,0; 0,8; 0,64; 0,5; 0,4 molal wählen. Fällt die Objektlösung dann beispielsweise in die Lücke zwischen 0,4- und 0,5-molal, so nimmt man in zweiter Serie die Stärken der Azobenzollösungen 0,42; 0,44; 0,46; 0,48 molal. Man kommt also mit 9 Vergleichslösungen aus, wenn man sich auf die zweite Serie beschränkt.

Beispiel 35b Stehen die Größen der beobachteten Veränderungen (Meniskusverschiebungen) im Zusammenhang mit dem Molekulargewicht?

A: Nein, nur der Sinn der Veränderung (Abnahme oder Zunahme) ist wichtig. Die Größen der Veränderung hängen außer von der Konzentrationsdifferenz der beiden Lösungen noch von Dingen ab, die mit der Sache nichts zu tun haben, wie z. B. von der Länge der Luftblase.

e) Beispiele zur direkten Bestimmung der Dampfdruckerniedrigung

Beispiel 36 Auf welchem Gedankengang beruht die Molekulargewichtsbestimmung aus der direkten Messung der Dampfdruckerniedrigung?

A: Eine Lösung zeigt gegenüber dem reinen Lösungsmittel eine Dampfdruckerniedrigung. Drückt man diese als Bruchteil des ursprünglichen Dampfdrucks aus, so hat man die *relative Dampfdruckerniedrigung*. Die relative Dampfdruckerniedrigung ist gleich dem „Molenbruch". *So erfährt man den Molenbruch.* Hat man aber eine Lösung durch Zusammenwiegen selbst hergestellt und weiß man den Molenbruch, so kann man das Molekulargewicht der gelösten Substanz ausrechnen, s. Beispiel 37 und 38.

Beispiel 37 Eine Lösung von 1 g Salol in 25,15 g Benzol zeigt eine relative Dampfdruckerniedrigung von $\frac{1}{70}$ und hat demgemäß den Molenbruch $\frac{1}{70}$. Wie groß ist das Molekulargewicht des Salols?

A: „Der Molenbruch ist $\frac{1}{70}$" heißt: Auf 69 Mole Benzol kommt *1 Mol Salol*. 69 Mole Benzol sind 5382 g Benzol; auf diese Menge kommen aber 214 g Salol. Das Molekulargewicht des Salols ist **214**.

Beispiel 38 Gegeben ist eine Lösung von 1 (n) Mol Anthracen in 50 (N) Molen Aceton. Wie groß ist der Molenbruch?

A: $\frac{1}{50}$ (Eigentlich ist er definiert als $\frac{n}{N+n}$, doch ist das praktisch gleich $\frac{n}{N}$ bei starker Verdünnung.)

Wie groß ist die Dampfdruckerniedrigung?

A: $\frac{1}{50}$ vom Druck des reinen Acetons gleicher Temperatur.

Beispiel 39 Gegeben ist eine Lösung von 1 Mol β-Naphthol in 70 Molen Äther. Wie groß ist der Molenbruch?

A: $\frac{1}{70}$. $\left(\text{Genauer } \frac{1}{71}\right)$.

Wie groß ist derDampfdruck der Lösung?

A: $\frac{69}{70}$ des Dampfdruckes von reinem Äther gleicher Temperatur.

Beispiel 40 Cyclohexanol hat das Molekulargewicht 100. Gegeben ist eine Lösung von 18,4 g Benzidin in 1000 g Cyclohexanol. Diese Lösung zeigt bei 110 °C eine Dampfdruckerniedrigung von $\frac{1}{100}$ des Dampfdruckes von reinem Cyclohexanol gleicher Temperatur. Wie groß ist das Molekulargewicht von Benzidin?

A: Die Dampfdruckerniedrigung ist $\frac{1}{100}$, der Molenbruch ebenfalls. 1000 g Cyclohexanol sind 10 Mole, 18,4 g Benzidin demnach $\frac{1}{10}$ Mol. 1 Mol Benzidin ist dann **184 g** Benzidin.

f) Beispiele zur Molekulargewichtsbestimmung durch direkte Bestimmung des osmotischen Druckes

Eine normale wäßrige Lösung, beispielsweise von Rohrzucker, hat, wie früher ausgeführt, bei 0°C einen osmotischen Druck von 22,4 atm, bei 20 °C einen solchen von 24 atm. Das entspricht 240 m oder 240000 mm Wassersäule. Eine $\frac{1}{240000}$ Lösung hat demnach immer noch 1 mm Wassersäule osmotischen Druck. Der kryoskopische Effekt ist demgegenüber bei einer solchen verdünnten Lösung bei Wasser $1{,}86 \cdot \frac{1}{240000} = 7{,}75 \cdot 10^{-6}$ Grad und selbst bei Campher bloß $1{,}66 \cdot 10^{-4}$ Grad, also nicht mehr meßbar. Die direkte Messung des osmotischen Druckes hat demnach, wenn sie anwendbar ist, den Vorteil eines sehr großen Ausschlages.

Beispiel 41 Eine 0,1prozentige wäßrige Gelatinelösung zeigt einen osmotischen Druck von 20 mm Wassersäule bei 20 °C. Wie berechnet sich hieraus das Molekulargewicht der Gelatine?

A: Die Lösung ist $\frac{20}{240000} = \frac{1}{12000} \cdot$ molar.

Molekulargewicht der Gelatine demnach = **12000.**

g) Beispiele zur Fehlerrechnung

Beispiel 42 Eine Substanz vom Molekulargewicht 600 ist mit 3% einer Verunreinigung behaftet, welche das Molekulargewicht 100000 besitzt. Welchen Fehler in % bewirkt diese Verunreinigung im Resultat?

A: Welche Methode wir wählen, ist gleichgültig. Angenommen, wir wählen eine kryoskopische. Dann müssen wir, um 1 Mol einzuwiegen, statt 600 g 618 g einwiegen und erhalten dann die Depression, die 1 Mol hervorruft. Die hochmolekulare Verunreinigung beteiligt sich praktisch gar nicht an der Depression. Die Einwaage erscheint dann um 3% zu hoch. Das Resultat wird um 3% falsch, und zwar zu hoch; das ist nicht weiter schlimm.

Beispiel 43 Eine Substanz vom Molekulargewicht 600 ist mit 3% einer Verunreinigung behaftet, welche das Molekulargewicht 18 besitzt (Wasser). Welchen Fehler in % bewirkt diese Verunreinigung im Resultat?

A: Wenn wir 600 g einwägen, wägen wir 582 g der eigentlichen Substanz ein, d. i. nicht ganz ein Mol, und außerdem 18 g Wasser = 1 Mol. Wir haben also nahezu 2 Mole, die erniedrigend wirken, während wir nur eines finden sollten. Das Molekulargewicht wird etwa halb so groß gefunden als es sein sollte; die Bestimmung wird *völlig falsch.*
Verunreinigungen mit höhermolekularen Substanzen sind harmlos, solche mit niedrigmolekularen können das Resultat gewaltig fälschen. Jede „osmotische" Molekulargewichtsbestimmung ist eine Abzahlung frei beweglicher Teilchen (im Gegensatz zu den „nichtosmotischen" Methoden für hochmolekulare Stoffe, S. 17).

h) Beispiele zu Relativbestimmungen mit Gaswaagen

Wir haben oben die Methoden der *Absolutbestimmungen* der Dampfdichte betrachtet, die also *nicht* von der Möglichkeit der Vereinfachung Gebrauch machen, daß man ja auch zwei Gasdichten *vergleichen* kann, wobei die eine als *bekannt* angenommen wird und die andere sich dann durch Proportionalität ergibt.

Die Apparate, welche reale Gase nach dem letztgenannten Prinzip zu bestimmen erlauben, heißen *Gaswaagen*; die gebräuchlichsten sind die von Pollitzer und die von LEHRER und KUSS[1]), welche einen Teil der „Stockapparatur“ bildet, endlich der SCHILLINGsche Apparat.

Die Gaswaage von POLLITZER (Abb. 11) ist lediglich ein gläsernes U-Rohr von ca. 5 m Höhe und ca. 5—10 mm lichter Weite. Unten in der Biegung befindet sich etwas Wasser, das den Apparat zu einem Differentialmanometer macht. Befindet sich in beiden Schenkeln *dasselbe* Gas, so steht das Wasser rechts und links gleich hoch, nach dem Prinzip der kommunizierenden Röhren. Man läßt jedoch dicht über dem Wasserspiegel rechts und links in langsamem Strom zwei *verschiedene* Gase zuströmen, z. B. Wasserstoff und Xenon, welche oben abfließen. Dann drücken die beiden Gassäulen mit verschiedenem Gewicht auf die beiden Wasseroberflächen, und das Wasser steht nun rechts und links *ungleich* hoch, und zwar um so mehr, je verschiedener die Schwere der beiden Gase ist.

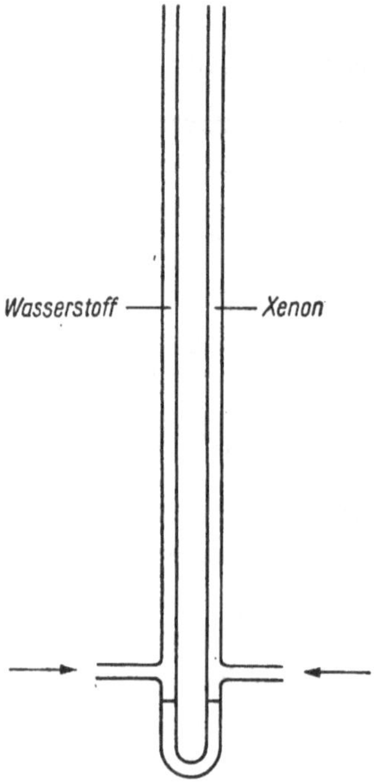

Abb. 11. Gasdichtebestimmung durch Vergleich der Gewichte zweier Gassäulen (nach POLLITZER)

Beispiel 44 Die beiden Schenkel seien 10 m hoch, der Querschnitt 1 qcm, die beiden zuströmenden Gase seien Wasserstoff und Xenon, die Temperatur sei 0°C und der Barometerstand 760 Torr. Wie groß wird der Niveauunterschied in beiden Schenkeln?

A: In jedem der beiden Rohrschenkel befindet sich gerade 1 Liter Gas von Normalumständen. Dieser Liter wiegt bei Wasserstoff 0,09 g, bei Xenon 5,9 g. Die Differenz ist 5,81 g. Das macht bei Wasserfüllung **5,81 cm** Niveauunterschied.
Durch Schiefstellen des einen Schenkels kann man diese 5,81 cm auf eine Strecke von z. B. 58,1 cm verlängern und so die Ablesung empfindlicher machen (Abb. 12). Auch ein *registrierender* Gasschreiber läßt sich leicht daraus machen.
Ist die Dichte des einen Gases bekannt, so ergibt sich die des anderen daraus durch Rechnung. Als bekanntes Gas wählt man

---

[1]) HOUBEN, Arbeitsmethoden der organischen Chemie, Georg-Thieme-Verlag, Stuttgart 1959, Bd. II, S. 735.

meistens Luft. In jedem Fall ist der Niveauunterschied proportional der Gewichtsdifferenz der beiden Gassäulen, also der Differenz der Litergewichte der beiden Gase.

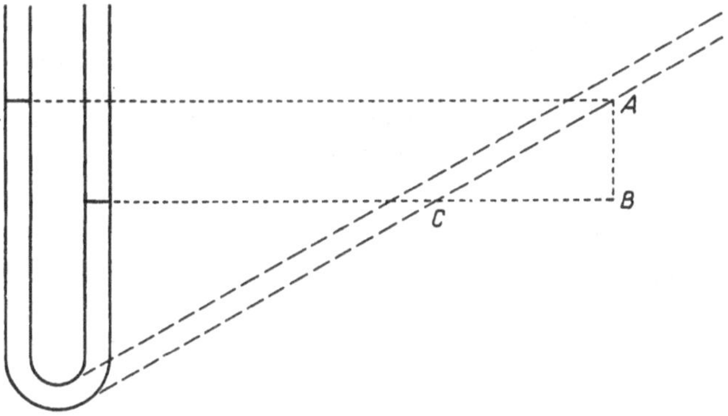

Abb. 12. Schiefgestellte Skala

Beispiel 45 Die zweipunktige Eichung einer Gasdichtewaage von LEHRER und KUSS (Abb. 13) sei mit Stickstoff (*M* 28) von 30 Torr und Sauerstoff (*M* 32) von 30 Torr erfolgt und habe die Milliamperewerte 70 und 80 ergeben. Äthan von 30 Torr habe dann den Milliamperewert von 75 ergeben. Wie groß ist die Gasdichte des Äthans?

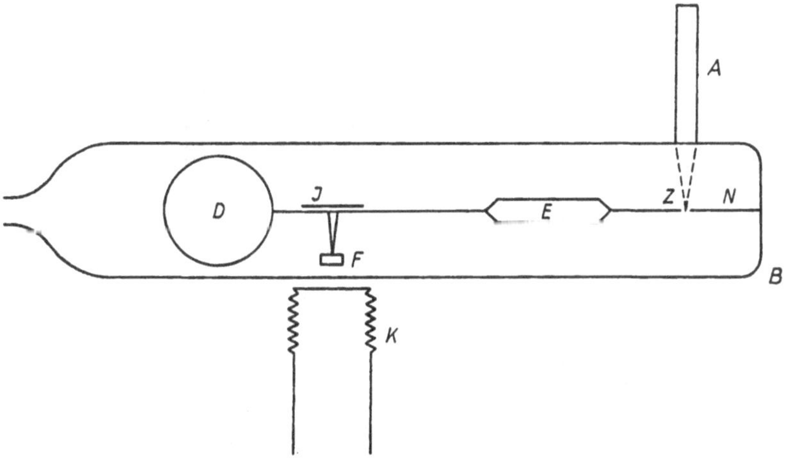

Abb. 13. Gasdichtewaage nach STOCK resp. LEHRER und KUSS (schematisch)

D Quarzballon; *E* Gegengewicht; *Z* Zeigerspitze; *N* Nullmarke; *F* Achatplatte; *J* Permanentmagnet; *K* Elektromagnet; *B* Glasröhre; *A* Ablesemikroskop

A: 30, in Molekulargewichtseinheiten ausgedrückt.

Prinzipiell kann man mit der Gasdichtewaage auch ohne Benützung der magnetischen Einrichtung messen. Da man den Auftrieb des Quarzkolbens durch Änderung des Gasdrucks variieren kann, kann man bei beiden Gasen — beim Eichgas und dem zu messenden Gas — die Waage auch durch Wahl des passenden Drucks zum Schweben bringen. Die Molekulargewichte der beiden Gase verhalten sich dann umgekehrt wie die Drücke der beiden Gase.

Der SCHILLINGsche *Apparat* (Abb. 14) endlich beruht auf dem Prinzip der BUNSENschen Ausströmungsmethode.

Es wird hierbei von zwei Gasen (Luft und dem zu messenden Gas) zeitlich nacheinander in demselben Apparat die Zeit gemessen, die ein bestimmtes Volumen zum Ausströmen durch eine enge Düse braucht.

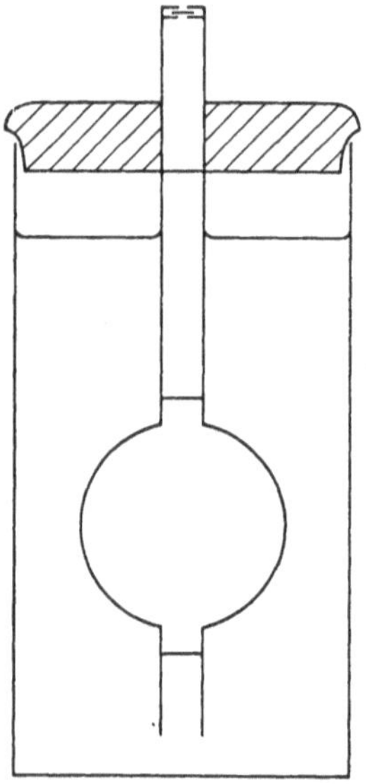

Abb. 14. SCHILLINGSCHER Apparat

Es gibt für dieses BUNSENsche Prinzip mehrere Ausführungsformen; die einfachste ist der SCHILLINGsche *Apparat*. Er besteht aus einer Tauchglocke, die oben in eine Düse mündet und in ein Bad aus Paraffinöl eingetaucht wird, die hochsteigende Flüssigkeit drückt das Gas durch die Düse hinaus. Die Tauchglocke besitzt zwei Marken; die Zeit A, welche gebraucht wird, um das Volumen Luft zwischen den beiden Marken herauszupressen, wird mit einer Stoppuhr gemessen. Die Düse besteht aus einem feinen Loch in einem Platinplättchen.

Die Gasdichten verhalten sich wie die Quadrate der zugehörigen Ausströmungszeiten. (Das leichtere Gas hat auch die kleinere Ausströmungszeit.)

Diese Beziehung kann man sich am einfachsten folgendermaßen klarmachen. Die hochdrückende Flüssigkeit leistet eine bestimmte Pumparbeit, sie setzt eine bestimmte gleichbleibende Zahl erg auf das Gas. Diese Ergzahl setzt sich in kinetische Energie $\frac{1}{2} mv^2$ des Gases um, die kinetische Energie, mit der das Gas die Düse verläßt (nicht anders, als wenn man etwa Wasser unter Druck ausspritzen würde). Hat man zwei Gase und haben diese verschiedene m-Werte, so müssen sich die v^2-Werte umgekehrt wie diese m-Werte verhalten. Die t^2-Werte aber verhalten sich nun wieder umgekehrt wie die v^2-Werte (denn Geschwindigkeit und verbrauchte Zeit sind sich umgekehrt proportional), und so ergibt sich die einfache Beziehung, daß sich die Gasdichten verhalten wie die Quadrate der zugehörigen Ausströmungszeiten.[1])

Beispiel 46 (SCHILLINGscher Apparat)
Die beiden Gase seien Helium und Methan. Das Helium hat die Gasdichte 4 (ausgedrückt in Molekulargewichtseinheiten), das Methan 16. Die Gasdichten verhalten sich also wie 4:16, die Ausströmungszeiten verhalten sich dann wie $\sqrt{4} : \sqrt{16}$ oder wie **1:2** und zwar auch wenn man das Platinplättchen wechselt, die Ausströmungsöffnung sich also ändert.

Beispiel 47 Die beiden Gase seien Luft und Wasserstoff. Die Gasdichten verhalten sich wie 14,5:1, die Ausströmungszeiten wie $\sqrt{14{,}5} : \sqrt{1}$ oder wie **3,8:1**.

Beispiel 48 Die beiden Gase seien HBr und HCl. Die Gasdichten verhalten sich wie 81:36 oder wie $9^2:6^2$; die Ausströmungszeiten wie 9:6 oder wie **3:2**.

Beispiel 49 Die beiden Gase seien Xenon und Wasserstoff. Die beiden Gasdichten verhalten sich wie 132:2 oder wie 66:1, die Ausströmungszeiten demnach wie $\sqrt{66} : \sqrt{1}$ oder wie **8,1:1**

Beispiel 50 Als Vergleichsgas diene Luft, als zu messendes Gas ein unreiner Wasserstoff. Die Ausströmungszeit betrage bei Luft 3 Minuten, bei dem Wasserstoff 1 Minute. Wie groß ist die Gasdichte des unreinen Wasserstoffs, bezogen auf Luft von gleicher Temperatur und gleichem Druck?

A: *Die Dichten verhalten sich wie die Quadrate der Ausströmungszeiten,* also wie 9:1. Der verwendete Wasserstoff hat also die Dichte $\frac{1}{9}$, bezogen auf Luft. (Reiner Wasserstoff hat die Dichte $\frac{1}{14{,}5}$, bezogen auf Luft.)

S. W. BENSON und R. COSWELL[2]) haben einen Apparat angegeben, der es gestattet, kleine Gasproben durch eine Lochdüse hin- und herzujagen nach Art des SCHILLINGschen Apparats (jedoch unter konstant bleibendem Gasüberdruck) und so die Gasdichte dieser Proben zu ermitteln. Er dient zur *Identifizie-*

[1]) Es sei darauf hingewiesen, daß dies einer der ganz wenigen Fälle ist, in denen zur Bestimmung des Gewichts eines Körpers nicht dessen *Schwere* gemessen wird, sondern seine *Trägheit,* also nicht die Anziehungskraft, die der Erdball auf ihn ausübt, sondern der Trägheitswiderstand, den er einer Richtungsänderung oder Beschleunigung entgegensetzt (das Ausspritzen durch eine Düse ist eine Beschleunigung). Auch die Bestimmung der „Masse“ der Elektronen und der Kanalstrahlteilchen (in der Kathodenstrahlröhre und im Massenspektrographen) ist eine solche Bestimmung des *Trägheitswiderstandes,* nicht der Schwere.

[2]) J. physic. Colloid Chem. **52**, 1332—1344 (1948).

rung dieser Gase durch ihr Molekulargewicht. Demselben Zweck dient auch die *massenspektrometrische Molekulargewichtsbestimmung* (s. HOUBEN, l. c., 1955, Bd. III/1, S. 367). Nach dieser können z. B. in einem Gemisch von je 1 Teil Aceton, Cyclopentanon und Tetrachloräthan mit 97 Teilen Benzol alle vier Komponenten massenspektrometrisch nachgewiesen, d. h. durch ihr Molekulargewicht identifiziert werden.

3. Vergleich der Prinzipien der physikalischen Methoden der Molekulargewichtsbestimmung

Zusammenfassend können wir sagen: Bei den Methoden der Dampfdichte handelt es sich stets darum, das Volumen einer bestimmten Menge vergaster Substanz bei bestimmten Druck- und Temperaturverhältnissen zu ermitteln. Wir haben also vier Stücke:

Volumen, Druck, Temperatur und Gewicht.

Drei davon können wir jeweils festlegen, das vierte bestimmen (ablesen). Bei DUMAS sind z. B. Volumen, Druck und Temperatur festgelegt, das *Gewicht* wird bestimmt. Bei VIKTOR MEYER sind Gewicht, Druck und Temperatur festgelegt, das *Volumen* wird bestimmt. Bei der weniger gebräuchlichen Methode von LUMSDEN sind Gewicht, Volumen und Temperatur festgelegt, und der *Druck* wird bestimmt. Lediglich bei der Methode von HOFMANN sind nur zwei Stücke vorgegeben, Menge und Temperatur; die beiden übrigen, Volumen und Druck, läßt man sich einspielen.

Wesentlich einfacher ist die Rechnung bei der Gaswaage nach LEHRER und KUSS, der Gaswaage nach POLLITZER (vertikale Gassäulen) und bei der BUNSENschen Ausströmungsmethode. Man vergleicht hier stets mit einem bekannten Eichgas, und die Rechnung läuft auf eine einfache Proportionalität hinaus (Luft = 29).

Soweit also die Methoden, die auf der *Dampfdichte* beruhen. Bei den *übrigen* haben wir zunächst den osmotischen Druck, der dem Gasdruck gleich ist. Diesen osmotischen Druck können wir direkt bestimmen, was eine Methode mit äußerst großem Ausschlag gibt (Beispiel 41, Gelatine); das Verfahren wird bei niedermolekularen Verbindungen nur selten angewendet, da wir nicht immer über genügend verläßliche semipermeable Wände verfügen.

Deshalb benutzt man in praxi bevorzugt drei Größen, welche dem osmotischen Druck *proportional* sind, — *Dampfdruckerniedrigung, Gefrierpunktserniedrigung, Siedepunktserhöhung.* Die Proportionalitätskonstante ist nur bei den beiden letzteren eine individuelle Stoffkonstante (die BECKMANNkonstante) des Lösungsmittels; bei der ersteren (Dampfdruckerniedrigung) ist die Proportionalitätskonstante einfach gleich dem Molenbruch, also *unabhängig* vom Lösungsmittel und auch unabhängig von der Temperatur, bei der der Dampfdruck des Lösungsmittels und der Lösung bestimmt wird.

Bei der *Kryoskopie* ist die Molalität proportional der Gefrierpunktserniedrigung, bei der *Ebullioskopie* proportional der Siedepunktserhöhung; bei der Dampfdruckerniedrigung ist der Molenbruch (Mole Gelöstes:Mole Lösungsmittel) identisch mit der Dampfdruckerniedrigung; und aus dem Molenbruch kann man leicht die Molalität ausrechnen (Molalität = Kilogrammolarität, vgl. Kapitel A).

Bei den Methoden, welche mit einem *Lösungsmittel* arbeiten, also Kryoskopie, Ebullioskopie, Dampfdruckerniedrigung und isotherme Destillation, läßt sich die Rechnung in dem Satz zusammenfassen: Man muß *die Konzentration der Objektlösung in Gewichtsprozenten und in Molalitäten* kennen; daraus kann man das Molekulargewicht berechnen. In Gewichtsprozenten kennt man sie aus der Herstellung; man hat sie ja selber gemacht. In Molalitäten (Mol pro kg Lösungsmittel) erfährt man sie aus der Messung.

Die am allgemeinsten verwendbare Methode ist die der isothermen Destillation, da sie in bezug auf die Wahl des Lösungsmittels eine Freiheit gewährt wie keine andere. Sie liefert bei mittelhoch siedenden Lösungsmitteln wie Essigester oder Aceton und Vorhandensein eines gut temperaturkonstanten Kellers eine Genauigkeit von $\pm$ 1 Atomgewichtseinheit. Doch ist große Genauigkeit bei Molekulargewichtsbestimmungen heute im allgemeinen nicht mehr wichtig, da sie nur über den Faktor (1, 2, 3, 4 usw.) entscheiden muß, mit dem man die nach den Ergebnissen der Elementaranalyse zusammengestellte einfachste Formel zu multiplizieren hat; das genaue Molekulargewicht läßt sich dann aus der so ermittelten Formel errechnen.

4. Anomalien

Bei der Molekulargewichtsbestimmung kommen ab und zu Anomalien vor, d. h., das Resultat fällt gegenüber der zu erwartenden Formel zu tief oder zu hoch aus, auch ohne daß ein experimenteller Fehler gemacht worden wäre.

Fällt das Resultat zu tief aus, so spricht man von Dissoziation (Beispiel: Kochsalz in Wasser), fällt es zu hoch aus, von *Assoziation* (Beispiel: Essigsäure in Benzol). Die Assoziation tritt sowohl auf bei Molekulargewichtsbestimmungen aus der Dampfdichte (Beispiel: Essigsäure bei Temperaturen wenig über dem Siedepunkt) als auch bei Methoden, die ein Lösungsmittel verwenden (Kryoskopie, Ebullioskopie, isotherme Destillation).

Die Assoziation beruht darauf, daß neben den zu erwartenden einfachen Molekülen auch Doppelmoleküle des betreffenden Stoffes auftreten, welche nur lose zusammenhängen und stark dazu neigen, sich wieder in Einzelmoleküle aufzuspalten, so z. B. bei Erhöhung der Temperatur und bei Verdünnung. Das erhaltene Resultat ist also temperatur- und verdünnungsabhängig, im Gegensatz zu einem störungsfreien Resultat einer Molekulargewichtsbestimmung. Noch viel leichter kann die Assoziation aber durch Wechsel des Lösungsmittels beseitigt werden, d. h., indem man von einem „indifferenten" Lösungsmittel zu einem „nicht indifferenten" übergeht, und an diesem Verschwinden ist die Assoziation leicht als solche zu erkennen.

Da die Assoziation für den konstitutionserforschenden Chemiker keine interessante Erscheinung, sondern eine unliebsame Störung ist, wird man sie zu beseitigen versuchen. Jeder Chemiker weiß, daß ein Resultat einer Molekulargewichtsbestimmung, das Essigsäure oder Benzoesäure als aus Doppelmolekülen bestehend erklärt, im konstitutionschemischen Sinn einfach bedeutungslos bzw.

irreführend ist. Die Assoziation tritt nur auf bei hydroxylgruppenhaltigen Substanzen (Alkoholen, Phenolen, Säuren) in indifferenten Lösungsmitteln (Kohlenwasserstoffen und halogenierten Kohlenwasserstoffen) und verschwindet bei Verwendung von sauerstoff- oder stickstoffhaltigen Lösungsmitteln wie Wasser, Alkohol, Essigsäure, Phenol, Aceton, Pyridin, Campher. Verwendet man diese Lösungsmittel, so tritt keine Assoziation auf.

Wenn man beispielsweise Benzoesäure in Benzol kryoskopisch bestimmt, erhält man zu hohe Werte, weil sich Doppelmoleküle von Benzoesäure bilden. Bestimmt man sie dagegen in Wasser oder in Essigsäure, so erhält man richtige Werte. Der Wasserstoff der Hydroxylgruppen der Benzoesäure sucht sich durch Brückenbildung an Sauerstoffatome anzulagern. Findet er solche Sauerstoffatome in reichlicher Menge vor — in Wasser oder Essigsäure als Lösungsmittel —, so bildet er die Addukte mit diesen Stoffen. Findet er sie nicht vor — in Benzol —, so muß er auf die eigenen OH-Gruppen zurückgreifen, d. h., es kommt zur Bildung von Doppelmolekülen. Bei Wasser oder Essigsäure als Lösungsmittel entsteht für jedes Molekül Benzoesäure ein Molekül Addukt, d. h., die Anzahl der Fremdmoleküle bleibt gleich, die Molekulargewichtsbestimmung wird richtig. Bei Benzol wird die Zahl der Fremdmoleküle verringert, das Resultat der Molekulargewichtsbestimmung wird zu hoch. Bei Wasser als Lösungsmittel wird zwar die Wassermenge ein wenig verringert, weil Wassermoleküle für die Adduktbildung verbraucht werden; allein das fällt nicht stark ins Gewicht, da das Wasser im großen Überschuß vorhanden ist und nur das Verhältnis von Wassermolekülen zu Fremdstoffmolekülen ins Resultat eingeht, und dieses Verhältnis ist trotz der Adduktbildung nahezu unverändert.

Auch höhere Assoziationsfaktoren werden beobachtet. So zeigt z. B. Benzylalkohol in Pentan den Assoziationsfaktor 4.[1])

Abgrenzung der Begriffe Assoziation und Polymerisation

Die Assoziation ist dadurch charakterisiert, daß sie als Grenzwert für unendliche Verdünnung das normale Molekulargewicht liefert, bzw. diesem asymptotisch zustrebt, während das bei der Polymerisation nicht der Fall ist; die Assoziation ist also reversibel. Das Molekulargewicht eines polymerisierten Stoffes ist dagegen von der Verdünnung unabhängig.

Der Zerfall der Doppelmoleküle der Essigsäure (z. B.) erfolgt nach der Gleichung

$$(CH_3 \cdot COOH)_2 \leftrightharpoons 2CH_3COOH.$$

Er gleicht also völlig einem Dissoziationsvorgang und wird auch häufig mit dem Wort „Dissoziation" bezeichnet. Es ist jedoch wohl richtiger, hierfür das Wort „*Assoziationsrückgang*" zu gebrauchen. Für die Chemie ist das monomere Essigsäuremolekül das normale.

Über eine weitere Anomalie, die in entgegengesetzter Richtung wirkt wie die Assoziation, die also eine *Dissoziation vortäuscht*, siehe das früher erwähnte Kapitel im „Houben", 1955, Bd. III/1, S. 368 („Perlschnureffekt", erforscht von F. Klages).

---

[1]) K. Rast, Ber. dtsch. chem. Ges. *54*, 1986 (1921)

5. VAN'T HOFFsche Formel

Die kryoskopische BECKMANNkonstante K ist nach dem Vorhergehenden die Gefrierpunktserniedrigung, die 1 Mol Objektsubstanz in 1 kg Lösungsmittel hervorruft (bei Wasser z. B. 1,85°). Diese Konstante K läßt sich nach VAN'T HOFF berechnen aus der Schmelzwärme dieses Kilogramms Lösungsmittel, welche 1000 W beträgt (W = Schmelzwärme für 1 g).

$$K = \frac{R\,T^2}{1000\,W},$$

wobei R die Gaskonstante, ausgedrückt in cal bedeutet; ihr Wert ist gleich 2 cal (genauer 1,985 cal).

Beispiel 51 Die Beziehung ist am Wasser aufzuzeigen.
Wasser besitzt die BECKMANNkonstante 1,85 und die Schmelzwärme 80 cal; 1000 W ist also 80000 cal. Es gilt

$$\begin{aligned} K &= \frac{RT^2}{1000\,W} \quad \text{oder} \\ &= \frac{1{,}985 \cdot 273^2}{80000} \\ &= \frac{150000}{80000} \\ &= \mathbf{1{,}86}, \text{ tatsächlich } 1{,}85. \end{aligned}$$

Beispiel 52 Campher hat den Schmelzpunkt 177 °C und die Schmelzwärme 10,12 kcal pro kg. Die Beziehung ist am Campher aufzuzeigen ($K = 40$).

$$\begin{aligned} T &= 273 + 177 = 450° \\ 1000\,W &= 10120 \text{ cal} \\ K &= \frac{2 \cdot 450^2}{10120} \\ &= \frac{405000}{10120} \\ &= \mathbf{40}, \text{ wie tatsächlich.} \end{aligned}$$

Für die ebullioskopische BECKMANNkonstante gilt genau dieselbe Beziehung, nur tritt hier an die Stelle der Schmelzwärme die Verdampfungswärme für 1 kg Lösungsmittel (für Wasser z. B. 540 kcal), und T bedeutet die absolute Siedetemperatur des Lösungsmittels.

Beispiel 53 Die Beziehung ist am Wasser zu zeigen ($K = 0{,}51$).

$K = 0{,}51°$ $T = 373\,°C$ $1000\,W = 540000$ cal

$$K = \frac{RT^2}{1000\,W} = \frac{2 \cdot 373^2}{540000} = \frac{278000}{540000} = \mathbf{0{,}51}\text{, wie tatsächlich.}$$

Beispiel 54 Die Beziehung ist am Aceton zu zeigen. Aceton hat den Siedepunkt 56 °C, die Verdampfungswärme 125 kcal pro kg und die ebullioskopische BECKMANNkonstante 1,72.

$K = 1{,}72°$ $T = 329\,°C$ $1000\,W = 125000$ cal

$$K = \frac{RT^2}{1000\,W} = \frac{2 \cdot 329^2}{125000} = \frac{216000}{125000} = \mathbf{1{,}73}\text{, tatsächlich 1,72.}$$

6. Chemische Methoden der Molekulargewichtsbestimmung

Vor nicht allzu langer Zeit konnte man noch von „Molekulargewichtsbestimmungen" lesen, die derart ausgeführt waren, daß die Substanz, z. B. ein Naturstoff von Säurecharakter, mit $\frac{n}{10}$ Kalilauge titriert worden war.

Daß das keine Molekulargewichtsbestimmungen sind, leuchtet ein; es sind Äquivalentgewichtsbestimmungen. Wenn das Molekül des Naturstoffs doppelt so groß wäre, würde man auf diese Weise nicht das mindeste davon bemerken.

Keineswegs etwas anderes ist es jedoch, wenn man statt dessen ein Silbersalz herstellt und darin den Silbergehalt bestimmt. Daß man den Silbergehalt durch Analyse des isolierten Salzes bestimmt, ist genau das gleiche, wie die Titration der Säure mit Silberoxidlösung; und das ist wieder dasselbe, wie wenn man Kalilauge genommen hätte. Auch die Analyse des Silbersalzes ist keineswegs eine Molekulargewichtsbestimmung, sondern eine Äquivalentgewichtsbestimmung. Wenn das Molekül doppelt so groß wäre, würde man nicht das mindeste davon bemerken. Crotonsäure und Dicrotonsäure z. B. haben die Formeln $C_4H_6O_2$ bzw. $C_8H_{12}O_4$; ihre Silbersalze haben die Formeln $C_4H_5AgO_2$ bzw. $C_8H_{10}Ag_2O_4$ und selbstverständlich den gleichen Silbergehalt.

Nun pflegt hier allerdings der Zusatz gemacht zu werden, ,,man braucht nun nur noch zu wissen, ob die Säure einbasisch, zweibasisch oder dreibasisch ist'', um auf diese Weise das Molekulargewicht ausrechnen zu können. Allein wenn man das Molekulargewicht nicht kennt, dann kennt man auch die Basizität der Säure nicht, denn beide sind untrennbar miteinander verbunden. Eine Annahme über die Basizität darf man aber nicht machen, denn dann macht man eine Annahme über das Molekulargewicht; das Ganze bedeutet also, ein Molekulargewicht auszurechnen mit Hilfe einer Annahme über das Molekulargewicht.

Nur wenn man auf Grund einer anderen physikalischen Untersuchung *die Basizität der Säure mit Sicherheit erfahren hat*, ist dieser Weg gangbar. Die einfachste Methode dieser Art ist die Untersuchung der potentiometrischen Titrationskurve[1]) der Säure. Geht *aus dieser* hervor, daß die Säure z. B. 3basisch ist (3 Wendepunkte), so sind weitere Schlüsse auf das Molekulargewicht berechtigt.

Ganz allgemein: wenn zwei Moleküle oder Molekülstücke zusammen denselben chemischen oder physikalischen Effekt ergeben (Silbergehalt, Kaliverbrauch, Lichtabsorption, oder sonst etwas), gleichgültig ob sie miteinander verbunden sind oder nicht, dann kann man aus diesem Effekt auch keinen Schluß auf ihre Verbundenheit ziehen. Es empfiehlt sich, sich das klar zu machen, da dieser Denkfehler oft wiederkehrt.

Einen *Minimumswert* für das Molekulargewicht kann die chemische Methode dagegen angeben. Liegt z. B. ein *einheitliches* Eiweiß vor, das schwefelhaltig ist, so ist natürlich ein Minimum für das Molekulargewicht durch die Überlegung gegeben, daß das Molekül nicht weniger als ein ganzes Schwefelatom enthalten kann.

Praktisch kann man das Vorliegen von zwei oder drei Wendepunkten in einer potentiometrischen Titrationskurve *nicht* mit Sicherheit erkennen, wohl aber ziemlich oft, daß *nur ein* Wendepunkt vorliegt. In diesem Fall kann man behaupten, daß die untersuchte Säure *einbasisch* ist, und die Äquivalentgewichtsbestimmung wird *dann* wirklich zur Molekulargewichtsbestimmung. Das gleiche gilt, wenn das unbekannte Molekül etwa einen chinoiden Kern enthält, für die potentiometrische *Reduktionstitration* z. B. mit *Zinn(II)-chlorid*. Das Verfahren ist neuerdings häufiger angewendet worden.[2]) Man verläßt sich hierbei, wenn man das Verfahren als Molekulargewichtsbestimmung ansieht, darauf, daß bei etwaigem Vorliegen eines doppelt so großen Moleküls mit *zwei* chinoiden Kernen die Reduktion des zweiten chinoiden Kerns sich als *zweiter* Wendepunkt in der *potentiometrischen Titrationskurve* bemerkbar machen würde.

Analog sind in neuerer Zeit auch Molekulargewichte von Naturstoffen in der Weise bestimmt worden, daß *Addukte dieser Stoffe an Pikrinsäure* hergestellt und diese dann *kolorimetrisch* (gegen freie Pikrinsäure) bestimmt wurden, wobei man voraussetzte, daß das Pikrinsäureaddukt der Substanz im Molverhältnis 1:1 zusammengesetzt ist.

Die Behauptung eines ,,Molekulargewichts'' auf Grund dieser Methode ist selbstverständlich auch hier nur mit demselben Grad von Bestimmtheit vertretbar, mit dem man annehmen kann, daß das Pikrinsäureaddukt der Substanz *im*

---

[1]) der p_H-Kurve beim Titrationsvorgang

[2]) z. B. Chem. Ber. *86*, 1514 (1953); Z. angew. Chem. *67*, 618 (1955)

Molverhältnis 1:1 zusammengesetzt ist. (Die Kolorimetrie gegen Pikrinsäure ist deshalb möglich, weil solche Addukte in Lösung vollständig in die Komponenten zerfallen). Wäre das Addukt aber zufälligerweise etwa im Molverhältnis 2:1 zusammengesetzt, so würde das Resultat auch hier falsch werden. Immerhin sind solche Addukte meist im Molverhältnis 1:1 zusammengesetzt.

Eigentliche chemische Methoden der Molekulargewichtsbestimmung gibt es nicht. In derartigen Methoden steckt, wie gezeigt, immer eine *physikalisch* bewiesene — oder auch eine gänzlich unbewiesene — Voraussetzung, welche den Kern der Behauptung über die Molekulargröße ausmacht. Zu den ,,chemischen" Methoden der Molekulargewichtsbestimmung könnte man höchstens die Endgruppenbestimmung rechnen, welche in der makromolekularen Chemie eine Rolle spielt. Sie beruht jedoch auch wieder auf der Voraussetzung, daß die Kette nur zwei Enden hat, also keine Verzweigungen vorkommen. Unter einem ,,Makromolekül" versteht man seit STAUDINGER unumstritten den Komplex, der durch *Hauptvalenzen* zusammenhängt, also nicht Agglomerate.[1])

7. Historische Bedeutung der Molekulargewichtsbestimmung

Von allen Methoden der Molekulargewichtsbestimmung haben in der Geschichte der Chemie die der Dampfdichtebestimmung die größte Bedeutung gehabt; ein sehr großer Teil unseres chemischen Wissens und Formelwesens beruht auf solchen Bestimmungen. Für die heutige Praxis der organischen Konstitutionsforschung haben sie jedoch nur noch untergeordnete Bedeutung. Denn wenn ein Stoff unzersetzt verdampfbar ist, hat er stets auch eine so gute Löslichkeit, daß er nach den weit allgemeiner verwendbaren Methoden der Kryoskopie, Ebullioskopie und isothermen Destillation behandelt werden kann. Die wichtigsten sind heute die Mikromethoden.

---

[1]) Vgl. H. STAUDINGER, Arbeitserinnerungen, Dr. Alfred Hüthig Verlag, Heidelberg 1961, S. 85

Oder anders ausgedrückt: die Fachwelt hat sich heute der Ansicht STAUDINGERS angeschlossen, welche besagt:

Die osmotisch, optisch oder zentrifugalgravimetrisch wirksamen Partikel einer Lösung einer Substanz, die man schon immer als „hochmolekular" zu bezeichnen gewohnt war, sind durch Hauptvalenzen zusammengehaltene Einzelmoleküle, nicht Agglomerate aus solchen, die nur durch Kohäsionskräfte zusammengehalten werden; es gibt also wirklich „Makromolekühle" vom Molekulargewicht z. B. 50000

C

GASGLEICHGEWICHTE

1. Allgemeiner Teil

a) Massenwirkungsgesetz bei Gasen

Wenn 1 Mol Phosphorpentachloriddampf bei einer bestimmten Temperatur 10% mehr Volumen beansprucht, als es den Gasgesetzen nach dürfte, ist es zu 10% zerfallen in PCl_3 und Cl_2. Diese 10% nehmen doppelt so viel Volumen ein wie vorher und verursachen daher die 10% Übervolumen.

Der Dissoziationsgrad α ist definiert als *der Bruchteil der Ausgangssubstanz* (hier PCl_5), *der zerfallen ist.* Der Dissoziationsgrad ist hier 10%.

Wenn man nun bei derselben Temperatur das Volumen ändert, bleibt dieser Dissoziationsgrad von 10% nicht etwa erhalten, sondern ändert sich ebenfalls. Und zwar wird er größer, wenn das Volumen größer wird, das Gas also verdünnt wird.

Zur Charakterisierung der Dissoziationsverhältnisse des Phosphorpentachloriddampfes bei einer Temperatur kommt man also mit dem Dissoziations*grad* nicht aus, da dieser — bei wechselndem Druck — schwankt. Man muß zu seiner Berechnung noch *eine andere* Größe einführen, die *nicht* schwankt, auch nicht bei wechselndem Druck. Eine solche Größe liefert uns *das Massenwirkungsgesetz von* GULDBERG *und* WAAGE, das für alle Gleichgewichte gilt. Es lautet in diesem Fall

$$\frac{[PCl_3]\,[Cl_2]}{[PCl_5]} = K\,.$$

Die eckigen Klammern bedeuten die Konzentrationen; wenn nicht anders angegeben, zunächst immer in *Mol pro Liter. Die Einheit der Konzentration ist also eine ähnliche wie in der Maßanalyse die Normalität, genauer die Molarität.* Doch kann man, wenn man es ausdrücklich angibt, bei Gasen an Stelle der Konzentration den Partialdruck einsetzen. Jedoch kommt man dann zu einem anderen Wert von K! Und zwar wieder zu drei verschiedenen K-Werten, je nachdem ob man die Gaskonzentrationen in Mol pro Liter, in Millimetern oder in Atmosphären gemessen hat. Welche von diesen Maßeinheiten man benutzt, ist gleichgültig; selbstverständlich muß man während einer Rechnung bei ein und derselben bleiben resp. auf *eine* umrechnen, wenn die Daten dazu zwingen. Für Konzentrationen in atm oder mm werden im folgenden *runde* Klammern benützt (obwohl in der neueren Literatur auch hierfür häufig eckige Klammern verwendet werden).

Wir haben also in K einen Wert, der die Dissoziationsverhältnisse charakterisiert, solange man bei ein und derselben Temperatur bleibt. Ändert man die Temperatur, so ändert sich auch der Wert K, und zwar wird er mit steigender Temperatur bald größer, bald kleiner. Bei Dissoziationsreaktionen, wie etwa der Wasserdissoziation, wird er in der Regel größer. Das Gesetz seiner Änderung mit der Temperatur wird bestimmt durch die *Isochorengleichung*, welche später behandelt wird. Für die Isochorengleichung ist es gleichgültig, welchen von diesen K-Werten (K_{mm} oder K_{atm}) man nimmt, da die beiden K-Werte für die Temperaturen durcheinander dividiert werden, wobei die Benennungen herausfallen. Mit anderen Worten, für die Quotientenbildung ist es gleichgültig, welchen K-Wert man nimmt, das Verhältnis bleibt dasselbe. Es wird nämlich der Wert $\log K_2 - \log K_1$ gebildet, und das ist der Logarithmus des Quotienten K_2/K_1.

Feste Stoffe können in der Gleichung weggelassen werden. Sie haben bei bestimmter Temperatur einen bestimmten Dampfdruck im Gasraum. Mit anderen Worten ihre Konzentration im Gasraum ist unabhängig von ihrer Menge, also konstant; sie kann daher nach rechts auf die Seite der Konstante gesetzt, d. h. in die Konstante einbezogen werden. So können z. B. bei der thermischen Dissoziation des Calciumcarbonats in Kalk und Kohlendioxid die beiden festen Stoffe CaO und $CaCO_3$ weggelassen werden. Die Gleichung lautet:

$$CaCO_3 = CaO + CO_2 \qquad \text{und}$$

$$\frac{[CaO] \cdot [CO_2]}{[CaCO_3]} = K,$$

die nach Streichung der festen Stoffe CaO und $CaCO_3$ übergeht in $[CO_2] = K$.

Das heißt: Bei gegebener Temperatur entwickelt Calciumcarbonat einen ganz bestimmten Dissoziationsdruck von Kohlendioxid, genau wie Wasser einen bestimmten Wasserdampfdruck entwickelt, und zwar unabhängig davon, wieviel $CaCO_3$ und CaO anwesend sind. *Die Erscheinung ist physikalisch völlig analog der Verdampfung einer Flüssigkeit bei gegebener Temperatur.* Wie diese ist sie endotherm, führt zu einem bestimmten Gleichgewichtszustand, ist unabhängig von der Menge des Bodenkörpers und unterliegt dem gleichen Gesetz für den Temperaturgang des entwickelten Gasdrucks wie die Verdampfung.

In der Gleichung $[CO_2] = K$ kann K natürlich wieder in Mol pro Liter, in mm und in atm angegeben werden; man erhält dabei drei numerisch verschiedene Werte, die physikalisch dasselbe aussagen, nämlich das Vorliegen einer konstanten Kohlensäurekonzentration im Gasraum.

Wir müssen nun eine andere Art von Systemen betrachten, nämlich die Systeme, bei denen sich durch Reaktion *die Molekülzahl nicht ändert,* bei denen also rechts und links vom Gleichheitszeichen gleich viele Moleküle stehen. Als Beispiel diene die zweite Stufe der Wassergasreaktion, die Reaktion $CO + H_2O = CO_2 + H_2$. Rechts und links vom Gleichheitszeichen befinden sich gleich viele Moleküle; die Reaktion geht ohne Molekülvermehrung oder -verminderung vor sich.

Ihr Gleichgewicht lautet

$$\frac{[CO_2]\,[H_2]}{[CO]\,[H_2O]} = K.$$

(K kann auch reziprok definiert werden, d. h., H_2 und CO_2 können auch unter den Bruchstrich geschrieben werden. Im allgemeinen dürfte es sich empfehlen, H_2 *über* den Bruchstrich zu schreiben in Übereinstimmung mit der Tatsache, daß Wasserstoff *das gewünschte Reaktionsprodukt* ist; in Zweifelsfällen muß man sich überzeugen, was gemeint ist.)

Diese Systeme unterscheiden sich von den bisher betrachteten, z. B. von dem des dissoziierenden PCl_5 dadurch, daß sie auch bei Volumenänderung ihre Zusammensetzung unverändert beibehalten. *Reaktionen, die ohne Volumenänderung vor sich gehen, werden durch Volumenänderungen auch nicht beeinflußt.* Weiterhin ist es bei diesen Systemen gleichgültig, ob wir die Konzentration in Mol pro Liter, mm oder atm messen; alle drei Arten führen hier zu dem *gleichen* numerischen Wert von K. Der Grund ist leicht einzusehen: Es werden hier nur vier Konzentrationen durcheinander dividiert, die Benennungen fallen heraus, und K wird eine *reine Zahl*, nicht ein Gasdruck, wie vorhin.

Dieses Wassergasgemisch behält also seine prozentuale Zusammensetzung (bei gleichbleibender Temperatur) unverändert bei, wenn man es komprimiert. Nur Reaktionen, die unter Molekülzahl*verminderung* verlaufen, treten auf bloße Druckvermehrung hin ein; das System sucht dem Druckzwang also auszuweichen, indem es sich kleiner macht (Prinzip vom kleinsten Zwang). Und zwar ist die Wirkung des Drucks auf die Reaktion um so stärker, je größer die Molekülzahlverminderung bei der Reaktion ist, je größer die Differenz zwischen den Molekülzahlen rechts und links des Gleichheitszeichens ist. Doch kommen Reaktionen mit größeren Molekülzahlverminderungen als 1 nur selten vor. Zwei Beispiele hierfür bilden die Ammoniaksynthese

$$N_2 + 3\,H_2 = 2\,NH_3 \qquad \text{(Verminderung um 2)}$$

und die Eisencarbonylbildung

$$Fe + 5\,CO = Fe(CO)_5 \qquad \text{(Verminderung um 4),}$$

bei denen, praktisch gesprochen, die enorme Druckempfindlichkeit es ermöglicht, die sonst wenig günstige Gleichgewichtslage in der gewünschten Richtung zu verschieben.

Endlich sei noch der wichtige Typ kurz betrachtet, bei dem aus *zwei* Molekülen *drei* werden, resp. umgekehrt. Diesen haben wir bei der Wasserdissoziation und der SO_3-Dissoziation (der Reaktion im Schwefelsäurekontaktofen). Die Reaktion lautet bei Wasser

$$2\,H_2O = 2\,H_2 + O_2$$

und das Gleichgewicht

$$\frac{[H_2]^2\,[O_2]}{[H_2O]^2} = K.$$

Schreibt man diesen Bruch

$$\frac{[H_2]^2}{[H_2O]^2} \cdot [O_2] = K,$$

so sieht man, daß der Bruch $\frac{[H_2]^2}{[H_2O]^2}$ eine reine Zahl ist (wie im vorhergehenden Beispiel die Wassergaskonstante) und K den Charakter eines Sauerstoffdrucks annimmt. Man kann also den Sinn auch so aussprechen:

„Wenn man dem Verhältnis $\frac{[H_2]}{[H_2O]}$ einen bestimmten Wert gibt, gibt man natürlich auch dem Verhältnis $\frac{[H_2]^2}{[H_2O]^2}$ einen bestimmten Wert, und diesem entspricht ein bestimmter Sauerstoffdruck, der wieder in Mol pro Liter, mm oder atm gemessen werden kann." Wenn also z. B. das Verhältnis von H_2 zu H_2O gleich 1 ist, ist es gleichgültig, ob die absoluten Drücke dieser Gase groß oder klein sind; im Gleichgewicht damit steht doch ein bestimmter Sauerstoffdruck von, sagen wir, 3 mm.

Ebenso ist es beim SO_3-Zerfall. Die Gleichung lautet

$$2\,SO_3 = 2\,SO_2 + O_2$$

resp.

$$\frac{[SO_2]^2\,[O_2]}{[SO_3]^2} = K.$$

Das können wir wieder schreiben

$$\frac{[SO_2]^2}{[SO_3]^2} \cdot [O_2] = K,$$

wo wieder $\frac{[SO_2]^2}{[SO_3]^2}$ eine reine Zahl ist; und wir folgern:

Wenn die Partialdrücke von SO_2 und SO_3 in einem gegebenen Verhältnis stehen, entspricht diesem Verhältnis ein ganz bestimmter Sauerstoffdruck, gleichgültig ob die absoluten Werte von $[SO_2]$ und $[SO_3]$ groß oder klein sind.

Analog ist auch der Zerfall des Kohlendioxids in Kohlenoxid und Sauerstoff:

$$2\,CO_2 = 2\,CO + O_2;$$

die Konstante wird

$$\frac{[CO]^2}{[CO_2]^2} \cdot [O_2] = K.$$

b) Beispiel 1—4 (Dissoziationsgrad)

Beispiel 1 Phosphorpentachlorid nimmt bei bestimmter Temperatur und bestimmtem Druck 10% mehr Volumen ein (gasförmig), als es den Gasgesetzen nach dürfte. Wie groß ist der Dissoziationsgrad α?

A: Wenn 10% dissoziiert sind, gibt es 10% Übervolumen. $\alpha =$ **0,1**.

Beispiel 2 Wasserdampf dissoziiert nach $2\,H_2O = 2\,H_2 + O_2$ in die Elemente. Bei bestimmten Temperatur- und Druckverhältnissen nimmt er 3% mehr Volumen ein, als er den Gasgesetzen nach dürfte. Wie groß ist der Dissoziationsgrad α?

A: Wenn 6% dissoziiert sind, gibt es 3% Übervolumen. 6 Volumprozent H_2 ersetzen die verschwindenden 6 Volumprozent H_2O, und 3 Volumenprozent O_2 entstehen zusätzlich. $\alpha =$ **0,06**.

Beispiel 3 Ammoniak dissoziiert nach $2\,NH_3 = N_2 + 3\,H_2$ in die Elemente. Bei bestimmten Temperatur- und Druckverhältnissen nimmt es 4% mehr Volumen ein, als es den Gasgesetzen nach dürfte. Wie groß ist der Dissoziationsgrad α?

A: Aus *zwei* Molen entstehen vier. Von diesen ersetzen zwei die zwei verschwindenden Mole, die restlichen zwei verursachen 2% Übervolumen. Wenn 4% dissoziiert sind, gibt es 4% Übervolumen. $\alpha = \mathbf{0{,}04}$.

Beispiel 4 Bromwasserstoff dissoziiert nach $2\,HBr = H_2 + Br_2$ in die Elemente. Bei bestimmten Temperatur- und Druckverhältnissen nimmt er 0,6% weniger Volumen ein, als er den Gasgesetzen nach dürfte. Wie groß ist der Dissoziationsgrad α?

A: Die Dissoziation verläuft ohne Volumenänderung; eine etwaige Volumenänderung hat demnach mit dieser Dissoziation nichts zu tun und gestattet keinen Rückschluß auf diese. Sie kommt von ungenauer Befolgung der Gasgesetze her (oder anderen Ursachen).

c) Beispiel 5—23 (Massenwirkungsgesetz)

Beispiel 5 In einem geschlossenen Gefäß herrschen bei bestimmten Temperatur- und Druckverhältnissen folgende Partialdrücke: PCl_3 2 mm, Cl_2 3 mm, PCl_5 4 mm. Wie groß ist die Gleichgewichtskonstante K_{mm}?

A: $K_{mm} = \frac{(PCl_3)\,(Cl_2)}{(PCl_5)} = \frac{2 \cdot 3}{4} = \mathbf{1{,}5}.$

Beispiel 6 Unter anderen Verhältnissen herrschen die Partialdrücke PCl_3 1 atm, Cl_2 10 atm, PCl_5 1 atm. Wie groß ist die Gleichgewichtskonstante K_{atm}?

A: $K_{atm} = \frac{(PCl_3)\,(Cl_2)}{(PCl_5)} = \frac{1 \cdot 10}{1} = \mathbf{10}.$

Beispiel 7 Bei einer bestimmten Temperatur seien in einem Volumen von 1 Liter eingeschlossen im Gleichgewicht 1 Mol PCl_5, 1 Mol PCl_3 und 1 Mol Cl_2. Wie groß sind die Dissoziationskonstante K_c und der Dissoziationsgrad α?

A: $K_c = \frac{[PCl_3] \cdot [Cl_2]}{[PCl_5]} = \frac{1 \cdot 1}{1} = \mathbf{1}.$

$\alpha = \mathbf{0{,}5}$ (Die Hälfte des Gesamt-PCl_5 ist zerfallen.).

Beispiel 8 Ebenso seien bei einer anderen Temperatur in einem Volumen von 2 Litern im Gleichgewicht 1 Mol PCl_5, 1 Mol PCl_3 und 1 Mol Cl_2. Wie groß sind K_c und α?

$$\mathbf{A}:\ K_c = \frac{\frac{1}{2}\cdot\frac{1}{2}}{\frac{1}{2}} = \frac{1}{2}.$$

$$\alpha = 0{,}5.$$

Beispiel 9 In einem Volumen von 30 Litern seien bei einer bestimmten Temperatur im Gleichgewicht 2 Mole PCl_3, 3 Mole Cl_2 und 4 Mole PCl_5. Wie groß ist K_c?

$$\mathbf{A}:\ K_c = \frac{[PCl_3]\cdot[Cl_2]}{[PCl_5]} = \frac{\frac{2}{30}\cdot\frac{3}{30}}{\frac{4}{30}} = \frac{1}{20}.$$

Beispiel 10 In einem Volumen von 1 Liter seien im Gleichgewicht die Partialdrücke 1 atm PCl_3, 1 atm Cl_2 und 1 atm PCl_5. Wie groß sind K_{atm} und α?

$$\mathbf{A}:\ K_{\text{atm}} = \frac{1\cdot 1}{1} = 1$$

$$\alpha = 0{,}5.$$

Beispiel 11 In einem Volumen von 2 Litern seien im Gleichgewicht die Partialdrücke 1 atm PCl_3, 1 atm Cl_2 und 1 atm PCl_5. Wie groß sind K_{atm} und α?

$\mathbf{A}:\ K_{\text{atm}} = \frac{1\cdot 1}{1} = 1$; das Volumen tut jetzt nichts zur Sache.

$$\alpha = 0{,}5.$$

Beispiel 12 In einem Volumen von 7 Litern seien im Gleichgewicht die Partialdrücke 5 mm PCl_3, 5 mm PCl_2 und 5 mm PCl_5. Wie groß sind K_{mm} und α?

$\mathbf{A}:\ K_{\text{mm}} = \frac{5\,.\,5}{5} = 5$; das Volumen tut nichts zur Sache.

$$\alpha = 0{,}5.$$

Beispiel 13 In einem Volumen von 12 Litern seien im Gleichgewicht die Partialdrücke $^1/_2$ atm PCl_3, $^1/_2$ atm Cl_2 und $^1/_2$ atm PCl_5. Wie groß sind K_{mm} und α?

$$\mathbf{A}:\ K_{\text{mm}} = \frac{380\cdot 380}{380} = 380$$

$$\alpha = 0{,}5.$$

Beispiel 14 Wasserdampf von Atmosphärendruck spaltet sich bei einer bestimmten Temperatur (Weißglut) zu $\frac{1}{100}\%$ in seine Elemente. Wie groß sind K_{atm} und α?

A: $2\,H_2O = 2\,H_2 + O_2$; $(H_2O) = 1$ atm; $(H_2) = \frac{1}{10000}$ atm; $(O_2) = \frac{1}{20000}$ atm.

$$K_{\text{atm}} = \frac{(H_2)^2 \cdot (O_2)}{(H_2O)^2} = \frac{\left(\frac{1}{10000}\right)^2 \cdot \frac{1}{20000}}{1^2} = \frac{1}{2} \cdot 10^{-12}$$

$$\alpha = 10^{-4}.$$

Beispiel 15 Bei einer bestimmten, sehr hohen Temperatur ist Wasserdampf von Atmosphärendruck (Gesamtdruck) zu 50% in die Elemente zerfallen. Wie groß ist K_{atm}?

A: Aus 4 Molen H_2O bilden sich im ganzen 5 Mole; 2 bleiben H_2O, 2 werden $2\,H_2 + O_2$. Zusammen herrscht 1 atm Druck. O_2 hat also den Partialdruck $\frac{1}{5}$ atm, H_2 und H_2O haben je $\frac{2}{5}$ atm Partialdruck.
Die Konstante ist

$$K_{\text{atm}} = \frac{(H_2)^2 \cdot (O_2)}{(H_2O)^2} = \frac{\left(\frac{2}{5}\right)^2 \cdot \left(\frac{1}{5}\right)}{\left(\frac{2}{5}\right)^2} = \frac{1}{5}.$$

Beispiel 16 Im vorigen Beispiel (also bei derselben Temperatur) ist der Partialdruck des H_2 $\frac{2}{5}$ atm, der des H_2O ebenfalls, der des O_2 $\frac{1}{5}$ atm. Nun sollen die Partialdrücke des H_2 und H_2O auf $\frac{1}{1000}$ des vorherigen Wertes gesenkt werden. Wie groß wird dann der von O_2?

A: Er bleibt $\mathbf{\frac{1}{5}}$ **atm** $\left(\frac{(H_2)}{(H_2O)} \text{ bleibt ja unverändert } = 1\right)$. Wenn das Verhältnis $\frac{(H_2)}{(H_2O)}$ sich nicht ändert, bleibt der absolute Druck von O_2 unverändert, wie stark sich auch die Partialdrücke von H_2 und H_2O absolut ändern mögen.

Beispiel 17 SO_2-haltiges Schwefeltrioxid zerfällt bei höherer Temperatur bei einem Gesamtdruck von 1 atm zum Teil in SO_2 und O_2. Dabei stellt sich ein Partialdruck des Sauerstoffs von 20 mm ein. Die Konstante K_{mm} sei 20. Wie ist die Konstante definiert, und wie groß werden die Partialdrücke von SO_3 und SO_2?

A: $2SO_3 = 2SO_2 + O_2$

$$K_{mm} = \frac{(SO_2)^2(O_2)}{(SO_3)^2} = 20$$

$$(O_2) = 20$$

$$\frac{(SO_2)^2}{(SO_3)^2} = 1$$

$$\frac{(SO_2)}{(SO_3)} = 1$$

$(SO_2) + (SO_3) =$ **740 mm** (760—20)

$(SO_2) = (SO_3) =$ **370 mm.**

Beispiel 18 Die zweite Stufe der Wassergasreaktion, die „Wassergaskonvertierung", verläuft nach der Gleichung

$$CO + H_2O = H_2 + CO_2.$$

Bei einer bestimmten Temperatur sei in 100 Litern im Gleichgewicht ein Gemisch von je 10 Volumprozent CO, H_2O und H_2 und 70 Volumprozent CO_2.

a) Wie ist die Zusammensetzung des Gemisches in Molprozenten,
b) wie ist die Konstante definiert und
c) wie ändert sich die Zusammensetzung des Gemisches bei Kompression auf 20 Liter?

A: a) Volumprozente sind Molprozente,

b) $\frac{[H_2]\,[CO_2]}{[H_2O]\,[CO]} = K,$

c) überhaupt nicht.

Analoge Reaktionen, die ohne Änderung der Molekülzahl verlaufen, sind z. B. die Bildung und der Zerfall der Halogenwasserstoffe (Chlorwasserstoff, Bromwasserstoff, Jodwasserstoff), die Stickstoffverbrennung $N_2 + O_2 = 2NO$; ferner (im flüssigen System) die Veresterung von Alkohol und Säure zu Ester und Wasser und ihre Umkehrung, die Verseifung; weiterhin die Hochofenreaktion, die Bildung von ferrum reductum (s. Abschnitt h) und sämtliche Isotopen-Austauschreaktionen, wie z. B.

$$HD + H_2O = H_2 + HDO$$

(Austauschreaktion des Kolonnenapparats zur Darstellung von schwerem Wasser).

Beispiel 19 Jodwasserstoff zerfällt nach der Gleichung

$$2HJ = H_2 + J_2$$

ohne Molekülzahländerung in die Elemente.

Ein Behälter von 50 Liter Inhalt enthält 2 Mole Jodwasserstoffgas und wird auf höhere Temperatur erhitzt. Dabei zerfällt der Jodwasserstoff zur Hälfte. Der Enddruck sei 2 atm.[1] Wie groß ist a) der Dissoziationsgrad, b) die Dissoziationskonstante in Atmosphären, c) dieselbe in Millimetern, d) dieselbe in Mol pro Liter?

A: Der Dissoziationsgrad ist 0,5. Die Molzahl ist 2, davon ist 1 Mol HJ, $\frac{1}{2}$ Mol Joddampf und $\frac{1}{2}$ Mol Wasserstoff. Die Partialdrücke sind hier

$$\text{für HJ } 1 \text{ atm},$$

$$\text{für } J_2 \ \frac{1}{2} \text{ atm},$$

$$\text{für } H_2 \ \frac{1}{2} \text{ atm}.$$

$$\frac{(H_2)\,(J_2)}{(HJ)^2} = K$$

$$K_{\text{atm}} \text{ ist also } \frac{\frac{1}{2}\cdot\frac{1}{2}}{1^2} = \frac{1}{4} \textbf{ für atm.}$$

$$K_{\text{mm}} \text{ ist } \frac{380\cdot 380}{760\cdot 760} = \frac{1}{2}\cdot\frac{1}{2} = \frac{1}{4} \textbf{ für mm.}$$

Die Konzentrationen in Mol pro Liter sind

$$\text{für HJ } \frac{1}{50},$$

$$\text{für } H_2 \ \frac{1}{100},$$

$$\text{für } J_2 \ \frac{1}{100},$$

$$K_c \text{ daher} = \frac{\frac{1}{100}\cdot\frac{1}{100}}{\frac{1}{50}\cdot\frac{1}{50}} = \frac{1}{4} \textbf{ für Mol pro Liter.}$$

Die numerischen Werte werden gleich, was gezeigt werden sollte.

Beispiel 20 Die Veresterung von Alkohol mit Essigsäure nach der Gleichung

$$C_2H_5OH + CH_3COOH = CH_3COOC_2H_5 + H_2O$$

---

[1]) Die Zahlen sind willkürlich

führt zu einer Gleichgewichtskonstanten

$$\frac{(\text{Alkohol})\ (\text{Säure})}{(\text{Ester})\ (\text{Wasser})} = \frac{1}{4}.$$

Wie groß ist die gebildete Estermenge, wenn man von 3 Molen Alkohol und 3 Molen Säure ausgeht?

A: *Die Reaktion verläuft ohne Änderung der Molekülzahl; das Volumen tut also nichts zur Sache.*

Wenn sich 2 Mole Ester bilden (angenommen), bilden sich auch 2 Mole Wasser, und wir haben für obiges Gleichgewicht

$$\frac{1 \cdot 1}{2 \cdot 2} = \frac{1}{4}.$$

Es bilden sich 2 **Mole Ester**.

Beispiel 21 a Mole Isopropylalkohol und b Mole Ameisensäure werden gemischt; die Gleichgewichtskonstante heiße K. Wie viele Mole Ester bilden sich?

A: Wenn sich x Mole Ester bilden, bilden sich auch x Mole Wasser, und wir haben

$$\frac{(a - x)\ (b - x)}{x^2} = K; \text{ nach } x \text{ aufzulösen.}$$

Beispiel 22 Wie viele Mole Alkohol muß man zu 10 Molen Essigsäure geben, damit diese zu 90% verestert wird?

A: x Mole Alkohol.

Wenn die Essigsäure zu 90% verestert wird, haben wir 9 Mole Ester, 9 Mole Wasser, 1 Mol Essigsäure und $x - 9$ Mole Alkohol im Gleichgewicht, und es gilt

$$\frac{1 \cdot (x - 9)}{9 \cdot 9} = \frac{1}{4}$$

$$x - 9 = \frac{81}{4} = 20\frac{1}{4}$$

$$x = 29\frac{1}{4}.$$

Beispiel 23 In welcher Richtung wird das Gleichgewicht obiger Mischung verschoben, wenn man als Katalysator eine Spur Schwefelsäure zugibt?

A: Überhaupt nicht; Katalysatoren verschieben keine Gleichgewichte. (Etwas anderes ist es, wenn H_2SO_4 in *erheblicher Menge* zugesetzt wird; dann ist es kein bloßer Katalysator mehr, sondern entfernt das Wasser aus dem Gleichgewicht.)

d) Beispiel 24—28 (Umrechnung von K_c in K_{atm})

Beispiel 24 Bei einer bestimmten, sehr hohen Temperatur ist Kohlendioxid unter Atmosphärendruck zu 1,8% gespalten in Kohlenoxid und Sauerstoff. Wie groß ist die Gleichgewichtskonstante K_{atm}?

A: „Kohlendioxid ist bei einer bestimmten Temperatur zu 1,8% zerfallen in CO und O_2" heißt:
Aus 100 Volumenteilen CO_2 entstehen 1,8Volumenteile CO und 98,2 Volumenteile CO_2, daneben aber noch 0,9 Volumenteile O_2, zusammen 100,9 Volumenteile. Der Gesamtdruck ist 1 atm. Die Partialdrücke in Atmosphären sind dann

$$\text{für } CO_2 \quad \frac{98{,}2}{100{,}9} = 0{,}973 \text{ atm},$$

$$\text{für } CO \quad \frac{1{,}8}{100{,}9} = 0{,}01\,784 \text{ atm},$$

$$\text{für } O_2 \quad \frac{1}{2} \cdot 0{,}01784 = 0{,}00982 \text{ atm}.$$

$$K_{atm} = \frac{0{,}01784^2 \cdot 0{,}00\,982}{0{,}973^2} = \mathbf{3 \cdot 10^{-6}}.$$

Beispiel 25 Wie groß ist K_{mm}?

A: Wenn, wie hier, auf der einen Seite *ein* Molekül mehr steht als auf der anderen, hat das Resultat K_{atm} den Charakter eines *Drucks in Atmosphären* und kann daher in einen *Druck in Millimetern* umgerechnet werden durch einfache Multiplikation mit 760. Also

$$K_{mm} = 3 \cdot 10^{-6} \cdot 760 = 2280 \cdot 10^{-6} = \mathbf{2{,}28 \cdot 10^{-3}}.$$

Beispiel 26 Wie groß ist K_c?

A: Dazu müßte man zuerst die Temperatur wissen.

Beispiel 27 Die Temperatur ist 2000 °C. Wie groß ist K_c?

A: 2000 °C = 2273 °*abs*.

Bei 1 atm und 1 °*abs*. nimmt 1 Mol 0,082 Liter ein,

bei 1 atm und 2773 °*abs*. nimmt 1 Mol 0,082 · 2273 Liter ein = **186 Liter = RT**.

Im Liter ist demnach $\frac{1}{186}$ Mol enthalten = 0,00 537 Mol; oder 1 atm Partialdruck entspricht **0,00537 Mol/Liter**.

$$\left(0{,}00\,537 = \frac{1}{186} = \frac{1}{RT}\right).$$

Nun sind, wie vorhin berechnet, die Partialdrücke

für CO_2 0,973 atm resp. 0,973 · 0,00 537 Mol/Liter,

für CO 0,01784 atm resp. 0,01 784 · 0,00 537 Mol/Liter,

für O_2 0,00892 atm resp. 0,00 892 · 0,00 537 Mol/Liter.

$$K_c = \frac{[CO]^2\,[O_2]}{[CO_2]^2} = \frac{0{,}01\,784^2 \cdot 0{,}00\,537^2 \cdot 0{,}00\,892 \cdot 0{,}00\,537}{0{,}937^2 \cdot 0{,}00\,537^2}$$

$$= \frac{0{,}01\,784^2 \cdot 0{,}00\,892 \cdot 0{,}00\,537}{0{,}937^2}$$

$$= \mathbf{1{,}61 \cdot 10^{-8}} \qquad \text{oder}$$

$$= \frac{0{,}01\,784^2 \cdot 0{,}00\,892}{0{,}937^2} \cdot 0{,}00\,537 = K_{\text{atm}} \cdot 0{,}00537,$$

wie zu ersehen, oder $= \dfrac{K_{\text{atm}}}{186}$

$$= \frac{K_{\text{atm}}}{RT}.$$

Diese Beziehung gilt, wenn auf der einen Seite der Reaktionsgleichung *1 Molekül* mehr steht als auf der anderen (wie hier). *Man erhält dann K_c aus K_{atm} sehr einfach durch Division mit RT, wobei $R = 0{,}082$ ist. K_c ist RTmal kleiner als K_{atm}.*

Beispiel 28 Für eine Reaktion, bei der über dem Bruchstrich *ein* Gasmolekül mehr steht als unter demselben, ist bei der Temperatur 0 °C = = 273 °*abs.* $K_{\text{atm}} = 1$. Wie groß sind bei derselben Temperatur K_{mm} und K_c?

A: $K_{\text{mm}} = 760$

$$K_c = \frac{1}{22{,}4} \; (RT \text{ ist } 22{,}4 \text{ für } 273\,°abs.).$$

e) Beispiel 29—33 (SO_3-Gleichgewicht, NH_3-Gleichgewicht)

Beispiel 29 Schwefeltrioxid zerfällt bei höherer Temperatur teilweise in Schwefeldioxid und Sauerstoff; der Zerfall nimmt mit steigender Temperatur zu. Bei einer bestimmten Temperatur liegt das Gleichgewicht so, daß bei Atmosphärendruck 70 Volumprozent SO_3 im Gas enthalten sind. Wie berechnet sich daraus die Konstante K_{atm} für diese Temperatur?

A: $2SO_3 = 2SO_2 + O_2$,

und die Zerfallskonstante definiert sich als

$$\frac{(O_2) \cdot (SO_2)^2}{(SO_3)^2} = K_{\text{atm}}.$$

Volumprozente sind Molprozente.

Der Partialdruck des SO_3 ist also 0,7 atm, der des $SO_2 + O_2$ ist 0,3 atm, der des SO_2 hierbei ist 0,2 atm und der des O_2 ist 0,1 atm. Die Konstante wird

$$K_{\text{atm}} = \frac{0{,}1 \cdot 0{,}2^2}{0{,}7^2} = \mathbf{0{,}00816}.$$

Beispiel 30 Nun versuchen wir das Umgekehrte. Es seien also die Konstante ($K_{\text{atm}} = 0{,}00816$) und der Gesamtdruck (1 atm) gegeben, und die Frage lautet: wie groß ist der Partialdruck des SO_3?

A: Der Sauerstoffpartialdruck sei x, der des SO_2 ist dann $2x$ und der des SO_3 ist der Rest gegen 1, also $1-3x$. Wir bekommen die Gleichung

$$\frac{x \cdot (2x)^2}{(1-3x)^2} = K_{\text{atm}}$$

$$\frac{4x^3}{(1-3x)^2} = K$$

$$\frac{x^3}{(1-3x)^2} = \frac{K}{4}; \quad x^3 = \frac{K}{4}(1-6x+9x^2)$$

$$x^3 = \frac{K}{4} - \frac{6Kx}{4} + \frac{9K}{4}x^2$$

$$x^3 - \frac{9K}{4}x^2 + \frac{6K}{4}x - \frac{K}{4} = 0,$$

und diese ist kubisch. Wie man sich in diesem Fall am einfachsten weiterhilft, ist in Aufgabe 19a der Sammlung ABEGG/SACKUR behandelt.

Bei diesem Typus von Reaktionen[1]) müssen wir also unterscheiden: Wenn der Partialdruck eines Partners gegeben ist — und damit die Zusammensetzung des ganzen Gasgemisches — dann ist es natürlich nicht schwer, diese einzelnen Partialdrücke zusammenzusetzen zu einer Gleichgewichtskonstanten. Sind

[1]) Vom selben Reaktionstypus sind z. B. die Wasserdissoziation $2H_2O = 2H_2 + O_2$ und die CO_2-Dissoziation $2CO_2 = 2CO + O_2$.

aber umgekehrt nur die Konstante und der Gesamtdruck gegeben und ist nach dem Partialdruck der Partner gefragt, so führt das Problem auf eine kubische Gleichung.
Die Sache wird aber wieder einfacher, wenn das Gleichgewicht so weit nach der einen Seite verschoben ist, daß man den anderen Teil vernachlässigen kann, so daß also praktisch doch wieder ein Partner gegeben ist. Das folgende Beispiel wird dies zeigen.

Beispiel 31 Bei einer anderen Temperatur liege das Gleichgewicht der SO_3-Dissoziation so, daß $K_{atm} = 4{,}0 \cdot 10^{-6}$ sei (Gesamtdruck 1 atm). Wie groß ist der Partialdruck des Sauerstoffs?

A: Der Partialdruck des O_2 sei wieder x, der des SO_2 $2x$ und der des SO_3 $1-3x$. Letzterer kann aber ohne erheblichen Fehler $= 1$ gesetzt werden. Wir bekommen dann

$$\frac{x \cdot (2x)^2}{(1-3x)^2} = K$$

$$\text{resp.}\ \frac{4x^3}{1} = K$$

$$x^3 = \frac{K}{4}$$

$$x = \sqrt[3]{\frac{K}{4}} = \sqrt[3]{10^{-6}}$$

$$= 0{,}01.$$

Wir haben also $x = 0{,}01$, $2x = 0{,}02$ und $1-3x = 0{,}97$ und daraus $K = \frac{0{,}01 \cdot 0{,}02^2}{0{,}97^2} = 4{,}25 \cdot 10^{-6}$ statt $4{,}0 \cdot 10^{-6}$ (wie tatsächlich laut Text).
Setzen wir jetzt noch in einem 2. Ansatz den SO_3-Druckwert gleich mit 0,97 ein, so wird das Resultat praktisch ganz genau, nämlich

$(O_2) = \mathbf{0{,}00979}$

$(SO_2) = 0{,}01958$

$(SO_3) = 0{,}970$ (Summe 0,99937) und $K = 0{,}399$ statt 0,400.

Beispiel 32 Ammoniak dissoziiert bei höherer Temperatur teilweise in die Elemente Stickstoff und Wasserstoff. (Das Gleichgewicht wird mit *sinkender* Temperatur zugunsten der Ammoniak*bildung* verschoben.) Nach den Messungen von HABER sind im Gleichgewichtsgas bei

200 °C und Atmosphärendruck 15,3 Volumprozent Ammoniak enthalten. Wie berechnet sich daraus die Konstante K_{atm}?

A: Die Gleichung lautet

$$N_2 + 3H_2 = 2HN_3,$$

und die Konstante wird passenderweise definiert als

$$K_{\text{atm}} = \frac{(N_2)(H_2)^3}{(NH_3)^2}.$$

15,3 Volumprozent, also 15,3 Molprozent sind Ammoniak. Der Rest, also 84,7 Molprozent, wird zu $\frac{1}{4}$ von Stickstoff, zu $\frac{3}{4}$ von Wasserstoff gebildet. Das macht also 21,2 Molprozent Stickstoff und 63,5 Molprozent Wasserstoff. Die Partialdrücke sind also

$$(N_2) = 0{,}212 \text{ atm} \qquad (H_2) = 0{,}635 \text{ atm} \qquad (NH_3) = 0{,}153 \text{ atm},$$

und die Konstante wird

$$K_{\text{atm}} = \frac{0{,}212 \cdot 0{,}635^3}{0{,}153^2} = 2{,}32.$$ [1]

Beispiel 33 Man versuche, das vorige Beispiel umzukehren. Es sei also gegeben die Konstante $K_{\text{atm}} = 2{,}32$ und der Gesamtdruck 1 atm, daraus ist der Ammoniakpartialdruck zu berechnen.

A: Der Partialdruck des Stickstoffs sei n, der des Wasserstoffs $3n$, der des Ammoniaks $1-4n$. Dann gilt die Gleichung

$$\frac{n \cdot (3n)^3}{(1-4n)^2} = K \text{ oder}$$

$$\frac{n^4}{(1-4n)^2} = \frac{K}{27}$$

$$\frac{n^2}{1-4n} = \sqrt{\frac{K}{27}} = s$$

---

[1]) Haber definiert die Konstante als

$$\frac{(NH_3)}{(N_2)^{\frac{1}{2}}(H_2)^{\frac{3}{2}}}$$

(nach der Gleichung $\frac{1}{2}N_2 + \frac{3}{2}H_2 = NH_3$).

Dieser Wert ist die reziproke Wurzel unseres obigen Wertes und berechnet sich also aus diesem zu $\frac{1}{\sqrt{2{,}32}} = 0{,}66$, welchen Wert auch Haber angibt.

$$n^2 = s - 4\,ns$$

$$n^2 + 4ns - s = 0$$

$$n = -2s \pm \sqrt{4s^2 + s}$$

$$= -0{,}5862 + 0{,}7982$$

$$= 0{,}212\,.$$

0,212 atm ist der Stickstoffpartialdruck; demnach 0,635 atm der Wasserstoffpartialdruck und 0,153 atm der Ammoniakpartialdruck (wie vorhin).

Die Gleichung wird hier also vom vierten Grad, aber gemischt-quadratisch, so daß die Lösung leicht gelingt.

Beispiel 34 Bromwasserstoff von 1 atm zerfällt bei bestimmter Temperatur zum Bruchteil $\alpha = 10^{-2}$ in die Elemente. Wie ändert sich α mit dem Druck?

A: Überhaupt nicht.

f) Beispiel 35—36 (Wann wird die Gleichung kubisch?)

Wir unterscheiden zweckmäßigerweise nach Fällen a), bei denen die Einzelkonzentrationen gegeben sind und die Konstante gesucht ist, und nach Fällen b), bei denen die Konstante und der Gesamtdruck gegeben sind und die Einzelkonzentrationen gesucht werden. Erstere sind nie schwierig; eine Konstante aus gegebenen Komponenten zusammenzusetzen ist immer sehr einfach. Der zweite Fall, die Umkehrung des ersten, erfordert die Auflösung einer Gleichung.

Nun können wir fast alle gewöhnlich vorkommenden Reaktionen in vier Gruppen einteilen, wobei stets von zwei Molekülen ausgegangen wird; solche, bei denen aus zwei Molekülen *eines* wird, solche, bei denen aus zwei Molekülen *zwei* werden, solche, bei denen aus zwei Molekülen *drei* werden, und solche, bei denen aus zwei Molekülen *vier* werden. Vier Beispiele dafür sind:

1. $PCl_3 + Cl_2 = PCl_5$,
2. $CO + H_2O = CO_2 + H_2$
3. $2\,SO_3 = 2\,SO_2 + O_2$,
4. $2\,NH_3 = N_2 + 3\,H_2$.

Da jeder dieser Gruppentypen wieder als Fall a) und als Fall b) auftreten kann, haben wir also insgesamt *acht* Typen von Aufgaben. Von diesen sind alle Fälle a) leicht zu lösen. Von den Fällen b) (die Konstante ist gegeben) bietet eine gewisse Schwierigkeit nur der Fall 3b), wo aus zwei Molekülen drei werden, z. B. SO_3-Dissoziation, H_2O-Dissoziation, CO_2-Dissoziation. Dieser Fall führt zu einer kubischen Gleichung, wie in Beispiel 30 und in Aufgabe 19a bei ABEGG/SACKUR gezeigt ist.

Von allen acht Fällen führt also nur *einer* auf eine kubische Gleichung, nämlich Fall 3b). Und dieser auch nur, wenn man nicht von der Vereinfachung Gebrauch machen kann, daß man die Konzentration einer Komponente als praktisch gegeben ansehen kann, weil man die übrigen neben ihr vernachlässigen darf. Das ist hier beispielsweise bei der Wasserdissoziation und CO_2-Dissoziation so gut wie stets der Fall.

Beispiel 35 Von welchem Schwierigkeitsgrad sind folgende Probleme? Es ist stets die Gleichgewichtskonstante auszurechnen, während die Zusammensetzungen der Gasgemische direkt oder in Form analytischer Daten gegeben sind

a) für Wassergas,
b) für dissoziierenden Jodwasserstoff,
c) für dissoziierendes Stickstofftetroxid,
d) für dissoziierendes Ammoniak,
e) für dissoziierendes Kohlenoxid,
f) für disoziierendes Joddampf,
g) für dissoziierendes Schwefeltrioxid,
h) für dissoziierendes Wasser.

A: Sie sind alle ganz leicht; eine Konstante aus den gegebenen Komponenten zusammenzusetzen ist nie schwierig.

Beispiel 36 Von welchem Schwierigkeitsgrad sind folgende Probleme? Es sind stets Gleichgewichtskonstante und Gesamtdruck gegeben; hieraus ist die Zusammensetzung des Gasgemisches auszurechnen

a) für dissoziierendes Phosphorpentachlorid,
b) für dissoziierenden Jodwasserstoff,
c) für dissoziierenden Wasserdampf,
d) für dissoziierendes Ammoniak,
e) für dissoziierendes Kohlendioxid,
f) für dissoziierendes Stickstofftetroxid,
g) für dissoziierendes Schwefeltrioxid

A: c, e und g führen auf eine kubische Gleichung, die übrigen auf eine quadratische. Bei c und e kann man wohl immer eine erste Näherungslösung auf der Annahme aufbauen, daß der Druck des Hauptbestandteils (H_2O bzw. CO_2) praktisch gleich dem Gesamtdruck ist, womit also schon eine der Unbekannten gegeben ist. Auf den so erhaltenen genaueren Wert des Hauptbestandteils kann man eine zweite Näherung aufbauen (analog Beispiel 31). Bei g muß man die kubische Gleichung auflösen oder wie in Beispiel 19a bei ABEGG/SACKUR verfahren.
Eine Aufgabe über Gasgleichgewichte kann also nur dann kubisch werden, wenn

1. rechts und links vom Gleichheitszeichen zwei und drei Moleküle stehen; praktisch gesprochen also nur beim Zerfall von Wasser, Kohlendioxid und Schwefeltrioxid,

2. die Aufgabe in der Form gegeben ist, daß die Konstante und der Gesamtdruck gegeben und die Einzelkonzentrationen gesucht sind, also keine einzige Einzelkonzentration gegeben ist, und

3. das Gleichgewicht nicht am einen oder andern Ende angelangt ist, also die Dissoziation nicht praktisch vollständig oder praktisch Null ist (also nicht dadurch praktisch doch eine Konzentration schon gegeben ist).

Nur wenn diese drei Bedingungen *gleichzeitig* erfüllt sind, darf die Gleichung kubisch werden. (Es gibt noch einige Spezialfälle, bei denen eine kubische Gleichung auftreten kann, auf die hier jedoch nicht eingegangen werden soll.)

g) Beispiel 37–42 (K_{atm} aus dem Dissoziationsgrad)

Beispiel 37 Phosphorpentachloriddampf von Atmosphärendruck ist bei einer bestimmten Temperatur zu 10% dissoziiert. Wie groß ist K_{atm}?

A: $PCl_5 = PCl_3 + Cl_2$

Wenn 100 Volumenteile PCl_5 zu 10% dissoziiert sind, gibt das 90 Volumenteile PCl_5, 10 Volumenteile PCl_3 und 10 Volumenteile Cl_2, zusammen 110 Volumenteile. Gesamtdruck 1 atm. Der Partialdruck des PCl_5 ist $\frac{90}{110} = 0{,}818$ atm, der des PCl_3 $\frac{10}{110} = 0{,}091$ atm und der des Cl_2 ebenfalls 0,091 atm.

$$K_{atm} = \frac{(PCl_3)\,(Cl_2)}{(PCl_5)} = \frac{0{,}091^2}{0{,}818} = 0{,}01\,012$$

$$= \mathbf{1{,}012 \cdot 10^{-2}}$$

Beispiel 38 Wasserdampf von Atmosphärendruck ist bei einer bestimmten Temperatur zu 10% dissoziiert. Wie groß ist K_{atm}?

A: Wenn 100 Volumenteile Wasserdampf zu 10% dissoziiert sind, gibt das 90 Volumenteile H_2O, 10 Volumenteile H_2 und 5 Volumenteile O_2, zusammen 105 Volumenteile. Gesamtdruck 1 atm. Der Partialdruck des H_2O ist $\frac{90}{105} = 0{,}857$, der des H_2 $\frac{10}{105} = 0{,}0952$ und der des O_2 halb so groß, also 0,0476.

$$K_{atm} = \frac{(H_2)^2\,(O_2)}{(H_2O)^2} = \frac{0{,}0952^2 \cdot 0{,}0476}{0{,}857^2} = 0{,}000586$$

$$= \mathbf{5{,}86 \cdot 10^{-4}}$$

Beispiel 39 Bromwasserstoff von Atmosphärendruck ist bei einer bestimmten Temperatur zu 10% dissoziiert. Wie groß ist K_{atm}?

A: Wenn 100 Volumenteile HBr zu 10% dissoziiert sind, gibt das 90 Volumenteile HBr, 5 Volumenteile H_2 und 5 Volumenteile Br_2, zusammen 100 Volumenteile; die Dissoziation erfolgt ohne Volumenänderung. Gesamtdruck 1 atm. Der Partialdruck des HBr ist 0,90 atm, der des H_2 0,05 atm und der des Br_2 ebenfalls 0,05 atm.

$$K_{atm} = \frac{(H_2)\,(Br_2)}{(HBr)^2} = \frac{0{,}05^2}{0{,}90^2} = 0{,}00309 = \mathbf{3{,}09 \cdot 10^{-3}}$$

Beispiel 40 Ein Gemisch aus gleichen Volumenteilen CO und H_2O ist bei Atmosphärendruck und einer bestimmten Temperatur zu 10% „konvertiert" zu H_2 und CO_2. Wie groß ist K_{atm}?

A: 100 Volumenteile des Ausgangsgemisches bestehen aus 50 Volumenteilen CO und 50 Volumenteilen H_2O, nach der Konvertierung aus 45 Volumenteilen CO, 45 Volumenteilen H_2O, 5 Volumenteilen H_2 und 5 Volumenteilen CO_2, zusammen 100 Volumenteilen. Die Konvertierung erfolgt ohne Volumenänderung (und der Gleichgewichtszustand ist deshalb druckunempfindlich). Gesamtdruck 1 atm. Der Partialdruck des CO und H_2O ist 0,45 atm, der des H_2 0,05 atm und der des CO_2 ebenfalls 0,05 atm.

$$K_{atm} = \frac{(H_2)\,(CO_2)}{(CO)\,(H_2O)} = \frac{0{,}05^2}{0{,}45^2} = 0{,}01234 = \mathbf{1{,}234 \cdot 10^{-2}}$$

Beispiel 41 Stickstofftetroxid N_2O_4 von Atmosphärendruck ist bei bestimmter Temperatur zu 10% gespalten in $2\,NO_2$. Wie groß ist K_{atm}?

A: $N_2O_4 = 2\,NO_2$

Wenn 100 Volumenteile N_2O_4 zu 10% dissoziieren, gibt das 90 Volumenteile N_2O_4 und 20 Volumenteile NO_2, zusammen 110 Volumenteile. Gesamtdruck 1 atm. Der Partialdruck des N_2O_4 ist $\frac{90}{110} = 0{,}818$ atm, der des NO_2 $\frac{20}{110} = 0{,}182$ atm.

$$K_{atm} = \frac{(NO_2)\,(NO_2)}{(N_2O_4)} = \frac{0{,}182^2}{0{,}818} = 0{,}0405 = \mathbf{4{,}05 \cdot 10^{-2}}$$

Beispiel 42 Ammoniak von Atmosphärendruck ist bei einer bestimmten Temperatur zu 10% in die Elemente gespalten. Wie groß ist K_{atm}?

A: $2\,NH_3 = N_2 + 3\,H_2$

Wenn 100 Volumenteile NH_3 zu 10% in die Elemente gespalten werden, gibt das 90 Volumenteile NH_3; die 10 Volumenteile, die gespalten werden, geben 5 Volumenteile N_2 und 15 Volumenteile H_2, alles zusammen 110 Volumenteile. Gesamtdruck 1 atm.

Der Partialdruck des NH_3 ist $\frac{90}{110} = 0{,}818$ atm, der des N_2 $\frac{5}{110} = 0{,}0455$ atm und der des H_2 $\frac{15}{110} = 0{,}1365$ atm.

$$K_{\text{atm}} = \frac{(N_2)\,(H_2)^3}{(NH_3)^2} = \frac{0{,}0455 \cdot 0{,}1365^3}{0{,}818^2} = 0{,}000173$$
$$= \mathbf{1{,}73 \cdot 10^{-4}}$$

Wir haben bisher Systeme betrachtet, bei denen auf der einen Seite des Gleichheitszeichens *zwei* Moleküle standen, denen auf der anderen 1 bis 4 Moleküle gegenüberstanden. Nun seien noch zwei Systeme betrachtet, bei denen auf der einen Seite des Gleichheitszeichens *ein* Molekül steht, dem auf der andern ein oder null Moleküle gegenüberstehen. Beide Fälle sind sehr einfach.

Ein Beispiel für den *ersten* Fall, rechts und links je *ein* Molekül Gas, bietet die Reduktion von Kohlendioxid zu Kohlenmonoxid durch Eisen in der Glühhitze (also die Umkehrung des Hochofenprozesses). Die Gleichung lautet (für die Eisen(II)-oxid-(Eisenoxydul-)Bildung

$$Fe + CO_2 = FeO + CO,$$

und nach Streichung der beiden festen Substanzen steht rechts und links vom Gleichheitszeichen nur noch ein Molekül Gas.
Die Konstante wird

$$K = \frac{[CO]}{[CO_2]}$$

und ist beispielsweise bei 1000 °*abs.* $\frac{265}{495}$. Das Gleichgewicht ist natürlich druckunabhängig, und die Konstante ist numerisch gleich, gleichgültig ob man sie als K_c, K_{atm} oder K_{mm} auffaßt. Sie ist ja nur das *Verhältnis* zweier Konzentrationen oder Drücke, und es ist dann gleich, in welchem Maß diese beiden Drücke gemessen werden, ihr Verhältnis bleibt doch dasselbe. Natürlich ist das Gleichgewicht aber *temperatur*abhängig.

Macht man die CO-Konzentration größer als dem Gleichgewichtswert entspricht und hält man sie so aufrecht, so läuft die Reaktion unaufhaltsam nach links, und das Eisenoxid wird zu Eisen reduziert, bis kein FeO mehr da ist (Hochofenprozeß); hält man sie kleiner, so wird alles Eisen durch das Kohlendioxid zu FeO oxydiert.

Ein zweites Beispiel dieser Art ist die Reduktion von Wasserdampf zu Wasserstoff durch Eisen in der Glühhitze.

$$H_2O + Fe = H_2 + FeO$$

Streicht man die beiden festen Stoffe Fe und FeO, so bleiben rechts und links vom Gleichheitszeichen nur je ein Molekül Gas übrig, und die Gleichgewichtskonstante wird

$$K = \frac{[H_2]}{[H_2O]}.$$

Auch sie ist natürlich gleich für Atmosphären, Millimeter und Mol pro Liter und beträgt beispielsweise für 1000 °*abs.* $\frac{427}{333}$.

Das Gleichgewicht wird durch Druckänderung nicht beeinflußt. Macht man aber das Verhältnis $p_{H_2} : p_{H_2O}$ größer als obigem Wert entspricht und erhält es so aufrecht, so läuft die Reaktion unaufhaltsam nach links, bis kein FeO mehr da ist; es entsteht „ferrum reductum“; macht man es kleiner, so wird allmählich alles Eisen zu Eisen(II)-oxid (Eisenoxydul) oxydiert.

Ein Beispiel für den *zweiten* Fall, rechts und links vom Gleichheitszeichen *ein und null* Moleküle Gas, ist die schon früher erwähnte Dissoziation von Carbonaten, etwa die von Calciumcarbonat.

$$CaCO_3 = CaO + CO_2$$

Nach Streichung der beiden festen Substanzen haben wir rechts *ein*, links null Moleküle Gas, und die Gleichgewichtskonstante wird

$$K = [CO_2];$$

beispielsweise für 908 °C wird der CO_2-Druck = 760 mm.

Hier wird *K nicht* mehr numerisch gleich, je nachdem man K_c, K_{atm} oder K_{mm} betrachtet, obwohl es rein sachlich genommen stets dasselbe ist, nämlich ein bestimmter Kohlensäuredruck. Aber dieser CO_2-Druck erhält eben verschiedene Wertgrößen, wenn man ihn in verschiedenen Maßen mißt. *In mm gemessen wird er 760mal größer als in Atmosphären, und in Mol pro Liter gemessen wird er RTmal kleiner als in Atmosphären,* also z. B. bei 0 °C 22,4mal kleiner als in Atmosphären. Die Verhältnisse bei der Dissoziation von Calciumcarbonat sind völlig analog denen der Verdampfung einer Flüssigkeit. Wie diese bei gegebener Temperatur einen ganz bestimmten Dampfdruck entwickelt, so entwickelt $CaCO_3$ bei gegebener Temperatur einen ganz bestimmten Kohlensäuredruck. Vergrößert man das zur Verfügung stehende Volumen, so wird CO_2 abgehaucht, bis nur noch Calciumoxid da ist, und verkleinert man das zur Verfügung stehende Volumen, so wandert das CO_2 in das CaO hinein, bis überhaupt kein Gas mehr da ist, wobei der Druck nicht anwächst.

Endlich wäre noch der Fall zu behandeln, daß aus *null* Molekülen (im Gasraum!) *zwei* Moleküle entstehen. Dieser Fall tritt ein bei der Verdampfung eines sofort in zwei Teile zerfallenden Salzes, z. B. Ammoniumjodid, Ammoniumcyanid, Ammoniumhydrogensulfid:

$$NH_4J \text{ fest} \leftrightarrows NH_3 + HJ$$
$$NH_4CN \text{ fest} \leftrightarrows NH_3 + HCN$$
$$NH_4SH \text{ fest} \leftrightarrows NH_3 + H_2S$$

Auch dieser Fall ist sehr einfach. Nach Streichung des festen Stoffes haben wir bloß noch zwei Gase, und das Produkt der Konzentrationen oder Partialdrücke derselben ist die Konstante, z. B.

$$K_{mm} = (NH_3) \cdot (HJ),$$

wobei (NH_3) und (HJ) die in mm gemessenen Partialdrücke dieser Gase bedeuten.

h) Beispiel 43—47 (Hochofengleichgewicht, ferrum-reductum-Gleichgewicht, Dissoziation von Ammoniumjodid; 2 und 1 Moleküle, 2 und 0 Moleküle)

Beispiel 43 In einem abgeschlossenen Raum befindet sich bei 723 °C ein Gemisch von Eisenpulver und Eisen(II)-oxid (*größere Mengen*) im Gleichgewicht mit einem Gasgemisch von 427 mm Wasserstoffpartialdruck und 333 mm Wasserdampfpartialdruck (= 56,2% und 43,8% des Gesamtdrucks von 1 atm). In diesen Raum werden nun 10 g Wasser nachgepreßt Wie ändert sich die Gasphase?

A: Das Verhältnis $\frac{(H_2)}{(H_2O)} = 56{,}2:43{,}8$ bleibt erhalten. Von den nachgepreßten 10 g Wasser verdampfen also 43,8%, und 56,2% reagieren mit dem Eisen unter Bildung des gleichen Volumens Wasserstoff. Der Gesamtdruck im Raum nimmt also zu, um wieviel, kann man nicht sagen, da das Volumen des Gasraums nicht gegeben ist.

Beispiel 44 In einem abgeschlossenen Raum befinden sich bei 908 °C im Gleichgewicht 1 Mol $CaCO_3$, 1 Mol CaO und darüber CO_2 von Atmosphärendruck Es wird nun ein zweites Mol CaO eingebracht. Wie ändert sich der CO_2-Druck?

A: Überhaupt nicht Das Mengenverhältnis von CaO : $CaCO_3$ ist gleichgültig, wenn nur beide Stoffe vorhanden sind.

Beispiel 45 Inwiefern sind die Verdampfung des Wassers und die CO_2-Abdissoziation des Calciumcarbonats in Parallele zu setzen?

A: Beide sind physikalisch ganz analoge Vorgänge. Genau wie das Wasser bei jeder Temperatur einen ganz bestimmten Dampfdruck entwickelt, der nur von der Temperatur abhängt und von sonst gar nichts, genau so entwickelt ein Gemenge von $CaCO_3$ und CaO bei jeder Temperatur einen ganz bestimmten CO_2-Druck, der ebenfalls nur von der Temperatur abhängt. Genau so wie der Verdampfungsvorgang beim Wasser völlig reversibel ist, ist es die CO_2-Entwicklung bei obigem Gemisch. Die Verdampfung sowohl wie die CO_2-Entwicklung sind von einer negativen[1]) Wärmetönung begleitet (Verdampfungswärme resp. Dissoziationswärme), die beim umgekehrten Vorgang wieder als positive Wärme in Erscheinung tritt (Kondensationswärme resp. Reaktionswärme). Der Gleichgewichtsdruck von Wasserdampf resp. von CO_2 nimmt mit steigender Temperatur zu. Sucht man ihn dauernd zu unterschreiten (durch Abpumpen), so geht Wasserdampf weg resp. CO_2, solange noch flüssiges Wasser resp. $CaCO_3$ vorhanden ist, erst dann sinkt der Druck endgültig

[1]) Im alten chemischen Sinn gemeint.

Beispiel 46 Ammoniumjodid entwickelt bei 300 °C einen Sublimationsdruck von 200 mm. Wie groß sind K_{mm}, K_{atm} und K_c?

A: Der Partialdruck von Ammoniak und Jodwasserstoff beträgt je 100 mm, zusammen 200 mm.

$$K_{mm} = (NH_3) \cdot (HJ) = 100 \cdot 100 = \mathbf{10000}$$

$$K_{atm} = 760^2\text{mal kleiner als } K_{mm} = 577\,600\text{mal kleiner als } K_{mm}$$
$$= 10000 : 577\,600$$
$$= \mathbf{0{,}0173}$$

$$K_c = (RT)^2\text{mal kleiner als } K_{atm}$$
$$= (0{,}082 \cdot 573)^2\text{mal kleiner als } 0{,}0173$$
$$= 47^2\text{mal kleiner als } 0{,}0173$$
$$= 0{,}0173 . 2200 = 0{,}0000079 = \mathbf{7{,}9 \cdot 10^{-6}}$$

Beispiel 47 In einen Glaskolben wird etwas Ammoniumjodid gebracht und der Kolben auf 300 °C erhitzt. Nach Erreichung dieser Temperatur wird Ammoniakgas von 300 °C eingepreßt bis zu einem Partialdruck von 1000 mm.

a) Wie groß wird hierbei der Partialdruck des Jodwasserstoffs?

b) Welcher Bruchteil des schon verdampften Ammoniumjodids wird hierbei wieder fest abgeschieden?

A: a) $(NH_3)\,(HJ) = 10000$; $(NH_3) = 1000$

$(HJ) = \mathbf{10\ mm}$ (Vorher war er 100 mm.)

b) 90% (wenn die Menge des HJ im Dampfraum im Verhältnis 100:10 zurückgegangen ist, müssen 90% des HJ sich als Salz wieder ausgeschieden haben.)

2. Spezielle Reaktionen

a) Boudouard-Gleichgewicht

Beispiel 1 Bei 800 °C liegt das Gleichgewicht der Boudouard-Reaktion

$$CO_2 + C = 2CO$$

so, daß beim Gesamtdruck von einer Atmosphäre 10 Volumenprozent CO_2 im Gleichgewicht sind mit 90 Volumprozent CO. Wie groß ist die Konstante K_{atm} bei dieser Temperatur?

A: Die Konstante ist definiert als

$$K_{\text{atm}} = \frac{(CO)^2}{(CO_2)}$$

Der Partialdruck des CO ist 0,9 atm, der des CO_2 0,1 atm.

$$K_{\text{atm}} = \frac{0{,}9^2}{0{,}1} = \mathbf{8{,}1}$$

Beispiel 2 Wie groß ist die Konstante K_{mm}?

A: Da über dem Bruchstrich ein Molekül mehr steht als darunter, ist K_{mm} 760mal größer als K_{atm} (ebenso wie ein in mm Hg gemessener Gasdruck 760mal größer erscheint als ein in atm gemessener).

$$K_{\text{mm}} = 760\,K_{\text{atm}} = 760 \cdot 8{,}1 = \mathbf{6156}.$$

Beispiel 3 Wie groß ist die Konstante K_c?

A: RTmal kleiner als K_{atm} (ebenso wie eine in Mol pro Liter gemessene Gaskonzentration — etwa bei 0 °C — RTmal, also 22,4mal, kleiner erscheint als eine in atm gemessene).
$RT = 0{,}082 \cdot 1073 = 88$

$$\text{also } K_c = \frac{K_{\text{atm}}}{88} = \frac{8{,}1}{88} = \mathbf{0{,}092}$$

Beispiel 4 Bei welchem Druck würde sich bei 800 °C das Verhältnis der Gehalte an CO und CO_2 umkehren (also CO_2 in neunfachem Überschuß gegenüber CO vorliegen)?

A: Wenn der Druck sinkt, wird natürlich die Reaktion begünstigt, die unter Volumenvermehrung verläuft, also die CO-Bildung. Wir haben den Gesamtdruck x atm. Die Partialdrücke sind

$$\text{für } CO = 0{,}1\,x \text{ atm}$$

$$\text{für } CO_2 = 0{,}9\,x \text{ atm}$$

und die Gleichung lautet

$$K_{\text{atm}} = \frac{(CO)^2}{(CO_2)} = 8{,}1 = \frac{0{,}1^2\,x^2}{0{,}9\,x}$$

$$\frac{0{,}01\,x}{0{,}9} = 8{,}1$$

$$x = \mathbf{729\ atm}$$

Beispiel 4a Ein Gemisch von Kohlenoxid und Kohlendioxid von Atmosphärendruck passiert einen Platin-Kohle-Kontakt von 800 °C und verläßt diesen Kontakt im Gleichgewicht, also nach Tab. 1 (S. 66) mit einer Zusammensetzung von 90% CO und 10% CO_2. Wie stark muß man dieses Gasgemisch mit einem inerten Schleppgas (Stickstoff oder Argon) verdünnen, wenn das Verhältnis $CO:CO_2 = 99:1$ werden soll?

A: Die Summe der beiden Partialdrücke von CO und CO_2 ist x atm. Die beiden einzelnen Partialdrücke sind

für CO $= 0{,}99\,x$ atm,

für $CO_2 = 0{,}01\,x$ atm,

und die Gleichung lautet

$$K_{\text{atm}} = \frac{(\mathrm{CO})^2}{(\mathrm{CO_2})} = 8{,}1 = \frac{0{,}99^2 x^2}{0{,}01\,x} = \frac{0{,}99^2 x}{0{,}01}$$

woraus

$$x = 0{,}083 \text{ atm}$$

Das Gasgemisch muß also mit Schleppgas auf das $\frac{1}{0{,}083}$fache, *das ist das* ***12fache*** *Volumen* verdünnt werden.

Beispiel 4b Dieses Gas wird nach dem Austritt zwecks CO-Bestimmung über Jodpentoxid geleitet (analog der UNTERZAUCHERschen Methode der Sauerstoffbestimmung). Wieviel % des im ganzen enthaltenen Sauerstoffs entgehen der Bestimmung?

A: 2%. Das eine Prozent CO_2 rechnet doppelt. (In Wirklichkeit wird bei der UNTERZAUCHERschen Methode bei höherer Temperatur gearbeitet, nämlich bei 1120 °C; da ist das Gleichgewicht noch viel mehr zugunsten des CO verschoben, und außerdem ist die Verdünnung mit Inertgas weit stärker als 12fach.)

Beispiel 4c Bei der UNTERZAUCHERschen Methode der Sauerstoffbestimmung in der Elementaranalyse werden, als durchschnittliches Beispiel, 3,66 mg Benzoesäure eingewogen und hierfür in der eigentlichen Verkrackungsperiode ca. 148 ccm (bei Zimmertemperatur gemessen) Schleppgas (N_2) aufgewendet. Die Arbeitstemperatur ist 1120 °C. Wieviel CO und CO_2 werden gebildet, und wieviel % des vorhandenen Sauerstoffs entgehen als CO_2 der Analyse?

A: 3,66 mg Benzoesäure liefern 1,32 ccm CO (bei N. U. gemessen). In 148 ccm Schleppgas sind also 1,32 ccm CO enthalten; der Partialdruck des CO (und damit praktisch auch die Summe der Partialdrücke von CO und CO_2) ist $\frac{1{,}32 \text{ atm}}{148} = 0{,}009$ atm.

Nennen wir den CO-Bruchteil im Gesamt-C-Gas y, so sind im Gleichgewicht bei 1120 °C die Partialdrücke

für CO 0,009 y atm,

für CO_2 0,009 $(1 - y)$ atm, und es gilt

$$K_{\text{atm}} = 1000^{1)} = \frac{(CO)^2}{(CO_2)} = \frac{0{,}009^2 y^2}{0{,}009\,(1-y)} = \frac{0{,}009\,y^2}{1-y}$$

woraus $1 - y = \frac{1}{111\,000} = 9 \cdot 10^{-6}$, da y über dem Bruchstrich praktisch $= 1$ gesetzt werden kann. In Form von CO_2 wird demnach herausgeschleppt:

$\frac{1}{111\,000}$ des gasförmigen C $= 9{,}1 \cdot 10^{-4}\,\%$ oder

$\frac{1}{55\,000}$ des gesamten O $= 1{,}8 \cdot 10^{-3}\,\%$.

Es entstehen 1,32 ccm CO und $\frac{1}{111\,000}$ dieser Menge $=$ $1{,}2 \cdot 10^{-5}$ ccm CO_2. Die Menge des CO_2 liegt also gut unter der Fehlergrenze.

Beispiel 4d Nun enthält die Benzoesäure aber auch *Wasserstoff*, und es ist klar, daß auch dieser etwas Sauerstoff binden und als Wasser entführen wird. Wieviel % des Gesamtsauerstoffs entgehen auf diese Weise der Analyse?

A: Der Wasserstoff wird sich tatsächlich mit den vorhandenen Gasen CO und CO_2 ins Wassergasgleichgewicht setzen und etwas H_2O bilden. Aller in anderer Form als CO abgehende Sauerstoff ist aber für die Analyse verloren.
Der Wert der Konstanten des Wassergasgleichgewichts

$$\frac{(CO)\,(H_2O)}{(CO_2)(H_2)} = K$$

ist aus Tab. 3 (S. 73) durch graphische Interpolation zu entnehmen, $K = 2{,}1$ für 1120 °C.
Das Verhältnis $CO : CO_2$ ist durch die Gegenwart von Kohle erzwungen und bleibt konstant $= 111\,000$. Diesen Wert können wir in obige Gleichung einsetzen und erhalten so

$$\frac{(H_2O)}{(H_2)} = \frac{K}{111\,000} = \frac{2{,}1}{111\,000} = 1{,}9 \cdot 10^{-5}, \quad = \sim 2 \cdot 10^{-5}$$

---

1) Aus der Abb. 15, S. 66, ist zu schätzen etwa 0,1% CO_2 und 99,9% CO, das ergibt $K = \frac{0{,}999^2}{0{,}001} = 1000$ für 1120 °C.

Die Menge des Gesamtwasserstoffs aus 3,66 mg Benzoesäure ist 2 ccm (unter N. U.). Diese 2 ccm Gesamtwasserstoff bilden also $2 \cdot 2 \cdot 10^{-5} = 4 \cdot 10^{-5}$ ccm H_2O.

Rechnen wir diesen Sauerstoffverlust in CO_2 um, so entspricht er $2 \cdot 10^{-5}$ ccm CO_2.

Vorher hatten wir auf 1,32 ccm CO $1{,}2 \cdot 10^{-5}$ ccm CO_2, und jetzt kommen noch hinzu $2 \cdot 10^{-5}$ ccm; zusammen $3{,}2 \cdot 10^{-5}$ ccm CO_2 (rechnerisch). Das entspricht einem Gesamtverlust von **0,0048%** des Sauerstoffs für CO_2 und H_2O zusammen. Das ist noch gut unter der Fehlergrenze. Der Wasserstoff schleppt ein wenig mehr Sauerstoff in Form von H_2O heraus als der Kohlenstoff in Form von CO_2.

Beispiel 5 Bei 450 °C liegt das BOUDOUARD-Gleichgewicht ganz entgegengesetzt. Bei dieser Temperatur ist das CO schon (wie auch in Wirklichkeit bei Zimmertemperatur) ein ganz instabiler Stoff, und bei Atmosphärendruck sind nur 2 Volumprozent mit 98 Volumprozent CO_2 im Gleichgewicht. (Herabsetzung des Gesamtdruckes bewirkt natürlich auch hier Erhöhung des CO-Anteils.)

Wie groß sind hier K_{atm}, K_{mm} und K_c?

A: $$K_{\text{atm}} = \frac{(CO)^2}{(CO_2)}; \quad (CO) = 0{,}02 \quad (CO_2) = 0{,}98$$

$$= \frac{0{,}02^2}{0{,}98} = \frac{0{,}0004}{0{,}98} = \mathbf{0{,}000\,408}$$

$$K_{\text{mm}} = 760\, K_{\text{atm}} = 760 \cdot 0{,}000\,408 = \mathbf{0{,}31}$$

$$K_c = \frac{K_{\text{atm}}}{RT}; \quad RT = 0{,}082 \cdot 723 = 59{,}4$$

$$K_c = \frac{4{,}08 \cdot 10^{-4}}{59{,}4} = \mathbf{6{,}9 \cdot 10^{-6}}$$

Beispiel 6 Wie weit muß man bei 450 °C den Gesamtdruck senken, damit die CO-Konzentration auf 10 Volumprozent anwächst?

A: $$K_{\text{atm}} = \frac{(CO)^2}{(CO_2)} = 4{,}08 \cdot 10^{-4};$$ der Gesamtdruck sei x atm.

Dann ist $(CO) = 0{,}1\, x$ atm,

$(CO_2) = 0{,}9\, x$ atm.

$$4{,}08 \cdot 10^{-4} = \frac{0{,}1^2 x^2}{0{,}9 x} = \frac{0{,}01 x}{0{,}9} = 0{,}0111 x$$

$$x = \frac{4{,}08 \cdot 10^{-4}}{0{,}0111} = \mathbf{0{,}0368\ atm}$$

Verbessernd auf die CO-Ausbeute wirkt auch eine Temperaturerhöhung, da es sich um eine endotherme Reaktion handelt (die CO-Bildung aus $CO_2 + C$ ist mit $W = -41{,}2$ kcal endotherm).

Zusammenfassung. Für die Kohlenoxidbildung nach dem BOUDOUARD-Gleichgewicht sind *hohe* Temperatur und *niedriger* Druck günstig. Genau umgekehrt ist es beim HABER-BOSCH-Prozeß der Ammoniaksynthese; für diese sind niedrige Temperatur und hoher Druck günstig. Für die Wassergaskonvertierung ist ebenfalls niedrige Temperatur günstig; der Druck ist ohne Einfluß.

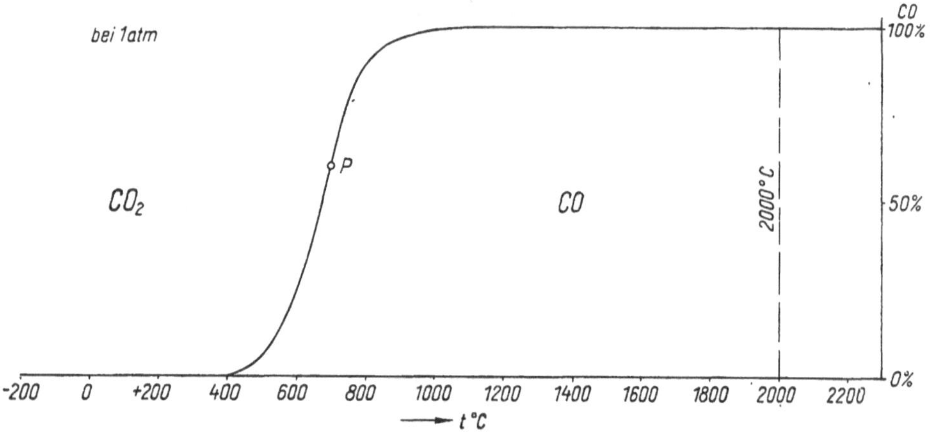

Abb. 15. BOUDOUARD-Gleichgewicht

Die Kurve bedeutet Volumprozente Kohlenoxid im Gleichgewichtsgas $CO + CO_2$ über glühender Kohle, z. B. Punkt P ist zu lesen: bei 700 °C befinden sich im Gleichgewichtsgas 60% Kohlenoxid und 40% CO_2 über glühender Kohle. Über 1000 °C ist praktisch nur Kohlenoxid vorhanden, unter 400 °C praktisch nur CO_2. Die Kurve gilt für 1 atm Druck.

Tabelle 1. BOUDOUARD-*Gleichgewicht bei* 1 atm *Druck*

540 °C	90% CO_2	und	10% CO
700 °C	40% CO_2	und	60% CO
800 °C	10% CO_2	und	90% CO
1000 °C	1% CO_2	und	99% CO

Über 1000 °C ist praktisch nur noch Kohlenoxid vorhanden, unter 400 °C nur noch CO_2. Ein höherer Kohlenoxidgehalt unter 400 °C ist instabil; er ist als im eingefrorenen Ungleichgewicht befindlich zu betrachten.

Niedriger Druck und hohe Temperatur begünstigen die Kohlenoxidbildung. Die CO-Bildung aus CO_2 ist endotherm mit 41,2 kcal.

b) Ammoniaksynthese

Beispiel 7 Nach HABER sind bei 600 °C und 1 atm Gesamtdruck 0,049 Volumprozent Ammoniak mit Synthesegas im Gleichgewicht, bei 100 atm dagegen 4,5 Volumprozent. Wie berechnet sich aus der ersten Angabe K_{atm}, und steht die zweite damit in Übereinstimmung?

A: $N_2 + 3\,H_2 = 2\,NH_3$

$$(NH_3) = 0{,}00049 \text{ atm}$$
$$(N_2) = 0{,}25 \text{ atm}$$
$$(H_2) = 0{,}75 \text{ atm}$$
$$K_{\text{atm}} = \frac{(N_2)\,(H_2)^3}{(NH_3)^2} = \frac{0{,}25 \cdot 0{,}75^3}{0{,}00049^2} = \mathbf{440000}$$

Im zweiten Fall haben wir $(NH_3) = 0{,}045 \cdot 100 = 4{,}5$ atm. $(N_2) + (H_2)$ machen zusammen $100 - 4{,}5$ atm $= 95{,}5$ atm aus, und diese unterteilen sich im Verhältnis 1 : 3, so daß wir erhalten:

$$(N_2) = \frac{1}{4} \cdot 95{,}5 = 23{,}9 \text{ atm}$$

$$(H_2) = \frac{3}{4} \cdot 95{,}5 = 71{,}7 \text{ atm}$$

Damit bekommen wir für K_{atm}:

$$K_{\text{atm}} = \frac{(N_2)\,(H_2)^3}{(NH_3)^2} = \frac{23{,}9 \cdot 71{,}7^3}{4{,}5^2}$$

$= \mathbf{440000}$; es stimmt also sehr gut.

(Die Ammoniakbildung ist *exotherm*; wie alle exothermen Reaktionen geht sie bei steigender Temperatur zurück. Die Reaktionswärme ist $W = 13$ kcal für *ein* Mol NH_3 bei 600 °C.)

Beispiel 8 Die Gleichgewichtskonstante K_{atm} der Ammoniakbildung ist nach Vorstehendem 440000 bei 600 °C. Wie groß wird der Ammoniakgehalt eines (theoretisch zusammengesetzten) Synthesegases bei 200 atm Gesamtdruck?

A: Das ist nun der andere Fall. Hier ist die Konstante gegeben, und die Zusammensetzung muß ausgerechnet werden. Der Gesamtdruck ist 200 atm. Das Gasgemisch enthalte Stickstoff mit dem Partialdruck x atm; es enthält dann dreimal soviel Wasserstoff, also $3x$ atm Wasserstoff und $(200 - 4x)$ atm Ammoniak. Dann wird das Gleichgewicht

$$K_{\text{atm}} = \frac{(N_2)\,(H_2)^3}{(NH_3)^2} = \frac{x \cdot (3x)^3}{(200 - 4x)^2}$$

$$\frac{27\,x^4}{(200 - 4x)^2} = K_{\text{atm}}$$

$$\frac{x^4}{(200-4x)^2} = \frac{K_{\text{atm}}}{27}$$

$$\frac{x^2}{(200-4x)} = \sqrt{\frac{K_{\text{atm}}}{27}} = \sqrt{\frac{440000}{27}} = 128$$

$$x^2 = 128\,(200-4x)$$

$$= 256000 - 512x$$

$$x = 46 \text{ atm Stickstoff}$$

$$3 \cdot 46 = 138 \text{ atm Wasserstoff}$$

$$200 - 4 \cdot 46 = 16 \text{ atm Ammoniak,}$$

d. i. ein Gehalt von 8 Volumprozent Ammoniak. HABER findet experimentell 8,3 Volumprozent. Die Konstante stimmt also ziemlich gut.

Beispiel 9 Bei 600 °C und 100 atm sind, wie im Beispiel 7 gesagt, im Gleichgewicht 4,5 Volumprozent Ammoniak im Synthesegas vorhanden. Nun werde das Gasgemisch auf 1 atm entspannt. In welchem Sinn verschiebt sich hierbei die Gaszusammensetzung?

A: Niedriger Druck begünstigt den Ammoniak*zerfall*; es entstehen hierbei mehr Moleküle.

Beispiel 10 Bei 600 °C und 100 atm Gesamtdruck sind, wie im Beispiel 7 gesagt, 4,5 Volumprozent Ammoniak im Gleichgewicht vorhanden. Nun werde bei dieser Temperatur Argon von 600 °C eingepreßt, bis der Druck aufs doppelte, also auf 200 atm Gesamtdruck, gestiegen ist. Wie verschiebt sich jetzt die Gaszusammensetzung?

A: Überhaupt nicht; alle Partialdrücke bleiben ja gleich.

Beispiel 11 Nun werde das Gasgemisch von Beispiel 10 — also mit dem Argon — auf 1 atm Gesamtdruck entspannt. Wie verschiebt sich jetzt die Gaszusammensetzung?

A: Natürlich zerfällt wieder ein Teil des Ammoniaks, und zwar ist mehr zerfallen als im Beispiel 10, denn das Gesamtvolumen nach der Entspannung wird infolge des Argongehalts *größer* als im dortigen Fall und das Ganze ist geradeso, als ob man auf ein etwa doppelt so großes Endvolumen entspannt hätte.

Beispiel 12 Bei 600 °C ist die Konstante des Ammoniakgleichgewichts $K_{\text{atm}} = 440000$. Wie groß ist K_{mm}?

A: Über dem Bruchstrich stehen nicht *ein*, sondern *zwei* Moleküle mehr als unter demselben. Der Wert K_{mm} erscheint deshalb nicht 760mal, sondern 760^2mal so groß als der Wert K_{atm}, d. i. 577600mal so groß, also $440000 \cdot 577600 = 25{,}4 \cdot 10^{10}$.

Beispiel 13 Bei 600 °C ist die Konstante des Ammoniakgleichgewichts $K_{atm} =$ 440000. Wie groß ist K_c?

A: Über dem Bruchstrich stehen nicht ein, sondern zwei Moleküle mehr als unter demselben. Der Wert K_c erscheint deshalb nicht RTmal, sondern $(RT)^2$mal kleiner als der Wert K_{atm}.

RT ist hier $0{,}082 \cdot 873 = 71{,}6$

$$(RT)^2 = 5120$$

$$K_c = 440000 : 5120 = 86$$

Anhangsweise sei erwähnt, daß sich bei noch höheren Drücken (ca. 1000 atm) Abweichungen ergeben haben, und zwar in dem Sinne, daß *höhere* Ammoniakausbeuten erzielt wurden, als die Rechnung voraussehen ließ. In letzter Zeit wurden jedoch auch kompliziertere, exaktere Zustandsgleichungen entwickelt (z. B. von BEATTY u. BRIDGMAN), welche noch über die VAN DER WAALSsche Gleichung hinausgehen und 5 resp. 6 oder 8 Konstanten enthalten. Unter Heranziehung dieser Zustandsgleichungen ergab sich dann wieder eine vorzügliche Übereinstimmung mit den experimentell erzielten Werten.

Sogar Reaktionen, welche ohne Änderung der Molekülzahl verlaufen, und welche demnach druckunabhängig sein müßten, können auf Grund dieser Abweichungen vom idealen Gasgesetz bei hohen Drücken etwas druckabhängig werden, z. B. die Darstellung von Blausäure aus Stickstoff und Acetylen bei 200 atm und 300 °C nach

$$N_2 + C_2H_2 = 2\,HCN$$

Vgl. hierüber E. KUSS, Die Physik der höchsten Drucke, Chemie-Ing.-Techn. *28*, 141 (1956).

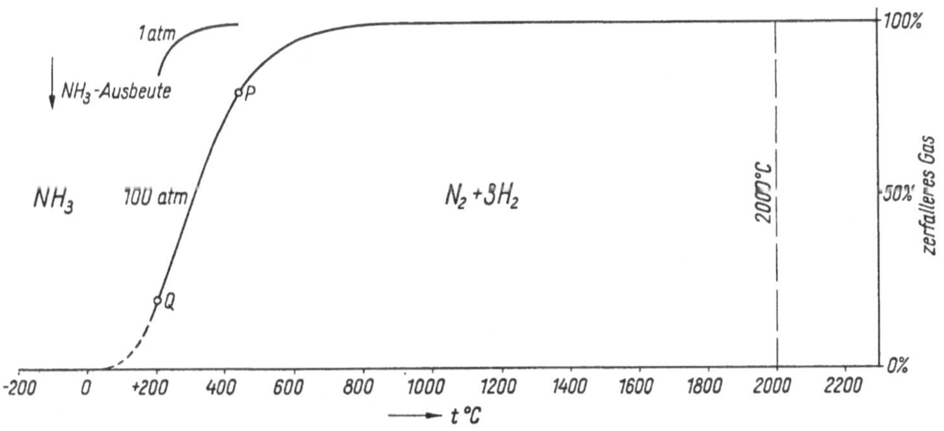

Abb. 16. Ammoniaksynthese

Punkt P: Bei 440 °C und 100 *atm* sind von einem Synthesegas 80% zerfallen und 20% zu Ammoniak vereinigt. Punkt Q: Bei 200 °C und 100 *atm* sind 20% zerfallen und 80% vereinigt.

Tabelle 2.· Ammoniakgleichgewicht

	1 atm	100 atm	200 atm
bei 400 °C	0,44%	25,1%	26,3 %
500 °C	0,13%	10,4%	17,6 %
600 °C	0,049%	4,5%	8,3 %

Ammoniak im Synthesegas.

Druck und Kälte begünstigen die Ammoniakbildung. Die Ammoniakbildung erfolgt exotherm mit 13 kcal für ein gebildetes Mol NH_3.

c) Wassergasgleichgewicht

Beispiel 14 Wie muß man die Gleichgewichtskonstante des Wassergasgleichgewichts definieren, damit sie zugleich mit der Wasserstoffkonzentration (deren Vermehrung ja das Ziel der Konvertierung ist) wächst?

A: (H_2) muß *über* den Bruchstrich kommen; also

$$K = \frac{(H_2)\,(CO_2)}{(H_2O)\,(CO)}$$

(man darf also nicht etwa reziprok definieren, was man sonst durchaus tun könnte).

Beispiel 15 Diese Konstante ist für K_{atm}, K_{mm} und K_c gleich und hat bei 830 °C den Wert 1. Wie ist die Zusammensetzung des konvertierten Gases, wenn man bei 830 °C und 1 atm Gesamtdruck von einem Gemisch gleicher Volumenteile Wasserdampf und Kohlenoxid ausgeht?

A: Alle vier Gase haben je $\frac{1}{4}$ atm Partialdruck.

Beispiel 16 Nun wird das Gemisch komprimiert bis zu einem Gesamtdruck von 3 atm. Wie ändert sich die Zusammensetzung?

A: Überhaupt nicht.

Beispiel 17 Statt zu komprimieren wird Wasserstoff aufgepreßt bis zu einem Gesamtdruck von 3 atm. Ändert sich jetzt die Zusammensetzung?

A: Ja; jetzt bilden sich mehr H_2O und CO, und etwas CO_2 verschwindet; desgleichen verschwindet ein Teil des aufgepreßten Wasserstoffs.

Beispiel 18 Wieviel Wasserstoff muß man einem Raum von 1 cbm Gasgemisch aufpressen, damit der Gesamtdruck um 2 atm steigt?

A: 2 cbm. (Die Reaktion geht ohne Volumenänderung vor sich. Darum macht es nichts aus, daß ein Teil des aufgepreßten Wasserstoffs verschwindet.)

Beispiel 19 Wieviel Wasserstoff muß man einem Raum von 1 cbm aufpressen, damit der Wasserstoffpartialdruck um 2 atm steigt?

A: Jetzt sieht die Sache anders aus. Wir müssen *mehr* als 2 cbm Wasserstoff aufpressen, denn ein Teil davon reagiert weg. Wir nehmen an, daß x cbm wegreagieren; dann müssen wir also $2 + x$ cbm aufpressen.
Wir haben folgende Partialdrücke:

	H_2	H_2O	CO_2	CO
Vor dem Aufpressen	0,25	0,25	0,25	0,25
nach dem Aufpressen	$2{,}25 + x$	0,25	0,25	0,25
nach dem Ausreagieren	2,25	$0{,}25 + x$	$0{,}25 - x$	$0{,}25 + x$

und nach dem Ausreagieren gilt

$$\frac{(H_2)\,(CO_2)}{(H_2O)(CO)} = \frac{2{,}25\,(0{,}25 - x)}{(0{,}25 + x)^2} = 1$$

woraus $x = 0{,}171$.

Wir müssen **2,171** cbm Wasserstoff aufpressen, wenn der Wasserstoffpartialdruck von 0,25 auf 2,25 atm ansteigen soll, wenn er also um 2 atm steigen soll. 0,171 cbm Wasserstoff reagieren weg, die übrigen 2 cbm erhöhen den Wasserstoff-Druck um 2 atm. Der Gesamtdruck nimmt um 2,171 atm zu; er steigt also auf 3,171 atm.

Beispiel 20 Bei 830 °C sei in einem Wassergas das Verhältnis $CO_2 : CO$ analytisch bestimmt worden zu 15:1 (Verhältnis der Volumina). Wie groß ist das Verhältnis $H_2 : H_2O$?

A:
$$\frac{(H_2)}{(H_2O)} \cdot \frac{(CO_2)}{(CO)} = 1, \quad \frac{(H_2)}{(H_2O)} = x, \quad \frac{(CO_2)}{(CO)} = 15$$

$$x \cdot 15 = 1$$

$$x = \frac{1}{15}$$

Beispiel 21 Bei 830 °C und 1 atm werde von einem Gas ausgegangen, das aus 1 Volumenteil CO und 2 Volumenteilen H_2O besteht. Mit welcher Zusammensetzung verläßt das Gas den Kontakt?

A: Es wird ebensoviel CO_2 wie H_2 gebildet, und zwar der Bruchteil x. Zusammensetzung

vorher: $\frac{1}{3}\,CO$ null CO_2 $\frac{2}{3}\,H_2O$ null H_2

nachher: $\frac{1}{3}\,(CO + CO_2)$ $\frac{2}{3}\,(H_2O + H_2)$

nachher also: $\left(\frac{1}{3} - x\right)$ CO $\quad x\,CO_2 \quad \left(\frac{2}{3} - x\right) H_2O \quad x\,H_2$

$$\frac{(H_2)\,(CO_2)}{(H_2O)\,(CO)} = 1$$

$$\frac{x^2}{\left(\frac{2}{3} - x\right)\left(\frac{1}{3} - x\right)} = 1, \text{ woraus}$$

$$x = \frac{2}{9}.$$

Endzusammensetzung: $\frac{2}{9}\,CO_2$, $\frac{2}{9}\,H_2$, $\frac{4}{9}\,H_2O$, $\frac{1}{9}\,CO$.

Probe: $$\frac{(H_2)\,(CO_2)}{(H_2O)\,(CO)} = \frac{2 \cdot 2}{4 \cdot 1} = 1, \text{ wie es sein muß.}$$

Beispiel 22 Nimmt die so definierte Konstante des Wassergasgleichgewichts mit steigender Temperatur ab oder zu?

A: Die so definierte Konstante, die also mit der Wasserstoffbildung symbat ist, nimmt mit steigender Temperatur ab, denn sie entspricht einem *exothermen* Prozeß. Die Wassergasreaktion (also die Bildung von Wasserstoff) ist mit 10000 cal exotherm, und alle exothermen Reaktionen gehen bei höherer Temperatur zurück. Bei der Wassergaskonvertierung ist es — ebenso wie wie bei der Ammoniaksynthese — prinzipiell günstig, bei möglichst niedriger Temperatur zu arbeiten, weil da die Gleichgewichte günstig liegen. Allerdings hat das eine Grenze in dem Umstand, daß schließlich bei zu niedriger Temperatur die Wirkung der Katalysatoren zu stark nachläßt, d. h. das Gleichgewicht liegt zwar günstig, aber die Geschwindigkeit, mit der ihm das System zustrebt, läßt zu wünschen übrig.

Beispiel 23 Bei 830 °C ist die Konstante = 1. Es werde bei 830 °C von einem Gasgemisch ausgegangen, das im Gleichgewicht ist und aus je 25% der vier Partner besteht. Dieses Gasgemisch wird so weit erhitzt, daß die Konstante auf $\frac{4}{9}$ sinkt. Wie ändert sich die Zusammensetzung des Gases?

A: Ob die Temperaturänderung bei konstantem Druck oder bei konstantem Volumen vorgenommen wird, ist gleichgültig, wie es ja auch gleichgültig ist, ob das Gas komprimiert wird oder nicht. Entscheidend allein ist die Temperaturänderung.
Vorher sind alle vier Gase mit 25% beteiligt. Nachher sind die Konzentrationen der beiden *über* dem Bruchstrich stehenden Gase H_2 und CO_2 unter sich gleich und etwas kleiner als 25,

die der beiden andern ebenfalls unter sich gleich und etwas größer als 25. Wir kommen mit einer einzigen Unbekannten aus, wenn wir die kleinere x nennen und die größere $50 - x$ (Volumprozent). Wir haben dann

$$\frac{x \cdot x}{(50 - x) \cdot (50 - x)} = \frac{4}{9}$$

$$\frac{x}{50 - x} = \frac{2}{3}$$

$$x = 20$$

$$50 - x = 30$$

Also: 20% H_2, 20% CO_2, 30% H_2O, 30% CO.

Zum Typus des Wassergasgleichgewichts (4 Moleküle, alle vier verschieden, ohne Molekülzahländerung) gehören noch die Veresterung und die Verseifung (im gelösten System); darum sind diese auch alle volumenunabhängig, man braucht sich um das Volumen der Lösung nicht zu kümmern; ferner der Austausch von schwerem Wasserstoff gegen leichten bei Reaktionen von HD mit austauschbarem leichtem Wasserstoff in Verbindungen wie Alkohol, Ammoniak, Wasser z. B.

$$HD + CH_3OH = HH + CH_3OD.$$

Alle diese Austauschreaktionen von Isotopen gehören hierher, denn bei ihnen allen steht rechts und links vom Gleichheitszeichen, *rein chemisch betrachtet, d. h. von der Isotopie eines Elementes abgesehen, überhaupt dasselbe.*

Tabelle 3. Wassergasgleichgewicht

$$K_{\text{atm}} = K_{\text{mm}} = K_c = \frac{[CO]\,[H_2O]}{[CO_2]\,[H_2]} \text{ (als reziprok definiert)}$$

t =	700°C	800°C	830°C	1000°C	1200°C	1400°C
K_c =	0,60	0,90	1,0	1,7	2,6	3,45

Kälte begünstigt die Wasserstoffbildung; Druck ist ohne Einfluß. Die *Bildung* von Wasserstoff ist exotherm mit 10 kcal.

d) Dissoziation des Jods, Broms, Chlors, Sauerstoffs und Wasserstoffs in Atome

Beispiel 24 Joddampf beginnt bei Rotglut zu einem eben merklichen Bruchteil einatomig zu werden:

$$J_2 = 2\,J$$

Die Reaktion ist natürlich reversibel und endotherm; der Zerfall nimmt bei höherer Temperatur noch weiter zu.

Bodenstein erhitzte 387 Milligramm Jod = 1,542 Millimole J_2 in einer Quarzbirne von 250 ccm Inhalt auf 1000 °C = 1273 °*abs.* und maß dabei einen Druck von 590 mm Hg. Wie groß ist der Dissoziationsgrad α?

A: 1. Welcher Druck müßte sich theoretisch, d. h. ohne Dissoziation, ergeben?

$$pV = nRT$$
$$p = nRT\,1/V$$
$$p_{\text{atm}} = 1{,}524 \cdot 10^{-3} \cdot 0{,}082 \cdot 1273 \cdot 4$$
$$p_{\text{mm}} = 1{,}524 \cdot 10^{-3} \cdot 0{,}082 \cdot 1273 \cdot 4 \cdot 760 = 483 \text{ mm}$$

2. Welcher Druck ergibt sich wirklich?

590 mm

3. Wie groß ist α?
Wenn der Dissoziationsgrad α ist, erhöht sich die Molekülzahl — oder das Volumen oder der Druck — von 1 auf $1 + \alpha$. Hier hat sich der Druck erhöht von 483 auf 590, oder von 1 auf 1,221. Der Dissoziationsgrad ist demnach 0,221 oder **22,1%**.

Beispiel 25 Wie groß berechnet sich hieraus die Gleichgewichtskonstante K_{mm} für die Joddissoziation bei 1000 °C?

A: $K_{\text{mm}} = \frac{(J)^2}{(J_2)}$, wobei die Konzentrationen (Drücke) in mm Hg angegeben sind.
Von 590 mm Gesamtdruck entfallen 590 — 483 mm auf die Hälfte der Jodatome = 107 mm; und das Doppelte, 214 mm, auf alle Jodatome. Ferner der Rest, 590 — 214 = 376 mm, auf die J_2-Moleküle. Wir haben also

$$(J_1) = 214 \text{ mm}, \quad (J_2) = 376 \text{ mm} \quad \text{und}$$

$$K_{\text{mm}} = \frac{(J)^2}{(J_2)} = \frac{214^2}{376} = \mathbf{122}$$

Beispiel 26 Und wie groß wird K_{atm}?

A: Über dem Bruchstrich steht 1 Molekül Gas mehr als unter demselben. K_{atm} wird also 760mal kleiner.

$$122:760 = \mathbf{0{,}16}$$

Beispiel 27 Und wie groß ist K_c?

A: RTmal kleiner als K_{atm}.

$$RT = 0{,}082 \cdot 1273 = 104{,}3$$

$$\frac{K_{\text{atm}}}{RT} = \frac{0{,}16}{104{,}3} = \mathbf{0{,}00154} = 1{,}54 \cdot 10^{-3}$$

Das Resultat ist auch direkt aus den Versuchsdaten erhältlich: In 250 ccm waren enthalten 1,524 Millimole J_2 (anfangs), davon 22,1% dissoziiert, also noch 77,9% als J_2-Moleküle vorhanden. Das sind 1,524 · 0,779 Millimole J_2

$$= 1{,}19 \text{ Millimole } J_2 \text{ in } 250 \text{ ccm}.$$

Im Liter also 4mal soviel, d. s. 4,76 Millimole J_2. Die Konzentration des J_2 in Mol pro Liter ist demnach **$4{,}76 \cdot 10^{-3}$**. In den 250 ccm waren ferner vorhanden 22,1% der 1,524 Mole in Atome dissoziiertes Jod. Das sind 1,524 · 0,442 Millimole J_1

$$= 0{,}675 \text{ Millimole } J_1. \text{ Im Liter 4mal so viel}$$

$$= 4 \cdot 0{,}675 = 2{,}70 \text{ Millimole } J_1$$

Die Konzentration des J_1 in Mol pro Liter ist demnach **$2{,}70 \cdot 10^{-3}$**. Wir haben für K_c:

$$K_c = \frac{[J_1]^2}{[J_2]} = \frac{2{,}70^2 \cdot 10^{-6}}{4{,}76 \cdot 10^{-3}} = \mathbf{1{,}54 \cdot 10^{-3}}$$

wie vorher gefunden.

Die Joddissoziation ist endotherm mit 35400 cal bei 1000 °C. Bei 3000 °C ist das Jod fast vollständig einatomig. Die Wärmetönung wird erhalten, indem man die Dissoziationskonstante K_{atm} für verschiedene Temperaturen mißt und dann die Isochorengleichung anwendet. Eine weitere Dissoziation vom Typus der Joddissoziation ist die Dissoziation des Stickstofftetroxyds.

Beispiel 28 Das farblose Stickstofftetroxyd N_2O_4 dissoziiert beim Erwärmen in das tief rotbraune Stickstoffdioxyd NO_2; bei 150 °C ist die Spaltung fast vollständig, und das Gas hat eine schwarzbraune Farbe angenommen. Bei diesem Typus zerfällt also 1 Molekül in zwei, die unter sich *gleich* sind. Für 111 °C ist die Zerfallskonstante $K_c = 0{,}816$. Wie groß ist K_{atm}?

A: RTmal größer.

$$RT = 0{,}082 \cdot 384 = 31{,}4$$

$$K_{atm} = 0{,}816 \cdot 31{,}4 = 25{,}7$$

Beispiel 29 Wie groß ist K_{mm}?

A: 760mal größer als K_{atm}

$$25{,}7 \cdot 760 = \mathbf{19500}$$

Beispiel 30 Wie ist bei einem im Gleichgewicht befindlichen Gas von 111 °C und 1 atm Gesamtdruck die Zusammensetzung (in Volumprozent = Molprozent) und der Dissoziationsgrad α?

A: $N_2O_4 \leftrightarrows 2\,NO_2$ analog $J_2 \leftrightarrows 2\,J$

$$\frac{(NO_2)\,(NO_2)}{(N_2O_4)} = K_{\text{atm}} = 25{,}7$$

$$(NO_2) = x \text{ atm}$$

$$(N_2O_4) = (1 - x) \text{ atm (nicht } 1 - 2x \text{ wie beim Typus Phoshorpentachlorid)}$$

$$\frac{x^2}{1 - x} = 25{,}7 \text{ woraus}$$

$$1 - x = 0{,}03615 \text{ atm}$$

$$x = 0{,}964 \text{ atm}$$

$$(N_2O_4) = 0{,}03615 \text{ atm und } 3{,}615 \text{ Molprozent}$$

$$(NO_2) = 0{,}964 \text{ atm und } 96{,}4 \text{ Molprozent}$$

α ist definiert als der Bruchteil der anfangs vorhanden gewesenen Moleküle, der gespalten ist.

Wenn wir 0,964 atm NO_2 haben, so sind diese aus 0,482 atm N_2O_4 hervorgegangen. Diese 0,482 sind also den noch vorhandenen 0,036 hinzuzuzählen; das ergibt zusamen 0,518 atm N_2O_4, welche anfangs vorhanden waren (das Anfangsvolumen war auch kleiner, nämlich nur 0,518 Einheiten).

Der Bruchteil wird also

$$\frac{0{,}482 \text{ (zerfallene } N_2O_4\text{-Moleküle)}}{0{,}518 \text{ (anfangs vorhanden gewesene Moleküle } N_2O_4)}$$

$$= 0{,}93 \text{ oder } 93\,\%,$$

$$\alpha = \mathbf{0{,}93}.$$

Die N_2O_4-Dissoziation ist also vom demselben Typus wie der Zerfall des Jods in Atome, ebenso der des Broms, Chlors, Sauerstoffs, Wasserstoffs und Stickstoffs. für alle diese Reaktionen gilt zwischen α und K_{atm} die Beziehung

$$K_{\text{atm}} = \frac{4\alpha^2 p}{1 - \alpha^2}, \text{ wobei } p \text{ der Druck in atm ist.}$$

Zum Beispiel errechnet sich für den eben beschriebenen Fall rückwärts

$$K_{atm} = \frac{4\alpha^2 p}{1-\alpha^2} = \frac{4 \cdot 0{,}93^2 \cdot 1}{1 - 0{,}93^2} = \frac{3{,}46}{1 - 0{,}865}$$

$$= \frac{3{,}46}{0{,}135}$$

$$= \mathbf{25{,}7} \quad \text{(Resultat von Beispiel 28).}$$

wie vorher angenommen.
Bei sehr kleinen Dissoziationsgraden kann man $1 - \alpha^2$ durch 1 ersetzen, und obige Formel wird vereinfacht zu

$$K_{atm} = 4\alpha^2 p$$

Ableitung der Formel $K_{atm} = \frac{4\alpha^2 p}{1 - \alpha^2}$

Ist Joddampf vom Gesamtdruck p_{atm} zum Bruchteil α in Atome zerfallen, so verhalten sich die Molkonzentrationen von J_2 zu J wie $(1-\alpha):2\alpha$. Nun ist $(1-\alpha) + 2\alpha$ zusammen weder 1 noch p. Um es p werden zu lassen, muß man die Werte mit $\frac{p}{1+\alpha}$ durchmultiplizieren und erhält so die Partialdrücke in atm

$$(1-\alpha)\frac{p}{1+\alpha}\ \text{atm} \quad \text{und} \quad 2\alpha\frac{p}{1+\alpha}\ \text{atm (zusammen} = p)$$

Daraus kann man nun die Konstante K_{atm} zusammensetzen:

$$K_{atm} = \frac{2\alpha\frac{p}{1+\alpha} \cdot 2\alpha\frac{p}{1+\alpha}}{(1-\alpha)\frac{p}{1+\alpha}}$$

$$= \frac{4\alpha^2 p}{(1+\alpha)(1-\alpha)} = \frac{4\alpha^2 p}{1-\alpha^2}, \text{ q. e. d.}$$

Tabelle 4 Dissoziation des Joddampfes bei verschiedenen Temperaturen

t °C	T °*abs.*	α bei 1 atm	K_{atm}
727	1000	2,88%	0,00332
927	1200	13,3 %	0,0722
1127	1400	37,5 %	0,654
1327	1600	68,2 %	3,48
1527	1800	93,0 %	12,87

Die Dissoziation des Joddampfes beginnt bei 700 °C (Rotglut) eben merkbar zu werden (ca. 2%). Bei 1200 °C (Weißglut) ist er etwa zur Hälfte zerfallen und bei 1500 °C schon fast ganz (ca. 90%) (bei Atmosphärendruck). Die Dissoziation ist endotherm mit 35,4 kcal pro Mol J_2. *Hohe Temperatur und niedriger Druck begünstigen den Zerfall.*

Tabelle 5. Dissoziation des Bromdampfes bei verschiedenen Temperaturen

t °C	T° *abs.*	α bei 1 atm	K_{atm}
727	1000	0,3 %	$0{,}0358 \cdot 10^{-3}$
927	1200	2,12%	$1{,}81 \cdot 10^{-3}$
1127	1400	8,87%	$30{,}3 \cdot 10^{-3}$
1327	1600	24,48%	$255 \cdot 10^{-3}$

Bromdampf dissoziiert etwas weniger leicht als Joddampf. Bei 700 °C (Rotglut) ist er etwa zu 0,3% zerfallen und bei 1300° zu etwa 24% (bei Atmosphärendruck). Die Dissoziationswärme ist 45,23 kcal pro Mol, also etwas größer als die des Jods, endotherm für den Zerfall.

Tabelle 6. Dissoziation des Chlors bei verschiedenen Temperaturen

t °C	T° *abs.*	α bei 1 atm	K_{atm}
1127	1400	1,49%	0,00088
1327	1600	5,67%	0,0129
1527	1800	16,1 %	0,106
1727	2000	35,3 %	0,57
1927	2200	60,2 %	2,27
2127	2400	80,2 %	7,23
2327	2600	90,9 %	19,20
2527	2800	95,8 %	44,60
2727	3000	97,9 %	92,50

Chlor dissoziiert noch schwieriger als Bromdampf. Der Zerfall erreicht bei 1100 °C erst ca. 1%, bei 1800 °C etwa 50% und bei 2300 °C etwa 90% (bei Atmosphärendruck). Die Dissoziationswärme beträgt 56,9 kcal pro Mol, sie ist also noch etwas größer als die des Broms, endotherm für den Zerfall.

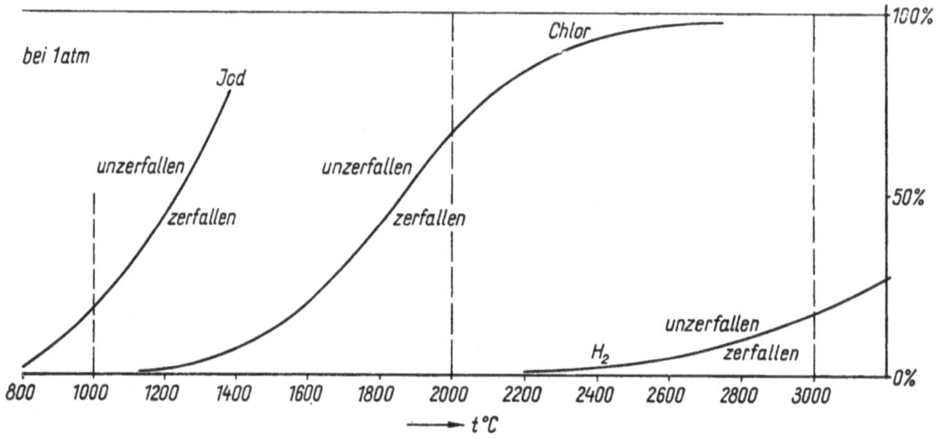

Abb. 17. Zerfall des Jods, Chlors und Wasserstoff in Atome

Tabelle 7. Sauerstoffdissoziation $O_2 \leftrightarrows 2\,O_1$ *bei verschiedenen Temperaturen*

t°C	T°*abs.*	α bei 1 atm	K_{atm}
2527	2800	2,86%	0,0033
2727	3000	5,92%	0,014
3227	3500	24,9 %	0,263
3727	4000	60,9 %	2,36
4727	5000	94,1 %	51,53

Der Zerfall des Sauerstoffs in Atome bei Atmosphärendruck erreicht bei 2500°C ca. 3%, bei 3500°C etwa die Hälfte und bei 4700°C etwa 94%. Die Dissoziationswärme beträgt 117,35 kcal pro Mol dissoziierendes O_2, endotherm für den Zerfall.

Tabelle 8. Wasserstoffdissoziation $H_2 \leftrightarrows 2\,H_1$ *bei verschiedenen Temperaturen*

t°C	T°*abs.*	α bei 1 atm	K_{atm}
2327	2600	2,04%	0,00167
2527	2800	4,33%	0,00751
2727	3000	8,31%	0,0278
3227	3500	29,57%	0,383
3727	4000	63,95%	2,768
4727	5000	95,80%	44,66

Der Zerfall erreicht bei 2300°C ca. 2%, bei 3600°C ca. 50% und bei 4700°C ca. 95%. Die Dissoziationswärme beträgt 102,6 kcal pro Mol H_2 endotherm. Die Zahlen liegen also ganz ähnlich wie beim Sauerstoff.

e) Jodwasserstoffdissoziation

Beispiel 31 Jodwasserstoff hat bei 444°C die Dissoziationskonstante $K = \frac{1}{49}$; er ist bei dieser Temperatur zu 22% in die Elemente gespalten. Ist diese zweite Aussage mit der ersten vereinbar?

A: Der Zerfall des Jodwasserstoffs in die Elemente erfolgt nach der Gleichung

$$2\,HJ \leftrightarrows H_2 + J_2$$

also ohne Änderung der Molekülzahl. Das bedeutet: es ist völlig gleichgültig, ob wir K_c, K_{atm} oder K_{mm} unter K verstehen wollen; die Werte für alle drei Größen werden gleich.

Es bedeutet zweitens: das Gasgemisch ist unempfindlich gegen Kompression oder Expansion, diese verschieben die Zusammensetzung nicht. Geht man daher von reinem Jodwasserstoff — oder von einem Gemisch gleicher Volumina H_2 und J_2 — aus, so bekommt das Gemisch, wenn es sich ins Gleichgewicht gesetzt hat, eine ganz bestimmte Zusammensetzung. Ob diese bei 22% Zerfallsprodukt liegt, läßt sich nachprüfen. Man kann hierzu wieder auf zwei Wegen vorgehen: Man kann die Konstante benützen und die Zusammensetzung ausrechnen; man kann aber auch die Zusammensetzung benützen und die Konstante ausrechnen. Das letztere ist einfacher.

22% sind zerfallen, das sind $\frac{2,2}{10}$ oder $\frac{2}{9}$. Von 9 Jodwasserstoffmolekülen sind also 2 zerfallen in $1\,H_2$ und $1\,J_2$; 7 HJ-Moleküle bleiben übrig. Die Konzentrationen sind also 1, 1 und 7, und die Konstante wird

$$K = \frac{(H_2)\,(J_2)}{(HJ)^2} = \frac{1 \cdot 1}{7^2} = \frac{1}{49}$$

sie stimmt also.

Vom gleichen Typus sind die Reaktionen der *Bildung und des Zerfalls der übrigen Halogenwasserstoffe und die Bildung von Stickoxid aus Stickstoff und Sauerstoff* $N_2 + O_2 = 2\,NO$. (Rechts und links je 2 Moleküle, auf einer Seite sind die beiden Moleküle gleich). Da die Reaktion ohne Molekülzahländerung verläuft, kann man hier *nicht* aus einer Druckzunahme auf die Zusammensetzung des Gasgemisches schließen (etwa wie bei den Dissoziationsreaktionen des Phosphorpentachlorids, Jods, Wassers oder Schwefeltrioxyds), sondern ist hier auf die Analyse angewiesen. Diese kann prinzipiell in mehreren Arten ausgeführt werden. Entweder kann man durch eine kalte Kapillare etwas von dem rasch gekühlten Reaktionsgas abführen, wobei das Abkühlen so rasch geschehen muß, daß das Gleichgewicht sofort einfriert, und dann analysieren. Oder man kann bei wasserstoffhaltigen Gasgemischen eine kleine, luftleer gepumpte Platinbirne in den Reaktionsraum einführen. In diese diffundiert durch die Platinwandung lediglich Wasserstoff ein, und zwar so lange, bis der Druck innen dem Partialdruck des Wasserstoffs im Gemisch gleich geworden ist. Mißt man dann den Druck in der Birne, so erfährt man den Partialdruck des Wasserstoffs im Gemisch; aus diesem und dem Gesamtdruck kann man dann die Drücke der übrigen Komponenten berechnen. Endlich kann man prinzipiell auch die Methode der Kolorimetrie heranziehen (z. B. bei farbigen Gasen), welche auch aufs Ultraviolett und Ultrarot ausgedehnt werden kann.

Beispiel 32 Ein Gemisch von Jodwasserstoffgas und überschüssigem Wasserstoff enthält bei 444 °C im Gleichgewicht 1 mm Joddampf und 10 mm Wasserstoff. Wie groß ist der Druck des Jodwasserstoffs und der Gesamtdruck?

A: (HJ) = $\sqrt{490}$ mm Jodwasserstoff = 22,4 mm HJ, denn:

$$\frac{(J_2)\,(H_2)}{(HJ)^2} = \frac{1}{49}; \quad \frac{1 \cdot 10}{490} = \frac{1}{49}; \quad (HJ)^2 = 490$$

HJ-Druck = 22,4 mm,
Gesamtdruck = 33,4 mm.

Für diesen Typus gilt zwischen dem Dissoziationsgrad α und der Konstante K_{atm} die Beziehung

$$K_{atm} = \left(\frac{1}{2}\,\frac{\alpha}{1-\alpha}\right)^2, \text{ druckunabhängig}$$

Zum Beispiel erhalten wir K_{atm} aus Beispiel 31 folgendermaßen zurück:

$$\alpha = {}^2/_9;\quad K_{atm} = \left(\frac{1}{2}\cdot\frac{{}^2/_9}{{}^7/_9}\right)^2 = \left(\frac{1}{2}\cdot\frac{2}{7}\right)^2 = \left(\frac{1}{7}\right)^2 = \frac{1}{49}$$

Für sehr kleine α-Werte nähert sich $1-\alpha$ dem Wert 1 und K_{atm} wird $= \frac{\alpha^2}{4}$.
Ableitung dieser Formel:
Wenn Jodwasserstoffgas vom Gesamtdruck 1 zum Bruchteil α in $J_2 + H_2$ gespalten ist, verhalten sich die Molmengen

$$HJ : J_2 : H_2 \text{ wie } (1-\alpha) : \frac{\alpha}{2} : \frac{\alpha}{2}$$

(zusammen 1).

Bei Gesamtdruck p sind dann die Partialdrücke

$$(1-\alpha)\,p_{atm},\quad \frac{\alpha}{2}\,p_{atm} \quad\text{und}\quad \frac{\alpha}{2}\,p_{atm}$$

(zusammen p_{atm}),
und hieraus kann man die Konstante K_{atm} zusammensetzen:

$$K_{atm} = \frac{(J_2)\,(H_2)}{(HJ)^2} = \frac{\frac{\alpha}{2}\,p\cdot\frac{\alpha}{2}\,p}{(1-\alpha)^2\,p^2} = \left(\frac{\alpha}{2\,(1-\alpha)}\right)^2, \text{ q. e. d.}$$

f) Dissoziation des Phosphorpentachlorids

Der Typus der Dissoziation des Phosphorpentachlorids kommt relativ selten vor. Aus einem Molekül werden zwei verschiedene Moleküle. Nicht zu verwechseln mit dem Typ der Joddissoziation, bei welchem aus einem Molekül zwei *gleiche* Moleküle werden, z. B. $J_2 = 2J$, $Br_2 = 2Br$, $Cl_2 = 2Cl$, $H_2 = 2H$, $O_2 = 2O$, $N_2O_4 = 2NO_2$. Die Beziehung zwischen dem Dissoziationsgrad α und der Konstante K_{atm} ist bei beiden Typen nicht gleich!

Beispiel 33 Die Konstante K_c der Phosphorpentachloriddissoziation ist bei 200 °C 0,00815. Wie groß ist K_{atm}?

A: RTmal größer. $RT = 0{,}082 \cdot 473 = 38{,}8$

$0{,}00815 \cdot 38{,}8 = \mathbf{0{,}316}$

Beispiel 34 Wie groß ist K_{mm}?

A: 760mal größer als K_{atm}, $0{,}316 \cdot 760 = \mathbf{240}$.

Beispiel 35 Wie groß wird bei 200 °C und 1 atm Gesamtdruck der Dissoziationsgrad α?

A: Gesamtdruck = 1 atm

$$(PCl_3) = (Cl_2) = x \text{ atm} \qquad (PCl_5) = (1 - 2x) \text{ atm}$$

$$\frac{x^2}{1 - 2x} = K_{atm} = 0{,}316 \text{ (nach Beispiel 33)}$$

$$x^2 = 0{,}316\,(1 - 2x); \quad x = 0{,}329 \text{ atm}$$

$$(PCl_3) = 0{,}329 \text{ atm}$$

$$(Cl_2) = 0{,}329 \text{ atm}$$

$$(PCl_5) = 0{,}342 \text{ atm}$$

Der Dissoziationsgrad α ist definiert als *der Bruchteil der anfangs vorhandenen Moleküle PCl_5, der zerfallen ist.*

$$\alpha = \frac{0{,}329}{0{,}342 + 0{,}329} = \frac{0{,}329}{0{,}671} = \mathbf{0{,}49}$$

Vom selben Typus ist die Bildung und der Zerfall des Antimonpentachlorids; ferner im flüssigen System die Bildung des Trichloressigsäureamylesters durch Addition von Amylen an Trichloressigsäure:

$$CCl_3 - COOH + C_5H_{10} = CCl_3 - COOC_5H_{11}$$

Bei *dieser* Art der „Veresterung" ist es also keineswegs so, daß das Volumen keine Rolle spielt!

Zwischen K_{atm} und α herrscht bei diesem Typus die Beziehung

$$K_{atm} = \frac{p\alpha^2}{1 - \alpha^2} \quad (p = \text{Druck in atm})$$

bei sehr kleinen α-Werten kann man $1 - \alpha^2$ ersetzen durch 1, und obige Formel wird

$$K_{atm} = p\alpha^2$$

Ableitung der Formel $K_{atm} = \dfrac{p\alpha^2}{1 - \alpha^2}$:

Wenn Phosphorpentachloriddampf vom Gesamtdruck p atm zum Bruchteil α dissoziiert ist, so verhalten sich die Molkonzentrationen $PCl_5 : PCl_3 : Cl_2$ wie $(1 - \alpha) : \alpha : \alpha$. Das ist zusammen nicht 1 und nicht p. Um die Summe p werden zu lassen, müssen wir diese Werte mit $\frac{p}{1 + \alpha}$ multiplizieren und erhalten so

$$(1 - \alpha) \frac{p}{1 + \alpha} \text{ atm}, \quad \alpha \frac{p}{1 + \alpha} \text{ atm}, \quad \text{und} \quad \alpha \frac{p}{1 + \alpha} \text{ atm}$$

für die drei Partialdrücke.

Aus diesen setzt sich die Konstante K_{atm} zusammen:

$$K_{\text{atm}} = \frac{\alpha \frac{p}{1 + \alpha} \cdot \alpha \frac{p}{1 + \alpha}}{(1 - \alpha) \frac{p}{1 + \alpha}} = \frac{\alpha^2}{1 - \alpha} \frac{p}{1 + \alpha}$$

$$= \frac{\alpha^2 p}{1 - \alpha^2} \qquad \text{q. e. d.}$$

Zum Beispiel wird im vorliegenden Fall rückwärts

$$K_{\text{atm}} = \frac{p \alpha^2}{1 - \alpha^2} = \frac{1 \cdot 0{,}49^2}{1 - 0{,}49^2} = \frac{0{,}14}{0{,}76} = 0{,}316$$

wie vorher angenommen.

Beispiel 36 Phosphorpentachloriddampf von Atmosphärendruck ist bei 180 °C zu 40% dissoziiert (in $PCl_3 + Cl_2$). Wie groß ist K_{atm}, K_c und K_{mm}?

A: $\alpha = 0{,}4$.

Die Zusammensetzung des Dampfes ist 60 Mole PCl_5, 40 Mole PCl_3 und 40 Mole Cl_2. Der Gesamtdruck ist 1 atm. Die Partialdrücke sind also

$$(PCl_5) = {}^{60}/_{140} = {}^{3}/_{7} \text{ atm},$$

$$(PCl_3) = {}^{40}/_{140} = {}^{2}/_{7} \text{ atm},$$

$$(Cl_2) = {}^{40}/_{140} = {}^{2}/_{7} \text{ atm}.$$

$$K_{\text{atm}} = \frac{(PCl_3)\,(Cl_2)}{(PCl_5)} = \frac{{}^{2}/_{7} \cdot {}^{2}/_{7}}{{}^{3}/_{7}} = \mathbf{0{,}192}$$

$$K_c = RT\text{mal kleiner als } K_{\text{atm}} = 0{,}082 \cdot 453\text{mal kleiner}$$

$$= 0{,}192 \cdot {}^{1}/_{37{,}1} = \mathbf{0{,}00514}$$

K_{mm} = 760mal größer als $K_{atm} = 0{,}192 \cdot 760 = \mathbf{144{,}6}$

K_{atm} aus der fertigen Formel $= K_{atm} = \frac{\alpha^2}{1 - \alpha^2} p$

(p Gesamtdruck im atm)

$$= \frac{0{,}4^2}{1 - 0{,}4^2} = \frac{0{,}16}{0{,}84} = \mathbf{0{,}192}$$

g) Zerfall des Wasserdampfes, Kohlendioxids, Schwefeltrioxids

Beispiel 37 Wasserdampf spaltet sich bei Weißglut teilweise in seine Elemente.

$$2\,H_2O = 2\,H_2 + O_2$$

$$K_{atm} = \frac{(H_2)^2\,(O_2)}{(H_2O)^2}\ ^{1)}$$

Bei ca. 1400 °C ist 1‰ zerfallen. Wie groß wird hierfür K_{atm}?

A: $(H_2O) = 1$ atm

$$(H_2) = \frac{1}{1000} \text{ atm} \qquad K_{atm} = \frac{\left(\frac{1}{1000}\right)^2 \cdot \frac{0{,}5}{1000}}{1 \cdot 1}$$

$$(O_2) = \frac{0{,}5}{1000} \qquad = \mathbf{0{,}5 \cdot 10^{-9}}$$

Beispiel 38 Wie groß wird K_{mm}?

A: $(H_2O) = 760$ mm,

$(H_2) = 0{,}76$ mm,

$(O_2) = \frac{0{,}76}{2}$ mm

$$K_{mm} = \frac{0{,}76^2 \cdot 0{,}76 \cdot {}^1/_2}{760^2}$$

$$= 760 \cdot 0{,}5 \cdot 10^{-9},$$

760mal so groß als K_{atm}

---

[1]) K_{atm} wird in der Literatur auch manchmal definiert als

$$K_{atm} = \frac{(H_2)\ (O_2)^{\frac{1}{2}}}{(H_2O)^{\frac{1}{2}}}$$

und bekommt dann Zahlenwerte, welche gerade die Wurzel des obigen Wertes sind. Darauf ist zu achten! (In Tab. 9 wird dieser Ausdruck $\sqrt{K_{atm}}$ genannt.)

Beispiel 39 Bei 2727 °C = 3000 °*abs.* und 1 atm Gesamtdruck sind 16,4% gespalten. Wieviel % Übervolumen hat das Gasgemisch?

A: 8,2% Übervolumen. An die Stelle der ausfallenden 16,4% (für zerfallenes Wasser) treten sofort 16,4% Wasserstoff. Dazu kommen noch 8,2% Sauerstoff, welche diese Volumenvermehrung verursachen. Nennt man den Prozentsatz der Volumenvermehrung β, so wird

$$\beta = \frac{\alpha}{2}.$$

Beispiel 40 Wie werden die Partialdrücke?

A: Die Partialdrücke verhalten sich wie 83,6:16,4:8,2 ($H_2O:H_2:O_2$). Das ist aber zusammen nicht 100, sondern 108,2. Da sie zusammen 1 atm geben sollen, sind sie alle mit $\frac{1}{108,2}$ zu multiplizieren. Das gibt

$$\frac{83,6}{108,2},\ \frac{16,4}{108,2}\ \text{und}\ \frac{8,2}{108,2}$$

$$= \mathbf{0,7730\ atm,\ 0,1515\ atm\ und\ 0,0755\ atm.}$$

Beispiel 41 Wie groß wird K_{atm}?

A: I. $K_{\text{atm}} = \frac{(H_2)^2\,(O_2)}{(H_2O)^2} = \frac{0,1515^2 \cdot 0,0755}{0,7730^2}$

$= \mathbf{0,0029}$

II. Die Beziehung zwischen α und K_{atm} ist (*fertige Formel*)

$$K_{\text{atm}} = \frac{\alpha^3 p}{(1-\alpha)^2\,(2+\alpha)} \quad (p = \text{Gesamtdruck})$$

z. B. hier

$$= \frac{0,164^3 \cdot 1}{0,836^2 \cdot 2,161}$$

$= \mathbf{0,0029}$, wie oben.

Bei sehr kleinen α-Werten wird $2 + \alpha = 2$ und $1 - \alpha = 1$, und obige Formel vereinfacht sich zu

$$K_{\text{atm}} = \frac{\alpha^3 p}{2}.$$

Das gibt hier $K_{\text{atm}} = \frac{1}{2} \cdot 0,164^3 = 0,0022$ (statt 0,0029) — (das ist also für diesen großen α-Wert schon ungenau).

Beispiel 42 Bei 2727 °C ist die Konstante $K_{\text{atm}} = 2{,}94 \cdot 10^{-3}$.
Wie ist die Zusammensetzung des Gasgemisches bei 1 atm Gesamtdruck?

A: Wir erinnern uns, daß diese Aufgabe die Lösung einer kubischen Gleichung verlangt, denn es ist die Konstante gegeben und nach der Zusammensetzung gefragt. Auch die oben gegebene Formel hilft darüber nicht hinweg; denn wenn man diese umkehren will und sie nach α aufzulösen versucht, kommt ebenfalls eine kubische Gleichung heraus. Wir können zum Eingabeln die Formel unverändert benützen:

$$\frac{\alpha^3}{(2+\alpha)(1-\alpha)^2} = K_{\text{atm}} = 0{,}00294$$

Wir schreiben sie für das Rechnen mit dem Rechenschieber um in

$$\left(\frac{\alpha}{1-\alpha}\right)^2 \frac{\alpha}{2+\alpha} = 0{,}00294 \text{ (d. h. man muß } = 0{,}00294 \text{ erhalten)}$$

und gabeln nun zunächst ein zwischen den Werten $\alpha = 0{,}13$ und $\alpha = 0{,}23$, also 13 und 23% Zerfall.

$$\alpha = 0{,}13 \qquad \left(\frac{0{,}13}{0{,}87}\right)^2 \cdot \frac{0{,}13}{2{,}13} = 0{,}00136\text{; rechts zu wenig,}$$

$$\alpha = 0{,}23 \qquad \left(\frac{0{,}23}{0{,}77}\right)^2 \cdot \frac{0{,}23}{2{,}23} = 0{,}00920\text{; rechts zu viel.}$$

Der richtige α-Wert liegt offenbar zwischen den Werten 0,13 und 0,23; denn das richtige Resultat für die rechte Seite (0,00294) liegt zwischen den Werten 0,00136 und 0,0092.
Wir gehen auf Mitte:

$$\alpha = 0{,}18 \qquad \left(\frac{0{,}18}{0{,}82}\right)^2 \cdot \frac{1{,}18}{2{,}18} = 0{,}00398\text{; rechts zu viel,}$$

$$\alpha = 0{,}16 \qquad \left(\frac{0{,}16}{0{,}84}\right)^2 \cdot \frac{0{,}16}{2{,}16} = 0{,}00267\text{; rechts zu wenig,}$$

$$\alpha = 0{,}17 \qquad \left(\frac{0{,}17}{0{,}83}\right)^2 \cdot \frac{0{,}17}{2{,}17} = 0{,}00328\text{; rechts zu viel,}$$

$$\alpha = 0{,}165 \qquad \left(\frac{0{,}165}{0{,}835}\right)^2 \cdot \frac{0{,}165}{2{,}165} = 0{,}00297\text{; rechts zu viel,}$$

$$\alpha = 0{,}164 \qquad \left(\frac{0{,}164}{0{,}836}\right)^2 \cdot \frac{0{,}164}{2{,}164} = 0{,}00293\text{; richtig.}$$

α wird also **0,164**; 16,4% des Wasserdampfes sind bei 1 atm zerfallen, d. h. 83,6 Mole Wasser kommen auf 16,4 Mole Wasserstoff und 8,2 Mole Sauerstoff, das sind zusammen 108,2 Mole. Auf Volumprozente umgerechnet ergeben sich für Wasserdampf, Wasser und Sauerstoff

77,2; **15,2** und **7,6**%

resp. die Partialdrücke 0,772 atm, 0,152 atm und 0,076 atm, und diese Partialdrücke setzen sich wieder zusammen

zur Konstante $K_{\text{atm}} = 2{,}94 \cdot 10^{-3}$.

Tabelle 9. Wasserdampfdissoziation

t°C	T°*abs.*	$\sqrt{K_{\text{atm}}}$	K_{atm}	α bei 1 atm
727	1000	$8{,}73 \cdot 10^{-11}$	$7{,}62 \cdot 10^{-21}$	$0{,}248 \cdot 10^{-6}$
927	1200	$1{,}28 \cdot 10^{-8}$	$1{,}64 \cdot 10^{-16}$	$6{,}89 \cdot 10^{-6}$
1127	1400	$4{,}58 \cdot 10^{-7}$	$2{,}10 \cdot 10^{-13}$	$74{,}8 \cdot 10^{-6}$
1227	1500	$1{,}92 \cdot 10^{-6}$	$3{,}68 \cdot 10^{-12}$	$0{,}0195 \cdot 10^{-2}$
1447	1750	$4{,}32 \cdot 10^{-5}$	$1{,}78 \cdot 10^{-9}$	$0{,}155 \cdot 10^{-2}$
1727	2000	$2{,}96 \cdot 10^{-4}$	$8{,}76 \cdot 10^{-8}$	$0{,}560 \cdot 10^{-2}$
2227	2500	$6{,}18 \cdot 10^{-3}$	$3{,}82 \cdot 10^{-5}$	$4{,}25 \cdot 10^{-2}$
2477	2750	$1{,}88 \cdot 10^{-2}$	$3{,}53 \cdot 10^{-4}$	$8{,}91 \cdot 10^{-2}$
2727	3000	$5{,}43 \cdot 10^{-2}$	$2{,}94 \cdot 10^{-3}$	$16{,}4 \cdot 10^{-2}$

Hohe Temperatur und niedriger Druck begünstigen den Zerfall.

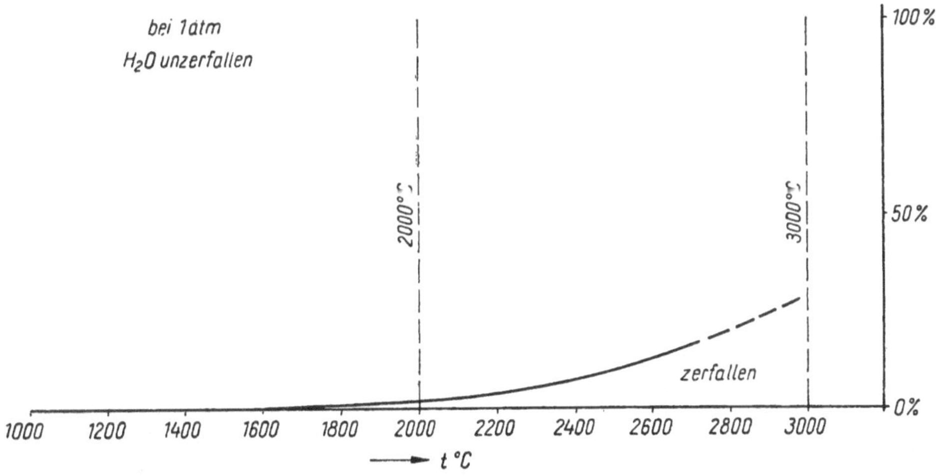

Abb. 18. Zerfall des Wassers: $2\,H_2O \rightleftharpoons 2\,H_2 + O_2$

Beispiel 43 Für den Zerfall des Kohlendioxids in Kohlenoxid und Sauerstoff bei Weißglut gilt die Konstante

$$K_{atm} = \frac{(CO)^2 (O_2)}{(CO_2)}$$

Diese hat bei 2227 °*abs.* den Wert $14{,}2 \cdot 10^{-4}$. Wie groß ist der Dissoziationsgrad α bei 1 atm Gesamtdruck?

A: Der Fall ist derselbe wie beim Wasser, die Formel

$$K_{atm} = \frac{\alpha^3}{(2 + \alpha)(1 - \alpha)^2} p; \quad p = \text{Gesamtdruck in atm, hier} = 1.$$

Wir gabeln ein zwischen 10 und 20%, also $\alpha = 0{,}1$ bis $\alpha = 0{,}2$.

$$\alpha = 0{,}1 \quad \left(\frac{\alpha}{1 - \alpha}\right)^2 \frac{\alpha}{2 + \alpha} \text{ muß sein} = 0{,}00142,$$

$$\left(\frac{0{,}1}{0{,}9}\right)^2 \frac{0{,}1}{2{,}1} = 0{,}00059; \text{ rechts zu wenig,}$$

$$\alpha = 0{,}2 \quad \left(\frac{0{,}2}{0{,}8}\right)^2 \frac{0{,}2}{2{,}2} = 0{,}00567; \text{ rechts zu viel,}$$

$$\alpha = 0{,}15 \quad \left(\frac{0{,}15}{0{,}85}\right)^2 \frac{0{,}15}{2{,}15} = 0{,}00217; \text{ rechts zu viel,}$$

$$\alpha = 0{,}13 \quad \left(\frac{0{,}13}{0{,}87}\right)^2 \frac{0{,}13}{0{,}87} = 0{,}00137; \text{ rechts zu wenig,}$$

$$\alpha = 0{,}131 \quad \left(\frac{0{,}131}{0{,}869}\right)^2 \frac{0{,}131}{2{,}131} = 0{,}00140; \text{ nahezu richtig,}$$

$\alpha =$ **0,1317** oder **13,17%**.

Ableitung der Formel $K_{atm} = \dfrac{\alpha^3 p}{(1 - \alpha)^2 (2 + \alpha)}$:

Wenn von Wasserdampf von 1 atm Gesamtdruck der Bruchteil α dissoziiert ist, nimmt der Wasserdampf *vor* der Dissoziation das Volumen 1 ein, *nach* der Dissoziation das Volumen $1 + \dfrac{\alpha}{2}$ (s. Beispiel 39).

Die Partialdrücke sind dann

$$\frac{(1 - \alpha)}{1 + \frac{\alpha}{2}} \text{ für Wasser,} \quad \frac{\alpha}{1 + \frac{\alpha}{2}} \text{ für Wasserstoff und}$$

$$\frac{\frac{\alpha}{2}}{1+\frac{\alpha}{2}} \text{ für Sauerstoff}$$

Ist der Gesamtdruck p atm, so multiplizieren sich alle diese Werte mit p, und wir erhalten die Partialdrücke

$$\frac{(1-\alpha)\,p}{1+\frac{\alpha}{2}} \text{ für } H_2O, \quad \frac{p}{1+\frac{\alpha}{2}} \text{ für } H_2, \quad \frac{\frac{\alpha}{2}\,p}{1+\frac{\alpha}{2}} \text{ für } O_2,$$

und die Konstante wird

$$K_{\text{atm}} = \frac{\left(\alpha^2 \dfrac{p}{1+\frac{\alpha}{2}}\right)^2 \dfrac{\alpha}{2}\left(\dfrac{p}{1+\frac{\alpha}{2}}\right)}{(1-\alpha)^2\left(\dfrac{p}{1+\frac{\alpha}{2}}\right)^2} = \frac{\alpha^3\,p}{(1-\alpha)^2\,(2+\alpha)}, \text{ q. e. d.}$$

Tabelle 10. Zerfall des Kohlendioxids

$$2\,CO_2 = 2\,CO + O_2$$

$$K_{\text{atm}} = \frac{(CO)^2\,(O_2)}{(CO_2)^2}$$

t°C	T°*abs.*	$\sqrt{K_{\text{atm}}}$	Ka_{atm}	α bei 1 atm
1477	1750	$1{,}25 \cdot 10^{-4}$	$1{,}56 \cdot 10^{-8}$	$0{,}315 \cdot 10^{-2}$
1727	2000	$1{,}37 \cdot 10^{-3}$	$1{,}88 \cdot 10^{-6}$	$1{,}55 \cdot 10^{-2}$
2227	2500	$3{,}77 \cdot 10^{-2}$	$14{,}2 \cdot 10^{-4}$	$13{,}11 \cdot 10^{-2}$
2727	3000	0,335	0,112	$44{,}1 \cdot 10^{-2}$
3227	3500	1,56	2,43	$74{,}9 \cdot 10^{-2}$

Hohe Temperatur und niedriger Druck begünstigen den Zerfall.

Beispiel 44 Welche Umstände sind für die Schwefeltrioxidbildung (aus SO_2 und O_2) günstig?

A: Genau wie für die Wasserbildung und CO_2-Bildung sind prinzipiell *niedrige Temperatur und hoher Druck* günstig. Da die SO_3-Bildung exotherm ist (mit +45 kcal für 2 Mole SO_3 und mit einer Molekülzahlverminderung verbunden, geht die Gleichgewichtskonstante K_{atm} mit steigender Temperatur zurück und erhöhter Druck wirkt günstig. Praktisch arbeitet man jedoch meist bei Atmosphärendruck. Endlich wirkt Sauerstoffüberschuß günstig, weil man einen möglichst hohen Prozentsatz SO_2 in SO_3 überführen will. Da man für gewöhnlich Luft nimmt, schleppt man damit auch Stickstoff ein. Dieser würde nur dann indifferent für das Gleichgewicht sein, wenn das Gasgemisch gleichzeitig so stark komprimiert würde, daß alle Partialdrücke der übrigen drei Gase mit und ohne Stickstoff gleich würden. Das tut man aber nicht, sondern man arbeitet nach wie vor bei 1 atm. Das hat zur Folge, daß das stickstoffhaltige Gas einen größeren Raum einnimmt pro Mol SO_2 und insofern wirkt der Stickstoff ungünstig. Als Temperatur wählt man bei Platinkontakten 425 °C; weiter heruntergehen kann man nicht, und zwar aus demselben Grunde wie bei der Ammoniaksynthese, weil dann die Katalysatorwirkung zu schwach wird; das Gleichgewicht läge an sich beim Heruntergehen unter 400 °C noch günstiger. Da die Reaktion exotherm ist und die Temperatur von 425 °C gehalten werden soll, muß man die Reaktionswärme abführen.

Im übrigen ist das Gleichgewicht vom gleichen Typus wie das des Wasserzerfalls und des Kohlendioxidzerfalls, und da die SO_3-Bildung auch exotherm ist wie die des Wassers und Kohlendioxids, liegen die Verhältnisse bei allen drei Stoffen ganz gleich: Für die Dissoziation sind hohe Temperatur und niedriger Druck günstig, für die *Bildung* von SO_3 etc. *niedrige Temperatur und hoher Druck.*

Tabelle 11. Schwefeltrioxidbildung

$$K_c = \frac{[SO_2]^2\,[O_2]}{[SO_3]^2}$$

t °C	K_c beob.
528	$0{,}0155 \cdot 10^{-3}$
625	$0{,}316 \cdot 10^{-3}$
727	$3{,}54 \cdot 10^{-3}$
832	$28{,}00 \cdot 10^{-3}$
897	$81{,}6 \cdot 10^{-3}$

Niedrige Temperatur und hoher Druck begünstigen die Bildung des SO_3.
Die Bildung des SO_3 ist exotherm mit 45 kcal für 2 Mol SO_3.

D

GLEICHGEWICHTE IN LÖSUNGEN

1. Verteilungssatz von Nernst

Gibt man zu zwei miteinander nicht mischbaren Lösungsmitteln, z. B. zu Wasser und Chloroform, einen Stoff, der in beiden löslich ist, z. B. Anilin, so verteilt er sich beim Schütteln so auf diese beiden Lösungsmittel, daß das Verhältnis der Konzentrationen c_1 und c_2 in diesen Lösungsmitteln eine Konstante wird. (Die Konzentrationen sind im folgenden auf gleiche Volumina der beiden Schichten bezogen).

Beispiel 1 10 g Anilin werden mit Wasser zu 1 Liter gelöst und die Lösung wird mit 1 Liter Chloroform geschüttelt. Der Verteilungskoeffizient sei 9.[1]) Wieviel Anilin geht ins Chloroform?

A: 9 g Anilin gehen ins Chloroform, 1 g bleibt im Wasser. Verteilungskoeffizient = 9:1.

Beispiel 2 Für eine organische Base sei der Verteilungskoeffizient zwischen Chloroform und Wasser 7. 9 g dieser Base werden in 2 Liter Wasser gelöst und die Lösung mit 1 Liter Chloroform geschüttelt. Wieviel Base geht ins Chloroform?

A: 7 g gehen ins Chloroform, 2 g bleiben im Wasser.

Beispiel 3 Eine organische Base habe für das System Bromoform—Wasser den Verteilungskoeffizienten 9. Eine Lösung von 80 g in 3 Litern Wasser wird mit 200 ccm Bromoform geschüttelt. Wie ist das Verhältnis der Konzentrationen in beiden Schichten, wenn die Konzentrationen gemessen werden a) in Mol pro Liter, b) in Gramm pro Liter?

A: Beide Male 9.

Beispiel 4 Ein Alkaloid werde aus wäßriger Lösung mit Essigester ausgeschüttelt. Bei einmaligem Ausschütteln mit 80 ccm Essigester sinkt der Gehalt der wäßrigen Schicht auf 0,7 des Anfangsgehaltes. Auf welchen Bruchteil sinkt er bei dreimaligem Ausschütteln mit 80 ccm Essigester?

A: Auf $0{,}7^3 = 0{,}35$ des Anfangsgehaltes.

---

[1]) Die Zahlen sind willkürlich

Beispiel 5 Pikrinsäure ist als Säure von erheblicher Stärke und in Wasser ziemlich weitgehend dissoziiert. Nur die undissoziierten Moleküle gehen aber ins Benzol, so daß nur für diese der NERNSTsche Verteilungssatz gilt; der Verteilungskoeffizient für diese ist 35,5 zugunsten des Benzols. Eine Lösung von 4580 g = 20 Molen Pikrinsäure in 1000 Litern benzolgesättigtem Wasser enthält 10% der Säure in undissoziierter Form. Diese Lösung wird nun mit 1 Liter Benzol geschüttelt. Wieviel Pikrinsäure (in Gramm) muß man nachschütten, wenn die wäßrige Schicht dabei ihre Zusammensetzung nicht ändern soll?

A: 1. Wie groß ist die Konzentration der undissoziierten Pikrinsäure in der wäßrigen Schicht?

0,458 g im Liter.

2. Wie groß ist die Konzentration der Pikrinsäure in der Benzolschicht?

35,5mal so groß, also $35{,}5 \cdot 0{,}458 = 16{,}2$ g/Liter.

3. Wie viele Pikrinsäure enthält die Benzolschicht?

16,2 Gramm Pikrinsäure.

16,2 g Pikrinsäure muß man nachschütten.

2. Löslichkeitsprodukt

Für die gesättigte wäßrige Lösung eines schwerlöslichen Elektrolyten, z. B. Silberchlorid, geht das Massenwirkungsgesetz über in die Form

$$[Ag^{\cdot}]\,[Cl'] = l$$

Das Produkt der beiden Ionenkonzentrationen ist also eine Konstante (die selbstverständlich wieder nur für eine Temperatur gilt). Hat man eine gesättigte wäßrige Lösung von Silberchlorid, so wird durch Zugabe von Silbersalzlösungen oder Chloridlösungen des Löslichkeitsprodukt überschritten und AgCl fällt aus.

Beispiel 6 Silberchlorid (AgCl) besitzt bei 0 °C die Wasserlöslichkeit 10^{-6} Mole im Liter.

a) Wie groß ist das Löslichkeitsprodukt?

b) Wie groß ist die Löslichkeit in normaler Salzsäure?

A: a) $[Ag^{\cdot}][Cl'] = \mathbf{10^{-12}}$

b) Wenn $[Cl'] = 1$ wird, muß $[Ag^{\cdot}] = 10^{-12}$ werden, wenn das Löslichkeitsprodukt erreicht werden soll. Es löst sich also 10^{-12} Mol Silberchlorid in 1 Liter normaler Salzsäure.

Beispiel 7 (Siehe vorhergehendes Beispiel). In einen Liter einer gesättigten wäßrigen Lösung von AgCl wird so viel HCl-Gas eingeleitet, daß die Lösung daran $\frac{1}{10}$ n wird. Wieviel AgCl wird ausgefällt?

A: Falls $[Cl'] = \frac{1}{10}$ wird, muß $[Ag^{\cdot}] = 10^{-11}$ werden, wenn $[Ag^{\cdot}][Cl']$ $= 10^{-12}$ bleiben soll. In der verdünnten Salzsäure ist also noch 10^{-11} Mol AgCl gelöst. Vorher waren es 10^{-6} Mole AgCl; 99,999% des Silberchlorids werden also ausgefällt.

Beispiel 8 Kaliumperchlorat ($M = 138$) hat bei 15 °C eine Löslichkeit von 13,8 g $= \frac{1}{10}$ Mol pro Liter. a) Wie groß ist das Löslichkeitsprodukt, b) wieviel löst sich in normaler Perchlorsäure?

A: a) $\frac{1}{10} \cdot \frac{1}{10} = \mathbf{\frac{1}{100}}$.

b) Wenn $[ClO_4'] = 1$ wird, muß $[K^{\cdot}] = \frac{1}{100}$ werden, wenn das Löslichkeitsprodukt erhalten bleiben soll; es lösen sich also **1,38 g $KClO_4$** im Liter.

Beispiel 9 Blei(II)-sulfat hat die Löslichkeit $2 \cdot 10^{-4}$ Mole im Liter. Wieviel Bleisulfat löst sich in molarer SO_4''-Lösung?

A: Das Löslichkeitsprodukt $[Pb^{\cdot\cdot}][SO_4'']$ ist $4 \cdot 10^{-8}$; in m SO_4'' ist die Löslichkeit **$4 \cdot 10^{-8}$ Mol pro Liter**.

Beispiel 10 Bariumsilicofluorid hat die Löslichkeit $7 \cdot 10^{-5}$ Mol/Liter. Wie groß ist das Löslichkeitsprodukt?

A: $[Ba^{\cdot\cdot}][SiF_6''] = \mathbf{49 \cdot 10^{-10}}$

Beispiel 11 Für Cer(III)-phosphat werde die Löslichkeit 10^{-6} Mol/Liter angenommen. Wie groß ist das Löslichkeitsprodukt?

A: $[Ce^{\cdot\cdot\cdot}][PO_4'''] = 10^{-12}$

Für einen Elektrolyten vom Typus des Quecksilber(II)-jodids nimmt das Löslichkeitsprodukt l folgende Form an:

a sei die Löslichkeit des HgJ_2 in Mol pro Liter, dann ist

$$[Hg^{\cdot\cdot}] = a$$

$$[J'] = 2a$$

$$\text{und } l = [Hg^{\cdot\cdot}][J'][J'] = a \cdot 2a \cdot 2a = 4a^3$$

Beispiel 12 Blei(II)-chlorid hat die Löslichkeit $\frac{1}{10}$ Mol/Liter. Wie groß ist das Löslichkeitsprodukt?

A: In gesättigter Lösung ist

$$[Pb^{\cdot\cdot}] = \frac{1}{10}, \quad Cl' = \frac{2}{10}$$

$$l = 4a^3 = 4 \cdot 10^{-3}$$

Beispiel 13 Kaliumhexachloroplatinat(IV) (Kaliumplatinchlorid) hat die Löslichkeit $a = 2 \cdot 10^{-2}$ Mol/Liter. Wie groß ist das Löslichkeitsprodukt?

A: $[PtCl_6''] = 2 \cdot 10^{-2}$

$$[K^{\cdot}] = 4 \cdot 10^{-2}$$

$$l = 4a^3 = 32 \,.\, 10^{-6}$$

Beispiel 14 Silberbromid (AgBr) hat in einer bestimmten Kaliumbromidlösung die Löslichkeit a. Auf welchen Wert sinkt sie, wenn die Stärke der Kaliumbromidlösung verdoppelt wird?

A: Auf $\frac{a}{2}$.

Beispiel 15 Blei(II)-bromid hat in einer bestimmten Kaliumbromidlösung die Löslichkeit a. Auf welchen Wert sinkt sie, wenn die Stärke der Kaliumbromidlösung verdoppelt wird?

A: Auf $\frac{a}{4}$.

Begründung?

A: Wenn $[Br'] = 1$ gewählt wird (in willkürlichen Einheiten), so gilt

$$[Pb^{\cdot}] \cdot [Br'] \cdot [Br'] = a$$

$$[Pb^{\cdot}]\, 1 \cdot 1 = a$$

Wird aber $[Br'] = 2$, so wird

$$[Pb^{\cdot}] \cdot 2 \cdot 2 = a$$

$$[Pb^{\cdot}] = \frac{a}{4}$$

Bei einwertigen Metallen sinkt die Löslichkeit umgekehrt proportional der Bromionenkonzentration, bei zweiwertigen umgekehrt proportional dem *Quadrat* der Bromionenkonzentration. Man kann aus diesem Umstand auf die Wertigkeit eines Ions schließen, sofern nicht etwa Komplexbildung eintritt.

Beispiel 16 Die Löslichkeit des Silbercarbonats bei 10 °C werde zu $1 \cdot 10^{-4}$ Mol/Liter angenommen. Wie groß ist das Löslichkeitsprodukt?

A: $[Ag^{\cdot}]^2[CO_3'']= 4a^3 = \mathbf{4 \cdot 10^{-12}}$

Beispiel 17 Die Löslichkeit von Zinkhexacyanoferrat(II) (Zinkferrocyanid) werde zu $1 \cdot 10^{-5}$ Mol/Liter angenommen. Wie groß ist das Löslichkeitsprodukt?

A: $[Zn^{\cdot\cdot}]^2[Fe(CN)_6'''']= 4a^3 = \mathbf{4 \cdot 10^{-15}}$

Beispiel 17a Cer(III)-jodat $Ce(JO_3)_3$ hat die Löslichkeit $a = 1{,}83 \cdot 10^{-3}$ Mol/Liter. Wie ist sein Löslichkeitsprodukt?

A: Im Liter Wasser sind a Mole Cerjodat enthalten. Die Konzentration an Cer(III)-ion ist a, die an Jodation $3a$. Das Löslichkeitsprodukt ist dann also

$$\begin{aligned} &(Ce^{\cdot\cdot\cdot}) \cdot (JO_3') \cdot (JO_3') \cdot (JO_3') \\ &= a \cdot 3a \cdot 3a \cdot 3a \\ &= 27a^4 \\ &= \mathbf{3 \cdot 10^{-10}} \end{aligned}$$

Beispiel 17b Cer(III)-phosphat $CePO_4$ hat die Löslichkeit a Mol/Liter. Wie groß ist sein Löslichkeitsprodukt?

A: $(Ce^{\cdot\cdot\cdot})(PO_4''') = \mathbf{a^2}$

Tabellen von Löslichkeitsprodukten schwerlöslicher Salze finden sich z. B. im D'Ans/Lax, Taschenbuch für Chemiker und Physiker (Springer, Berlin 1943), S. 852; im Chemiker-Kalender (H. U. v. Vogel) (Springer, Berlin 1956), S. 462; im Staude, Physikalisch-Chemisches Taschenbuch (Akademische Verlagsgesellschaft Geest und Portig K.-G., Leipzig 1949), Bd. II, S. 1428; in „Chemie für Labor und Betrieb" (Umschau-Verlag, Frankfurt) *4*, 68 (1953) usw.

Es hat sich vielfach — als angeblich einfacher — eingebürgert, statt des Löslichkeitsprodukts dessen negativen Logarithmus anzugeben (ganz wie beim p_H-Wert); dieser negative Logarithmus wird P_K-Wert genannt. So besitzt z. B. das Silberchromat Ag_2CrO_4 das Löslichkeitsprodukt $\mathbf{4a^3 = 10^{-12}}$ und den P_K-Wert $-\log 10^{-12} = \mathbf{12}$ (vgl. z. B. Staude, l. c.)

Der P_K-Wert heißt auch *Gleichgewichtsexponent*.

Beispiel 17c Silberchlorid AgCl besitzt bei 12 °C die Löslichkeit $a = 1{,}05 \cdot 10^{-6}$ Mol/Liter und das Löslichkeitsprodukt

$$a^2 = 1{,}1 \cdot 10^{-12} = 0{,}11 \cdot 10^{-11}$$

Wie groß ist der Gleichgewichtsexponent der Löslichkeit?

A: $P_K = -\log a^2 = +\log 0{,}11 \cdot 10^{-11}$
$= \mathbf{11.96}.$

Beispiel 17d Silberbromid AgBr besitzt bei 18 °C das Löslichkeitsprodukt

$$a^2 = 4{,}1 \cdot 10^{-13}$$

Wie groß ist sein Gleichgewichtsexponent der Löslichkeit?

A: $a^2 = 4{,}1 \cdot 10^{-13} = 0{,}41 \cdot 10^{-12} = 10^{-12{,}39}$

$$-\log a^2 = -\log 10^{-12{,}39}$$

$$= \mathbf{12{,}39}$$

3. Veresterungsgleichgewicht

Das Veresterungsgleichgewicht wurde schon unter „Gasgleichgewichte" mitbehandelt (S. 47).

4. Dissoziation schwacher Säuren und Basen

Eine schwache Säure dissoziiert in wäßriger Lösung zu einem kleinen Bruchteil in Wasserstoffionen und Säureionen. Bezeichnet man die Konzentration des Wasserstoffions mit [H˙], die des Säureions mit [A′] und die der undissoziierten Säure mit [A], so nimmt das Massenwirkungsgesetz die Form an

$$\frac{[\mathrm{H}^{\cdot}]\,[\mathrm{A}']}{[\mathrm{A}]} = K$$

K heißt die Dissoziationskonstante der Säure.

Verdünnt man eine Säure weiter, so schreitet die Dissoziation fort, der Dissoziationsgrad α nimmt zu. Da der Dissoziationsgrad also schwankt (mit der Verdünnung), braucht man zur Charakterisierung der Stärke einer Säure eine andere Größe, die nicht schwankt, und das ist eben die Dissoziationskonstante.

Der rechnerisch einfachste Fall liegt wieder dann vor, wenn es sich nur darum handelt, die Dissoziationskonstante *K* aus bekannten Stücken zusammenzusetzen.

Beispiel 17e Die normale Lösung einer schwachen Säure hat die (irgendwie gemessene) Wasserstoffionenkonzentration 0,03. Wie berechnet sich daraus die Dissoziationskonstante der Säure?

A: $\frac{[\mathrm{H}^{\cdot}]\,[\mathrm{A}']}{[\mathrm{A}]} = K$

$$\frac{0{,}03 \cdot 0{,}03}{0{,}97} = \mathbf{9{,}3 \cdot 10^{-4}}$$

Meist handelt es sich jedoch um den entgegengesetzten Fall, daß nämlich die Dissoziationskonstante gegeben ist und die Wasserstoffionenkonzentration einer verdünnten Lösung gesucht wird.
Ist die Säure oder Base sehr schwach (Dissoziationskonstante K von der Größenordnung 10^{-5} und schwächer), so ist auch die Dissoziation sehr gering, und man kann die Konzentration der undissoziierten Säure gleich der Gesamtkonzentration der Säure setzen, was die Sache sehr vereinfacht. Für normale Lösung erhalten wir dann

$$\frac{[H^\cdot]^2}{1} = K$$

und

$$[\mathbf{H}^\cdot] = \sqrt{\mathbf{K}}$$

die Wasserstoffionenkonzentration wird gleich der Wurzel der Dissoziationskonstanten.

Für $\frac{1}{100}$ Lösung erhalten wir

$$\frac{[H^\cdot]^2}{\frac{1}{100}} = K$$

$$[H^\cdot]^2 = \frac{1}{100} K$$

$$[H^\cdot] = \frac{1}{10} \sqrt{\mathbf{K}} = \sqrt{\mathbf{Kc}}\,.$$

Für verdünnte Lösungen schwacher Säuren und Basen (Dissoziationskonstante von der Größenordnung 10^{-5} und schwächer) gilt also eine sehr einfache Regel:
Die Wasserstoff- bzw. Hydroxylionenkonzentration einer normalen Lösung einer schwachen Säure oder Base ist $\sqrt{K}$, die einer $\frac{1}{100}$-normalen 10mal kleiner, die einer $\frac{1}{10000}$-normalen 100mal kleiner usw. Sie ist also $\sqrt{Kc}$.

Beispiel 18 Eine Säure hat die Dissoziationskonstante $K = 9 \cdot 10^{-6}$. Wie groß ist die Wasserstoffionenkonzentration ihrer normalen wäßrigen Lösung?

A: $K = \mathbf{3 \cdot 10^{-3}}$

Beispiel 19 Wie groß ist dieselbe für eine a) $\frac{1}{100}$, b) $\frac{1}{10000}$ n Lösung

A: a) $\mathbf{3 \cdot 10^{-4}}$ b) $\mathbf{3 \cdot 10^{-5}}$

Beispiel 20 Eine Säure hat die Dissoziationskonstante $2{,}5 \cdot 10^{-7}$. Wie groß ist [H˙] a) in normaler und b) $\frac{1}{100}$ normaler Lösung?

A: a) $\sqrt{K} = \sqrt{25 \cdot 10^{-8}} = \mathbf{5 \cdot 10^{-4}}$

b) $\mathbf{5 \cdot 10^{-5}}$

Beispiel 21 Eine Säure hat die Dissoziationskonstante 10^{-6}. Wie groß ist [H˙] und p_H in normaler Lösung?

A: $[H^{\cdot}] = \sqrt{K} = \sqrt{10^{-6}} = \mathbf{10^{-3}}$

$p_H = \mathbf{3}$ (s. nächsten Abschnitt.)

Beispiel 22 Eine Base hat die Dissoziationskonstante 10^{-6}. Wie groß ist [OH′] und p_{OH} in normaler Lösung?

A: $[OH'] = \sqrt{K} = \sqrt{\mathbf{10^{-3}}}$

$p_{OH} = \mathbf{3}$

$p_H = 14 - 3 = \mathbf{11}.$

Beispiel 23 Eine Base hat die Dissoziationskonstante 10^{-8}. Wie groß ist die Hydroxylionenkonzentration a) in normaler, b) in $\frac{1}{100}$ normaler, c) in $\frac{1}{10000}$ normaler Lösung?

A: a) $[OH'] = \sqrt{K} = \sqrt{10^{-8}} = \mathbf{10^{-4}}$

b) $\mathbf{10^{-5}}$

c) $\mathbf{10^{-6}}$

Beispiel 24 Wie groß sind im Falle b) p_{OH} und p_H?

A: $p_{OH} = \mathbf{5}$

$p_H = 14 - 5 = \mathbf{9}.$

Beispiel 25 Eine Säure hat die Dissoziationskonstante $1{,}6 \cdot 10^{-6}$. Wie groß ist die Wasserstoffionenkonzentration ihrer $\frac{1}{10}$-normalen Lösung?

A: $\sqrt{Kc} = \sqrt{1{,}6 \cdot 10^{-7}} = \sqrt{16 \cdot 10^{-8}} = \mathbf{4 \cdot 10^{-4}}$

Beispiel 26 Eine Base hat die Dissoziationskonstante $6{,}4 \cdot 10^{-6}$. Wie groß ist die Hydroxylionenkonzentration ihrer $\frac{1}{1000}$-normalen wäßrigen Lösung?

A: $\sqrt{Kc} = \sqrt{6{,}4 \cdot 10^{-9}} = \sqrt{64 \cdot 10^{-10}} = \mathbf{8 \cdot 10^{-5}}$

Beispiel 27 Benzoesäure hat bei 16 °C die Dissoziationskonstante $6{,}4 \cdot 10^{-5}$. Wie groß ist die Wasserstoffionenkonzentration a) einer normalen, b) einer $\frac{1}{10}$ normalen, c) einer $\frac{1}{100}$ normalen Lösung?

A: a) $\sqrt{K} = \sqrt{6{,}4 \cdot 10^{-5}} = \sqrt{64 \cdot 10^{-6}} = \mathbf{8 \cdot 10^{-3}}$

b) $\mathbf{0{,}316 \cdot 8 \cdot 10^{-3}} = \sqrt{10} \cdot 0{,}8 \cdot 10^{-3} = \mathbf{2{,}53 \cdot 10^{-3}}$

c) $\mathbf{0{,}8 \cdot 10^{-3}}$

Beispiel 28 Senfölessigsäure hat die Dissoziationskonstante $2{,}5 \cdot 10^{-7}$. Wie groß ist [H˙] a) einer normalen, b) einer $\frac{1}{100}$ normalen Lösung?

A: a) $\sqrt{K} = \sqrt{2{,}5 \cdot 10^{-7}} = \sqrt{25 \cdot 10^{-8}} = \mathbf{5 \cdot 10^{-4}}$

b) $\mathbf{5 \cdot 10^{-5}}$

Beispiel 29 Chinasäure hat die Dissoziationskonstante $9 \cdot 10^{-6}$. Wie groß ist (H˙] a) einer normalen, b) einer $\frac{1}{10000}$ normalen Lösung?

A: a) $\sqrt{K} = \sqrt{9 \cdot 10^{-6}} = \mathbf{3 \cdot 10^{-3}}$

b) $\mathbf{3 \cdot 10^{-5}}$

Beispiel 30 Pyridin hat die Dissoziationskonstante $2{,}5 \cdot 10^{-9}$. Wie groß ist [OH′] und p_{OH} einer normalen wäßrigen Lösung?

A: $[OH'] = \sqrt{K} = \sqrt{2{,}5 \cdot 10^{-9}} = \sqrt{25 \cdot 10^{-10}} = \mathbf{5 \cdot 10^{-5}}$

$5 \cdot 10^{-5} = 0{,}5 \cdot 10^{-4} = 10^{-4,3}$; $p_{OH} = \mathbf{4{,}3}$

$p_H = 14 - 4{,}3 = 9{,}7.$

Beispiel 31 Benzylamin hat die Dissoziationskonstante $2{,}5 \cdot 10^{-5}$. Wie groß ist die Hydroxylionenkonzentration a) einer normalen, b) einer $\frac{1}{100}$ normalen Lösung?

A: a) $[OH'] = \sqrt{K} = \sqrt{2{,}5 \cdot 10^{-5}} = \sqrt{25 \cdot 10^{-6}} = \mathbf{5 \cdot 10^{-3}}$

b) $\mathbf{5 \cdot 10^{-4}}$.

Beispiel 32 Wie sind die zugehörigen p_{OH} -und p_H-Werte?

A: a) $5 \cdot 10^{-3} = 0{,}5 \cdot 10^{-2} = 10^{-2,3}$; $p_{OH} = \mathbf{2{,}3}$

$p_H = 14 - 2{,}3 = \mathbf{11{,}7}$

b) $5 \cdot 10^{-4} = 0{,}5 \cdot 10^{-3} = 10^{-3,3}$; $p_{OH} = \mathbf{3{,}3}$

$p_H = 14 - 3{,}3 = \mathbf{10{,}7}.$

Beispiel 33 Anilin hat die Dissoziationskonstante $3 \cdot 10^{-10}$; gesättigtes Anilinwasser ist etwa $\frac{1}{3}$ m. Wie groß ist seine Hydroxylionenkonzentration und sein p_{OH} und p_H?

A: $\sqrt{Kc} = \sqrt{10^{-10}} = 10^{-5} = [OH']$

$p_{OH} = 5$

$p_H = 9$

Zur Umwandlung von [H˙] in p_H benütze man Tafel 1 (Anhang) oder Tabelle 17.

Tabelle 12. Umrechnung von Wasserstoffionenkonzentration in p_H, grobe Skala

$[H^\cdot] = 2{,}291 \cdot 10^{-8} = 0{,}2291 \cdot 10^{-7} = 10^{-7{,}64}$;	$p_H = 7{,}640$	
$[H^\cdot] = 1{,}995 \cdot 10^{-5} = 0{,}1995 \cdot 10^{-4} = 10^{-4{,}700}$;	$p_H = 4{,}700$	
$[H^\cdot] = 6{,}887 \cdot 10^{-9} = 0{,}6887 \cdot 10^{-8} = 10^{-8{,}162}$;	$p_H = 8{,}162$	
$[H^\cdot] = 5{,}000 \cdot 10^{-3} = 0{,}5000 \cdot 10^{-2} = 10^{-2{,}301}$;	$p_H = 2{,}301$	
$[H^\cdot] = 0{,}8 \cdot 10^{-8}$;	$p_H = 8{,}1$	
$[H^\cdot] = 0{,}63 \cdot 10^{-8}$;	$p_H = 8{,}2$	
$[H^\cdot] = 0{,}5 \cdot 10^{-8}$;	$p_H = 8{,}3$	5 wird 3
$[H^\cdot] = 0{,}4 \cdot 10^{-8}$;	$p_H = 8{,}4$	4 bleibt 4
$[H^\cdot] = 0{,}316 \cdot 10^{-8}$;	$p_H = 8{,}5$	
$[H^\cdot] = 0{,}25 \cdot 10^{-8}$;	$p_H = 8{,}6$	
$[H^\cdot] = 0{,}2 \cdot 10^{-8}$;	$p_H = 8{,}7$	2 wird 7
$[H^\cdot] = 0{,}125 \cdot 10^{-8}$;	$p_H = 8{,}9$	
$[H^\cdot] = 0{,}1 \cdot 10^{-8}$;	$p_H = 9{,}0$	

Ist die Säure oder Base etwas stärker (Dissoziationskonstante von der Größenordnung 10^{-4} und größer), so ist auch die Dissoziation etwas erheblicher, und man kann nicht mehr ohne merklichen Fehler die Konzentration der undissoziierten Säure gleich der Gesamtkonzentration der Säure setzen. Die Wasserstoffionenkonzentration kommt dann nach obiger Formel $\sqrt{Kc}$ etwas zu *groß* heraus, und man muß sie um ein Korrekturglied verkleinern, das die Größe $\frac{K}{2}$ hat; man muß m. a. W. die Formel

$$[H^\cdot] = \sqrt{Kc}$$

ersetzen durch die genauere

$$[H^\cdot] = \sqrt{Kc} - \frac{K}{2}.$$

Beispiel 34 Eine Säure hat die Dissoziationskonstante 10^{-4}. Wie groß ist die Wasserstoffionenkonzentration in normaler Lösung?

A: $[H^{\cdot}] = \sqrt{Kc} - \frac{K}{2}$.

$= 10^{-2} - {}^1/_2\, 10^{-4}$

$= 0{,}01000 - 0{,}00005$

$= \mathbf{0{,}00995}$ **statt** $\mathbf{0{,}01000}$

Die Korrektur macht also 5‰ aus.

Beispiel 35 Eine Säure hat die Dissoziationskonstante $4 \cdot 10^{-4}$. Wie groß ist die Wasserstoffionenkonzentration in $\frac{1}{100}$ n-Lösung?

A: $[H^{\cdot}] = \sqrt{Kc} - \frac{K}{2}$

$= \sqrt{4 \cdot 10^{-6}} - \frac{K}{2}$

$= 2 \cdot 10^{-3} - \frac{4}{2} \cdot 10^{-4}$

$= 0{,}0020 - 0{,}0002$

$= \mathbf{0{,}0018}$ **statt** $\mathbf{0{,}0020}$

Die Korrektur macht also 10% aus.

Beispiel 36 Eine Base hat die Dissoziationskonstante 10^{-3}. Wie groß ist die Hydroxylionenkonzentration in $\frac{1}{1000}$ normaler Lösung?

A: $[OH'] = \sqrt{Kc} - \frac{K}{2}$

$= \sqrt{10^{-6}} - \frac{1}{2}\, 10^{-3}$

$= 10^{-3} - \frac{1}{2}\, 10^{-3}$

$= 0{,}0010 - 0{,}0005$

$= \mathbf{0{,}0005}$ **statt** $\mathbf{0{,}0010}$

Die Korrektur macht also 50% aus. Erhebliche Verdünnung verstärkt also den Fehler.

Beispiel 37 Milchsäure hat die Dissoziationskonstante $1{,}4 \cdot 10^{-4}$. Wie groß ist die Wasserstoffionenkonzentration in 0,1normaler Lösung?

A: $[\mathrm{H}^{\cdot}] = \sqrt{Kc} - \frac{K}{2}$

$$= \sqrt{14 \cdot 10^{-6}} - 0{,}7 \cdot 10^{-4}$$

$$= 3{,}74 \cdot 10^{-3} - 0{,}7 \cdot 10^{-4}$$

$$= 0{,}00374 - 0{,}00007$$

$$= \mathbf{0{,}00367 \text{ statt } 0{,}00374}$$

Die Korrektur macht also 1,87% aus. Das Resultat wird bei zwei Aufgaben der Sammlung Abegg/Sackur gebraucht.

Beispiel 38 1 Mol einer schwachen Säure wird in 100 Litern Wasser gelöst; diese Lösung zeigt die halbe Äquivalentleitfähigkeit wie dieselbe Säure bei unendlicher Verdünnung. Wie groß ist a) der Dissoziationsgrad, b) die Dissoziationskonstante, c) der osmotische Druck, d) die Gefrierpunktserniedrigung und e) die Siedepunktserhöhung dieser Lösung?

A: Die Säure ist zur Hälfte dissoziiert, der Dissoziationsgrad ist also **0,5**. Der osmotische Druck, die Gefrierpunktserniedrigung und die Siedepunktserhöhung sind $1\frac{1}{2}$-mal so groß als bei einer $\frac{1}{100}$ Lösung eines Nichtelektrolyten, also ca. $0{,}22 \cdot 1{,}5 = \mathbf{0{,}33}$ **Atmosphären**, ferner $0{,}0186 \cdot 1{,}5 = \mathbf{0{,}028}$ **Grad** und $0{,}0057 \cdot 1{,}5 = \mathbf{0{,}0085}$ **Grad**.

Die Dissoziationskonstante ist $\frac{\alpha^2}{(1-\alpha)\,V} = \boldsymbol{K}$ (Ostwaldsches Verdünnungsgesetz)

$$= \frac{0{,}5^2}{0{,}5 \cdot 100} = 0{,}005 = \mathbf{5 \cdot 10^{-3}}$$

Halbneutralisierte Säuren; Pufferlösungen

Beispiel 39 Essigsäure hat die Dissoziationskonstante $K = 1{,}8 \cdot 10^{-5}$. Eine 2fach normale Essigsäure werde zur Hälfte mit festem NaOH neutralisiert (ohne Volumenänderung). Wie groß ist die Wasserstoffionenkonzentration der Mischung?

A: Da die Säure zur Hälfte neutralisiert ist, sind im Liter 1 Mol Natriumacetat und 1 Mol freie Säure vorhanden. Das Natriumacetat ist vollständig, die freie Säure nur verschwindend gering in Ionen gespalten.

Die Konzentration der Acetationen ist also gleich 1, die der freien Essigsäure ebenfalls gleich 1.

Wir erhalten

$$\frac{[Ac'][H^{\cdot}]}{[S]} = \frac{1 \cdot [H^{\cdot}]}{1} = K = 1{,}8 \cdot 10^{-5}$$

Die Wasserstoffionenkonzentration wird also gleich K, dem Wert der Dissoziationskonstante, wenn eine Säure zur Hälfte neutralisiert wird.

Beispiel 40 Wie ändert sich die Wasserstoffionenkonzentration, wenn diese halbneutralisierte Essigsäure beliebig verdünnt wird?

A: *Überhaupt nicht.* Bei einfacher Verdünnung sinken die Acetatkonzentration *und* die Konzentration der freien Säure von 1 auf $\frac{1}{n}$. Ihr Verhältnis bleibt daher unverändert gleich, und der Ausdruck

$$\frac{1 \cdot [H^{\cdot}]}{1} = K \text{ geht über in}$$

$$\frac{\frac{1}{n} \cdot [H^{\cdot}]}{\frac{1}{n}} = K,$$

$[H^{\cdot}]$ bleibt also $= K$.

Also: Eine halbneutralisierte schwache Säure ändert ihre Wasserstoffionenkonzentration nicht mehr, wenn sie verdünnt wird; ihr p_H bleibt in weiten Grenzen unverändert. Dasselbe gilt nicht nur für die halb, sondern auch für alle zu einem erheblichen Bruchteil neutralisierten schwachen Säuren; nur ist dann die Wasserstoffionenkonzentration nicht mehr gleich K, sondern etwas größer oder kleiner. *Derartige Lösungen heißen Pufferlösungen.* Ihr p_H ist weitgehend unabhängig von der Verdünnung und unempfindlich gegen Zufügung kleiner Mengen starker Säure oder Base.

Beispiel 41 Essigsäure hat die Dissoziationskonstante $16 \cdot 10^{-6} = K$.

a) welche Wasserstoffionenkonzentration hat die normale Säure?

A: $4 \cdot 10^{-3} = \mathbf{0{,}004} = \sqrt{Kc}$

b) bei welcher Verdünnung ist die Hälfte der Säure dissoziiert?

A: Bei der Verdünnung $c = 2K$. Denn wenn die Hälfte dissoziiert ist, ist $[A'] = [A] = K$ und $[H^{\cdot}]$ ebenfalls $= K$, und die Dissoziationskonstante wird

$$\frac{[A'] \cdot [H^{\cdot}]}{[A]} = \frac{K \cdot K}{K} = K, \text{ wie es sein muß.}$$

Die gesuchte Stärke ist also $\mathbf{32 \cdot 10^{-6}}$ **normal.**

c) Ein Liter n Essigsäure wird mit 1 Liter Wasser vermischt. Wie verändert sich die Dissoziation der Essigsäure?

A: Sie nimmt zu.

d) Ein Liter n Essigsäure wird mit 1 Liter n HCl vermischt. Wie verändert sich die Dissoziation der Essigsäure?

A: Sie nimmt ab.

e) Ein Liter n Essigsäure wird mit 1 Liter 0,004 n HCl vermischt. Wie verändert sich die Dissoziation der Essigsäure?

A: Sie bleibt unverändert und $[H^{\cdot}]$ bleibt 0,004. Daß sie unverändert bleibt, läßt sich folgendermaßen zeigen. Wenn sie unverändert bleibt, ist die Menge der undissoziierten Essigsäure nach wie vor 1 Mol, die des von der *Essigsäure* gelieferten Wasserstoffions 0,004 Mole, die des von der Salzsäure gelieferten Wasserstoffions 0,004; die Wasserstoffionenkonzentration also 0,004, die der Essigsäure $^1/_2$ (es sind 2 Liter) und die des Acetations ist 0,002. Wir bekommen also

$$\frac{[A'][H^{\cdot}]}{[A]} = \frac{0{,}002 \cdot 0{,}004}{^1/_2} = 16 \cdot 10^{-6} = K, \text{ wie es sein muß.}$$

f) Ein Liter n Essigsäure wird mit 2 Litern 0,004 n HCl vermischt. Wie ändert sich die Dissoziation der Essigsäure?

A: Sie bleibt unverändert. Beweis:
Wenn sie unverändert bleibt, ist die Menge der undissoziierten Essigsäure nach wie vor 1 Mol, ihre Konzentration aber $^1/_3$. Die Menge des von der *Essigsäure* gelieferten Wasserstoffions ist 0,004 Mole, diejenige des von der Salzsäure gelieferten 0,008 Mole, die Konzentration 0,004. Die Menge des Acetations ist 0,004 Mole, die Konzentration $\frac{0{,}004}{3}$. Es wird

$$\frac{[A'][H^{\cdot}]}{[A]} = \frac{\frac{0{,}004}{3} \cdot 0{,}004}{\frac{1}{3}} = 0{,}004 \cdot 0{,}004 = 16 \cdot 10^{-6},$$

wie es sein muß.

Zwei Lösungen verschiedener Säuren, welche in bezug auf die Wasserstoffionenkonzentration gleich sind, heißen isohydrisch. Sie ändern beim Zusammengießen ihren Dissoziationsgrad nicht, unabhängig davon, welche Volumina man zusammengießt.

Beispiel 42 Gegeben ist 1 Tonne Wasser. Wieviel davon ist dissoziiert?

A: 1,8 Milligramm.

Beispiel 43 Was bedeutet der Satz: Normalnatronlauge hat das p_H 14?

A: Es bedeutet: 1 Mol Wasserstoffionen ist enthalten in **10^{14} Litern** Natronlauge.
10^{14} Liter sind 100 Kubikkilometer.

Wieviele Wasserstoffionen sind in einem Würfel von $\frac{1}{10}$ mm Kantenlänge aus n Natronlauge enthalten?

A: 6

In 10^{14} Litern $6 \cdot 10^{23}$ Wasserstoffionen

in 10^{-9} Litern 6 Wasserstoffionen

Stärkere Säuren

Beispiel 44 Eine Säure ist in normaler Lösung vollständig dissoziiert. Wie groß ist ihre Dissoziationskonstante?

A: ∞!

Beispiel 45 Eine Säure ist in normaler Lösung zu 99,9% dissoziiert. Wie groß ist ihre Dissoziationskonstante?

A: 998.

Beispiel 46 Eine Säure ist in normaler Lösung zu 99% dissoziiert. Wie groß ist ihre Dissoziationskonstante?

A: 98.

$$\left(\frac{0{,}99 \cdot 0{,}99}{0{,}01} = KV = K = 98\right)$$

Beispiel 47 Eine Säure ist in normaler Lösung zu 90% dissoziiert. Wie groß ist ihre Dissoziationskonstante?

A: 8,1

$$\left(\frac{0{,}9 \cdot 0{,}9}{0{,}1} = \frac{0{,}81}{0{,}1} = 8{,}1\right)$$

Beispiel 48 Eine Säure ist in normaler Lösung zu 62% dissoziiert. Wie groß ist ihre Dissoziationskonstante?

A: 1

$$\left(\frac{0{,}62 \cdot 0{,}62}{0{,}38} = 1\right)$$

Beispiel 49 Eine Säure ist in 2 normaler Lösung zu 50% dissoziiert. Wie groß ist ihre Dissoziationskonstante?

A: 1

$$\left(\frac{0{,}5 \cdot 0{,}5}{0{,}5 \cdot v} = \frac{0{,}5 \cdot 0{,}5}{0{,}5 \cdot \frac{1}{2}} = 1\right)$$

„Eine Säure hat die Dissoziationskonstante 1" heißt: die Säure ist in normaler Lösung zu 62% oder in 2fach normaler Lösung zu 50% dissoziiert.

Beispiel 50 Eine Säure ist in normaler Lösung zu 10% dissoziiert. Wie groß ist ihre Dissoziationskonstante?

A: $\frac{1}{90} = 1{,}1 \cdot 10^{-2}$

Beispiel 51 Eine Säure ist in normaler Lösung zu 1% dissoziiert. Wie groß ist ihre Dissoziationskonstante?

A: 10^{-4}. $\alpha = 10^{-2}$, $K = 10^{-4}$, und die Wasserstoffionenkonzentration ist bei schwachen Säuren die Wurzel der Dissoziationskonstanten (in normaler Lösung).

Die Resultate der Beispiele 28—34 faßt die Kurve in Abb. 19 zusammen. Sie zeigt also den Zusammenhang von Dissoziation (in Prozenten) und Dissoziationskonstante für eine normale Lösung bei stärkeren und schwächeren Säuren. Sie stellt also größtenteils das Gebiet dar, für das die Beziehung $[H^{\cdot}] = \sqrt{K}$ *nicht* mehr gilt; erst die letzten ca. 5 mm rechts (von 5 bis 0% Dissoziation) sind dieses Gebiet, in dem obige Beziehung gilt.

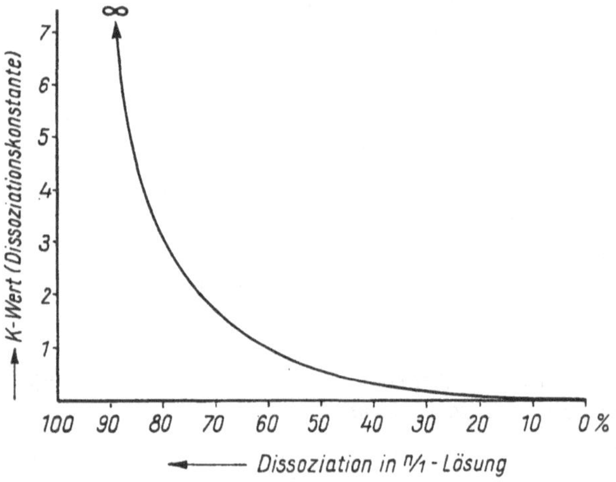

Abb. 19. Dissoziationskonstante verschieden starker Säuren

Allgemeines Verfahren zur Lösung von Aufgaben über Ionengleichgewichte

Das allgemeine Verfahren zur Lösung von Aufgaben über Ionengleichgewichte besteht darin, daß man zunächst einmal feststellt, wieviel unbekannte Ionen- und Molekülkonzentrationen man hat. Dann muß man versuchen, ebensoviele Gleichungen beizubringen aus gegebenen Daten und Gleichgewichtskonstanten. Eine weitere wichtige Gleichung ist das Gesetz der Elektroneutralität; es müssen sich stets ebensoviele positive wie negative Ionen in der Lösung befinden. Meist spielt auch das Ionenprodukt des Wassers eine Rolle; es muß $[H^\cdot]\,[OH']=10^{-14}$ sein. Endlich kann man oft die Rechnung dadurch vereinfachen, daß man kleine Summanden neben großen vernachlässigt.

An der *Mathematik* der Gleichgewichte in Lösungen ändert sich durch die neueren Theorien nichts; vgl. hierzu die kurze Einführung am Schluß dieses Kapitels. Über Aktivitäten, die heute vielfach an Stelle der Dissoziationskonstanten resp. scheinbaren Dissoziationskonstanten treten, vgl. die Lehrbücher.

Tabelle 13. Dissoziationskonstanten schwacher und mittelstarker Säuren bei 25 °C
(Stets erste Dissoziationsstufe)

o-Nitrophenol	$0{,}068 \cdot 10^{-6}$	Salpetrige Säure	$460 \cdot 10^{-6}$
Trichlorphenol	$1 \cdot 10^{-6}$	Citronensäure	$840 \cdot 10^{-6}$
Buttersäure	$15 \cdot 10^{-6}$	Weinsäure	$970 \cdot 10^{-6}$
Essigsäure	$18{,}6 \cdot 10^{-6}$	Phthalsäure	$1000 \cdot 10^{-6}$
Stickstoffwasserstoffsäure	$21{,}4 \cdot 10^{-6}$	Fumarsäure	$1000 \cdot 10^{-6}$
Zimtsäure	$38 \cdot 10^{-6}$	Monochloressigsäure	$1600 \cdot 10^{-6}$
Phenylessigsäure	$54 \cdot 10^{-6}$	Cyanessigsäure	$3700 \cdot 10^{-6}$
Benzoesäure	$66 \cdot 10^{-6}$	Arsensäure	$5000 \cdot 10^{-6}$
Bernsteinsäure	$66 \cdot 10^{-6}$	Phosphorsäure	$9000 \cdot 10^{-6}$
Barbitursäure	$98 \cdot 10^{-6}$	Phosphorige Säure	$10000 \cdot 10^{-6}$
α-Dinitrophenol	$110 \cdot 10^{-6}$	Dioxyweinsäure	$12000 \cdot 10^{-6}$
Harnsäure	$130 \cdot 10^{-6}$	Maleinsäure	$13000 \cdot 10^{-6}$
Milchsäure	$140 \cdot 10^{-6}$	Schweflige Säure	$15400 \cdot 10^{-6}$
Glykolsäure	$148 \cdot 10^{-6}$	Überjodsäure	$23000 \cdot 10^{-6}$
Ameisensäure	$210 \cdot 10^{-6}$	Dichloressigsäure	$33200 \cdot 10^{-6}$
Flußsäure	$353 \cdot 10^{-6}$	Chlormalonsäure	$40000 \cdot 10^{-6}$
Äpfelsäure	$380 \cdot 10^{-6}$	Oxalsäure	$59000 \cdot 10^{-6}$

Tabelle 14. Dissoziationskonstanten schwacher und mittelstarker Basen bei 25 °C

Anilin	$0{,}000382 \cdot 10^{-6}$	Trimethylamin	$54{,}5 \cdot 10^{-6}$
Methylanilin	$0{,}0005 \cdot 10^{-6}$	Silberoxid	$110 \cdot 10^{-6}$
Dimethylanilin	$0{,}00115 \cdot 10^{-6}$	Methylamin	$438 \cdot 10^{-6}$
Pyridin	$0{,}0024 \cdot 10^{-6}$	Dimethylamin	$520 \cdot 10^{-6}$
Chinin	$1{,}1 \cdot 10^{-6}$	Coniin	$800 \cdot 10^{-6}$
Hydrazin	$1{,}6 \cdot 10^{-6}$	Diazoniumhydrat (0 °C)	$1200 \cdot 10^{-6}$
Ammoniak	$17{,}5 \cdot 10^{-6}$	Pyrrolidin	$1300 \cdot 10^{-6}$
Benzylamin	$23{,}5 \cdot 10^{-6}$	Piperidin	$1600 \cdot 10^{-6}$

5. Entwicklung und Bedeutung des p_H-Begriffs

Eine $\frac{1}{1000}$ n Salzsäure und eine $\frac{1}{1000}$ n Natronlauge schienen dem Chemiker alter Schule schon recht wasserähnliche Flüssigkeiten zu sein. Sie schienen ihm dem Wasser und damit sich untereinander schon recht nahe zu stehen. Die moderne physikalische Chemie hat jedoch gezeigt, daß diese beiden Stoffe sich noch um nicht weniger als 8 Zehnerpotenzen unterscheiden, und zwar im Gehalt eines gemeinsamen Agens, des Wasserstoffions. Das reine Wasser hat in bezug auf dieses Agens keineswegs die Konzentration Null, sondern die Konzentration

10^{-7}. Ebensogroß ist seine Konzentration an Hydroxylion; beide halten sich also im reinen Wasser (und in neutralen Lösungen) die Waage. Ihr Produkt ist konstant, nämlich 10^{-14}, nicht nur in reinem Wasser, sondern in allen wäßrigen Lösungen, auch sauren und alkalischen. Die $^1/_{100}$ n Salzsäure hat z. B. die Wasserstoffionenkonzentration 10^{-2} und die Hydroxylionenkonzentration 10^{-12}; das Produkt derselben ist 10^{-14}. Und die $^1/_{100}$ n Natronlauge hat die Hydroxylionenkonzentration 10^{-2} und die Wasserstoffionenkonzentration 10^{-12}; Produkt wieder 10^{-14}.

Alle wäßrigen Lösungen, welche eine Wasserstoffionenkonzentration größer als 10^{-7}, also 10^{-6}, 10^{-5} etc. besitzen, sind sauer, alle, welche eine Wasserstoffionenkonzentration kleiner als 10^{-7}, also 10^{-8}, 10^{-9} etc. besitzen, sind alkalisch. Als Grundmarken kann man sich die drei Werte merken:

$$10^{-2} = \frac{n}{100} \text{ Säure,}$$

$$10^{-12} = \frac{n}{100} \text{ Lauge,}$$

$$10^{-7} = \text{neutral.}$$

Dann kommen wir zu folgender Skala.

Tabelle 15. p_H und Normalität von Säuren und Laugen

$10^{-0} = n$	Säure	$10^{-14} = n$	Lauge
$10^{-1} = {}^n/_{10}$	Säure	$10^{-13} = {}^n/_{10}$	Lauge
$10^{-2} = {}^n/_{100}$	Säure	$10^{-12} = {}^n/_{100}$	Lauge
$10^{-3} = {}^n/_{1000}$	Säure	$10^{-11} = {}^n/_{1000}$	Lauge
$10^{-4} = {}^n/_{10\,000}$	Säure	$10^{-10} = {}^n/_{10\,000}$	Lauge
$10^{-5} = {}^n/_{100\,000}$	Säure	$10^{-9} = {}^n/_{100\,000}$	Lauge
$10^{-6} = {}^n/_{1\,000\,000}$	Säure	$10^{-8} = {}^n/_{1\,000\,000}$	Lauge
10^{-7} = neutral		10^{-7} = neutral	

Seit 1920 etwa hat es sich — als angeblich einfacher — eingebürgert, das „10 hoch minus" wegzulassen und also z. B. statt 10^{-2} zu sagen 2. Diese 2 ist der „Wasserstoffexponent", oder p_h, welch leztere Bezeichnung aber sehr bald nach ihrem Aufkommen anders geschrieben wurde, nämlich p_H, und diese Schreibweise wurde bis heute beibehalten. Man muß sich aber stets vor Augen halten: $p_H = 2$ heißt: die Wasserstoffionenkonzentration ist $\mathbf{10^{-2}}$! Einen anderen Sinn hat der ganze Satz nicht, und man muß bei allem, wo das p_H vorkommt, sofort auf die Zehnerpotenz 10^{-x} umdenken. Statt p_H bemüht man sich heute, das Wort „Säurestufe" einzuführen, anscheinend ohne Erfolg.

Als zweite Tatsache, die beim Gebrauch des Wortes p_H von vornherein stets zu bedenken ist, muß erwähnt werden, daß das p_H der wirklichen Acidität *antibat* läuft; eine starke Acidität entspricht einem *kleinen* p_H, nicht etwa einem großen! Schon aus diesem Grunde ist das Wort „Säurestufe" mißdeutbar; den Sprachregeln nach würde eher „Alkalinitätsstufe" passen, denn die Alkalinität ist dem p_H wenigstens symbat.

Symbat, jedoch nicht proportional, und das ist das Dritte, was zu bedenken ist; die Stufen sind keine linearen Stufen, sondern jede entspricht einer Zehnerpotenz.

Man bedenke also stets: Einer Änderung des p_H-Wertes um eins entspricht eine *Verzehnfachung* der Wasserstoffionenkonzentration und bei einer Änderung um 0,5 verändert sich die Wasserstoffionenkonzentration um das 3,16fache (der Faktor 3,16 entspricht einer halben Zehnerpotenz). Die Außerachtlassung dieser Tatsache kann leicht zu einer falschen Einschätzung des Unterschiedes führen.

Viertens wäre noch zu bemerken, daß der mathematische Ausdruck für die Beziehung des p_H zur Wasserstoffionenkonzentration folgender ist: Das p_H ist *der negative Logarithmus der Wasserstoffionenkonzentration.* Er ist der Exponent unter Fortlassung des Minuszeichens; dieses Fortlassen entspricht aber einer Zeichenumkehr, also eben: der negativ genommene Logarithmus der Wasserstoffionenkonzentration:

$$H^{\cdot} = 10^{-2}; \quad 2 = -\lg 10^{-2} = -\log H^{\cdot};$$

$$p_H = -\log H^{\cdot}.$$

Und fünftens wäre anzumerken, daß die Formel des Wasserstoffions gar nicht $H^{\cdot}$ ist, wie es meistens geschrieben wird; es enthält Wasser angelagert und hat die Formel $H_3O^{\cdot}$. Die Bildungstendenz dieser Verbindung entspricht genau derjenigen, die auch zur Bildung des Ammoniumions $NH_4^{\cdot}$ aus NH_3 und $H^{\cdot}$ führt; vgl. darüber die modernen Lehrbücher der anorganischen Chemie. Der Begriff des p_H und seine Messung haben eine sehr große Bedeutung erlangt, vor allem wegen ihrer Wichtigkeit auf physiologischem Gebiet. Es hat sich gezeigt, daß alle Körper- und Gewebsflüssigkeiten wie Blut, Milch, Magensaft, Darminhalt und viele andere vom Körper immer sehr genau auf ganz bestimmten, eng begrenzten p_H-Werten gehalten werden und daß dies notwendig ist zur ungestörten Funktion des Organismus. Aber auch bei Bodenuntersuchungen, der Gerberei, Färberei und vielen anderen Gebieten der Technik spielt der p_H-Begriff heute eine große Rolle, und die p_H-Messung entwickelte sich infolgedessen zu einer kleinen Wissenschaft für sich.

Nun kommen wir zu der Frage: wie kann man eine Lösung von bestimmtem p_H, sagen wir von p_H 4; 5 oder 6 herstellen? Man sollte meinen, das sei sehr einfach, man brauche ja bloß eine $\frac{n}{10}$ Salzsäure zu nehmen und sie entsprechend auf $\frac{1}{10000}$, $\frac{1}{100000}$, $\frac{1}{1000000}$ weiter zu verdünnen. So geht das aber nicht. Wenn man das täte, bekäme man drei Lösungen, deren p_H-Werte in völlig undefinierter Weise sich verwischen würden und ineinander übergingen. Der Grund ist der, daß man so winzige Säuremengen unmöglich vor unberechenbaren und unvermeidlichen Fremdeinflüssen bewahren könnte, herrührend vor allem von Spuren von CO_2 aus der Luft und Alkali aus dem Glase, aber auch von Spuren ähnlicher Stoffe im reinsten Wasser selbst, die niemals in der erforderlichen Vollständigkeit entfernt werden könnten, So geht's also nicht.

Etwas anders sähe die Sache jedoch aus, wenn wir versuchten, diese drei Stufen, p_H 4,5 und 6, durch Verdünnen einer *schwachen* Säure, etwa von Essigsäure, herzustellen. Wenn Essigsäure, sagen wir einmal zu 1‰ dissoziiert ist, dann steht diesem 1‰, das die Wasserstoffionen stellt, die 999fache Menge undissoziierte Essigsäure zur Seite, welche keine Wasserstoffionen stellt, aber bereit ist, jede eventuell aus dem Glase kommende Spur Alkali zu vernichten; und dieser schwere

Klotz ist nun schon viel weniger leicht durch kleine Stöße von der alkalischen Seite her aus der Lage zu bringen. Allerdings gegen kleine Stöße von der sauren Seite ist er nicht in gleicher Weise gefeit; eine kleine Menge HCl würde sich schon etwas stärker bemerkbar machen. Aber auch dagegen gibt es Abhilfe: wir brauchen ja bloß noch etwas Natriumacetat zuzusetzen, dann verwandelt eine Spur hinzukommende HCl sich sogleich durch Umsetzung mit dem Natriumacetat in eine Spur Essigsäure, und diese macht sich neben der großen Menge schon vorhandener Essigsäure nicht mehr bemerkbar. Nach diesem einfachen Prinzip gelingt es tatsächlich, gut definierte und konstant bleibende Lösungen von bestimmtem, genau bekanntem p_H herzustellen, insbesondere solche, welche die ganzzahligen p_H-Werte verkörpern, also p_H 4, 5, 6, 9, 11, 13 usw. Vorschriften hierzu finden sich in den unten genannten Büchern. Die Lösungen bestehen aus einem Gemisch schwacher Säuren mit ihren Natriumsalzen (resp. schwacher Basen mit ihren Salzen); es sind vornehmlich Acetate, Benzoate, Phthalate, Citrate, Borate und Phosphate, welche hierzu verwendet werden.

Es sei noch ausdrücklich betont, daß die ,,aktuelle Acidität", die Wasserstoffionenkonzentration, dieser Lösungen völlig verschieden ist von der ,,Titrationsacidität", dem Säuregehalt, welcher auftritt, wenn man die Lösung *titriert* und welche der *gesamten* freien Säure entspricht, dissoziierter und undissoziierter. Beim Titrieren rutscht die Dissoziation der Säure ständig nach, bis die ganze Säure verbraucht ist. Derartige Lösungen heißen *Pufferlösungen*, da sie die Eigenschaft haben, kleine Stöße von der alkalischen oder der sauren Seite gut ,,abzupuffern", d. h., sie unschädlich zu machen, sich durch sie in ihrem p_H nicht ändern zu lassen. Das Adjektiv dazu heißt ,,gut gepuffert". Eine Lösung ist gut gepuffert, wenn sie ein derartiges System von schwachen Säuren und ihren Salzen enthält. Sie ist dann in bezug auf ihr p_H stabil, also gut definiert; das p_H ist gut zu messen. Im Gegensatz dazu bezeichnet man als ,,schlecht gepuffert" eine Lösung, welche *kein* solches System enthält. Eine schlecht gepufferte Lösung ist z. B. Flußwasser; eine solche ist in bezug auf ihr p_H instabil, leicht zu beeinflussen und wenig definiert; das p_H ist mit größerer Vorsicht zu messen, und die Messung kann von Zufälligkeiten abhängig sein. Auch darf man das Flußwasser zur Untersuchung nicht verdünnen, was bei gut gepufferten Lösungen erlaubt ist. Gut gepuffert sind physiologische Flüssigkeiten, ganz besonders Blut. In den oben beschriebenen Pufferlösungen haben wir also eine ausgezeichnet reproduzierbare Skala für die Werte $p_H = 1, 2, 3 \ldots 14$. Wie kann man nun das p_H einer Lösung messen? Es handelt sich hier offenbar darum, die zu untersuchende Lösung ihrem p_H nach an ihren genauen Platz innerhalb einer Lücke zwischen zwei solchen Pufferlösungen zu verweisen — wenn wir obige Pufferlösungen schon benützen dürfen.

Wir haben schon mehrere Wege kennengelernt, die Wasserstoffionenkonzentration aus anderen Daten zu berechnen oder experimentell zu bestimmen, z. B. aus ihrer katalytischen Wirkung auf die Verseifung von Essigester, auf die Zersetzung von Diazoessigester, auf die Inversion von Rohrzucker, oder auch aus der Leitfähigkeit der Lösung. *Alle diese Methoden wurden jedoch weit in den Hintergrund gedrängt durch zwei neuere Methoden, mit denen man die Wasserstoffionenkonzentration direkt und schnell messen kann, die potentiometrische und die kolorimetrische mit Indikatoren.* Auf die potentiometrische wird beim Kapitel ,,Elektrochemie" eingegangen werden, die Indikatorenmethode wird hier kurz erklärt.

Über die gesamte Theorie und Methodik der p_H-Messung gibt es mehrere vorzügliche kleine Praktikumsbücher; genannt seien hier die von LEHMANN, MISLOWITZER und KORDATZKI.[1])

Indikatoren sind Stoffe, welche in verschiedenen p_H-Gebieten verschiedene Färbung zeigen. Worauf der Farbumschlag beruht, ist zunächst gleichgültig. Eine Anzahl derselben ist aus der analytischen Chemie geläufig, wie z. B. Lackmus, Phenolphthalein, Methylorange, Methylrot, Dimethylgelb, Kongorot, Neutralrot, Deltafarbstoff. Sie schlagen teilweise in der Nähe des Neutralpunkts ($p_H = 7$) um, wie Lackmus, Neutralrot oder Deltafarbstoff, teilweise mehr oder weniger weit davon entfernt, wie Kongorot, Metanilgelb oder Thymolphthalein, teilweise sogar an den Enden der p_H-Skala, wie Methylviolett oder Triazenindikator.[2]) Auch die am schärfsten umschlagenden, wie Methylrot oder Bromkresolgrün, überdecken mit ihrem Umschlagintervall noch mindestens eine p_H-Einheit, also eine Zehnerpotenz in der Wasserstoffionenkonzentration. Eben dieser Umstand ermöglicht es aber, die Intervalle zwischen den ganzzahligen p_H-Stufen durch einen Vergleich der Farbzwischentöne zu überbrücken, also diese Intervalle messend zu unterteilen. Man kann zu diesem Zweck die farbigen Lösungen in Reagenzgläser eingefüllt betrachten, man kann aber auch weiße Porzellannäpfchen benutzen; man kann weiter die Lösungen auf Indikatorpapiere auftüpfeln und mit einer beständigen Skala Zwischenfarben vergleichen, und man kann endlich statt der Indikatorpapiere durchsichtige Indikatorfolien, glasklare gefärbte Cellulosestreifen benutzen. Letzteres gewährt den Vorteil, daß man ohne weiteres getrübte oder gefärbte Objektlösungen untersuchen, ja sogar die Folie in breiartigen Massen wie Teig, Marmelade, Ackererde usw. einfach einstecken und nach dem Abwischen in der Durchsicht betrachten kann, wobei man wieder mit einer Skala beständiger Färbungen vergleicht („Folienkolorimeter" nach WULFF). Und endlich kann man besondere Kolorimeter zum Farbvergleich benutzen.

Indikatorpapierserien der genannten Art werden von verschiedenen Firmen hergestellt, z. B. von Kloz, Leipzig, und von den Farbenfabriken Bayer, Leverkusen. Eine weit rohere Ausführungsart desselben Prinzips sind die sog. „Universalindikatoren", welche als Flüssigkeit und als Papier in den Handel gebracht werden (z. B. von Merck, Darmstadt). Sie enthalten mehrere Indikatoren aus dem ganzen p_H-Gebiet und nehmen daher beim Durchlaufen der p_H-Skala der Reihe nach verschiedene Farbtönungen an, so daß man auf diese Weise immerhin noch p_H-Stufen von der Größe 1,0 unterscheiden kann (die obengenannten Indikatorpapierserien leisten das Fünffache, ermöglichen also Unterscheidung von 0,2 p_H-Einheiten).

---

1) G. LEHMANN, Die p_H-Messung, Verlag Barth, Leipzig 1948.
K. MISLOWITZER, Die Bestimmung der Wasserstoffionenkonzentration von Flüssigkeiten, Verlag Springer, Berlin 1935.
W. KORDATZKI, Praktisches Handbuch der p_H-Messung, Verlag Rudolf Müller und Steinicke, München 1937.

2) Tabellen finden sich z. B. in HOUBEN/WEYL, Methoden der organischen Chemie, Georg Thieme-Verlag, Stuttgart 1955, Bd. III/2, S. 115; ULLMANNS „Enzyklopädie der technischen Chemie" unter „Indikatoren", Urban und Schwarzenberg, München-Berlin; Taschenbuch für Physiker, Springer, Berlin, 1943, S. 1594; STAUDE, Physikalisch-chemisches Taschenbuch, Akademische Verlagsgesellschaft Geest & Portig KG., Leipzig 1949; LÜTHI, Tabellen für Chemiker und Physiker, Wepf, Basel 1948, S. 164ff.

Dasselbe gibt es auch in Folienausführung und heißt „Reaktionsfolie nach WULFF" (nicht zu verwechseln mit dem vorher genannten „Folienkolorimeter nach WULFF", welches eine ganze Serie von verschieden gefärbten Folien umfaßt). Die „Reaktionsfolie nach WULFF" überstreicht den Bereich von p_H 4, 5 bis 8, 5 und gestattet ebenso wie die „Universalindikatorpapiere", ganze Stufen von 1,0 zu unterscheiden. Sie ist rot bei 4,5; orange bei 5,5; gelb bei 6,5; grün bei 7,5 und blau bei 8,5. Eine Vergleichsskala ist hierfür nicht unbedingt notwendig.

Tabelle 16

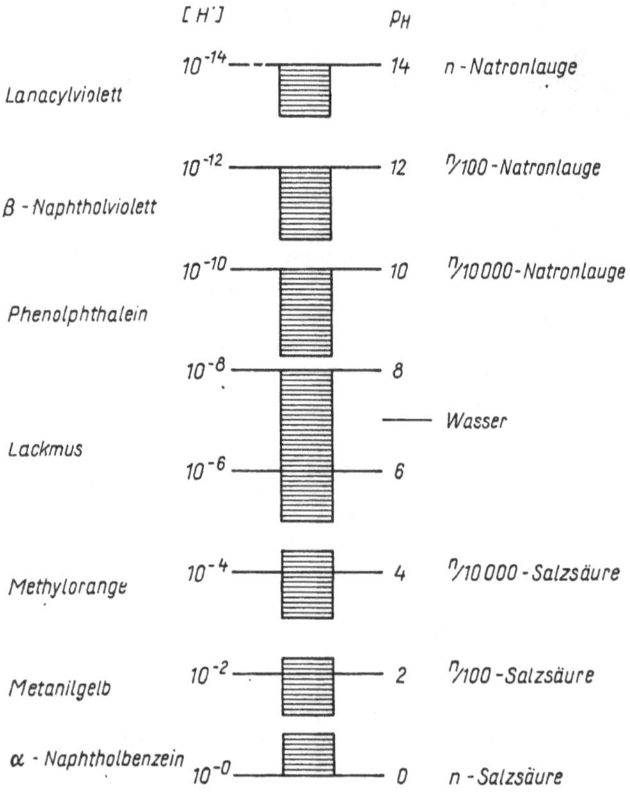

Das Prinzip der Messung mit *Spezialkolorimetern* endlich wird am besten klar beim Betrachten des Doppelkeilkolorimeters von BJERRUM/ARRHENIUS (Abb 20). Dasselbe besteht aus zwei keilförmigen Trögen, welche beide dieselbe Menge Indikator, z. B. Bromkresolgrün, enthalten, die eine jedoch in stark alkalischer Lösung (blau), die andere in stark saurer (gelb). Blickt man in der Pfeilrichtung durch die zu einem Stück verbundenen Keile, so schaut man überall längs des ganzen Doppelkeils

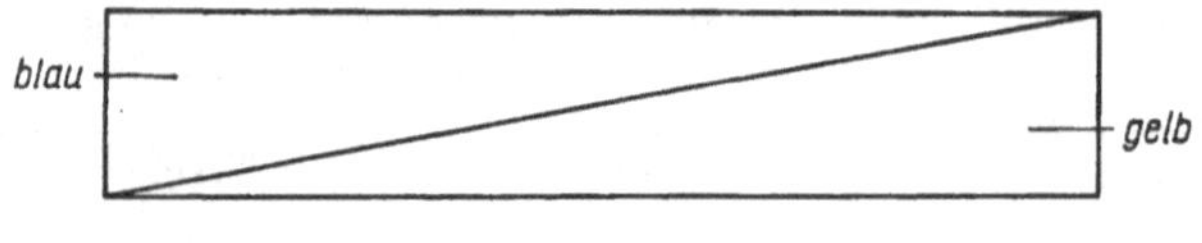

Abb. 20. Doppelkeilkolorimeter

durch dieselbe Indikatormenge, die Farbe ist jedoch links und rechts ganz verschieden und ändert sich stetig im ganzen Zwischengebiet von blau über grün nach gelb, weil das Verhältnis der sauren Schicht zur alkalischen sich laufend ändert. Mit anderen Worten, man bekommt alle Zwischenfarben des teilweise umgeschlagenen Indikators. Die Objektlösung wird in eine sehr schmale Küvette gefüllt, mit Indikator versetzt und so lange nach rechts oder links verschoben, bis man eine Stelle findet, mit der sie farbgleich erscheint. Dasselbe erreicht THEILE mit einem mehrstufigen Kolorimeter mit Trögen gewöhnlicher Bauart, das er „Bathmometer" nennt. Man hat übereinander zwei Tröge mit eintauchenden Glasstäben (Abb. 21). Der *untere* Trog A und der *obere* Glasstab B sind fest gehaltert. Der obere Trog C und der in den unteren Trog eintauchende Glasstab D sind zu einem Stück CD verbunden, das durch einen Trieb aufwärts oder abwärts bewegt (gehoben oder gesenkt) werden kann. Dabei bleibt die Gesamtschichtdicke wieder gleich, aber das Verhältnis von saurer zu alkalischer Schicht verändert sich kontinuierlich wie beim Doppelkeilkolorimeter (im oberen Trog befindet sich stark saure Indikatorlösung, im unteren stark alkalische). Der Lichtdurchgang erfolgt in senkrechter Richtung wie bei gewöhnlichen Kolorimetern.

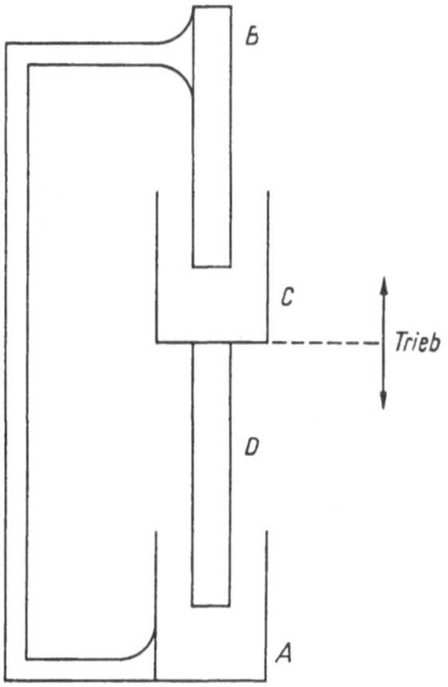

Abb. 21.
Mehrstufiges Kolorimeter

Pufferlösungen haben wir für diese beiden Spezialkolorimeter überhaupt nicht gebraucht; wir haben ja nur stark saure und stark alkalische Indikatorlösungen verwendet. Das Prinzip der *pufferlosen Messung* läßt sich aber auch auf die eben beschriebene Methode des Vergleichs von Lösungen in Reagenzgläsern anwenden. Der Doppelkeil wird bloß ersetzt durch eine Reihe von 10 Reagenzglaspaaren, die immer paarweise vom Licht durchsetzt werden (Abb. 22). Im ersten Paar befinden sich 1 und 9 Tropfen Indikator in stark alkalischer resp. saurer Lösung, im zweiten Paar 2 und 8, im dritten 3 und 7 usw., m. a. W., die sich ändernde

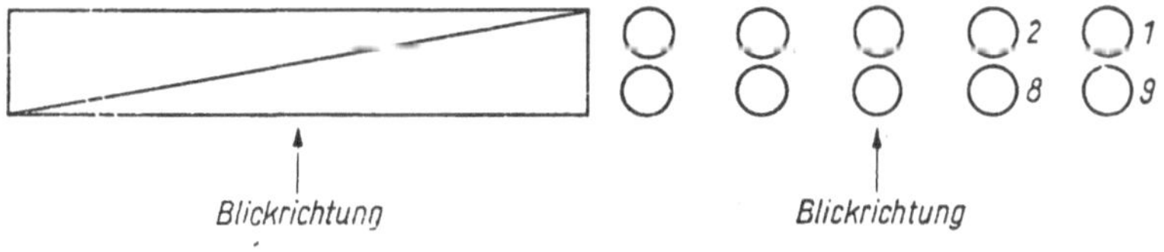

Abb. 22. Pufferlose Messung mit Reagenzgläsern

Schichtdicke beim Doppelkeilkolorimeter wird hier durch die sich ändernde *Indikatorkonzentration* ersetzt (Prinzip von GILLEPSIE). Man muß hierbei stets durch *zwei* Reagenzgläser hintereinander durchblicken. Mit *einem* kommt man aus, wenn man einen Indikator wählt, dessen eine Umschlagsfarbe *farblos* ist, wie z. B. die

Nitrophenole, Phenolphthalein, Thymolphthalein, (Prinzip von Michaelis). Nach der Methode von Michaelis kann man im optimalen Fall noch Stufen von 0,025 Einheiten im p_H, für gewöhnlich jedoch nur 0,1 bis 0,2 Einheiten unterscheiden.

Ist die Objektlösung selbst gefärbt, wie z. B. Harn, so muß man bei allen kolorimetrischen Methoden in den Gang des Vergleichsstrahls noch ein Reagenzglas oder eine Küvette mit Harn ohne Indikator einschalten, um die Eigenfarbe zu kompensieren (Prinzip von Walpole).

Es gibt heute auch schon eine vollständige p_H-Skala von *Fluoreszenzindikatoren*, d. h. von Indikatoren, die im Umschlagsintervall ihre *Fluoreszenz* der Farbe oder der Stärke nach ändern. Sie bieten Vorteile vor allem bei getrübten oder gefärbten Lösungen.

In einem Gemisch von Alkohol und Wasser oder Aceton und Wasser liegt der Neutralpunkt anders als in Wasser allein, z. B. in einem Gemisch von 90% Aceton und 10% Wasser bei p_H 9,85. Das heißt, in diesem Gemisch ist die Wasserstoffionenkonzentration $10^{-9,85}$, die Hydroxylionenkonzentration ebenfalls $10^{-9,85}$ und das Ionenprodukt $10^{-2 \cdot 9,85} = 10^{-19,7}$ statt 10^{-14}. Das gleiche gilt für wäßrige Lösungen unter oder über 22 °C. Bei 40 °C z. B. ist die $H^{\cdot}$- und OH'-Konzentration $= 10^{-6,71}$ und das Ionenprodukt $= 10^{-13,42}$. Das Ionenprodukt 10^{-14} gilt m. a. W. nur genau für die Temperatur 22°C, bei niedrigeren Temperaturen wird es kleiner (wie bei Aceton—Wasser-Mischungen), bei höheren größer. Die Ionisation ist ein endothermer Vorgang, infolgedessen muß sie mit steigender Temperatur zunehmen wie alle endothermen Vorgänge.

Tabelle 17. Umrechnungstabelle von $[H^{\cdot}]$ *auf* p_H

p_H	0	1	2	3	4	5	6	7	8	9
0	1,000	0,977	0,955	0,933	0,912	0,891	0,871	0,851	0,832	0,813
1	0,794	0,776	0,759	0,741	0,725	0,708	0,692	0,676	0,661	0,646
2	0,631	0,617	0,603	0,589	0,575	0,562	0,550	0,537	0,525	0,513
3	0,501	0,490	0,479	0,468	0,457	0,447	0,437	0,427	0,417	0,407
4	0,398	0,389	0,380	0,372	0,363	0,355	0,347	0,339	0,331	0,324
5	0,316	0,309	0,302	0,295	0,288	0,282	0,275	0,269	0,263	0,257
6	0,251	0,245	0,240	0,234	0,229	0,224	0,219	0,214	0,290	0,204
7	0,200	0,195	0,191	0,186	0,182	0,178	0,174	0,170	0,166	0,162
8	0,158	0,155	0,151	0,148	0,145	0,141	0,138	0,135	0,132	0,129
9	0,126	0,123	0,120	0,117	0,115	0,112	0,110	0,107	0,105	0,102

Beispiel 1 $[H^{\cdot}] = 0,123 \cdot 10^{-5}$ $p_H = 5,91$

$[H^{\cdot}] = 0,288 \cdot 10^{-3}$ $p_H = 3,54$

$[H^{\cdot}] = 0,129 \cdot 10^{-7}$ $p_H = 7,89$

Beispiel 2	$[H^{\cdot}] = 1{,}23 \cdot 10^{-5} = 0{,}123 \cdot 10^{-4}$		$p_H = 4{,}91$
	$[H^{\cdot}] = 28{,}8 \cdot 10^{-3} = 0{,}288 \cdot 10^{-1}$		$p_H = 1{,}54$
	$[H^{\cdot}] = 0{,}0129 \cdot 10^{-7} = 0{,}129 \cdot 10^{-8}$		$p_H = 8{,}89$
Beispiel 3	$p_H = 6{,}78$	$[H^{\cdot}] = 0{,}166 \cdot 10^{-6}$	
	$p_H = 3{,}84$	$[H^{\cdot}] = 0{,}145 \cdot 10^{-3}$	
	$p_H = 3{,}17$	$[H^{\cdot}] = 0{,}676 \cdot 10^{-3}$	

6. Hydrolyse von Salzen

Bei der Hydrolyse von Salzen muß man zwei Typen unterscheiden. Den ersten Typus bilden Salze aus *schwacher* Säure plus *starker* Base, wie z. B. Natriumacetat, Kaliumcyanid, Alizarinnatrium etc., und umgekehrt Salze aus schwacher Base plus starker Säure, wie z. B. Pyridinhydrochlorid, Anilinsulfat etc. Den zweiten Typus bilden Salze aus *schwacher* Säure plus *schwacher* Base, wie z. B. Ammoniumacetat, Ammoniumsalz der Senfölessigsäure, Anilinbenzoat etc. Wir bezeichnen diese beiden Typen von Salzen im folgenden kurz als „einfachschwache“ Salze (erster Typ) und ,,doppeltschwache‘‘ Salze (zweiter Typ). Sie befolgen gänzlich verschiedene Hydrolysengesetze; ja, bei den Salzen vom zweiten Typus wird sich herausstellen, daß ihr Hydrolysengrad überraschenderweise von der Verdünnung unabhängig ist. Die Salze vom zweiten Typus sind weniger wichtig; wir werden am Schluß noch kurz auf sie eingehen. Wichtiger sind die vom ersten Typus; ihre Hydrolyse nimmt stark mit der Verdünnung zu, eine Erscheinung, die am sinnfälligsten wird bei Wismut- und Antimonsalzen, wo bei der Verdünnung die basischen Salze ausfallen.

I. Typus, einfachschwache Salze. Bei den einfachschwachen Salzen *kommt man im allgemeinen mit den gewöhnlichen Überlegungen aus*; nur ab und zu wird man eine besondere Formel, die Hydrolysenformel, heranziehen, da sie unter Umständen die Rechnung etwas vereinfacht; sie wird unten besprochen. Wenn nicht anders angegeben, wird das Ionenprodukt des Wassers zu 10^{-14} angenommen (es ist etwas temperaturabhängig).

Beispiel 51 1 Mol des festen kristallisierten Hydrochlorids einer organischen Base wird in 100 Litern Wasser aufgelöst. Die Lösung zeigt eine Wasserstoffionenkonzentration von 10^{-4}. Wie berechnet sich daraus die Dissoziationskonstante der Base?

A: Die verlangte Dissoziationskonstante ist

$$K_b = \frac{[B^{\cdot}]\,[OH']}{[B]}$$

wenn [B] und $[B^{\cdot}]$ die Konzentrationen der freien Base und ihres Ions bedeuten. Wir müssen also diese drei Stücke beibringen.

1. Die Wasserstoffionenkonzentration ist gegeben, damit ist die Hydroxylionenkonzentration berechenbar.
$[H^{\cdot}] = 10^{-4}$, $[OH'] = 10^{-10}$.

2. Der Wasserstoffionenkonzentration entspricht die freie Salzsäure und diese der *freien Base*, [B] = 10^{-4}. (Sie ist im Gegensatz zur Salzsäure *undissoziiert.*)

3. Die *gebundene Base* endlich berechnet sich als Differenz von Gesamtbase und freier Base, also 0,01 — 0,0001 = 0,0099 = [B˙] Damit hat man die obigen drei Stücke, die man dann zur Konstanten K_b zusammensetzt.

$$K_b = \frac{[B^\cdot][OH']}{[B]} = \frac{0{,}0099 \cdot 10^{-10}}{10^{-4}} = 0{,}0099 \cdot 10^{-6} = 9{,}9 \cdot 10^{-9}$$

Beispiel 58 1 Mol eines organischen Basenhydrochlorids wird in 100 Litern Wasser aufgelöst. Mit Hilfe von Versuchen über das Verteilungsverhältnis der Base zwischen Benzol und Wasser wird festgestellt, daß in der obigen Lösung die Konzentration der durch Hydrolye entstandenen freien, nicht dissoziierten Base den Wert 0,0005 Mol/Liter hat. Wie berechnet sich aus diesen Angaben die Dissoziationskonstante der Base?

A: Völlig analog dem vorigen Beispiel. Dort war die Konzentration der freien Säure gegeben, hier die Konzentration der freien Base, welche ganz dieselbe Rolle spielt.

$$K_b = \frac{[B^\cdot][OH']}{[B]}.$$

1. Die freie Base ist gegeben, [B] = 0,0005.
2. Die freie Säure ist der freien Base gleich, [H'] = 0,0005.

Daraus berechnet sich [OH'] zu $\frac{10^{-14}}{5 \cdot 10^{-4}} = 0{,}2 \cdot 10^{-10} = [OH']$

3. Die gebundene Base ist gleich der Differenz aus Gesamtbase und freier Base, also 0,01 — 0,0005 = 0,0095 = [B˙].
Diese drei Stücke kann man zusammensetzen zur Konstante K_b:

$$K_b = \frac{[B^\cdot][OH']}{[B]} = \frac{0{,}0095 \cdot 0{,}2 \cdot 10^{-10}}{0{,}0005} = 3{,}8 \cdot 10^{-10}.$$

Beispiel 59 Ein in Wasser sehr schwer lösliches Phenol vom Charakter einer schwachen Säure hat in reinem Wasser die Löslichkeit $2{,}5 \cdot 10^{-6}$ Mol/Liter, in $\frac{1}{100}$ n Natronlauge die Löslichkeit 0,006 Mol/Liter. Wie berechnet sich daraus die Dissoziationskonstante des Phenols?

A: $K_s = \frac{[P'][H^\cdot]}{[P]}$, wenn [P] und [P'] freies und gebundenes Phenol bezeichnen (das freie Phenol ist undissoziiert, das gebundene in Ionenform).

Die alkalische Lösung des Phenols enthält im Liter $2{,}5 \cdot 10^{-6}$ Mol undissoziiertes Phenol (geradeso, als ob sie reines Wasser wäre) und außerdem 0,006 gebundenes Phenol, genauer $0{,}006 - 2{,}5 \cdot 10^{-6}$, aber das ist rund 0,006.
Wir haben also $[P] = 2{,}5 \cdot 10^{-6}$ und

$$[P'] = 0{,}006.$$

Wir brauchen nur noch $[H^{\cdot}]$. Dies kann aus dem $[OH']$-Wert berechnet werden. Ursprünglich hatte die Natronlauge $[OH']$ gleich 0,01. Davon werden aber 0,006 durch Phenolanionen ersetzt; es bleibt also übrig $[OH'] = 0{,}010 - 0{,}006 = 0{,}004$.
Dann wird $[H^{\cdot}] = \frac{10^{-14}}{4 \cdot 10^{-3}} = 0{,}25 \cdot 10^{-11} = 2{,}5 \cdot 10^{-12}$.
Damit hat man die obigen drei Stücke, aus denen man K_s zusammensetzen kann:

$$K_s = \frac{[P'][H^{\cdot}]}{[P]} = \frac{0{,}006 \cdot 2{,}5 \cdot 10^{-12}}{2{,}5 \cdot 10^{-6}} = 0{,}006 \cdot 10^{-6} = 6 \cdot 10^{-9}$$

Beispiel 60. Wie groß ist der Hydrolysengrad γ und die Hydroxylionenkonzentration einer $\frac{1}{100}$ n Kaliumcyanidlösung? Die Dissoziationskonstante der Blausäure ist $5 \cdot 10^{-10}$.

A: Es sei vorausbemerkt, daß in der modernen Säure—Basen-Theorie von Brönsted andere Termini verwendet werden als in der hier dargestellten älteren Theorie; insbesondere heißt das Cyanion in den Brönsted-Ausdrücken „eine ziemlich starke Base", welche imstande ist, Protonen vom Wasser her zu sich herüberzureißen; vgl. hierzu den Anhang dieses Kapitels. An der Mathematik des Ganzen ändert sich jedoch nichts.
Das Volumen = 1 Liter; daher kann man alle Klammern weglassen.

$$\gamma = \frac{HCN}{\text{Gesamt-CN}}$$

Gesamt CN = 0,01, $S = 0{,}01$ (Salzkonzentration)

4 Unbekannte: CN' OH' $H^{\cdot}$ HCN, abgekürzt c o h b

1. $CN' + OH' = 0{,}01$	1. $c + o = 0{,}01$
2. $HCN = OH'$	2. $b = o$
3. $[H^{\cdot}] \cdot OH' = 10^{-14}$	3. $oh = 10^{-14}$
4. $\frac{CN' \cdot H^{\cdot}}{HCN} = 5 \cdot 10^{-10}$	4. $\frac{ch}{b} = 5 \cdot 10^{-10}$

$$\left.\begin{aligned} c + b &= 0{,}01 &&= S \\ \frac{ch}{b} &= 5 \cdot 10^{-10} &&= T \\ bh &= 10^{-14} &&= U \end{aligned}\right\}\text{also große Buchstaben für die Bekannten}$$

$$\frac{c}{b^2} = \frac{T}{U}; \quad c = S - b$$

$$\frac{S - b}{b^2} = \frac{T}{U}; \quad \text{nur mehr 1 Unbekannte}$$

$$S - b = \frac{T}{U} b^2$$

$$\frac{T}{U} b^2 + b - S = 0$$

$$b^2 + \frac{U}{T} b - \frac{U}{T} S = 0; \quad \frac{U}{T} = V$$

$$b^2 + Vb - VS = 0$$

$$b = \frac{V}{2} + \sqrt{\frac{V^2}{4} + VS}$$

$$V = \frac{U}{T} = \frac{10^{-14}}{5 \cdot 10^{-10}} = 0{,}2 \cdot 10^{-4} = 20 \cdot 10^{-6}$$

$$VS = 20 \cdot 10^{-6} \cdot 10^{-2} = 20 \cdot 10^{-8}$$

$$\frac{V}{2} = 10 \cdot 10^{-6} = 10^{-5}$$

$$\begin{aligned} b &= -10^{-5} + \sqrt{10^{-10} + 20 \cdot 10^{-8}} \\ &= -10^{-5} + \sqrt{20} \cdot 10^{-4} \\ &= -10^{-5} + 4{,}5 \cdot 10^{-4} \\ &= 4{,}5 \cdot 10^{-4} - 0{,}1 \cdot 10^{-4} \\ &= \mathbf{4{,}4 \cdot 10^{-4}} \end{aligned}$$

Die Konzentration der freien Blausäure ist $4{,}4 \cdot 10^{-4}$. Daraus lassen sich nun die übrigen Konzentrationen leicht berechnen.

Insbesondere wird

$o = b = 4{,}4 \cdot 10^{-4}$ (Hydroxylion gleich freie Blausäure) und

$c = 0{,}01 - O = 0{,}01 - 0{,}000\,44$ (Cyanion gleich Gesamtanion minus Hydroxylion)

$= 0{,}009\,56.$

$$\gamma = \frac{\text{HCN}}{\text{Gesamt-CN}} = \frac{\text{b}}{0{,}01} = \frac{4{,}4 \cdot 10^{-4}}{0{,}01} = 4{,}4 \cdot 10^{-2} = \mathbf{0{,}044}$$

Gedankengang: Man hat fünf Konzentrationen: Kaliumion, Cyanion, Hydroxylion, freie Blausäure und Wasserstoffion. Davon ist $K^{\cdot}$ gegeben, ferner die Gleichung freie Blausäure = Hydroxylion. Es bleiben also noch drei Unbekannte, für die man drei weitere Gleichungen beibringen muß, nämlich Blausäurekonstante, Wasserkonstante und Elektroneutralität (Gleichungen 4, 3 und 1). Durch Auflösen des Gleichungssystems bekommt man zuerst die freie Blausäure (= Hydroxylion), daraus unschwer die übrigen. Aus Cyanion und Gesamtcyan setzt sich der Hydrolysengrad des Salzes zusammen.
Auch diese Aufgabe konnte also ohne Zuhilfenahme einer besonderen Hydrolysenformel gelöst werden; immerhin bringt diese Formel hier aber eine gewisse Vereinfachung, wie wir sogleich sehen werden.

Lösung mit Hilfe der Hydrolysenformel

$$\frac{\gamma^2}{(1-\gamma)\,v} = \frac{K_w}{K_s} \cdot (\gamma = \text{Hydrolysengrad})$$

$$\frac{\gamma^2}{1-\gamma} = \frac{K_w}{K_\beta}\, v = \frac{10^{-14}}{5 \cdot 10^{-10}} \cdot 100 = 0{,}2 \cdot 10^{-2} = m$$

$$\gamma^2 = m(1-\gamma); \qquad \gamma^2 = m = m\gamma$$

$$\gamma^2 + m\gamma - m = 0$$

$$\gamma = -\frac{m}{2} + \sqrt{\frac{m^2}{4} + m}$$

$$= -10^{-3} + \sqrt{10^{-6} + 0{,}2 \cdot 10^{-2}}$$

$$= -10^{-3} + \sqrt{20 \cdot 10^{-4}}$$

$$= -10^{-3} + \sqrt{20} \cdot 10^{-2}$$

$$= -10^{-3} + 4{,}5 \cdot 10^{-2}$$

$$= 0{,}045 - 0{,}001$$

$= \mathbf{0{,}044}$ (wie vorher gefunden; aber etwas einfacher).

Wir wollen die Hydrolysenformel noch etwas näher betrachten. Sie lautet

$$\frac{\gamma^2}{(1-\gamma)\,V} = \frac{K_w}{K_s}, \quad \text{wobei } \gamma \text{ der Hydrolysengrad ist.}$$

K_s ist bei Cyankalium die Dissoziationskonstante der Blausäure; im Fall des Anilinhydrochlorids ist es zu ersetzen durch K_b, die Dissoziationskonstante des Anilins (m. a. W., die Dissoziationskonstante der schwachen Komponente). Die Formel stellt demnach eine Beziehung dar zwischen γ, K_w und K_s. Man kann also, wenn K_s gegeben ist, den Hydrolysengrad γ ausrechnen; man kann auch umgekehrt, wenn γ gegeben ist, K_s ausrechnen.

Beispiel 60 Ein einfachschwaches Salz ist in $\frac{1}{100}$ m Lösung zu 10% hydrolysiert. Wie groß ist a) der Hydrolysengrad, b) die Dissoziationskonstante der schwachen Komponente?

A: a) $\gamma = \mathbf{0{,}1}$ b) $\frac{0.1^2}{0{,}9 \cdot 100} = \frac{10^{-14}}{K_s}$ oder

$$\frac{K_s}{10^{-14}} = \frac{90}{0{,}01} = 9000; \quad K_s = 9000 \cdot 10^{-14} = \mathbf{9 \cdot 10^{-11}}$$

Beispiel 61 Ein einfachschwaches Salz hat eine schwache Komponente mit der Dissoziationskonstante $K_s = 2 \cdot 10^{-10}$. Wie groß ist der Dissoziationsgrad in $\frac{1}{1000}$ m Lösung?

A: $$\frac{\gamma^2}{(1-\gamma)\,V} = \frac{10^{-14}}{2 \cdot 10^{-10}} = \frac{1}{2} \cdot 10^{-4}$$

$$\frac{\gamma}{1-\gamma} = V \cdot \frac{1}{2} \cdot 10^{-4} = 500 \cdot 10^{-4} = 0{,}05$$

$$\gamma^2 = 0{,}05 - 0{,}05\,\gamma$$

$$\gamma^2 + 0{,}05\,\gamma - 0{,}05 = 0$$

$$\gamma = -0{,}025 + \sqrt{0{,}025^2 + 0{,}05}$$

$$= -0{,}025 + \sqrt{0{,}000\,625 + 0{,}05}$$

$$= -0{,}025 + \sqrt{0{,}050625}$$

$$= -0{,}025 + 0{,}225$$

$= \mathbf{0{,}200}$; das Salz ist zu 20% hydrolysiert.

Endlich kann man auch noch, wenn die Dissoziationskonstante der schwachen Komponente *und* der Hydrolysengrad des Salzes gegeben sind, die Gleichung nach K_w auflösen, und das ist einer der Wege, die zu dieser Größe (10^{-14}) führen.

Der Hydrolysengrad kann auf verschiedene Weise bestimmt werden; so z. B. beim Kaliumsalz einer schwachen Säure durch die katalytische Wirkung, die die abgespaltenen OH'-Ionen ausüben; bei dem Hydrochlorid einer organischen Base durch Ausschütteln mit Benzol und Bestimmung der Verteilung der undissoziierten Base zwischen den beiden Schichten, oder auch etwa bei Anilinhydrochlorid durch Bestimmung der Leitfähigkeit; hydrolysiertes Anilinhydrochlorid hat eine andere Leitfähigkeit als nichthydrolysiertes.

II. Typus, doppeltschwache Salze

Auch für diesen Typus, der weniger wichtig ist und zu dem z. B. das Ammoniumacetat gehört, gibt es eine Hydrolysenformel, welche die Rechnungen zuweilen abkürzt.

Wie in Beispiel 33 der Abegg-Sackurschen Sammlung an einem praktischen Beispiel abgeleitet wird, ist die Hydrolyse bei diesem Typus überraschenderweise von der Verdünnung unabhängig; sie nimmt also nicht mit steigender Verdünnung zu, sondern bleibt konstant. Der Hydrolysengrad γ gehorcht der einfachen Formel

$$\frac{\gamma}{1-\gamma} = \sqrt{K_{hy}}; \quad K_{hy} = \frac{K_w}{K_s \cdot K_b},$$

worin K_w wieder das Ionenprodukt des Wassers ist, K_s die Dissoziationskonstante der schwachen Säure und K_b die Dissoziationskonstante der schwachen Base.

Man sieht, c oder V, das Volumen, in dem 1 Mol des Salzes gelöst ist, kommt überhaupt nicht in der Formel vor; der Hydrolysengrad errechnet sich unabhängig von der Verdünnung. Diese Hydrolysenformel läßt sich auch bequem in Worten ausdrücken. Wir schreiben sie

$$\gamma : (1-\gamma) = \sqrt{K_w} : \sqrt{K_b K_s} \quad \text{oder}$$
$$\gamma : (1-\gamma) = 10^{-7} : \sqrt{K_b K_s}, \quad \text{mit Worten:}$$

„*Der hydrolysierte Teil verhält sich zum nicht hydrolysierten wie $10^{-7} : \sqrt{K_b K_s}$.*"

Beispiel 62 K_b sei 10^{-6}, $K_s = 10^{-8}$; dann wird $K_b K_s = 10^{-14}$ und $\sqrt{K_b K_s} = 10^{-7}$. Dann verhält sich der hydrolysierte Teil zum nicht hydrolysierten wie $10^{-7} : 10^{-7}$ oder wie 1:1, m. a. W., das Salz ist zu 50% hydrolysiert, unabhängig von der Verdünnung.

Beispiel 63 K_b sei 10^{-4}, $K_s = 10^{-6}$. Wie stark ist das Salz hydrolysiert?

A: $K_b K_s = 10^{-10}$, $\sqrt{K_b K_s} = 10^{-5}$
Der hydrolysierte Teil verhält sich zum nicht hydrolysierten wie $10^{-7} : 10^{-5}$ oder wie 1:100. 1% ist also hydrolysiert.

Beispiel 64 K_b sei 10^{-5}, $K_s = 10^{-7}$. Wie stark ist das Salz hydrolysiert?

A: $K_b\,K_s = 10^{-12}$, $\sqrt{K_b\,K_s} = 10^{-6}$

$$\gamma:(1-\gamma) = 10^{-7}:10^{-6}$$

$$\gamma:(1-\gamma) = 0{,}1$$

$$\gamma = 0{,}1 - 0{,}1\,\gamma$$

$$1{,}1\,\gamma = 0{,}1$$

$\gamma =$ **0,091** oder 9,1% (unabhängig von der Verdünnung).

Formal ist die Einführung einer weiteren Konstante, der ,,Hydrolysenkonstante" K_{hy}, praktisch.
Für *einfachschwache* Salze gelten dann die drei Formeln (K_{hy} = Hydrolysenkonstante):

$$K_{hy} = \frac{[\text{Konz. der freien Säure}]\,.\,[\text{Konz. der freien Base}]}{[\text{Konz. des nicht hydrolysierten Salzes}]}$$

$K_{hy} = \dfrac{K_w}{K_s}$ (K_w = Ionenprodukt des Wassers, K_s = Dissoziationskonstante der schwachen Säure oder Base)

$K_{hy} = \dfrac{\gamma^2}{(1-\gamma)\,v}$ (also γ abhängig von der Verdünnung).

Nach γ aufgelöst:

$$\gamma = -\frac{K_{hy}V}{2} + \sqrt{\frac{K_{hy}^2\,V^2}{4} + K\,V}$$

Für doppeltschwache Salze gelten folgende Formeln (K_{hy} = Hydrolysenkonstante):

$$K_{hy} = \frac{[\text{Konz. der freien Säure}]\,.\,[\text{Konz. der freien Base}]}{[\text{Konz. des nicht hydrolysierten Salzes}]^2}$$

$$K_{hy} = \frac{K_w}{K_s \cdot K_b}$$

K_w = Ionenprodukt des Wassers, K_s = Dissoziationskonstante der Säure, K_b = Dissoziationskonstante der Base)

$\dfrac{\gamma}{1-\gamma} = \sqrt{K_{hy}}$ (γ unabhängig von der Verdünnung)

Nach γ aufgelöst:

$$\gamma = \frac{\sqrt{K_{hy}}}{1 + \sqrt{K_{hy}}}$$

Beispiel 65 Das Natriumsalz einer schwachen organischen Säure ist in normaler wäßriger Lösung zu 1% hydrolysiert. Wie groß ist die Hydrolysenkonstante?

A: Konz. der freien Säure = 0,01

Konz. der freien Base = 0,01

Konz. des nicht hydrolysierten Salzes = 0,99

$$K_{hy} = \frac{0{,}01 \cdot 0{,}01}{0{,}99} = \mathbf{1{,}01 \cdot 10^{-4}}$$

Beispiel 66 Die Hydrolysenkonstante eines Natriumsalzes ist $1 \cdot 10^{-4}$. Wie groß ist die Dissoziationskonstante der schwachen Säure?

$$\textbf{A: } K_{hy} = \frac{K_w}{K_s}; \quad K_s = \frac{K_w}{K_{hy}} = \frac{10^{-14}}{10^{-4}} = \mathbf{10^{-10}}$$

Beispiel 67 Die Hydrolysenkonstante eines Natriumsalzes ist $1 \cdot 10^{-4}$. Wie groß ist der Hydrolysengrad in normaler und in halbnormaler Lösung?

$$\textbf{A: } \text{a) } \gamma = -\frac{K_{hy}V}{2} = \sqrt{\frac{K_{hy}^2 V^2}{4} + KV}$$

$$= -\frac{1}{2} \cdot 10^{-4} + \sqrt{\frac{1}{4} \cdot 10^{-8} + 10^{-4}}$$

$$= \sqrt{10^{-4}} - \frac{1}{2} \cdot 10^{-4}$$

$$= \mathbf{10^{-2}} \text{ in normaler Lösung.}$$

$$\text{b) } = -\frac{K_{hy}V}{2} + \sqrt{\frac{K_{hy}^2 V^2}{4} + KV}$$

$$= -10^{-4} + \sqrt{10^{-8} + 2 \cdot 10^{-4}}$$

$$= \sqrt{2 \cdot 10^{-4}} - 10^{-4}$$

$$= \sqrt{2} \cdot 10^{-2}$$

$$= \mathbf{1{,}41 \,.\, 10^{-2}} \text{ in halbnormaler Lösung}$$

7. Anhang. Kurze Einführung in die neueren Theorien der Gleichgewichte in Lösungen, Brönsted-Säuren und Basen

Im folgenden wird der Versuch gemacht, die bisher benutzten historisch entstandenen Formulierungen für Dissoziationsgleichgewichte durch die neueren Theorien zu ergänzen resp. zu ersetzen. Das kann allerdings nicht geschehen, ohne auf die moderne Theorie der Elektronenbindung etwas näher einzugehen. Zu dem im vorstehenden Kapitel beschriebenen Dissoziationsgleichgewicht des

Ammoniaks ist zu sagen, daß dasselbe heute — *ohne daß sich an der Mathematik des Ganzen irgend etwas ändert* — chemisch *anders* geschrieben wird. Wenn Ammoniak beim Lösen in Wasser Ammoniumion und Hydroxylion gibt, dann nehmen wir heute *nicht* mehr an, daß ein undissoziiertes Ammoniumhydroxid NH_4OH in $NH_4^{\cdot}$ und OH' zerfällt; wir nehmen vielmehr an, daß ein undissoziiertes Ammoniumhydroxid NH_4OH (das sich aus NH_3 und H_2O bilden müßte) *gar nicht existiert* und daß die Ionen $NH_4^{\cdot}$ und OH' dadurch zustande kommen, daß ein Teil des Wassers in seine Ionen $H^{\cdot}$ und OH' zerfallen ist und daß sich das eine Ion das $H^{\cdot}$ („als Proton"), an das NH_3-Molekül anlagert (an die Seite, wo gerade das einsame Elektronenpaar sitzt) und damit das Ion $NH_4^{\cdot}$ bildet.

Das Ion OH', das andere Ion des Wassers, bleibt übrig. Wir haben im ganzen jetzt also $NH_4^{\cdot}$-Ion und OH'-Ion, dieselben Ionen, die wir vorher als durch Dissoziation einer (in Wirklichkeit nicht existierenden) Verbindung NH_4OH entstanden glaubten.

Das Wasser ist ja nun bekanntlich nur zu einem sehr geringen Teil in die Ionen $H^{\cdot}$ und OH' gespalten und man könnte zu der Vermutung kommen: Sogar wenn alle Wasserstoffionen vom NH_3 weggefangen werden, bleiben doch nur sehr geringe Mengen OH-Ionen übrig, und die alkalische Reaktion des Ammoniakwassers kann nie erheblich werden. Dem ist aber nicht so, denn die Dissoziation das Wassers *rutscht nach*, so wie die Wasserstoffionen verschwinden. Es entstehen schließlich *erhebliche* Mengen OH-Ionen. Ihre Menge wird schließlich begrenzt durch einen Gleichgewichtszustand, der an Stelle des früher angenommenen „Dissoziationsgleichgewichtes der NH_4OH-Base" tritt und numerisch mit ihm identisch ist. Während wir früher sagten „das Ammoniumhydroxid zerfällt *bis zu einem gewissen Gleichgewicht* in Ammoniumionen und Hydroxylionen", sagen wir jetzt: „Das freie Ammoniak NH_3 reißt *bis zu einem gewissen Gleichgewicht* Wasserstoffionen des Wassers an sich, dabei die Nachlieferung erzwingend, bis das Wasser schließlich keine mehr hergibt. (Für die Richtigkeit der physikalisch-chemischen Rechnung ist es gleichgültig, ob wir das eine oder das andere Gleichgewicht annehmen; das ändert am Resultat nichts.)

Wir müssen uns noch weiter korrigieren. Wir sagten vorhin „Protonen", weil es Wasserstoffionen sind, positiv geladen, also *Wasserstoffatome ohne ihr Elektron.* Der Physiker nennt dieses Teilchen Proton (es bekommt einen eigenen Namen, weil es der einzige *unzusammengesetzte* Kern ist). Wir haben diesen Ausdruck eben auch gebraucht, und man sagt, „ein Proton lagere sich an das NH_3 an". Protonen kommen in wäßriger Lösung allerdings gar nicht frei vor. Was vorkommt, enthält Wasser angelagert und hat die Formel $H_3O^{\cdot}$. Das Proton hat nämlich die starke Tendenz, sich an etwas anzulagern und wenn es schon nichts anderes findet, an das es sich anlagern kann, dann lagert es sich an *Wasser* an, in der gleichen Weise wie an das NH_3, nämlich an ein einsames Elektronenpaar des *Sauerstoffs.*[1]) Zwischen dem NH_3 und dem H_2O findet nun ein *Wettbewerb* um das Proton statt, der eben dieses vielgenannte Gleichgewicht ist.

Noch weitaus kräftiger „protonisieren" können wir das Ammoniak natürlich, wenn wir nicht bloß Wasser (mit seinen wenigen Wasserstoffionen), sondern gleich *Salzsäure* (mit ihren vielen Wasserstoffionen) hinzuschütten. Das NH_3 lagert

---

[1]) Deshalb soll jetzt das Wasserstoffion, sobald man es ganz korrekt bezeichnen will, „Oxoniumion" genannt werden ($H_3O^{\cdot}$), analog dem „Ammoniumion".

dann noch viel mehr Protonen an, es geht noch viel ausgiebiger in den Ionenzustand $NH_4^{\cdot}$ über, als es das mit Wasser tut. Das Ganze ist ein Wettbewerb um die Protonen (die als wirkliche Protonen niemals in Erscheinung treten), die vom einen zum anderen Molekül übergeben werden.

Dieser „Protonenhandel“, der allen Neutralisationsvorgängen zugrunde liegt, ist der Inhalt der BRÖNSTED*schen Säure- und Basendefinition*, nach der z. B. auch das Ammoniumion als Säure bezeichnet wird und das Chlorion als Base.

Die Begriffe „Säure“ und „Base“ werden demnach umdefiniert, was stets Unannehmlichkeiten mit sich bringt. „Säuren“ und „Basen“ heißen nach der BRÖNSTEDschen Neufassung dieser Begriffe nun nicht nur *isolierbare Substanzen*, (wie z. B. HCl, HNO_3, H_2SO_4, oder NH_3, $N(CH_3)_3$ etc.), sondern auch *Ionen*. Alle Neutralstoffe und Ionen, welche ein Proton *abgeben* können, heißen nun *Säuren* (also z. B. HCl, andererseits aber auch $NH_4^{\cdot}$). Und alle Neutralstoffe und Ionen, welche ein Proton *aufnehmen* können, heißen *Basen* (also z. B. NH_3, andererseits aber auch die Anionen Cl′, NO_3' und besonders CN′). Die stärkste Base ist das OH′-Ion, das in der Natronlauge, Kalilauge etc. vorhanden ist.

Isolierbare Stoffe, welche als Säuren sowohl wie als Basen auftreten konnten, hießen bisher „amphotere Stoffe“, z. B. Aluminiumhydroxid oder Chromhydroxid. Der auf Ionen erweiterte Begriff (im BRÖNSTEDschen Sinn) heißt nun „Ampholyte“; das Adjektivum dazu heißt „amphiprot“. *Ampholyte* sind nun also nicht bloß isolierbare Substanzen wie Aluminiumhydroxid, sondern auch bestimmte Ionen wie z. B. das Bisulfation (Hydrogensulfation) SO_4H' und das Bicarbonation (Hydrogencarbonation) CO_3H'.

Das Bisulfation kann nämlich ein Proton *abgeben* (unter Übergang ins Sulfation SO_4'') und auch andererseits ein *weiteres* Proton *aufnehmen* (unter Übergang in H_2SO_4). Und was sowohl ein Proton abgeben wie ein weiteres Proton aufnehmen kann, heißt (im BRÖNSTEDschen Sinne) ein *Ampholyt*.

Da man wahrscheinlich auch in Zukunft unter „Säuren“ und „Basen“ in erster Linie isolierbare Stoffe verstehen wird, wäre es zur Vermeidung von Verständnisschwierigkeiten vielleicht am besten, wenn man Ionen, welche im vorstehenden Sinne Säuren oder Basen sind, vorerst nicht schlechtweg „Säuren“ oder „Basen“ nennen würde, sondern „BRÖNSTED-Säuren“ und „BRÖNSTED-Basen“.

Das Ammoniumion würde man demnach eine BRÖNSTED-Säure nennen, das Hydroxylion und das Cyanion eine BRÖNSTED-Base. Bei dem neuen Wort Ampholyt ist eine solche Unterscheidung kaum nötig. Wasser und Bisulfation wären demnach beide als Ampholyte zu bezeichnen, d. h. als fähig, Protonen sowohl aufzunehmen als auch abzugeben.

Die Ionendissoziation des Wassers lautet in alter Schreibweise:

$$H_2O \longrightarrow H^{\cdot} + OH'$$

In neuerer ist an dieser Formulierung auszusetzen, daß es $H^{\cdot}$ nicht gibt, so daß wir statt dessen schreiben müssen:

$$2\,H_2O \longrightarrow H_3O^{\cdot} + OH'$$

Die Ionendissoziation des Wassers stellt sich als eine *Selbstprotonisierung* des Wassers ein. Ein neutrales Wassermolekül wird durch ein anderes protonisiert.

Das zweite reagiert in der Säureform des amphiproten Stoffs Wasser und schickt ein Proton hinüber zum ersten. Wir können auch sagen, das Wasser disproportioniert sich (sehr teilweise) in bezug auf Protonen; dabei entsteht ein Stoff mit Überschuß -und einer mit Defektprotonen, nämlich Wasserstoffion und Hydroxylion.

Auch die Existenz eines relativ stabilen zweiten Wasserstoffions der Formel $H_9O_4^{\cdot}$ wurde in neuester Zeit nachgewiesen.[1])

Von den Vorzügen dieser neuen Brönstedschen Säure-Basendefinition wollen wir hier bloß einen hervorheben. Diese neue Betrachtungsweise erklärt die Basennatur des Ammoniaks (in den alten Lehrbüchern hieß es „die Alkalimetallähnlichkeit des nicht frei existierenden Radikals Ammonium“ NH_4) mit einer Selbstverständlichkeit, die nicht zu überbieten ist, was eine sehr überraschende Tatsache war, erinnern wir uns nur! Der Urtyp der Base ist jetzt eigentlich nicht mehr das Kaliumhydroxid, sondern das Ammoniak. Das Kaliumhydroxid ist nur deshalb eine Base, weil es OH-Ionen enthält — und *diese* sind die stärkste aller Basen.

Durch die Brönstedsche Säure- und Basendefinition werden nun alle Neutralisations- und Hydrolysevorgänge als *Protonenwanderungen* charakterisiert, ebenso wie schon länger alle Oxydations-Reduktionsvorgänge als *Elektronenwanderungen* aufgefaßt wurden. Um für das letztere ein Beispiel zu geben, betrachten wir die Reduktion einer wäßrigen Eisen(III)-chloridlösung durch metallisches Thallium. Es bildet sich Eisen(II)-chlorid $FeCl_2$ und Thalliumchlorid TlCl:

$$FeCl_3 + Tl \rightarrow FeCl_2 + TlCl$$

In Wirklichkeit ist das Ganze ein Ionenvorgang,

$$Fe^{\cdots} + 3Cl' + Tl \rightarrow Fe^{\cdot\cdot} + 2Cl' + Cl' + Tl^{\cdot}$$

$$\text{oder}\quad Fe^{\cdots} + Tl \rightarrow Fe^{\cdot\cdot} + Tl^{\cdot},$$

da die Chlorionen unbeteiligt bleiben; sie stehen ja unverändert rechts und links des Gleichheitszeichens.

Ein Eisen(III)-ion (Ferriion) ist ein Eisenatom, das drei Elektronen verloren hat und dadurch positiv aufgeladen wurde. Bei der Reduktion zum Eisen(II)-ion (Ferroion) wird ihm *eines* der drei verlorenen Elektronen zurückgegeben. Dieses kommt vom Thalliummetall, das eines verliert und dadurch in Thallium(I)-ion (Thalloion) übergeht. Ein Oxydations-Reduktionsvorgang ist also eine Elektronenwanderung zwischen zwei Molekülen. — Die neuen Begriffe der Brönsted-Säuren und -Basen haben in der Theorie der Reaktionsmechanismen schon vielfach Anwendung gefunden. Als ein Beispiel sei im folgenden *die neue Theorie des Nitrierungsvorgangs* dargelegt.

Die Nitrierung ist eine „elektrophile Substitution“. Elektrophil, d. h. elektronenliebend, ist *das Reagens*; auch die Reaktion selbst wird als „elektrophil“ bezeichnet. *Das nitrierende Agens ist nach dieser neuen Auffassung nicht die Salpetersäure* HNO_3, *sondern das Nitroniumkation* $NO_2^{\cdot}$, das sich beim Eintragen von Salpetersäure in überschüssige konzentrierte Schwefelsäure bildet.

---

[1]) M. Eigen, Z. ang. Chem. **73**, 536 (1961).

Das Nitroniumkation $NO_2^{\cdot}$ ist also ein *Kation* wie das Natriumion oder Ammoniumion. Man muß sich allerdings zu der etwas kühnen Vorstellung aufschwingen, daß man im Tetramethylammoniumion $[N(CH_3)_4]^{\cdot}$ die vier Methylgruppen durch zwei Sauerstoffatome ersetzen kann und daß das hierbei entstehende Nitroniumion $NO_2^{\cdot}$ immer noch das Kation einer (wenn auch sehr schwachen) Base ist (so wie das Natriumion das Kation der sehr starken Base NaOH ist), und daß die Salpetersäure in einem großen Überschuß konzentrierter Schwefelsäure sich wie das Hydroxid einer sehr schwachen Base zum Bisulfat dieser Base auflöst; daß also die Ionen $NO_2^{\cdot}$ und HSO_4' entstehen.

Wie das zugeht, wollen wir noch etwas genauer betrachten. Was geschieht, wenn wir zu einem großen Überschuß konzentrierter Schwefelsäure 1 Mol Wasser geben? Es beginnt der Brönstedsche Wettbewerb um ein Proton zwischen der Schwefelsäure H_2SO_4, die eines abgeben kann, und dem Wasser, das es aufnehmen will. Das Wasser behält praktisch die Oberhand in diesem Gleichgewicht. Also: Ein Proton wird von der Schwefelsäure H_2SO_4 abgerissen; dieses Proton bildet mit Wasser ein Wasserstoffion $H_3O^{\cdot}$ (neuerdings Oxoniumion genannt, zwischendurch hieß es Hydroniumion). Was von der Schwefelsäure übrigbleibt, ist das Bisulfation, HSO_4'. Wir haben also *zwei* neue Fremdkörper in der Schwefelsäure, das Oxoniumion und das Bisulfation. Der kryoskopische Effekt ist der *doppelte*, nicht der einfache, wie er sich für 1 Fremdmolekül ergeben müßte.

Bei der Salpetersäure ist der „protolytische Vorgang" ähnlich. Auch die *Salpetersäure* wird ähnlich wie Wasser, wenn sie in überschüssiger konzentrierter Schwefelsäure gelöst wird, „protonisiert", d. h., es werden Protonen an sie angelagert. Und zwar werden, wie schon Hantzsch gefunden hat, entweder ein oder zwei Protonen angelagert.

Wenn nur *ein* Proton angelagert wird, entsteht das *Dihydroxonitroniumion.*

$$NO_3H + H^{\cdot} \rightarrow N\,O_3\,H_2^{\cdot} = NO\,(OH)_2)^{\cdot}$$

Dihydroxonitroniumion

Wenn *zwei* Protonen angelagert werden, entsteht das *Trihydroxonitroniumion*, von Hantzsch *Nitracidiniumion* genannt.

$$HNO_3 + 2\,H^{\cdot} \rightarrow NO_3H_3^{\cdot\cdot} = (N\,(OH)_3)^{\cdot\cdot}$$

Trihydroxonitroniumion

Jedoch sind diese beiden Verbindungen zu reich an Wasserstoff und Sauerstoff, als daß sie in konzentrierter Schwefelsäure weiterbestehen könnten; es erscheint deshalb plausibel, daß sie in dieser entwässert werden.

Das Dihydroxonitroniumion zerfällt hierbei in Nitroniumion und Wasser

$$NO_3H_2^{\cdot} = NO_2^{\cdot} + H_2O$$

Das Wasser aber reagiert gleich weiter mit einem Mol Schwefelsäure zu Oxoniumion (Wasserstoffion) und Bisulfation.

$$H_2SO_4 + H_2O = H_3O^{\cdot} + HSO_4'$$

Aus einem Molekül Salpetersäure entstehen also beim Lösen in Schwefelsäure *vier* Fremdionen, nämlich Nitroniumion, Wasserstoffion und zwei Bisulfationen. Das ergibt also einen vierfachen kryoskopischen Effekt. Tatsächlich gefunden wurde ein 3,82facher, und das wird als vierfacher gedeutet.

Das *Trihydroxonitroniumion* (Nitracidiniumion) zerfällt in Schwefelsäure analog in Nitroniumion und Wasserstoffion.

$$NO_3H_3^{\cdot\cdot} \rightarrow NO_2^{\cdot} + H_3O^{\cdot}$$

Dazu kommen (von der Entstehung des Trihydroxonitroniumions her) noch zwei Bisulfationen, so daß wir also dieselben vier Fremdionen erhalten, gleichgültig ob wir über das Dihydroxo- oder das Trihydroxonitroniumion gehen. Auf jeden Fall bekommen wir die Protonisierungsgleichung

$$NO_3H + 2\,H_2SO_4 \rightarrow NO_2^{\cdot} + H_3O^{\cdot} + 2\,HSO_4',$$

welche einem Gleichgewicht in Lösung entspricht.

Wichtig für die Theorie der Nitrierung ist aber nur die Existenz des *Nitroniumkations* $NO_2^{\cdot}$; die beiden anderen aus Salpetersäure gebildeten Kationen, also Dihydroxo- und Trihydroxonitroniumkation, sind unwichtige Durchgangsstationen.

Das ist also der kryoskopische Beweis für die Existenz des Nitroniumions. Er wird noch gestützt durch einen spektroskopischen, das Ultrarotspektrum der Mischsäure, das eine Linie aufweist, die auf den für das Nitroniumion berechneten Wert paßt. Endlich sind auch noch das Perchlorat und das Bisulfat des Nitroniumkations in Form weißer Kristalle isoliert worden; auch sie liefern im Ultrarot die berechnete Linie. Damit kann die Existenz dieses Nitroniumkations als gesichert angesehen werden.

Dieses Nitroniumkation $NO_2^{\cdot}$ soll also nach der heutigen Anschauung das eigentliche nitrierende Agens der Nitriersäure sein (auch in der konzentrierten Salpetersäure, in der es nicht als Bisulfat, sondern als Nitrat vorliegt; am vollständigsten wird es gebildet in absoluter Perchlorsäure, in der es als Perchlorat vorliegt, d. h. gemischt mit Perchlorationen).

Schon 1923 gab MEERWEIN die Konzeption der „kryptoionischen" Reaktion. „Kryptoionen" sollten keine wirklichen Ionen sein, sondern bloß eine Art Vorstufe, etwa Stellen lokaler Anreicherung oder Verarmung von Elektronen am Benzolkern oder an anderen Molekülen. Heute nennt man die Nitrierung eine „elektrophile" Reaktion; elektrophil ist das Reagens, also das Nitroniumkation. Elektrophil, also elektronensuchend, ist es aber nicht etwa deshalb, weil es positiv geladen ist, sondern weil ihm ein Elektronen*paar* fehlt (zum Oktett). Und eine Stelle der Elektronenanreicherung im Molekül, des Dimethylanilins etwa, ist das para-C-Atom. Diese Stelle wird vom Nitroniumkation aufgesucht, es legt sich daran wie ein Eisenteilchen an einen Magneten. Bei der darauffolgenden Reaktion wird das Wasserstoffion abgeschleudert als Proton (es gibt mit einem *Bisulfation* Schwefelsäure und diese ist damit regeneriert) und was übrigbleibt, ist eine mesomere Grenzform des p-Nitrodimethylanilins. So muß man sich die elektrophile Substitution vorstellen. Elektrophile Substitutionen sind z. B. auch die Sulfierung und die durch Eisen(III)-chlorid katalysierte Bromierung.

Das Umgekehrte ist die *nucleophile* Substitution. Typische nucleophile Substitutionen sind die Umsetzung von p-Nitrochlorbenzol mit Ammoniak, Anilin, Natronlauge oder Natriumäthylat; es entstehen dabei p-Nitranilin, p-Nitrodiphenylamin, p-Nitrophenol oder p-Nitroanisol. Substituiert wird das Chlor. Nucleophil, d. h. kernsuchend, resp. Stellen von Elektronen*verarmung* suchend, sind Reagenzien, welche (wie Ammoniak, Anilin, Hydroxylion etc.) einsame Elektronenpaare haben.

Zusammenfassend können wir über die Nitrierung folgendes sagen: Nach der alten Theorie war bei der Nitrierung das Reagens die Salpetersäure, das Nebenprodukt das Wasser und das „Kondensationsmittel" die Schwefelsäure, welche das Wasser aus dem Reaktionssystem entfernte. Nach der neuen Theorie ist der erste Schritt die Protonisierung der Salpetersäure, wodurch Nitroniumbisulfat entsteht, das in die beiden Ionen Nitroniumion und Bisulfation gespalten ist. Das Reagens bei der Nitrierung ist das Nitroniumion, das Nebenprodukt ist Schwefelsäure, die dabei regeneriert wird.

Ebenso wie die Salpetersäure können auch andere sauerstoffhaltige Substanzen „protonisiert" werden, z. B. Äthylalkohol, der dabei Äthyloxoniumion $(C_2H_5OH_2)^{\oplus}$ und Bisulfation gibt. In den Ausdrücken der alten chemischen Vorstellungen heißt das nichts anderes als: Der Alkohol verhält sich wasserfreier Schwefelsäure gegenüber wie eine schwache Base und bildet mit ihr ein in Ionen gespaltenes Bisulfat, und zwar bis zu einem Gleichgewicht. Dieses Äthyloxoniumbisulfat bildet sich sofort beim Mischen von Alkohol mit Schwefelsäure und ist wohl als Zwischensubstanz bei der Bildung der Äthylschwefelsäure, des Diäthyläthers und des Äthylens anzusehen.

Schreibweise der Ionen; Bonner Punkt

Die alte Ionenschreibweise war $K^{\cdot}$, Cl' und bei zweiwertigen Ionen $Ca^{\cdot\cdot}$, SO_4''. In der neuen schreibt man promiscue Ca^{++}, Ca^{2+}, $Ca^{\oplus\oplus}$, $Ca^{2\oplus}$, SO_4^{--}, SO_4^{2-}, $SO_4^{\ominus\ominus}$, $SO_4^{2\ominus}$. Für Ionen in wäßriger Lösung sind aber auch die alten Bezeichnungen noch zulässig, ebenso wie qcm neben cm^2, ccm neben cm^3 etc.

Etwas anderes ist der „Bonner Punkt", der von W. Dilthey und R. Wizinger eingeführt wurde. Er dient dazu, die Ladung eines Komplexes, die schon durch ein hochgesetztes + oder − außerhalb der Klammer notiert ist, noch zusätzlich innerhalb der Klammer zu lokalisieren. Er wird etwas größer und liegend elliptisch geschrieben und kann positive und auch negative Ladung bedeuten. Beispiele:

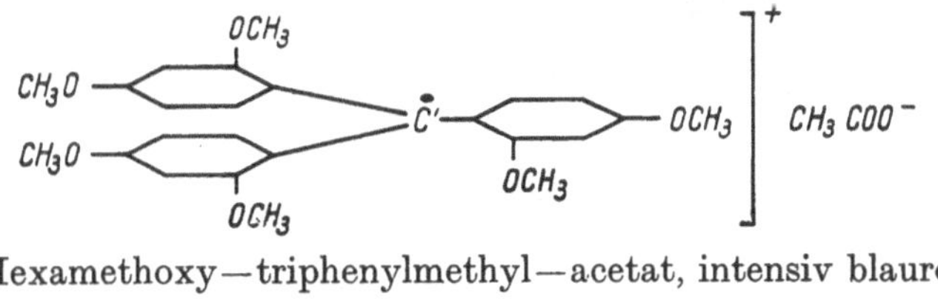

Hexamethoxy—triphenylmethyl—acetat, intensiv blaurot

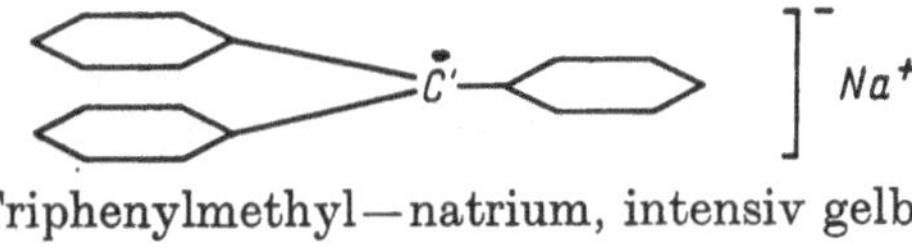

Triphenylmethyl—natrium, intensiv gelbrot

Im ersten Fall lokalisiert der „Bonner Punkt" den Sitz einer positiven Ladung im zweiten den einer negativen,[1])

ferner:

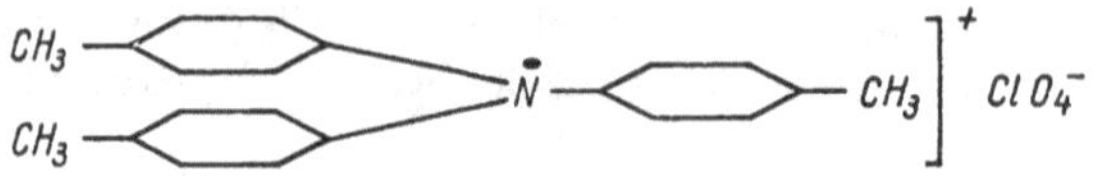

Tritolyl- ammonium-perchlorat, tief violettblau[2])

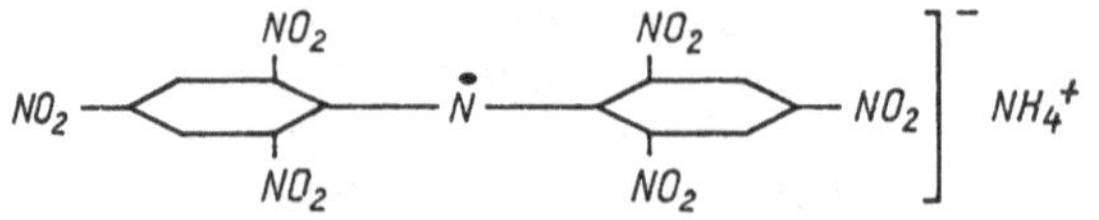

Aurantiafarbstoff, gelborange[3])

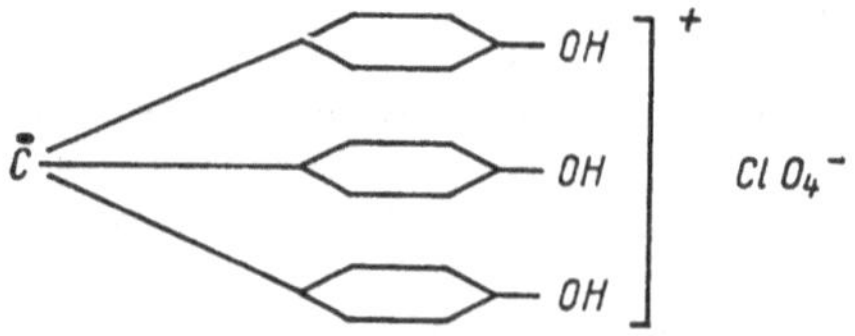

Aurinperchlorat, intensiv gelbrot

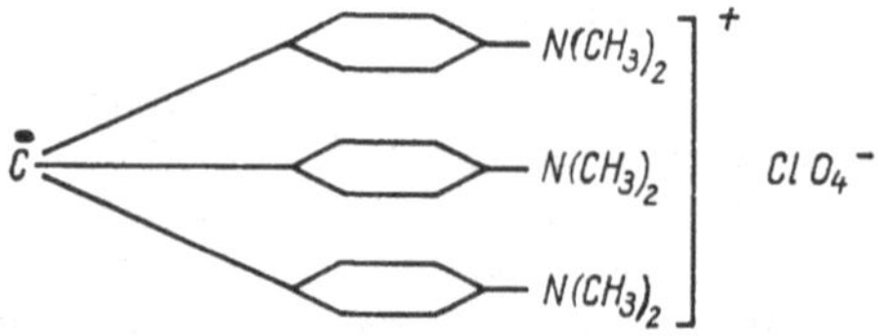

Kristallviolettperchlorat, violett

Der „Bonner Punkt" ist zweifelsohne sehr nützlich zum Verständnis der WIZINGERschen Formeln, da er sogleich auf das Atom zeigt, das eine ungewöhnliche Wertigkeit oder Bindigkeit besitzt. Man muß sich nur vor Augen halten,

1. daß er sowohl positive wie negative Ladung bedeuten kann,

2. daß er nicht mit dem Punkt für positive Ionen zu verwechseln ist,

3. daß man die Ladung eines Komplexes nicht streng auf ein Atom lokalisieren kann,

4. daß die WIZINGERschen Formeln als mesomere Grenzformeln neben anderen aufzufassen sind.

---

[1]) R. WIZINGER, Organische Farbstoffe, Dümmler, Berlin und Bonn 1933, 17, 28, 25 und 37.
[2]) l. c., S. 21.
[3]) l. c., S. 23.

E

DAMPFTENSION UND ISOCHORE

1. Dampftension

Jede Flüssigkeit entwickelt gegen einen angrenzenden Raum einen bestimmten Dampfdruck. Dabei ist es gleichgültig, ob der Raum luftleer oder mit einem Fremdgas gefüllt ist; die Dampftension ist in beiden Fällen dieselbe. Durch das Evakuieren wird der Dampfdruck nicht etwa erhöht. Die Vakuumdestillation beruht also *nicht* etwa darauf, daß die Dampftension einer Flüssigkeit durch das Evakuieren erhöht würde, sondern darauf, daß eine überflüssige Hürde niedergelegt wird, über die die Dampftension gleichsam springen muß; die Sprungkraft wird aber *nicht* erhöht.

Die Dampftension ist eine reine Temperaturfunktion. Sie ist selbst ein Druck, ist aber völlig unabhängig vom Gesamtgasdruck, der im Raum herrscht. Wasser hat beispielsweise bei Zimmertemperatur eine Dampftension 15 mm. Bis zu diesem Druck, resp. Partialdruck, verdampft Wasser in ein Vakuum wie auch in einen lufterfüllten Raum hinein. (Es wird im folgenden immer vorausgesetzt, daß es sich um einheitliche Flüssigkeiten handelt, die keine gelösten Stoffe enthalten und daß kapillare Einflüsse ausgeschlossen sind.)

Die Dampftension ist also lediglich abhängig von der Temperatur. Mit steigender Temperatur steigt sie. Die Form des Diagramms wird meist wie in Abb. 23 ange-

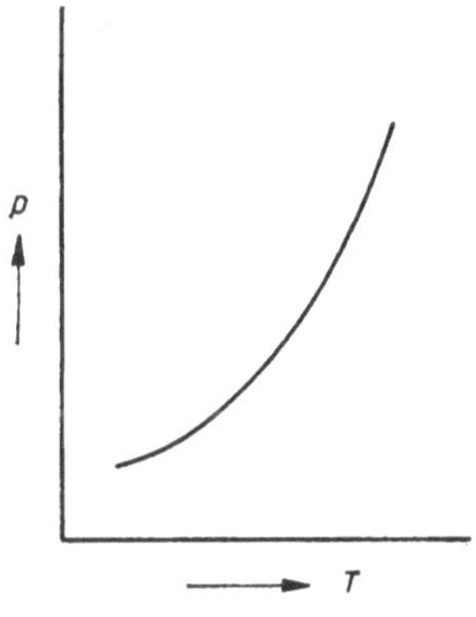

Abb. 23

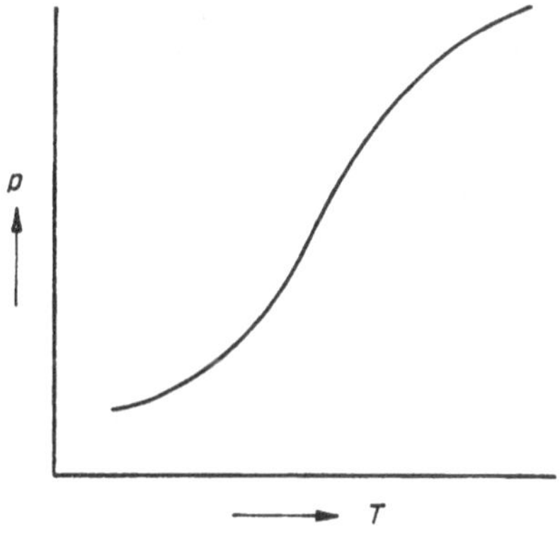

Abb. 24

geben; tatsächlich ist sie jedoch theoretisch von der Form der Abb. 24. Die Dampfdruckkurve ist also eigentlich S-förmig, und der Dampfdruck strebt einem endlichen Grenzwert zu. Es sei gleich hier bemerkt, daß diese S-Kurve nur theoretische Bedeutung hat, denn es gibt keine einzige Flüssigkeit (nicht einmal Elemente), bei denen man auch nur an den Wendepunkt, geschweige denn in die Nähe des Endwertes kommen könnte, sogar wenn man über die erforderlichen Temperaturen verfügte. Denn bei allen Flüssigkeiten wird die Kurve schon lange vorher ungültig dadurch, daß sich die Verdampfungswärme verändert (die Kurve gilt für konstante Verdampfungswärme) und die kritische Temperatur überschritten wird.

Die S-Kurve hat die ideale (konstantenlose) Funktion

$$y = e^{-\frac{1}{x}}, \quad \text{(Abb. 25)}$$

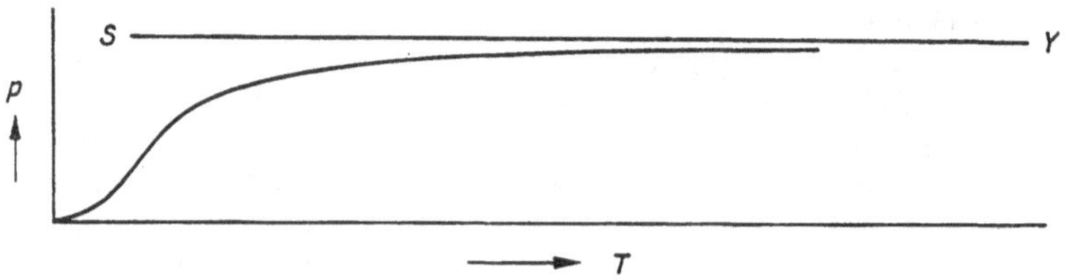

Abb. 25

Durch das Auftreten zweier Stoffparameter, eines Drucks und einer latenten Wärme, kommen jedoch zwei Konstanten B' und a' herein, und die Funktion nimmt die Form an

$$y = B' e^{-\frac{a'}{x}}$$

Wählt man die Einheiten für Druck und Verdampfungswärme für jede Flüssigkeit individuell so, daß B und $a = 1$ werden, so läßt sich die Dampfdruckkurve jeder Substanz durch die Abb. 25 darstellen. Das hat zwar den Vorteil, daß die theoretische Übersicht über die Dampfdruckkurve sehr klar wird; für die Lösung spezieller Aufgaben ist jedoch diese Funktion algebraisch und graphisch gleich unpraktisch.

Durch Logarithmieren entsteht die praktische Form

$$\log \text{nat}\, y = -\frac{a'}{x} + B'$$

$$\text{resp.} \qquad \log y = -\frac{a}{x} + B$$

wenn man a und B neu wählt. Hierin bedeuten y den Druck in mm und x die absolute Temperatur; also $\log p = -a \cdot \frac{1}{T} + B$. Der Sinn dieses Ausdrucks läßt sich folgendermaßen in Worte kleiden: Wenn man statt der Temperaturen und Drücke die $\frac{1}{T}$-Werte *und die Logarithmen der Drücke* wählt und gegeneinander aufträgt, erhält man eine *gerade Linie*. Diese gerade Linie (Abb. 26) kann nach links oben oder nach rechts oben steigen. Im Falle des Dampfdrucks steigt sie nach links oben (a), da der Dampfdruck mit steigender Temperatur (die Temperatur steigt nach links!) stets *wächst*. Eine Gleichgewichtskonstante K (einer Reaktion), die bei zunehmender Temperatur *kleiner* wird, verursacht dagegen eine Diagrammlinie, die nach links *abfällt* (Abb. 26, b). Die Diagrammlinie *steigt* nach links oben, wenn die Lage analog der Verdampfung ist, d. h. wenn K so definiert ist, daß das *über* dem Bruchstrich stehende System in *endothermer* Reaktion entsteht (so wie Wasserdampf aus Wasser *endotherm* entsteht).

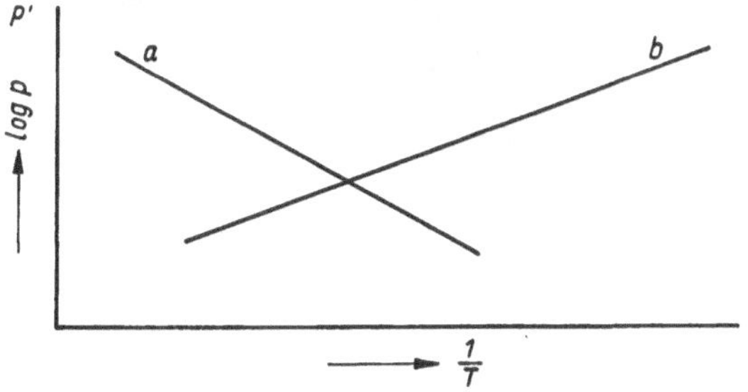

Abb. 26

Die Gleichung für Dampfspannungen läßt sich mit einem Satz etwa so ausdrücken: „Wenn sich die $\frac{1}{T}$-Werte um den Betrag $\frac{1}{1000}$ (absolut) unterscheiden, unterscheiden sich die Dampfspannungen bei diesen Temperaturen um eine Zehnerpotenz dann, wenn die molekulare Verdampfungswärme 4580 cal ist; *um zwei Zehnerpotenzen dagegen, wenn sie doppelt so groß ist usf.*"

Beispiel 1 Wir wollen diesen Fall, daß sich die $\frac{1}{T}$-Werte um den Betrag $\frac{1}{1000}$ unterscheiden, einmal in einem Beispiel darstellen. Die eine Temperatur sei 727 °C = 1000 °*abs*. (°K), die andere 227 °C = 500 °*abs* (°K). Die $\frac{1}{T}$-Werte sind demnach $\frac{1}{1000}$ und $\frac{1}{500} = \frac{2}{1000}$. Ihr Unterschied hat den Betrag $\frac{1}{1000}$, wie oben gefordert. Dann ist demnach bei 1000 °*abs*. die Dampfspannung *zehnmal so hoch* wie bei 500 °*abs*., wenn die molare Verdampfungswärme 4580 cal ist. Es wird also nur eine Aussage über das *Verhältnis* der beiden Dampfspannungen gemacht. Ist die Dampfspannung beispielsweise bei der unteren Temperatur 30 Torr, so ist sie bei der oberen 300 Torr; ist sie bei der unteren 0,7 atm, so ist sie bei der oberen 7 atm usf.

Beispiel 2 Die Temperaturen seien wie im Beispiel 1, die Verdampfungswärme betrage jedoch 9160 cal (also 2 · 4580). Die Dampfspannung bei der unteren Temperatur sei 7 Torr, wie hoch ist sie bei der oberen Temperatur?

A: 2 Zehnerpotenzen größer, also 700 Torr.

Beispiel 3 Die Temperaturen wie in Beispiel 1, die Verdampfungswärme jedoch 13740 cal (also 3 · 4580). Die untere Dampfspannung sei 0,1 Torr, wie hoch ist die obere?

A: 3 Zehnerpotenzen größer, also 100 Torr.

Beispiel 4 Die Temperaturen seien 1000 °*abs.* = 727 °C und 333 °*abs.* = 60 °C. Die zugehörigen $\frac{1}{T}$-Werte sind $\frac{1}{1000}$ und $\frac{1}{333} = \frac{3}{1000}$, ihre Differenz also $\frac{2}{1000}$. Die Verdampfungswärme sei 4580 cal, die untere Dampfspannung 1 Torr, wie groß ist die obere?

A: „Die Differenz der $\frac{1}{T}$-Werte $= 2 \cdot 10^{-3}$" bedeutet in der Abb. 27:

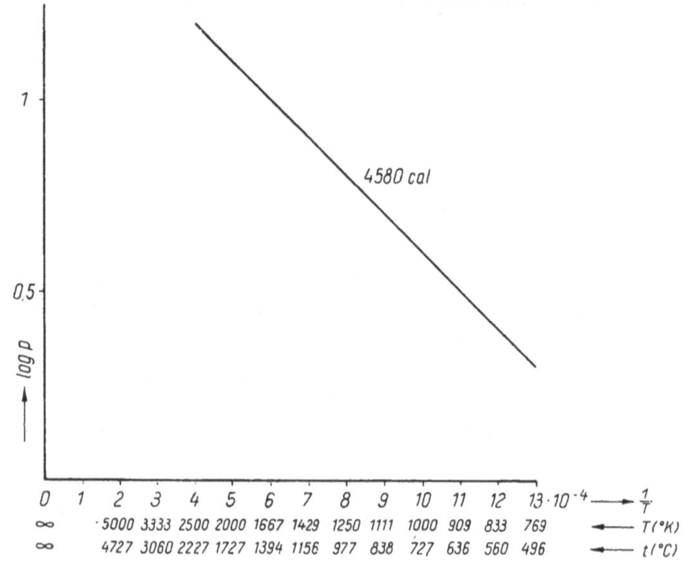

Abb. 27

Das Intervall auf der Abszisse beträgt 2 **Dezimeter**.

„Die Verdampfungswärme ist 4580 cal" heißt unter diesen Umständen: Die Neigung der Linie gegen die x-Achse ist 45°. Auf der Ordinate werden also 2 dm abgeschnitten, das entspricht 2 Zehnerpotenzen (1 dm entspricht immer einer Zehnerpotenz),

Resultat also: 100 Torr.

Dieses Diagramm der Abb. 27 müssen wir uns etwas näher betrachten, da es als Universaldiagramm für alle derartigen Rechnungen geeignet ist. Es empfiehlt sich, die Maßverhältnisse dieses Diagramms nach Möglichkeit unverändert zu lassen, da sie für alle Verhältnisse zur Darstellung geeignet sind[1]) und der Überblick dadurch vereinfacht wird.

Auf der x-Achse sind die $\frac{1}{T}$-Werte aufgetragen, und zwar im Maßstab 10^{-3} = 1 Dezimeter. Die Zentimeter sind also Zehntausendstel oder 10^{-4}. Darunter sind

[1]) Wenigstens wenn es sich nicht um allzu große Wärmetönungen handelt.

klein aufgeschrieben die zugehörigen T-Werte, also beim $\frac{1}{T}$-Wert 1 steht $T =$ 1000 °*abs*. Nach links wachsen die Temperaturen schnell und erreichen im Koordinatenanfangspunkt den Wert ∞. Auf einer dritten Linie darunter ist die Celsiustemperatur angegeben.

Auf der Ordinate sind die Logarithmen der Dampfdrücke aufgetragen, und zwar im Maßstab 1 Dezimeter = 1. 1 Dezimeter entspricht also einem Unterschied von 1 beim Logarithmus oder einer Zehnerpotenz beim Dampfdruck; 2 Dezimeter entsprechen zwei Zehnerpotenzen Unterschied beim Dampfdruck usf.

Wenn man also in einem gewöhnlichen cartesischen Netz nicht die Temperaturen und Drücke, sondern an ihrer Stelle die $\frac{1}{T}$-Werte und die Logarithmen der Drücke aufträgt (in den angegebenen Maßstäben), so erhält man als Diagrammlinie eine Gerade, welche nach links oben steigt, da mit wachsender Temperatur der Druck zunimmt.

Die Neigung dieser Geraden gegen die x-Achse hängt von der Wärmetönung ab, hier also von der *molekularen* Verdampfungswärme, und zwar entspricht eine Neigung von 45° 4580 cal (Abb. 27); ein doppelt so steiler Anstieg entspricht 9160 cal (Abb. 28) usf. Mit Hilfe dieses Diagramms lassen sich alle praktisch vorkommenden Fragen *graphisch* lösen und in jedem Fall sofort ein Überblick gewinnen. Es ist noch zu bemerken, daß sowohl die Abszisse wie die Ordinate nach Belieben in den Nullpunkt hineingeschoben oder aus ihm herausgezogen werden können (Abb. 28). (Es werden ja immer nur *Intervalle* auf der Abszisse mit Intervallen auf der Ordinate verglichen). So z. B. kann man im Diagramm für die Dissoziation des Wasserdampfes (in die Elemente) den Ordinatenwert — 20 kurz über dem Nullpunkt zeichnen und dann z. B. bis — 15 nach oben gehen (Platzverbrauch $\frac{1}{2}$ Meter).

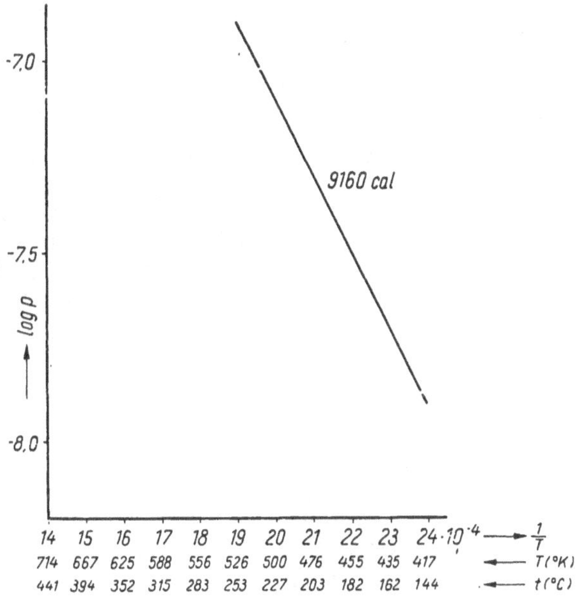

Abb. 28

Ebenso kann man auf der Abszisse verfahren, muß sich aber vor Augen halten „ein Dezimeter entspricht 10^{-3} Differenz im $\frac{1}{T}$-Wert".

Die Steilheit dieser Linie entspricht also der Wärmetönung der Verdampfung. Je größer die molare Verdampfungswärme ist, desto steiler läuft die Linie nach oben; das Steigungsverhältnis ist der Wärmetönung direkt proportional. *Auf 1 dm waagerecht kommt 1 dm senkrecht, wenn die Verdampfungswärme 4580 cal ist, 2 dm senkrecht, wenn sie 9160 cal ist usw.* Das heißt umgekehrt: Wenn es gelänge, eine Flüssigkeit zu finden, die die Verdampfungswärme *Null* hat, so würde diese Flüssigkeit ihren Dampfdruck mit der Temperatur nicht erhöhen, der Dampfdruck wäre also temperaturkonstant. Eine solche Flüssigkeit gibt es natürlich nicht, wenigstens nicht in einiger Entfernung von der kritischen Temperatur.

Dieses Diagramm gilt, wie schon hier bemerkt sei, nicht nur für den Temperaturgang des Dampfdruckes einer Flüssigkeit, sondern — gänzlich unverändert — auch für den Temperaturgang der *Löslichkeit* einer (nichtelektrolytischen)[1]) Substanz, wobei die molare Lösungswärme oder -kälte an die Stelle der Verdampfungswärme tritt *und für den Temperaturgang der Reaktionskonstanten* K_{atm} *einer chemischen Reaktion, wobei die Wärmetönung der Reaktion an die Stelle der Verdampfungswärme tritt.*

Die Löslichkeit einer Substanz, die sich unter *Abkühlung* in Wasser löst (wie Salpeter), *steigt* bei steigender Temperatur (analog dem Dampfdruck). Die Gleichgewichtskonstante *K* einer chemischen Reaktion, die *endotherm* verläuft, wenn das *über* dem Bruchstrich stehende System entsteht (wie Wasserdampf aus Wasser), *steigt* bei steigender Temperatur, d. h. also, die Diagrammlinie steigt nach links oben. (Wenn man sich diesen einfachen Sachverhalt merkt, ist man der lästigen Sorge um das Vorzeichen von *Q* enthoben, das sich bei der formelmäßigen Rechnung unangenehm bemerkbar macht, da es sich mehrmals umkehrt.)

Beispiel 5 Zwischen den Temperaturen 1000 °*abs.* und 333 °*abs.* $\left(\text{Differenz der } \frac{1}{\mathrm{T}}\text{-Werte} = \frac{2}{1000}\right)$ herrscht bei einer Reaktion ein Unterschied im *K*-Wert von 3 Zehnerpotenzen. Wie groß ist die Reaktionswärme?

A: Vertikal 3 dm Unterschied,
horizontal 2 dm Unterschied. Das macht eine Steigung von 3 (vertikal) zu 2 (horizontal), also

$$\frac{3}{2} \cdot 4580 \text{ cal pro Mol}$$
$$= \mathbf{6860} \text{ cal pro Mol.}$$

Beispiel 6 Der Dampfdruck einer Flüssigkeit wird bei zwei Temperaturen T_1 und T_2 gemessen. Die Differenz *D* der $\frac{1}{T}$-Werte ist $0{,}5 \cdot 10^{-3}$, die Differenz der log-*p*-Werte 0,7. Wie groß ist die molare Verdampfungswärme?

A: Horizontal 0,5 dm,
vertikal 0,7 dm, also

$$4580 \cdot \frac{0{,}7}{0{,}5} \text{ cal pro Mol}$$
$$= \mathbf{6412\ cal.}$$

[1]) Bei binären Elektrolyten tritt an Stelle der Löslichkeit das Löslichkeitsprodukt.

Beispiel 7 Die Dissoziation des Calciumcarbonats in $CaO + CO_2$ ist völlig analog der Wasserverdampfung. Die Differenz der $\frac{1}{T}$-Werte für zwei verschiedene absolute Temperaturen ist $0{,}2 \cdot 10^{-3}$, die der log-p-Werte (Logarithmus des CO_2-Drucks in beliebigen Einheiten, z. B. atm oder mm) 1,3. Wie groß ist die Wärmetönung der Reaktion?

A: Horizontal 0,2 dm,
vertikal 1,3 dm, also

$$4580 \cdot \frac{1{,}3}{0{,}2} = \mathbf{30000\ cal}\ \text{pro Mol}.$$

Die Dissoziation ist endotherm wie die Wasserverdampfung.

Beispiel 8 Die Dissoziation des Eisen(II)-oxids in die Elemente, die bei hoher Temperatur nach der Gleichung

$$2\,FeO = 2\,Fe + O_2$$

vor sich geht, ist der Calciumcarbonat-Dissoziation und der Wasserverdampfung ganz analog, also wie diese endotherm. Die Wärmetönung ist 129200 cal pro Mol Sauerstoff (O_2). Wie liegt die log-p-Linie im Diagramm?

A: „Die Wärmetönung ist 129200" heißt: die Gerade liegt mit einer Neigung im Diagramm, welche $\frac{129200}{4580}$ mal so stark ist wie die der unter 45° verlaufenden, also mit der Neigung 28,1 : 1. Sie steigt nach links oben, weil die Reaktion endotherm ist. Die Antwort lautet also: Sehr steil, nämlich mit einer Steigung 28,1 : 1 (= 129200 : 4580), nach links steigend (Abb. 29).

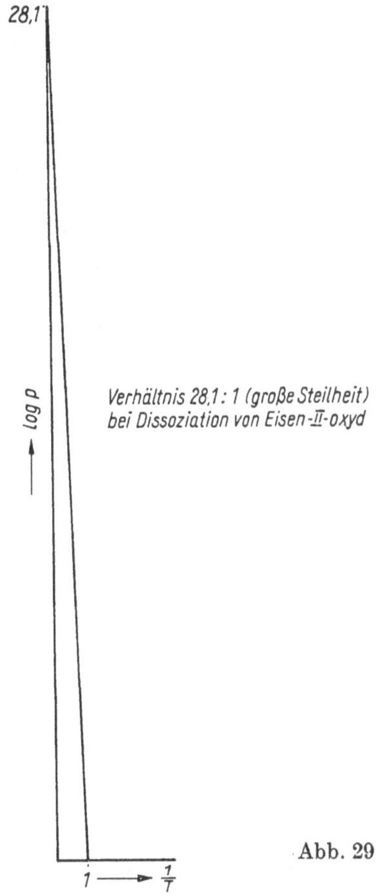

Abb. 29

Beispiel 9 Ein organischer Stoff löst sich in Wasser bei 27 °C = 300 °*abs.* zu 1%. Die Lösungskälte beträgt 4580 cal pro Mol. Wie groß ist die Löslichkeit bei einer 33° höheren Temperatur?

A: Die Temperaturen T sind 300° und 333 °*abs.*, die $\frac{1}{T}$-Werte $\frac{1}{300}$ und $\frac{1}{333}$, also $\frac{3{,}333}{1000}$ und $\frac{3}{1000}$; ihre Differenz ist also $\frac{0{,}333}{1000}$ oder $0{,}333 \cdot 10^{-3}$, und das entspricht 0,333 dm horizontal. Bei $Q = 4580$ cal entspricht dem eine Differenz im log l (l = Löslichkeit in beliebigen Einheiten) von 0,333 dm vertikal. 0,333 ist log 2,15. Die Löslichkeit bei 333 °*abs.* ist also **2,15**mal so groß wie vorher, also = 2,15%.

Beispiel 10 Wie ist die Sachlage, wenn im vorhergehenden Beispiel die Lösungskälte Q nicht 4580, sondern 5100 cal pro Mol beträgt?

A: Dann verläuft die Gerade (Abb. 26a) nicht unter 45°, sondern $\frac{5100}{4580}$mal steiler, und der $\frac{1}{\mathrm{T}}$-Differenz $0{,}333 \cdot 10^{-3}$ entspricht jetzt die log-l-Differenz $\mathbf{0{,}333} \cdot \frac{\mathbf{5100}}{\mathbf{4580}} = 3{,}74$; = 3,74% Löslichkeit.

Was ist hier unter „Lösungskälte" zu verstehen? Wohl die Kälte, die entwickelt wird, wenn ein Salz in Wasser gelöst wird?

A: Nein, sondern die Kälte, die entwickelt wird, wenn 1 Mol Salz in einer großen Menge nahezu *gesättigter* Lösung gelöst wird; diese ist der vorigen nicht ganz gleich.

Beispiel 11 Eine Flüssigkeit hat bei 4 °C $\left(T = 277°, \frac{1}{T} = 3{,}6 \cdot 10^{-3}\right)$ den Dampfdruck 200 Torr = $10^{2,3}$ Torr
und bei 60 °C $\left(T = 333°, \frac{1}{T} = 3{,}00 \cdot 10^{-3}\right)$ den Dampfdruck 398 Torr = $10^{2,6}$ Torr.
Welchen Dampfdruck hat sie bei 39 °C $\left(T = 312°, \frac{1}{T} = 3{,}2 \cdot 10^{-3}\right)$?

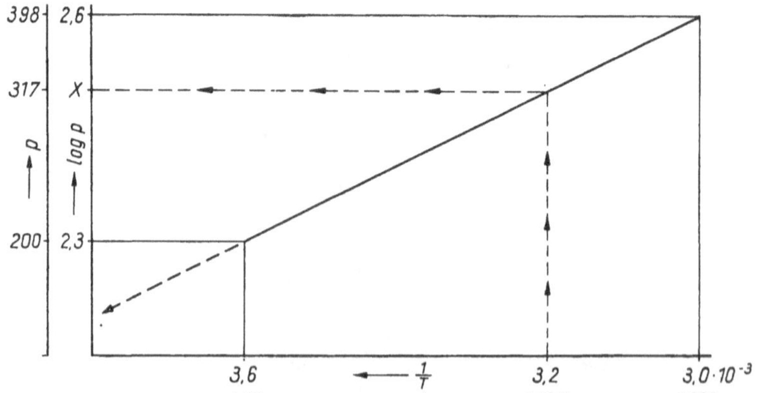

Abb. 30

A: Die drei log-p-Werte sind

2,3; x und 2,6,

die drei $\frac{1}{T}$-Werte sind

3,6; 3,2 und $3{,}0 \cdot 10^{-3}$ (Abb. 30).

Die ersten Werte steigen also, die letzten fallen. Erstere werden auf der Ordinate nach oben (steigend) aufgetragen, letztere auf der Abszisse nach rechts (fallend); so bleiben die zugehörigen Wertpaare beisammen. In der Mitte ist ein Paar unvollständig; auf der Abszisse steht der Wert (3,2), auf der Ordinate fehlt er, resp. heißt er x. Durch Parallelenziehen (auf der gestrichelten Linie nach oben und links gehend) erhält man für $x = \log p = 2{,}5$ und $p =$ **317** Torr (Dampfdruck).

Die Koordinaten können auf ganz beliebige Einheiten bezogen und beliebig weit in den Koordinatenanfangspunkt 0 hereingeschoben werden. Die schräge Linie zielt *nicht* auf den Koordinatenanfangspunkt. Man kann natürlich auch wie in Abb. 31 zeichnen.

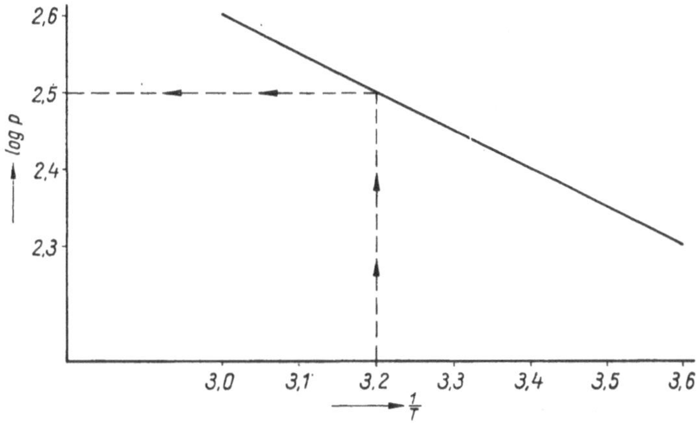

Abb. 31

Beispiel 12 Das Monoammoniakat eines anorganischen Chlorids hat bei 4 °C den NH_3-Dampfdruck $200 \cdot 10^{-4}$ mm und bei 60 °C den Druck $398 \cdot 10^{-4}$ mm. Welchen Druck entwickelt es bei 39 °C?
(Also alle Zahlen wie eben, die Drucke mit 10^{-4} multipliziert.)

A: $317 \cdot 10^{-4}$ Torr (chemische Gleichgewichtskonstante).

Beispiel 13 Eine Oxynaphthoesäure hat bei 4 °C die Löslichkeit
$200 \cdot 10^{-5} =$ 2 Millimole im Liter und bei 60°C die Löslichkeit
$398 \cdot 10^{-5} =$ 3,98 Millimole im Liter Wasser. Wie groß ist sie bei 39 °C?

A: 3,17 Millimole im Liter (Löslichkeit eines Nichtelektrolyten).
(Oxynaphthoesäure ist hier ein Nichtelektrolyt!)

Beispiel 14 Ein schwerlösliches binäres Salz hat bei 4 °C das Löslichkeits*produkt* $2 \cdot 10^{-12}$ und bei 60 °C das Löslichkeitsprodukt $3{,}98 \cdot 10^{-12}$. Wie groß ist das Löslichkeitsprodukt bei 39 °C?

A: $3{,}17 \cdot 10^{-12}$ (Löslichkeits*produkt* eines Elektrolyten). Die Einheiten, in denen Dampfdruck, Dissoziationsdruck oder Löslichkeit gemessen werden, können ganz beliebig gewählt werden.

2. In mehrere Teile zerfallende Stoffe

Wenn es sich um das Inlösunggehen oder Verdampfen eines Stoffes handelt, *der dabei in zwei gasförmige oder gelöste Teile zerfällt,* wie z. B. Silberchlorid durch Ionisation oder Ammoniumjodid durch reversiblen Gaszerfall oder Diamminnickelbromid durch gleichzeitiges Wegdampfen von $2\,NH_3$, dann muß man das Resultat der gewöhnlichen Berechnungsweise der Wärme Q *noch nachträglich mit 2 multiplizieren.* Man kann das auch so ausdrücken, daß man sagt, bei der gewöhnlichen Berechnungsweise handle es sich hier nicht um Q, sondern um $\frac{Q}{2}$:

$$\log p_2 - \log p_1 = \frac{\frac{Q}{2}}{4{,}58}\left(\frac{1}{T_2} - \frac{1}{T_1}\right)$$

Wenn man den Faktor $\frac{1}{2}$ (der bei Q steht) auf die linke Seite herüberbringt, erhält man

$$2(\log p_2 - \log p_1) = \frac{Q}{4{,}58}\left(\frac{1}{T_2} - \frac{1}{T_1}\right)$$

oder

$$\log \frac{p_2^2}{p_1^2} = \frac{Q}{4{,}58}\left(\frac{1}{T_2} - \frac{1}{T_1}\right),$$

was man auch so ausdrücken kann, daß man sagt, auf der linken Seite stehe jetzt nicht das Verhältnis der beiden *Löslichkeiten*, sondern das Verhältnis der beiden Löslichkeits*produkte* p_2^2 und p_1^2 (resp. der beiden Partialdruck*produkte* beim Ammoniumjodid).

Schwerlösliche schwache Säuren oder Basen, wie z. B. die Oxynaphthoesäuren oder Naphthylamin, sind im Sinne dieses Absatzes natürlich *Nicht*elektrolyte, d. h., das eben Gesagte gilt für sie *nicht* (sie gehen ja fast gänzlich undissoziiert in Lösung); desgleichen undissoziierte oder kaum dissoziierte Salze wie Quecksilbercyanid oder Quecksilberchlorid (Sublimat).

Beispiel 15 Für Silberchlorid kommt nach der *gewöhnlichen* Berechnung der Lösungswärme aus den Löslichkeiten des AgCl bei zwei verschiedenen Temperaturen nach der Formel

$$\log p_2 - \log p_1 = \frac{Q}{4{,}58}\left(\frac{1}{T_2} - \frac{1}{T_1}\right)$$

der Wert -8000 cal pro Mol heraus. Wie groß ist die molare Lösungswärme des AgCl wirklich?

A: Doppelt so groß, also -16000 cal pro Mol AgCl. Man muß mit 2 multiplizieren, weil das Salz in 2 Teile zerfällt. Die Lösungswärme ist negativ, es handelt sich also um Lösungs*kälte* (wie bei Kaliumjodid, Kaliumnitrat usw.). Die Lösungs*kälte* wurde bis ca. 1930 immer durch ein *negatives* Vorzeichen angedeutet; die heutige Literatur macht es nach einer Vereinbarung über Vorzeichengebung umgekehrt; s. Beispiel 29.

Beispiel 16 Für Silberbromid kommt bei gewöhnlicher Rechnungsweise der Wert -8500 cal pro Mol heraus. Wie groß ist die molare Lösungswärme wirklich?

A: -17000 cal pro Mol; Silberbromid zerfällt in zwei Teile.

Beispiel 17 Für Bleisulfat kommt bei gewöhnlicher Rechnungsweise der Wert a heraus. Wie groß ist die molare Lösungswärme wirklich?

A: Zweimal so groß, also $2a$ pro Mol; Bleisulfat zerfällt in Lösung in zwei Teile.

Beispiel 18 Für Bariumsulfat kommt bei gewöhnlicher Rechnungsweise der Wert a heraus. Wie groß ist die molare Lösungswärme wirklich?

A: $2a$, Zerfall in zwei Teile.

Beispiel 19 Für 2,3-Oxynaphthoesäure kommt bei gewöhnlicher Berechnungsweise der Wert a heraus. Wie groß ist die molare Lösungswärme wirklich?

A: a, 2,3-Oxynaphthoesäure ist in diesem Sinne ein Nichtelektrolyt.

Beispiel 20 Für Bornylamin kommt bei gewöhnlicher Berechnungsweise der Wert a heraus. Wie groß ist die molare Lösungswärme wirklich?

A: a, Bornylamin ist in diesem Sinne ein Nichtelektrolyt.

Beispiel 21 Für Quecksilbercyanid kommt bei gewöhnlicher Berechnungsweise für die molare Lösungswärme der Wert a heraus. Wie groß ist sie wirklich?

A: a, Nichtelektrolyt.

Beispiel 22 Für Quecksilberchlorid kommt bei gewöhnlicher Berechnungsweise für die molare Lösungswärme der Wert a heraus. Wie groß ist sie wirklich?

A: a, Quecksilberchlorid ist in diesem Sinne Nichtelektrolyt.

Beispiel 23 Die Sublimationswärme des Ammoniumjodids kommt bei gewöhnlicher Berechnungsweise aus zwei Gesamtdampfdrücken bei zwei verschiedenen Temperaturen zum Wert a heraus. Wie groß ist sie wirklich?

A: 2a, Zerfall in zwei Teile (NH_3 und HJ).

Beispiel 24 Kochsalz ist in kaltem und in heißem Wasser fast gleich löslich. Was folgt daraus?

A: Die Lösungswärme ist nahezu null.

Beispiel 25 Salpeter löst sich unter starker Kälteentwicklung in Wasser. Was folgt daraus?

A: Salpeter löst sich in heißem Wasser viel leichter als in kaltem.

Beispiel 26 Die Bildungswärme des Essigesters aus Alkohol und Essigsäure ist nahezu null. Was läßt sich daraus folgern?

A: Die Gleichgewichtskonstante K der Veresterungsreaktion ist nur wenig temperaturabhängig.

Beispiel 27 Ammoniak entsteht aus den Elementen in exothermer Reaktion. Was läßt sich daraus folgern?

A: Die Gleichgewichtskonstante liegt für die Bildung von NH_3 um so günstiger, je *niedriger* die Temperatur ist. Man wird die Synthese möglichst bei niedriger Temperatur auszuführen versuchen.

Beispiel 28 Die Konvertierung des Wassergases zu Wasserstoff und CO_2 ist ein exothermer Vorgang. Was läßt sich daraus folgern?

A: Die Gleichgewichtskonstante liegt für die Bildung von Wasserstoff um so günstiger, je *niedriger* die Temperatur ist. Man wird die Konvertierung bei niedriger Temperatur auszuführen versuchen.

Beispiel 29 Strontiumsulfat löst sich in Wasser bei 19 °C im Verhältnis 1 : 6895, bei 100 °C im Verhältnis 1 : 9638. Wie berechnet sich hieraus die Lösungswärme des Strontiumsulfats?

A: 1. Zunächst bemerken wir, daß die Lösungswärme *positiv* ist, denn die Löslichkeit nimmt mit steigender Temperatur ab, Strontiumsulfat löst sich also im Gegensatz zu den meisten anderen Salzen unter Wärme*entwicklung* im Wasser. Damit sind wir die Sorge um das Vorzeichen los; wir brauchen uns also nicht mehr darum zu kümmern, ob es $\log c_2 - \log c_1$ heißen soll oder umgekehrt, oder $\frac{1}{T_2} - \frac{1}{T_1}$ oder umgekehrt, oder $+L$ oder $-L$.
Wir rechnen vorläufig alles positiv und setzen erst am Schluß das Vorzeichen richtig.

2. Strontiumsulfat ist ein binärer, ganz in Ionen gespaltener Elektrolyt. Das bewirkt, daß das Resultat nachträglich verdoppelt werden muß. Man kann aber den Verdoppelungsfaktor 2 auch nach rechts setzen und mit dem dort unter dem Bruchstrich stehenden Faktor 4,58 zusammenziehen zu 9,16. An Stelle von 4,58 kann man also bei binären, vollständig ionisierten Elektro-

lyten die Zahl 9,16 nehmen, und alles übrige bleibt dann beim alten.
Statt der *molekularen* Löslichkeit c (in Mol pro Liter) kann man aber auch die *gewöhnliche* Löslichkeit in Gramm pro Liter nehmen, da es sich ja um ein *Verhältnis* der beiden handelt $\left(\text{denn } \log c_2 - \log c_1 = \log \frac{c_2}{c^1}\right)$, und eben deshalb können wir gleich ohne weiteres die beiden Zahlen 9738 und 6895 nehmen.

$$\begin{aligned} \log 9638 - \log 6895 &= 3{,}9840 - 3{,}8385 \\ &= 0{,}1455 \end{aligned}$$

Wir haben also:

$$\log c_2 - \log c_1 = \frac{Q}{9{,}16} \cdot \left(\frac{1}{T_2} - \frac{1}{T_1}\right)$$

$$0{,}1455 = \frac{Q}{9{,}16} \cdot 0{,}744 \cdot 10^{-3}$$

$$\begin{aligned} Q &= 9{,}16 \cdot 0{,}1455 \cdot \frac{1}{0{,}744} \cdot 10^{3} \\ &= \mathbf{1792\ cal} \end{aligned}$$

1792 cal ist also die molekulare Lösungswärme des Strontiumsulfats, genauer die „letzte Lösungswärme", d. h. die Wärmeentwicklung, die auftritt, wenn 1 Mol Strontiumsulfat in einer *nahezu gesättigten* Strontiumsulfatlösung aufgelöst wird. Von der Lösungswärme in reinem Wasser unterscheidet sie sich durch die Verdünnungswärme. *Der Lösungsvorgang ist exotherm.*

3. Für die Berechnung von $\frac{1}{T_2} - \frac{1}{T_1}$ sind die *Kehrwerttabellen* praktisch. Solche finden sich z. B. im „Taschenbuch für Chemiker und Physiker", Springer, Berlin 1944, S. 1872; eine noch größere im amerikanischen Gegenstück desselben.
Handbook of Chemistry and Physics, herausgegeben von C. D.

Hedgman. Chemical Rubber Publishing Co., Cleveland, Ohio, USA, 1957, 39. Aufl. (Auslieferung in Deutschland durch Verlag Chemie GmbH, Weinheim/Bergstr.),

und in O. Luhse, Tafeln für numerisches Rechnen mit Maschinen, W. Engelmann-Verlag, Leipzig 1935, S. 2—12 (neubearbeitet von P. V. Neugebauer); ferner in

Küster/Thiel (F. W. Küster, A. Thiel, K. Fischbeck), Logarithmische Rechentafeln, W. de Gruyter, Berlin 1962, 165, 265.

Hier z. B. $\frac{1}{292} - \frac{1}{373} = 3{,}425 \cdot 10^{-3} - 2{,}681 \cdot 10^{-3}$

$= 0{,}744 \cdot 10^{-3}$ (oben verwendet)

Beispiel 30 Analog soll die Lösungswärme des Bleisulfats errechnet werden. Zur Bestimmung der Löslichkeit des Bleisulfats bei zwei Temperaturen soll die *Leitfähigkeit* der bei 0 °C und der bei 18 °C gesättigten Bleisulfatlösung herangezogen werden. Wie ist der Gedankengang?

A: Da es sich wieder nur um das *Verhältnis* der beiden Löslichkeiten handelt und die *Leitfähigkeiten* diesen Löslichkeiten direkt proportional sind, kann man selbstverständlich gleich das Verhältnis dieser beiden spezifischen *Leitfähigkeiten* oder spezifischen *Widerstände* nehmen und davon den Logarithmus usw. Die Umrechnung auf die Löslichkeit in Gramm pro Liter oder Mol pro Liter ist völlig überflüssig, da die Umrechnungsfaktoren bei der Quotientenbildung doch wieder herausfallen. Der Temperaturkoeffizient der Leitfähigkeit muß jedoch berücksichtigt werden. Zum Schluß darf man nicht vergessen, mit 2 zu multiplizieren.

Beispiel 31 Ein Salz mit 2 Molen Kristallwasser verliert beim Entwässern diese beiden Mole H_2O gleichzeitig. Nach der gewöhnlichen Berechnungsweise kommt für die Entwässerungswärme der Wert a heraus. Wie groß ist sie wirklich?

A: $2a$

3. Weitere Beispiele

Beispiel 32 Adipinsäure siedet

unter 100	mm	Druck	bei 265 °C,
50	,,		,, 244,5 °C,
15	,,	,,	,, 216,5 °C,
10	,,		,, 205,5 °C.

Aus diesen Daten ist die Dampfdruckkurve der Adipinsäure über ein größeres Intervall zu zeichnen und ihre Verdampfungswärme pro Mol und pro Gramm auszurechnen.

A: Die Zeichnung des Diagramms ergibt zunächst, daß die Clausius-Clapeyronsche Beziehung erfüllt ist, und das gibt das Recht, die Kurve nach oben und unten ein Stück über das experimentell festgelegte Gebiet hinaus durch Extrapolation zu verlängern.

Um zunächst zu zeigen, wie das Diagramm stimmt, wird Abb. 32 gezeichnet. Die Clausius-Clapeyronsche Gleichung besagt in Worten: Die Dampfdrucklinie ist eine Kurve, und zwar eine reine Temperaturfunktion. Trägt man den Druck p gegen die absolute Temperatur T auf, so erhält man eine krumme Linie. Trägt man aber statt p den Wert $\log p$ und statt T den Wert $\frac{1}{T}$ gegeneinander auf, so erhält man eine Gerade.

Diese vier Werte von $\log p$ sind:

$$2{,}000 \qquad 1{,}699 \qquad 1{,}176 \qquad 1{,}000$$

und die zugehörigen Werte von $\frac{1}{T}$:

$$185{,}8 \cdot 10^{-5} \qquad 193{,}2 \cdot 10^{-5} \qquad 204{,}2 \cdot 10^{-5} \qquad 209{,}0 \cdot 10^{-5}$$

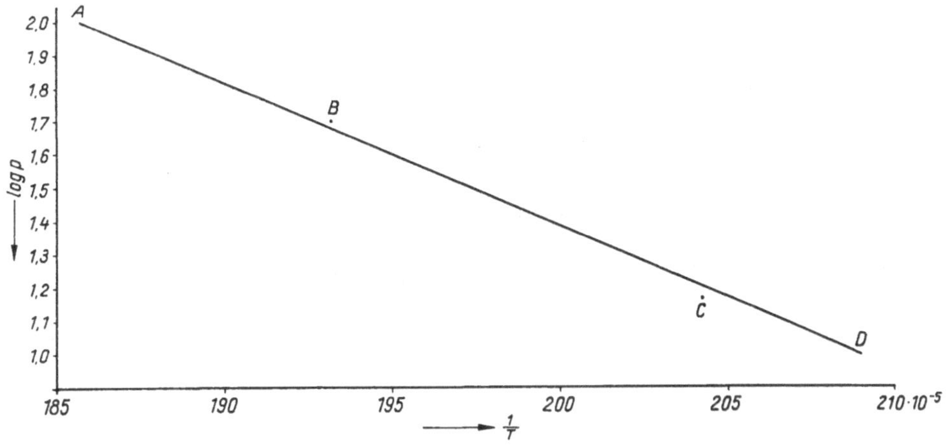

Abb. 32 Clausius-Clapeyron-Diagramm

Diese Wertepaare werden nun ins Diagramm eingetragen, wobei man den Maßstab auf beiden Achsen beliebig wählen und außerdem die Achsen selbst beliebig weit in den Koordinatenanfangspunkt hineinschieben darf; beides ändert nichts an der Form der Geraden, die herauskommen soll, und an der ihrer Gleichung. Man erhält so die vier Punkte A, B, C, D, und ihre Verbindung zeigt, daß sie mit großer Annäherung auf einer Geraden liegen.

Durch diese Zeichnung ist also erwiesen, daß die Clausius-Clapeyronsche Beziehung erfüllt ist. Weitere Wertepaare p, T kann man sich nun auf zweierlei Wegen verschaffen, nämlich a) graphisch oder b) rechnerisch.

Graphisch ist die Sache sehr einfach: Man verlängert die Gerade nach beiden Seiten und gewinnt so neue Paare der Werte $\log p$ und $\frac{1}{T}$; durch Umwandlung daraus dann neue Paare der Werte p und T.

Rechnerisch verfährt man folgendermaßen: Die Gleichung der geraden Linie ist

$$y = ax + b$$

resp. wenn sie sich nach rechts unten neigt, a also negativ wird,

$$y = b - ax$$

und nach Einsetzen der physikalischen Bedeutungen $\log p$ und $\frac{1}{T}$ für y und x

$$\log p = b - a\,\frac{1}{T}$$

Setzt man nun hierin die Zahlenwerte der Punkte A und D ein, so erhält man die beiden Gleichungen

$$(1)\quad 2{,}000 = b - a \cdot 185{,}8 \cdot 10^{-5}$$

$$(2)\quad 1{,}000 = b - a \cdot 209{,}0 \cdot 10^{-5}$$

Löst man diese nach a und b als Unbekannte auf, so erhält man

$$b = 10 \quad \text{und} \quad a = 4310$$

und die Dampfdruckgleichung wird

$$\log p = 10 - \frac{4310}{T}.$$

Diese kann man nun dazu benutzen, um beliebig viele Paare p, T zu berechnen (Abb. 32, 33 und Tab. 18).

Der Proportionalitätsfaktor $a = 4310$ ist $\frac{Q}{4{,}580}$, Q selbst ist demnach

$$4{,}58 \cdot 4310 = \mathbf{19800\ cal\ pro\ Mol}$$

$$\text{resp. } \frac{19800}{M} = \frac{19800}{146}$$

$$= \mathbf{135\ cal\ pro\ Gramm}.$$

(M = Molekulargewicht der Adipinsäure)

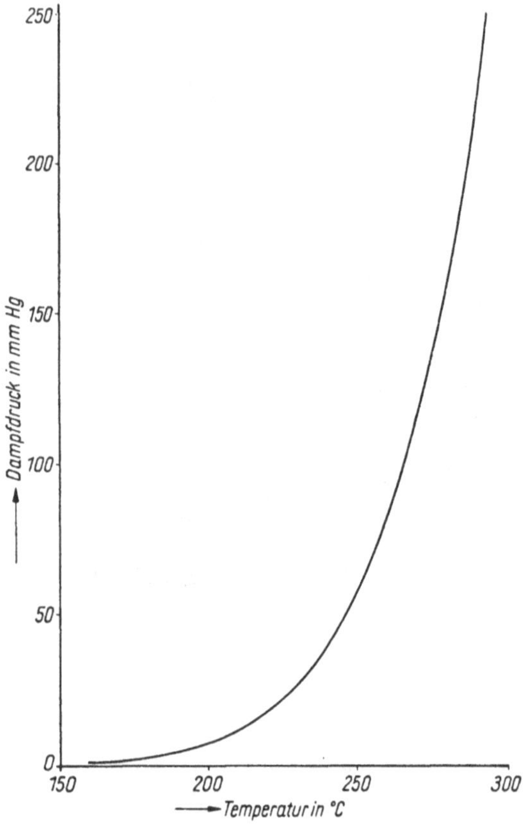

Abb. 33 Dampfdruck der Adipinsäure

Tabelle 18. Dampfdruck der Adipinsäure

°C	Druck, mm
300	302
290	219
280	162
270	120
260	83
250	56
240	40
230	27
220	18
210	11
200	8
190	5
180	3,2
170	1,87
160	0,32
150	0,063

Vgl. hierzu auch den Abschnitt „Halbempirische Formel“.

Übergang zur üblichen Formel:

Wir haben bisher nach einem Verfahren gerechnet, das auf die Formel

$$\log p_2 - \log p_1 = \frac{Q}{4580}\left(\frac{1}{T_2} - \frac{1}{T_1}\right) \qquad (1)$$

hinausläuft; allerdings haben wir dabei die $\frac{1}{T}$-Werte 1000mal zu groß eingesetzt; wir haben z. B. statt mit der $\frac{1}{T}$-Wert-Differenz $1 \cdot 10^{-3}$ auf der Abszisse mit 1 dm gerechnet, also mit 1. Um zum richtigen Ergebnis zu kommen, müssen wir, da die $\frac{1}{T}$-Werte im Zähler stehen, auch die Nenner mit 1000 dividieren, also statt 4850 4,58 setzen. Dann haben wir die übliche Formel

$$\log p_2 - \log p_1 = \frac{Q}{4{,}58}\left(\frac{1}{T_2} - \frac{1}{T}\right) \text{ oder}$$

$$\log p_2 - \log p_1 = \frac{Q(T_1 - T_2)}{4{,}58\, T_1 T_2}, \qquad (2)$$

wobei wir nochmals ausdrücklich feststellen wollen, daß wir uns um das Vorzeichen der rechten Seite *am besten gar nicht kümmern* (also ruhig Q positiv rechnen, wenn es negativ ist, und $T_2 - T_1$ sagen, wenn die Formel $T_1 - T_2$ vorschreibt) und es nur am Schluß der Rechnung aus der Überlegung, S. 142, herleiten (auch das Vorzeichen von Q, wenn nach dieser Größe gefragt ist).

Beispiel 33 Eine aromatische Oxyverbindung löst sich in Wasser bei $T_1 = 400\,°abs.$ zu $63{,}1 \cdot 10^{-3}\%$, bei $T_2 = 410\,°abs.$ zu $79{,}4 \cdot 10^{-3}\%$. Wie groß ist die Lösungswärme?

A: Wir sehen zunächst sofort, daß die Lösungswärme *negativ* ist, da ja die Löslichkeit mit steigender Temperatur *zunimmt*. Also um das Vorzeichen brauchen wir uns nicht mehr zu kümmern, wir rechnen einfach alles positiv, und am Schluß setzen wir Q *negativ*.

$$\log p_2 - \log p_1 = \frac{Q}{4{,}58} \cdot \frac{T_2 - T_1}{T_1\, T_2}$$

$$\log 79{,}4 - \log 63{,}1 = \frac{Q}{4{,}58} \cdot \frac{410 - 400}{164000}$$

$$1{,}9 - 1{,}8 = \frac{Q}{4{,}58} \cdot \frac{10}{164000}$$

$$0{,}1 = \frac{Q}{4{,}58 \cdot 16400}$$

$$0{,}1 \cdot 4{,}58 \cdot 16400 = Q = -\ \mathbf{7520\ cal\ pro\ Mol}$$

Wir sind folgenden Weg gegangen. Wir sind von der expliziten Formel für den Dampfdruck ausgegangen, weil diese und ihre Kurve (Abb. 23—25) das primär Anschauliche sind. Dann haben wir logarithmiert und die logarithmierte Form in ein cartesisches Diagramm eingetragen, mit dem wir eine Weile gerechnet haben. Von ihr sind wir dann noch zur üblichen Form der Formel übergegangen. Wir wollen jedoch nicht verfehlen, zu betonen, *daß der wirkliche Weg der Ableitung umgekehrt läuft.* Die Differentialgleichung für die Verdampfung unter Gültigkeit des zweiten Hauptsatzes liefert integriert also die übliche Formel

$$\log p_2 - \log p_1 = \frac{Q}{4{,}58}\left(\frac{1}{T_2} - \frac{1}{T_1}\right)$$

und von *dieser* kommt man dann durch Delogarithmieren zur expliziten Dampfdruckformel

$$p = Be^{-\frac{a}{T}} \text{ von S. 132.}$$

Die Zahl 4,58 ist das Produkt 1,985 · 2,3026, wobei 1,985 die Gaskonstante in cal ist und 2,3026 der Umrechnungsfaktor von dekadischen Logarithmen auf natürliche.

Wir sagten auf S. 131, die Dampfdruckkurve (Abb. 23) wird bei der Temperatur unendlich nicht auch unendlich hoch, sondern strebt einem Grenzwert zu, wie aus Abb. 25 zu ersehen ist; es ist die Horizontale SY, die Asymptote der Kurve. Auch das ist aus unserem Diagramm der Abb. 26 leicht abzuleiten, denn die Dampfdrucklinie dieses Diagramms ist eine Gerade a, und sie strebt für $T = \infty$ dem Punkt P' zu, der also ihr endlicher Grenzwert ist; er ist der Logarithmus des Dampfdrucks für die Temperatur ∞. Wir werden sogar gleich sehen, daß dieser Endwert für alle Substanzen derselbe ist.

Wie schon S. 135 betont, sind die molaren Verdampfungswärmen charakteristisch für den Winkel, unter dem die Dampfdrucklinien im Diagramm liegen. Mehrere Flüssigkeiten von gleicher molarer Verdampfungswärme würden also eine Schar von Geraden ergeben, die sämtlich gleich schief im Diagramm liegen, wie Abb. 34 zeigt. Tatsächlich gibt es aber das in der Natur nicht, denn die molaren Verdampfungswärmen verschieden hoch siedender Flüssigkeiten *sind nicht gleich.* Sie sind um so höher, je höher die absolute Siedetemperatur ist; das ist der Inhalt der TROUTONschen Regel. Sie sind, in cal ausgedrückt, das 21—22fache der absoluten Siedetemperatur. Das hat zur Folge, daß diese Schar von Geraden nicht in sich parallel ist, sondern daß sie sternförmig auf einen Punkt p' zielen, in dem sie sich schneiden (Abb. 35). Der Grund ist leicht einzusehen. Wir bleiben beim Druck 760 mm, d. h. auf der

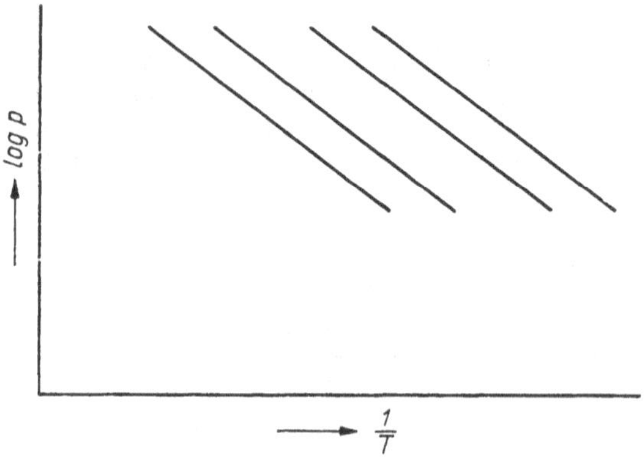

Abb. 34

Linie AB in der Abb. 35. Auf dieser Linie liegen die verschiedenen absoluten Siedepunkte der Flüssigkeiten, M, N, O, und zwar um so mehr nach links, je höher sie sind, da ja nicht T-Werte, sondern $\frac{1}{T}$-Werte aufgetragen sind. Die Diagrammgeraden laufen nun durch diese Punkte M, N etc., d. h., sie schneiden die Gerade AB, und zwar unter um so steilerem Winkel, je höher die molare Verdampfungswärme ist. Diese Verdampfungswärme ist aber selber proportional T, oder, was dasselbe ist, umgekehrt proportional $\frac{1}{T}$, also um so kleiner, je mehr der Punkt nach rechts gelegen ist. Das heißt also: Der Schnittwinkel einer Substanz M, welche doppelt so weit nach rechts gelegen ist wie eine Substanz N, ist nur ***halb so steil*** wie der der Substanz N. Und das bedeutet, daß sich alle diese Geraden sternförmig im Punkt P' treffen. Dieses Diagramm (Abb. 35) ist schon

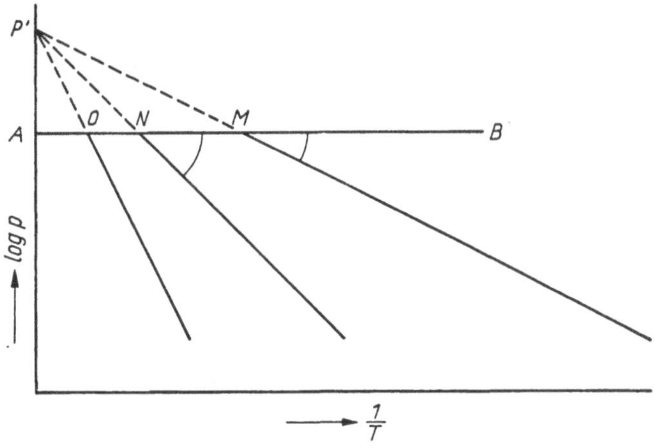

Abb. 35. SCHWABsches Diagramm (wirklicher Sachverhalt)

lange bekannt, für den Gebrauch im chemischen Laboratorium wurde es wohl zuerst von G. W. SCHWAB empfohlen (Z. angew. Chem. *42*, 155 (1936)); es ermöglicht eine sehr einfache Umrechnung der Siedetemperatur auf 15 mm oder andere Drücke.

Der Umstand, daß die TROUTONsche Regel nur für nicht assoziierende Flüssigkeiten (CS_2, CCl_4, Benzol etc.) gilt, aber nicht genau für OH-haltige (Wasser, Alkohol, Phenol etc.) wird in einem neueren Diagramm berücksichtigt, in dem das SCHWABsche Diagramm etwas differenziert und den einzelnen Stoffklassen angepaßt wird. Dieses Diagramm erlaubt es also, praktisch für alle vorkommenden Fälle die Dampfdrücke bei allen Temperaturen direkt zu entnehmen.

Dieses Diagramm findet sich z. B. im Chemiker-Kalender (von Dr. H. U. v. VOGEL, Springer-Verlag, Berlin-Göttingen-Heidelberg, 1956, S. 529) oder im Taschenbuch für Chemiker und Physiker S. 873 (Springer-Verlag, Berlin, 1943).

Halbempirische Formel

Die Dampfdruckformel, mit der wir bisher gerechnet haben, lautete

$$\log p = \frac{Q}{4{,}58\,T} \cdot + b$$

(S. 145), wobei b den Charakter einer Integrationskonstanten hatte. Setzen wir statt $\log p = y$ und statt $\frac{1}{T} = x$, so erhalten wir die ganz gewöhnliche Gleichung der geraden Linie $y = ax + b$. Rechts kommt hier also nur ein Glied mit dem Faktor $\frac{1}{T}$ vor und außerdem ein Glied, das nur eine Zahl ist, T also gar nicht enthält. Die Formel für die Gleichgewichtskonstante — den Dissoziationsdruck des Calciumcarbonats, um ein besonders einfaches Beispiel zu nennen, würde demnach von der (abgerundeten) Form sein

$$\log p_{\mathrm{mm}} = -9340\,\frac{1}{T} + 10{,}9$$

Man ist nun vielfach dazu übergegangen, für das praktische Rechnen eine andere Formel zu benutzen, welche *halbempirischen* Charakter hat und mit dem gemessenen Zahlenmaterial *noch besser* übereinstimmt. Diese Formel hat *noch ein Glied mit dem Faktor log T und ein weiteres mit dem Faktor T* und lautet beispielsweise für die Dissoziationskonstante des Calciumcarbonats (genau)

$$\log p_{\mathrm{mm}} = -9340\,\frac{1}{T} + \mathbf{1{,}1\,\log T - 0{,}0012\,T} + 8{,}882$$

Sie enthält also zwei Glieder und damit zwei Konstanten *mehr*. Daß eine Gleichung, die zwei Konstanten mehr hat, schmiegsamer ist als eine ohne diese zwei Konstanten, ist selbstverständlich. Für das praktische Rechnen sind diese Formeln also sehr gut. Die in der Sammlung ABEGG/SACKUR aufgeführten Aufgaben werden jedoch durchweg nach den einfacheren Formeln des ersten Typs gerechnet.

Diese weiteren Glieder kommen folgendermaßen zustande.

In der ersten (einfachsten) Formel wird angenommen, daß die Reaktionswärme (Verdampfungswärme etc.) Q im betrachteten Bereich *konstant* ist. Das ist sie in Wirklichkeit nicht, sie hat einen Gang, der zunächst nicht genau bekannt ist. Nimmt man als weitere Näherung an, daß sich Q auf einer *geraden* Linie ändert (z. B. sinkt), so entsteht in der Formel ein Zusatzglied mit $\log T$. Nimmt man nun in einer weiteren Näherung an, daß sich Q nicht geradlinig ändert ($Q = A + BT$), sondern auf einer schwach *quadratisch* gebogenen Kurve ($Q = A + BT + CT^2$), so entsteht ein weiteres Zusatzglied mit T.

4. Beispiele zur Dampftension bei gleichbleibender Temperatur

Beispiel 34 In einen verschlossenen Glasballon von 90 Liter Inhalt, der mit Luft von 1 atm und 81,7 °C gefüllt ist, wird durch eine Düse $^1/_2$ Liter Wasser von 81,7 °C eingespritzt. Was ereignet sich?

A: Der Druck steigt. Das Volumen des Wassers kann vernachlässigt werden, aber das Wasser beteiligt sich an der Druckbildung gemäß seiner Dampftension. Diese beträgt bei 81,7 °C 380 mm = $\frac{1}{2}$ atm. Der Gesamtdruck im Ballon beträgt demnach 1,5 Atmosphären, der Überdruck über die Außenluft $^1/_2$ Atmosphäre.

Beispiel 35 Wie groß ist bei Zimmertemperatur die Dampftension[1]) von
a) Wasser b) Quecksilber c) Alkohol d) Äther e) Anilin
f) Schwefel, g) Schwefelsäure?

A: a) 20 mm b) $\frac{1,3}{1000}$ mm c) 44 mm d) 442 mm e) 1 mm
f) ca. 10^{-5} mm g) ca. $\frac{1}{100}$ mm.

Beispiel 36 Ein Gasballon enthält eine Quecksilberlache. Wie hoch kann der Quecksilberdampfdruck im Kolben durch Evakuieren bestenfalls gesteigert werden?

A: Überhaupt nicht; er bleibt, wie er von Anfang an war, nämlich $\frac{1,3}{1000}$ mm bei 20 °C.

Beispiel 37 Kann Quecksilberdampf dieser Dichte sichtbar gemacht werden?

A: Ja, sehr gut sogar, allerdings nicht für das Auge, sondern für die Photoplatte. Wenn man ihn mit Licht der Quecksilberlinie 264 mμ („Resonanzlinie" des Quecksilbers, ultraviolett) bestrahlt, fluoresziert er sehr stark, er sendet also selber diese Wellenlänge nach allen Richtungen aus. Sogar die Dämpfe, die von einem einzigen Tropfen verschütteten Quecksilbers aufsteigen, können so als dichte Wolken photographiert werden, obwohl die Sachlage hier natürlich so ist, daß die Sättigungsdampfspannung von $\frac{1,3}{1000}$ mm keineswegs schon vorhanden ist, sondern sich erst einzustellen sucht.

---

[1]) Dampfdrucktabellen s. z. B. im Staude, Physikalisch-chemisches Taschenbuch, S. 1191, 1212 (Akademische Verlagsgesellschaft Geest und Portig, Leipzig, 1949); Chemiker-Kalender S. 544 (H. U. v. Vogel, Springer Verlag, Berlin-Göttingen-Heidelberg, 1956); D'Ans-Lax, Taschenbuch, S. 864 (Springer-Verlag, Berlin 1943).

Beispiel 38 Wie verhalten sich die Dampfdrücke von Wasser und Eis bei 0 °C zueinander?

A: Sie sind gleich, denn wenn sie nicht gleich wären, würde sich die eine Phase über dem Dampfraum in die andere verwandeln, sie könnten also nicht koexistieren.

Beispiel 39 Molekulargewichtsbestimmung durch Wasserdampfdestillation. Nitrobenzol wird mit Wasserdampf destilliert. Das Destillat scheidet sich in zwei Schichten, die sich volumenmäßig wie 4,8 : 1 verhalten. Der Außendruck beträgt 760 mm; dieser Druck wird erreicht bei 99 °C, wo sich die Drücke des Wasserdampfes (733 mm) und des Nitrobenzols (27 mm) zu 760 mm summieren. Wie berechnet sich aus diesen Angaben das Molekulargewicht des Nitrobenzols? (Dichte des Nitrobenzols = 1,2.)

1. Wie ist das Verhältnis der Molzahlen von Wasser und Nitrobenzol im Dampfzustand?

A: Die Molzahlen verhalten sich wie die Partialdrücke, also wie 733 : 27 oder wie 27 : 1.

2. Wie ist das Verhältnis der Molzahlen im Kondensat?

A: Dasselbe, also 27 : 1. Wir haben im Kondensat 27 Mole Wasser auf 1 Mol Nitrobenzol.

3. Wie viele Gramm Nitrobenzol kommen im Kondensat auf 27 Mole Wasser?

A: 27 Mole Wasser entsprechen 486 g Wasser. Auf 486 ccm Wasser kommen 101,2 ccm flüssiges Nitrobenzol, das sind bei einer Dichte von 1,2 121 g Nitrobenzol. Diese 121 g Nitrobenzol sind aber nach dem oben Gesagten 1 Mol Nitrobenzol, m. a. W., das Molekulargewicht wurde zu **121** gefunden (tatsächliches Molekulargewicht des Nitrobenzols = 123).
Voraussetzung für diese Berechnung ist, daß sich die Flüssigkeiten nicht mischen; denn nur in diesem Fall können die Dampfdrücke einfach addiert werden.
Daraus können wir dann das Molekulargewicht des Nitrobenzols ausrechnen, das hier als unbekannt angesehen wird. Sehen wir es umgekehrt als bekannt an, so kann man die Gleichung nach dem *Dampfdruck des Nitrobenzols* bei 99 °C (27 mm) als Unbekannter auflösen. Dieser Fall wird im nächsten Beispiel behandelt.

Beispiel 40 Dampfdruckbestimmung nach der Mitführungsmethode. Der Dampfdruck einer schwerflüchtigen Flüssigkeit bei 238 °C soll dadurch bestimmt werden, daß bei dieser Temperatur ein geeichter Luftstrom durch die Flüssigkeit geleitet wird. Dieser sättigt sich mit dem Dampf der schwerflüchtigen Flüssigkeit. In einer geeigneten

Vorlage wird die übergegangene Flüssigkeit kondensiert und zur Wägung gebracht.[1])
Der Gasstrom betrug, bei 25 °C und 760 mm geeicht, 94 ccm pro Minute. Das Molekulargewicht der Substanz war 410. Die Übergangsgeschwindigkeit war 2,45 mg Substanz pro Minute. Wie berechnet sich aus diesen Daten der Dampfdruck bei 238 °C?

1. Wie viele Millimole Luft gehen pro Minute durch?

A: $94 \cdot \frac{273}{298} \cdot \frac{1}{22{,}4} = \frac{86}{22{,}4} = 3{,}84$ Millimole

2. Wie viele Millimole Substanz gehen pro Minute durch?

A: $\frac{2{,}45}{410} = 6 \cdot 10^{-3}$ Millimole

3. Wie viele Millimole gehen im ganzen pro Minute durch?

A: $3{,}480 + 0{,}006 = 3{,}846$ Millimole

4. Diese 3,846 Millimole üben zusammen einen Druck von 760 mm aus. Davon fällt auf die Substanz der Bruchteil

$\frac{0{,}006}{3{,}846} = 0{,}001\,56$. Der Partialdruck ist also $760 \cdot 0{,}001\,56$

$= \mathbf{1{,}185\ mm.}$

Die Temperatur 238 °C erscheint nicht in der Rechnung. Der Ansatz ist derselbe wie bei der „Molekulargewichtsbestimmung durch Wasserdampfdestillation". Er wird nur dort nach M und hier nach p als Unbekannter aufgelöst, wobei jeweils die andere Größe als bekannt angenommen wird.
In der Praxis ist diese Molekulargewichtsbestimmungsmethode ohne Bedeutung. Denn wenn eine Substanz unzersetzt verdampfbar ist, kommt man mit anderen Methoden der Dampfdichtebestimmung (Dumas, Viktor Meyer, Lumsden) einfacher zum Ziel, ganz abgesehen davon, daß auch noch die Methoden offenstehen, die mit Lösungen arbeiten (Kryoskopie, Ebullioskopie, isotherme Destillation).

---

[1]) Streng genommen müßte der Gasstrom variiert, d. h. vermindert und auf Null extrapoliert werden, damit man auch wirklich sicher ist, daß Sättigung eingetreten ist.

F

CALORIMETRIE

1. Das Calorimeter

Das Calorimeter ist ein Apparat, der es gestattet, Wärmetönungen und spezifische Wärmen zu messen. Es ist im Prinzip ein gut wärmeisolierter Becher aus Metall oder Glas, der mit 0,5 bis 3 Liter Wasser gefüllt ist. (Das Calorimeter muß eine gewisse *Größe* haben, sonst wird die Messung zu ungenau). Der Becher besitzt einen Deckel, der ein BECKMANN-Thermometer und einen einfachen Rührer trägt. Das BECKMANN-Thermometer taucht in das Wasser und mißt seine Temperatur vor und nach der Reaktion. Man sucht Temperaturveränderungen von **1—2 Grad** zu bewirken und diese auf $\frac{1}{1000}$ Grad genau zu messen. Größere Temperaturveränderungen (über 2 Grad) sind weniger günstig.

Die einfachste Aufgabe, die man mit einem solchen Calorimeter lösen kann, ist die Bestimmung der *spezifischen Wärme* eines Stoffes, z. B. des Kupfers. Man geht so vor, daß man ein Stück Kupfer von ca. 200 g auf z. B. 70 °C erwärmt (etwa in einem Wasser- oder Luftbad), dann schnell das warme Stück Kupfer ins Wasser des Calorimeters fallen läßt und den Temperaturausgleich abwartet. Die Anfangstemperatur im Calorimeter sei 19 °C, die Endtemperatur 20 °C. Dann ist die Wärmemenge, die das Stück Kupfer bei der Abkühlung von 70 auf 20 °C abgegeben hat, gleich derjenigen, die das Wasser (z. B. 900 g) aufgenommen hat, um sich von 19 auf 20 °C zu erwärmen.

Nun sind aber die 900 g Wasser nicht das einzige, was erwärmt wird. Der Metallbecher wird miterwärmt, desgleichen der Rührer und der eintauchende Teil des Thermometers und eventuell weitere Dinge, die sich im Calorimeter befinden. Alle diese Dinge zusammen wirken so, als ob nicht 900 g Wasser im Calorimeter gewesen wären, sondern eine größere Menge, sagen wir 1000 g Wasser. Diese etwas größere (fiktive) Wassermenge heißt der *Wasserwert* des Calorimeters; er ist zunächst unbekannt und muß bestimmt werden. Der Wasserwert ist also die Wärmekapazität des kompletten Calorimeters, ausgedrückt in Gramm Wasser.

2. Der Wasserwert

Der Wasserwert kann rechnerisch und experimentell ermittelt werden. Der *rechnerische* Weg besteht darin, daß man alle miterwärmten Dinge mit ihrem Gewicht und ihrer spezifischen Wärme einsetzt, also den Metallbecher, den eintauchenden Teil des Thermometers, den Rührer etc., und so ihre Wärmekapazität in Wasser umrechnet. Dieses Verfahren wurde vor allem in der ersten Zeit der Calorimetrie angewandt. Es ist natürlich umständlich. Immerhin ist es fehlertechnisch nicht ganz so ungünstig, wie es auf den ersten Blick aussieht, weil die Wärmekapazität dieser zusätzlichen Dinge zusammengenommen immer noch klein ist gegen die der 900 g Wasser. Nimmt man aber als Calorimeter nicht einen Metallbecher, sondern ein Dewargefäß, so ist es natürlich ganz unmöglich zu sagen, wieviel man von dessen Glas als miterwärmt zu betrachten hat, und es bleibt hier nur der zweite Weg übrig, der experimentelle, der heute überwiegend angewandt wird.

Der *experimentelle* Weg besteht darin, daß man dem Calorimeter eine genau bekannte Wärmemenge zuführt (elektrisch, chemisch oder durch eine Calorifere[1]) und die Temperaturerhöhung mißt. Daraus ergibt sich dann der Wasserwert.

Beispiel 1 Ein Calorimeter ist mit ca. 900 g Wasser gefüllt. Nach Zuführung von 2000 cal ist die Temperatur von 18 auf 20 °C gestiegen. Wie groß ist der Wasserwert des Calorimeters?

A: 1000 g.

3. Welche prinzipiellen Möglichkeiten gibt es, einem Calorimeter eine bestimmte Wärmemenge zuzuführen?

Um den Wasserwert eines Calorimeters zu bestimmen, verfährt man am einfachsten *elektrisch*. Man führt eine bestimmte Zahl von Wattsekunden zu und bestimmt die Temperaturzunahme mittels eines Beckmann-Thermometers; man sucht eine Temperatursteigerung von 1—2° herbeizuführen. Der Tauchsieder gehört dann aber zum System; er muß auch später im Calorimeter bleiben, da sein Wasserwert mitgemessen wurde.

Die Zahl der Wattsekunden, multipliziert mit 0,239, gibt die Zahl der daraufgegebenen Kalorien. Um eine bestimmte Zahl von Wattsekunden zuzusetzen, muß man Zeit, Stromstärke und Spannung wissen; unter Spannung ist der Spannungsabfall an den Enden des Heizkörpers (Tauchsieders) zu verstehen, also das Produkt $e \cdot i \cdot t$ (Volt mal Ampere mal Sekunden). Im Prinzip ist das einfach; man braucht dazu ein Voltmeter, ein Amperemeter und eine Uhr. Man benötigt also zwei elektrische Präzisionsinstrumente, die man während der Messung ablesen muß. Nun stehen aber Spannung und Stromstärke über den *Widerstand* miteinander in Verbindung. Man kann daher messen: entweder

Spannung und Stromstärke, e und i,

oder Spannung und Widerstand, e und w,

oder Stromstärke und Widerstand, i und w.

Von diesen drei Möglichkeiten sind die beiden letzten die praktischeren, denn 1. braucht man dazu nicht zwei Instrumente, sondern nur eines, 2. kann man den Widerstand *vorher* messen, und zwar ein für allemal. Weiterhin ist es jedoch besser,

[1]) Das Genus des Wortes Calorifere ist etwas umstritten, wir bevorzugen im folgenden die weibliche Form: calorifera sc. canna.

ein Voltmeter oder Amperemeter *ganz zu vermeiden*, und e oder i während der Messung durch Vergleich mit einem WESTON-Element oder einem *Coulometer* aufs genaueste festzulegen, also e und w oder i und w zu messen. Hiervon ist nun wieder i und w das praktischere, denn einmal mißt das Coulometer die Zeit t mit, so daß deren Messung fortfällt und zum anderen tritt keine Stromverzweigung auf wie beim Voltmeter oder beim Messen von e und w.

Wir entscheiden uns also für die Variante, zuerst den Widerstand w genau zu messen, dann während der elektrischen Heizung ein *Silbercoulometer* miteinzuschalten und das Produkt $i \cdot t$ zu bestimmen.

Nun müssen wir noch die ungefähre Größe von e, i und w wählen. Diese Wahl richtet sich nach der Größe des Calorimeters und der Forderung, daß wir eine passende Menge Silber zur Wägung bringen müssen. Angenommen, es handle sich um einen WEINHOLD-Becher mit 900 ccm Wasser. Wir kommen dann überschlägig zu folgenden Zahlen: 1000 g Wasserwert, 1,912° Erwärmung, 1912 Kalorien, 8000 Wattsekunden, 100 Sekunden, 80 Watt, 2 Ampere, 40 Volt, 20 Ohm, 200 Amperesekunden, 200 Coulomb, 223,6 mg Silber.

Ein mit Silberborfluoridlösung beschicktes Silbercoulometer kann man mit etwa 1—2 Ampere belasten. Man konstruiert sich also einen Tauchsieder von ca. 20 Ohm Widerstand und mißt letzteren genau mit der WHEASTONEschen Brücke. Zur Wasserwertbestimmung läßt man einen Strom von ca. 2 Ampere etwa $1^1/_2$ Minuten lang durchgehen — das Coulometer in Reihe geschaltet — und erhält dann einen Niederschlag von ca. 220 mg Silber. Die Zeitmessung entfällt.

Beispiel 2 Der Tauchsieder hatte 20 Ohm Widerstand und im Silbercoulometer wurden 447,2 mg Silber abgeschieden. Die Erwärmung war 1,912°. Wie groß ist der Wasserwert?

A: 2000 g.

(Doppelt so viel Silber wie oben.)

Eine *zweite* Möglichkeit der Bestimmung des Wasserwerts besteht darin, die bestimmte Anzahl von Kalorien nicht elektrisch, sondern in Form von *chemischer* Reaktionswärme oder Lösungswärme zuzugeben.

Als chemische Reaktionswärme wählen wir beispielsweise die Neutralisationswärme von 50 ccm 0,5 n Salpetersäure, die durch eine Überlaufpipette in 250 ccm Wasser, das einen kleinen Überschuß von NaOH enthält, eingelassen werden. Die Neutralisationswärme beträgt 347,5 cal, wobei die Verdünnungswärme der Salpetersäure schon berücksichtigt ist.

Wir können auch (prinzipiell) die Abkühlungskälte von 10 g Kaliumchlorid, welche in 300 ccm Wasser eingeworfen werden, nehmen; in diesem Falle sinkt die Temperatur. Die Lösungskälte beträgt —568 cal bei 25 °C und —617 cal bei 19,7 °C; dazwischen linearer Verlauf.

Ein *drittes* Mittel bildet die *Calorifere*. Die Calorifere (Abb. 36) ist im Prinzip nur ein dickes Quecksilberthermometer mit großem Quecksilbersack (ca. 300 g Hg); statt einer Skala trägt es am Hals nur zwei Marken. Man erwärmt die Calorifere zunächst so weit, daß das Quecksilber über die obere Marke steigt, läßt sie abkühlen und führt sie in dem Moment ins Calorimeter ein, in dem das Quecksilber die obere Marke passiert. In dem Moment, in dem es die untere Marke passiert, wird es wieder herausgezogen. In der Zwischenzeit, also in der Zeit zwischen dem Passieren der oberen und der unteren Marke, hat die *Calorifere stets die gleiche Wärmemenge an ihre Umgebung abgegeben*; hat man diese Wärmemenge einmal durch Eichung festgestellt, so hat man in der Calorifere ein sehr bequemes Mittel, um einem Calorimeter in Reihenversuchen stets dieselbe bestimmte Wärmemenge zuzuführen. (Die Marken wählt man zweckmäßig so, daß sie *etwa* den Temperaturen 70 und 28 °C entsprechen.

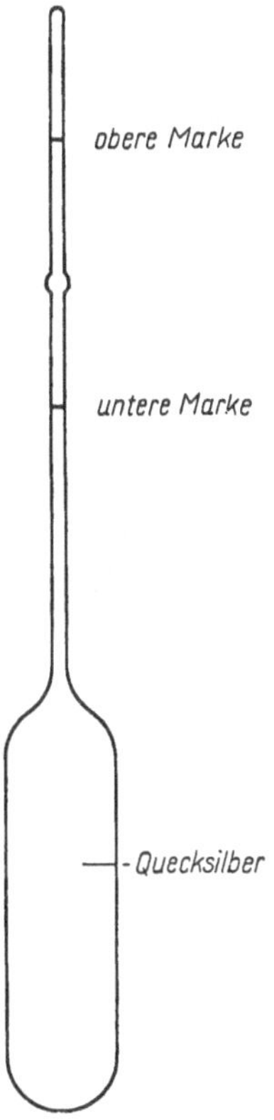

Abb. 36 Calorifere

Verfügt man also über eine geeichte Calorifere, kann man statt der elektrischen oder chemischen Wärmezufuhr auch eine solche durch die Calorifere wählen und bekommt dann auf diese Weise den Wasserwert des Calorimeters.

Die Calorifere ist ein sehr bequemes Hilfsmittel bei Serienbestimmungen von spezifischen Wärmen, Reaktionswärmen, Mischungswärmen, Lösungswärmen etc. Man bringt am identischen System zeitlich nacheinander zwei Temperaturveränderungen hervor, eine durch die Reaktionswärme etc., die andere durch die Calorifere. Die Wärmekapazität des Systems ist dieselbe, die zugeführten Wärmemengen verhalten sich wie die erzielten Temperatursteigerungen.

Beispiel 3 Eine geeichte Calorifere gibt zwischen ihren beiden Marken 600 cal ab und erwärmt dabei das Wasser des Calorimeters um 0,9°. Wie groß ist der Wasserwert des Calorimetersystems?

A: 666 g (Wäre die Temperaturerhöhung 1°, so wäre der Wasserwert 600 g, da sie aber nur 0,9° beträgt, ist der Wasserwert im Verhältnis 10:9 größer.)

Eine *calorimetrische Bombe* eicht man am genauesten durch Verbrennen einer definierten Testsubstanz. Als solche dienen reinste Benzoesäure, Naphthalin, Zucker oder auch ein Spezialparaffinöl von Roth (zu beziehen von E. Merck, Darmstadt). Letzteres ist natürlich keine definierte Substanz. Allein seine Verbrennungswärme ist durch genaueste Bestimmung festgelegt. Dieses Paraffinöl ist die beste Hilfssubstanz, die schwer verbrennbaren Substanzen zugefügt werden kann, um die Verbrennung vollständig zu machen. Mit Hilfe dieses Paraffinöls (als Zumischung) wurden von Roth, dem deutschen Spezialisten auf diesem Gebiet († 1952), die Verbrennungswärmen von Graphit und Diamant bestimmt. Die calorimetrische Bombe stammt von M. Berthelot; Näheres siehe in den Abschnitten 11, 12, 13 und Abb. 38.

4. Fälle, in denen man ohne die Kenntnis des Wasserwerts auskommt

Es gibt Fälle, in denen man ohne die Kenntnis des Wasserwerts des Calorimeters auskommt, und das deshalb, weil sich der Wasserwert aus der Rechnung heraushebt. Dieser Fall tritt stets ein, wenn *zwei Wärmemengen miteinander verglichen werden, die am gleichen System angreifen.* Die Wärmemengen verhalten sich dann einfach wie die Temperaturänderungen, die sie bei dem System hervorrufen, gleichgültig, wie groß dessen Wasserwert ist. Im folgenden werden einige solche Fälle betrachtet.

a) *Bestimmung der spezifischen Wärme von Kupfer.* Die Erwärmung, die das eingeworfene Stück Kupfer hervorgebracht hat, betrage 1°, die weitere Erwärmung, die eine Calorifere von 600 cal Abgabe dann — nach Entfernung des Kupferstücks — noch hervorgebraucht hat, weitere 2°. Das Kupferstück hat dann bei seiner Abkühlung 300 cal abgegeben. Statt der Calorifere kann auch ein Tauchsieder verwendet werden. Der Wasserwert kommt in der Rechnung nicht vor.

b) *Bestimmung der Reaktionswärme einer exothermen Reaktion.* Die Reaktion erwärme um 1°, die Calorifere oder der Tauchsieder um weitere 2°. Die Reaktionswärme ist dann gleich der halben Abgabe der Calorifere resp. des Tauchsieders.

c) *Bestimmung der Reaktionswärme einer endothermen Reaktion.* Die Reaktion kühle um 1° ab, die Calorifere oder der Tauchsieder erwärme darauf um 2°. Die Wärmemengen verhalten sich wie 1 : 2.

d) *Das Kompensationsverfahren.* Man läßt zwei entgegengesetzt wirkende Effekte *gleichzeitig* im selben Calorimetersystem ablaufen. Ist die Reaktion endotherm, so kann man z. B. elektrisch heizen, ist sie exotherm, so kann man z. B. die Verdünnungskälte von nahezu gesättigter Ammoniumnitratlösung abkühlend wirken lassen. Gelingt es, beide Effekte ganz gleich werden zu lassen, so hat man den unbekannten durch den entgegengesetzt gerichteten bekannten kompensiert und damit gemessen. *Das Verfahren hat den Vorteil, daß der „Wärmeaustausch mit der Umgebung" fortfällt* (s. u.).

e) *Das Zwillingscalorimeter.* Man fertigt zwei völlig gleiche Metallbechercalorimeter, bei denen auch das Gewicht der Becher und das Gewicht des Wassers völlig gleich sind. Diese beiden Calorimeter haben dann natürlich den gleichen Wasserwert. In dem einen läßt man die exotherme Reaktion ablaufen, in dem anderen hebt man die Temperatur um ebenso viele Grad durch einen Tauchsieder (ein gleicher Tauchsieder muß auch im ersten Calorimeter liegen). Dann sind die zugeführten Wärmemengen gleich. Der Vorteil dieser Anordnung ist, daß der Wärmeaustausch mit der Umgebung zwar nicht *Null* aber annähernd *gleich* wird und sich daher heraushebt.

Der Grundgedanke des Zwillingscalorimeters ist also den *Wärmeaustausch mit der Umgebung* (s. S. 162), der nur schwierig ganz genau zu erfassen ist, und der doch bei dem Bemühen um höchste Genauigkeit die entscheidende Rolle spielt, durch *Differenzbildung* aus der Rechnung herausfallen zu lassen. Dazu ist es notwendig, daß beiden Calorimetern des Zwillingscalorimeters die genau gleiche Wärmemenge zugeführt und so die gleiche Temperaturerhöhung bewirkt wird. Für noch bessere Annäherung müßte aber eigentlich erreicht werden, daß die *Zeitspanne*, während welcher die Wärme zugeführt wird, ebenfalls gleich wird. Zur überhaupt besten Annäherung müßte erreicht werden, daß auch die *Kurve der Wärmeabgabe nach der Zeit*, m. a. W. die zeitliche Erwärmungskurve, dieselbe ist. Das ist nun beim Tauchsieder nicht der Fall; der Tauchsieder gibt die Wärme gleichmäßig (nach der Zeit) ans Calorimeterwasser ab; ein chemischer Prozeß, der schnell verläuft, und eine calorimetrische Bombe geben sie ungefähr exponentiell abfallend ans Calorimeterwasser ab. Solche Feinheiten können natürlich bei der Gebrauchscalorimetrie nicht berücksichtigt werden. Die Ausführungen sollen nur zeigen, wo augenblicklich die prinzipiellen Grenzen des Vordringens zu noch größerer Genauigkeit liegen.

5. Das Eiscalorimeter

Das Eiscalorimeter von BUNSEN hat eine ganz andere Konstruktion, als die übrigen Calorimeter (Abb. 37). Der an das innere Gefäß angefrorene Eisbelag E wird durch eine im inneren Gefäß entbundene *Kälte*menge verstärkt. Dabei nimmt sein Volumen zu, und Quecksilber wird durch die Kapillare K herausgedrängt und im Schälchen S aufgefangen und gewogen. Bei im inneren Gefäß entbundener *Wärme* ist es umgekehrt, da wird Quecksilber eingesogen. In beiden Fällen entspricht **1 cal = 15,4 mg Quecksilber**. Das ganze Eiscalorimeter samt seiner Eispackung P wird in einen großen Eisschrank eingesetzt.

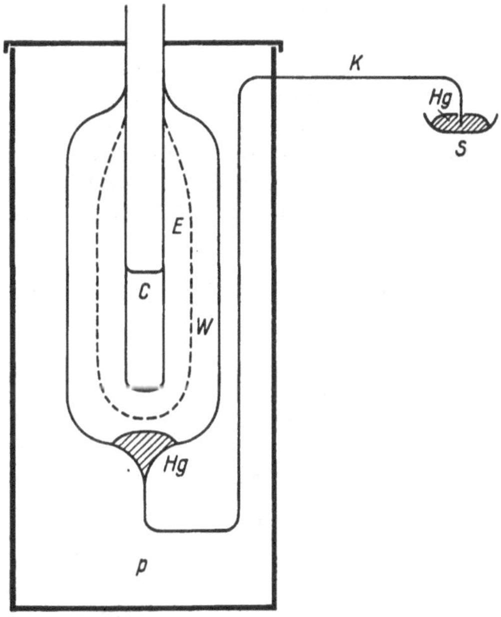

Abb. 37. Eiscalorimeter

K Kapillare; *S* Schälchen; *C* Calorimeterwasser; *E* Eisbelag; *W* Wasser; *P* Eispackung

Der Vorteil des Eiscalorimeters ist der, daß man in ihm *langsam* verlaufende Reaktionen messen kann; bei allen anderen Calorimetern ist das wegen der hier zu groß werdenden Fehlerquelle des Wärmeaustausches mit der Umgebung unmöglich.

Ein Nachteil ist der Umstand, daß man an die Temperatur 0 °C gebunden ist. Versuche, das Eis durch andere Substanzen zu ersetzen, etwa Eisessig oder Naphthalin, haben bisher zu keinen sehr guten Ergebnissen geführt.

Beispiel 4 In einem Eiscalorimeter wird die Lösungskälte von Kaliumchlorid in Wasser bei 0 °C bestimmt. Das Kaliumchlorid wird abgewogen in eine Stielkugel (S. 163) gebracht und diese ins Calorimeterwasser gestellt, bis es auf 0 °C abgekühlt ist. Bei der Lösung des Salzes werden 1,548 g Quecksilber ins Schälchen abgegeben, d. h., das Schälchen zeigt zwischen erster und zweiter Wägung 1,548 g Unterschied. Wie groß ist die entbundene Lösungskälte?

A: 100 cal

6. Adiabatische Calorimeter

Um den Wärmeaustausch mit der Umgebung Null werden zu lassen, steht noch eine weitere Möglichkeit offen, die von RICHARDS stammt. Das Calorimeter C hat zu Anfang völlig dieselbe Temperatur wie der Wassermantel W (Abb. 38). Wenn im Calorimeter eine Reaktion abläuft, erhöht sich die Temperatur um 1—2°. Man kann nun, um den Wärmeaustausch zu unterbinden, die Temperatur des Wassermantels im genau demselben Maße *mitheben*, etwa indem man im Wassermantel verdünnte Natronlauge vorlegt und eine Säure dazulaufen läßt. Um auch noch die Temperatur der trennenden Luftschicht L mitzuheben, bläst man einen schwachen Luftstrom, den man zuvor durch eine im Wassermantel liegende Kupferschlange geleitet hat, auf den Boden des Zwischenraums. Auf diese Weise wird die Temperaturdifferenz zwischen Calorimeter und Wassermantel, also der Umgebung, auch während der Reaktion auf Null gehalten. Es geht keine Wärme über, daher spricht man von *adiabatischen Calorimetern*.

7. Isotherme und anisotherme Calorimeter

Als *isotherme* Calorimeter bezeichnet man (heute) solche Calorimeter, bei denen sich die Temperatur des Calorimeterwassers während des Reaktionsablaufs *nicht ändert*. Das sind also 1. Eiscalorimeter und 2. im Kompensationsverfahren gebrauchte Calorimeter (S. 158, Punkt d), bei denen innerhalb des Calorimeters gleichzeitig *zwei* Vorgänge ablaufen, die sich gegenseitig kompensieren.

Alle anderen Calorimeter, bei denen also die Temperatur des Calorimeterwassers während der Reaktion *ansteigt* (um 1—2°), heißen (heute) *anisotherme* Calorimeter; anisotherm, weil die Temperatur des Calorimeterwassers nicht gleich bleibt. Weitaus die meisten Messungen der praktischen Calorimetrie werden noch so ausgeführt, daß die Temperatur des Calorimeterwassers *steigt*, (oder fällt), und solche Apparate nennt man (heute) *anisotherme* Calorimeter (bis ca. 1932 hießen sie isotherme Calorimeter; man muß sich also beim Lesen älterer Veröffentlichungen vor Verwechslungen hüten) (Abb. 38).

Als „adiabatisch" bezeichnete man *vor 1932* alle Systeme, bei denen keine Temperaturdifferenz zwischen Calorimeterwasser und Mantelwasser auftrat, gleichgültig ob die Temperatur des Calorimeterwassers konstant blieb oder anstieg.

Als „anisotherm" bezeichnet man *nach* 1932 alle Systeme, bei denen die Temperatur des Calorimeterwassers sich ändert (steigt oder sinkt).

Als Einteilungsmerkmal wurde also vor 1932 die Frage angesehen, ob zwischen Calorimeterwasser und Mantelwasser überhaupt eine Temperaturdifferenz entstehen konnte oder nicht, nach *1932* aber die ganz andere Frage, ob die Temperatur des Calorimeterwassers gleich blieb oder nicht.

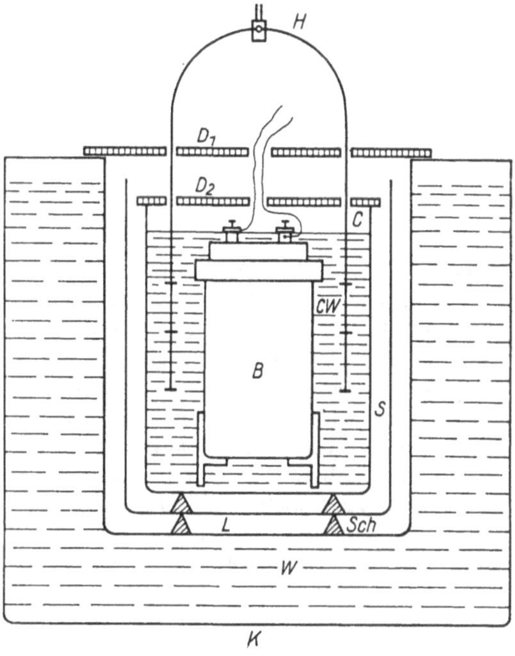

Abb. 38. Gewöhnliches Calorimeter, anisotherm, mit Bombe

H Hubrührer; D_1 äußerer Deckel; D_2 innerer Deckel; *C* Calorimeter (-becher); *CW* Calorimeterwasser; *B* Bombe; *S* Konvektionsschild; *W* Wassermantel („Umgebung"); *K* Kupferkessel („Mantel"); *Sch* Korkschneiden; *L* doppelte Luftschicht, Isolation

Apparaturen, bei denen zwischen Calorimeterwasser und Mantelwasser überhaupt keine Temperaturdifferenz entstehen konnte, bezeichnete man vor 1932 als „adiabatisch", adiabatisch deshalb, weil überhaupt kein Grund für einen Temperaturübergang vorhanden war. Die Apparaturen, bei denen das nicht der Fall war, bezeichnete man als „isotherm", wobei das Wort isotherm lediglich als gewohnheitsmäßig empfundener Gegensatz zu adiabatisch gebraucht wurde; die beiden Wörter adiabatisch und isotherm waren ja vorzugsweise nur in den Ausdrücken, „adiabatische und isotherme Expansion" gebraucht worden. Im übrigen ist in dieser Verbindung das Wort isotherm aber unsinnig, denn isotherm ist ja gerade nichts bei diesem Vorgang. Nach 1932 wurden diejenigen Apparaturen, bei denen das Calorimeterwasser auf gleichbleibender Temperatur blieb, isotherm genannt und diejenigen Apparaturen, bei denen das nicht zutraf, **anisotherm.**

Man nennt resp. nannte also:

	vor 1932	nach 1932
1. Eiscalorimeter und im Kompensationsverfahren gebrauchte Calorimeter (Temperatur des Calorimeterwassers *bleibt gleich*)	„adiabatisch"	isotherm

	nach 1932	vor 1932
2. RICHARD-Calorimeter (S. 160) (Temperatur des Calorimeterwassers *steigt*, Wassermanteltemperatur *steigt mit*)	„adiabatisch“	anisotherm
3. Gewöhnliches Calorimeter (Abb. 38) (Temperatur des Calorimeterwassers *steigt*, Temperatur des Mantelwassers *steigt nicht*)	„isotherm“	**anisotherm**

8. Wärmeaustausch mit der Umgebung

Der schon mehrfach genannte *Wärmeaustausch mit der Umgebung* ist das letzte Hindernis, will man in der Calorimetrie höchste Genauigkeit erreichen.

Nun ist das Calorimeter ja eigentlich eine Apparatur, die den Zweck hat, jeden Wärmeaustausch mit der Umgebung *von vornherein ganz unmöglich zu machen*, und es klingt daher der Ausdruck „rechnerische Korrektur des Wärmeaustauschs mit der Umgebung“ für den, der ihn zum ersten Mal hört, etwas sonderbar. Unter diesem Ausdruck ist die rechnerische Korrektur *des letzten Restes* von Wärmeaustausch mit der Umgebung zu verstehen, *den man trotz äußerster Anstrengungen im Apparativen nicht ganz hat beseitigen können.*

Unter Wärmeaustausch mit der Umgebung ist Austausch *sowohl durch Strahlung wie durch Wärmeleitung* zu verstehen. Man sagte früher deshalb auch vielfach „Strahlungsbilanz“ dafür und kann diesen Ausdruck noch in älteren Abhandlungen antreffen.

Der „Wärmeaustausch mit der Umgebung“ ist also eine rechnerische Korrektur des abgelesenen Temperaturanstiegs bei den *anisothermen* Calorimetern, also bei denjenigen, bei denen die Temperatur des Calorimeters steigt, die des Wassermantels dagegen gleich bleibt.

Der schon mehrfach gebrauchte Ausdruck „*Wassermantel*“ bedeutet ein großes doppelwandiges kupfernes Mantelgefäß (Abb. 38), das im Innern zwischen den beiden Wänden mit einer großen Menge, ca. 10 Litern, Wasser gefüllt ist. Es hat lediglich den Zweck, eine „Umgebung“ in möglichst gut definiertem Sinne zu sein, vor allem eine „Umgebung“ mit während des Versuchs völlig konstant bleibender Temperatur. Man will also durch diesen Wassermantel von Zugluft und Temperaturschwankungen im Raum unabhängig werden.

Der ganze Wärmeaustausch mit der Umgebung wird am kleinsten — annähernd Null —, wenn das Mantelwasser eine Temperatur hat, die gerade *in der Mitte* des zu messenden Temperaturanstiegs liegt. Dieses Verfahren ist schon lange bekannt unter dem Namen „RUMFORD*scher Kniff*“. Nach ROTH (Thermochemie, Sammlung Göschen, W. de Gruyter, Berlin 1947, S. 26) genügt dieser Kniff heute nicht mehr, und zwar aus den S. 159 angeführten Gründen. Die Temperatur des Mantelwassers, die Temperatur also, der langsam auch die Endtemperatur des Calorimeterwassers zustrebt, heißt auch „*Konvergenztemperatur*“

Es gibt eine große Anzahl von Berechnungsmethoden für die Korrektur des Wärmeaustauschs mit der Umgebung. Teils sind sie graphisch, teils rechnerisch; teils genau, teils Näherungsmethoden; teils benötigen sie die Kenntnis der Konvergenztemperatur, teils nicht. Alle Berechnungsmethoden aber sind nur sehr langatmig zu beschreiben.[1])

ROTH hält diejenigen Methoden für die besten, die die Berechnung des Wärmeaustauschs mit der Umgebung ganz wegfallen lassen, also das *Kompensationsverfahren* und die Benützung des *Zwillingscalorimeters*.

9. Gradwertskorrektur

Bei dem BECKMANN-Thermometer hat man die Möglichkeit, beliebige Mengen Quecksilber vom Hauptvorrat abzutrennen und in dem oben befindlichen Reservoir zu sammeln. Der Hauptvorrat selber — der zur Temperaturmessung dient — ist also verschieden groß, das Quecksilbergewicht hat verschienene Werte. Aber nur für einen einzigen Wert dieses Quecksilbergewichts kann der Gradwert der Thermometerskala genau stimmen; für alle anderen muß er etwas zu groß oder etwas zu klein sein. Es gibt nun natürlich Methoden, den Gradwert zu korrigieren (s. z. B. die Praktikumsbücher von EUCKEN/SUHRMANN und von ROTH), doch ist das bei den meisten calorimetrischen Methoden ganz überflüssig, weil sich diese Korrektur von selbst in die Eichung einbezieht. Da nämlich Wasserwert und Gradwert multiplikativ ins Resultat eingehen, kann man sie auch zusammen mit *einer* Eichung berücksichtigen. Immer, wenn an demselben Calorimeter, mit gleichbleibendem Wasserwert und bei Benutzung desselben Thermometers, zeitlich nacheinander zwei Messungen gemacht werden, wobei der ersten eine *bekannte* Wärmemenge zugeführt wird, fällt der Gradwert heraus. Man vergleicht ja nur zwei Wärmemengen an einer beliebigen Gradskala. Diese muß nur in sich linear sein, alles übrige ist gleichgültig.

10. Mischvorrichtungen

Um Mischungswärmen, Lösungswärmen und Reaktionswärmen messen zu können, muß man zwei Komponenten (z. B. verdünnte Salzsäure und verdünnte Natronlauge), in zwei Glasgefäßen eingeschlossen, getrennt ins Calorimeterwasser versenken und dessen Temperatur annehmen lassen. Wenn sie die Temperatur des Calorimeterwassers angenommen haben, muß man sie, ohne die Gefäße herauszuheben, mischen können. Es gibt einige einfache *Mischvorrichtungen*, die das gestatten.

Die einfachste ist die *Stielkugel* (Abb. 39). Sie besteht aus einer sehr dünnen, leicht zerbrechlichen Glaskugel, die am

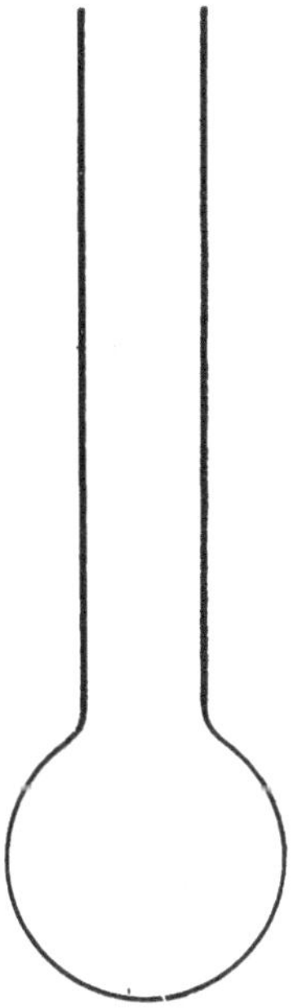

Abb. 39. Stielkugel

[1]) Die einfachste graphische Näherung ist beschrieben in EUCKEN/SUHRMANN, Physikalisch-chemische Praktikumsaufgaben, Akademische Verlagsgesellschaft, Leipzig 1928, S. 53; eine einfache arithmetische bei W. WITTENBERGER, Chemische Laboratoriumstechnik, Springer-Verlag, Wien 1957, 5. Aufl. S. 286.

Ende eines Rohres aufgeblasen ist. Man füllt z. B. das abgewogene Kaliumchlorid (dessen Lösungskälte bestimmt werden soll) in die Kugel, stellt die Kugel ins Calorimeterwasser und wartet, bis sie dessen Temperatur angenommen hat. Dann zerbricht man die Kugel durch leichtes Aufstoßen auf den Boden des Calorimeterbechers.

Eine zweite Mischvorrichtung für Calorimeter ist die STEINWEHR*sche Überlaufpipette* (Abb. 40). Sie gestattet, zwei Flüssigkeiten im Calorimeter erst zu temperieren und dann zu mischen. Die eine Komponente, z. B. verdünnte Salzsäure, wird in die Überlaufpipette gegeben und der Temperaturausgleich abgewartet. Dann bläst man bei B herein; die Flüsigkeit wird durch den Überlauf U ins Calorimeterwasser gedrückt, das z. B. schon verdünnte Natronlauge enthält; wenn es sich um die Bestimmung der Neutralisationswärme von NaOH und HCl handelt.

Diese beiden einfachen Mischvorrichtungen genügen in den meisten Fällen.

Bei dieser Gelegenheit sei erwähnt, daß alle starken einwertigen Basen (LiOH, NaOH, KOH, RbOH, CsOH) mit allen starken einwertigen Säuren (HCl, HBr, HNO_3, $HClO_3$, $HClO_4$) *dieselbe* Neutralisationswärme geben (13700 cal pro Mol), ein eindrucksvoller Beweis, daß es sich nicht um 25 verschiedene Fälle, sondern, wie die Ionentheorie behauptet, nur um *einen* Vorgang handelt, die Vereinigung von $H^{\cdot}$-Ionen und OH'-Ionen zu Wasser.

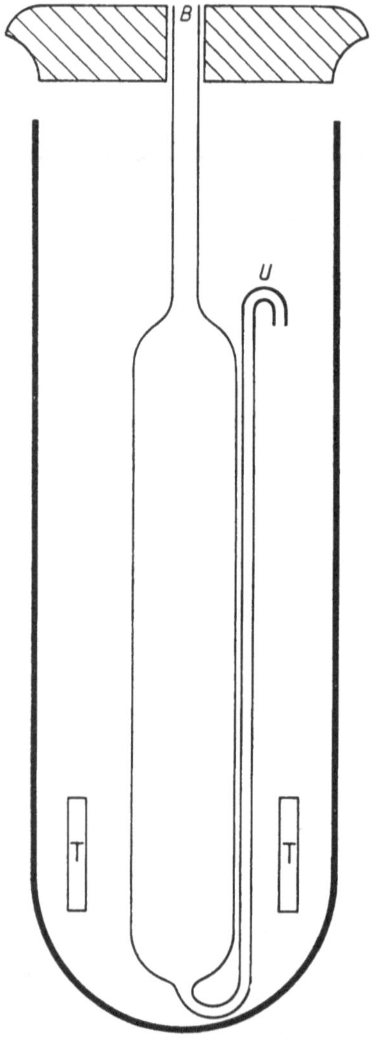

Abb. 40.
STEINWEHRsche Überlaufpipette

11. Die Sentina

Bei Verbrennungen in der calorimetrischen Bombe wird die organische Substanz, z. B. Benzoesäure oder Steinkohle, in Sauerstoff von 25 Atmosphären verbrannt. Der Wasserstoff der Substanz verbrennt zu Wasser, das sich beim Abkühlen auf Zimmertemperatur am Boden der Bombe in Form einer kleinen Lache ansammelt. Diese Lache wird von ROTH die *Sentina*[1]) genannt. Die Sentina hat bei der Abkühlung der Bombe ihre Kondensationswärme an das Calorimeterwasser abgegeben.

Bei Brennstoffen, z. B. Steinkohle, unterscheidet man zwischen *oberem und unterem Heizwert*. Der obere ist der größere; er ist identisch mit dem Wert, den

[1]) lat. sentina, Bilgewasser.

der Stoff in der calorimetrischen Bombe gibt. Der untere Heizwert ist der, den der Stoff bei Verbrennung in einer Kesselfeuerung gibt. Der Wasserdampf wird hierbei *nicht* zu flüssigem Wasser kondensiert. Der untere Heizwert ist um die Kondensationswärme des Wassers (des gebildeten und des schon vorher als Feuchtigkeit vorhandenen) *kleiner*. Die Kondensationswärme dieses Wassers wird gar nicht entbunden.[1])

Unter „*Schornsteinverlust*“ versteht man die Wärmemenge, die mit den heißen Rauchgasen durch den Schornstein entweicht.

Die Verhältnisse in der Bombe sind einigermaßen einfach bei Stoffen, die nur aus Kohlenstoff, Wasserstoff und Sauerstoff bestehen. Ist die Substanz chlor- oder schwefelhaltig, so enthält die Sentina Salzsäure oder Schwefelsäure (bei stickstoffhaltigen Substanzen u. U. Salpetersäure) und muß titriert werden. Das Ergebnis geht in bestimmter Weise in die Rechnung ein. Die Bombe muß in diesen Fällen eine Goldauskleidung besitzen, damit nicht durch den Angriff der Säure auf das Eisen weitere unkontrollierbare Reaktionswärmen auftreten.

12. Erreichbare Genauigkeit

Als international angenommene Eichsubstanz für Messungen in der calorimetrischen Bombe gilt reinste Benzoesäure. Sie hat die Verbrennungswärme

6323 cal pro Gramm, in der Luft gewogen.

Das entspricht 6319 cal pro Gramm, im Vakuum gewogen, und dieser Wert stimmt bei den besten Messungen in allen Ländern bis auf zwei Einheiten der letzten Stelle überein.

Die Autoren obiger Messungen geben jedoch selbst eine Fehlerspanne von $\pm$ 4 cal an. Als *erreichbare* Genauigkeit kann man deshalb etwas allgemeiner ca. 1‰ des Absolutwertes annehmen; aber auch hierzu ist schon jahrelange Spezialisierung nötig.

13. Faustregeln für die Verbrennungswärme

Es gibt einige Faustregeln, welche die (molare) Verbrennungswärme einer Verbindung — z. B. von Phenol oder Zucker — aus der *Formel* halbwegs genau vorherzusagen gestatten. Man braucht also dazu die *Bruttoformel* oder die Analyse. Die erste dieser Regeln heißt WELTERsche Regel, die zweite hat keinen besonderen Namen, die dritte heißt ROTHsche Regel. Die erste, die WELTERsche Regel, ist von den dreien die schlechteste.

Bei der WELTERschen Regel wird angenommen, der in der Formel vorhandene Sauerstoff sei ganz von dem *Wasserstoff* zu Wasser gebunden, und die Verbren-

---

[1]) Für 1 g Wasserdampf müssen ~600 cal vom oberen Heizwert abgezogen werden, um den unteren zu erhalten.

nungswärme errechne sich nur aus dem übrig bleibenden Wasserstoff und dem ganzen Kohlenstoff.

Bei der zweiten Regel wird umgekehrt angenommen, der vorhandene Sauerstoff sei ganz an Kohlenstoff gebunden zu CO_2 und die Verbrennungswärme errechne sich nur aus dem übrig bleibenden Kohlenstoff und dem ganzen Wasserstoff.

Bei der dritten Regel, der ROTHschen Regel, wird ausgerechnet, wieviele Atome *Sauerstoff* noch *hinzukommen* müssen, um allen Wasserstoff in Wasser und allen Kohlenstoff in Kohlendioxid zu überführen; und die Verbrennungswärme errechnet sich nur aus diesem hinzukommenden Sauerstoff, indem pro Atom 0 ein Betrag von 52 kcal gerechnet wird.

Es handle sich beispielsweise um Essigsäure, $CH_3 \cdot COOH$. Bei der *WELTERschen Regel* ergeben sich für die Essigsäure $2C + 2H_2O$; letztere rechnen nicht. Die molare Verbrennungswärme ist also die von **2C**.

Für die *zweite* Regel ist die Essigsäure bloß $CO_2 + C + 4H$, CO_2 rechnet nicht; die molare Verbrennungswärme ist die von $\mathbf{C + 4H}$.

Für die *dritte* Regel, die von ROTH, ist die Essigsäure ein Stoff, der noch 4 Atome Sauerstoff braucht, um ganz verbrannt zu werden. Die molare Verbrennungswärme ist also $4 \cdot 52$ kcal = 208 kcal = **208000 cal.**

Es ist nicht notwendig, daß der Stoff eine definierte Formel hat; er kann z. B. auch eine Steinkohle sein. Man kann dann die drei Regeln auf das *Analysenresultat* anwenden. Etwa vorhandene Grubenfeuchtigkeit rechnet dabei natürlich genauso als nichts beitragend wie das fiktive „WELTERsche Wasser", Asche desgleichen; m. a. W., beide werden vorher abgezogen, samt dem WELTERschen Wasser und was dann noch übrig bleibt an C und H, rechnet für die Verbrennungswärme. Die ROTHsche Regel gestattet, bei Substanzen, die nicht allzuviel Sauerstoff oder Stickstoff enthalten, die spezifische Verbrennungswärme mit einer Genauigkeit von *einigen* Prozent abzuschätzen.

Es ist von vornherein klar, daß diese drei Regeln nur eine annähernde Gültigkeit haben können. Auf den ersten Blick erkennt man z. B., daß nach diesen drei Regeln alle *isomeren* Verbindungen die gleiche Verbrennungswärme haben müßten — was nicht der Fall ist.[1]) Desgleichen müßten alle *polymeren* Verbindungen pro Gramm die gleiche Verbrennungswärme haben, so z. B. Acetaldehyd und Paraldehyd, oder Isopren und Kautschuk oder Acetylen und $^1/_3$ Benzol, oder $2C + H_2$. Das ist in Wirklichkeit nicht der Fall; Acetylen hat eine größere Verbrennungswärme als $2C + 2H$, $^1/_3$ Benzol eine kleinere. Die Differenz (gegen $2C + 2H$) ist die *Bildungswärme W* (des Kohlenwasserstoffs), welche bei Acetylen negativ, bei Benzol positiv ist.

Für bestimmte Klassen von Brennstoffen, z. B. Steinkohle oder Heizöl, gibt es noch genauere empirische Regeln, welche die Verbrennungswärme besser vorherzusagen gestatten, so daß man also die Bestimmung der Verbrennungswärme in der calorimetrischen Bombe durch die genaue C, H-Bestimmung ersetzen könnte.

---

[1]) So haben z. B. Äthylalkohol und Dimethyläther beide die Formel C_2H_6O; die Verbrennungswärmen sind jedoch 326,5 bzw. 349,5 kcal/Mol (oder in moderner Ausdrucksweise: die **Verbrennungsenthalpien** ΔI_v sind — 326,5 bzw. —349,5 kcal/Mol) vgl. auch S. 174.

14. Das Gesetz von HESS

Die Reaktionswärme ist unabhängig vom Weg.

Bleisulfat z. B. kann auf mehreren Wegen aus den Elementen hergestellt werden. Erster Weg: Man oxydiert Blei mit Sauerstoff zu Bleioxid und andererseits Schwefel mit Sauerstoff zu Schwefeltrioxid und vereinigt dann das PbO und SO_3 zu $PbSO_4$.

Zweiter Weg: Man vereinigt Blei mit Schwefel zu PbS und oxydiert dann das Bleisulfid mit Sauerstoff zu Bleisulfat. Auf dem zweiten Weg muß dann in summa die gleiche Reaktionswärme freiwerden wie auf dem ersten, wenn nur das Endsystem und das Anfangssystem bei beiden Wegen völlig gleich sind. Sind dann von dem einen Weg *sämtliche Stücke* (Reaktionswärmen der Teilreaktionen) bekannt und von dem anderen *alle bis auf eines*, so kann dieses eine unbekannte Stück durch Differenzbildung errechnet werden, also z. B. das erste Stück des zweiten Weges, die Reaktion

$$Pb + S = PbS + x \text{ cal.}$$

Beispiel 7 Zink und Magnesium (gleiche Teile) gehen miteinander eine Legierung ein, dabei wird die sogenannte Legierungswärme frei. Diese Legierungswärme ist bequem bestimmbar nach folgendem Verfahren. Man löst einerseits 10 g Späne der Legierung in einer bestimmten Menge verdünnter Salzsäure auf und andererseits je 5 g Zinkspäne und Magnesiumspäne in derselben Salzsäure. Man erhält im ersten Fall etwas weniger Lösungswärme als im zweiten, und diese Differenz ist die Legierungswärme von 5 g Zink mit 5 g Magnesium.

Der Endzustand ist bei beiden Wegen der gleiche: eine verdünnte Lösung von Magnesium- und Zinkchlorid in überschüssiger verdünnter Salzsäure plus eine bestimmte Menge Wasserstoff. Der Anfangszustand ist ebenfalls gleich: Zn + Mg + viel verdünnte Salzsäure. Der zweite Weg besteht darin, daß der Anfangszustand in einem Zuge in den Endzustand übergeführt wird; der erste ist ähnlich, jedoch mit einer Zwischenstation, der Legierung. Der erste Weg arbeitet also in zwei Stufen, von denen eine bekannt ist, die andere unbekannt.

Beispiel 8 Für chemische Verbindungen gilt dasselbe wie für Legierungen. Es handle sich darum, die Bildungswärme von Methan aus den Elementen, also die Reaktionswärme der Reaktion

$$C + 2H_2 = CH_4$$

zu ermitteln. Man geht dazu so vor, daß man einerseits 1 Mol Methan und andererseits 1 Mol C und 2 Mole H_2 zu CO_2 und H_2O mit überschüssigem Sauerstoff verbrennt. Man erhält dann im ersten Fall etwas weniger Reaktionswärme als im zweiten, und diese Differenz ist die Bildungswärme des Methans, die Reaktionswärme des unbekannten ersten Stücks des zweiten Weges. Der zweite Weg geht wieder direkt, der erste über die Zwischenstation Methan. Endsystem ist in beiden Fällen $CO_2 + 2H_2O +$ überschüssiges O_2, Anfangssystem $C + 2H_2 +$ überschüssiges O_2.

Beispiel 9 Die Bildungswärme von Citronensäure, $C_6H_8O_7$, ist zu ermitteln. Man verfährt genau wie bei Methan; man verbrennt das eine Mal 1 Mol Citronensäure, das andere Mal 6 C und 8 H, also 4 H_2. Auf den Sauerstoff braucht man keine Rücksicht zu nehmen. Endsystem: $6CO_2 + 4H_2O +$ überschüssiges O_2; Anfangssystem: $6C + 4H_2 +$ überschüssiges O_2. Zweiter Weg direkt, erster über die Zwischenstation Citronensäure, also in zwei Abschnitten, von denen der erste unbekannt ist, der zweite bekannt. Vergleiche hierzu die ROTHsche Regel.

Beispiel 10 Die Bildungswärme von Natriumoxid Na_2O aus den Elementen ist zu ermitteln. Gegeben sind die Lösungswärmen von Na_2O und von Na in H_2O und die Verbrennungswärme von Wasserstoff.

Erster Weg: Man verbindet 2Na mit $\frac{1}{2}$ O_2 zu Na_2O (1. Stufe, unbekannt) und löst dann das Na_2O in viel Wasser (2. Stufe, bekannt).
Zweiter Weg: Man löst 2Na in viel Wasser zu verdünnter Natronlauge + H_2 (1. Stufe, bekannt) und verbrennt dann das entstandene H_2 mit $\frac{1}{2}$ O_2 zu H_2O (2. Stufe bekannt). Die Beimischung des so entstandenen Mols H_2O zu der verdünnten Natronlauge erzeugt keine erwähnenswerte Wärmemenge mehr.
Endzustand in beiden Fällen: verdünnte Natronlauge; Anfangszustand in beiden Fällen: $2Na + \frac{1}{2} O_2 +$ viel Wasser.

Der Vergleich der beiden Wege liefert den unbekannten Summanden des ersten Weges (s. Sammlung ABEGG/SACKUR).

Beispiel 11 Die Polymerisationswärme von Acetylen zu Benzol,

$$3C_2H_2 = C_6H_6,$$

ist zu ermitteln. Man verbrennt einerseits 3 Mole Acetylen mit überschüssigem Sauerstoff, andererseits 1 Mol Benzol. Die Differenz dieser Verbrennungswärmen ist die Bildungswärme von 1 Mol Benzol aus 3 Molen Acetylen.

Beispiel 12 Verdünnte Dichloressigsäure hat eine Neutralisationswärme von 15000 cal, verdünnte Salzsäure eine solche von 14000. Versetzt man 1 Mol Natriumchloracetat in verdünnter Lösung mit 1 Mol verdünnter Salzsäure, so tritt eine Abkühlung von 800 cal auf. Zu welchem Bruchteil erfolgt der Umsatz?

A: Bei 1000 cal Abkühlung würde der Umsatz zu 100% erfolgen; bei 800 cal Abkühlung erfolgt er zu 80%.

*Beispiel 13** Aus den folgenden Daten ist die Bildungswärme des wasserfreien Al_2Cl_2 zu berechnen:

$$2\,Al + 6\,HCl\,aq = Al_2Cl_5\,aq + 3\,H_2 + 239\,760\text{ cal}$$

$$H_2 + Cl_2 = 2\,HCl + 44\,000\text{ cal}$$

$$HCl + aq = HCl\,aq + 17\,315\text{ cal}$$

$$Al_2Cl_6 + aq + Al_2Cl_6\,aq + 153\,690\text{ cal}$$

A: Das Endsystem ist verdünnte Aluminiumchloridlösung, also Al_2Cl_6 aq. Das Anfangssystem ist Aluminium, Chlor und Wasser, also $2\,Al + 3\,Cl_2$ + aq. Vom ersten zum zweiten System führen zwei Wege. Der zweite Weg besteht darin, daß man die Vereinigung von $2\,Al + 3\,Cl_2$ zu wasserfreiem Aluminiumchlorid vornimmt — dabei gewinnt man die Wärme x cal (gefragt) — und dann das $AlCl_3$ in viel Wasser auflöst; hierbei gewinnt man die Wärme + 153 690 cal, zusammen also auf dem zweiten Wege die Wärme **153 690 + cal x cal.**
Beim ersten Weg sind dem Anfangs- und Endsystem je 3 Mole H_2 beigegeben. Da diese am Anfang und am Ende auftreten, sind Anfangs- und Endsystem des zweiten Weges gleichwertig. Man kann sich ja die $3\,H_2$ auch dort jeweils addiert denken.
Der erste Weg verläuft nun so, daß man zuerst $3\,Cl_2$ mit $3\,H_2$ vereinigt zu 6 HCl. Diese werden in Wasser gelöst, wobei es wieder eine Wärmetönung gibt. Dann löst man die 2 Al in der verdünnten Salzsäure. Dabei erhält man das Endsystem, verdünnte Aluminiumchloridlösung + $3\,H_2$.
Der erste Weg verläuft in folgenden Stufen:

1. $3\,H_2 + 3\,Cl_2 = 6\,HCl + 3 \cdot 44\,000 = 132\,000$ cal
2. $6\,HCl + aq = 6\,HCl\,aq + 6 \cdot 17\,315 = 103\,890$ cal
3. $2\,Al + 6\,HCl\,aq = Al_2Cl_5\,aq. + 3\,H_2 = 239\,760$ cal

$$475\,650\text{ cal}$$

Die Gesamtwärmen auf beiden Wegen müssen gleich sein. Es muß also sein:

$$153\,690 + x = 475\,650$$

$$\mathbf{x = 321\,960\text{ cal.}}$$

---

[1]) Darin steckt die positive Dissoziationswärme der Dichloressigsäure. (Die Zahlen sind abgerundet.)

*Beispiel 14** Aus folgenden Daten ist die Bildungswärme der wäßrigen salpetrigen Säure HNO_2 aq zu berechnen:

$$NH_4NO_2 = N_2 + 2H_2O + 71770 \text{ cal}$$
$$2H_2 + O_2 = 2H_2O + 136720 \text{ cal}$$
$$N_2 + 3H_2 + \text{aq} = 2NH_3 \text{ aq} + 40640 \text{ cal}$$
$$NH_3 \text{ aq.} + HNO_2 \text{ aq} = NH_4NO_2 \text{ aq} + 8110 \text{ cal}$$
$$NH_4NO_2 + \text{aq} = NH_4NO_2 \text{ aq} - 4750 \text{ cal.}$$

A: Man hat ein Anfangssystem und ein Endsystem und zwei Wege, die vom ersteren zum letzteren führen.
Das Endsystem ist

$$N_2 + 2H_2O.$$

Das Anfangssystem bilden die dazugehörigen Elementargase

$$N_2 + 2H_2 + O_2.$$

Der zweite Weg ist, wie man sofort sieht, einfach die Vereinigung von Wasserstoff und Sauerstoff zu Wasser, wobei der Stickstoff an der Reaktion nicht teilnimmt und sich lediglich am Anfang und am Schluß mitpräsentiert. Der zweite Weg liefert 136720 cal. Der erste Weg führt jedoch über die Bildung und den Zerfall eines Moleküls Ammoniumnitrit. Dieses zerfällt nach der Reaktion

$$NH_3NO_2 = N_2 + 2H_2O \; (+ 71770 \text{ cal})$$

unter Entstehung des Endsystems.
Die Bildung des Mols Ammoniumnitrit erfolgt dagegen auf einem vielstufigen Wege:
Bildung von 1 Mol NH_3 aus den Elementargasen, Wärme a,
Auflösung von 1 NH_3 in viel Wasser, Wärme b,
($a + b = +20320$ cal),
Bildung von 1 Mol NO_2H aus den Elementargasen, Wärme x,
Auflösung von 1 Mol NO_2H in viel Wasser, Wärme y,
($x + y = z$ [gefragt]),
Vereinigung von verdünnten NH_3 und verdünnter NO_2H (Neutralisation), Wärme + 9110 cal,
Abscheidungswärme des festen Ammoniumnitrits aus der Lösung, Wärme + 4750 cal (der umgekehrte Vorgang erzeugt Kälte!),
Zersetzungswärme des festen Ammoniumnitrits unter Entstehung des Endsystems. Wärme + 71770 cal.
Der erste Weg muß natürlich die gleiche Gesamtwärmemenge liefern wie der zweite. Der erste liefert 136720 cal. Der zweite liefert $20320 + z + 9110 + 4750 + 71770 = 105950 + z$.
Da $105950 + z = 136720$, ergibt sich $z =$ **30770 cal.**

*Beispiel 15** Aus den folgenden Daten ist die Bildungswärme des Arsentrioxids As_2O_3 zu berechnen.

$$As_2O_3 + 3\,H_2O + aq = 2\,H_3AsO_3\,aq - 7550\ cal$$

$$As + 3\,Cl^{1)} = AsCl_3 + 71\,390\ cal$$

$$AsCl_3 + 3\,H_2O + aq = H_3AsO_3\,aq + 3\,HCl\,aq + 17580\ cal$$

$$H + Cl = HCl + 22000\ cal$$

$$HCl + aq = HCl\,aq + 17\,315\ cal$$

$$H_2 + O = H_2O + 68\,360\ cal$$

A: Das Endsystem ist eine verdünnte salzsaure Lösung von arseniger Säure, also H_3AsO_3 aq + 6 HCl aq. Das Anfangssystem ist As + 3 O + 6 Cl + 6 H + aq. Vom Anfangs- zum Endsystem führen zwei Wege. Beim *zweiten* werden 2 As mit 6 Cl vereinigt zu 2 $AsCl_3$ und dieses dann mit Wasser hydrolysiert zu

$$As_2O_3 \cdot 3\,H_2O\,aq + 6\,HCl\,aq$$

Der gegebene Wasserstoff wird mit dem Sauerstoff verbrannt zu Wasser, wobei nochmals Wärme gewonnen wird. Das Wasser wird mit der verdünnten Lösung vereinigt; dabei wird keine Wärme mehr gewonnen. So entsteht das Endsystem.

Beim ersten Weg wird umgekehrt verfahren; man verbindet das *Arsen* mit dem *Sauerstoff* und den *Wasserstoff* mit dem *Chlor*. Die beiden erhaltenen Produkte löst man in viel Wasser und gewinnt aus beiden noch Lösungswärme. Schließlich mischt man die Lösungen von verdünnter arseniger Säure und verdünnter Salzsäure; dabei wird nichts mehr gewonnen.

Zweiter Weg

$$2\,As + 6\,Cl = 2\,AsCl_3 + 2 \cdot 77\,390 \qquad = +\ 142\,780\ cal$$

$$2\,AsCl_3 + 6\,H_2O + aq = 2\,H_3\,AsO_3\,aq + 6\,HCl + 2 \cdot 17\,580 \qquad = +\ 35\,160\ cal$$

$$6\,H + 3\,O = 3\,H_2O + 3 \cdot 68\,360 \qquad = +\ 205\,080\ cal$$

$$383\,020\ cal$$

---

1) 3 Cl ist hier der Übersichtlichkeit halber geschrieben statt $\frac{2}{3}\,Cl_2$, desgl. O statt $\frac{1}{2}\,O_2$ usw.

Erster Weg

$2\,As + 3O = As_2O_3$	$= x$ cal
$6H + 6Cl = 6HCl + 6 \cdot 22000$	$= 132000$ cal
$As_2O_3 + aq = 2H_3AsO_3\,aq - 7550$	$= -7550$ cal
$6HCl + aq = 6HCl\,aq + 6 \cdot 17315$	$= 103890$ cal
	$228340 + x$ cal

Die Gesamtwärmen auf beiden Wegen müssen gleich sein. Es ergibt sich also:

$$228340 + x = 383020$$

und $$x = \mathbf{154680\ cal.}$$

15. Verbrennungswärme bei konstantem Druck und bei konstantem Volumen

Immer, wenn bei einer chemischen Reaktion, z. B. bei einer Verbrennung, Gase entstehen oder verschwinden — letzteres ist der weitaus häufigere Fall — muß man unterscheiden zwischen der Verbrennungswärme bei konstantem Druck und der bei konstantem Volumen (W_p und W_v). Der Unterschied zwischen beiden ist in der Regel nicht groß (meist 1%) und leicht theoretisch zu berechnen, so daß man die eine Größe aus der anderen berechnen kann durch Addition dieses Unterschieds. Bald ist W_p experimentell besser zugänglich, bald W_v (letzteres in der calorimetrischen Bombe). Wenn Gase *verschwinden*, ist W_p *größer*.

Dies ist leicht einzusehen. Denn wenn Gase verschwinden, z. B. $2\,H_2$ und O_2 sich zu flüssigem Wasser vereinigen, dann wird durch das Nachschieben der äußeren Atmosphäre die dem Verschwinden von 3 Molen Gas entsprechende äußere Arbeit gewonnen. Erfolgt die Vereinigung des Knallgases dagegen in der calorimetrischen Bombe, also bei konstantem Volumen, so unterbleibt die nachschiebende Arbeit von außen, und dieser Summand fällt weg.

Experimentell-schematisch gesehen, sind also die Bedingungen für die *Messung oder Definition von* W_p folgende: Die Gase Sauerstoff und Wasserstoff befinden sich getrennt in zwei Gassäcken, die vorsichtig in das Calorimeter hinein ausgedrückt werden. Im Calorimeter befindet die Vereinigung in einem Knallgasbrenner oder in einer Platinschwammkugel statt, wobei die Wärme an das Calorimeterwasser abgegeben wird, so daß zum Schluß flüssiges Wasser von Zimmertemperatur gebildet wird.

Für die *Messung oder Definition von* W_v (bei konstantem Volumen also) dagegen gilt folgende Anordnung. Das Knallgas befindet sich schon fertig im Calorimeter eingeschlossen und wird dort zur Explosion gebracht. Nach der Abkühlung auf Zimmertemperatur hat man wieder flüssiges Wasser. Der schiebende Effekt der äußeren Atmosphäre fehlt, das Resultat W_v fällt etwas *kleiner* aus als W_p (in diesem Fall, der schon ungewöhnlich hoch ist, um 1,27%).

Die willkürfreiere von beiden Größen ist W_v, denn bei der anderen kommt ein Summand hinein. Praktisch kommt es aber natürlich darauf an, nach welcher Größe gefragt ist.

Die Größe des Unterschieds zwischen W_p und W_v ist sehr einfach zu berechnen. Sie ist nämlich konstant und beträgt pro Mol Gas 580 cal bei Zimmertemperatur. Die Größe der Arbeit $pV = RT = 1{,}985\,T$ wird nämlich **580 cal** für $t = 18°C$, und zwar, wie schon betont, zugunsten von W_p, wenn 1 Mol Gas *verschwindet*. Verschwinden 2 Mole Gas, so ist der Unterschied 2 · 580 cal usf. Meist sind die Gesamtverbrennungswärmen aber so hoch, daß dieser Unterschied nur 1‰ bis 1 % von ihnen ausmacht.

1 Mol Gas verschwindet bei einer Reaktion, wenn rechts vom Gleichheitszeichen der Reaktionsgleichung 1 Mol Gas *weniger* steht als links. Wie schon betont, ist dieser Reaktionstypus — wo also Gase verschwinden — der häufiger vorkommende. Beispiele hierfür sind folgende:

Beispiel 16 $Si + O_2 = SiO_2$ (Verbrennung von amorphen Silicium). Es verschwindet 1 Mol Sauerstoff. Unterschied 580 cal zugunsten von W_p.

Beispiel 17 $2H_2 + O_2 = 2H_2O$ flüssig (Verbrennung von Wasserstoffgas). Links stehen 3 Mole Gas mehr als rechts, es verschwinden 3 Mole Gas resp. $1\frac{1}{2}$ Mole Gas, wenn man die Bildungswärme von 1 Mol H_2O betrachtet. Unterschied 1,5 · 580 cal zugunsten von W_p.

Beispiel 18 $C_2H_4 + 3O_2 = 2CO_2 + 2H_2O$ flüssig (Verbrennung von Äthylen in Sauerstoff). Links 4 Mole Gas, rechts 2 Mole. Es verschwinden 2 Mole Gas; Unterschied 2 · 580 cal zugunsten von W_p oder 1160 cal.

Beispiel 19 C_6H_6 flüss. $+ \frac{15}{2} O_2 = 6CO_2 + 3H_2O$ flüssig (Verbrennung von flüssigem Benzol). Links $7^1/_2$ Mole Gas, rechts 6 Mole. Es verschwinden $1\frac{1}{2}$ Mole Gas. Unterschied also 1,5. 580 cal = 870 cal zugunsten von W_p. Da letzteres hier 783400 cal beträgt, macht der Unterschied nur, 1,11‰ aus.

Beispiel 20 $2C + O_2 = 2CO$ (Verbrennung von Kohlenstoff zu Kohlenoxid). Links steht 1 Mol Gas, rechts stehen 2; es *entsteht* also während der Reaktion 1 Mol Gas. Unterschied 580 cal zugunsten von W_v resp. von nur $\frac{1}{2} \cdot 580 = 290$ cal, wenn man die Bildungswärme von 1 Mol CO betrachtet.

Beispiel 21 $C + O_2 = CO_2$ (Verbrennung von Kohlenstoff zu Kohlendioxid). Kein Unterschied zwischen W_p und W_v.

Beispiel 22 $H_2 + Cl_2 = 2HCl$ (Chlorknallgasreaktion) Links zwei Mole, rechts zwei Mole Gas. Kein Unterschied zwischen W_p und W_v.

16. Die neue Vorzeichengebung

Die in diesem Kapitel benutzte Vorzeichengebung:

+ für die Wärmetönung einer exothermen Reaktion,
— für die Wärmetönung einer endothermen Reaktion,

ist 1932 offiziell umgestoßen worden.
Diese Zeichen werden jetzt umgekehrt verwendet, also

— für die Wärmetönung einer exothermen Reaktion,
+ für die Wärmetönung einer endothermen Reaktion.

Das war vielleicht notwendig, um ein Durcheinander der Vorzeichengebung, das in der Thermodynamik geherrscht hatte (vgl. hierzu z. B. die Zusammenstellung in FAJANS/WÜST, Physikalisch-chemisches Praktikum, Akademische Verlags-Gesellschaft, Leipzig 1929, S. 211), zu beseitigen. Zunächst wirkte sich diese Umtaufe wie jede andere nachteilig aus.

Da auf diese Weise Unklarheiten entstanden und da es lächerlich ist, wenn man nicht mehr die Begriffe positiv und negativ benützen kann, weil man immer erst vorher dazusagen muß, was man darunter meinen will, werden wir im folgenden einfach die *zwei* Begriffe „*chemische Wärmetönung W*“ und „*physikalische Wärmetönung Q*“ wählen und gebrauchen. Die chemische Wärmetönung ist das, was man bisher darunter verstand; bei ihr ist die Wärmetönung einer *exothermen* Reaktion (z. B. der Knallgasexplosion) eine *positive* Größe W (+ 136000 cal für $2\,H_2 + O_2$). Bei der „physikalischen Wärmetönung Q“ ist es umgekehrt. Da heißt dieselbe Wärmetönung einer exothermen Reaktion $Q = -136000$ cal.
(Auch REMY zieht es in seinem Lehrbuch der anorganischen Chemie vor, W und Q zu sagen, wobei $W = -Q$; Akademische Verlagsgesellschaft, Leipzig 1945, Bd. I, S. 127, Fußnote 2.)

Es sei gleich hier bemerkt, daß im wichtigsten Kapitel, in dem diese Vorzeichen eine Rolle spielen, im Kapitel „Dampfdruck und Isochore“ die ganze Sache deshalb beinahe gegenstandslos wird, weil sich im Laufe der Rechnung (vgl. z. B. das Beispiel $SrSO_4$) das Vorzeichen noch ein paarmal umkehrt und wir es vorziehen werden, das Resultat resp. sein Vorzeichen oder seine Bewegungstendenz durch Überlegung im Kopf zu kontrollieren. *Wärmeerzeugende* Vorgänge, wie die Knallgasexplosion, werden durch höhere Temperaturen *beeinträchtigt* (die Vereinigung wird bei Weißglut zusehends unvollständiger), *kälteerzeugende* Vorgänge, wie die Auflösung von Salpeter in Wasser, werden durch höhere Temperaturen *gefördert* (die Löslichkeit des Salpeters nimmt in der Wärme zu).

Weitere Beispiele: Die Verdampfung ist ein kälteerzeugender Vorgang (man denke an das Übergießen der Hand mit Äther), sie wird begünstigt durch Wärme, d. h., die Dampftension steigt mit steigender Temperatur. Die Acetylenentstehung aus den Elementen ist ein kälteerzeugender (endothermer) Vorgang; sie wird begünstigt durch Weißglut. Die Absorption eines Gases in Wasser (NH_3, HCl, CO_2) ist stets ein wärmeerzeugender Prozeß; er wird durch Wärme stets *beeinträchtigt* (Prinzip vom kleinsten Zwang), die Löslichkeit sinkt bei steigender Temperatur.

Wärmeerzeugende Vorgänge werden durch Wärme beeinträchtigt, kälteerzeugende durch Kälte. Wärmeerzeugend = exotherm; kälteerzeugend = endotherm; die beiden Ausdrücke exotherm und endotherm wurden von der neuen Vorzeichenfestlegung glücklicherweise *nicht* miterfaßt; man bedient sich ihrer also zweckmäßig, wenn man sich unmißverständlich ausdrücken will.

Die Knallgasexplosion ist wärmeliefernd, *exotherm*, und hat die chemische Wärmetönung $W = 136000$ cal pro 2 Mole H_2O; der Physiker sagt, sie habe die physikalische Wärmetönung $Q = -136000$ cal pro 2 Mole H_2O.

Der Chemiker sagt: rechts schreibe ich, was *entsteht*; es entstehen 2 Mole H_2O und außerdem 136000 cal Wärme.

Der Physiker sagt: rechts schreibe ich, was das System *vereinnahmt;* es vereinnahmt 2 Mole H_2O, die zweifellos vorher nicht da waren, und es vereinnahmt -136000 cal; es verliert 136000 cal Wärme, es vereinnahmt also -136000 cal Wärme.

Dasselbe wie für die Reaktionswärme gilt auch für die *Verdampfungswärme L.* Wir sind als Chemiker gewohnt, sie als *negative Größe* anzusehen; die Verdampfung ist ein endothermer Vorgang und wir sagen „die Verdampfungswärme des Wassers ist -540 cal" (pro Gramm Wasser). Auch hier schreiben die Physiker (aus Gründen der Vereinheitlichung) neuerdings diesen Wert mit umgekehrtem Vorzeichen, also $+540$ cal. Wir wollen auch hier zwei Namen wählen, um aus dem Wirrwarr herauszukommen. Wenn wir den Wert -540 cal meinen, wollen wir sagen „chemische Verdampfungswärme" und wenn wir den Wert $+540$ cal meinen, wollen wir sagen „physikalische Verdampfungswärme". Dieser zweite Name „physikalische Verdampfungswärme" ist eigentlich überflüssig, denn es *gibt* hierfür schon einen andern Namen, den Namen „*Verdampfungsenthalpie*". Die Verdampfungsenthalpie des Wassers ist also $+540$ cal, bloß: es wird eben noch vielfach statt „Verdampfungsenthalpie" gesagt „Verdampfungswärme", also Verdampfungswärme schlechthin, und damit wird wieder dem Mißverständnis Tür und Tor geöffnet. Wir wollen also — für uns — im folgenden das Wort „Verdampfungswärme schlechthin" vermeiden.

Man kann also z. B. sagen:

Die exotherme Reaktion

$$\frac{1}{2}H_2 + \frac{1}{2}F_2 \rightarrow HF$$

hat die „Bildungswärme W"

$$+64{,}4 \text{ cal}$$

oder die „Bildungsenthalpie" ΔH

$$-64{,}4 \text{ cal}.$$

Bei der physikalischen Verdampfungswärme kann man sich analog wie bei der physikalischen Reaktionswärme vorstellen, wie die Physiker dieses positive Vorzeichen meinen. Der Chemiker sagt: rechts schreibe ich, was entsteht. Es entsteht Dampf, und es entsteht Kälte, also negative Wärme. Der Physiker sagt: rechts schreibe ich, um was das System sich *bereichert*; es bereichert sich um Dampf, der vorher zweifellos nicht da war, und es bereichert sich um $+540$ cal Wärme; wir mußten ja dauernd mit dem Bunsenbrenner Wärme zuführen, bis das eine Gramm Wasser verdampft war.

Die ältere Bezeichnung ΔH für die Bildungsenthalpie wird neuerdings ersetzt durch $\Delta \boldsymbol{I}_B$, die für die Verbrennungsenthalpie durch $\Delta \boldsymbol{I}_v$; vgl. Chemiker-Kalender 1956, S. 528 (Springer-Verlag, Berlin-Göttingen-Heidelberg).

G

REAKTIONSKINETIK

TEIL I. MONOMOLEKULARE REAKTION

1. Logarithmischer Abfall und monomolekulare Reaktion

Logarithmischer Abfall liegt vor, wenn eine Intensität oder Konzentration in geometrischer Reihe abnimmt, während die Zeit in arithmetischer fortschreitet, z. B. Radium beim Zerfall oder Zucker bei der Inversion.

In gleichen Zeitintervallen wird also die Intensität mit demselben Faktor immer wieder multipliziert. Wie man diesen Faktor, der stets ein echter Bruch ist, wählt, ist ganz gleichgültig. Man kann z. B. die Faktoren

$$\frac{1}{2},\quad \frac{1}{10} \quad \text{oder} \quad \frac{8}{10} \text{ wählen.}$$

Das einfachste Beispiel ist das des radioaktiven Zerfalls, das klassische Beispiel einer monomolekularen Reaktion. Der *Faktor* $\frac{1}{2}$ hat hier den Vorteil, daß man ohnehin üblicherweise die Halbwertszeiten zur Charakterisierung der radioaktiven Elemente angibt.

Hat z. B. ein radioaktives Element die Halbwertszeit 1 Jahr, so sinkt seine Menge in 2 Jahren auf $\frac{1}{4}$, in 3 Jahren auf $\frac{1}{8}$, in 4 auf $\frac{1}{16}$, in 5 auf $\frac{1}{32}$ seiner Anfangsmenge und so fort. Man sieht, dieser Faktor eignet sich nicht besonders für das praktische Rechnen.

Für große Veränderungen praktischer ist *der Faktor* $\frac{1}{10}$, also die Verwendung der Zehntelwertszeit. Sinkt z. B. ein radioaktives Element in 1 Monat auf $\frac{1}{10}$, so sinkt es in 2 Monaten auf $\frac{1}{100}$, in 3 auf $\frac{1}{1000}$, in 9 um 9 Zehnerpotenzen und so fort. Dieser Faktor hat Anschluß an die Logarithmentafel.

Als noch praktischer für das folgende sei der *Faktor* $\frac{8}{10}$, also $\frac{4}{5}$, besonders empfohlen. Dieser Faktor unterscheidet sich von dem vorhergegangenen, $\frac{1}{10}$, nur dadurch, daß er die zehnfache Unterteilung desselben darstellt. Auch er hat demnach Anschluß an die Logarithmentafel und zufällig auch fast genau an die Halbwertszeit; außerdem eignet er sich vorzüglich zum Kopfrechnen.

Zerfällt z. B. ein radioaktives Element so, daß seine $\frac{8}{10}$-Wertszeit 1 Jahr beträgt, so beträgt seine Halbwertszeit 3 Jahre (genau 3,01 Jahre) und seine Zehntelwertszeit 10 Jahre.

Tabelle 19

Nach	1	Jahr ist die Intensität	0,8
nach	2	Jahren	0,63
„	3	„	0,5
„	4	„	0,4
„	5	„	0,316
„	6	„	0,25
„	7	„	0,2
„	8	„	0,16
„	9	„	0,125
„	10	„	0,1

der Anfangsintensität.

Diese Kurve sieht aus wie in Abb. 41 dargestellt, und es empfiehlt sich, sie sich einzuprägen. Sie hat Anschluß an die Logarithmentafel, alle Intervalle können also aufs genaueste ausgefüllt werden. Allerdings nicht an die Logarithmentafel direkt, sondern an eine solche, in der die Mantissen in ihre Differenzwerte

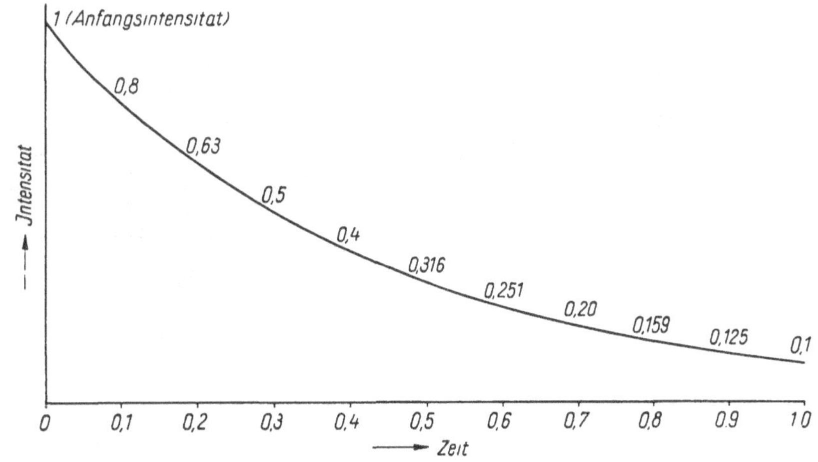

Abb. 41. Logarithmischer Abfall. Konstanter Faktor 4/5

gegen 1 umgewandelt sind, also z. B. 90000 in 10000. Eine derartige gebrauchsfertige, vierstellige Tafel befindet sich als Einstecktafel am Schluß des Buches Diese Tafel stellt die Wertetabelle für obige Kurve dar. *Die Werte links sind die Abszissenwerte* hier also Zeitwerte —, die übrigen bedeuten die Ordinatenwerte, hier also die Intensitäten (vierstellig). Die Tafel ist überschrieben „Logarithmen negativer Richtung".

Die Kurve entspricht, um es nochmals zu sagen, der Funktion $0{,}8x$, also einer Exponentialfunktion. Da der Numerus ein echter Bruch ist, ist die Kurve nach rechts fallend. Der genaue Wert der Funktion ist nicht $0{,}8^x$, sondern $0{,}794^x$

Beispiel 1 Eine radioaktive Substanz habe die Halbwertszeit 3 Jahre, in welcher Zeit sinkt die Anfangsintensität auf $\frac{1}{10}$?

A: In 10 Jahren (Abb. 42).

Beispiel 2 In welcher auf $\frac{4}{5}$?

A: In 1 Jahr (Abb. 43).

Beispiel 3 In welcher auf 63%?

A: In 2 Jahren (Abb. 44).

Beispiel 4 In welcher auf $\frac{1}{100}$?

A: In 20 Jahren.

Beispiel 4 Eine Inversion erleidende Rohrzuckerlösung habe bei bestimmter Säurekonzentration eine Halbwertszeit von 6 Stunden; in welcher Zeit sinkt die Anfangsmenge des Zuckers auf $\frac{1}{10}$?

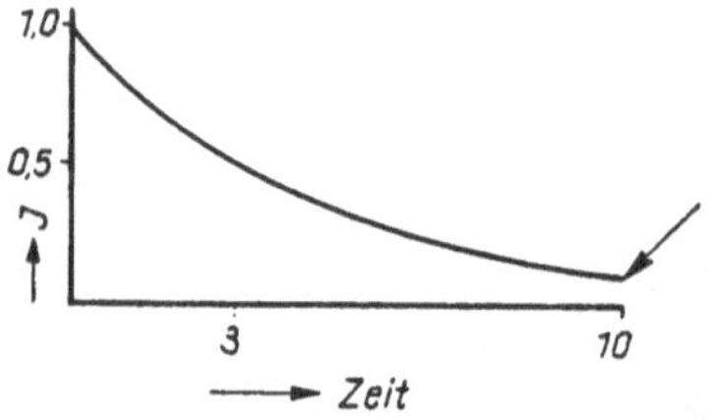

Abb. 42

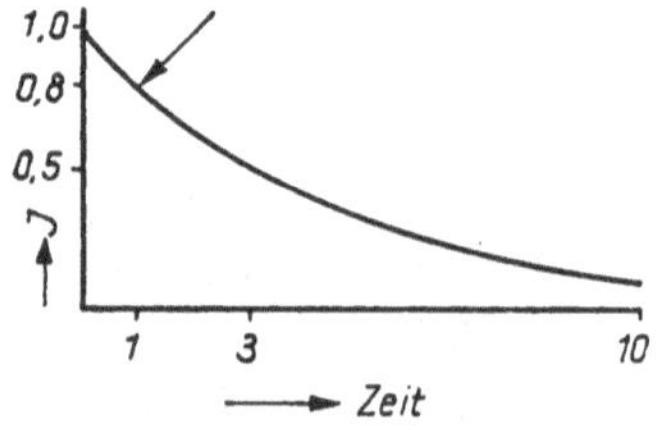

Abb. 43

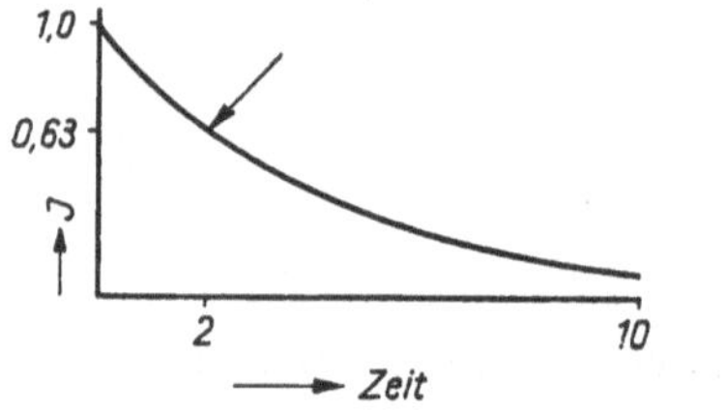

Abb. 44

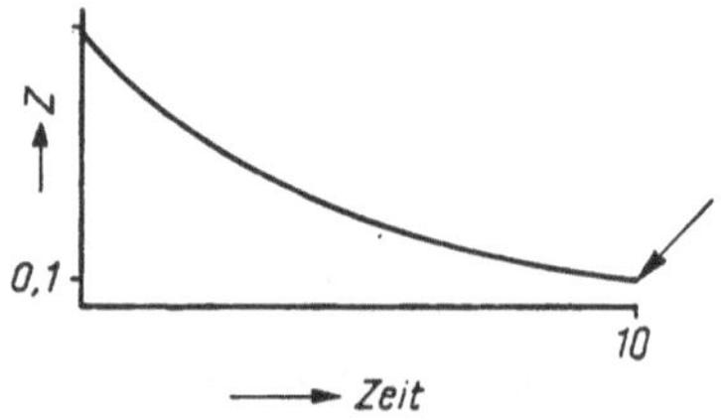

Abb. 45

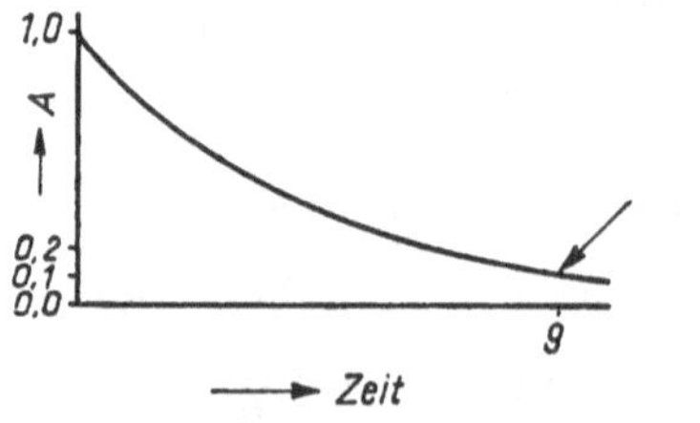

Abb. 46

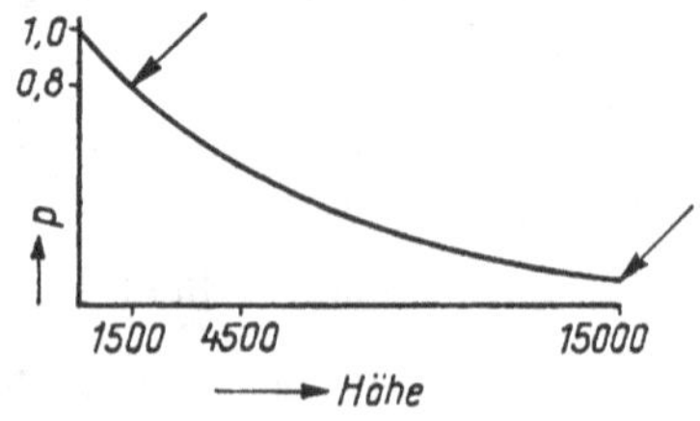

Abb. 47

A: Hier ist die Halbwertszeit nicht $= 3$; wir wählen als neue Zeiteinheit die Zeit von 2 Stunden; in dieser gerechnet, erscheint nun die Halbwertszeit wieder $= 3$. Auf $\frac{1}{10}$ ist die Zuckermenge gesunken in 10 neuen Zeiteinheiten oder in **20** Stunden (Abb. 45).

Beispiel 5 Gegeben sei die Lösung eines Alkohols in einem großen Überschuß Essigsäure. Durch Veresterung verschwinde der Alkohol allmählich mit einer Halbwertszeit von 3 Tagen. In welcher Zeit ist er auf den Bruchteil 0,125 der Anfangsmenge gesunken?

A: Jede bimolekulare Reaktion wird pseudomonomolekular, wenn der eine Reaktionspartner im großen Überschuß vorhanden ist (da sich dessen Konzentration dann ja während der Reaktion nicht ändert). Der Bruchteil 0,125 liegt eine Stufe vor 0,1 (s. Kurve). Antwort also: in **9 Tagen** (Abb. 46).

Beispiel 6 Auch der Luftdruck sinkt mit zunehmender Höhe nach dem Exponentialgesetz. Bei Wintertemperatur herrscht in 4500 m Höhe nur noch $\frac{1}{2}$ Atmosphäre Druck. In welcher Höhe herrschen $\frac{4}{5}$ atm?

A: In **1500 m** (4500:3).

In welcher Höhe $\frac{1}{10}$ atm?

A: In **15000 m** (Abb. 47).

Beispiel 7 Auch die Schwächung der Intensität eines Lichtstrahls beim Durchgang durch eine farbige Lösung erfolgt nach demselben Gesetz. Ein grüner Lichtstrahl passiere einen 3 cm dicken Trog verdünnter Jodeosinlösung und werde dabei auf die Hälfte geschwächt. Auf welche Intensität bringt ihn ein Trog von 10 cm Dicke, mit derselben Flüssigkeit gefüllt?

A: Auf $\frac{1}{10}$ (Abb. 48).

Beispiel 8 Die 3prozentige Lösung eines gelben Farbstoffes schwäche bei bestimmter Schichtdicke einen blauen Lichtstrahl auf die Hälfte seiner Anfangsintensität. Auf welchen Bruchteil schwächt ihn unter denselben Bedingungen

a) eine 1prozentige,

b) eine 10prozentige Lösung?

A: a) Auf **0,8**; b) auf **0,1** (Abb. 49).

Radium zerfällt nach dem gleichen Gesetz, nach dem eine monomolekulare reagierende Substanz aus dem Reaktionsgemisch verschwindet; nach dem gleichen Gesetz, nach dem der Luftdruck nach oben hin abnimmt; nach dem gleichen Gesetz, nach dem ein Lichtstrahl geschwächt wird, wenn er eine in der Dicke wachsende absorbierende Schicht durchläuft; und nach dem gleichen Gesetz, nach dem ein auf Zinseszinsen gelegtes Kapital *ab*nimmt, wenn man die Zeit *rückwärts* laufen läßt. Alle diese Zusammenhänge lassen sich nach derselben Formel berechnen.

Beispiel 9 Bei der Inversion von Rohrzucker ist das, was interessiert, die abnehmende *Menge* oder Konzentration des Rohrzuckers. Während aber die Menge oder die Konzentration des Rohrzuckers bei vollständiger Inversion von a nach Null geht, geht die direkt meßbare *Drehung* nicht von a nach Null, sondern beispielsweise von $+80$ nach $-20°$ (da ja der Invertzucker auch dreht). Selbstverständlich muß man hier als Reaktionsbereich den Bereich von $+80$ nach $-20°$ auffassen *und ihn auf* $+100$ *bis* 0 *umrechnen*. Halbwert ist z. B. die *Abnahme* um 50° (also ein Momentanwert von $+30°$). Die Halbwertszeit sei 3 Stunden.

a) Nach welcher Zeit ist dann die Drehung gerade 0°?

A: 0° entspricht dem Abfall von 100 auf 20 oder von 1 auf 0,2; 0,2 entspricht **7 Stunden** (Abb. 50a).

b) Nach welcher Zeit ist sie $-20°$?

A: Theoretisch unendlich. Der Endpunkt wird nur asymptotisch erreicht.

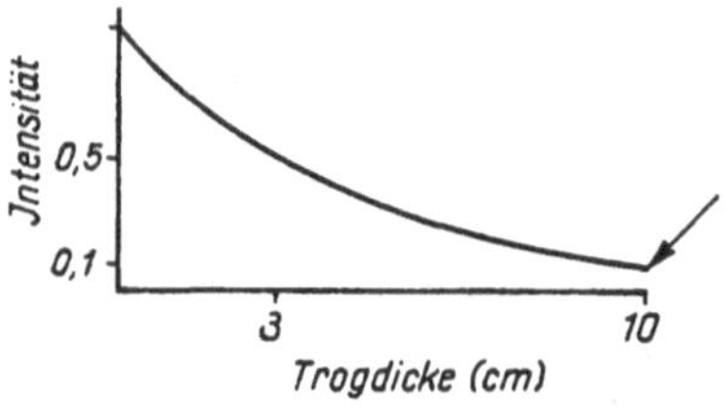

Abb. 48

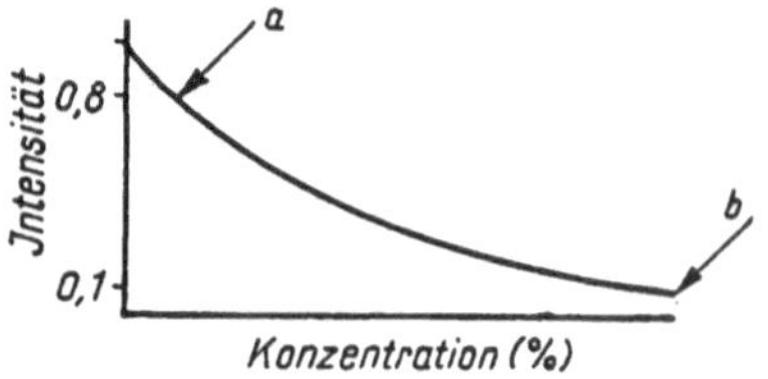

Abb. 49

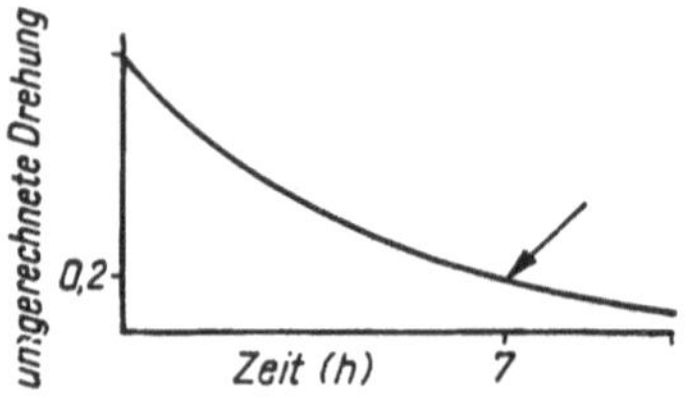

Abb. 50a

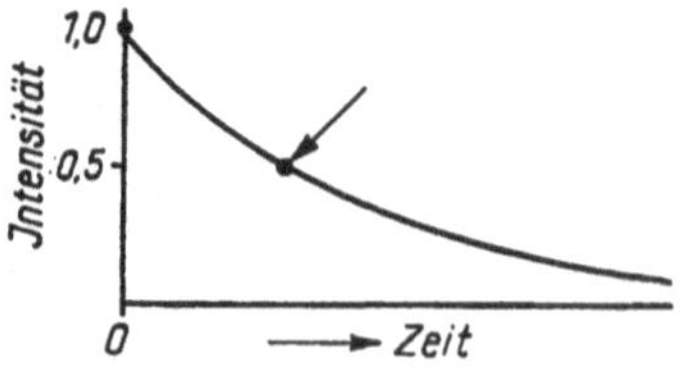

Abb. 50b

Beispiel 10 Die Kurve $y = 0{,}8^x$ (s. Abb. 41) ist festgelegt durch *zwei Punkte*; entweder durch den Anfangspunkt 1 und einen Kurvenpunkt oder durch zwei Punkte auf der Kurve, also durch zwei Zustände, d. h. zwei Wertepaare von Intensität und Zeit. Sind außer dem Anfangspunkt noch zwei weitere Punkte gegeben, also zwei weitere Intensitäten mit den zugehörigen Zeiten, so ist davon, mathematisch gesehen, einer zu viel. Die Kurve ist schon durch einen festgelegt. Liegt der zweite Punkt nicht genau auf der Kurve, so sind daran Ungenauigkeiten der Messung schuld. Sind beide Messungen gleichwertig, so wird man die Kurve so legen, daß sie zwischen beiden Punkten durchführt, also einen Mittelwert nehmen (Die Kurve ist auch festgelegt durch den Anfangspunkt und die Anfangstangente. Praktisch ist dies oft die einzige Möglichkeit für die *theoretische* Vorausberechnungen der Kurve, so z. B. bei der Luftdruckkurve; s. u.).

Wenn nach diesen Ausführungen aber zwei Zustände (also vier Werte) nötig sind, um die Kurve festzulegen, wie kommt es dann, daß bei radioaktiven Substanzen alles schon durch den einen Wert der Halbwertszeit festgelegt ist?

A: Es ist bloß scheinbar nur ein Wert gegeben; in Wirklichkeit sind vier Werte gegeben, nämlich die zwei des Anfangszustandes und die zwei des Zustandes nach halbem Zerfall, also zwei Wertepaare

Intensität 1	Intensität $^1/_2$	
Zeit 0	Zeit t	(Abb. 50 b)

Beispiel 11 *Nach Abb. 51.*

Ein radioaktives Präparat hat die Halbwertszeit 3 Tage, welche Intensität hat es nach 7 Tagen?

A: 20% der Anfangsstärke (Abb. 51).

Beispiel 12 Ein radioaktives Präparat fällt in 4 Jahren auf 40% der Anfangsintensität; welche Intensität hat es nach 6 Jahren?

A: 25% der Anfangsstärke (Abb. 51).

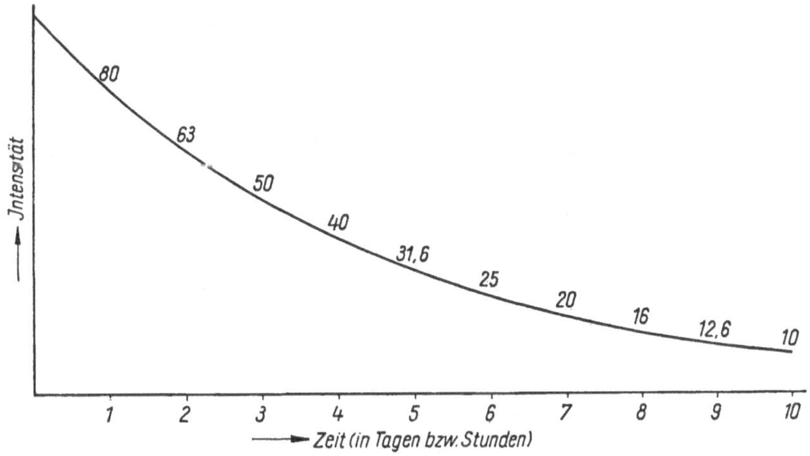

Abb. 51

Beispiel 13 Ein radioaktives Präparat fällt in 20 Jahren auf 80% der Anfangsintensität; wie groß ist seine Halbwertszeit?

A: 60 Jahre (Abb. 51).

Beispiel 14 Ein radioaktives Präparat fällt in 100 Tagen auf 31,6% seiner Anfangsintensität; in welcher Zeit fällt es auf $\frac{1}{10}$?

A: In **200 Tagen** (Abb. 51).

Beispiel 15 Ein radioaktives Präparat hat eine Halbwertszeit von 3,9 Stunden. In welcher Zeit fällt es auf 14% seiner Anfangsstärke?

A: Aus Abb. 51 geht folgendes hervor: *Wäre die Halbwertszeit 3, so wäre die gesuchte Zeit 8,5.*
Tatsächlich ist aber die Halbwertszeit 3,9, und so ergeben sich durch Proportionalität für die gesuchte Zeit **11,05 Stunden.**

3 (auf 50%)	8,5 (auf 14%)
3,9	11,05

Beispiel 16 Ein radioaktives Präparat hat eine Halbwertszeit von 126 Tagen; in welcher Zeit fällt es auf 90% seiner Anfangsstärke?

A:

3 (auf 50%)	0,5 (auf 90%)
126	21

In 21 Tagen.

Beispiel 17 Radium hat eine Halbwertszeit von 1580 Jahren. In welcher Zeit zerfällt es zu 90%?

A:

3 (auf 50%)	10 (auf 10%)
1580	5270

In **5270 Jahren.**

Beispiel 18 Radiumemanation hat eine Halbwertszeit von 3,82 Tagen. In welcher Zeit fällt sie auf 18% ihrer Anfangsintensität?

A:

3,01[1]) (auf 50%)	7,45 (aus Kurve) (auf 18%)
3,825	9,52

In **9,52 Tagen.**

Die folgenden Beispiele sollen nach Tafel 1 (vierstellige Zahl = Intensität) *gelöst werden.*

Beispiel 19 Radiumemanation hat eine Halbwertszeit von 3,825 Tagen In welcher Zeit fällt sie auf 18% ihrer Anfangsintensität (wie in Beispiel 18)?

A:

3,01	7,45 (aus Tabelle)
3,825	9,47

In **9,47 Tagen** (genauer als nach der Kurve).

[1]) 3,01 ist genauer als 3; s. Tafel 1 (Einstecktafel).

Beispiel 20 Polonium hat eine Halbwertszeit von 140 Tagen. In welcher Zeit fällt es auf 25% seiner Anfangsintensität?

A:	301 (auf 50%)	602 (auf 25%)
	140	280

In **280 Tagen.** (Selbstverständlich, denn es wird nur nochmals halbiert, von $\frac{1}{2}$ auf $\frac{1}{4}$)

Beispiel 21 Radium D hat eine Halbwertszeit von 22 Jahren. In welcher Zeit fällt es auf 71% seiner Anfangsstärke?

A: Nach der Kurve	3,01 (auf 50%)	1,5 (auf 71%)
	22	11,0
Nach der Tabelle:	3,01	1,49
	22	10,9

In **10,9 Jahren.**

Beispiel 22 Uran 238 hat eine Halbwertszeit von 4,56 Milliarden Jahren. In welcher Zeit fällt es auf 90% seiner Anfangsmenge?

A: Nach der Kurve:	0,301 (auf 50%)	0,045 (auf 90%)
	4,56	0,682
Nach der Tabelle:	0,301	0,046
	4,56	0,697

In **0,697 Milliarden Jahren.**

Wir haben bisher immer mit dem einfachen Fall gerechnet, daß der Anfangswert der Intensität 1 beträgt. Wenn derselbe aber eine beliebige Zahl ist, z. B. 35, so wird man die Intensitätswerte durch Multiplikation mit $\frac{1}{35}$ in eine Reihe transformieren, welche mit 1 beginnt.

Da man dasselbe ja schon mit den Zeitwerten tun muß (denn die Halbwertszeit muß auf 0,301 transponiert werden), lautet die allgemeine Vorschrift:

Die Intensitäten und die Zeiten werden mit Hilfe des Rechenschiebers mit zwei solchen Faktoren überlagert, daß die Intensitätsreihe mit 1 beginnt und die Zeitreihe dazu passend wird. Dann vermittelt zwischen Ordinaten- und Abszissenteilung die Kurve $0{,}8^x$ resp. $0{,}1^x$ oder 10^{-x}, und sämtliche Zwischenwerte können daraus abgenommen werden.

Auf diese Weise kommt man zu der einfachen Formel

$$J = J_0 \cdot 10^{-kt}$$

wobei J die abnehmende Intensität bedeutet. J_0 ist der Anfangswert, t die Zeit in beliebigen Einheiten und k eine Proportionalitätskonstante, die meist erst aus den Daten der Aufgabe errechnet werden muß.

Bei der Lichtextinktion geht obige Formel über in

$$J = J_0 \cdot 10^{-\varepsilon c d}$$

d ist die Schichtdicke; sie tritt an die Stelle der Zeit t; ε ist die Konstante (statt k) und c die Konzentration der absorbierenden Lösung, die hier noch multiplikativ zur Schichtdicke tritt; εc steht hier an Stelle von k in obiger Formel, $\varepsilon c d$ also an Stelle von kt.

Beispiel 23 Ein radioaktives Präparat hat die Ionisationsintensität 80 (in willkürlichen Einheiten) und 12 Stunden später die Intensität 20,1. Wie groß ist die Halbwertszeit des Radioelements?

A: $\frac{J}{J_0} = 10^{-kt}$

$$\log J - \log J_0 = -kt$$

$$\log J_0 - \log J = kt$$

1. $$\log 80 - \log 20{,}1 = 12k$$

$$1{,}90 - 1{,}30 = 12k$$

$$0{,}60 = 12k$$

2. $$k = 0{,}05$$

Hieraus nun analog 1,

$$\log 80 - \log 40 = tk \quad (t \text{ jetzt unbekannt})$$

$$1{,}90 - 1{,}60 = 0{,}05\,t$$

$$0{,}30 = 0{,}05\,t$$

$$\mathbf{t = 6\ Stunden.}$$

Beispiel 24 Ein radioaktives Präparat hat die Ionisationsintensität 743,5 (in willkürlichen Einheiten) und 10 Tage später die Ionisationsintensität 361,8. Wie groß ist die Halbwertszeit des Radioelements?

A: $\frac{J}{J_0} = 10^{-kt}$

$$\log J - \log J_0 = -kt$$

$$\log J_0 - \log J = kt$$

1. $$\log 743{,}5 - \log 361{,}8 = 10k$$

$$2{,}87128 - 2{,}55847 = 10k$$

$$0{,}31281 = 10k$$

$$\mathbf{k = 0{,}031281}$$

2. Hieraus nun analog 1,

$$\log 743{,}5 - \log 371{,}7 = kt$$

$$2{,}87128 - 2{,}57019 = 0{,}031281\,t$$

$$0{,}300119 = 0{,}031281\,t$$

$$t = 0{,}30119 : 0{,}031281$$

$$\boldsymbol{t = 9{,}626}\ \textbf{Tage}.$$

Beispiel 25 Eine organische Säure zerfällt beim Aufbewahren ihrer wäßrigen Lösung bei 80 °C unter Entstehung eines neutralen Stoffes. Die Menge der jeweils noch vorhandenen Säure (α) kann durch Titration einer herausgenommenen Probe festgestellt werden. Diese Menge α beträgt unmittelbar nach der Herstellung — also zur Zeit Null — 1000 Gramm, nach 1 Tag 100 Gramm, nach 2 Tagen 10 Gramm, nach 3 Tagen 1 Gramm. Wie ist aus diesen Daten zu ersehen, daß der Zerfall monomolekular oder pseudomonomolekular erfolgt?

A: Die Intensität oder Menge (α) beträgt

zur Zeit	0	1	2	3
	1000	100	10	1
Log. davon	3	2	1	0

und diese (fallende) Reihe läuft natürlich linear zur Zeitreihe

0 1 2 3

Um statt dieser fallenden Reihe eine steigende zu erhalten, verfährt man besser so:
Man schreibt statt der Intensitäten die durch den Anfangswert dividierten Intensitäten an:

$$\frac{1000}{1000} \quad \frac{100}{1000} \quad \frac{10}{1000} \quad \frac{1}{1000}$$

resp. noch besser deren Reziproke:

$$\frac{1000}{1000} \quad \frac{1000}{100} \quad \frac{1000}{10} \quad \frac{1000}{1}$$

also 1 10 100 1000

und nimmt dann die Logarithmen davon:

	0	1	2	3
(Zeitreihe:	0	1	2	3)

und diese Reihe läuft nun zur Zeitreihe sichtlich linear.

In Wirklichkeit sieht man natürlich auf den ersten Blick, daß die Intensität in gleichen Zeitintervallen mit demselben Faktor multipliziert ist, nämlich mit dem Bruch $\frac{1}{10}$ und damit ist der monomolekulare Charakter des Zerfalls erwiesen. Immer, wenn die Intensität jedesmal mit demselben Faktor multipliziert ist — oder, was dasselbe ist, wenn die Logarithmen der Intensitäten dieselbe Differenz aufweisen — ist die Reaktion erster Ordnung.
Diese Linearbeziehung kann aber schon aus den drei ersten Zahlen abgelesen werden; die vierte ist hierzu — rein mathematisch gesehen — nicht notwendig. Zur Konstatierung des monomolekularen Charakters der Reaktion werden also außer der Anfangsablesung nur noch zwei weitere Ablesungen nötig sein. Natürlich wird man aber aus Gründen der Genauigkeit noch mehr heranziehen.

Beispiel 26 Ein wasserlösliches Keton, das durch Oximtitration erfaßbar ist, wird beim Aufbewahren in Lösung oxydativ zerstört; das Oxydationsmittel ist in großem Überschuß vorhanden. Die durch Titration festgestellten Mengen sind: zu Anfang (Zeit Null) 100 g, nach 1 Tag 31,6 g, nach 2 Tagen 10 g, nach 3 Tagen 3,16 g, nach 4 Tagen 1 g. Wie ist aus diesen Daten zu ersehen, daß die Zerstörungsreaktion pseudomonomolekular erfolgt?

A: Wir bilden wieder die Mengenreihe

$$100 \qquad 31{,}6 \qquad 10 \qquad 3{,}16 \qquad 1{,}0,$$

resp. besser die durch die Anfangsmenge dividierten Werte

$$\frac{100}{100} \qquad \frac{31{,}6}{100} \qquad \frac{10}{100} \qquad \frac{3{,}16}{100} \qquad \frac{1}{100}$$

resp. noch besser die Reziproken davon

$$\frac{100}{100} \qquad \frac{100}{31{,}6} \qquad \frac{100}{10} \qquad \frac{100}{3{,}16} \qquad \frac{100}{1}$$

und logarithmieren:

$$0 \qquad 0{,}5 \qquad 1 \qquad 1{,}5 \qquad 2$$

(Zeitreihe:

$$0 \qquad 1 \qquad 2 \qquad 3 \qquad 4)$$

und diese Reihe läuft zur Zeitreihe sichtlich linear, womit der pseudomonomolekulare Charakter bewiesen ist. (Die beiden letzten Messungen sind — rein mathematisch gesehen — wieder unnötig.)

Beispiel 27 Eine mit Volumen*abnahme* verbundene Reaktion wird im Dilatometer verfolgt. Das Dilatometer hat einen willkürlichen Inhalt, sein Hals ein willkürliches Kaliber und trägt aufgeätzt eine lineare Teilung in willkürlichem Maßstab (Abb. 52).
Unmittelbar nach der Mischung reicht die Flüssigkeit bis Teilstrich 105, nach 2 Tagen bis Teilstrich 15, nach 4 Tagen bis Teilstrich 6, nach langer Zeit bis Teilstrich 5 (am Hals). Wie ist aus diesen Daten der monomolekulare oder pseudomonomolekulare Charakter der Reaktion zu ersehen?

A: Der Endzustand darf nicht 5 heißen, sondern nur Null. Wir verwandeln also — indem wir 5 subtrahieren — die Reihe

	105	15	6	5
in	100	10	1	0
resp.	$\frac{100}{100}$	$\frac{10}{100}$	$\frac{1}{100}$	
resp.	$\frac{100}{100}$	$\frac{100}{10}$	$\frac{100}{1}$	
resp.	1	10	100	
resp.	0	1	2	(logarithmiert)
(Zeitreihe	0	2	4)	

und diese läuft zur Zeitreihe linear.

Beispiel 28 Eine mit Volumen*zunahme* verbundene Reaktion wird im Dilatometer verfolgt. Am Anfang reicht die Flüssigkeit bis Teilstrich 5, nach einer Woche bis Teilstrich 95, nach 2 Wochen bis Teilstrich 104, nach langer Zeit bis Teilstrich 105. Wie ist aus diesen Daten der monomolekulare oder pseudomonomolekulare Charakter der Reaktion zu ersehen?

A: Der Endzustand muß Null sein. Dahin bringen wir die Reihe durch Subtraktion der Werte *vom Wert* 105 (m. a. W., *die Konzentration an Anfangssubstanz ist proportional der Expansion vom betreffenden momentanen Volumen zum Endvolumen*).
Also:

$$\begin{array}{cccc} 105 & 105 & 105 & 105 \\ -\ \ 5 & -\ 95 & -104 & -105 \\ \hline 100 & 10 & 1 & 0 \end{array}$$

$$\text{resp.} \quad \frac{100}{100} \quad \frac{10}{100} \quad \frac{1}{100}$$

resp.	$\frac{100}{100}$	$\frac{100}{10}$	$\frac{100}{1}$	
resp.	1	10	100	
resp.	0	1	2	(logarithmiert)
(Zeitreihe	0	1	2)	

und diese Reihe läuft zur Zeitreihe linear.

Beispiel 29 Bei einer monomolekularen Reaktion entsteht aus einer farbigen Substanz eine farblose; der Verlauf der Reaktion wird im Kolorimeter verfolgt. Die Anfangsablesung ist 75, dann folgen in nicht gegebenen (ungleichen) Zeitabständen die Ablesungen 30, 20 und 10 und schließlich nach 98 Stunden die Endablesung Null. Welches ist die zugehörige Zeitskala?

A: Zur Beantwortung dieser Frage reichen die Angaben nicht aus. Die Endablesung kann man nicht rechnen, denn diese entspricht der Zeit ∞ und zeigt nur, daß nach 98 Stunden die Reaktion *praktisch* vollständig verlaufen ist.
Die Kurve muß durch zwei Punkte gelegt werden; es ist aber nur einer gegeben, der Anfangspunkt nämlich.

Beispiel 30 Im vorigen Beispiel ist die zweite Ablesung (30) nach 4 Stunden gemacht. Wann wurden die übrigen gemacht?

A:	75	30	20	10	0	
	$\frac{75}{75}$	$\frac{30}{75}$	$\frac{20}{75}$	$\frac{10}{75}$		
	$\frac{75}{75}$	$\frac{75}{30}$	$\frac{75}{20}$	$\frac{75}{10}$		
	1	2,5	3,75	7,5		
	0	0,398	0,574	0,875	(logarithmiert)	
Zeitskala	0	4	5,7	8,7		

Die Ablesungen 20 und 10 wurden also nach 5,7 resp. 8,7 Stunden gemacht.

Beispiel 31 Das Abklingen einer einheitlichen radioaktiven Substanz wird durch laufende Messungen der α-Strahlenintensität verfolgt. Die Messungen erfolgen in gleichen Zeitabständen. Was ist für die Logarithmen der Intensitäten zu erwarten?

A: Die Reihe der Logarithmen muß konstante Differenzen zeigen. Wenn zwischen den ersten beiden Gliedern z. B. die Differenz 0,1 beträgt, wird diese Differenz auch zwischen allen anderen benachbarten Gliedern auftreten (Kennzeichen der monomolekularen oder pseudomonomolekularen Reaktion).

Man kann die Rechnung vereinfachen, indem man die Zeitintervalle gleich wählt. Dann kann man, ohne zu logarithmieren, immer mit demselben Faktor multiplizieren. Sind die Intervalle ungleich, so kommt man um das Logarithmieren nicht herum. Einfacher ist es aber dann, auf logarithmischem Papier zu arbeiten (S. 203).

Für die Verfolgung solcher Reaktionen (mono-, bi- und trimolekularer Reaktionen) kommen außer Titration und Messung des Drehvermögens noch in Betracht die Verfolgung des Volumens der Reaktionsmasse — also Messung der Kontraktion oder Dilatation im Dilatometer — und die Kolorimetrie, bei Gasen auch Messung des Druckanstiegs bei konstantem Volumen oder umgekehrt. In allen diesen Fällen muß man sich zu Anfang zweierlei klarmachen, nämlich

1. daß der Endwert auch wirklich Null heißen muß und nicht etwa 42 oder —116; und

2. daß man zunächst eine *fallende* Wertereihe herstellen muß, eine anfangs schnell, später langsamer fallende Reihe. Beim radioaktiven Zerfall einer einheitlichen Substanz zu einer inaktiven sind beide Forderungen immer erfüllt, und darum ist dieser Fall auch das klassische Schulbeispiel — abgesehen von seinem monomolekularen Charakter.

Daß der Endwert (die Endablesung) auch wirklich Null heißen muß und nicht etwa 177,0 ist am besten ersichtlich am *Dilatometer*. Angenommen, es handle sich um eine mit *Kontraktion* verbundene Reaktion, die in einem Dilatometer (natürlich bei konstanter Temperatur) verläuft. Das Anfangsvolumen sei 177,64 ccm, das Endvolumen (nach langer Zeit) 177,00 ccm. Dann läuft das wirklich zu verfolgende Spiel der Werte natürlich von 0,64 nach Null oder von 64 nach Null. Die Komponente 177 (ccm) ist unerheblich und kann auch unbekannt sein. Mit anderen Worten, man kann als Dilatometer einen Kolben verwenden, dessen Volumen man gar nicht kennt, wenn nur der Kolbenhals eine lineare Teilung trägt; nur das Endvolumen muß auf jeden Fall Null genannt werden.

Bei der Verfolgung einer Reaktion durch Messung der *Drehung* muß ebenfalls der Endwert Null heißen und nicht etwa +130° oder —50°, wie wir schon gesehen haben. Geht der Verlauf von +120 nach +20, so muß er umbenannt werden „von 100 nach Null". Geht er von —120 nach —20, so wird er umbenannt „von 100 nach Null". Geht er von +70 nach —20, so wird er umbenannt „von 90 nach Null". Geht er von —70 nach +20, so wird er umbenannt „von 90 nach Null".

Bei der Verfolgung einer Reaktion durch *Kolorimetrie* muß der Endwert ebenfalls Null heißen. Entsteht z. B. aus einer roten Substanz eine farblose, so läuft die gemessene Konzentration etwa von +64 nach Null und kann so bleiben. Sind die nach gleichen Zeitintervallen erreichten Werte etwa 32, 16, 8, 4, so ist die Reaktion monomolekular oder pseudomonomolekular — z. B. oxydative Zerstörung der farbigen Substanz durch ein im großen Überschuß befindliches Oxydationsmittel.

Entsteht aus einer roten Substanz eine orangefarbene, so entsteht also aus einer im Grün *stark* absorbierenden eine im Grün *schwach* absorbierende. Die Extinktion im Grün verläuft dann z. B. von 74 nach 10 und muß transformiert werden in „von 64 nach Null". Wenn eine Gasreaktion unter Änderung der Molekülzahl verläuft, läßt sie sich bei gleichbleibendem Volumen durch laufende

Messung des *Drucks* verfolgen. Auch hier muß der Endwert Null heißen. Bleibt ein anderer Endwert, so muß er durch Subtraktion auf Null gebracht werden (es wird hier zunächst der Fall ins Auge gefaßt, daß der Druck *sinkt*). Hierbei ist es gleichgültig, ob am Schluß deshalb Gas vorhanden ist, weil ein neues Gas entsteht, oder deshalb, weil von Anfang an ein inertes Gas beigemischt war. Sinkt z. B. ein Gasdruck von 74 mm auf 10 mm, so muß er transformiert werden in „von 64 nach Null".

Ein zweiter generell zu beachtender Punkt ist der folgende. Die Werte müssen eine *fallende* Reihe bilden. Bilden sie eine steigende, so müssen sie in eine fallende verwandelt werden. Eine radioaktive Substanz bildet beim Zerfall selbstverständlich eine fallende Reihe. Eine im Dilatometer ausreagierende Substanzmischung dagegen wird bald eine fallende, bald eine steigende Reihe bilden, je nachdem, ob sie sich während der Reaktion zusammenzieht oder ausdehnt. Dehnt sie sich aus, so muß die entstehende steigende Reihe in eine fallende verwandelt werden. Das geschieht am einfachsten, indem man am Hals eine *verkehrt* laufende Graduierung anbringt, eine solche also, die nach oben *abnimmt*. Der Endwert muß aber wieder auf jeden Fall Null benannt werden. Lautet die Reihe der Ablesungen z. B. (nach oben steigende Skala)

1000 1001 1002 1003
und der Schlußwert 1004,

so wird sie umbenannt in

4 3 2 1 und 0.

Lautet sie

1999,0 1999,5 1999,75
und der Schlußwert 2000,

so wird sie umbenannt in

1 0,5 0,25 und 0.

Bei Kontraktion sowohl wie bei Dilatation nimmt man also immer *die momentanen Differenzen gegen den Schlußwert*, der Null genannt wird. Diese Differenzen werden in jedem Fall positiv gerechnet (Abb. 52 und 53).

Wird eine bestimmte Menge Säure in viel Alkohol gelöst und damit pseudomonomolekular verestert, so bekommt man bei der laufenden *Titration* eine fallende Reihe, die

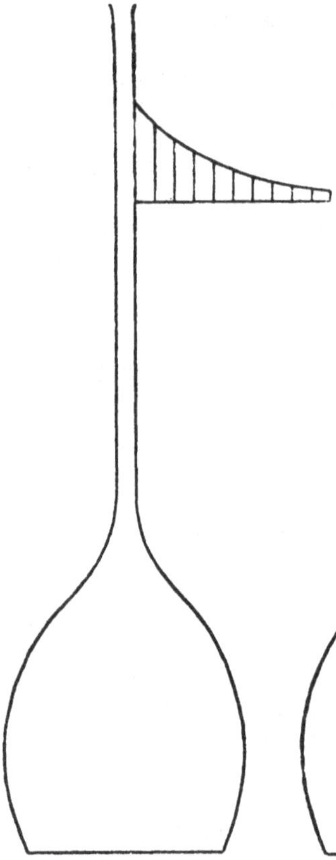

Abb. 52. Dilatometer, Kontraktion

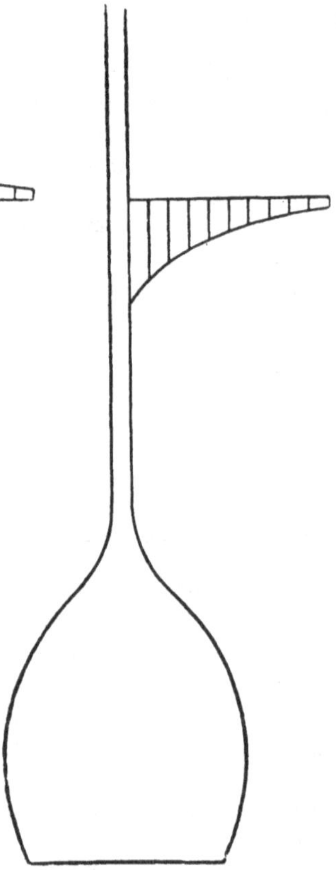

Abb. 53. Dilatometer, Dilatation

so bleiben kann, da der Endpunkt Null ist. Wird aber eine bestimmte Menge Ester in viel Wasser gelöst und damit pseudomonomolekular verseift, so bekommt man bei laufender Titration eine steigende Reihe, die *nicht* so bleiben kann. Ihr Endwert wird Null genannt, und man nimmt immer die momentanen Differenzen gegen den Endwert; diese Differenzen werden positiv gerechnet.

Wird eine Reaktion kolorimetrisch verfolgt, so bekommt man eine fallende Reihe, wenn bei der Reaktion eine farblose oder farbschwächere Substanz entsteht, eine steigende dagegen, wenn eine farbige oder farbstärkere entsteht. *Um das alles braucht man sich aber nicht zu kümmern; man nennt den Endwert, dem die Reaktion zustrebt, Null* und setzt immer die momentanen Differenzen gegen diesen Endwert ein; diese Differenzen werden positiv gerechnet.

Beispiel 32 Ein Meßkolben ohne Marke von ca. 500 ccm Fassungsvermögen wird zu einem Dilatometer gemacht, indem man auf den Kolbenhals eine cm-Skala aus Papier aufklebt, welche die Zahlen 1 bis 10 trägt, die 10 oben. Dann wird eine monomolekular reagierende Reaktionsmischung eingefüllt bis zum Teilstrich 8,4. Die Reaktion verläuft unter Kontraktion. Der Kolben wird in einen Thermostaten eingehängt. Nach 7 Stunden steht die Flüssigkeit am Strich 5,2, nach langer Zeit am Strich 2,0. Wo steht sie nach 14 bzw. 21 Stunden?

A: Kontraktion, fallende Wertreihe, aufrechtstehende Skala; das stimmt alles zusammen. Nur der Endwert muß Null heißen.

t	0	7	14	21	∞
J	8,4	5,2			2,0 (2 subtrahieren)
	6,4	3,2			0,0
	6,4	3,2	1,6	0,8	0,0 (jeweils mit $\frac{1}{2}$ multipliziert)
	8,4	5,2	3,6	2,8	2,0 (2 wieder addiert)

Also: am Strich **3,6** bzw. **2,8**.

Beispiel 33 Wie Beispiel 32, aber unter Ausdehnung verlaufende Reaktion und Skala verkehrt aufgeklebt, die Null oben. Die Werte sind dieselben wie vorhin. Wo steht die Flüssigkeit nach 14 bzw. 21 Stunden?

A: Dilatation, steigende Reihe, aber verkehrte Skala; auch das stimmt zusammen. Der Endwert muß Null heißen. Es bleibt alles wie im vorigen Beispiel, nur bezeichnet jetzt die Kolumne ganz rechts das *obere* Ende der Sakla.

t	0	7	14	21	∞
J	8,4	5,2			2,0
	6,4	3,2			0,0
	6,4	3,2	1,6	0,8	0,0
	8,4	5,2	3,6	2,8	2,0

Also: am Strich **3,6** bzw. **2,8**. (*oberes* Skalenende)

Beispiel 34 Bei einer pseudomonomolekularen Reaktion entsteht aus einer roten Substanz eine orangefarbene. Alle 8 Stunden wird aus dem Ansatz, der sich in einem Thermostaten befindet, eine Probe herausgenommen und unter Benützung derselben Küvette im Grün kolorimetriert. Die Konzentrationen, die so ermittelt werden, ergeben sich auf diese Weise in willkürlichen Einheiten zu

18, 14, 12, 11 und nach langer Zeit zu 10.

Ist aus diesen Zahlen der monomolekulare Charakter des Reaktionsablaufes ersichtlich?

A: Ja, Der Schlußwert muß nur auf Null gebracht werden.

t	0	8	16	24	∞
	18	14	12	11	10 (10 abziehen)
	8	4	2	1	0

Die Intensitäten resp. Konzentrationen erweisen sich als nach jeweils 8 Stunden mit dem Faktor $\frac{1}{2}$ multipliziert.

Beispiel 35 Ebenso, nur entsteht jetzt aus einer orangefarbenen Substanz eine rote. Die Extinktion nimmt zu, die Reihe ist steigend. Die Werte sind, in willkürlichen Einheiten, nach jeweils 8 Stunden

10 14 16 17 und nach langer Zeit 18.

Ist aus diesen Zahlen der monomolekulare Charakter des Reaktionsablaufes ersichtlich?

A: Ja. Die Reihe muß fallend gemacht und der Schlußwert Null werden. Man nimmt die jeweiligen Differenzen gegen den Schlußwert 18 und rechnet alle diese Differenzen positiv.

18	18	18	18	18
− 10	− 14	− 16	− 17	− 18
8	4	2	1	0

Die Reihe fällt nun geometrisch; die Werte erweisen sich als nach jeweils 8 Stunden mit dem Faktor $^1/_2$ multipliziert.

Jede Aufgabe über logarithmischen Abfall läßt sich in eine Aufgabe über Zinseszins einkleiden. Als Beispiel sei folgender Fall gewählt. Wir haben eine Lösung von 102 g Rohrzucker in einer bestimmten Menge Wasser, die eine bestimmte Menge Salzsäure enthält, welche invertierend wirkt. Nach einer Stunde erfahren wir aus der Drehung, daß nur noch 100 g Rohrzucker vorhanden sind. Wieviel sind noch nach 20 Stunden vorhanden?

Diese Aufgabe können wir einkleiden in eine ganz andere, welche lautet: Wir haben ein Kapital seit einiger Zeit auf Zinseszinsen liegen. Sein heutiger Wert repräsentiert 102 DM. Vor einem Jahr betrug er 100 DM. Wieviel betrug er vor 20 Jahren?

Wir sehen sofort, der Zinsfuß beträgt 2%. Vor 20 Jahren hieß das Kapital x, wurde dann 20mal mit 1,02 multipliziert, um heute den Wert 102 DM zu erreichen. Also:

$$x(1{,}02)^{20} = 102\,.$$

Die Auflösung dieser Gleichung ergibt

$$x = 68{,}64 \text{ DM}$$

68,64 g Zucker.

Auf eine solche Einkleidung können wir alle Rechnungen über monomolekulare Reaktion, radioaktives Abklingen, Lichtextinktion etc. zurückführen. Vermindern wir z. B. die Salzsäurekonzentration auf die Hälfte, so geht eben auch der Zinsfuß von 2% auf 1% zurück etc.

Allgemeiner formuliert: Wählen wir in der letzten Gleichung den Anfangswert des Kapitals 1 und bezeichnen den Zinsfuß mit q, die Zeit mit t und den veränderlichen Kapitalswert resp. die veränderliche Zuckermenge mit α, so erhalten wir statt

$$x \cdot (1{,}02)^{20} = 102$$

die Formulierung

$$q^t = \alpha$$

oder

$$t = \overset{q}{\log}\,\alpha$$

Um den Logarithmus nicht auf q beziehen zu müssen, können wir ihn auch, wie gewöhnlich, auf 10 beziehen und durch Vorsetzen eines Proportionalitätsfaktors k vor t die Sache wieder ausgleichen. Also

$$kt = \log \alpha$$

resp.

$$-kt = \log \alpha\,,$$

da wir die Zeit ja rückwärts laufen lassen, also negativ rechnen müssen.

In beiden Fällen, in der Einkleidung und in der Aufgabe, handelt es sich um denselben Vorgang, nämlich um die „Vermehrung der aktiven Masse", nur daß wir beim chemischen Beispiel die Zeit in Gedanken rückwärts laufen lassen müssen, um eine *Vermehrung* herbeizuführen, m. a. W., daß wir die Zeit anders rechnen müssen.

Eine Reaktion heißt *monomolekular*, wenn sich links vom Gleichheitszeichen *nur ein* Molekül befindet (z. B. Radiumzerfall, sämtliche Umlagerungen und Zerfallsreaktionen); *pseudomonomolekular* dagegen, wenn links des Gleichheitszeichens zwei Moleküle stehen und einer der Partner im starken Überschuß ist (z. B. Zuckerinversion). Beide zusammen heißen *Reaktionen erster Ordnung*. Wenn man sagt „Reaktion erster Ordnung", ist also nur der *mathematische Charakter* des Reaktionsablaufs gemeint; es wird damit nicht behauptet, daß die Reaktion monomolekular sei, sie kann auch pseudomonomolekular sein.

2. Halbwertszeit und mittlere Lebensdauer

Eine radioaktive Substanz zerfalle mit einer Halbwertszeit von 0,301 Jahren. Nach welcher Zeit wäre sie vollständig zerfallen, *wenn der Zerfall gleichmäßig so fortginge, wie er beginnt?*

A: Dazu braucht man nur die Anfangstangente an die Kurve zu legen. Wie Abb. 54 zeigt, trifft diese Anfangstangente die Zeitachse im Punkt **0,4343**; also nach 0,4343 Jahren wäre die Substanz vollständig verbraucht, wenn sie gleichmäßig weiter zerfiele.

Dieser Wert 0,4343 ist aber etwas größer als die Halbwertszeit 0,301, nämlich $\frac{0{,}4343}{0{,}301}$ fach oder $\frac{10}{7}$ fach größer, und heißt auch „mittlere Lebensdauer" der radioaktiven Substanz. Sie ist gleich der Zeit, die ein Radiumatom (z. B.) durchschnittlich lebt, d. h., die Zeit von seiner Entstehung aus Jonium bis zu seinem Zerfall in Radon und Helium.

Die „mittlere Lebensdauer" einer radioaktiven Substanz ist demnach identisch mit der „Zerfallszeit bei der unveränderten Anfangsgeschwindigkeit". Sie ist also die Zeit, in der Radium z. B. gänzlich zerfallen würde, *wenn der Zerfall so weiterginge wie am Anfang*, m. a. W., wenn der Zerfall *nullter Ordnung* wäre statt erster Ordnung.

Sie ist etwas größer als die Halbwertszeit, und zwar rund das $\frac{10}{7}$fache derselben. Sie verhält sich zur Halbwertszeit wie

10:7, genauer wie
1:0,693 oder wie
0,4343:0,301.

In dem an die Logarithmentafel angelehnten Diagramm, in dem die Zehntelwertszeit = 1 und die Halbwertszeit = 0,301 sind, ist die mittlere Lebensdauer

= 0,4343, d. h.,

die Anfangstangente trifft die Abszissenachse im Punkt 0,4343.

Beispiel 36 Eine radioaktive Substanz hat die Halbwertszeit 7 Tage; wie groß ist ihre mittlere Lebensdauer?

A: 10 Tage.

Beispiel 37 Eine Rohrzuckerlösung, die etwas Säure enthält, ist in 2,1 Tagen zur Hälfte invertiert; in welcher Zeit wäre sie völlig invertiert, wenn die Reaktion mit gleichbleibender Geschwindigkeit abliefe?

A: In **3,0 Tagen** $\left(\frac{10}{7} \cdot 2{,}1\right)$.

Beispiel 38 Wie groß ist die Anfangsgeschwindigkeit im vorigen Beispiel?

A: In 3,0 Tagen zu 100% (linear), **in 0,03 Tagen also zu 1%**.

Beispiel 39 Ein Lichtstrahl wird durch die 9,1 cm dicke Schicht einer Lösung zur Hälfte absorbiert. Wie dick müßte die Schicht sein, die ihn völlig absorbierte, wenn die Absorption gleichmäßig erfolgte, also so weiterginge wie im Anfang?

A: $9{,}1 \cdot \frac{10}{7} = \mathbf{13\ cm.}$

Beispiel 40 Wie stark absorbiert der erste Millimeter Schichtdicke obiger Lösung?

A: 130 mm absorbieren 100% (linear),
1 mm absorbiert 100/130 = **0,72%**.

Beispiel 41 Die Erdatmosphäre verliert bei Erhebung um 1 m über den Meeresspiegel $\frac{1}{8000}$ ihrer Dichte. In welcher Höhe müßte ihre Dichte auf Null gesunken sein, wenn die Abnahme so fortginge und in welcher Höhe ist sie wirklich $\frac{1}{2}$ der Anfangsdichte?

A: In **8000 m**; halbe Dichte herrscht wirklich in $\frac{7}{10}$ dieser Höhe, also $\frac{7}{10} \cdot 8000 =$ **5600 m** Höhe.

Beispiel 42 Gesetzt den Fall, die Atmosphäre der Erde bestünde, statt aus Luft, aus Chlorgas und der Druck in Meereshöhe betrüge ebenfalls 1 Atmosphäre, wie würden sich dann die Halbwertshöhen dieser beiden Gase verhalten?

A: Umgekehrt wie die Molekulargewichte. Die Halbwertshöhe des Chlorgases läge $\frac{29}{71}$ so hoch wie die der Luft, also bei $\frac{29}{71} \cdot 5600$ = **2280 m.**

Daß das so sein muß, ergibt sich aus folgender Überlegung. Die Halbwertshöhen stehen in einem gegebenen Verhältnis zu den Höhen völligen Verschwindens bei gleichmäßiger Abnahme; diese Höhen aber stehen in einem festen Verhältnis zur Anfangsabnahme; und die Anfangsabnahmen verhalten sich umgekehrt wie die spezifischen Gewichte, also wie die Molekulargewichte. *Diese Überlegung kommt in Betracht für die Berechnung der* LOSCHMIDT*schen Zahl nach* PERRIN.

Beispiel 43 Radium zerfällt im Jahrhundert zu 4,38%. Wann wäre der Zerfall zu Ende, wenn er so weiterginge, wie er beginnt?

A: In 22,8 Jahrhunderten = **2280 Jahren**.

Beispiel 44 Wie verhält sich diese Zahl zur Halbwertszeit?

A: Wie 0,4343:0,301 oder wie 10:7 (genauer 10:6,93). Die Halbwertszeit des Radiums ist demnach 2280 · 0,7 = **1580 Jahre**.

Beispiel 45 Wie groß ist die Intensität der Strahlung des Radiums nach 2280 Jahren wirklich?

A: 0,368, wenn die Anfangsintensität = 1 war[1]).

Beispiel 46 Eine radioaktive Substanz zerfällt im Jahr zu $\frac{9}{10}$, sinkt also auf $\frac{1}{10}$ der Anfangsintensität. In welcher Zeit sinkt ihre Intensität auf den Wert 0,368?

A: In **0,4343 Jahren** (Abb. 54).

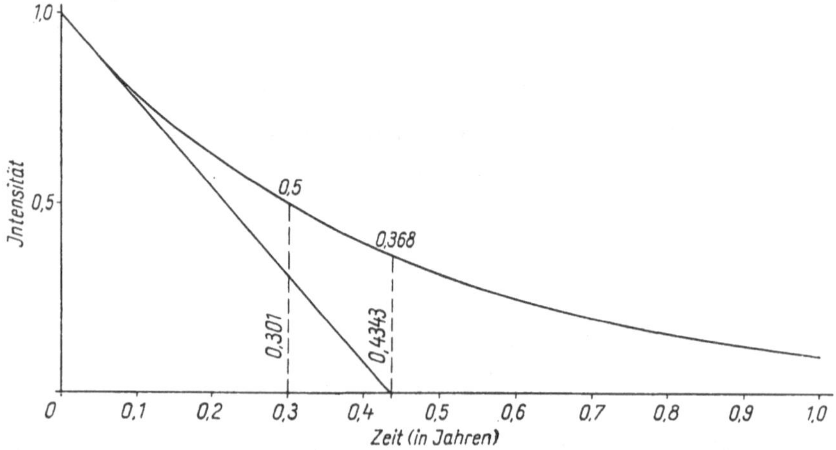

Abb. 54

Beispiel 47 Wie verhalten sich die Zeiten, in denen ein radioaktives Präparat auf die Hälfte, auf 0,368 und auf $\frac{1}{10}$ fällt?

A: Wie 0,301 : 0,4343 : 1 (Abb. 54).

Beispiel 48 Radium zerfällt im Jahrhundert zu 4,38%. Wie lautet seine Zerfallsfunktion?

A: In 2280 Jahren sinkt die Intensität auf 0,368.

$$I = 10^{-kt}; \text{ nach } k \text{ aufzulösen}$$
$$0{,}368 = 10^{-k \cdot 2280}$$
$$10^{-0{,}4343} = 10^{-2280\,k}$$
$$0{,}4343 = 2280\,k$$
$$k = \frac{0{,}4343}{2280} = 0{,}00019$$

Die Zerfallsgleichung lautet $\boldsymbol{I = 10^{-kt}}$, wobei $\boldsymbol{k = 0{,}00019}$.

[1]) $0{,}368 = \frac{1}{e}$

Beispiel 49 Radium zerfällt in 1580 Jahren zur Hälfte. Wie lautet seine Zerfallsfunktion?

A: In 1580 Jahren sinkt die Intensität auf 0,5.

$$I = 10^{-kt}; \text{ nach } k \text{ aufzulösen}$$
$$0{,}5 = 10^{-k \cdot 1580}$$
$$10^{-0{,}301} = 10^{-1580\,k}$$
$$0{,}301 = 1580\,k$$
$$k = \frac{0{,}301}{1580}$$
$$= \mathbf{0{,}00019}$$

Beispiel 50 Die Halbwertszeiten dreier radioaktiver Substanzen sind 100, 200 und 300 Minuten. Welches sind ihre mittleren Lebensdauern und ihre Zehntelwertszeiten?

A: Die mittlere Lebensdauer ist jeweils

$$\frac{10}{7} \cdot 100, \quad \frac{10}{7} \cdot 200 \quad \text{und} \quad \frac{10}{7} \cdot 300 \text{ Minuten, also}$$

143 286 und 429 Minuten.

Die Zehntelwertszeiten sind

$$\frac{10}{3} \cdot 100, \quad \frac{10}{3} \cdot 200 \quad \text{und} \quad \frac{10}{3} \cdot 300 \text{ Minuten, also}$$

333 666 und 999 Minuten.

Beispiel 51 Eine Rohrzuckerlösung in 1prozentiger Salzsäure wird bei einer bestimmten Temperatur in der Minute zu 1% invertiert. Wie stark wird sie in 4prozentiger Salzsäure invertiert?

A: Zu 4%.

Beispiel 52 Wann wäre sie in 4prozentiger Salzsäure zu Ende invertiert, wenn die Reaktion so weiterginge, wie sie beginnt?

A: In **25 Minuten.**

Beispiel 53 Wie stark ist sie nach 25 Minuten tatsächlich?

A: 0,368 der Anfangskonzentration.

Beispiel 54 Wie groß ist die Halbwertszeit?

A: 17,5 Minuten (= 0,7 · 25 Minuten).

Beispiel 55 Zwei Rohrzuckerlösungen haben 1prozentige und 3prozentige Salzsäure als Lösungsmittel und invertieren. Wie verhalten sich ihre Inversionskonstanten *k*?

A: Wie **1:3**, also wie die Wasserstoffionenkonzentrationen.

Beispiel 56 Zwei Rohrzuckerlösungen sind in 1prozentiger und in 3prozentiger Salzsäure angesetzt. Wie verhalten sich ihre Halbwertszeiten?

A: Wie **3:1**, also umgekehrt wie die Wasserstoffionenkonzentrationen?

Beispiel 57 Eine Rohrzuckerlösung hat die Anfangsdrehung $+65°$ und die Enddrehung $-20°$, denn die invertierte Lösung dreht auch, bloß nach der anderen Seite. Wie ist die Intensität zu rechnen?

A: Von **85 bis 0**; es ist klar, daß der Nullzustand auch Null heißen muß und nicht -20.

Beispiel 58 Ein blauer Lichtstrahl wird durch eine gelbe Natriumpikratlösung von 1 mm Schichtdicke um 1% geschwächt. Durch welche Schichtdicke wird er auf die Hälfte seiner Anfangsintensität herabgesetzt?

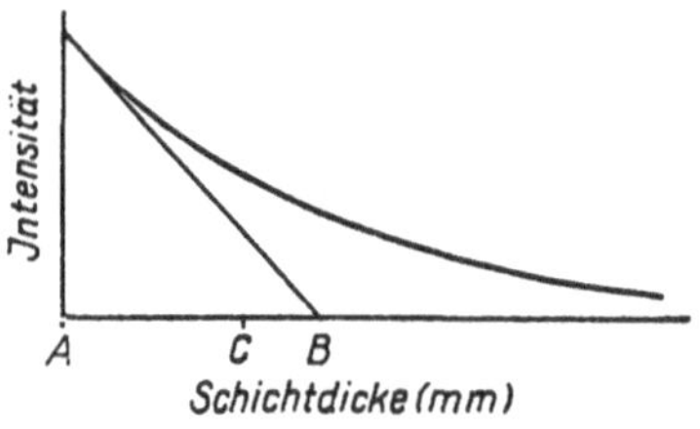

Abb. 55. $AB = 100$ mm, $AC = {}^7/_{10}$ von 100 mm

A: Durch 1 mm wird er um 1% geschwächt. Wenn es so weiterginge, würde er durch 100 mm Schichtdicke ganz vernichtet. Und die Halbwertsschichtdicke beträgt $\frac{7}{10}$ von 100 mm $=$ **70 mm** (Abb. 55), also erheblich mehr als das 50fache von 1 mm!).

Beispiel 59 Eine $\frac{m}{100}$ Lösung von Azobenzol in Aceton schwächt bei bestimmter Schichtdicke grünes Licht um 1%. Wie muß man die Konzentration verstärken, damit bei gleicher Schichtdicke Schwächung auf die Hälfte herauskommt?

A: Auf das **70fache**, also auf $\frac{70}{100} = 0{,}7$ m. Schichtdicke und Konzentration treten bei der Extinktion stets in Form des Produkts $c\,d$ auf. Was für das eine gilt, gilt demnach auch für das andere. Wie in Beispiel 58 die Schichtdicke auf das 70fache vergrößert werden mußte, so hier die Konzentration.

Beispiel 60 Ein radioaktives Element hat eine Zehntelwertszeit von 1000 Jahren. Wie groß ist seine Halbwertszeit?

A: 301 Jahre.

Wie groß ist seine mittlere Lebensdauer?

A: $\frac{10}{7} \cdot 301 = 434{,}3$ Jahre (Abb. 56).

Wie groß ist seine Anfangs-Zerfallsgeschwindigkeit?

A: 1% in 4,343 Jahren.

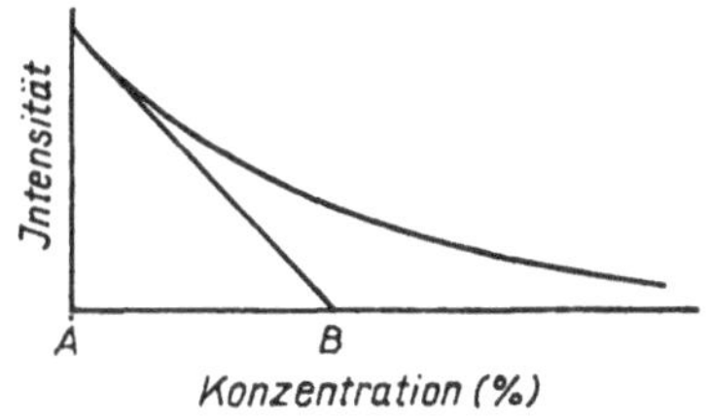

Abb. 56. AB = 434,3 Jahre, 1% davon = 4,343 Jahre

Wie groß ist seine (variable) Intensität J?

A: $J = J_0 \cdot 10^{-kt}$

Wie groß ist das k in dieser Gleichung (die dekadische Zerfallskonstante)?

A: $\frac{1}{1000}$.

Zerfallskonstante[1])

Man muß unterscheiden zwischen einer natürlichen und einer dekadischen Zerfallskonstante. Erstere heißt λ, letztere k.

Die natürliche Zerfallskonstante λ ist sehr einfach definiert. Sie ist der Bruchteil der Atome, der in einer Sekunde zerfällt. Die dekadische ist *kleiner*, sie ist das 0,4343fache von λ. Ist also N die Gesamtzahl der Atome und zerfallen davon sekündlich n Atome, so ist

$$\lambda = \frac{n}{N},$$

Die natürliche Zerfallskonstante λ tritt auf in der Zerfallsgleichung

$$J = J_0 \, e^{-\lambda t},$$

die dekadische in der Zerfallsgleichung

$$J = J_0 \cdot 10^{-kt}.$$

Das Reziproke der natürlichen Zerfallskonstanten ist $\frac{1}{\lambda}$, *die mittlere Lebensdauer.* Sie ist die Zahl der Sekunden, die das Präparat zum vollständigen Zerfall brauchen würde, wenn der Zerfall so weiterginge, wie er beginnt. Sie ist $\sim \frac{10}{7}$ mal größer als die Halbwertszeit; die Halbwertszeit ist das 0,693fache der mittleren Lebensdauer (wobei 0,693 = log nat 2).

Das Reziproke der dekadischen Zerfallskonstante ist $\frac{1}{K}$, *die Zehntelwertszeit.* Ist letztere z. B. 100 Sekunden, so ist die dekadische Zerfallskonstante $\frac{1}{100}$ und so in die Gleichung $J = J_0 \cdot 10^{-kt}$ einzusetzen.

Die dekadische Zerfallskonstante ist das 0,4343fache des Bruchteils der Atome, der in der Sekunde zerfällt — oder auch das Reziproke der Zehntelwertszeit.

[1]) Dieser Abschnitt kann zunächst überschlagen werden.

Beispiel 61. Von 100 Atomen eines radioaktiven Stoffes zerfalle in der Sekunde eines (Abb. 57).

a) Wie groß ist die natürliche Zerfallskonstante?

A: $\frac{1}{100}$.

b) Wie groß ist die dekadische Zerfallskonstante?

A: 0,004343.

c) Wie groß ist die mittlere Lebensdauer?

A: 100 Sekunden (Punkt *D*).

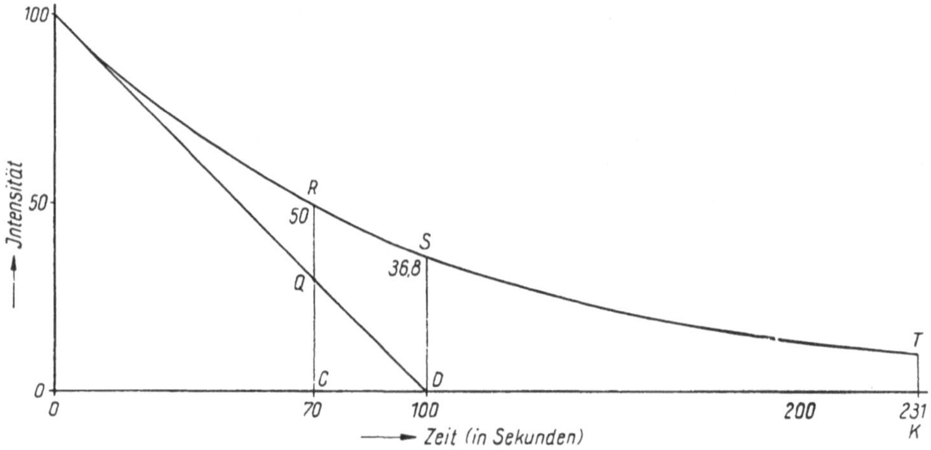

Abb. 57. Beispiel 61

d) Wie groß ist die Halbwertszeit?

A: 70 Sekunden (Punkt *C*).

e) Wie groß ist die Zehntelwertszeit?

A: $\frac{10}{3} \cdot 70 = 231$ Sekunden (Punkt *K*)

f) Wie viele Atome müßten bei linearem Zerfall nach 70 Sekunden noch da sein?

A: 30 Atome (Punkt *Q*).

g) Wie viele sind wirklich da?

A: 50 Atome (Punkt *R*).

h) Wie viele müßten nach 100 Sekunden da sein?

A: Null Atome (Punkt *D*).

i) Wie viele sind wirklich noch da?

A: 36,8 Atome (Punkt *S*).

k) Wie lautet die Zerfallsgleichung mit λ?

A: $J = J_0 \cdot e^{-\lambda t}$.

l) Wie die mit k?

A: $J = J_0 \cdot 10^{-kt}$

m) Wie lautet λ mit Zeitangabe?

A: $\lambda = \frac{1}{100}$ pro Sekunde.

n) Wenn von 100 Atomen *jährlich* eines zerfallen würde, wie lautete λ mit Zeitangabe?

A: $\lambda = \frac{1}{100}$ pro Jahr.

o) Was ist die Zahl 0,4343 mathematisch?

A: $\log e$.

p) Was ist die Zahl 0,368 mathematisch?

A: $\log \frac{1}{e}$

q) Was ist die Zahl 0,693 mathematisch? (in d also zu 0,7 angenommen).

A: log nat 2.

Beispiel 62 Eine Substanz sinkt in 100 Sekunden auf $\frac{1}{10}$ ihrer Anfangsintensität. Sie besteht im Anfang aus 100 Atomen (Abb. 58).

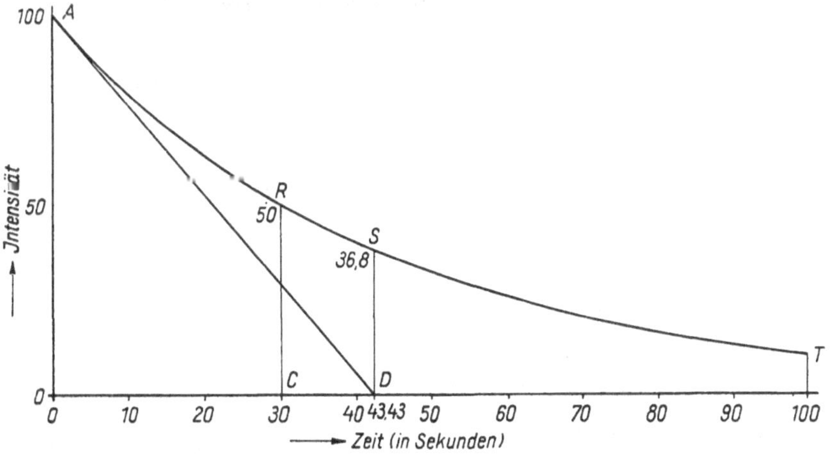

Abb. 58. Beispiel 62

a) Wie groß ist die Zehntelwertszeit?

A: 100 Sekunden (Punkt K).

b) Wie groß ist die Halbwertszeit?

A: 30 Sekunden (30,1) (Punkt C).

c) Wie groß ist die mittlere Lebensdauer?

$(43{,}43 = \frac{10}{7} \cdot 30$, genauer $\frac{10}{6{,}93} \cdot 30)$.

A: 43,43 Sekunden (Punkt D).

d) Wie viele Atome zerfallen in 1 Sekunde?

A: in 43,4 Sekunden 100 Atome, in 1 Sekunde 100:43,43 Atome = 2,3 Atome.

e) Wie groß ist die Zerfallskonstante λ?

A: $\frac{2{,}3}{100} = 0{,}023$

f) Wie groß ist die Zerfallskonstante k?

A: Kleiner als λ, nämlich $0{,}023 \cdot 0{,}4343 = 0{,}01 = \frac{1}{100}$.

g) Wie lautet die Zerfallsgleichung mit k?

A: $J = J_0 \cdot 10^{-k \cdot t} = 100 \cdot 10^{-0{,}01\,t}$.

h) Wie groß ist nach dieser Gleichung die Intensität nach 100 Sekunden?

A: $J = J_0 \cdot 10^{-kt} = 100 \cdot 10^{-0{,}01 \cdot 100} = 100 \cdot 10^{-1}$
$= 10$ (Punkt T)

i) Wie berechnet sich die mittlere Lebensdauer M aus der Gleichung

$M = \frac{1}{\lambda}$?

A: $\mathrm{M} = \frac{1}{0{,}023} = 43{,}43$ Sekunden.

k) Wie groß ist J nach 20 Sekunden?

A: 50 Atome (Punkt R).

l) Wie groß ist J nach 43,43 Sekunden?

A: 36,8 Atome (Punkt S).

m) Wie groß ist die dekadische Zerfallskonstante k nach dem Aufgabentext? (Vgl. f)?

A: Das Reziproke der Zehntelzeit, also $\frac{1}{100}$.

Darstellung auf Logarithmenpapier

Wenn man in Abb 58 die Punkte A und K (Anfangs- und Endpunkt der Kurve) durch eine Gerade verbindet (Abb 59), so sieht man, daß die Kurve unter dieser Geraden etwas nach unten durchhängt. Man kann die Kurve aber ganz leicht zu

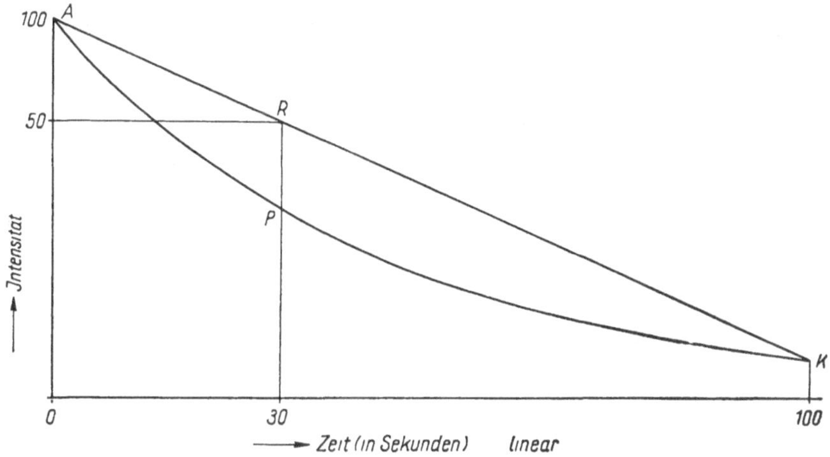

Abb. 59. Übergang zum logarithmischen Netz

dieser Geraden AK ausbiegen, indem man die Ordinatenteilung etwas verschiebt, so daß sich die Horizontallinien etwas nach oben zusammendrängen, m. a. W., indem man das cartesische Netz durch ein logarithmisches ersetzt. In letzterem ist die Abszissenachse (Zeitachse) wie bisher linear in mm geteilt, die Ordinatenachse dagegen logarithmisch Wenn man in diesem Netz Intensitäten und Zeiten gegeneinander aufträgt, erhält man die Kurve APK in Form der *Geraden ARK* Das einzige, woran wir uns nun gewöhnen müssen, ist die Tatsache, daß wir die Intensitäten nicht auf einer gleichmäßig linear geteilten Skala ablesen, sondern auf einer etwas verzerrt geteilten

Wenn die Kurve APK in Abb 59 einmal gezeichnet ist, erspart sie uns jede weitere Rechnung, da wir ihr beliebig viele Wertepaare durch Ablesen entnehmen können. Genau dasselbe leistet uns nun aber auch die Gerade ARK, die man viel einfacher erhält Wir brauchen nur zwei Wertepaare (Intensität—Zeit), also zwei Punkte der Geraden, um diese ziehen zu können Der erste Punkt ist wohl immer gegeben in der Form der Anfangsintensität J_0 zur Zeit Null, der zweite z. B in Form der Halbwertszeit, also Intensität 0,5 J_0 zur Zeit C, die gegeben sein muß.

(Punkte A und R der Abb. 59 und Abb 60).

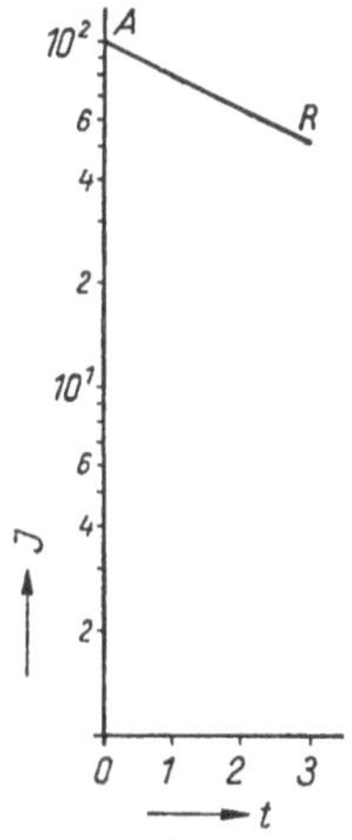

Abb. 60

3. Radioaktives Gleichgewicht

Zuerst wollen wir betonen, daß der Ausdruck „radioaktives Gleichgewicht“ strenggenommen unrichtig ist. Es handelt sich nicht um ein Gleichgewicht, sondern um einen stationären Zustand. Der Unterschied zwischen Gleichgewicht und stationärem Zustand ist folgender:

Wenn ein Eisenbahnzug eine Tiefe zwischen zwei Höhen durchfährt, so herrscht Gleichgewicht, wenn er auf dem tiefsten Punkt der Bahn ruht (Abb. 61). Wenn er dagegen ohne Dampf eine lange, gleichmäßig geneigte Bahn abwärts fährt und durch eine bestimmte Bremseneinstellung eine völlig gleichbleibende Geschwindigkeit angenommen hat, herrscht ein stationärer Zustand (Abb. 62). Man sieht sofort, daß dies etwas anderes ist als ein Gleichgewicht. Bei einem Gleichgewicht herrscht Ruhe, ohne daß es notwendig ist, von außen irgend etwas dazu zu tun. Beim stationären Zustand dagegen bleibt der Zustand (hier der Bewegungszustand) zwar auch unveränderlich, jedoch nur *unter Zufuhr von Energie* (hier: von Energie des Fallvorgangs).

Abb. 61. Gleichgewicht

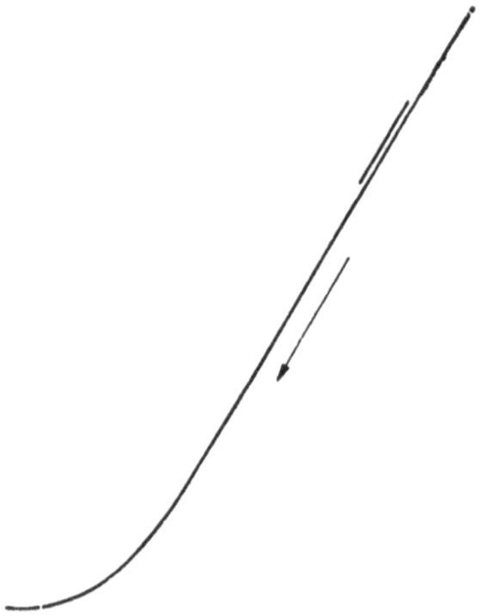

Abb. 62. Stationärer Zustand

Ein zweites Beispiel für einen stationären Zustand ist eine brennende Glühlampe. Der glühende Draht bleibt auf gleicher Temperatur; die zugeführte elektrische Energie (in Watt) und die abgestrahlte Wärme halten sich die Waage. Aber dieser einem „Gleichgewicht“ ähnelnde Zustand kann nur aufrechterhalten werden durch ständige Zufuhr von Energie und heißt deshalb zum Unterschied von einem wirklichen Gleichgewicht stationärer Zustand.

Da sich der Ausdruck „radioaktives Gleichgewicht“ aber einmal eingebürgert hat, wollen wir ihn im folgenden beibehalten.

Ein mechanisches Modell der radioaktiven Gleichgewichte können wir etwa in folgendem sehen. Wir nehmen eine Anzahl von Säcken, ähnlich den Tränksäcken für die Pferde, aus nicht völlig wasserdichtem Stoff. Diese Tränksäcke sollen von sehr verschiedener Größe und sehr verschiedener Wasserdurchlässigkeit sein; die kleinen seien sehr durchlässig, die großen fast völlig dicht. Wir hängen nun diese Tränksäcke übereinander auf, und zwar in der Reihenfolge der radioaktiven Elemente, denen sie entsprechen sollen. Der oberste, größte, entspreche dem Uran (Abb. 63), die darunterkommenden mögen der Reihe nach der Folge der Tochterelemente entsprechen. Stoffe von mittlerer Lebensdauer, wie Radium, sind mittelgroß und mitteldurchlässig. Nun gießen wir den obersten, dem Uran entsprechenden, voll Wasser. Dann geschieht folgendes: Der Stoff ist sehr dicht, die durchtränkte

Sackoberfläche aber sehr groß, es wird sich eine bestimmte Tropfgeschwindigkeit einstellen, sagen wir von 1 Tropfen pro Sekunde. Diese Tropfen fallen in den nächsten, sehr kleinen und sehr durchlässigen Sack, der das Uran X_1 darstellt. In diesem wird das Wasser schnell bis zu einer ganz bestimmten Höhe steigen; ist diese erreicht, so wird der zweite Sack ebenfalls 1 Tropfen pro Sekunde abgeben, das Niveau in ihm wird sich also nicht mehr ändern. Sogar wenn man es künstlich höhermachen würde, würde es nach kurzer Zeit wieder auf die Marke gesunken sein. Nach dem Uran-X_1-Sack folgen drei weitere sehr kleine Säcke, die dem Uran X_2, Uran II und Ionium[1]) entsprechen. Alle drei tragen wieder charakteristische Niveaumarken, auf die sich der Wasserspiegel von selbst nach einiger Zeit einstellt. Dann kommt ein mittelgroßer Sack, das Radium. Es dauert einige Zeit, bis sich in ihm so viel Wasser angesammelt hat, daß auch er pro Sekunde 1 Tropfen abgibt. Schließlich ist aber auch dieses Niveau erreicht und wird beibehalten. Dann kommt die Emanation (das Radon) und nach einer Reihe weiterer kurzlebiger Zwischenprodukte, lauter kleinen Säcken, endlich das Blei, das stabile Endprodukt, das nicht mehr zerfällt. Das Blei müßten wir in unserem Modell darstellen als eine Emailleschüssel, die kein Wasser mehr abgibt und in der der Wasserspiegel langsam, aber fortgesetzt steigt. Sobald in allen Tränksäcken das charakteristische Niveau eingespielt ist, hat auch die Tropfgeschwindigkeit des in die Schüssel fallenden Wassers den Wert 1 Tropfen pro Sekunde erreicht und bleibt von da an konstant.

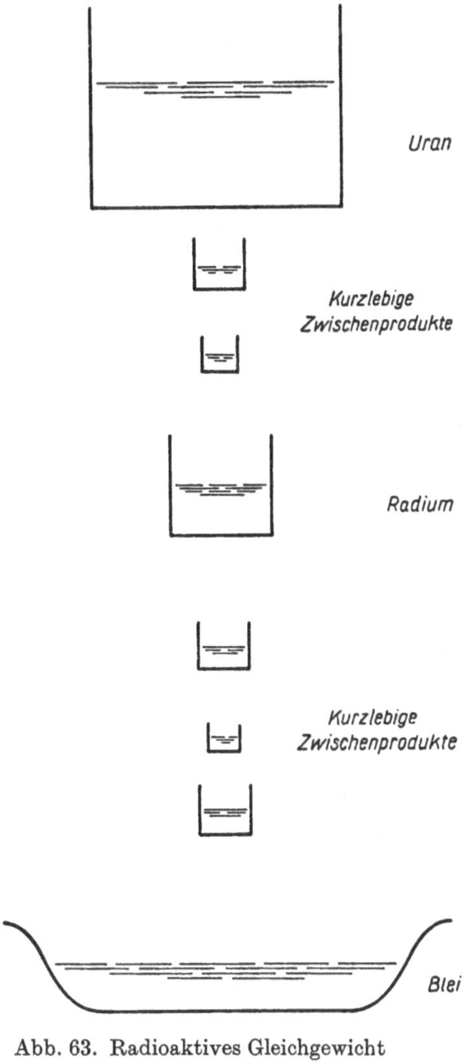

Abb. 63. Radioaktives Gleichgewicht

Genau wie bei der radioaktiven Zerfallsreihe stehen also auch hier ganz bestimmte Mengen Wasser in den einzelnen Säcken miteinander im „Gleichgewicht“ *und von allen Säcken fällt jetzt pro Sekunde 1 Tropfen* — genau wie bei den Zwischenelementen pro Sekunde ebenso viele Atome des Zwischenelements entstehen wie zerfallen.

[1]) Uran II und Ionium werden hier der Einfachheit halber als kurzlebig behandelt; sie sind es nicht, sie sind mittellanglebig.

Nach Überwindung einer kurzen Induktionsperiode tropfen also die Bleiatome in das anfangs leere Bleireservoir genau in demselben Tempo, in dem die Uranatome zerfallen. *Die Zahl der Zwischenprodukte tut überhaupt nichts zur Sache.* Für die Induktionsperiode können wir alle kurzlebigen Zwischenprodukte vernachlässigen gegen das mittellanglebige Radium, aber auch das Radium selbst gegen das noch viel längerlebige Uran. Bei den Zeiten, die hier in Frage kommen (Altersbestimmung von Mineralien), können wir also ohne erheblichen Fehler von der Induktionsperiode ganz absehen (wenigstens bei den älteren dieser Mineralien). Ein Fehler anderer Art kommt erst herein, sobald das Uran selbst so weit zerfallen ist, daß seine Menge nicht mehr gleich der Anfangsmenge gesetzt werden darf. Im Modell also, sobald der Wasserspiegel im Urangefäß merklich gesunken ist; von da ab tropft nämlich dieses etwas langsamer als 1mal pro Sekunde, und diese neue, verminderte Tropfgeschwindigkeit pflanzt sich schnell bis zur Endschüssel (Blei) fort, so daß also auch das Tempo, in dem der Bleiinhalt wächst, jetzt vermindert ist. In den Ausdrücken der Kinetik hieße das, die Reaktion nullter Ordnung ist in eine erster Ordnung übergegangen. Das beschriebene Modell stellt nämlich eine Reaktion nullter Ordnung dar (solange das Niveau im ersten Sack während der betrachteten Zeit sich nicht merklich ändert).

Der numerische Wert ist: 1 Prozent Blei im Uran entspricht 74 Millionen Jahren. Bei den ältesten Mineralien (Uranerze aus dem Präkambrium) kommt man auf ein Alter von 3 Milliarden Jahren. Bei diesen kommt man also nicht mehr mit der Berechnung nach nullter Ordnung aus. Für die Induktionsperiode, die verstreicht, bis sich das Radium zum Uran ins Gleichgewicht gesetzt hat, rechnet man 15 Millionen Jahre; diese fallen gegenüber Milliardenbeträgen nicht ins Gewicht.

Wie die Halbwertszeiten verhalten sich demnach die mittleren Lebensdauern, die Konzentrationen im radioaktiven Gleichgewicht und die Zahl der Atome, aus deren Mitte sekündlich eines zerfällt.

Wie die Reziproken der Halbwertszeiten verhalten sich die Strahlungsstärken (bei gleichen Molmengen) und die Zerfallskonstanten.

Letztere sind definiert als der reziproke Wert der mittleren Lebensdauer. Radium z. B. hat die mittlere Lebensdauer 2280 Jahre und die Zerfallskonstante $\lambda' = \frac{1}{2280}$ „reziproke Jahre", d. h., im Jahr zerfällt von 1 g Radium $\frac{1}{2280}$ g.

Je aktiver ein Element ist, desto größer ist seine Strahlungsstärke pro Gramm und seine Zerfallskonstante; desto kürzer seine Halbwertszeit.

Je weniger aktiv ein Element ist (z. B. Uranium), desto größer sind seine mittlere Lebensdauer, seine Halbwertszeit und seine Konzentration im radioaktiven Gleichgewicht.

Beispiel 63 Die Halbwertszeiten dreier radioaktiver Elemente einer Familie verhalten sich wie 3:4:5. Wie verhalten sich ihre Konzentrationen im radioaktiven Gleichgewicht?

A: Wie **3:4:5**; das langlebigste ist in der größten Konzentration vorhanden.

Beispiel 64 Wie verhalten sich ihre Strahlungsintensitäten im radioaktiven Gleichgewicht?

A: Wie **1:1:1**; im radioaktiven Gleichgewicht zerfallen von jeder Art sekündlich gleich viele Atome.

Beispiel 65 Die Halbwertszeiten von Radium und Uran verhalten sich wie 1580 Jahre zu $4{,}5 \cdot 10^9$ Jahren. Wie verhalten sich ihre Molkonzentrationen im Uranpecherz?

A: Wie $1580 : 4{,}5 \cdot 10^9 =$ **1:2850000**. (Tatsächlich wird in den Uranerzen immer ein Verhältnis von ca 1:3000000 beobachtet).

Beispiel 66 Die Menge Emanation, die mit **1 g Radium** im Gleichgewicht steht, heißt „1 Curie“ und dient als Einheit bei Messungen der Radioaktivität von Quellen und Gasen. Wie groß ist diese Menge Emanation? Die Halbwertszeit des Radiums ist 1580 Jahre $= 5 \cdot 10^{10}$ Sekunden, die der Emanation 3,85 Tage $= 3{,}33 \cdot 10^5$ Sekunden.

A: Die Konzentrationen, die miteinander im Gleichgewicht stehen, verhalten sich wie die Halbwertszeiten, also

$$\begin{aligned} x:1 &= 3{,}33 \cdot 10^5 : 5 \cdot 10^{10} \\ &= 0{,}665 \cdot 10^{-5} \\ &= 6{,}65 \cdot 10^{-6} \text{ Gramm Radon.} \end{aligned}$$

Nun ist aber das Atomgewicht des Radons nicht 226 wie das des Radiums, sondern 222; das Ergebnis wird dadurch etwas kleiner, nämlich

$$\frac{222}{226} \cdot 6{,}65 \cdot 10^{-6} \text{ Gramm} = \mathbf{6{,}55 \cdot 10^{-6}\ Gramm\ Radon = 1\ Curie}$$

(vgl. Beispiel 70).

Beispiel 67 Ein Uranerz ist $4{,}5 \cdot 10^9$ Jahre alt. Wieviel Uranblei enthält es? (Vgl. Beispiel 63.)

A: 50 *Mol*prozent Uranblei. Die Hälfte des Urans ist zerfallen. Die Kapazität aller Zwischenglieder (vgl. Abb. 63) ist wegen deren Kurzlebigkeit (verglichen mit der Langlebigkeit des Urans) so klein, daß sie alle zusammen nichts ausmachen gegen die Kapazität des obersten Gefäßes. Es ist also praktisch nichts „unterwegs“. Die zerfallenen 50% Uran haben sich fast vollständig in der unteren Schüssel als Blei angesammelt. 50 Molprozent Blei sind nur $50 \cdot \frac{206}{238} =$ **43,3 Gewichtsprozent**.

Beispiel 68 Ist dieser Bleigehalt proportional mit der Zeit angewachsen?

A: Nein. Anfangs ging es schneller, später langsamer; die Halbwertszeit wird nicht längs der Anfangstangente erreicht. Bis etwa 4% kann man von Proportionalität sprechen, dann macht sich die Krümmung der Kurve bemerkbar.

Beispiel 69 Von wie vielen Radiumatomen zerfällt sekündlich eines?

A: Die mittlere Lebensdauer des Radiums ist 2280 Jahre, in 2280 Jahren zerfiele es also zu 100% (tangential), in 22,8 Jahren zu 1%, in 1 Sekunde zu

$$\frac{1}{22{,}8 \cdot 31{,}55 \cdot 10^6}\,\% = 1{,}39 \cdot 10^{-9}\,\%$$

oder zum Bruchteil $1{,}39 \cdot 10^{-11}$.

Also $1{,}39 \cdot 10^{-11}$ von 1 oder 1 von $7{,}2 \cdot 10^{10}$. Von $\mathbf{7{,}2 \cdot 10^{10}}$ Atomen Radium zerfällt sekündlich eines.

Beispiel 70 Wie viele Atome zerfallen sekündlich von 1 g Radium?

A: 226 g Radium sind $6 \cdot 10^{23}$ Atome,

1 g Radium sind $\frac{6}{226} \cdot 10^{23}$ Atome $= 2{,}65 \cdot 10^{21}$ Atome.

Von $7{,}2 \cdot 10^{10}$ Atomen Radium zerfällt sekündlich 1,
von $2{,}65 \cdot 10^{21}$ Atomen Radium zerfallen sekündlich

$$\frac{2{,}56 \cdot 10^{21}}{7{,}2 \cdot 10^{10}} = \mathbf{3{,}7 \cdot 10^{10}}.$$

1 Curie einer beliebigen radioaktiven Substanz ist die Menge, von der pro Sekunde **3,7 · 10¹⁰ Atome** *zerfallen* (neuere Definition).

10^{-6} Curie $= 1\mu$ C
10^{-10} Curie $=$ 1 Eman.

Ein Mineralwasser von 1 Eman pro Liter ist also ein solches, bei dem im Liter sekündlich 3,7 Atome zerfallen; praktisch handelt es sich fast ausschließlich um Radonatome.

Beispiel 71 Die Halbwertszeiten von Radium und Uran verhalten sich wie $1580 : 4{,}5 \cdot 10^9$ Jahren oder wie 1:2850000. Von wie vielen Atomen Uran zerfällt sekündlich eines?

A: Diese Zahlen verhalten sich ebenfalls wie die Halbwertszeiten. $7{,}2 \cdot 10^{10} \cdot 2{,}850000 = 20{,}5 \cdot 10^{16} = 2{,}05 \cdot 10^{17}$.
Von $\mathbf{2{,}05 \cdot 10^{17}}$ Uranatomen zerfällt also sekündlich eines.

Beispiel 72 1 Milligramm frisch dargestelltes, chemisch reines Radium sendet sekündlich $3{,}4 \cdot 10^7$ α-Teilchen aus. Wie verstärkt sich diese α-Emission, wenn das Radium ins radioaktive Gleichgewicht mit seinen Zerfallsprodukten gekommen ist?

A: Vom Radium bis zum Blei finden sich im ganzen 5 α-Strahler, was schon daraus hervorgeht, daß das Radium das Atomgewicht 226 hat, das aus ihm hervorgegangene Blei dagegen 206. Die

Differenz (20 Atomgewichtseinheiten) erklärt sich als 5 Heliumatome. Die α-Strahlung **verfünffacht** sich demnach.
Auf dem Weg bis zum vorletzten dieser α-Strahler finden sich nur kurzlebige Elemente; das langlebigste von diesen ist die Radiumemanation mit einer Halbwertszeit von 3,825 Tagen. Die übrigen sind noch weit kurzlebiger, sie leben bloß nach Minuten. Auf dem Weg zum letzten α-Strahler befindet sich jedoch das ziemlich langlebige Radium D mit 22 Jahren. Mäßig altes Radium ist demnach nur im Gleichgewicht mit den nächsten drei α-Strahlern; seine α-Strahlintensität hat sich nur **vervierfacht**.

Beispiel 73 Wie viele mg Radon entwickelt Radium pro Gramm jährlich?

A: Linear zerfällt in 2280 Jahren alles Radium, in 1 Jahr also $\frac{1}{2280}$ = der Bruchteil 0,00044.

$$0{,}00044 \cdot \frac{222}{226} = 0{,}00043 \text{ Gramm Radon}$$
$$= 0{,}43 \text{ Milligramm Radon,}$$

Beispiel 74 Sammeln sich diese 0,43 mg Radon wirklich an?

A: Nein, es spielt sich schnell eine Radonkonzentration ein, bei der sekündlich ebenso viele Radonatome zerfallen, als entstehen.

Beispiel 75 Die Halbwertszeit des Urans wird zu $4{,}5 \cdot 10^9$ Jahren angenommen. Wie errechnet sich hieraus der auf Seite 206 angegebene Proportionalitätsfaktor „*1 Prozent Blei im Uran entspricht 74 Millionen Jahren*"?

A: Die mittlere Lebensdauer des Urans ist $\frac{10}{7}$mal so groß wie die die Halbwertszeit, also $\frac{10}{7} \cdot 4{,}5 \cdot 10^9$ Jahre $= 6{,}4 \cdot 10^9$ Jahre, d. h., in $6{,}4 \cdot 10^9$ Jahren zerfällt das Uran zu 100% linear. Zu 1% zerfällt es in $6{,}4 \cdot 10^7$ oder 64 Millionen Jahren. Wenn 1% Uran zerfällt, gibt das aber noch nicht 1% Blei, sondern bloß $\frac{206}{238}$ %, also 0,864% Blei. Ein ganzes Prozent Blei entsteht dann in **74 Millionen Jahren**.

Beispiel 76 Die Zerfallskonstante des Urans wird zu $5 \cdot 10^{-18}$ *pro Sekunde* angegeben. Wie errechnet sich hieraus der Proportionalitätsfaktor 1% Pb auf 74 Millionen Jahre (s. S. 206)?

A: „Die Zerfallskonstante des Urans ist $5 \cdot 10^{-18}$ pro Sekunde" heißt: pro Sekunde zerfällt von Uran der Bruchteil $5 \cdot 10^{-18}$.

Im Jahr zerfällt demnach der Bruchteil $31{,}5 \cdot 10^6 \cdot 5 \cdot 10^{-18} = 157 \cdot 10^{-12}$ oder $1{,}57 \cdot 10^{-10}$ oder $1{,}57 \cdot 10^{-8}\%$; pro Jahrmillion also $1{,}57 \cdot 10^{-2}\% = 0{,}0157\%$ und 1% in 64 Jahrmillionen; das gibt aber nicht 1% Blei, sondern nur 0,865%. Ein ganzes Prozent Blei entsteht dann in **74 Millionen Jahren**.

Beispiel 77 Die Halbwertszeit des Urans ist $4{,}5 \cdot 10^9$ Jahre. Wie leitet sich daraus die allgemeine (also nichtlinerare) Formel zur Alterbestimmung von Mineralien aus dem Bleigehalt ab?

A: a) Wir rechnen zunächst nicht mit Blei, sondern mit dem Bruchteil noch vorhandenen Urans, bezogen auf das Anfangsuran.

Die Halbwertszeit ist 4,5 Milliarden Jahre, die $\frac{4}{5}$-Wertszeit 1,5 Milliarden, die $\frac{1}{10}$-Wertszeit 15 Milliarden. Die Formel für das noch vorhandene Uran, bezogen auf das Anfangsuran, ist demnach

$$J = J_0 \cdot 10^{-kt}$$

$$\frac{1}{10} = 10^{-kt} = 10^{-1}$$

$$kt = 1$$

$$t = 15 \cdot 10^9$$

$$k = \frac{1}{15 \cdot 10^9}$$

also $\boldsymbol{J = J_0 \cdot 10^{-kt}}$, wobei $k = \frac{1}{15 \cdot 10^9} = \frac{3{,}01}{10} \; \frac{1}{H}$

(H = Halbwertszeit).

Nun ist die Menge des anfänglich vorhanden gewesenen Urans jederzeit leicht zu berechnen. Sie ist *nicht* gleich der Menge Uran + Blei, denn das Blei ist etwas leichter als das Uran, aus dem es hervorgegangen ist; sie ist

Uran $+ \frac{238}{206}$ Blei, also $U_0 = U + \frac{238}{206}$ Pb.

b) Sind auf 1 Teil noch vorhandenes Uran (U) a Teile Blei nachzuweisen, so ist

$J = U = 1$ Pb $= a$ (*nicht* Prozent!)

$J_0 = 1 + 1{,}156a$

$\log J = \log J_0 - kt$

$\log 1 = \log (1 + 1{,}156\, a) - kt$

$$0 = \log(1 + 1{,}156a) - kt$$
$$kt = \log(1 + 1{,}156a)$$
$$t = \frac{\log(1 + 1{,}156a)}{k}; \quad \frac{1}{k} = \frac{10}{3{,}01} H$$
$$t = \frac{10}{3{,}01} H \log(1 + 1{,}156a)$$
$$= 3{,}322\, H \log(1 + 1{,}156a)$$
$$t = \mathbf{15{,}15 \cdot 10^9 \log(1 + 1{,}156a)}.$$
(t = Alter in Jahren.)

Beispiel 78 Wie groß berechnet sich auf Grund dieser Formel das Alter eines Uranminerals, in dem das Verhältnis Blei:Uran = 43,3:50 beträgt (vgl. Beispiel 67)?

A: $a = \frac{43{,}3}{50} = 0{,}866$

$$t = 15{,}15 \cdot 10^9 \log(1 + 1{,}156a)$$
$$= 15{,}15 \cdot 10^9 \log(1 + 1{,}156 \cdot 0{,}866)$$
$$= 15{,}15 \cdot 10^9 \log(1 + 1)$$
$$= 15.15 \cdot 10^9 \log 2$$
$$= 15{,}15 \cdot 10^9 \cdot 0{,}3010$$
$= \mathbf{4{,}55 \cdot 10^9}$ **Jahre**, die Halbwertszeit des Urans.

Beispiel 79 Wie ist der Gedankengang der modernen Altersbestimmung von Mumien und prähistorischen Resten mit Hilfe von Kohlenstoff 14?

A: *Kohlenstoff, der noch am Kohlenstoffkreislauf teilnimmt,* muß ständig wieder den Zustand CO_2 in der Atmosphäre durchwandern. In diesem Zustand bekommt er ständig einen Zufluß von radioaktivem ^{14}C, der aus Stickstoff in einer Reaktion mit der kosmischen Strahlung entsteht. Im Kohlenstoffkreislauf bildet sich aus dem gleichbleibenden Zustrom des ^{14}C und den Zeiten bis zur Wiederkehr in die Atmosphäre ein *stationärer Zustand* des ^{14}C-Gehalts aus. Das Verhältnis $^{14}C:^{12}C$ ist also konstant, solange der Kohlenstoff am Kreislauf teilnimmt.

Anders aber, wenn der Kohlenstoff nicht mehr am Kreislauf teilnimmt, sei es, weil er ein Kohlenlager oder Bestandteil einer Mumie geworden ist. Da verarmt der Kohlenstoff allmählich an ^{14}C, und zwar um so mehr, je länger er schon aus dem Kreislauf ausgeschieden ist. Da nun aber das „*Alter*" einer Kohle oder Mumie die Zeit ist, die verflossen ist, *seit die Kohle oder der Kohlenstoff der Mumie aus dem Kreislauf ausgeschieden ist,* haben wir hier ein Mittel zur Bestimmung des Alters prähistorischer Reste.

Die stationäre Konzentration des ^{14}C in der Atmosphäre und in lebenden Pflanzen und Tieren ist 10^{-12}. Die Halbwertszeit des ^{14}C ist 5760 Jahre[1]), es ist ein β-Strahler. Die Reichweite der Methode beträgt bis zu 20000 Jahre zurück, die Genauigkeit $\pm$ 200 Jahre. Die Methode stammt von W. F. LIBBY (Chikago)[2])
Die Entstehungsreaktion des ^{14}C lautet

$$^{14}N + {}^{1}n \rightarrow {}^{14}C + {}^{1}H,$$

es entsteht also aus Stickstoff durch kernchemische Reaktion mit Neutronen der kosmischen Strahlung, neben Wasserstoff.

Beispiel 80 Ein Holzkohlerest aus einer prähistorischen Feuerstelle ergibt beim Verbrennen im O_2-Strom CO_2 mit einer ^{14}C-Aktivität von halb so großem Wert wie Holzkohle aus einem Kohlenmeiler vom Jahre 1964. Wie alt ist die prähistorische Feuerstelle?

A: 5160 Jahre. Solange ist das C der Feuerstelle aus dem Kohlenstoffkreislauf ausgeschieden. Allerdings dürfen die Bäume für den Kohlenmeiler nicht gerade am Rande einer Autobahn gestanden haben. Wie genaue Untersuchungen ergeben haben, nehmen solche Bäume schon einen zu großen Bruchteil ihres Kohlenstoffs in Form von CO_2 der Auspuffgase auf (also aus dem Erdöl stammenden fossilen Kohlenstoff), um noch die richtige ^{14}C-Aktivität für rezenten Kohlenstoff zu ergeben.

4. Reaktionen mit nicht gegebenem Endwert

Beispiel 84 Wir hatten bisher stets den Vorteil, daß der Endwert (den wir gewaltsam = Null setzen mußten) numerisch bekannt war (als „Ablesung nach sehr langer Zeit"). Es kommt natürlich häufig vor, daß er *nicht* bekannt ist, z. B. weil man nicht so lange warten kann oder weil eine Zersetzungs- oder Folgereaktion Platz greift. In diesen Fällen wird die Rechnung nur ein wenig komplizierter; man muß den Endwert zuerst ausrechnen. Wir wählen zunächst als einfachsten Fall eine monomolekulare Reaktion (eine, von der wir *wissen*, daß sie monomolekular ist), welche mit *Kontraktion* verbunden ist. Das Volumen der Reaktionsmasse werde im Dilatometer verfolgt Der Anfangswert sei 1020 ccm, der Endwert nicht abwartbar Nach 1 bzw. 2 Monaten seien die abgelesenen Werte 1018 resp 1016,3 ccm Wie groß ist das Volumen nach 3 Monaten?

A: Man muß zuerst den Endwert ausrechnen. Hier sieht man sofort, daß er = 1010 ccm ist. Wir nennen ihn x und müssen nun als „frei verfügbar" abnehmende Intensität α die Differenz $s - x$ nehmen, wobei s_0, s_1; s_2; s_3 die abgelesenen Werte nach 0, 1, 2, 3

---

[1]) Neuester Wert (1961); vorher wurde 5568 Jahre angenommen.
[2]) Für die Schriftrollen von Qumram am Toten Meer ergab sich der Wert 20 v. Chr.

Monaten sind. Diese Werte müssen alle durch Multiplikation mit demselben Faktor f auseinander hervorgehen (da die Reaktion ja monomolekular ist).

Es muß also sein

$(1020 - x) f = 1018 - x$ und

$(1018 - x) f = 1016{,}3 - x$

mit den zwei Unbekannten x und f. Durch Auflösen ergibt sich $\mathbf{x = 1010}$ und $f = 0{,}8$.
Nach 3 Monaten ist der abgelesene Wert 1015 ccm, nämlich $1010 + 10 \cdot 0{,}8^3 = 1010 + 5 = \mathbf{1015}$ **ccm**

5. Unvollständig verlaufende Reaktionen

Wir haben bisher stets den Fall betrachtet, daß die Reaktion vollständig zu Ende verlief, also nicht durch die Gegenreaktion aufgehalten wurde. Es handelte sich m. a. W. um „nicht umkehrbare Reaktionen" (bei denen eine gegenläufige Reaktion gar nicht existiert; Typus: Nitroglycerinexplosion, Radiumzerfall) oder um solche umkehrbare Reaktionen, bei denen das Gleichgewicht so weit nach der einen Seite verschoben ist, daß die Reaktion *praktisch* doch vollständig verläuft (Typus; Vereinigung von Chlor und Wasserstoff bei Zimmertemperatur, Veresterung oder Verseifung bei großem Überschuß des einen Ausgangspartners.) Es gibt aber auch den Fall, daß die Reaktion bei einer bestimmten Stufe durch die Gegenreaktion aufgehalten wird, den Fall also, daß eine Reaktion umkehrbar ist und nur bis zu einem bestimmten Gleichgewicht verläuft, das *nicht* sehr stark nach der einen Seite verschoben ist, sondern zu einem vernünftig meßbaren Verhältnis der gegenläufigen Substanzen oder Substanzgemische führt. Beispiele hierfür sind die Veresterung und Verseifung in äquimolekularen Gemischen (symmetrisch bimolekulare Veresterung ohne Kondensationsmittel oder Verseifung mit Wasser allein, *ohne* NaOH), die Vereinigung von Jod und Wasserstoff bei 444 °C (Konstante 50) bei nicht zu großem Überschuß des einen Partners u. a. mehr. Das sind Beispiele bimolekularer Reaktionen. Es gibt auch solche für monomolekulare, z. B. das Ins-Gleichgewicht-Setzen eines tautomeren Gemisches (Umlagerung der einen Form in die andere) oder die Umwandlung von γ-R-Penten in β-R-Penten, welche bei 210,5 °C dann aufhört, wenn vom Ausgangsstoff γ-R-Penten nur noch 0,386 der Ausgangsmenge vorhanden ist. Eine besonders charakterische Reaktion dieser Art bildet die Racemisierung optisch aktiver Substanzen (z. B. bestimmter Aminosäuren), welche stets dann ein Ende findet, wenn die Ausgangsform *zu 50%* in den Antipoden verwandelt ist; die Drehung ist dann Null. Der gemessene Endwert ist also hier Null, während die Reaktion, die Verwandlung der D-Form in die L-Form nur zu 50% erfolgt.

Derartige Reaktionen laufen ganz einfach auf monomolekularer Kurve ab. Die Kurve ABC der Abb. 64 ist einfach eine gewöhnliche monomolekulare Kurve. Die Anfangsdrehung sei $AS = 100°$, die Enddrehung bei $t = \infty$ Null. Betrachtet man die Linie ST als die Nullinie, so sinkt die Anfangsintensität AS in durchaus gewohnter Weise monomolekular auf Null ab für $x = \infty$. Die eigentliche Nulllinie ist aber *UV*; denn bei *T* sind noch 50% Ausgangssubstanz vorhanden; und der eigentliche Anfangswert ist nicht *AS*, sondern *AU*, wenn man die *Menge* des anfangs vorhandenen sich umwandelnden Stoffs in Betracht zieht.

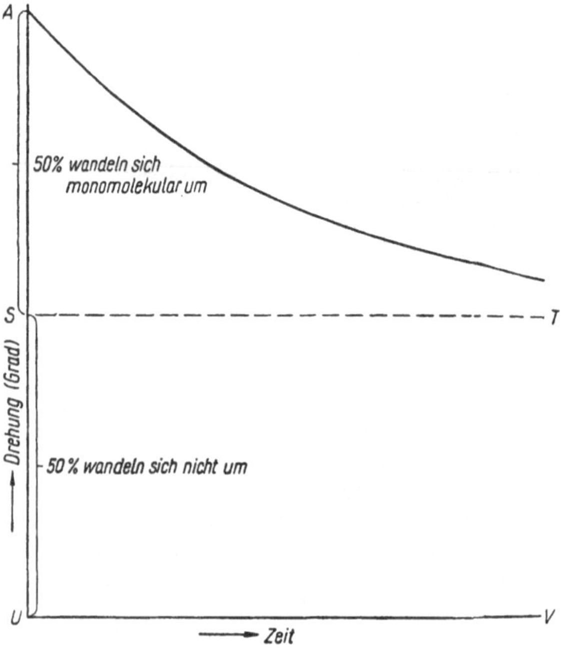

Abb. 64

Betrachtet man also als zu verfolgenden Intensitätswert die *Drehung AS*, so strebt diese in gewöhnlicher Weise dem Nullpunkt *T* zu, und es ist nichts weiter dazu zu bemerken. Betrachtet man dagegen als zu verfolgenden Intensitätswert die *Menge* rechtsdrehender Ausgangssubstanz *AU*, so setzt man als Ausgangswert deren *Hälfte AS* ein und läßt diese monomolekular dem Nullwert *T* zustreben, der aber dann bei der Resultatangabe auf „50%" umzutaufen ist; ebenso muß bei den Zwischenwerten *bb'*, *cc'*, *dd'* etc. immer die andere Hälfte *SU* dazu addiert werden, wenn man die *Mengen* noch vorhandener Ausgangssubstanz berechnen will.

Küster und Thiel[1]) kleiden diesen Sachverhalt in folgende drei Fassungen:

1. „*Bei der umkehrbaren Reaktion verhält sich der sich umwandelnde Stoff so, als ob er zusammengesetzt wäre aus einem sich nicht umkehrbar umwandelnden (AS) und einem sich überhaupt nicht umwandelnden Teil (US).*"
2. „*Eine umkehrbare Reaktion erster Ordnung verläuft nach dem Zeitgesetz der nicht umkehrbaren Reaktion erster Ordnung, wenn man den im Gleichgewicht noch unveränderten Bruchteil (TV = US) des sich umwandelnden Stoffes bei der Konzentrationsberechnung in Absatz bringt.*"
3. „*Bei der umkehrbaren Reaktion erster Ordnung ändert sich die über die Gleichgewichtskonzentration überschießemde („frei verfügbare") Konzentration (AS) der sich umwandelnden Stoffe nach dem Zeitgesetz der nicht umkehrbaren Reaktion erster Ordnung.*"

Alle drei Fassungen besagen natürlich dasselbe. Ist der Endwert der noch vorhandenen, sich umwandelnden Substanz nicht (wie bei Racemisierungen) 50%, sondern etwa 38,6% = der Bruchteil 0,386 (wie bei der Umwandlung von β-R-Penten in γ-R-Penten), so wird die neue Abszissenachse *ST* eben nicht bei 50% der Höhe *UA* angesetzt, sondern etwas tiefer, bei 38,6% dieser Höhe (*S'T'* in

[1]) Küster und Thiel, Lehrbuch der allgemeinen theoretischen und physikalischen Chemie. Winter, Heidelberg 1925, S. 534.

Abb. 65). Diesem Nullwert strebt dann der „frei verfügbare Konzentrationsanteil zu, und man hat vom Anfangswert AU eben nicht die Hälfte abzuziehen, sondern bloß den Wert $US' = 38{,}6\%$.

Der ganze Fall liegt überhaupt nicht anders als bei den Dilatometer-Aufgaben (Beispiel 27 u. 32, Teil I des Abschnitts G mit fallender Reihe), bei denen die Endablesung (nach langer Zeit) nicht Null war, sondern z. B. 1990 oder eine ähnliche Zahl am Hals des Dilatometers, welche eben abgezogen werden mußte, damit der Schlußwert auch wirklich Null hieß und nicht + 1990. Der Fall liegt auch ebenso wie bei den Aufgaben über optische Drehung (Teil I, S. 180), bei welchen der Schlußwert nicht Null war, sondern irgendeine positive oder negative Gradzahl, welche eben durch Subtraktion oder Addition auf Null gebracht werden mußte. Der einzige Unterschied ist der, daß bei diesen letzteren Aufgaben (mit Dilatometer oder Polarimeter) die Schluß*menge* der wegreagierenden Substanz wirklich Null war und nur die End*ablesung* nicht Null, während hier (bei unvollständig verlaufenden Reaktionen, speziell Recemisierung) umgekehrt die End*ablesung* Null ist, die Schluß*menge* dagegen nicht. Man muß sich bloß den Schlußwert Null nennen. Man kann demnach eine vierte Fassung formulieren:

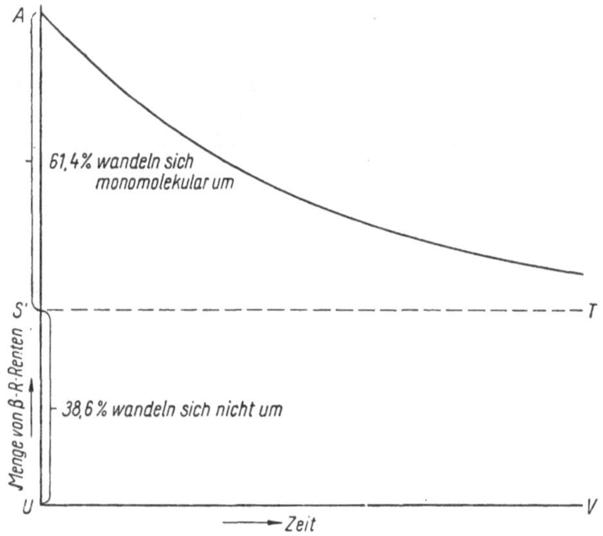

Abb. 65

4. *„Die Aufgabe wird ebenso behandelt wie eine Aufgabe mit dilatometrischer Verfolgung des Vorgangs und einem kleiner gewordenen Schlußwert der Dilatometerablesung“.*

Beispiel 82 D-Glutaminsäure werde durch längeres Erhitzen mit überschüssigem Barytwasser racemisiert; das Barytwasser wirkt rein katalytisch und läßt die Reaktion monomolekular. Die Anfangsdrehung sei bei bestimmter Rohrlänge + 100°, die Drehung nach 10 Tagen + 10°, die Enddrehung nach langer Zeit Null. Die Anfangsmenge der D-Glutaminsäure sei 200 g, die Menge nach 10 Tagen 110 g, nach langer Zeit 100 g. Wie ist die Drehung und die Menge nach 3,01 Tagen?

A: Die Drehung ist + 50°, die Menge noch vorhandener D-Glutaminsäure 150 g. Die „frei verfügbare Menge“ ist 100 g, die sich überhaupt nicht umwandelnde ebenfalls 100 g.

TEIL II. BIMOLEKULARE REAKTION

Man unterscheidet monomolekulare, bimolekulare und trimolekulare Reaktionen, je nachdem, ob links vom Gleichheitszeichen der Reaktionsgleichung ein, zwei oder drei Moleküle stehen. Geht ein Molekül allein in die Reaktion ein, so ist die Reaktion monomolekular (Beispiel: Zerfall einer radioaktiven Substanz, sämtliche Umlagerungen); gehen zwei gleiche oder verschiedene Moleküle in die Reaktion ein, so ist sie bimolekular (Beispiel: Esterbildung, Esterverseifung), bei dreien trimolekular. Doch sind durchaus nicht alle auf dem Papier trimolekular aussehenden Reaktionen wirklich trimolekular; meist sind sie bloß eine Folge zweier bimolekularer Reaktionen.

Zunächst läßt sich zeigen, daß bei bimolekularem Verlauf der Abfall der vorhandenen Substanz längs einer *anderen* Kurve erfolgen muß als bei monomolekularem. Und zwar muß die bimolekulare Reaktion, wenn beide mit gleicher Geschwindigkeit starten, hinter der monomolekularen *zurückbleiben*. Das sehen wir leicht an folgendem.

Angenommen, wir haben zwei Reaktionen, eine monomolekulare und eine bimolekulare. Bei der monomolekularen sollen allmählich die 100 g Ausgangssubstanz A verschwinden durch Umlagerung etwa oder durch radioaktiven Zerfall, bei der bimolekularen sollen allmählich 100 g A′ und 100 g B (diese Mengen sollen sich äquivalent sein) wegreagieren, also auch verschwinden. Die Startgeschwindigkeit sei bei beiden gleich. Es sollen also anfangs sekündlich 1 g A resp. 1 g A' wegreagieren. Der einfachste Verlauf wäre natürlich der, daß die Substanz völlig gleichmäßig wegreagiert, geradlinig, und nach 100 Sekunden einfach verschwunden ist. Das wird aber weder bei der einen noch bei der anderen Reaktion eintreten können. Denn bei der monomolekularen Reaktion verschwindet offenbar in jeder Sekunde gerade 1% des noch vorhandenen; wenn die Hälfte zerfallen ist, zerfällt also bloß noch $\frac{1}{2}$ g pro Sekunde, nicht mehr 1 g pro Sekunde wie im Anfang, und das widerspricht ja schon dem geradlinigen Verlauf.

So wird es also beim monomolekularen Verlauf sein. Die Substanz ist nur auf sich allein angewiesen. Anders ist es beim bimolekularen Verlauf. Wenn da die Substanz A' auf der Hälfte der Anfangsmenge angelangt ist, reagiert sie nicht bloß deswegen langsamer weg als im Anfang, weil von ihr nur noch die Hälfte da ist, sondern auch noch deswegen, weil sie nicht einmal mehr dieselbe Chance hat, einen Reaktionspartner B zu finden, die sie im Anfang hatte; diese Chance hat sich ebenfalls auf die Hälfte herab verschlechtert, denn die Konzentration des Reaktionspartners B ist ebenfalls auf die Hälfte heruntergegangen. Die Zahl der erfolgreichen Zusammenstöße ist also auf $\frac{1}{4}$ heruntergegangen gegenüber der Anfangsgeschwindigkeit. Im monomolekularen Fall war die Reaktionsgeschwindigkeit auf die *Hälfte* gesunken. Wir haben also folgendes Bild: Im Anfang ($a = 100$) haben beide Reaktionen gleiche Geschwindigkeit (1% pro Sekunde), dargestellt durch die gleiche Neigung der Anfangstangente (Abb. 66, Punkt S). Wenn der α-Wert (= die noch vorhandene Substanz) auf 50 angelangt ist (Punkt T und U), ist die Tangentenneigung bei der ersten Kurve auf die *Hälfte* heruntergegangen (Punkt T), bei der zweiten auf ein Viertel (Punkt U); die zweite Kurve läuft in diesem Punkt also bereits viel flacher. Da sie aber schon immer flacher verlaufen sein muß, muß sie in ihrem ganzen bisherigen Verlauf *über* der monomolekularen Kurve gelegen haben, d. h., die bimolekulare Reaktion muß hinter der monomolekularen *zurückgeblieben* sein.

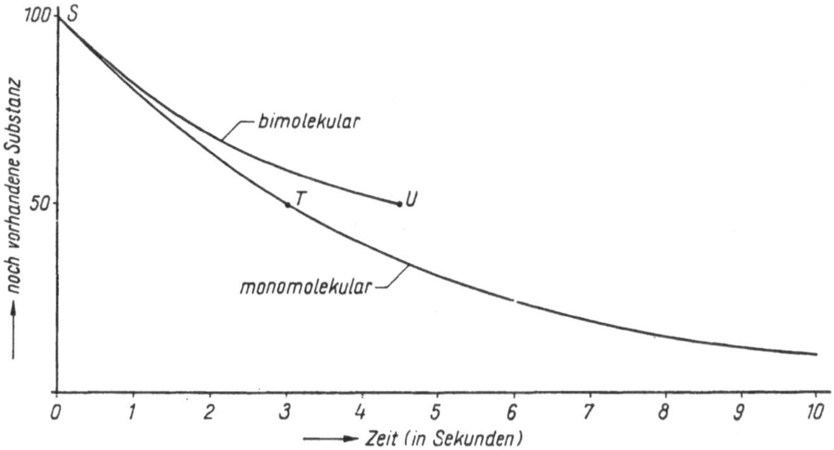

Abb. 66

So liegt die Sache also, wenn beide Reaktionen mit derselben Anfangsgeschwindigkeit starten; die bimolekulare bleibt von Anfang an hinter der monomolekularen zurück, um so mehr natürlich, wenn sie mit verschiedener Geschwindigkeit starten und die bimolekulare die langsamere ist; dann klaffen schon die Anfangstangenten auseinander. Wenn sie aber mit verschiedenen Geschwindigkeiten starten und die bimolekulare Reaktion die *größere* Anfangsgeschwindigkeit hat, dann muß sie zunächst der monomolekularen vorauseilen (Abb. 67); die Kurve sinkt also

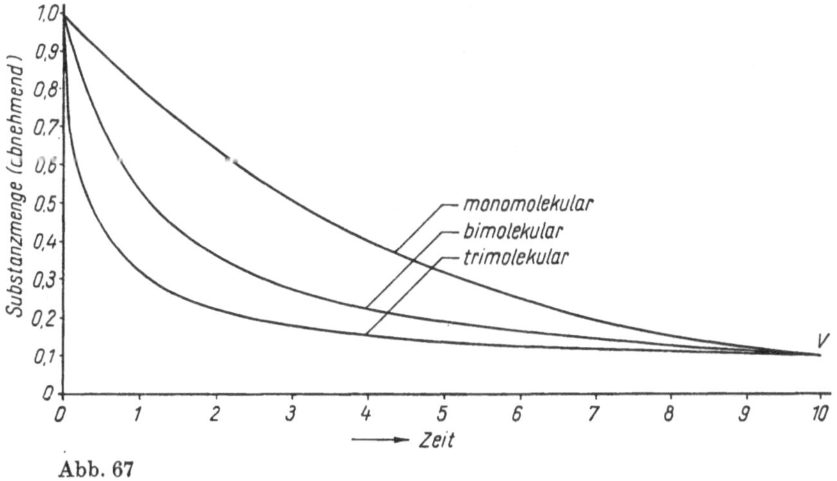

Abb. 67

schneller als bei der monomolekularen. Später kommt aber ein Punkt, wo die bimolekulare Reaktion von der monomolekularen wieder eingeholt wird, wo also die α-Werte gleich werden und die Kurven sich *schneiden* (Punkt V in Abb. 67). Diese Einholung muß erfolgen, wie groß auch das Mißverhältnis der Anfangsgeschwindigkeiten sein möge; die letzten Spuren des bimolekularen Ansatzes reagieren so langsam aus, daß der Reaktionsablauf unter allen Umständen schließlich von der monomolekularen Reaktion eingeholt wird, und sei es auch erst, wenn die Reaktion schon zu 99,999% verlaufen ist.

Im folgenden wird allgemein vorausgesetzt, daß 1. die Temperatur konstant bleibt, 2. die Reaktion im homogenen Medium verläuft, 3. katalytisch definierte Bedingungen herrschen, insbesondere Autokatalyse fehlt, 4. die Reaktion im Gleichgewicht zu Ende geht, also nicht durch Gegenreaktion aufgehalten wird. Fehlt eine dieser Bedingungen, so wird die Behandlung wesentlich komplizierter. Mono-, bi- und trimolekulare Reaktionen unterscheiden sich in ihrem mathematischen Verlauf. Reaktionen, die mono-, bi- und trimolekular sind, sämtlich mit der gleichen Anfangskonzentration 1 beginnen und sämtlich nach der gleichen Zeit zu 90% verlaufen sind, geben folgendes allgemeines Bild des Abfalls (Abb. 67). Alle diese Kurven sind durchgebogen, die trimolekulare am stärksten, die monomolekulare am schwächsten.[1])

Die monomolekularen Reaktionen sind in dem Abschnitt ,,logarithmischer Abfall" schon behandelt. Bei den bimolekularen muß man drei Fälle unterscheiden:

a) Die beiden Reaktionspartner sind in *gleicher* Anfangskonzentration vorhanden, ,,symmetrisch bimolekulare Reaktion". Dieser Fall ist besonders einfach und wird hier behandelt.

b) Die beiden Partner sind in *ungleicher* Anfangskonzentration vorhanden, ,,asymmetrisch bimolekulare Reaktion". Dieser Fall ist komplizierter; zwei Beispiele dafür finden sich in der Abegg-Sackurschen Sammlung (Nr. 47 und 48).

c) Der eine Reaktionspartner ist in erheblichem Überschuß vorhanden, ,,pseudomonomolekulare Reaktion". Dieser Fall ist wieder einfach; er gehorcht völlig den Gesetzen der monomolekularen Reaktion. Der im Überschuß befindliche Partner ändert nämlich seine Konzentration während der Reaktion prozentual nur unmerklich; seine Konzentration bleibt also praktisch konstant und geht nicht in die Rechnung ein. Das typische Beispiel einer pseudomonomolekularen Reaktion ist die Zuckerinversion. Das Wasser geht in die Reaktion ein, eigentlich ist die Reaktion also bimolekular; da man aber stets in verdünnter wäßriger Lösung arbeitet, ist das Wasser in großem Überschuß vorhanden, und die Reaktion wird pseudomonomolekular. Trimolekulare Reaktionen werden, wenn ein Partner in großem Überschuß vorhanden ist, pseudobimolekular; wenn zwei in großem Überschuß über den dritten vorhanden sind, pseudomonomolekular. Die Kurven asymmetrisch bimolekularer Reaktion liegen zwischen der der symmetrisch bimolekularen und der der monomolekularen.

---

[1]) Sie starten also *nicht* mit derselben Anfangsgeschwindigkeit, haben also *keine* gemeinsame Anfangstangente.

1. Symmetrisch bimolekulare Reaktion

Das Gesetz für die symmetrisch bimolekulare Reaktion ist sehr einfach, es lautet:

„*Das Verhältnis von verschwundener zu noch vorhandener Substanz ist der Zeit proportional*“,

mathematisch formuliert:

$$\frac{x}{\alpha} = kt$$

Zum Beispiel reagiere eine linksdrehende Substanz A (ihre jeweilige Konzentration oder Menge heiße α) mit einer inaktiven B, die in gleicher Konzentration vorliege, unter Bildung einer dritten Substanz C, die ebenfalls inaktiv sei. Die Anfangsdrehung sei $-90°$, die Enddrehung Null. Die Polarisationsebene wandert also wie der Uhrzeiger von Stellung I in Stellung III (Abb. 68). Während des Reaktionsverlaufs habe sie eine mittlere Stellung II. Der Winkel α, der der Menge *der noch vorhandenen, also verschwindenden* Substanz entspricht, nimmt von 90° auf Null ab, der Winkel x, der ihn zu 90° ergänzt und der *entstehenden* Substanz C entspricht, nimmt umgekehrt von Null bis 90° zu. Das Verhältnis von $\sphericalangle x$ zu $\sphericalangle \alpha$ ist dann einfach proportional der Zeit.

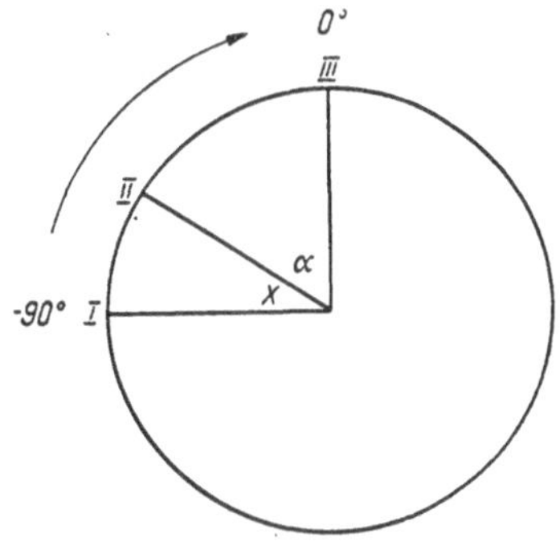

Abb. 68

Eine bimolekulare Reaktion ist also symmetrisch, wenn die beiden Reaktionspartner in der *gleichen* Anfangskonzentration vorliegen.

Für sie gilt

$$x : \alpha = kt$$

wobei x der entstehende Stoff ist, α der verschwindende Stoff und t die Zeit.

Beispiel 1 Bei einer symmetrisch bimolekularen Reaktion sind am Anfang von beiden Partnern je 1 Mol vorhanden, nach 1 Tag noch 0,9 Mole. Zu welchem Zeitpunkt sind noch 0,5 und 0,1 Mol vorhanden?

A: $\alpha =$	1,0	0,9	0,5	0,1 Mole
$x =$	0,0	0,1	0,5	0,9 Mole
$\frac{x}{\alpha} =$	0	$\frac{1}{9}$	$\frac{1}{1}$	$\frac{9}{1}$
	0	$\frac{1}{9}$	$\frac{9}{9}$	$\frac{81}{9}$
$t =$	0	1	9	81 Tage

Also: nach **9 bzw. 81 Tagen.**

Beispiel 2 5 Mole eines wasserlöslichen Esters wurden zusammen mit 5 Molen NaOH in einer größeren Menge Wasser (5 Liter) gelöst. Durch Titration einer herausgenommenen Probe wird nach 1 Tag festgestellt, daß noch 4 Mole NaOH vorhanden sind. Zu welchem Zeitpunkt sind noch 3, 2 und 1 Mol NaOH vorhanden?

A:

$\alpha =$	5	4	3	2	1	Mole
$x =$	0	1	2	3	4	Mole
$\frac{x}{\alpha} =$	0	$\frac{1}{4}$	$\frac{2}{3}$	$\frac{3}{2}$	$\frac{4}{1}$	
$\frac{x}{\alpha} =$	0	$\frac{1}{4}$	$\frac{2{,}66}{4}$	$\frac{6}{4}$	$\frac{16}{4}$	
$t =$	0	1	2,66	6	16	Tage

Also: nach **2,66; 6 und 16 Tagen** sind noch 3, 2 und 1 Mol NaOH vorhanden.

Beispiel 3 Bei einer symmetrisch bimolekularen Reaktion sind am Anfang von beiden Partnern 7 Mole vorhanden, nach einem Tag noch 6 Mole. Zu welchem Zeitpunkt sind noch 5, 4, 3, 2 und 1 Mol vorhanden?

A:

x	7	6	5	4	3	2	1	Mole
α	0	1	2	3	4	5	6	Mole
$\frac{x}{\alpha}$	0	$\frac{1}{6}$	$\frac{2}{5}$	$\frac{3}{4}$	$\frac{4}{3}$	$\frac{5}{2}$	$\frac{6}{1}$	
	0	$\frac{1}{6}$	$\frac{2{,}4}{6}$	$\frac{4{,}5}{6}$	$\frac{8}{6}$	$\frac{15}{6}$	$\frac{36}{6}$	
t	0	1	2,4	4,5	8	15	36	Tage

Also: nach **2,4; 4,5; 8; 15 und 36 Tagen.**

Beispiel 4 Bei einer symmetrisch bimolekularen Reaktion verschwindet am ersten Tag $\frac{1}{21}$ der reagierenden Stoffe. In welcher Zeit verschwinden $\frac{20}{21}$?

A: In $20^2 = 400$ Tagen.

α	1	$\frac{20}{21}$	$\frac{1}{21}$
x	0	$\frac{1}{21}$	$\frac{20}{21}$
$\frac{x}{\alpha}$	0	$\frac{1}{20}$	20
t	0	1	**400**

Beispiel 5 Eine wäßrige Lösung enthält einen Ester und die äquivalente Menge Anilin. Diese beiden Stoffe reagieren unter Anilidbildung miteinander, wobei das Anilin verschwindet. Das Anilin wird von Zeit zu Zeit titriert, indem man 200 ccm herauspipettiert und mit Nitrit titriert. Die Zeiten sind 0, 1, 2, 3 Tage und die zugehörigen Werte des Nitritverbrauchs sind 50, 40, 33,4 und 28,5 ccm. Wie ist aus diesen Daten zu zeigen, daß die Reaktion tatsächlich symmetrisch bimolekular verläuft?

A: Die Menge des Anilins nimmt ab, die des Anilids. zu Die Summe beider muß konstant sein. Diese Summe ist, gleich in Nitritverbrauchswerten ausgedrückt, 50 ccm, also gleich dem Anfangswert des Verbrauchs, denn zu diesem Zeitpunkt ist die Menge des Anilids Null. Wir nennen die momentane Menge des Anilins α (α abnehmend) und die des Anilids x (x zunehmend). Ist die Reaktion tatsächlich symmetrisch bimolekular, so muß das Verhältnis $\frac{x}{\alpha}$, das natürlich auch zunimmt, und zwar stärker als x, mit der Zeitskala linear laufen.

Wir erhalten die Reihen

x	0	10	16,6	21,5
α	50	40	33,4	28,5
$\frac{x}{\alpha}$	$\frac{0}{50}$	$\frac{10}{40}$	$\frac{16,6}{33,4}$	$\frac{21,5}{28,5}$
$\frac{x}{\alpha}$	0	$\frac{1}{4}$	$\frac{2}{4}$	$\frac{3}{4}$
(Zeitskala	0	1	2	3)

und diese Reihe $\frac{x}{\alpha}$ läuft mit der Zeitskala proportional. Die Reaktion ist also tatsächlich symmetrisch bimolekular. Um die Proportionalität zwischen dem Wert $\frac{x}{\alpha}$ und den Zeitwerten festzustellen, würden die drei ersten Wertepaare schon genügen; das vierte ist, rein mathematisch gesehen, überflüssig. Man braucht m. a. W. 3 Punkte, um den Charakter der Kurve zu erkennen, *aber nur zwei*, wenn man voraussetzen darf, daß die Reaktion wirklich symmetrisch bimolekular ist. Es ist also genau wie bei der monomolekularen Kurve. Auch dort brauchen wir *zwei Punkte*, durch die wir die Kurve legen müssen, wenn wir bestimmt wissen, daß sie monomolukular ist; drei dagegen wenn wir das erst beweisen sollen.

Beispiel 6 Bei einer symmetrisch bimolekularen Reaktion ist der Anfangstitrationswert 60. Weitere Werte sind 50, 40 und 30.
Wie liegt die Zeitskala?

A:	x	0	10	20	30
	α	60	50	40	30
	$\frac{x}{\alpha}$	$\frac{0}{60}$	$\frac{10}{50}$	$\frac{20}{40}$	$\frac{30}{30}$
	oder	0	$\frac{1}{5}$	$\frac{1}{2}$	1

Die Zeitskala liegt also: 0, $\frac{1}{5}$, $\frac{1}{2}$, 1, in irgendeiner Einheit.

Beispiel 7 Bei einer symmetrisch bimolekularen Reaktion werden die $\frac{x}{\alpha}$-Werte, also die Werte

$$\frac{\text{Konzentration des entstehenden Stoffes}}{\text{Konzentration des verschwindenden Stoffes}}$$

laufend gemessen. Die Werte ergeben eine arithmetische Reihe, nämlich die Reihe 0,01, 0,02, 0,03, 0,04. Was kann man daraus für die Zeitskala schließen?

A: Auch die Zeitskala muß eine arithmetische Reihe geben, die Messungen sind also in gleichen Zeitabständen genommen worden. Die Zeitskala ist **1, 2, 3, 4** in irgendeiner Einheit.

Beispiel 8 6 Mole eines Esters werden mit 6 Molen NaOH in 10 Litern Wasser gelöst. Der Verlauf der Verseifung wird in gleichen Zeitabständen durch Herausnehmen von Proben und Titration des NaOH verfolgt; gleichzeitig wird jedesmal — obwohl das eigentlich überflüssig ist — eine Bestimmung des gebildeten Alkohols vorgenommen. Als Ergebnis der jeweiligen Titration wird immer das Verhältnis von gebildetem Alkohol zu titriertem NaOH berechnet. Die Ergebnisse sind nach 1, 2, 3, 4 Tagen:

0,06 0,12 0,18 0,24

Ist daraus der symmetrisch bimolekulare Charakter der Reaktion zu entnehmen?

A: Ja, die $\frac{x}{\alpha}$ Werte bilden eine arithmetische Reihe.

Werden die Messungen in *gleichen* Zeitintervallen vorgenommen, so zeigen bei *mono*molekularer Reaktion die Logarithmen der noch vorhandenen Menge, also die — *log* α-*Werte*, konstante Differenz, d. h., sie bilden eine arithmetische Reihe. Bei symmetrisch *bi*molekularer Reaktion bilden die $\frac{x}{\alpha}$-*Werte* eine arithmetische Reihe. (Bei Reaktion *nullter* Ordnung bilden die α-*Werte* selbst eine arithmetische Reihe.)

Werden die Messungen in *verschiedenen* Zeitintervallen gemessen, so sind obige Reihen, also bei monomolekularer Reaktion die $-\log\alpha$-Werte, bei symmetrisch bimolekularer Reaktion die $\frac{x}{\alpha}$-Werte, der Zeitwertreihe proportional.

Will man demnach den monomolekularen oder bimolekularen Charakter einer Reaktion bestätigen, so mißt man am besten in gleichen Zeitabständen. Erweisen sich die α-Werte, die Werte der noch vorhandenen Mengen, als immer wieder mit demselben Faktor, einem echten Bruch, multipliziert, so ist die Reaktion *monomolekular*. Oder: Erweisen sich die Logarithmen von α als arithmetische Reihe (also mit gleichbleibenden Differenzen), so ist die Reaktion monomolekular. Hat man *ungleiche* Zeitabstände, so muß man k herausisolieren und prüfen, ob es konstant ist; $k = -\frac{\log\alpha}{t}$ bei monomolekularer Reaktion.
Bei *symmetrisch bimolekularer* Reaktion mißt man ebenfalls am besten in gleichen Zeitabständen. Erweisen sich die $\frac{x}{\alpha}$-Werte, also die Quotienten des verschwundenen[1]) und des noch vorhandenen Stoffes, als zunehmende arithmetische Reihe (also mit gleichbleibenden Differenzen), so ist die Reaktion symmetrisch bimolekular. Hat man in *ungleichen* Zeitabständen gemessen, so bleibt auch hier nichts anderes übrig, als die Konstante herauszuisolieren und zu prüfen, ob sie konstant ist; sie ist hier $\frac{x}{\alpha t}$.

Beispiel 9 Ein radioaktives Präparat von der Anfangsintensität 10000 hat nach 1 Tag die Intensität 1000, nach 2 Tagen 100, nach 3 Tagen 10 und nach 4 Tagen die Intensität 1. Wie kann man daraus den monomolekularen Charakter der Reaktion ersehen?

A: Entweder

a) die Werte 10000, 1000, 100, 10, 1 erweisen sich als mit demselben Faktor $\frac{1}{10}$ multipliziert, oder

b) die Logarithmen der Werte 10000, 1000, 100, 10, 1 sind 4, 3, 2, 1 und bilden eine arithmetische Reihe (gleiche Differenzen).

Beispiel 10 Bei einer symmetrisch bimolekularen Reaktion werden die $\frac{x}{\alpha}$-Werte an aufeinanderfolgenden Tagen gemessen. Diese Werte sind nach 1 Tag 0,02, nach 2 Tagen 0,04, nach 3 Tagen 0,06, nach 5 Tagen 0,10. Wie kann man hieraus den symmetrisch bimolekularen Charakter der Reaktion ersehen?

---

[1]) Die Menge des „verschwundenen" Stoffes ist natürlich gleich der des „entstandenen".

A: Entweder a) die $\frac{x}{\alpha}$-Werte bilden eine arithmetische Reihe.

oder b) die Werte $k = \frac{x}{\alpha t}$ sind konstant,

$$\frac{0{,}02}{1} \quad \frac{0{,}04}{2} \quad \frac{0{,}06}{3} \quad \frac{0{,}10}{5}$$

$$= \frac{2}{100} \quad \frac{2}{100} \quad \frac{2}{100} \quad \frac{2}{100},$$

also konstant.

„Die $\frac{x}{\alpha}$-Werte sind 0,02, 0,04, 0,06 etc.“ heißt m. a. W., die Mengen des entstandenen Stoffs x sind 2%, 4%, 6% des *jeweils noch vorhandenen* Stoffs (α) (also *nicht* des anfangs vorhanden gewesenen Stoffs a).

Beispiel 11 Unter welchen Umständen ist der bimolekulare Reaktionsverlauf vom monomolekularen am stärksten verschieden?

A: Wenn die Reaktion *symmetrisch* bimolekular ist, d. h., wenn die Konzentrationen der beiden reagierenden Stoffe am Anfang (und damit jederzeit) *gleich* sind. Ist der eine der beiden Stoffe im Überschuß, so nähert sich der Typ dem pseudomonomolekularen, und ist er *erheblich* im Überschuß, so wird der Reaktionsverlauf überhaupt pseudomonomolekular, d. h., er ist vom monomolekularen nicht mehr zu unterscheiden.

Beispiel 13 2,3-Oxynaphthoesäure ist samt ihren Salzen im festen Zustand und in Lösung gelb, ihr Acetylderivat, die 2,3-Acetoxynaphthoesäure, samt ihren Salzen im festen Zustand und in Lösung farblos. Bei der Verseifung der Acetylgruppe durch Natronlauge entsteht also in zunehmender Menge das kolorimetrierbare gelbe Salz, während gleichzeitig das titrierbare freie Ätznatron abnimmt. 1 Mol 2,3-acetoxynaphthoesäures Natrium wird in 10 Litern verdünntem Alkohol gelöst und 1 Mol Natriumhydroxid zugefügt. Die Verseifung schreitet fort und wird dadurch in doppelter Weise verfolgt, daß jedesmal in einer herausgenommenen Probe das freie Ätznatron titriert und außerdem noch die entstandene Oxynaphthoesäure kolorimetriert wird (letzteres ist eigentlich überflüssig, weil diese Menge auch durch Subtraktion errechnet werden könnte). Die Reaktion spielt sich im Thermostaten bei bestimmter Temperatur ab.

Das Ergebnis ist, daß die gebildete gelbe Säure nach 2, 7 und 18 Tagen noch 4, 14 und 36 Molprozent *des jeweils noch vorhandenen Ätznatrons* beträgt. Geht hieraus der bimolekulare Charakter der Reaktion hervor?

A: Ja. Genau so muß die Reaktion fortschreiten; die Reihe der Molprozente läuft zur Zeitreihe linear, wie sofort zu sehen ist.

2. Reaktionen nullter Ordnung

Es gibt auch Reaktionen *nullter Ordnung*. Eine Reaktion nullter Ordnung ist eine, die längs der Anfangstangente einer monomolekularen Reaktion verläuft (Abb. 69), also eine Reaktion, bei der in gleichen Zeitabschnitten immer gleich viel Substanz verschwindet, bis nichts mehr da ist.

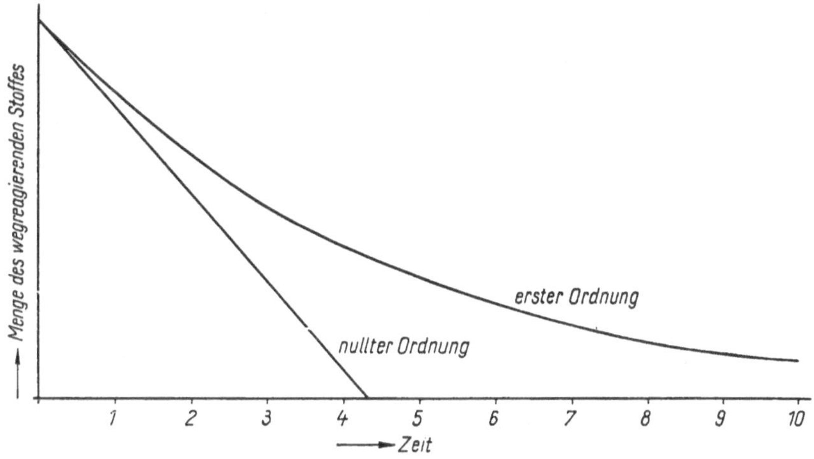

Abb. 69a

Eine Reaktion nullter Ordnung ist z. B. das Ausbleichen einer Farbstofflösung im Licht. Füllt man die Lösung eines Farbstoffs, die durch Licht entfärbt wird, in einen Meßzylinder und läßt senkrecht von oben Licht einfallen, so wird das Licht schon in den ersten Schichten vollständig absorbiert. Die unteren Schichten erhalten also gar kein Licht, und die Entfärbungsgrenze wandert mit *gleichbleibender* Schnelligkeit nach unten.

Der hypothetische Ablauf „wenn der Zerfall so weiterginge wie im Anfang", den wir bei monomolekularen Reaktionen betrachtet haben, ist nullter Ordnung.

Ein weiteres Beispiel für eine Reaktion nullter Ordnung ist die Auflösung einer kleinen Scheibe aus Eisenblech in einer großen Menge kalter verdünnter Salzsäure, die auf gleichbleibender Temperatur gehalten und gerührt wird. Die aktive Masse des Eisens ist der Oberfläche proportional, also konstant. Pro Tag wird eine bestimmte konstante Menge Eisen abgelöst, sagen wir z. B. $^1/_{100}$ mm, und der Gehalt der Lösung an Eisen nimmt um dieselbe Menge zu. Die Reaktion schreitet mit *gleichbleibender* Schnelligkeit voran, sie ist nullter Ordnung.

Die Gleichung der Eisenauflösung lautet

$$Fe + 2\,HCl = FeCl_2 + H_2$$

und wäre dieser Formulierung nach sogar trimolekular, da links des Gleichheitszeichens sich nicht weniger als drei Moleküle befinden. Bei der Bestimmung der

Ordnung einer Reaktion kommt es jedoch darauf an, wie viele Partner *abnehmender* aktiver Masse sich links des Gleichheitszeichens befinden. Das sind hier null Partner, denn die aktive Masse der Säure ist konstant wegen ihres großen Überschusses, die des Eisens aber wegen der bis zum Schluß konstant bleibenden Oberfläche.

Eine Reaktion ist also zweiter Ordnung (symmetrisch), wenn

$$\frac{x}{\alpha} \text{ proportional } t \text{ ist,}$$

nullter Ordnung, wenn

$$x \text{ proportional } t \text{ ist, und}$$

erster Ordnung, wenn

$$-\log \alpha \text{ proportional } t \text{ ist.}$$

Für die Reaktion nullter Ordnung gilt demnach

$$kt = x$$

„Die Menge der entstandenen Substanz x ist proportional der Zeit“, m. a. W., die Reaktionsgeschwindigkeit ist von Anfang bis Ende konstant.

Beispiel 14 Eine Silbermünze wird in ein Zinksulfatbad eingehängt und darin galvanisch verzinkt, bis die Zinkdicke $\frac{1}{10}$ mm erreicht hat. Dann wird der Strom umgekehrt und das Stück wieder entzinkt. Von welcher Ordnung sind die Verzinkungs- und die Entzinkungsreaktion?

A: Solange die Amperezahl konstant ist, sind sie beide nullter Ordnung. Die Menge des abgeschiedenen oder aufgelösten Zinks pro Sekunde bleibt konstant.

Beispiel 15 Die im vorigen Beispiel genannte verzinkte Münze wird aus dem Zinksulfatbad herausgehoben und in eine große Menge verdünnten Bromwassers gebracht, das gleichmäßig gerührt wird und die Verzinkung wieder ablöst. Von welcher Ordnung ist die Auflösungsreaktion des Zinks?

A: Nullter Ordnung. Die Menge aufgelöstes Zink bleibt konstant. Die aktive Masse des Zinks ist der Oberfläche proportional und daher konstant, die aktive Masse des Broms ist konstant wegen des großen Überschusses. Im ganzen System ist überhaupt keine aktive Masse vorhanden, welche nicht konstant bliebe.
Die Reaktionen nullter Ordnung sind — rein mathematisch betrachtet — die einzigen, die wirklich zu Ende gehen; die Reaktionen erster und zweiter Ordnung tun das nur asymptotisch.

3. Verdünnungsabhängigkeit von k bei bimolekularen Reaktionen

Bei allen bimolekularen Reaktionen ist die Geschwindigkeitskonstante k nicht von der Verdünnung unabhängig. Verdünnt man den ganzen Ansatz auf das (z. B.) dreifache, so sinkt die Reaktionsgeschwindigkeit auf $\frac{1}{3}$ der vorherigen. Die Konstante k wird dreimal kleiner oder, was dasselbe ist, die Zeitskala sperrt sich auf die dreifache Breite auseinander.

Beispiel 16 Wie in Beispiel 2 des vorigen Abschnittes werden 5 Mole eines wasserlöslichen Esters zusammen mit 5 Molen NaOH in einer größeren Menge Wasser gelöst, etwa in 5 Litern; gleichzeitig wird derselbe Ansatz dreimal verdünnter angesetzt, also mit 15 Litern Wasser. Der konzentriertere Ansatz zeigt die Mengen 4, 3, 2, 1 Mole NaOH nach

1, 2,66 6 16 Tagen

Wann zeigt sie der verdünntere?

A: In

3, 7,98 18 48 Tagen

(die Zeitskala ist auf dreifache Breite auseinandergezogen).

Beispiel 17 Der Ansatz von Beispiel 1 zeigt die Mengenwerte

0,9	0,5	0,1	Mole nach
1	9	81	Tagen

Nach wie vielen Tagen zeigt sie ein zehnfach verdünnterer Ansatz?

A: Nach

10 90 810 Tagen

Beispiel 18 In Beispiel 4 verschwinden $\frac{1}{21}$ resp. $\frac{20}{21}$ in 1 bzw. 400 Tagen. In welcher Zeit verschwinden sie bei fünffach verdünnterem Ansatz?

A: In 5 bzw. 2000 Tagen.

Monomolekulare Reaktionen sind also vor bimolekularen auch dadurch charakterisiert, daß sie *von der Verdünnung unabhängig* sind. Ein monomolekular reagierender Stoff verschwindet genauso unbeeinflußt von der Verdünnung aus dem System, wie ein radioaktiver Stoff unabhängig von der Verdünnung verschwinden würde. Wenn man einen Ansatz einer monomolekular verschwindenden Substanz gleich nach dem Ansetzen in zwei Hälften teilt, die eine davon verdünnt und die beiden Ansätze täglich analysiert, so findet man in den beiden Hälften stets die gleiche Menge noch vorhandener unzersetzter Substanz. Bei bimolekularen oder trimolekularen Reaktionen ist das anders; da hinkt die Reaktion im verdünnteren System stets gegen die im anderen nach, in der verdünnteren Hälfte ist stets *mehr* von der unzersetzten Substanz noch anwesend als in der anderen.

Dieser Umstand eröffnet eine höchst einfache Möglichkeit, zwischen mono- und bimolekularer Reaktion zu unterscheiden (trimolekulare kommt praktisch nicht in Betracht), eine Möglichkeit, welche sogar *ganz ohne Rechnung* auskommt. Man braucht nur den Ansatz gleich nach dem Zusammenmischen in zwei Hälften zu teilen, die eine zu verdünnen und dann nach einiger Zeit den unzersetzten Stoff in beiden Hälften zu bestimmen; ist er gleich, so ist die Reaktion monomolekular, ist er ungleich, so ist sie von anderer Ordnung, fast immer bimolekular.

Eine andere Möglichkeit besteht natürlich darin, zu untersuchen, ob die Reaktion als monomolekular oder als bimolekular bestätigt werden kann nach den schon besprochenen Methoden. Bei der monomolekularen Reaktion hatten wir drei Varianten, die mathematisch dasselbe sind, bei der symmetrisch bimolekularen zwei Varianten, die mathematisch dasselbe sind.

Da man ja meistens nur zwischen mono- und bimolekularem Verlauf zu entscheiden hat, kann man also durch einen einfachen Versuch den monomolekularen Verlauf bestätigen oder ausschließen und damit die Reaktionsordnung festlegen. So konnten z. B. NEBER und RAUSCHER nachweisen[1], daß die FISCHER-HEPPsche Reaktion der Umlagerung von Phenylmethylnitrosamin ins p-Nitrosoderivat keine monomolekulare Reaktion, also keine intramolekulare Umlagerung sein kann; sie ist nämlich keineswegs unabhängig von der Verdünnung. Tatsächlich verläuft sie so, daß NOCl abgespalten wird (in bimolekularer Reaktion mit HCl), das dann das p-Nitrosoderivat in einer zweiten Reaktionsstufe gibt.

$$1.\quad C_6H_5{-}N\begin{matrix}\diagup CH_3\\ \diagdown NO\end{matrix} + HCl = C_6H_5{-}N\begin{matrix}\diagup CH_3\\ \diagdown H\end{matrix} + NOCl$$

$$2.\quad C_6H_5 - NH \cdot CH_3 + NOCl = NO \cdot C_6H_5 - NH \cdot CH_3 + HCl$$

Immerhin braucht man dazu zwei Ansätze, einen verdünnten und einen konzentrierten. Man kommt aber schon mit einem aus, wenn man den Reaktionsablauf verfolgt und prüft, ob der k-Wert für monomolekulare Reaktion konstant wird oder der für bimolekulare; den k-Wert kann man aus den Formeln leicht isolieren (s. S. 223). Bei bimolekularen Reaktionen wird man aus mathematischen Gründen die Mengenverhältnisse so wählen, daß sie sich möglichst der symmetrisch bimolekularen Reaktion nähern, denn hier ist der Unterschied gegen die monomolekulare am größten. Bei wachsendem

[1]) Liebigs Ann. Chem. **550**, 187 (1942).

Überschuß der einen Komponente nähert sich der Reaktionsverlauf dem pseudomonomolekularen immer mehr.
Eine wichtige präparative Anwendung der Tatsache, daß mono- und bimolekulare Reaktionen nicht in gleicher Weise durch Verdünnung beeinflußt werden, besteht in der *Zurückdrängung von Nebenreaktionen.* So konnte ZIEGLER eine monomolekular verlaufende Ringschlußreaktion mit ausgezeichnetem Erfolge von Nebenreaktionen reinigen, indem er zu hoher Verdünnung griff, da die Nebenreaktionen alle bimolekular waren. Sie wurden zurückgedrängt, während die monomolekular verlaufende Hauptreaktion von der Verdünnung nicht berührt wurde.

Beispiel 19 1 Mol eines wasserlöslichen Esters und 1 Mol Ätznatron werden zusammen in Wasser zu 1 Liter gelöst; dieses Liter wird in fünf Teile geteilt. Der erste Teil (200 ccm) wird gelassen, wie er ist. Der zweite Teil (200 ccm) wird aufs zweifache Volumen gebracht, also mit Wasser auf 400 ccm verdünnt, der dritte aufs dreifache, der vierte aufs vierfache und der fünfte aufs fünffache Volumen verdünnt. Durch Titrieren wird dann festgestellt, daß der erste Teil nach einem Tag zu $\frac{1}{7}$ ausreagiert hat, der zweite Teil nach zwei Tagen zu $\frac{1}{7}$, der dritte Teil nach drei Tagen, der vierte nach vier und der fünfte nach fünf Tagen zu $\frac{1}{7}$. Ist aus diesen Daten zu ersehen, daß die Reaktion zweiter Ordnung ist?

A: Ja, genau das ist zu erwarten für eine symmetrisch bimolekulare Reaktion. *Die Zeiten, nach welchen bei wechselnder Konzentration die Umsetzungen zum gleichen Bruchteil vollendet sind, verhalten sich umgekehrt wie die Konzentrationen* bei bimolekularen Reaktionen.

Beispiel 20 Wie hätte das Resultat ausfallen müssen, wenn es sich um eine Reaktion 1. Ordnung (monomolekulare Reaktion) gehandelt hätte?

A: Alle Ansätze hätten nach einem Tag gleich weit sein müssen, unabhängig von der Verdünnung (also beispielsweise alle zu $\frac{1}{9}$ ausreagiert).

Beispiel 21 Der äquimolare Ansatz einer größeren Menge eines bimolekular wegreagierenden Substanzpaares wird gleich nach der Herstellung in zwei Teile geteilt; der zweite Teil wird mit dem Lösungsmittel aufs 50fache Volumen gebracht. Nach 8 Tagen werden von beiden Ansätzen je $\frac{1}{100}$ titriert; es wird dabei eine der entstehenden Substanzen direkt titriert. Der erste Ansatz verbraucht dabei 50 ccm Titrierflüssigkeit; wieviel verbraucht der zweite?

A: $\frac{1}{50}$ des ersten, also **1 ccm**.

Beispiel 22 Eine Substanz, von der vermutet wird, daß sie in monomolekularer Reaktion verschwindet, liege in Lösung in der Anfangskonzentration 1 (in willkürlichen Einheiten) vor. Nach 10 Stunden ist ihre Konzentration nur noch 0,1. Wie kann man aus diesen Angaben nachweisen, daß sie tatsächlich in monomolekularer Reaktion verschwindet?

A: Überhaupt nicht. Es sind nur zwei Punkte gegeben. Durch diese zwei Punkte (*A* und *B* in Abb. 69b) kann man sowohl die Kurve des monomolekularen wie des bimolekularen Ablaufs legen. Erst wenn man dazwischen noch einen dritten Punkt besitzt, kann man sagen, ob dieser auf der monomolekularen oder der bimolekularen Kurve liegt (Punkt *C* resp. *C'*).

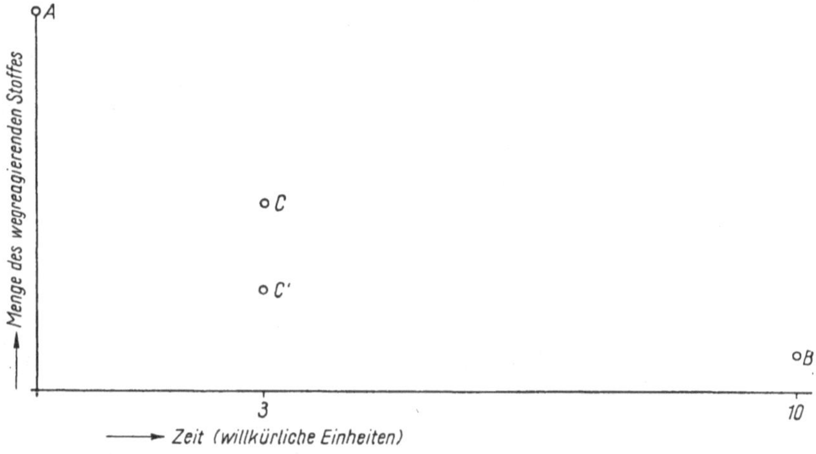

Abb. 69b

Beispiel 23 In der vorigen Aufgabe sei der dritte Punkt in folgender Form gegeben: nach 3 Stunden ist die Konzentration $\alpha = 0{,}5$ (Punkt *C*). Ist daraus der monomolekulare Verlauf zu entnehmen?

A: Ja. Dieser dritte Punkt *C* liegt auf der monomolekularen Kurve.

Beispiel 24 Wie müßte α nach 3 Stunden sein, wenn der Ablauf symmetrisch bimolekular wäre?

A: Man muß zuerst aus dem 2. Punkt (*B*) *k* berechnen.

$$k = \frac{1}{t}\,\frac{x}{\alpha},$$ wobei $x = 1 - \alpha$ (x ist die Konzentration des entstehenden Stoffes).

$$k = \frac{1}{10} \cdot \frac{0{,}9}{0{,}1} = 0{,}9$$

Nun kann man $k = 0{,}9$ einsetzen; $t = 3$, α ist gesucht.

$$k = \frac{1}{t}\,\frac{x}{\alpha}$$

$$0{,}9 \doteq \frac{1}{3}\,\frac{1-\alpha}{a}$$

$$2{,}7\,\alpha = 1 - a$$

$$3{,}7\,a = 1$$

$$a = \mathbf{0{,}27} \text{ (Abb. 69b, Punkt C')}.$$

Bei symmetrisch bimolekularem Verlauf liegt also der Punkt C' *niedriger* als bei monomolekularem, wenn die α-Werte auch zu einem späteren Zeitpunkt gleich werden (d. h., die Reaktion eilt bis zu diesem Zeitpunkt der monomolekularen voraus).

Beispiel 25 Ein Liter Reaktionsgemisch enthält eine wegreagierende Substanz in der Menge 1, nach einem Tage aber nur noch in der *Menge* $\frac{1}{2}$. Wieviel ist nach 2 Tagen davon noch vorhanden, wenn die Reaktion a) nullter, b) erster, c) symmetrisch zweiter Reaktion ist?

A: a) Bei nullter Ordnung ist die Menge nach zwei Tagen Null,

b) bei erster Ordnung ist die Menge nach 2 Tagen

$$\frac{1}{2}\cdot\frac{1}{2} = \frac{1}{4} = 25\,\%,$$

c) bei zweiter Ordnung ist die Menge am zweiten Tage $33\frac{1}{3}\,\%$,

Bei nullter Ordnung ist die Abnahme an beiden Tagen gleich. Bei erster Ordnung ist der *Bruch*, mit dem sich die Menge nach gleichen Zeitabschnitten multipliziert, gleich. Bei zweiter Ordnung ist *das Verhältnis von verschwundener zu noch vorhandener Menge* der Zeit proportional.

Beispiel 26 Eine Substanz sinkt in einem Tage auf $^1/_4$ *der Anfangsmenge*. Auf welchen Betrag sinkt sie in 2 Tagen bei a) nullter, b) erster, c) zweiter Ordnung?

A: a) Sie ist schon lange Null,

b) auf $\frac{1}{4}\cdot\frac{1}{4} = \frac{1}{16} = \mathbf{6{,}3\,\%}$,

c) auf **14,3%.**

Beispiel 27 Eine Substanz sinkt in einem Tage auf *10% der Anfangsmenge.* Auf welchen Betrag ist sie nach 2 Tagen gesunken bei a) nullter, b) erster, c) zweiter Ordnung?

A: a) Sie ist schon lange *Null,*

b) auf $\frac{1}{10} \cdot \frac{1}{10} = \frac{1}{100} = 1\%$,

c) auf **5,26%.**

Bei Reaktionen nullter Ordnung *sinkt* die noch vorhandene Menge auf einer *arithmetischen* Reihe, bei Reaktionen erster Ordnung auf einer geometrischen Reihe. Bei Reaktionen zweiter Ordnung (symmetrisch) *steigt* das Verhältnis der verschwundenen zur noch vorhandenen Menge auf einer *arithmetischen* Reihe.

Beispiel 28 Wie kann man eine Reaktion erster Ordnung als solche erkennen?

A: a) Sie ist von der Verdünnung unabhängig;

b) die Menge sinkt auf *geometrischer* Reihe. Wenn sich die Menge nach gleichen Zeitabständen als immer mit demselben Faktor (<1) multipliziert erweist, ist die Reaktion erster Ordnung.

Beispiel 29 Wie kann man eine Reaktion zweiter Ordnung als solche erkennen?

A: a) Sie ist von der Verdünnung abhängig;

b) das Verhältnis von verschwundener zu noch vorhandener Substanz steigt auf arithmetischer Reihe.

Beispiel 30 Wie kann man eine Reaktion nullter Ordnung als solche erkennen?[1])

A: Die Menge sinkt auf *arithmetischer* Reihe. Das heißt, sie sinkt in gleichen Zeitintervallen um gleiche Werte, und man kann sofort sagen, wann sie den Wert Null erreicht. Die „Kurve“ ist gradlinig.

Während ein Kreis bekanntlich durch drei Punkte festgelegt ist, sind die Kurven erster, zweiter[1]) *und nullter Ordnung (wenn man weiß, daß sie dieser Ordnung sind!), sämtlich schon durch zwei Punkte festgelegt. Desgleichen sind sie schon durch Anfangspunkt und Anfangstangente festgelegt; ein zweiter Punkt ist gar nicht nötig. Das ist allerdings rein mathematisch zu verstehen; aus Gründen der Genauigkeit der Festlegung ist ein zweiter Punkt doch sehr erwünscht.*

---

[1]) Gemeint ist: symmetrisch zweiter Ordnung.

4. Reaktionen von anderer Ordnung als erwartet

Wenn man Arsenwasserstoffgas sich zersetzen läßt in As und H_2, so sollte man erwarten, daß die Reaktion bimolekular ist nach

$$2\,AsH_3 = 2\,As + 3\,H_2$$

An und für sich könnte man sogar eine Reaktion *vierter* Ordnung erwarten, nämlich wenn man das entstehende Arsen As_4 schreibt; indes wird man der Anwendbarkeit dieser Formulierung für den festen Zustand in diesem Falle doch wohl mißtrauen. Aber daß H_2 entstehen muß und nicht H und deshalb die Reaktion *bimolekular* werden muß, sollte man doch als ganz sicher annehmen.

Tatsächlich erweist sich diese Reaktion aber als *monomolekular*, also nach

$$AsH_3 = As + H_2 + H \text{ ablaufend.}$$

Die Reaktion kümmert sich offenkundig nicht darum, was die Stücke As und H, die sie in die Welt gesetzt hat, hernach tun resp. zu was sie sich polymerisieren wollen. Die Reaktionsprodukte reagieren augenblicklich weg zu As_n und H_2, und diese Sekundärreaktionen beeinflussen überhaupt nicht das Bild des Ablaufs; *dieses Bild wird nur durch die langsame Primärreaktion geformt.*

Ein derartiges Verhalten kommt öfter vor. Fast stets aber sind dann die Reaktionen von *niedrigerer* Ordnung als erwartet; die Reaktion scheint meistens vereinfacht. Wasserstoffperoxid z. B. zerfällt in wäßriger Lösung nicht, wie man erwarten sollte, bimolekular nach

$$2\,H_2O_2 = 2\,H_2O + O_2$$

sondern monomolekular nach

$$H_2O_2 = H_2O + O$$

und die Sauerstoffatome schließen sich augenblicklich zusammen zu O_2.

Die Reaktion zwischen Kaliumpersulfat und Kaliumjodid verläuft unter Freiwerden von Jod und neutralem Kaliumsulfat,

$$K_2S_2O_8 + 2\,KJ = 2\,K_2SO_4 + J_2$$

Man sollte demnach erwarten, daß sie trimolekular ist. Tatsächlich ist sie jedoch bimolekular. Man kann sich vorstellen: Es reagiert zunächst 1 Molekül Persulfat mit 1 Molekül Kaliumjodid nach

$$K_2S_2O_8 + KJ = K_2SO_4 + SO_4K + J$$

und das SO_4 K-Radikal greift sich augenblicklich ein zweites KJ-Molekül, mit dem es ein zweites Atom Jod freisetzt; die Jodatome vereinigen sich außerdem zu J_2.

Die Sache verläuft genau so, als wenn das Kaliumjodid die Formel K_2J_2 hätte,

$$K_2S_2O_8 + (K_2J_2) = 2\,K_2SO_4 + J_2$$

in *bimolekularer* Reaktion.

Beispiel 31 Genau so wie das Beispiel Kaliumpersulfat + 2 Kaliumjodid verhält sich das Beispiel Wasserstoffperoxid + 2 HJ; auch hier verhält sich die Jodwasserstoffsäure so, als ob sie die Formel H_2J_2 besäße, und die Reaktion läuft *bimolekular* ab:

$$H_2O_2 + (H_2J_2) = 2\,H_2O + J_2$$

(obwohl man sie als dritter Ordnung erwarten sollte nach

$$H_2O_2 + 2\,HJ = 2\,H_2O + J_2).$$

Ein Gemisch, das 1 Mol H_2O_2 und 1 Mol „H_2J_2" in 2 Litern Wasser enthält, wird in zwei gleiche Teile geteilt; die zweite Hälfte wird sofort nach der Herstellung aufs fünffache Volumen verdünnt. Wie verhalten sich die Zeiten, nach denen in beiden Hälften die Reaktion zum vierten Teil abgelaufen ist?

A: Wie 1:5; das ist charakteristisch für den bimolekularen Verlauf. Hätte man aufs 10fache Volumen verdünnt, so wäre das Verhältnis der Zeiten wie 1:10.

Beim Arsenwasserstoff ist die heute als wahrscheinlich angenommene Deutung die, daß die Reaktion als katalysierte Wandreaktion anzusehen ist. Die Adsorption an der Wand, und damit die Katalysewirkung, ist aber wieder praktisch proportional der *Konzentration des Arsenwasserstoffs im Gasraum;* die Reaktion muß monomolekular verlaufen. Es bleibt also die Tatsache, daß der Reaktionsmechanismus nicht von dem rechts des Gleichheitszeichens Stehenden abhängt.

Ein anderes Beispiel einer Reaktion, die nach einer anderen Ordnung ablief als man erwartet hatte, ist die schon erwähnte von NEBER und RAUSCHER untersuchte (vgl. Beispiel 18 dieses Kapitels, S. 228).

5. Asymmetrisch bimolekulare Reaktion

Über die asymmetrisch bimolekulare Reaktion finden sich zwei Beispiele in der Sammlung ABEGG/SACKUR, nämlich Nr. 47 und 48; dort ist auch die Ableitung der zu benutzenden Formel gegeben. Hier soll diese Formel nur kurz beleuchtet und einige einfachere Beispiele gegeben werden.

Eine asymmetrisch bimolekulare Reaktion liegt vor, wenn bei einer bimolekularen Reaktion die beiden Partner *nicht* in der gleichen Anfangskonzentration vorliegen (wie bisher immer angenommen), sondern der eine im Überschuß vorhanden ist.

Liegen die beiden Partner in der gleichen Anfangskonzentration vor, so nehmen diese Konzentrationen natürlich in ganz gleicher Weise ab; und wenn wir von zwei Ordinaten aus die Zeit nach der Mitte zulaufen lassen, so erhalten wir beim Auftragen der beiden abnehmenden Konzentrationen ein vollkommen symmetrisches Bild (Abb. 70).

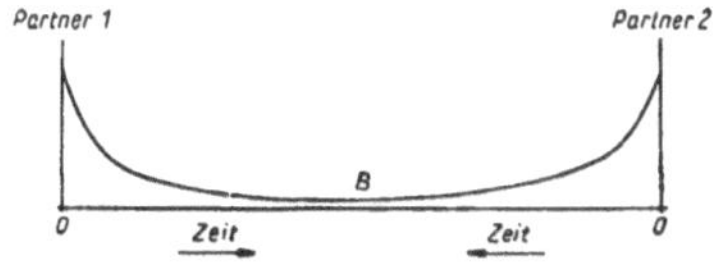

Abb. 70. Symmetrisch bimolekulare Reaktion

Liegt aber der eine Partner im Überschuß vor, so erhalten wir ein asymmetrisches Bild (Abb. 71). Bei Abb. 70 hat die Kurve den Charakter der symmetrisch bimolekularen Reaktion (Abb. 66), bei Abb. 71 nähert sie sich im Charakter der pseudomonomolekularen, die sie im Grenzfall — also bei starkem Überschuß des einen Partners — erreicht. Die Kurve ist dann also zwischen den beiden Punkten A und B, wenn diese beibehalten werden, *weniger stark durchgebogen* als im Fall der symmetrisch bimolekularen Reaktion.

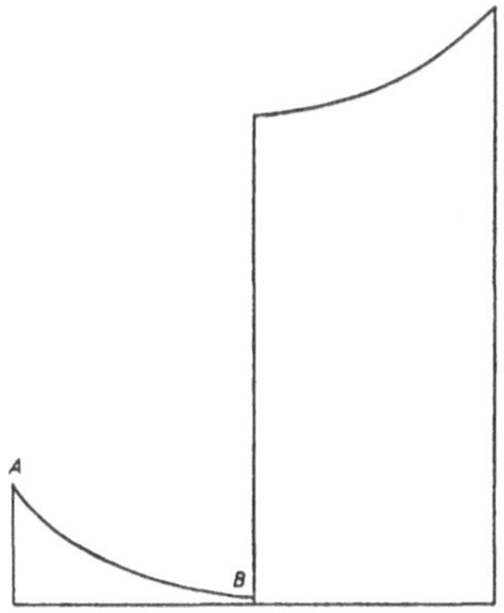

Abb. 71. Asymmetrisch bimolekulare Reaktion, nahezu pseudomonomolekular

Wir nennen die Anfangskonzentration des im Überschuß befindlichen Partners a, seine laufend abnehmende Konzentration α, die Anfangskonzentration des andern Partners b und seine laufend abnehmende Konzentration β. Die Kurve links stellt dann den Wert β dar, die Kurve rechts den Wert α. Das aus dem Partner b *entstehende* Reaktionsprodukt hat den Anfangswert Null, den Endwert b, und seine laufende Konzentration heiße x. Dann ergänzt sich x mit β stets zu b.

Zwischen den Anfangskonzentrationen a und b, der laufenden Konzentration des entstandenen Stoffes x und der dazugehörigen Zeit vermittelt die nachstehende Formel. Kennt man also die Anfangskonzentration und die Konstante, so kann man den Stand der Reaktion nach einer beliebigen Zeit ausrechnen; sind eine solche Messung von x und die zugehörige Zeit gegeben, so kann man die Konstante k ausrechnen.

Der Verlauf der asymmetrisch bimolekularen Reaktion wird dargestellt durch die Formel

$$k = \frac{1}{t} \cdot \frac{2{,}302}{a - b} \log \frac{b(a - x)}{a(b - x)}$$

$$\text{resp. } t = \frac{1}{k} \cdot \frac{2{,}302}{a - b} \log \frac{b(a - x)}{a(b - x)}.$$

Hierbei bedeutet a die Konzentration der einen, b die der anderen Substanz *im fertigen Reaktionsgemisch*, x die Konzentration des entstandenen Stoffes zur Zeit t im Reaktionsgemisch, alles in Mol pro Liter.

Man gewöhne sich der Übersichtlichkeit halber daran, die in größerer Konzentration vorliegende Komponente a zu nennen, die in kleinerer Konzentration vorliegende b, so daß $a - b$ positiv wird.

Beispiel 32 Wir betrachten zunächst den einfachsten Fall. Wir lösen 2 Mole Ätznatron und 1 Mol eines wasserlöslichen Esters zusammen mit Wasser zu einem Gesamtvolumen von 1 Liter. Die Konstante k sei gegeben = 0,023; die Zeiteinheit sei der Tag. Nach wieviel Tagen ist die Reaktion zur Hälfte abgelaufen, also von dem 1 Mol Ester die Hälfte verseift und $^1/_2$ Mol Alkohol gebildet?

A: $a = 2\,(\mathrm{NaOH})$ $\quad b = 1$ (Ester) $\quad x = {}^1/_2$ (Alkohol)

$$t = \frac{1}{k}\,\frac{2{,}302}{a-b}\log\frac{b(a-x)}{a(b-x)}$$

$$= \frac{1}{0{,}023}\,\frac{2{,}302}{2-1}\log\frac{1\left(2-\frac{1}{2}\right)}{2\left(1-\frac{1}{2}\right)}$$

$$= \frac{1}{0{,}023}\,2{,}302\log\frac{1\cdot 1{,}5}{2\cdot 0{,}5}$$

$$= \frac{1}{0{,}023}\,2{,}302\log\frac{1{,}5}{1}$$

$$= \frac{1}{0{,}023}\,2{,}302\cdot 0{,}1761$$

$$= \mathbf{17{,}6\ Tage}$$

Beispiel 33 Ebenso wie in Beispiel 32, nur werden jetzt 2 *Dezi*mole Ätznatron und 1 *Dezi*mol Ester mit Wasser zusammen zu 1 Liter gelöst. Wann ist jetzt die Verseifung zur Hälfte verlaufen, also $\frac{1}{2}$ *Dezi*mol Alkohol gebildet?

A: Wenn die Verdünnung aufs zehnfache steigt, multiplizieren sich auch alle Zeiten mit 10; das Resultat lautet also **176 Tage**. Wenn die Konzentrationseinheit n-mal- kleiner gewählt wird, wird die Konstante k ebenfalls n-mal kleiner. Die Konstante k wird jetzt also

$$k = 0{,}0023$$

und das Resultat fällt dann 10mal größer aus.

Man kann aber selbstverständlich auch die Konzentrationseinheit Mol pro Liter beibehalten und die Konstante 0,023 desgleichen und mit den jetzt kleineren Konzentrationszahlen rechnen; dann kommt ebenfalls das 10fache heraus.

*Beispiel 34** $\frac{1}{40}$ Mol Essigester wird gemischt zu 1 Liter Gesamtvolumen

α) mit $\frac{1}{20}$ Mol Ätznatron

β) mit $\frac{1}{50}$ Mol Ätznatron

γ) mit $\frac{1}{40}$ Mol Ätznatron

Die Konstante k ist 2,38, bezogen auf Mol pro Liter als Konzentrationseinheit und der Minute als Zeiteinheit. In welcher Zeit ist der Ester jeweils zur Hälfte verseift?

A: α) $a = \frac{1}{20}$ (NaOH) $\quad b = \frac{1}{40}$ (Ester) $\quad x = \frac{1}{80}$ (Alkohol)

$$t = \frac{1}{k}\,\frac{2{,}302}{a-b}\log\frac{b(a-x)}{a(b-x)}$$

$$= \frac{1}{2{,}38}\,\frac{2{,}302}{\frac{1}{20}-\frac{1}{40}}\log\frac{\frac{1}{40}\left(\frac{1}{20}-\frac{1}{80}\right)}{\frac{1}{20}\left(\frac{1}{40}-\frac{1}{80}\right)}$$

$$= \frac{1}{2{,}38}\cdot\frac{2{,}302}{\frac{1}{40}}\log\frac{20\cdot\frac{3}{80}}{40\cdot\frac{1}{80}}$$

$$= \frac{2{,}302\cdot 40}{2{,}38}\log\frac{1\cdot 3}{2\cdot 1}$$

$$= 38{,}7\log 1{,}5$$

$$= 38{,}7\cdot 0{,}1761$$

$$= \mathbf{6{,}81\ Minuten}$$

$$\beta)\; a = \frac{1}{40}\,(\text{Ester}) \quad b = \frac{1}{50}\,(\text{NaOH}) \quad x = \frac{1}{80}\,(\text{Alkohol})$$

$$t = \frac{1}{k}\,\frac{2{,}302}{a-b}\log\frac{b(a-x)}{a(b-x)}$$

$$= \frac{1}{2{,}38}\cdot\frac{2{,}302}{\frac{1}{40}-\frac{1}{50}}\log\frac{\frac{1}{50}\left(\frac{1}{40}-\frac{1}{80}\right)}{\frac{1}{40}\left(\frac{1}{50}-\frac{1}{80}\right)}$$

$$= \frac{1}{2{,}38}\cdot\frac{2{,}302}{\frac{1}{200}}\log\frac{40\cdot\frac{1}{80}}{50\cdot\frac{3}{400}}$$

$$= \frac{2{,}302\cdot 200}{2{,}38}\log\frac{4\cdot 400}{5\cdot 80\cdot 3}$$

$$= \frac{460{,}4}{2{,}38}\log\frac{4}{3}$$

$$= 193{,}5\log 1{,}3333$$

$$= 193{,}5\cdot 0{,}1249$$

$$= \mathbf{24{,}2\ Minuten}$$

$$\gamma)\; a = \frac{1}{40} \quad b = \frac{1}{40} \quad x = \frac{1}{80}$$

Die Reaktion ist symmetrisch bimolekular; es kommt jetzt eine ganz andere Formel in Betracht; sie lautet

$$akt = \frac{x}{\alpha}$$

(Wir haben bisher immer gesetzt $kt = \frac{x}{\alpha}$ und den Faktor a in die Konstante k eingehen lassen; beim Vergleich mit derselben Reaktion, asymmetrisch bimolekular geführt, muß k durch ak ersetzt werden.)

α ist die Konzentration des noch vorhandenen Esters; hier, da dieser zur Hälfte verseift werden soll, ist $\alpha = \frac{a}{2} = \frac{1}{2}\cdot\frac{1}{40} = \frac{1}{80}$.

$$\frac{x}{\alpha} = \frac{\frac{1}{80}}{\frac{1}{81}} = 1$$ (denn der Ester soll *halb* verseift werden), und wir bekommen

$$akt = \frac{x}{\alpha}$$

$$\frac{1}{40} \cdot 2{,}38 \cdot t = 1$$

$$t = \frac{40}{2{,}38}$$

$$= \mathbf{16{,}8\ Minuten}$$

*Beispiel 35** In einem Liter sind enthalten

$a = 0{,}02665$ Mole Ätznatron,

$b = 0{,}02018$ Mole Ester, Rest Wasser.

Nach $t = 4{,}89$ Minuten sind entstanden $x = 0{,}00488$ Mole Alkohol. Die Geschwindigkeitskonstante k ist zu berechnen,. bezogen auf Mol pro Liter als Konzentrationseinheit und Minuten als Zeiteinheit.

A: $a = 0{,}02665 \quad b = 0{,}02018 \quad x = 0{,}00488$

$a - b = 0{,}00647$

$a - x = 0{,}02177$

$b - x = 0{,}01530$

$$k = \frac{1}{t} \cdot \frac{2{,}302}{a - b} \log \frac{b(a - x)}{a(b - x)}$$

$$= \frac{1}{4{,}49} \cdot \frac{2{,}302}{0{,}00647} \log \frac{0{,}02018 \cdot 0{,}02177}{0{,}02665 \cdot 0{,}01530}$$

$$= 71{,}2 \log \frac{2{,}02 \cdot 2{,}18}{2{,}67 \cdot 1{,}53}$$

$$= 71{,}2 \log 1{,}08$$

$$= 71{,}2 \cdot 0{,}0334$$

$$= 2{,}38$$

H

ELEKTROCHEMIE

1. Elektrische Grundbegriffe

Ampere, Ohm und Volt

1 Ampere ist die Stromstärke, die in 1 Sekunde **1,118** mg Silber abscheidet.

1 Ohm ist der Widerstand einer Quecksilbersäule von 1 qmm Querschnitt und **106,300** cm Länge bei 0 °C.

1 Volt a) ist die Spannung, die durch einen Widerstand von 1 Ohm einen Strom von 1 Ampere gehen läßt,

b) ist wiedergegeben durch das WESTON-Element, dessen EMK 1,0183 Volt bei 20°C ist.

c) Wenn man eine elektrostatische Ladungseinheit (e. s. e.) auf eine Kugel von 1 cm Radius bringt, lädt sie dieselbe zu einer Spannung von 300 Volt auf.

Elektrizitätsmenge

1 Coulomb ist die Elektrizitätsmenge, die bei einem Strom von 1 Ampere in einer Sekunde durch den Querschnitt eines Drahtes geht. 1 Coulomb scheidet danach 1,118 mg Silber ab. 1 Coulomb ist 3 Milliarden e. s. e. $= 3 \cdot 10^9$ e. s. e.

1 e. s. e (,,*Ladungseinheit*'' oder ,,elektrostatische Ladungseinheit'') ist die Ladung, die eine gleichgroße gleichnamige Ladung in 1 cm Entfernung mit der Kraft 1 dyn = 1,02 mg abstößt.

1 Faraday = 96500 Coulomb = 1 Mol Elektrizität, ist die Elektrizitätsmenge, die 1 Mol Silber oder 1 Mol eines sonstigen einwertigen Stoffes abscheidet.

$$95600 \cdot 1{,}118 = 107\,800 \text{ mg Ag} = 107{,}8 \text{ g Silber} = 1 \text{ Mol Silber}.$$

1 Faraday wird mit 1 F abgekürzt, nicht zu verwechseln mit 1 Farad, das etwas ganz anderes ist [Kapazitätseinheit]; die Verwechslungsgefahr ist um so größer, als auch das Farad mit 1 F abgekürzt wird.

1 e. s. e. stößt eine andere in 1 cm Entfernung mit 1,02 mg (Kraft) ab,[1])

1 Coulomb stößt ein anderes in 1 km Entfernung mit 920 kg ab,

1 F stößt ein anderes in 1000 km Entfernung mit 8600 t ab.

---

[1]) Fußnote siehe Seite 241.

Watt und Wattsekunde (Leistung und Arbeit)

Wenn an den Enden eines Widerstandes eine Spannungsdifferenz von 5 Volt liegt und ein Strom von 2 Ampere durch ihn fließt, sagt man, der Strom leiste an ihm $2 \cdot 5 = 10$ Watt. Eine Leistung von 1 Volt und 1 Ampere ist demnach 1 Watt.

Die Wattsekunde ist 1 Watt, 1 Sekunde lang geleistet. Sie ist eine Energiegröße (Arbeitsgröße), und zwar ist

1 Wattsekunde = 0,239 cal = 0,102 mkg

Mit dieser einen Gleichung kann man alle elektrischen, mechanischen und thermischen Energien ineinander umrechnen. Die Wattsekunde ist auch = 1 Joule = 10^7 erg (1 erg = 1 dyn cm = 1,02 Milligrammzentimeter), vgl. auch Tab. 21, S. 268.

Das Volt und das Ampere sind absichtlich so gewählt, daß 1 Wattsekunde = 1 Joule wird, so daß man elektrische Arbeitsgrößen glatt in mechanische umrechnen kann. Daß das mkg nicht glatt darauf paßt, kommt davon her, daß das dyn eben nicht 1 mg ist, sondern etwas größer, 1,02 mg (1,02 Millipond).[2])

Amperemeter und Voltmeter

Voltmeter haben einen *sehr großen Widerstand.* Sie sind daher geeignet, zwischen zwei Punkten eines Stromkreises die Spannung zu messen, ohne den Stromkreis merklich anzuzapfen. Sie kommen stets in den Nebenschluß.

Amperemeter haben einen *sehr kleinen Widerstand.* Sie sind daher geeignet, den ganzen Strom eines Stromkreises durch sich hindurchgehen zu lassen, ohne ihn zu schwächen, so, als ob sie gar nicht da wären. Sie kommen stets in den Hauptschluß („in Serie geschaltet").

Coulometer

Eine kleine Elektrolysiervorrichtung, bestehend aus einer Platinschale und einer Platinanode, welche das abgeschiedene Silber zu wägen gestattet, heißt Coulometer, genauer Silbercoulometer (es gibt auch Kupfercoulometer, Knallgascoulometer und zwei Titrationscoulometer). Die Coulometer dienen zur Messung von Elektrizitäts*mengen* (in Coulomb) und in Verbindung mit einer Uhr zum Eichen von Amperemetern. Sie hießen früher „Voltameter"; der Name sollte, da irreführend, verschwinden.

---

[1]) Statt e. s. e. wird neuerdings (von amerikanischer Seite) noch der Ausdruck „*Statcoulomb*" gebraucht. Man hat also dafür jetzt fünf Bezeichnungen:

Ladungseinheit
Elektrostatische Ladungseinheit
e. s. e.
E. S. E.
Statcoulomb
} alles dasselbe

Ferner verwendet man noch die Bezeichnung *1 Statvolt* = 300 Volt. Im folgenden wird kein Gebrauch von den Einheiten Statcoulomb und Statvolt gemacht.

[2]) 1,02 mg Kraft = 1,02 Millipond = 1 dyn.

Das Weston-Element

Das Weston-Element hat als Metalle Quecksilber (positiver Pol) und 12,5prozentiges Cadmiumamalgam (negativer Pol). Am Quecksilber liegt gesättigte Quecksilber(I)-sulfatlösung (Mercurosulfatlösung), am Cadmiumamalgam gesättigte Cadmiumsulfatlösung. Das Weston-Element dient nur zur Herstellung einer sehr genau bekannten Spannung für Vergleichszwecke. Man darf ihm keine merklichen Ströme entnehmen; es darf nur für Sekunden mit Bruchteilen eines Milliampere belastet werden.

Die EMK eines Elements wird gemessen a) ungenau mittels eines Millivoltmeters, b) genau durch Gegenschaltung einer genau gleichen Spannung mit Hilfe eines Gefälldrahtes („Poggendorffsche Kompensationsschaltung“) mit Nullinstrument und Vergleich mit dem Weston-Element.

Widerstandsmessung

Widerstände werden gemessen durch Vergleichen mit bekannten Widerständen. Der Vergleich erfolgt mittels der Wheatstoneschen Brücke.

Weitere Benennungen

Die galvanischen Elemente hießen erst „Voltasche Säulen“, dann „galvanische Elemente“, und heute sagt man mit Vorliebe „Ketten“. Das ist alles dasselbe.

Ketten, die aus zwei Metallen bestehen, von denen jedes in eine Lösung seines eigenen Salzes taucht, heißen „Ketten vom Typus des Daniell-Elements“.

Die Klemmenspannung bei offener Kette, also die höchste Spannung, die eine Kette geben kann, heißt „*elektromotorische Kraft*“ oder *EMK*.

Die Einheit der Leitfähigkeit heißt reziproke Ohm, abgekürzt r. O., oder mho. Ein Widerstand von 5 Ohm hat die Leitfähigkeit $\frac{1}{5}$ reziproke Ohm, ein solcher von 2 Ohm eine Leitfähigkeit von $\frac{1}{2}$ reziproken Ohm, ein solcher von 1 Ohm eine Leitfähigkeit von 1 reziproken Ohm, ein solcher von $\frac{1}{2}$ Ohm eine Leitfähigkeit von 2 reziproken Ohm usw. Das reziproke Ohm hat noch den weiteren Namen 1 Siemens.

Ohmsches Gesetz

$$\text{Stromstärke} = \frac{\text{Spannung}}{\text{Widerstand}}$$

$$i = \frac{e}{W}$$

Zum Beispiel geben 10 Volt und 2 Ohm 5 Ampere $\left(5 = \frac{10}{2}\right)$.

Das Ohmsche Gesetz gilt sowohl für den ganzen Stromkreis wie für jeden einzelnen Teil desselben. Mit anderen Worten, die Elemente haben einen inneren Widerstand, der mitgerechnet werden muß.

Beispiel 1 Ein DANIELL-Element hat eine EMK von 1,1 Volt und einen inneren Widerstand von 0,2 Ohm. Schließt man es über einen äußeren Widerstand von 0,9 Ohm, so ist der Gesamtwiderstand 1,1 Ohm, und die Stromstärke wird 1 Ampere.

1 m Kupferdraht von 1 qmm Querschnitt hat $\frac{1}{57}$ Ohm, Silberdraht $\frac{1}{61}$ Ohm, Eisendraht $\frac{1}{10}$ Ohm.

Wasservergleich

Der elektrische Strom läßt sich mit einem Wasserlauf vergleichen. Die Elektrizitätsmenge (Coulomb) läßt sich vergleichen mit der Wassermenge (Liter), die Stromstärke (Ampere) mit der Wasserführung (Liter pro Sekunde), die Spannung (Volt) mit dem Gefälle (Meter), die Leistung (Watt) mit der Arbeitsleistung (Gefälle mal Wasserführung) (in der Turbine).

Das OHMsche Gesetz läßt sich folgendermaßen aussprechen: Solange der Widerstand w gleich bleibt, wird mit wachsender Spannung auch die Stromstärke größer. Bei einem Wasserlauf ist es analog: Solange die Rohrleitung gleich weit (und lang) bleibt, fließt bei wachsendem Gefälle auch das Wasser schneller. Enge Rohrleitungen entsprechen einem großen Widerstand, weite Rohrleitungen einer großen Leitfähigkeit.

Wenn ein Wasserlauf an einem höher gelegenen Punkt sich in zwei Arme gabelt und an einem tiefer gelegenen sich wieder vereinigt, so kann man zwei *gleich hoch gelegene* Punkte der beiden Arme durch einen Querkanal verbinden, ohne daß in diesem Querkanal dann Wasser fließt; es herrscht in ihm kein Gefälle. Ebenso ist es bei einer Stromvereinigung: Zwei Punkte auf den beiden Stromarmen, die auf gleicher Spannung stehen (die also „gleiches Potential" haben) kann man verbinden, ohne daß im Verbindungsdraht ein Strom fließt; es herrscht ja kein Potentialgefälle. Auf diesem Prinzip beruht die „WHEATSTONEsche Brücke".

Auch für die ruhende (statische) Elektrizität trifft der Vergleich zu. Ein Kondensator ist mit einem Hochreservoir zu vergleichen. Wie die Kapazität eines Hochreservoirs um so größer ist, je mehr Wasser (Liter) man ihm einpumpen muß, damit der Wasserspiegel in ihm um 1 Meter (beispielsweise) steigt, ist auch die Kapazität eines Kondensators um so größer, je mehr Elektrizitätsmenge (Coulomb) man ihm einpressen muß, damit seine Spannung um 1 Volt steigt.

Schaltungen

Wenn man Elemente hintereinander schaltet, addieren sich ihre Spannungen; z. B. geben 5 DANIELL-Elemente hintereinander geschaltet eine EMK von 5,5 Volt. Wenn man Elemente parallel schaltet, wirken sie nur wie ein einziges großes Element; z. B. geben 5 DANIELL-Elemente parallel geschaltet nur eine EMK von 1,1 Volt; der innere Widerstand ist allerdings 5mal kleiner geworden, also von $\frac{1}{5}$ Ohm auf $\frac{1}{25}$ Ohm zurückgegangen.

Wenn man Widerstände hintereinander schaltet, addieren sich ihre Widerstände; z. B. geben 5 Widerstände von je 1 Ohm hintereinandergeschaltet 5 Ohm. Wenn man Widerstände parallel schaltet, addieren sich ihre Leitfähigkeiten, z. B. geben 5 Widerstände von je 1 Ohm, also von einer Leitfähigkeit von je 1 reziproken Ohm, parallel geschaltet eine Leitfähigkeit von 5 reziproken Ohm oder einen Widerstand von $\frac{1}{5}$ Ohm.

FARADAYsches Äquivalenzgesetz

96500 Coulomb (Amperesekunden) scheiden 1 Mol eines einwertigen Stoffes ab, oder $\frac{1}{2}$ Mol eines zweiwertigen, oder $\frac{1}{3}$ Mol eines dreiwertigen usw.

Um 1 Mol Silber = 107,8 g Silber abzuscheiden, braucht man 1 F, für 1 Mol Zink 2 F, für 1 Mol Aluminium 3 F.

Um 1 Mol Eisen aus einer Eisen(II)salzlösung (Ferrosalzlösung) abzuscheiden, braucht man 2 F; um 1 Mol Eisen aus einer Eisen(III)-salzlösung (Ferrisalzlösung) abzuscheiden, 3 F.

1 Amperestunde scheidet z. B. 4 g Silber ab oder 2 g Cadmium oder 626 ccm Knallgas. Eine Tabelle befindet sich z. B. im alten Chemikerkalender (Springer-Verlag, Berlin 1931, Teil III, S. 341); sie vereinfacht das Rechnen für galvanisches Versilbern, Vernickeln etc.

Werden zwei Zellen *hintereinander* geschaltet und durch diese Kette nun 1 F geschickt, so scheidet dieses F in *beiden* Zellen je 1 Mol Anion und 1 Mol Kation ab, es macht also im ganzen 4 Mole Stoff frei (z. B. 2 Mole Silber und 2 Mole Salpetersäure bei Füllung der Zellen mit Silbernitratlösung). Da sich aber auch die Zersetzungsspannungen addiert haben, hat sich der *Watt*aufwand ebenfalls verdoppelt, allerdings nicht die Coulombzahl.

Umrechnung in Kilowattstunden

1 Mol Spaltungsarbeit, einwertig, einvoltig = 0,0268 Kilowattstunden (= ~ 1/37 Kilowattstunde).

Beispiel 1 Ein Nickelbad hat 4 Volt Klemmenspannung. Wieviel elektrische Energie muß aufgewendet werden, um 1 Mol Nickel = 59 g Nickel abzuscheiden?

A: Zweiwertig, viervoltig, $2 \cdot 4 = 8$

$8 \cdot 0{,}0268 =$ **0,2144 Kilowattstunden.**

Beispiel 2 Ein Bad zur Aluminiumschmelzelektrolyse hat 8 Volt Spannung. Wieviel elektrische Energie muß aufgewendet werden, um 1 Mol Aluminium = 27 g Aluminium zu gewinnen?

A: Dreiwertig, achtvoltig, $3 \cdot 8 = 24$

$24 \cdot 0{,}0268 =$ **0,6432 Kilowattstunden.**

Metalle und Wasserstoff scheiden sich stets an der *Kathode* ab, d. h. an der Platte, die mit dem *negativen* Pol der Stromquelle verbunden ist. Der negative Pol ist bei Elementen stets der *Zink*pol, bei Akkumulatoren die *hellgraue* Platte.

Es sieht m. a. W. so aus, als ob die Metallionen der Lösung durch den positiven Strom an die Kathode *angeschwemmt* würden, wo sie dann entladen werden.

Wenn man ein DANIELL-Element durch einen Draht („äußeren Stromkreis“) schließt, so fließt der positive Strom beim Kupferpol heraus, durch den äußeren Stromkreis zum Zinkpol, beim Zinkpol hinein und durch die Zinksulfatlösung, das Diaphragma und schließlich durch die Kupfersulfatlösung zur Kupferplatte zurück; diesen letzteren Teil nennt man den „inneren Stromkreis“. Wenn man nun den Draht an einer Stelle zerschneidet und hier eine Dynamomaschine einfügt, die den Strom in demselben Sinn umtreibt wie bisher, die den Strom also bloß verstärkt, dann wird durch den umlaufenden positiven Strom das Kupfer an die Kupferplatte geschwemmt; die Kupferplatte ist für den inneren Stromkreis „Kathode“, da sie ja mit dem negativen Pol der Dynamomaschine verbunden ist. Im DANIELL-Element findet also die Kupferabscheidung genau so statt, wie sie durch eine Dynamomaschine bewirkt würde, die den Strom im gleichen Sinn umtreibt, wie er wirklich fließt (Abb. 72a und b).

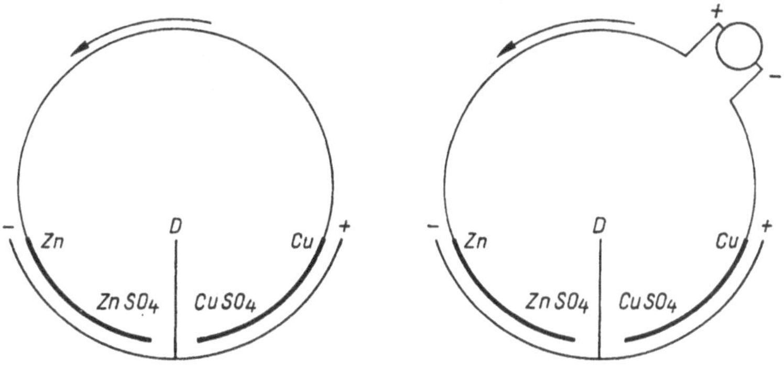

a b

Abb. 72a. DANIELL-Element

D Diaphragma. Der positive Strom fließt im Gegensinn des Uhrzeigers im Kreis herum.

Abb. 72b. DANIELL-Element mit zugeschalteter Dynamomaschine, die den Strom im selben Sinn umwälzt wie vorher; das DANIELL-Element erscheint als Elektrolysierzelle mit der Kupferplatte als Kathode, so daß sich an dieser Kupfer ausscheidet.

An der *Anode* erscheint bei Chloridlösungen Chlor, bei Bromidlösungen Brom, bei Jodidlösungen Jod, bei Nitratlösungen Salpetersäure + Sauerstoff, bei Sulfatlösungen Schwefelsäure + Sauerstoff.

Etwas anders ist das Bild, wenn die Anode nicht unangreifbar ist; dann wird sie durch das Chlor, Brom, die Salpetersäure etc. gleich aufgelöst, und es scheidet sich nichts ab, nur die Anodenplatte löst sich langsam auf. Da man z. B. beim Vernickeln das Bad nicht an Nickelsalz verarmen lassen darf, nimmt man zweckmäßig eine Nickelanode, die durch ihre Auflösung das allmählich ausfallende Nickel wieder ergänzt.

Elektrolysiert man also z. B. eine Nickelsalzlösung zwischen Nickelelektroden, so ist der einzige Vorgang der, daß das Nickel von der einen Platte zur andern wandert, ebenso bei Kupfersulfatlösung zwischen Kupferplatten, Silbernitratlösung zwischen Silberplatten etc. In diesem wichtigen Falle ist die Zersetzungsspannung Null. Es tritt keine Gegenkraft auf, die Kette ist symmetrisch, und eine symmetrische Kette hat immer die EMK Null; sie besteht ja nicht aus zwei *verschiedenen* Metallen und einer Lösung.[1])

Allerreinstes Wasser weist fast keine Leitfähigkeit auf; es hat nur die geringe Leitfähigkeit, die aus seiner eigenen Ionenspaltung entspringt, und diese ist fast Null.[2]) Geringste Elektrolytmengen (Alkali aus dem Glase, CO_2 aus der Luft, Säuren, Laugen) erzeugen aber sofort eine merkliche Leitfähigkeit. Dabei werden dann Wasserstoff und Sauerstoff frei.

Kapazität

Die Kapazität ist die Fähigkeit eines Kondensators (einer Kugel oder eines Plattenkondensators), eine Elektrizitäts*menge* aufzuspeichern. Die Kapazität eines Kondensators ist um so größer, je größere Elektrizitätsmengen man ihm einpressen muß, wenn seine Spannung um 1 Volt steigen soll.

Die Einheit der Kapazität ist das Farad. Ein Kondensator hat die Kapazität 1 Farad, wenn man ihm 1 Coulomb einpressen muß, damit seine Spannung um 1 Volt steigt.

Das Farad ist eine sehr große Einheit. Es wird unterteilt in zwei kleinere Einheiten, das Mikrofarad (μ F) und das Zentimeter (cm).

$$1 \text{ Farad} = 1\,000\,000 \text{ Mikrofarad}$$

$$1 \text{ Mikrofarad} = 900\,000 \text{ cm}$$

$$1 \text{ Farad} = 9 \cdot 10^{11} \text{ cm}$$

Die Kapazität einer Kugel ist gleich ihrem Radius in cm. Die Kapazität einer Kugel von 5 cm Radius ist also gleich 5 cm.

Eine Kugel von 1 cm Radius wird durch 1 Coulomb aufgeladen auf $9 \cdot 10^{11}$ Volt, durch eine e. s. e. auf den dreimilliardsten Teil davon (da 1 Coulomb-3 Milliarden e. s. e.), also auf $\frac{9 \cdot 10^{11}}{3 \cdot 10^9} = 300$ Volt, wie schon früher gesagt.

---

[1]) *Theoretisch* ist also die elektrolytische Silberraffination und Kupferraffination ein Vorgang, der die elektrische Energie *Null* erfordert. Der Transport von Silber von links nach rechts erfordert ja auch wirklich (mechanisch, bei reibungslosem Verlauf) keinen Aufwand an Energie. Praktisch ist jedoch immer Energieaufwand für den Strom notwendig, a) weil ja noch JOULEsche Wärme auftritt, der Widerstand der Silberlösung ist natürlich nicht null, und b) weil praktisch auch die Zellenspannung nicht wirklich null ist; denn dazu müßte das Silber bei Kathode und Anode in demselben Reinheitsgrad vorliegen, was nicht der Fall ist.

[2]) Der theoretische Widerstand reinsten Wassers ist 24 Megohm für einen Würfel von 1 cm Seitenlänge (von einer Fläche zur gegenüberliegenden); es ist neuerdings gelungen, derart reines Wasser herzustellen (Z. angew. Chem., Nachrichten aus Chemie und Technik, 9, 37 (1961).

Die Erdkugel hat einen Radius von

$$6370 \text{ km} = 6370 \cdot 10^5 \text{ cm} = 6{,}37 \cdot 10^8 \text{ cm}.$$

$$9 \cdot 10^{11} \text{ cm} = 1 \text{ Farad}$$

$$6{,}37 \cdot 10^8 \text{ cm} = 0{,}00071 \text{ Farad} = \frac{1}{1400} \text{ Farad}$$

Die Erdkugel hat demnach eine Kapazität von $\frac{1}{1400}$ Farad; oder: 1 Coulomb würde genügen, um die ganze Erdkugel auf 1400 Volt aufzuladen.

Die Kapazität eines *Plattenkondensators* kann man praktischerweise nach folgender Formel berechnen:

Ein Plattenkondensator aus zwei Metallplatten von 1 qdm Größe, getrennt durch eine 1 mm dicke Luftschicht, hat die Kapazität 80 cm, (der genaue Wert ist nicht 80, sondern 79,6 cm). Die Kapazität ist proportional der Fläche und der Dielektrizitätskonstanten der Zwischenschicht, und umgekehrt proportional der Dicke der Zwischenschicht.

Ein Plattenkondensator z. B., dessen Platten 3 qdm sind, dessen Zwischenschicht $\frac{1}{10}$ mm Paraffin mit der Dielektrizitätskonstanten 2 ist, hat demnach die Kapazität

$$3 \cdot 10 \cdot 2 \cdot 80 = 4800 \text{ cm}$$

Beispiel 3 Ein Plattenkondensator besteht aus 1001 Stanniolblättern von 1 qdm Fläche, getrennt durch 1000 Blätter Paraffinpapier von $\frac{1}{100}$ mm Dicke und der Dielektrizitätskonstanten 2. Wie groß ist die Kapazität in cm und in μF?

A: Die Zahl vertausendfacht, die Dicke verhundertfacht und die Dielektrizitätskonstanstante verdoppelt gegenüber dem Normalbeispiel.

$$1000 \cdot 100 \cdot 2 \cdot 80 \text{ cm} = 16000000 \text{ cm}$$

900000 cm sind 1 μF,

16000000 cm sind **17,77 μF**.

Beispiel 4 10 solche Kondensatoren von je 17,77 μF Kapazität werden parallelgeschaltet und dann durch einen Tastschalter 300mal auf 300 Volt aufgeladen und jedesmal über ein Knallgascoulometer entladen. Wieviel Knallgas entwickelt sich, wenn 1 Coulomb bei den im Zimmer herrschenden Temperatur- und Druckverhältnissen $\frac{1}{5}$ ccm Knallgas entwickelt?

A: Kapazität 177,7 μF. 1 Aufladung auf 1 Volt bringt

177,7 μCoulomb. 300 Aufladungen auf 300 Volt bringen

90000 · 177,7 μCoulomb = 16000000 μCoulomb = 16 Coulomb.

1 Coulomb = 0,2 ccm Knallgas, 16 Coulomb = **3,2 ccm Knallgas.**

2. Apparatives zur Coulometrie; coulometrische Titration

Zur Messung der durchgegangenen Elektrizitätsmenge bedient man sich der Coulometer, früher „Voltameter" genannt. Letzteren Ausdruck findet man noch ab und zu, er sollte aber verschwinden. Sie beruhen alle auf dem Faradayschen Äquivalenzgesetz. Es gibt drei gebräuchliche, das Silbercoulometer, das Kupfercoulometer und das Knallgascoulometer, zu denen noch zwei Titrationscoulometer getreten sind.

Das Silbercoulometer gilt als das genaueste; es wird auch für die Festlegung des Ampere verwendet. Silbernitratlösung wird zwischen zwei Platinelektroden elektrolysiert und das an der Kathode abgeschiedene Silber gewogen (Abb. 73a). Die eine Elektrode, die Kathode, ist eine Platinschale, welche auf einer metallenen Unterlage steht, durch welche ihr der Strom zugeführt wird.

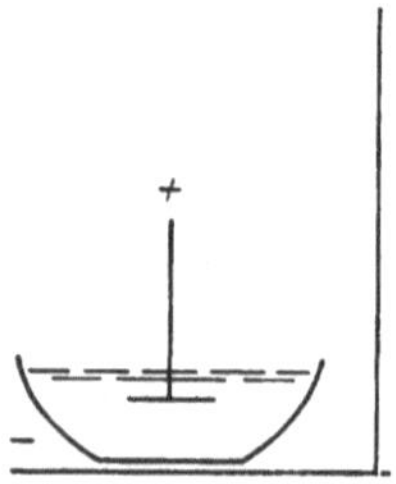

Abb. 73a.
Silbercoulometer

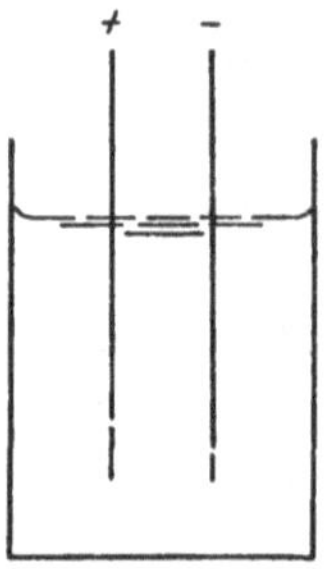

Abb. 73b.
Kupfercoulometer

Beim Kupfercoulometer wird Kupfersulfatlösung zwischen zwei Kupferplatten elektrolysiert und das abgeschiedene Kupfer gewogen (Abb. 73b).

Beim Knallgascoulometer wird Wasser zwischen zwei Platinelektroden elektrolysiert und das entwickelte Knallgas gemessen. Das Knallgascoulometer hat den Nachteil, daß das Sauerstoffgas in Wasser nicht unbeträchtlich löslich ist, so daß im Anfang eine merkliche Menge Sauerstoff verbraucht wird, um erst einmal das Wasser damit zu sättigen. Man muß also vor der Benutzung immer erst etwas Strom durchgehen lassen, wenn man brauchbare Werte erhalten will. Das Knallgascoulometer hat andererseits den sehr zu schätzenden Vorteil, daß man das Resultat, die Zahl der bisher durchgegangenen Coulomb, jederzeit ablesen kann; man verfügt über den Momentanwert, ohne erst zeitverbrauchende Wägungen oder Titrationen vornehmen zu müssen.

1,118 Milligramm Silber = 1 Coulomb

0,3294 Milligramm Kupfer = 1 Coulomb

0,1740 ccm Knallgas (0 °C, 760 mm) = 1 Coulomb oder

0,197 ccm Knallgas von 20 °C u. 730 mm = 1 Coulomb

1 Milligramm Silber = 0,895 Coulomb

1 Milligramm Kupfer = 3,04 Coulomb

1 ccm Knallgas von 0 °C und 760 mm = 5,75 Coulomb

1 ccm Knallgas von 20°C und 720 mm = 5,08 Coulomb

Beim *Silbertitrationscoulometer* wird Salpeterlösung zwischen einer Silberanode und einer Platinkathode elektrolysiert und das anodisch in Lösung gegangene Silber hernach mit Rhodanid titriert.

Beim *Jodtitrationscoulometer* wird Kaliumjodidlösung zwischen Platinelektroden elektrolysiert und das anodisch ausgeschiedene Jod hernach mit Thiosulfat titriert.

1 ccm 0,1 n Rhodanid oder Thiosulfat = 9,65 Coulomb.

Es wäre nicht schwierig, eine Anzahl weiterer Kombinationen anzugeben, die sich als gravimetrische oder titrimetrische Coulometer verwenden ließen. Man könnte z. B. eine Cadmiumchloridlösung zwischen zwei Cadmiumelektroden elektrolysieren und nach Stromdurchgang die leichter gewordene Anode zurückwiegen. Oder man könnte im gewöhnlichen Silbercoulometer eine bestimmte Menge Silbernitrat vorlegen und nach Stromdurchgang das noch vorhandene Silbernitrat mit Rhodanid titrieren usw.

Auch der umgekehrte Gedanke ist verwirklicht worden, und zwar in der sogenannten „coulometrischen Titration". Bei der Coulometrie *besitzt* man eine Bürette, *mißt* chemisch die Mole und *berechnet* die *Coulomb*. Bei der coulometrischen Titration *besitzt* man ein Milliamperemeter (und eine Uhr), *mißt* elektrisch die Coulomb und *berechnet* die *Mole*, die Vorrichtung ersetzt also eine Bürette. Da eine Milliamperesekunde ca. $\frac{1}{10000}$ ccm einer 0,1 n-Titrierlösung entspricht, ersetzt diese Vorrichtung eine feinste Mikrobürette, welche in $\frac{1}{10000}$ ccm geteilt ist. Sie ersetzt sie auch wirklich, vorausgesetzt nur, daß der Indikator (Phenolphthalein oder die potentiometrische Apparatur) diese Genauigkeit hergibt, denn sonst kann man sie nicht ausnützen. So kann man z. B. eine sehr kleine Menge Säure auf folgendem Wege coulometrisch titrieren. Man gibt in eine Silberschale etwas Natriumbromidlösung und senkt eine Platinkathode ein; als Anode dient die Silberschale (so wie sie beim Silbercoulometer als Kathode dient). Dann gibt man eine bestimmte Menge Millicoulomb durch, welche mit Milliamperemeter und Uhr gemessen werden. An der Silberanode entsteht Brom, das sofort in Silberbromid übergeht. An der Platinkathode dagegen entsteht eine ganz bestimmte Menge Natrium, das sofort in Natronlauge übergeht. Enthielt nun die Flüssigkeit außer dem Natriumbromid eine kleine Menge Säure und eine Spur Phenolphthalein, so schlägt dieses in Rot um, sobald die Säure verbraucht ist. An der Uhr kann man die dazu notwendig gewesene Zahl Milliamperesekunden ablesen. Man hat also mit reinster, carbonatfreier Natronlauge titriert ohne

Natronlauge und ohne Bürette, und zwar auf $\frac{1}{10000}$ ccm 0,1 n Natronlauge genau, wenn der Indikator diese Genauigkeit hergibt.

Die coulometrische Titration hat heute eine weitgehende Entwicklung erlangt. Die erste Arbeit dieser Art stammt von L. SZEBELLEDY und Z. SOMOGYI, Z. analyt. Chem. *112* (1938).

3. Positiv und negativ

Das Kupfer ist beim DANIELL-Element der „positive" Pol, das Zink der „negative". Der (positive) Strom fließt also im äußeren Stromkreis vom Kupfer durch den Schließungsdraht zum Zink und von da im inneren Stromkreis durch die Elektrolyten zum Kupfer (Abb. 74); das Kupfer ist also für den inneren Stromkreis Kathode; an ihm scheidet sich das aus der Kupfer(II)-sulfatlösung ausfallende

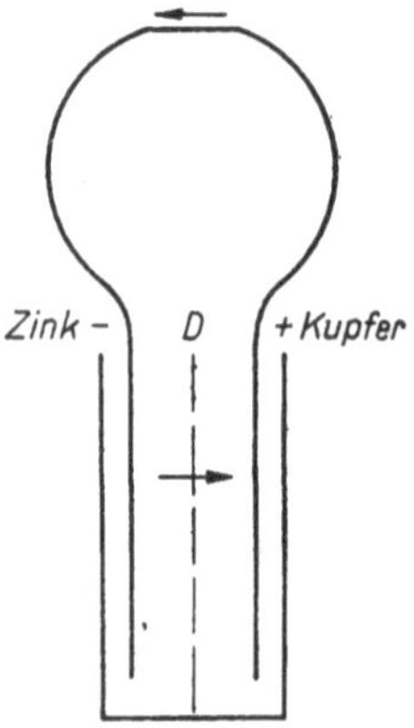

Abb. 74. Positiver Strom im DANIELL-Element. Das Zink ist der negative Pol

D Diaphragma

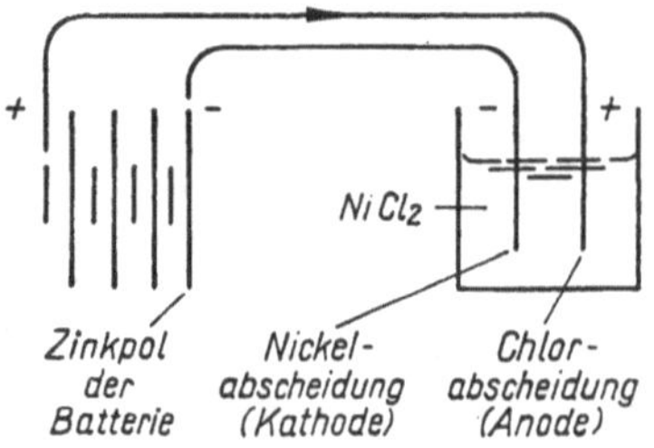

Abb. 75. Elektrolyse

Kupfer ab. Auch bei der Elektrolyse scheiden sich Metalle und Wasserstoff stets an der *Kathode* ab, also an der *Elektrode*, die mit dem *negativen* Pol der Stromquelle verbunden ist (Abb. 75).

Das Zink bildet bei allen gebräuchlichen Elementen den *negativen* Pol. Etwas inkonsequent nennt man es darum ein stark *elektropositives* Metall. Kalium und Natrium sind noch unedler als Zink und werden auch gegenüber diesem der negative Pol, sie sind noch „elektropositivere" Metalle. Der Gebrauch des Wortes „elektropositiv" für diese Eigenschaft der Metalle, die sich also für den Chemiker dem Sinne nach mit dem Begriff „unedel" deckt, ist schon alt, viel älter als die Elektronentheorie. So findet sich in dem Lehrbuch der anorganischen Chemie von GROUP/BESANEZ (Vieweg, Braunschweig 1876, S. 458) der Satz: „Das Caesiumamalgam verhält sich dem Kalium — und sogar noch dem Rubidiumamalgam gegenüber negativ; das Caesium ist darum das elektropositivste aller Metalle". ‚Da aber ungleichnamige Elektrizitäten sich anziehen, so bezeichnet man den am *negativen* Pol sich abscheidenden Bestandteil der Salze als *elektropositiv*, den am positiven Pole sich abscheidenden als elektronegativ. In diesem Sinne werden die *Metalle* und Salzbasen als *elektropositive*, die Säuren als elektronegative Körper bezeichnet . . .“ (a. a. O., S. 432).[1])

So ist es also historisch zu erklären, daß man die unedlen Metalle (Zink, Kalium, Cäsium) „elektropositiv“ nannte und ihnen in der Spannungsreihe die größten *positiven* Werte zuwies (während man ihnen heute umgekehrt *negative* Werte zuweist, die Werte, die sie annehmen, wenn man aus ihnen galvanische Elemente baut, wobei sie *negative Pole* werden). In älteren Lehrbüchern wurde die Spannungsreihe so geschrieben, daß das unedle Ende (Zinkende) *positive* Vorzeichen bekam. Neuerdings schreibt man aber hier *negative Vorzeichen*, und das *Kupferende bekommt die positiven* (wir machen es hier ebenso: Abb. 76).

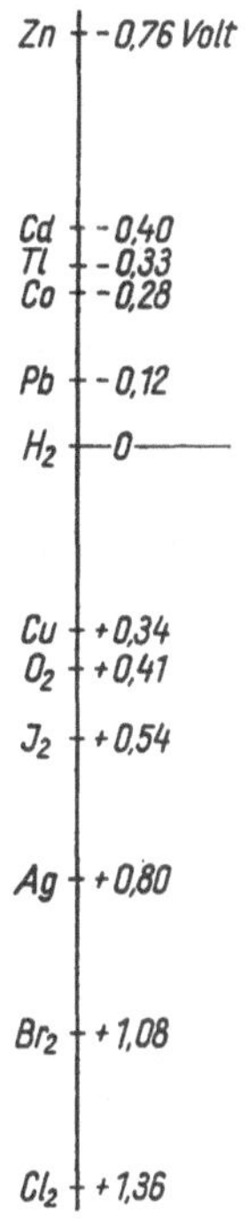

Abb. 76. Spannungsreihe der Metalle

Die ursprüngliche Definition des Begriffs „positive Elektrizität“ stammt aus der Zeit der ersten Erforschung der Reibungselektrizität. Positiv wurde willkürlich die Elektrizität genannt, die *Glas* beim Reiben mit *Amalgam* annimmt (Lichtenberg, 1777). Sie ist dieselbe, die die Kupferplatte im DANIELL-Element annimmt. Die Bezeichnung „positiv“ ist insofern unglücklich gewählt, als gerade aus dem Kupferpol nichts herauskommt, sondern etwas in ihn hineingeht, nämlich der Elektronenstrom.

„*Negativierende Substituenten*“ nennt man in der organischen Chemie solche Substituenten, welche *Säuren stärker sauer machen.* So sind z. B. Monochloressigsäure und Nitroessigsäure stärkere Säuren als Essigsäure und demgemäß Chlor und die Nitrogruppe „negativierende Substituenten“.

In der DILTHEY-WIZINGERschen Farbstofftheorie heißen „*positivierende Auxochrome*“ die Methoxyl-, Hydroxyl-, Amino-, Dimethylamino-, Diäthylamino- und Phenylaminogruppe. Die positivierenden Auxochrome sind hier angeordnet nach ihrer auffälligsten Eigenschaft, der bathochromen Wirkung.

Die Steigerung der bathochromen Wirkung der Gruppen in obiger Reihenfolge sieht man sehr schön an der Substanzreihe Trimethylaurin (gelb), Aurin (orange), Pararosanilin (rot), Kristallviolett (violett), Anilinblau (blau). Die Stoffe sind sämtlich Derivate des Triphenylmethylchlorids (C-Cl-Bindung *ionoid* nach WIZINGER), und zwar sind die para-Substituenten

bei Trimethylaurin	OCH_3 (dreimal)
bei Aurin	OH (dreimal)
bei Pararosanilin	NH_2 (dreimal)
bei Kristallviolett	$N(CH_3)_2$ (dreimal)
bei Anilinblau	NHC_6H_5 (dreimal)[2])

[1]) Die Bezeichnung des Natriums als „elektropositiven Elements“ und die des Sauerstoffs als „elektronegativen“ geht auf BERZELIUS zurück. Vgl. hierzu F. HENRICH, Theorien der organischen Chemie, 4. Aufl., Braunschweig, Verlag von F. Vieweg und Sohn, 1921, S. 3.

[2]) R. WIZINGER, Organische Farbstoffe. Dümmler, Bonn 1933, S. 26.

4. Spannungsreihe und NERNSTsche Formel

Spannungsreihe. Zwei Metallplatten, die in je eine molare Lösung ihrer Salze tauchen, bilden, wenn die Lösungen aneinander grenzen, eine galvanische Kette, deren elektromotorische Kraft (EMK) gleich ist dem Abstand der beiden Metalle in der Spannungsreihe (Abb. 76).

Beispiel 1 Zink in 1 m Zinksulfatlösung. Kupfer in 1 m Kupfersulfatlösung (DANIELL-Element). Wie groß ist die EMK?

A: Abstand in der Spannungsreihe 1,1 Volt, EMK 1,1 Volt.

Beispiel 2 Ein Element aus Zink in 1 m Zinksulfatlösung und Cadmium in 1 m Cadmiumsulfatlösung, nach Art eines DANIELL-Elements aufgebaut. Wie groß ist die EMK?

A: Abstand in der Spannungsreihe 0,36 Volt, EMK 0,36 Volt.

Beispiel 3 Kupfer in 1 m Kupfernitratlösung, Silber in 1 m Silbernitratlösung, nach Art des DANIELL-Elements aufgebaut. Wie groß ist die EMK der Kette?

A: Abstand in der Spannungsreihe 0,46 Volt; EMK 0,46 Volt.

Wenn die Lösungen, in welche die eben beschriebenen Platten tauchen, nicht 1 m sind, aber gleichmolar (z. B. beide $\frac{1}{100}$ m), so ändert sich nichts an der EMK der Kette; die Wertigkeit der beiden Metalle muß gleich sein.

Beispiel 4 Kupfer in $\frac{1}{10}$ m Kupfersulfatlösung, Zink in $\frac{1}{10}$ m Zinksulfatlösung. EMK?

A: Abstand in der Spannungsreihe 1,1 Volt; EMK 1,1 Volt.

Beispiel 5 Zink in $\frac{1}{1000}$ m Zinksulfatlösung, Cadmium in $\frac{1}{1000}$ m Cadmiumsulfatlösung. EMK?

A: Abstand in der Spannungsreihe 0,36 Volt; EMK 0,36 Volt.

Beispiel 6 Blei in $\frac{1}{230}$ m Bleisilicofluoridlösung, Kupfer in $\frac{1}{230}$ m Kupfersilicofluoridlösung. EMK?

A: Abstand in der Spannungsreihe 0,46 Vol; EMK 0,46 Volt.

Konzentrationsketten. Zwei Platten aus demselben Metall, die in zwei verschieden starke Lösungen eines Salzes dieses Metalls tauchen, zeigen gegeneinander eine Spannung. Diese hängt von dem Konzentrationsunterschied der Lösungen ab und beträgt bei einwertigen Ionen pro Zehnerpotenz 58 Millivolt (Konzentrationsketten).

Beispiel 7 Silber in normaler Silbernitratlösung, Silber in $\frac{1}{10}$ n Silbernitratlösung. EMK?

A: Einwertig, 1 Zehnerpotenz; 58 Millivolt.

Beispiel 8 Silber in $\frac{1}{10}$ n Silbernitratlösung, Silber in $\frac{1}{1000}$ n Silbernitratlösung; EMK?

A: Einwertig, 2 Zehnerpotenzen; 116 Millivolt.

Beispiel 9 Thallium in $\frac{1}{10000}$ n Thallium(I)sulfatlösung (Thallosulfatlösung), Thallium in 1 n Thallium(I)sulfatlösung. EMK?

A: Einwertig, 4 Zehnerpotenzen; $4 \cdot 58 = 232$ Millivolt.

Beispiel 10 Silber in 3prozentiger Silbernitratlösung, Silber in 0,3prozentiger Silbernitratlösung. EMK?

A: *Einwertig, eine Zehnerpotenz*; **58 Millivolt.** *Bei zweiwertigen Metallionen pro Zehnerpotenz* **29 Millivolt.**

Beispiel 11 Kupfer in 1 m Kupfersulfat, Kupfer in $\frac{1}{10}$ m Kupfersulfat. EMK?

A: Zweiwertig, 1 Zehnerpotenz; 29 Millivolt.

Beispiel 12 Kupfer in $\frac{1}{100}$ m Kupfersulfat, Kupfer in $\frac{1}{10000}$ m Kupfersulfat. EMK?

A: Zweiwertig, 2 Zehnerpotenzen; 58 Millivolt.

Beispiel 13 Zink in $\frac{1}{10}$ m Zinksulfatlösung, Zink in $\frac{1}{10000}$ m Zinksulfatlösung. EMK?

A: Zweiwertig, 3 Zehnerpotenzen; $3 \cdot 29 = 87$ Millivolt.

Beispiel 14 Kupfer in 2prozentiger Kupfernitratlösung, Kupfer in 0,2prozentiger Kupfernitratlösung. EMK?

A: Zweiwertig, 1 Zehnerpotenz; 29 Millivolt.

Beispiel 15 Cadmium in 10^{-3}prozentiger Cadmiumnitratlösung, Cadmium in 10^{-7}prozentiger Cadmiumnitratlösung. EMK?

A: Zweiwertig, 4 Zehnerpotenzen; $4 \cdot 29 = 116$ Millivolt.

Beispiel 16 Cadmium in 1,55prozentiger Cadmiumsulfatlösung, Cadmium in 1,35prozentiger Cadmiumsulfatlösung. EMK?

A: Zweiwertig, $\log \frac{15,5}{13,5}$ Zehnerpotenzen

$= (1,19033 - 1,13033)$ Zehnerpotenzen

$= 0,06$ Zehnerpotenzen

also $29 \cdot 0,06 = 1,74$ Millivolt.

Bei dreiwertigen Metallionen pro Zehnerpotenz

19,3 Millivolt $\left(= \frac{58}{3}\right.$ Millivolt). (Kommt kaum vor.$\left.\right)$

Beispiel 17 Indium in 0,01 m Indium(III)-sulfatlösung, Indium in 0,001 m Indium(III)-sulfatlösung. EMK?

A: Dreiwertig, eine Zehnerpotenz; 19,3 Millivolt.

Beispiel 18 Indium in 0,7prozentiger Indium(III)-sulfatlösung, Indium in 0,0007prozentiger Indium(III)-sulfatlösung. EMK?

A: Dreiwertig, 3 Zehnerpotenzen; $3 \cdot 19,3 = 58$ Millivolt. *Bei vierwertigen Metallionen pro Zehnerpotenz* 14,5 Millivolt $\left(= \frac{58}{4}\right)$.

Bei Metallionen kommt dieser Fall praktisch nie vor, dagegen wird er akut für die Polsubstanz Sauerstoff O_2; siehe bei ,,Gasketten".

Nernstsche Formel. Bei zwei verschiedenen Metallen, die in zwei Lösungen ihrer Salze tauchen, die *nicht* gleich stark sind, addieren sich die beiden betrachteten Einflüsse (NERNSTsche Formel). Das heißt, man rechnet zuerst so, als ob beide Lösungen molar wären und berücksichtigt dann den Einfluß der Konzentration.

Beispiel 19 Zink in 0,1 m Zinksulfat, Kupfer in m Kupfersulfat. EMK?

A: $1100 + 29 = 1129$ Millivolt.

Abstand in der Spannungsreihe 1100 Millivolt. Einfluß auf der Zinkseite 29 Millivolt, *erhöhend.* Bei einem Metall, das in Lösung geht, wirkt Erniedrigung der Ionenkonzentration, gegen die es in Lösung geht, erhöhend.

Beispiel 20 Zink in m Zinksulfat, Kupfer in 0,1 m Kupfersulfat. EMK?

A: $1100 - 29 = 1071$ Millivolt.

Einfluß auf der Kupferseite 29 Millivolt, *erniedrigend.* Bei einem Metall, das sich ausscheidet, ist es umgekehrt. In dieser Rolle befinden sich in der Regel Kupfer, Silber, Quecksilber.

Beispiel 21 Zink in 0,1 m Zinksulfat, Kupfer in 0,1 m Kupfersulfat. EMK?

A: 1100 + 29 − 29 = 1100 Millivolt.
Beide Einflüsse wirken sich entgegen; daher der oben formulierte Satz über Gleichheit der Konzentrationen.

Beispiel 22 Zink in 0,1 m Zinksulfat, Silber in 0,001 m Silbersulfat. EMK?

A: 1560 + 29 − 3 · 58 = 1560 + 29 − 174 = 1405 Millivolt.
Abstand in der Spannungsreihe 1560 Millivolt, Einfluß auf der Zinkseite 29 Millivolt, erhöhend; Einfluß auf der Silberseite 3 · 58 Millivolt, erniedrigend.

Beispiel 23 Wie groß würde die EMK des DANIELL-Elements werden, wenn man die Kupferionenkonzentration noch um eine Zehnerpotenz erhöhen könnte?

A: 1100 + 29 Millivolt = 1129 Millivolt.
Es gibt jedoch auch Elemente und Verbindungen, welche den positiven Pol einer Kette bilden können, die bei der Stromlieferung *in Lösung gehen* (wie das Zink auf der anderen Seite); z. B. Chlor, Brom, Jod, Sauerstoff, Bleidioxid. Bei diesen ist der Einfluß wieder wie bei Zink, also *erhöhend* bei Verringerung der Ionenkonzentration, gegen die sie in Lösung gehen.

Beispiel 24 Ein bleiakkumulatorartiges Element besteht aus einer Bleiplatte und einer Bleidioxidplatte, die beide in dieselbe Lösung von Bleiperchlorat tauchen. Die Konzentration der letzteren ist so gewählt, daß die EMK der Kette = 1700 Millivolt ist. Diese Konzentration werde nun um drei Zehnerpotenzen gesenkt. Wie wirkt sich das auf die EMK aus?

A: Erhöhend, und zwar zweimal, d. h. auf beiden Seiten. Zweiwertig, drei Zehnerpotenzen = 3 · 29 = 87 Millivolt; dies zweimal, macht 174 Millivolt. Also 1700 + 174 = 1,874 Volt. (Wichtig für die Theorie des Bleiakkumulators.)

Beispiel 25 Das Normalpotential des Silbers beträgt + 0,80 Volt, das des Chlors + 1,36 Volt.

a) Wie berechnet sich hieraus die EMK einer Silber-Chlor-Kette (Silber in n Silberlösung, Chlor in n Chloridlösung)?

A: Abstand in der Spannungsreihe 0,56 Volt, also 560 Millivolt. Das Silber ist hier negativer Pol („Zinkpol") und geht bei Stromlieferung in Lösung!

b) Wie wirkt es sich auf die EMK aus, wenn beide Lösungen in ihrer Konzentration um eine Zehnerpotenz gesenkt werden?

A: Erhöhend, und zwar zweimal, d. h. auf beiden Seiten. Silber geht in Lösung, Chlor auch. Also einwertig, eine Zehnerpotenz = 1 · 58 Millivolt; dies zweimal (Chlorion ist einwertig), macht 116 Millivolt. 560 + 116 = 676 Millivolt.

Amalgamketten. Wenn Metalle, wie z. B. Thallium, Zink oder Cadmium als Amalgame vorliegen, wirken sich Konzentration und Wertigkeit wie in den Konzentrationsketten aus.

Beispiel 26 1prozentiges und 0,1prozentiges Thalliumamalgam in einer beliebigen Thalliumsulfatlösung. EMK?

A: Einwertig, 1 Zehnerpotenz; 58 Millivolt. Das 1prozentige Amalgam ist der negative Pol, denn aus diesem geht Thallium in Lösung. Die stromliefernde Reaktion ist der *Ausgleich* der Konzentrationen.

Beispiel 27 7prozentiges und 0,07prozentiges Zinkamalgam in einer beliebigen Zinksulfatlösung. EMK?

A: Zweiwertig, 2 Zehnerpotenzen; $2 \cdot 29 = 58$ Millivolt.

Gasketten. Einige chemische Elemente (H_2, Cl_2, O_2) können auch als Gase wirken (an Platinelektroden hochperlend). Druck und Wertigkeit wirken sich hier aus wie bei den Konzentrationsketten. H_2 und Cl_2 wirken zweiwertig, O_2 vierwertig (einziger Fall von Vierwertigkeit = 14,5 Millivolt).

Beispiel 28 Zwei Wasserstoffelektroden von 1 atm und $\frac{1}{10}$ atm Partialdruck tauchen in dieselbe Säurelösung. EMK?

A: H_2 ist zweiwertig, 1 Zehnerpotenz, 29 Millivolt. (Nicht zu verwechseln mit dem Einfluß von Wasserstoff*ionen*; diese sind einwertig und wirken mit 58 Millivolt pro Zehnerpotenz.)

Beispiel 29 Zwei Chlor-Wasserstoff-Ketten („Chlorknallgasketten") unterscheiden sich von einander lediglich durch den Chlorpartialdruck, der bei beiden um eine Zehnerpotenz verschieden ist. Um wieviel unterscheiden sie sich in der EMK?

A: Cl_2 ist zweiwertig, 1 Zehnerpotenz; Unterschied in der EMK = 29 Millivolt.

Beispiel 30 Zwei Sauerstoff-Wasserstoff-Ketten („Knallgasketten") unterscheiden sich voneinander lediglich durch den Sauerstoffpartialdruck, der bei beiden um eine Zehnerpotenz verschieden ist. Um wieviel unterscheiden sie sich in der EMK?

A: O_2 ist vierwertig, 1 Zehnerpotenz; 14,5 Millivolt.

Beispiel 31 Zwei gleiche Wasserstoffelektroden von 1 atm Wasserstoffdruck stehen in 0,1 n und 0,01 n Salzsäure, die Lösungen sind durch ein Diaphragma getrennt.[1] EMK? (p_H-Messung!)

A: Die beiden Elektroden sind Wasserstoff/1 n Wasserstoffion und Wasserstoff/0,1 n Wasserstoffion. Der Unterschied liegt also nur in der Wasserstoff*ionen*konzentration. Wasserstoff*ion* ist einwertig; eine Zehnerpotenz. Das macht 58 Millivolt.

---

[1]) Das Berührungspotential der Lösungen soll in diesen Beispielen stets vernachlässigt resp. als durch eine Zwischenlösung eliminiert betrachtet werden.

Beispiel 32 Zwei gleiche Wasserstoffelektroden von 0,43 atm Wasserstoffdruck stehen in 0,1 n und 0,001 n Salzsäure, die durch ein Diaphragma getrennt sind. EMK?

A: Die Wasserstoffelektroden sind gleich; der Wasserstoffdruck tut also nichts zur Sache. Der Unterschied liegt nur in der Wasserstoffionenkonzentration. Einwertig, 2 Zehnerpotenzen; $2 \cdot 58 = 116$ Millivolt.

Beispiel 33 Zwei gleiche Wasserstoffelektroden stehen in n Salzsäure und n Natronlauge, die durch ein Diaphragma getrennt sind („*Säure-Alkali-Kette*"). Die EMK der Kette ist 812 Millivolt $= 14 \cdot 58$ Millivolt. Wie groß ist die Wasserstoffionenkonzentration in der Normalnatronlauge?

A: 14 Zehnerpotenzen Unterschied gegen Normalsäure. In dieser ist $[H^{\cdot}] = 1$, in der Normalnatronlauge ist also $[H^{\cdot}] = 10^{-14}$. Normalsäure und Normallauge unterscheiden sich in der Wasserstoffionenkonzentration um 14 Zehnerpotenzen, also um das Ionenprodukt des Wassers $[H^{\cdot}]\ [OH']= 10^{-14}$. **Dies ist einer der Wege, die zu dieser Konstante führen.**

Beispiel 34 Eine Zinkplatte taucht in eine 1 m Zinknitratlösung, die als vollständig dissoziiert angenommen werde. Durch ein Diaphragma davon getrennt ist eine Normalwasserstoffelektrode. Wie groß ist die EMK dieser Kette und das Einzelpotential der Zinkelektrode? (Berührungspotential zu vernachlässigen.)

A: Die EMK der Kette ist 0,76 Volt, das Einzelpotential der Zinkelektrode ebenfalls.

Beispiel 35 Wie Beispiel 34, aber 0,316 m Zinknitratlösung. Wie groß ist die EMK der Kette und das Einzelpotential der Elektrode?

A: Der Faktor 0,316 entspricht einer halben Zehnerpotenz. Zweiwertig, eine halbe Zehnerpotenz, macht $\frac{29}{2} = 14{,}5$ Millivolt. Erhöhend auf die EMK; die Zinklösung ist dünner. Also $760 + 14{,}5$ Millivolt $= 774{,}5$ Millivolt (EMK und Einzelpotential).

Beispiel 36 Wie Beispiel 34, aber $^1/_2$ m Zinknitratlösung. Wie groß ist die EMK der Kette und das Einzelpotential der Elektrode?

A: Die Lösung ist halbmolar. Der Faktor 0,5 entspricht 0,301 Zehnerpotenzen. Zweiwertig, 0,301 Zehnerpotenzen, macht $29 \cdot 0{,}301 = 8{,}73$ Millivolt. Also $760 + 8{,}7$ Millivolt $= 768{,}7$ Millivolt (EMK und Einzelpotential).

Beispiel 37 Die Zinklösung von Beispiel 34 wird mit Silber in 1 n Silbernitrat zur Kette geschlossen. Wie groß ist die EMK der Kette?

A: $0{,}76 + 0{,}80$ Volt $= 1{,}56$ Volt

Temperaturkoeffizient. Die so vielfach gebrauchten Werte 58 Millivolt und 29 Millivolt sind beide temperaturabhängig; 58 und 29 gelten für Zimmertemperatur. Die Temperaturabhängigkeit ist dieselbe wie bei einem idealen Gas, d. h., sie zielen auf den Wert Null beim absoluten Nullpunkt und wachsen bei steigender Temperatur, und zwar so, daß bei 0 °C der Temperaturkoeffizient $\frac{1}{273}$ gilt wie bei Gasen. Zur größeren Bequemlichkeit sind die genauen Werte für Temperaturen zwischen 0 °C und 30°C zusammengestellt in Tab. 20 in Abschnitt 7 (S. 267).

Zersetzungsspannung. Die eben errechneten EMK-Werte sind zugleich die Zersetzungsspannungen, d. h., wenn man den Strom in umgekehrter Richtung durch das Element schickt, ist eine der EMK gleiche Klemmenspannung nötig, um überhaupt nur den kleinsten Strom durchzuschicken, vorher geht kein Strom durch. Das ist ja auch selbstverständlich; denn durch den in entgegengesetzter Richtung durchgeschickten Strom wird Elektrolyse herbeigeführt und die chemische Reaktion umgekehrt, also z. B. im DANIELL-Element Zink am Zinkpol ausgefällt und Kupfer am Kupferpol in Lösung gebracht. Wenn dies bei geringerer Spannung ginge als der, die das Element liefert, hätte man ja ein perpetuum mobile. Die Energie (Zersetzungsspannung mal Coulombzahl) setzt sich in *chemische* Energie um, im Gegensatz zu der durch den Flüssigkeitswiderstand verzehrten elektrischen Energie, welche sich in JOULEsche *Wärme* umsetzt. *Jedes Element vom Typus des DANIELL-Elements kann als Akkumulator wirken.*

Symmetrische Ketten haben die Zersetzungsspannung Null. Die Zersetzung einer Kupfersulfatlösung zwischen zwei Kupferplatten erfordert die Zersetzungsspannung Null; der Strom geht von kleinsten Voltspannungen an schon durch. Es wird ja nur Kupfermetall von rechts nach links transportiert, und das erfordert keine Energie. Die technische Kupferraffination ist *prinzipiell* ein Vorgang, der keinen Energieaufwand benötigt, natürlich gibt es doch Verluste, schon durch den Flüssigkeitswiderstand (JOULEsche Wärme). Auch zwei Silberplatten, die in eine Silbernitratlösung eintauchen, bilden eine Zelle mit der Zersetzungsspannung Null, sie bilden ja auch ein Element mit der EMK Null.

Wenn man in einer solchen Zelle mit der Zersetzungsspannung Null — man sagt auch, sie sei eine „unpolarisierbare“ Zelle — eine Elektrolyse auszuführen versucht, fließt ein Strom von der kleinsten Klemmenspannung an — sehr im Gegensatz zu einer gewöhnlichen, polarisierbaren Zelle, bei der z. B. Wasser zersetzt werden soll und demgemäß die Zersetzungsspannung des Wassers erreicht werden muß. Unterhalb dieser Spannung fließt überhaupt kein Strom.

Einen zweiten, wichtigen Fall von Unpolarisierbarkeit (Zersetzungsspannung Null) bilden die Redoxsysteme (diese s. unter Abschnitt H 8). Ein Gemisch z. B. von Eisen(II)- und Eisen(III)-salzlösung zwischen Platinelektroden ist ein solches Redoxsystem. Es ist also ein halb (oder teilweise) durchoxydiertes oder durchreduziertes System, und es ist ein Redoxsystem nur so lange, als auch von der anderen Oxydationsstufe noch etwas vorhanden ist. Wenn man Strom durchschickt, wird an der Anode etwas Eisen(II)-salz oxydiert zu Eisen(III)-salz; und an der Kathode findet der umgekehrte Vorgang statt. Es ändert sich also im ganzen fast nichts, es wird keine chemische Energie erzeugt, und es wird auch keine elektrische verbraucht, die Zersetzungsspannung ist Null. Das ist aber nur so lange der Fall, als noch etwas von der anderen Oxydationsstufe da ist. Titriert man z. B. mit Titan(III)-chlorid, so wird allmählich alles Eisen(III)-chlorid verbraucht, und in dem Augenblick, wo die letzten Spuren verschwinden, ist das Ganze etwas völlig anderes geworden. Es tritt nun sprungartig die Zersetzungsspannung auf, und damit ist das Ende der Titration angezeigt. Das ist das Prinzip der Dead-Stop-Methode (s. u.).

VORAUSSETZUNGEN

Alle diese Rechnungen haben drei Bedingungen zur Voraussetzung, die nicht immer erfüllt sind, nämlich

1. daß die Dissoziation der Salze vollständig ist (das kann man meistens nur in sehr verdünnter Lösung annehmen;[1])
2. daß das Berührungspotential zweier aneinander grenzender Flüssigkeiten technisch oder rechnerisch eliminiert ist;
3. daß der Elektrodenvorgang streng reversibel ist. Diese Forderung ist gut erfüllt für die hier meist genannten Metalle Kupfer, Silber, Zink, Cadmium, Quecksilber, etwas schlechter dagegen für die Knallgaskette (Sauerstoff—Wasserstoff); bei dieser besteht zwischen EMK und Zersetzungsspannung ein erheblicher Unterschied. Sehr gut ist die Übereinstimmung zwischen EMK und Zersetzungsspannung aber wieder bei der Chlorknallgaskette (1,360 Volt in 1 n HCl).

zu 2. Das Entstehen der Berührungspotentiale, auch Flüssigkeits- oder Diffusionspotentiale genannt, kann man durch zwei Kunstgriffe weitgehend unterdrücken:

a) Man läßt die beiden Lösungen nicht direkt aneinanderstoßen, sondern schaltet eine *Zwischenflüssigkeit* ein. Als solche wählt man eine gesättigte Kaliumchlorid- oder Salpeterlösung (die Ionen dieser Salze wandern fast genau gleich schnell).

b) Man läßt die beiden Flüssigkeiten zwar aneinandergrenzen, fügt aber beiden einen Zusatzelektrolyten in ganz gleicher, ziemlich hoher Konzentration zu. Dieser darf natürlich die Elektrodenpotentiale nicht beeinflussen. Man wählt meist Kaliumchlorid, Salpeter, Glaubersalz, Ammoniumsulfat. Durch Weglassen dieses Zusatzes kann man auch das Flüssigkeitspotential messen, und zwar als Differenz der Potentiale analoger Ketten mit und ohne diesen Salzzusatz.[2])

5. Überspannung

Silbernitrat besitzt eine niedrigere Zersetzungsspannung als Kupfernitrat. Elektrolysiert man ein Gemisch von Silbernitrat- und Kupfernitratlösung, so scheidet sich zuerst, bei der niedrigeren Badspannung, das Silber aus, und zwar

---

[1]) Heute nimmt man nicht mehr unvollständige Dissoziation an (außer bei schwachen Säuren und Basen), dagegen „Aktivitätskoeffizienten"; vgl. die Lehrbücher.

[2]) Vgl. hierzu K. Cruse und U. Fritze in Houben/Weyl, Methoden der organischen Chemie. Georg Thieme-Verlag, Stuttgart 1955, Band III/2, S. 48, 50, 51, 58, 59, 60, 74.

vollständig, wenn man ihm genügend Zeit läßt und gut rührt, so daß alle Silberionen an die Kathode kommen können, und dann erst steigt die Badspannung auf die Zersetzungsspannung des Kupfers, und jetzt scheidet sich das Kupfer rein aus. Die Metalle scheiden sich also nacheinander und in der Reihenfolge ihrer Stellung in der Spannungsreihe ab, die edelsten zuerst, die unedelsten zuletzt. Darauf beruht eine Trennungsmethode für Metalle, die auch großtechnisch benutzt wird, z. B. zur Trennung von Glockenmetall in Kupfer und Zinn.

Die unedelsten Metalle sind die Alkalimetalle Kalium und Natrium. Man kann sie durch Elektrolyse aus wäßriger Lösung überhaupt nicht abscheiden. Der Chemiker findet dies selbstverständlich, weil sie ja Wasser zersetzen. Für diesen Vorgang konnte man die Erklärung hören, primär werde wohl das Natrium abgeschieden, nur zersetze es sofort sekundär am Ort seiner Entstehung das Wasser, es entstehe Wasserstoffgas und Natronlauge.

Diese Erklärung muß sich jedoch den Einwand gefallen lassen, wenn das Natrium wirklich primär entstünde, müßte dafür auch die Abscheidungsspannung des Natriums aufgewendet werden, und diese liegt sehr hoch und wird nicht annähernd erreicht. Man sagt daher richtiger: Lange vor dem Natrium wird an seiner Stelle der edlere Wasserstoff abgeschieden, ebenso wie Silber vor Kupfer abgeschieden wird.

Der Wasserstoff erscheint also vor Kalium, Natrium, auch vor Calcium, Magnesium und Aluminium, denn auch diese Metalle lassen sich aus wäßriger Lösung nicht abscheiden. Eigentlich müßte er vor allen Metallen erscheinen, die vor ihm in der Spannungsreihe stehen, so auch vor Zink, Cadmium, Blei, Nickel, Eisen. Das Vernickeln und „Verstählen“ müßte also gar nicht möglich sein, desgleichen das Abscheiden von Zink, Cadmium, Blei aus wäßriger Lösung; an Stelle dieser Metalle müßte sich Wasserstoff abscheiden. Trotzdem kann man diese Metalle aus wäßriger Lösung abscheiden, wie man ja weiß. Wie kommt das?

Die Metalle halten sich offenbar an ihre Reihenfolge bei ihrer Abscheidung, der Wasserstoff bildet jedoch eine Ausnahme. Er kommt erst nach Zink, während er in Wirklichkeit schon viel früher hätte erscheinen müssen. Diese Anomalie heißt „Überspannung des Wasserstoffs“.

Bei der Knallgaskette war die eine Polsubstanz Wasserstoff. Die wirkliche Polsubstanz ist jedoch nicht der zweiatomige Wasserstoff H_2, sondern der mit ihm in sehr geringer Menge im Gleichgewicht befindliche einatomige Wasserstoff H, der nach der Gleichung

$$H_2 \rightleftharpoons 2H_1$$

aus ihm entsteht; das Gleichgewicht wird ausgezeichnet katalysiert durch Platin oder Iridium. Darum läßt sich die Knallgaskette (und die Wasserstoffelektrode) nur mit Platin- oder Iridiumelektroden aufbauen; andere Metalle „sprechen auf Wasserstoff nicht an“. Die Konzentration des einatomigen Wasserstoffs H_1 ist unmeßbar klein, wir können nicht sagen, wo sie liegt. Aber sie wird konstant gehalten durch obiges Gleichgewicht, das sie immer wieder herzustellen sucht und sie stets auf einem ganz bestimmten Wert hält, der vom Druck des zweiatomigen Wasserstoffgases abhängt. Wächst dieser Druck, so wächst auch der Wert der H_1-Konzentration. Vgl. hierzu Zeitschr. ang. Chemie *13* [1961], 277.

Wenn durch den stromliefernden chemischen Vorgang der Knallgaskette H_1 verbraucht wird, wird es nach obigem Gleichgewicht wieder aus H_2 nachgeliefert, so daß keine Verarmung an H_1 eintritt. Läßt man die Zelle umgekehrt arbeiten, schickt man Strom durch und elektrolysiert das Wasser, so tritt ebenfalls keine Anreicherung an H_1 auf, da es sich nach obigem Gleichgewicht sofort und reibungslos in H_2 verwandelt — immer vorausgesetzt, daß die Elektrode aus Platin oder Iridium besteht.

Besteht sie jedoch aus einem anderen Metall, z. B. Blei, so treten beim Elektrolysieren keineswegs die H_1-Atome sofort zu H_2 zusammen, jedenfalls nicht so schnell, daß nicht eine erhebliche Anreicherung der an sich äußerst kleinen Konzentration der H_1-Atome einträte. Damit erhöht sich aber sofort das Gegenpotential, denn die Elektrolysierzelle wirkt jetzt als Knallgaskette mit anormal hoher Konzentration der Polsubstanz H_1. Es tritt also eine viel höhere Abscheidungsspannung des Wasserstoffs in Erscheinung als bei Platin. Diese schon lange bekannte Erscheinung heißt *Überspannung* des Wasserstoffs. Alle Metalle als Kathoden, mit Ausnahme von Platin und Iridium, zeigen sie, wenn auch in verschieden hohem Grade. Besonders hohe Werte nimmt sie bei reinem Blei und Quecksilber an.

Die Überspannung des Wasserstoffs ist der Grund, weshalb man überhaupt Schwermetalle, die unedler sind als Wasserstoff und in der Spannungsreihe vor ihm stehen (Zink, Cadmium, Blei, Eisen), *aus wäßriger Lösung abscheiden kann.* Denn jede wäßrige Lösung enthält Wasserstoffionen, und es wäre nicht einzusehen, wie überhaupt das hohe Abscheidungspotential des Zinks (— 0,76 Volt) erreicht werden soll, wenn die Kette schon beim Potential des Wasserstoffs zu arbeiten beginnt unter Wasserstoffabscheidung; bei jeder Elektrolyse wird ja zuerst das am leichtesten abscheidbare Metall niedergeschlagen, also etwa das Silber vor dem Kupfer, das Kupfer vor dem Wasserstoff und — so müßten wir fortfahren — auch der Wasserstoff vor dem Zink. Tatsächlich mißlingt die Zinkabscheidung auch wirklich an einer platinierten Platinelektrode; hier ist die Überspannung des Wasserstoffs Null, und es wird Wasserstoffgas entwickelt. An einer Zinkelektrode aber, die eine hohe Wasserstoffüberspannung zeigt, gelingt es, Zink niederzuschlagen; Wasserstoff hat an dieser infolge Überspannung eine noch höhere Abscheidungsspannung.

Blei läßt sich infolge seiner ganz besonders hohen Überspannung sogar aus stark *mineralsaurer* Lösung kathodisch niederschlagen. Eine so hohe Wasserstoffionenkonzentration ist natürlich ein starkes Erschwernis hierfür, denn sie erniedrigt ja schon die *normale* (reversible) Abscheidungsspannung des Wasserstoffs (nach der NERNSTschen Formel), so daß die Überspannung ein noch größeres Intervall überbrücken muß. Blei ist die negative Polsubstanz des Bleiakkumulators, und die Tatsache der hohen Überspannung des Bleis, also der Möglichkeit, Blei vor Wasserstoff kathodisch abzuscheiden, ist ein weiterer günstiger Zufall dieser an theoretischen wie praktischen und endlich auch kaufmännischen Glückszufällen überreichen Kombination (über die sonstigen hier mitspielenden günstigen Zufälle siehe die Lösung der Bleiakkumulatoraufgabe der Sammlung ABEGG/SACKUR).

Die starke Reduktionswirkung des an Bleikathoden mit hoher Überspannung erzeugten Wasserstoffs ist auch zur Reduktion organischer Verbindungen herangezogen worden; insbesondere TAFEL hat diese Methode ausgebildet und auch tatsächlich mehrfach sehr schwierige Reduktionen erzwungen.[1])

---

[1]) Vgl. HOUBEN/WEYL, Methoden der organischen Chemie. Thieme, Stuttgart 1959, Bd. XI/1, S. 730.

6. Apparatives zur Messung der EMK

Prinzipiell kann man die EMK aller dieser besprochenen Ketten ganz einfach messen, indem man sie an ein Millivoltmeter legt. Die Methode wäre jedoch meistens ungenau.

Sehr gut geht es aber nach der „POGGENDORFschen Kompensationsmethode": Man schaltet der zu messenden EMK eine andere, genau gleich große Spannung entgegen, welche sie völlig kompensiert. Es fließt dann kein Strom mehr durch die Kette, man braucht nur ein empfindliches Nullinstrument, um die Stromlosigkeit nachzuweisen. Die nötige Gegenspannung greift man an einem Gefälldraht ab, über den ein Akkumulator (ca. 1,88 Volt) geschlossen ist (Abb. 77). Die Eichung der abzugreifenden Gegenspannung erfolgt mittels eines WESTON-Elements (1,0183 Volt bei 20 °C), das man wechselweise mit der zu messenden EMK in den Nebenschlußzweig ABC des Gefälldrahtes einschaltet, zugleich mit dem Nullinstrument N. *In der Strecke* AC *des Gefälldrahtes fließt natürlich Strom,* nur im Nebenschluß ABC fließt keiner.

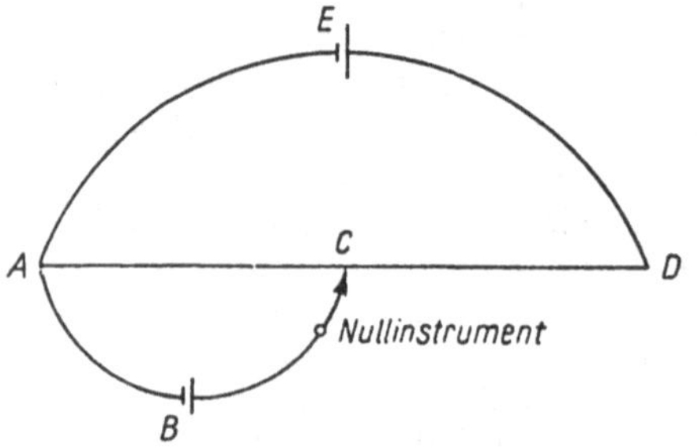

Abb. 77. POGGENDORFFsche Kompensationsschaltung

E Akkumulator; 1,88 Volt; *B* zu messende Kette

Als Nullinstrument verwendet man z. B. das LIPPMANNsche Kapillarelektrometer, das sehr einfach herzustellen und zu bedienen ist; es eignet sich nur als Nullinstrument. Das WESTON-Element darf nur über einen sehr großen Widerstand eingeschaltet werden, da es von jeder merklichen Stromabgabe auf das empfindlichste geschädigt wird; es verliert dann auf Wochen und Monate hinaus seine Verläßlichkeit. Das Kapillarelektrometer, mit dem es hintereinander im Stromkreis liegt, hat aber schon einen so großen Widerstand, daß ein weiterer Ballastwiderstand nicht nötig ist.

Als *Nullinstrument* kann man an Stelle des LIPPMANNschen Kapillarelektroelements auch ein Röhrennullinstrument benutzen. (Vgl. z. B. HILTNER, Chemiker-Ztg. *43* (1931).) Dasselbe wird genau wie das Kapillarelektrometer zusammen mit einem Stromschlußtaster geschaltet. Es ist im Prinzip nur ein Niederfrequenzverstärker. Da kein Wechselstrom im Spiel ist, kann das Röhrennullinstrument keinen Dauerton erzeugen, es kann nur den einmaligen Stromstoß des Stromschlusses verstärken zu einem Knacken, das in einem Kopfhörer bemerkt wird; das Knacken beim Niederdrücken des Tasters zeigt an, daß noch ein Strom fließt, daß also noch nicht Kompensation eingetreten ist. Der richtige Abgreifpunkt ist also noch nicht gefunden; es ist genau so, als wenn der Meniskus des Kapillarelektrometers beim Stromschluß noch gezuckt hätte. Man muß nun andere Stellen auf dem Draht aufsuchen, bis man eine gefunden hat, wo das Knacken verschwindet (oder der Meniskus des Kapillarelektrometers nicht mehr zuckt).[1])

[1]) Das Zucken des Meniskus im Kapillarelektrometer erfolgt dem Sinn nach so, daß der Meniskus *in Richtung des positiven durchfließenden Stromes* verschoben wird; es sieht so aus, als ob er von dem positiven Stromschluß ein Stückchen mitgenommen würde.

Als Nullinstrument *kann* man auch, da es sich ja um den empfindlichen Nachweis eines Gleichstromes handelt, ein empfindliches Zeigergalvanometer oder Spiegelgalvanometer nehmen; sie sind aber viel unpraktischer als das Kapillarelektrometer oder das Röhrennullinstrument, da sie nicht annähernd so rasch arbeiten und viel umständlicher zu bedienen sind. Man muß dann aber das WESTON-Element durch einen großen vorgeschalteten (hinter das Nullinstrument geschalteten) Ballastwiderstand schützen, den man dann mit steigender Annäherung an den Kompensationspunkt stufenweise ausschaltet, um die Empfindlichkeit des Galvanometers am Nullpunkt voll auszunutzen.

Es gibt heute auch Galvanometer mit einer Empfindlichkeit von 10^{-8} Ampere/Skalenteil und kurzer Schwingungsperiode und so starker Dämpfung, daß der Zeiger ohne Oszillation einspielt. Sie genügen für die Kompensationsmethode bei den Elektroden außer der Glaselektrode. Bei niederohmigen Glaselektroden sind höhere Empfindlichkeiten nötig, z. B. Spiegelgalvanometer von 10^{-11} A/mm (bei 1 m Abstand der Skala), zu denen die Multiflexgalvanometer gehören, bei denen der Lichtstrahl mehrfach geknickt wird. Bei hochohmigen Glaselektroden braucht man Röhrengalvanometer. Über diese Fragen unterrichtet das Kapitel ,,Potentiometrische und konduktometrische Titrationen" von E. ABRAHAMCZIK in HOUBEN/WEYL, Methoden der organischen Chemie, Thieme, Stuttgart 1955, Bd. 3/2, S. 153. Statt des Gefälldrahtes oder der Walzenbrücke kann man auch einen Stöpselrheostaten nehmen, am bequemsten einen ,,WILSMOREschen Spannungsteiler".

7. Physikalischer Sinn der NERNSTschen Formel

Was hat uns nun die NERNSTsche Formel für die Vorausberechnungen elektromotorischer Kräfte genützt? Zunächst sind wir geneigt zu antworten: im Grunde nicht viel. Denn wir dürfen nicht vergessen, daß sie ein Zusatzglied benötigt, den Abstand in der Spannungsreihe. Dieses Zusatzglied ist aber die Hauptsache! Denn es ist die EMK der Kette bei Verwendung von molaren Lösungen. *Wenn nur nach dieser gefragt ist, ist das Zusatzglied überhaupt die Lösung.* Was die NERNSTsche Formel noch hinzutut, ist nur die korrigierende Umrechnung auf andere Konzentrationen, wenn solche vorgeschrieben sind. Obiges Zusatzglied ist uns nur durch das Experiment bekannt; die NERNSTsche Formel aber muß es benützen.

Was die NERNSTsche Formel leistet, ist die Berechnung der EMK von *Konzentrationsketten.* Gasketten und Amalgamketten sind hier zu den Konzentrationsketten gerechnet; sie sind ja auch nichts anderes. Die Konzentrationsketten wurden von der NERNSTschen Formel wirklich erfaßt, ohne Zusatzglied, das von woanders her genommen werden mußte. Das Resultat war: *Die elektrisch leistbare Energie, in Voltcoulomb, ist gleich der mechanisch leistbaren Energie, die ein Mol liefert, wenn es sich von der höheren Konzentration ausdehnt auf das Volumen der niedrigeren Konzentration, erfaßt in Literatmosphären.* Denken wir uns eine Konzentrationskette, bestehend aus zwei Silberplatten, die in 1 n und 0,1 n Silbernitratlösung tauchen. Die EMK ist 58 Millivolt. *Das Element sei sehr groß, so groß, daß sich die Konzentrationen der beiden Lösungen nicht merklich verändern, wenn ihnen ein Mol entnommen bzw. zugeführt wird.*

Nun können wir die leistbare Energie zweifach ausdrücken, einmal elektrisch und einmal osmotisch (mechanisch).

Die leistbare Energie elektrisch ausgedrückt ist 0,058 Volt mal 96500 Coulomb, also gleich **5600 Voltcoulomb**.

Nun soll die leistbare Energie mechanisch ausgedrückt werden: Die treibende Kraft bei 1 Mol Umsatz ist, wie man sofort sieht, die Energie, welche gewonnen werden kann, wenn 1 Mol eines Stoffes (hier Silberion) in eine Konzentration gelangt, welche zehnmal niedriger ist als die bisherige. 1 Mol Silberion hat sich also auf das zehnfache Volumen ausgedehnt. Die Arbeit, die es dabei leisten kann, ist, da der osmotische Druck dem Gasdruck völlig gleich ist, gleich der Arbeit, welche 1 Mol eines beliebigen Gases leisten kann, wenn es sich bei 20 °C auf ein zehnfach größeres Volumen ausdehnt. Diese Arbeit wollen wir zunächst ausrechnen.

Wie groß ist die Arbeit, die 1 Liter eines Gases von 1 atm (Temperatur gleichgültig) leistet, wenn es sich auf 10 Liter ausdehnt? Die Mechanik lehrt, daß diese Arbeit gleich

2,3 Literatmosphären (Abb. 78) ist.

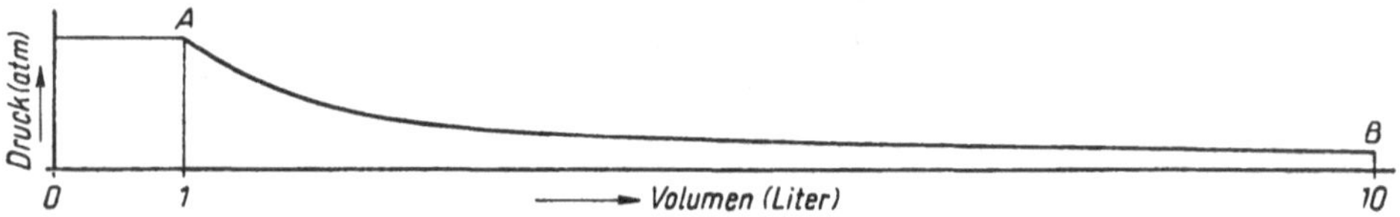

Abb. 78. Die Fläche $1AB$ 10 ist 2,3 Einheitsquadrate.
1 Einheitsquadrat = 1 Literatmosphäre

1 Mol Gas bei 20 °C sind aber $22{,}4 \cdot \frac{293}{273} = 24$ Liter Gas. Wenn sich diese 24 Liter Gas aufs zehnfache Volumen ausdehnen, leisten sie also $24 \cdot 2{,}3 = 55{,}2$ Literatmosphären oder, in Voltcoulomb umgerechnet[1]), = **5600 Voltcoulomb**, wie vorher gefunden.

Um noch zu betonen, daß eigentlich Volt herauskommen müssen, daß also die EMK des Elements das Gesuchte ist, können wir den Gedankengang der Rechnung auch so zusammenfassen, daß wir sagen: Die mechanisch (osmotisch) leistbaren 55,2 Literatmosphären können wir umrechnen in 5600 Voltcoulomb. Da aber die transportierte Coulombzahl 96500 beträgt, erhalten wir für die Voltzahl bei 20 °C

$$\frac{5600}{96\,500} = \mathbf{0{,}058\ Volt}$$

und das ist die Ableitung dieses so viel gebrauchten Wertes.

Genauso ist es bei den Amalgamketten, die ja auch nur Konzentrationsketten sind. Wir nehmen an, wir hätten eine Amalgamkette, bestehend aus einer großen Menge von 1prozentigem Thalliumamalgam auf der einen Seite und einer ebenfalls

---

[1]) 1 Literatmosphäre = 101,28 Voltcoulomb oder Wattsekunden, s. S. 268.

sehr großen Menge von $\frac{1}{10}$prozentigem Thalliumamalgam auf der anderen Seite, dazwischen eine beliebige Thalliumsulfatlösung. *Die Amalgammengen seien so groß, daß es keinen merklichen Effekt auf den Gehalt ausmacht, wenn 1 Mol Thallium zu- oder abgeführt wird.* Was dann geschieht, ist in summa folgendes: 1 Atom Thallium tritt aus dem stärkeren Amalgam heraus in die Flüssigkeit, bewegt sich auf irgend eine Weise durch diese hindurch und tritt schließlich in das zehnmal schwächere Amalgam ein. Daß es *nicht dasselbe Thalliumatom* ist, tut nichts zur Sache.

Das Element verhält sich also genau so, als ob es eine Art Wassermotor wäre, welcher das osmotische Gefälle des Silberions resp. des Thalliums ausnützen und in mechanische Arbeit verwandeln könnte und diese gleich weiter über eine Dynamomaschine in elektrische Arbeit, und das alles ganz verlustlos. Die mechanische Arbeit ist wieder (wie vorhin) 55,2 Literatmosphären = 1340 cal, die elektrische gleich 0,058 · 96500 = 5600 Voltcoulomb = 1340 cal. Beide sind also wieder gleich.

Endlich ist es noch ganz ebenso bei den Gasketten. Nehmen wir an, wir hätten eine sehr große Gaskette aus zwei Platinwasserstoffelektroden, die eine unter 1 atm Druck, die andere unter $\frac{1}{10}$ atm Druck, beide durch eine beliebige Säurelösung verbunden. Es ist alles wie im vorigen Fall, nur H_2 ist diesmal zweiwertig, und es gehen bei 1 Mol Umsatz — d. h. wenn 1 Mol H_2 von 1 atm auf $\frac{1}{10}$ atm sinkt — nicht 96500 Coulomb durch, sondern 2 · 96500 Coulomb. Die mechanische Arbeit ist wie eben 55,2 Literatmosphären = 5600 Voltcoulomb. Da die Coulombzahl jetzt 2 · 96500 ist, errechnet sich die Voltzahl zu

$$\frac{5600}{2 \cdot 96500} = \mathbf{0{,}029\ Volt}$$

und das ist der Ursprung dieser ebenfalls vielgebrauchten Zahl.

Zusammenfassend können wir also sagen: Bei *Konzentrationsketten* erlaubt es die NERNSTsche Formel direkt und ohne etwas zu Hilfe zu nehmen, die EMK vorauszusagen; die elektrische Energie ist einfach gleich der mechanisch leistbaren, in Voltcoulomb ausgedrückt. Dividiert man die Voltcoulombzahl noch durch die Zahl der hindurchgegangenen Coulomb, so erhält man direkt die Volt.

Bei Ketten aus zwei *verschiedenen* Metallen, Ketten vom Typus des DANIELL-Elements, ging das hingegen nicht so. Da mußten wir ein Zusatzglied der Spannungsreihe entnehmen, dieses Zusatzglied war eigentlich die Hauptsache; und es war nur aus dem Experiment bekannt. Unter diesen Umständen will es uns zunächst als eine sehr formale Lösung erscheinen, wenn die NERNSTsche Theorie der Ketten sich noch sozusagen nachträglich erbietet, auch dieses Zusatzglied als das Ergebnis einer osmotischen Arbeit zu deklarieren, und zwar als das Ergebnis einer osmotischen Arbeit zwischen zwei eigens für diesen Zweck erfundenen „Lösungsdrucken", welche die beiden Metalle Zink und Kupfer haben sollen. Diese Lösungsdrucke verhalten sich bei Kupfer und Zink wie $1:10^{38}$; Zink hat also einen um 38 Zehnerpotenzen höheren Lösungsdruck als Kupfer. Diese Zahl 38 ergibt sich ganz einfach durch Division der EMK des DANIELL-Elements (1,1 Volt) durch 0,029 Volt, wobei die letzte Größe einer Zehnerpotenz (bei Zweiwertigkeit) entspricht.

Man kann sich also vorstellen, das Zink verhalte sich wie ein großer Raum, in dem ein Zinkatomedruck von 10^{38} Einheiten z. B. — Atmosphären — herrscht, der die Zinkatome als Ionen in die Zinklösung zu treiben versucht, sich als Druck in der Lösung fortpflanzt und am anderen Ende aus den Kupferionen die Kupferatome auspreßt und sie in die Kupferplatte treibt, in der ein analoger Kupferatomodruck von nur 1 Einheit herrschen soll. Der ganze Vorgang ist aber nur möglich, wenn die Elektrizität durch den äußeren Schließungsdraht fließen kann. Damit wirkt 1 Mol Zinkatome so, als ob es von 10^{38} atm auf 1 atm entspannt würde und die hierbei frei gewordene mechanische Energie sich verlustlos in elektrische Energie umgesetzt hätte.

Wenn wir in der DANIELL-Kette die Konzentration der Kupferlösung um eine Zehnerpotenz senken, sinkt die EMK um 29 Millivolt, bei einer zweiten Zehnerpotenz um weitere 29 usf. Um wieviel Zehnerpotenzen müßten wir sie senken, bis die ganze EMK von 1,1 Volt aufgezehrt ist? Antwort: um $\frac{1100}{29} = 38$ Zehnerpotenzen. Wenn wir also im DANEILL-Element die 1 m Kupfersulfatlösung ersetzen durch eine 10^{-38} m, dann hat die Kette die EMK Null, dann ist das System im Gleichgewicht. Zink (bei Gegenwart von 1m Zinksalzlösung) würde sich also mit einer so dünnen Kupfersulfatlösung nicht mehr umsetzen, es herrscht Gleichgewicht, d. h., das System kann ohne Arbeitsaufwand sowohl nach links wie nach rechts (gleichungsmäßig) verschoben werden. Wir können also mit verschwindend kleinem Arbeitsaufwand das System nach links elektrolysieren, so daß Zinkmetall sich ausscheidet und Kupfermetall in Lösung geht. In diesem Zustand ist das DANIELL-Element also *nicht mehr imstande, Strom zu liefern und Energie abzugeben.*

Obwohl wir das Empfinden haben, daß diese Deklarierung des Zusatzgliedes als osmotische Arbeit der Überführung eines Mols von einem „Lösungsdruckniveau" auf ein anderes, niedrigeres, etwas sehr Formales ist, hat doch die NERNSTsche Betrachtungsweise sehr viel geleistet für die theoretische Durchdringung der Vorgänge der Stromerzeugung in Ketten; erst seit NERNST haben wir überhaupt in dieses Gebiet einzudringen vermocht.

Bei Kupfer-Zink-Lösungen führt die Rechnung zu absolut utopischen Kupferkonzentrationen. Eine 10^{-38} n Kupferlösung hat 6 Kupferionen in einem Würfel von 10 Kilometern Kantenlänge. Die mit metallischem Zink im Gleichgewicht mögliche Konzentration der Kupferionen liegt also weit unter der analytischen Nachweisbarkeit, so daß die Ausfällung durch Zink praktisch vollständig erfolgt, was durch die Erfahrung bestätigt wird.

Je größer der elektrolytische Lösungsdruck eines Metalles ist, um so vollständiger wird es ein anderes mit kleinerem Lösungsdruck ausfällen. Die Ausfällung wird nur dann bei einem analytisch bestimmbaren Konzentrationsverhältnis haltmachen, wenn die elektrolytischen Lösungsdrücke der beiden Metalle nur sehr wenig voneinander verschieden sind, die Metalle also in ihrer gemeinsamen Lösung nur eine sehr kleine elektromotorische Kraft gegeneinander ausüben und in der Spannungsreihe *sehr* nahe beieinander stehen, wie z. B. Silber und Quecksilber und andererseits Blei und Zinn (dazu Silbernitrat- und Quecksilber(I)-nitrat-(Mercuronitrat-) und andererseits Bleinitrat- und Zinn(II)-nitrat-(Stannonitrat-)lösung).[1])

Wenn wir eben dem Zink 10^{38} Atmosphären zugesprochen haben und dem Kupfer nur eine, so haben wir uns hier allerdings eine kleine Vereinfachung gestattet, da es ja nur auf die Größe dieses Sprungs ankommt. In Wirklichkeit verteilen sich nach der NERNSTschen Anschauungsweise diese 38 Zehnerpotenzen zu beiden Seiten des Wasserstoffnullpunktes; die Einheit 1 atm liegt also beim Wasserstoff. Doch ist auch das noch falsch, weil die Wasserstoffelektrode nicht die wirkliche Nullelektrode ist, sondern nur eine definierte.

Mit einem Satz können wir das Prinzip der NERNSTschen Formel so ausdrücken: Die leistbare elektrische Energie ist gleich der osmotisch gewinnbaren Verdünnungsarbeit.

Tabelle 20. Temperaturgang der Werte 58 Millivolt und 29 Millivolt

	einwertig	zweiwertig
0 °C	54,19 Millivolt	27,10 Millivolt
10 °C	56,18 Millivolt	28,09 Millivolt
15 °C	57,17 Millivolt	28,58 Millivolt
17 °C	57,56 Millivolt	28,78 Millivolt
18 °C	57,75 Millivolt	28,87 Millivolt
19 °C	57,95 Millivolt	28,97 Millivolt
19,25 °C	**58,00 Millivolt**	**29,00 Millivolt**
20 °C	58,15 Millivolt	29,07 Millivolt
21 °C	58,35 Millivolt	29,17 Millivolt
22 °C	58,55 Millivolt	29,27 Millivolt
23 °C	58,75 Millivolt	29,37 Millivolt
24 °C	58,95 Millivolt	29,47 Millivolt
25 °C	59,17 Millivolt	29,57 Millivolt
26 °C	59,35 Millivolt	29,67 Millivolt
27 °C	59,55 Millivolt	29,77 Millivolt
28 °C	59,75 Millivolt	29,87 Millivolt
29 °C	59,95 Millivolt	29,97 Millivolt
30 °C	60,15 Millivolt	30,07 Millivolt

8. Normalelemente, Normalelektroden, Oxydations-Reduktions-Elektroden

Normalelemente

Bei den wirklich gut reversiblen Elektroden handelt es sich meist um die Schwermetalle der ersten und zweiten Gruppe des periodischen Systems. Von diesen fällt Gold weg, erstens wegen seines Preises und zweitens, weil es keine gut definierten Salze besitzt. Aus den übrigen Metallen und ihren Salzen könnte

[1]) Diese beiden Beispiele sind tatsächlich mit Erfolg zur Bestätigung herangezogen worden, und zwar von OGG, physik. Chem. A **27**, 285 (1898), und SACKUR, Z. Elektrochem. angew. physik. Chem. **10**, 522 (1904).

Tabelle 21. Umrechnung von Energieeinheiten

1 kcal	= 426 mkg
1 Voltcoulomb (Wattsekunde)	= 0,239 cal
1 Kilowattstunde	= 1,36 Pferdekraftstunden = 367000 mkg
1 Mol Elektrolysearbeit, einwertig, einvoltig	= 0,0268 Kilowattstunden
	$= \sim \frac{1}{37}$ Kilowattstunde
1 Literatmosphäre	= 10,33 mkg = 101,28 Voltcoulomb
1 mkg	= 9,80 Voltcoulomb (Wattsekunden)
R	= 1,985 cal = 82 ccm · atm (Gaskonstante)
1 erg	= 1 dyn · cm = 1,02 Milligrammzentimeter
1 Wattsekunde	= 10 Millionen erg

man jedoch „Normalelemente", welche zur bequemen und praktischen Reproduzierung des Volts dienen können, zusammenbauen. Tatsächlich war das erste Element, das als Normalelement benützt wurde, das DANIELL-Element Zink—Kupfer. Zink und Kupfer sind jedoch für diesen Zweck noch nicht das Optimum. Bei diesen Metallen ist nämlich die „Vorgeschichte" nicht ganz ohne Einfluß; es ist nicht gleich, ob sie gegossen oder gewalzt sind, und derartige Unterschiede machen sich schon in der EMK bemerkbar. Gänzlich vorgeschichtslos ist aber natürlich das Quecksilber, das, wenn es rein ist, als flüssiges Metall immer in absolut gleichem Zustand vorliegt. Kombiniert man es noch mit der gesättigten Lösung eines seiner schwerlöslichen Salze, nämlich mit Quecksilber(I)-sulfat (Mercurosulfat) oder Quecksilber(I)-chlorid (Mercurochlorid), so kommt man zur reproduzierbarsten Elektrode überhaupt, der Quecksilberelektrode, und das ist der Grund, weshalb diese in Form der Kalomelelektrode und des WESTON-Elements eine so große Rolle spielt. Das WESTON-Element besteht aus Quecksilber in Quecksilber(I)-sulfat-(Mercurosulfat-)lösung und Cadmiumamalgam von 12,5% Cd in gesättigter Cadmiumsulfatlösung. Vor dem WESTON-Element wurde längere Zeit das CLARK-Element als Normalelement benützt. Es enthält an Stelle des Cadmiumamalgams amalgamiertes Zink, ist also ein Zink-Quecksilber-Element. Seine EMK hat jedoch einen beträchtlichen Temperaturkoeffizienten, und das ist für ein Normalelement ein Nachteil. Beim WESTON-Element balancieren sich die Einflüsse der Löslichkeiten der beiden Salze Cadmiumsulfat und Quecksilber(I)-sulfat (Mercurosulfat) ziemlich gut aus, so daß nur eine kleine Temperaturabhängigkeit herauskommt. Das WESTON-Element hat

1,0183 Volt bei 20 °C,

man kann also das Volt für den praktischen Gebrauch durch das WESTON-Element definieren. Über den Aufbau des WESTON-Elements vgl. die üblichen Praktikums-

Es erscheint auf den ersten Blick etwas merkwürdig, daß bei der Herstellungsvorschrift des WESTON-Elements die Konzentration des Cadmiumamalgams nicht mit äußerster Genauigkeit vorgeschrieben ist; es heißt nur, man schmilzt ein 12—13prozentiges Cadmiumamalgam zusammen. Der Grund ist folgender. Das Cadmiumamalgam ist zweiphasig; es besteht aus einer cadmiumreicheren und einer cadmiumärmeren Phase, die miteinander im Gleichgewicht stehen. Die flüssigere quecksilberreichere ist stets mit der anderen gesättigt, und das System ist ein Gegenstück zu einer Suspension von Silberchlorid in Wasser. Sobald sich der Cadmiumgehalt der quecksilberreicheren durch 1n-Lösung-Gehen etwas verringert, löst sich von der anderen Phase sofort etwas nach und der Cadmiumgehalt ist wieder hergestellt. Ganz ähnlich liegt die Sache beim Zinkpol des anderen Normalelements, des CLARK-Elements. Dort dient als Zinkpol ein Stab amalgamierten Zinks. Das Zinkamalgam, das die Oberfläche bildet und durch seine Zinklösungstension das Potential erzeugt, ist an Zink gesättigt. Es kann auch nicht an Zink verarmen, da es sich an diesem stets nachsättigt. (Vgl. hierüber ABEGG/AUERBACH, Handbuch der anorganischen Chemie, Verlag Hirzel, Leipzig 1908, unter ,,Cadmium".)

Normalelektroden

Die zweite Form, in der die Quecksilberelektrode Anwendung findet, ist das Halbelement Quecksilber/gesättigte Kalomellösung, welches unter dem Namen *Kalomelelektrode* eine sehr ausgedehnte Anwendung als gut reproduzierbare Bezugselektrode gefunden hat. Sie besteht aus Quecksilber, das mit einer Suspension von Kalomel in Normalkaliumchloridlösung, Zehntelnormalkaliumchloridlösung oder auch gesättigter Kaliumchloridlösung bedeckt ist. Im Gegensatz zum WESTON-Element, das etwas diffizil zusammengebaut werden muß, kann sie ziemlich einfach hergestellt werden. Sie heißt je nach der Konzentration der Kaliumchloridlösung ,,Normalkalomelelektrode", ,,Zehntelnormalkalomelelektrode" oder ,,gesättigte Kalomelelektrode", und ihr Potential ist danach verschieden. Das Kalomel hat eine Löslichkeit von $2{,}1 \cdot 10^{-3}$ g im Liter, und durch die Anwesenheit von Kaliumchlorid (Chlorionen) wird die Löslichkeit noch stark heruntergedrückt. Wäre das Lösungsmittel Wasser, die Elektrodenflüssigkeit also reine gesättigte Kalomellösung, so wäre die Quecksilber(I)-(Mercuro)ionenkonzentration sehr empfindlich gegen eine zufällige Spur Chlorid, welche die Löslichkeit schnell weiter verringern würde. Ist sie aber schon Kaliumchloridlösung von beträchtlicher (bestimmter) Stärke, so ist diese Empfindlichkeit beseitigt.

Die Normalkalomelelektrode hat das Potential

$$+ 0{,}286 \text{ Volt}$$

gegen die Wasserstoffelektrode $= 0$; sie wird also, mit einer Wasserstoffelektrode zusammengebaut, positiver Pol (gewissermaßen der ,,Kupferpol" dieses Elements; bei Stromlieferung scheidet sich metallisches Quecksilber aus der gesättigten Kalomellösung aus, gerade wie Kupfermetall auf der Kupferelektrode des DANIELL-Elements). Die Zehntelnormalkalomelelektrode hat den Wert $+0{,}336$ Volt und die gesättigte Kalomelelektrode den Wert $+0{,}249$ Volt.

Schaltet man eine gesättigte Kalomelelektrode über eine Kaliumchloridbrücke (s. u.) mit einer Wasserstoffelektrode (s. u.) zu einer Kette zusammen, die man über ein Millivoltmeter schließt, so erhält man eine Kette von der EMK 0,249 Volt, wobei die Kalomelelektrode der positive Pol ist. In dieser Kette kann man nun die $p_H = 1$-Lösung der Wasserstoffelektrode[1]) durch eine $p_H = 2$-Lösung ersetzen.[2]) Dann steigt[3]) die EMK um 0,058 Volt, bei einer $p_H = 3$-Lösung um $2 \cdot 0{,}058$ Volt usw. *Man kann so das p_H einer Lösung bestimmen*, und das ist das Prinzip der elektrischen p_H-Messung. Die Kalomelelektrode heißt hier die „Bezugselektrode", die andere die „Meßelektrode". Statt der Kalomelelektrode als Bezugselektrode kann man auch eine bekannte p_H-Elektrode nehmen, z. B. eine mit VEIBELscher Standardacetatlösung mit einem $p_H = 4{,}1$ oder mit einer anderen Pufferlösung gefüllte. Statt des Wasserstoffs in der Meßelektrode kann man auch Antimon nehmen, wie unten noch näher ausgeführt wird. Natürlich erhält man dann andere EMK-Werte. Antimon hat den Vorteil, daß es sich besser zur Herstellung *registrierender* Geräte eignet.

Da eine p_H-anzeigende Elektrode dasselbe leistet wie ein Indikatorpapier, kann man eine solche p_H-Kette auch zum *Titrieren* verwenden, etwa bei trüben oder stark gefärbten Lösungen, z. B. Tinte. Im Augenblick der Neutralisation steigt oder sinkt das p_H innerhalb einiger Tropfen Zugabe um mehrere p_H-Einheiten, der bis dahin langsam vorrückende Zeiger des Millivoltmeters geht also in diesem Moment plötzlich durch. Man kann sowohl die *aktuelle* als auch die *Titrations*acidität einer Tinte auf diese Weise messen, das p_H und auch die *verfügbare gesamte freie Säure*, letztere, indem man mit n Natronlauge titriert.

Das Potential der Kalomelelektrode muß bei sinkender KCl-Konzentration *steigen*. Denn wenn die Chlorionenkonzentration sinkt, wird die Quecksilber(I)-(Mercuro)ionenkonzentration höher, und da das Quecksilber hier dieselbe Rolle spielt wie das Kupfer im DANIELL-Element, muß das positive Potential wachsen.

Das Potential der Kalomelelektrode ist bei 20 °C.

bei gesättigter KCl-Lösung	+ 249 Millivolt,
bei n KCl-Lösung	+ 286 Millivolt,
bei $\frac{1}{10}$ n KCl-Lösung	+ 336 Millivolt.

Ganz analog der Kalomelelektrode und ebenfalls sicher ansprechend und einfach herzustellen ist die *Silberchlorid*elektrode. Diese besteht aus Silber/Silberchlorid in gesättigter Kaliumchloridlösung resp. 1 n oder 0,1 Kaliumchloridlösung. Bei Stromdurchgang verändert sie sich nicht; geht er in der einen Richtung durch, so scheidet sich Silber aus dem AgCl als Metall an der Elektrode ab, und es tritt sofort Nachsättigung an AgCl ein; geht er in der anderen Richtung durch, so geht Silber als AgCl in den Silberchloridniederschlag über (genau wie bei der Kalomelelektrode). Das Silber geht also reversibel aus der metallischen Form in Ionen ganz bestimmter Konzentration über; diese stehen ihrerseits mit dem

---

[1]) Sie wird dargestellt durch eine 2 n H_2SO_4-Lösung oder durch eine 1,184 n HCl-Lösung.

[2]) Wobei die Wasserstoffionenkonzentration um eine Zehnerpotenz sinkt.

[3]) Denn das H_2 geht in eine schwächere $H^{\cdot}$-Lösung in Lösung.

festen AgCl im Sättigungsgleichgewicht. Die Silberchloridelektrode wird hergestellt, indem man einen etwa millimeterstarken Silberdraht anodisch chloriert, so daß er sich mit Silberchlorid überzieht, und dann in die n KCl-Lösung einsenkt. Die Silberchloridelektrode ist positiv wie die Kalomelelektrode; ihr Potential ist (bei normaler KCl-Lösung)

$$+\ 0{,}240\ \textbf{Volt}$$

gegen Wasserstoff[1]); sie wirkt also in der Kette depolarisierend durch Silberabscheidung, genau wie die Kupfer-Kupfersulfat-Hälfte im Daniell-Element durch Kupferabscheidung depolarisierend wirkt.

Die Silberchloridelektrode heißt „*reversibel in bezug auf das Anion*", und zwar ist sie das Schulbeispiel für diese Art von Elektroden. Woher kommt diese Bezeichnung? Sie ist doch eine ganz reguläre Elektrode Silber/Silberion! Die Bezeichnung kommt von folgendem.

Stellen wir uns vor, wir hätten eine Silberchloridelektrode. Nun senken wir die Chlorionenkonzentration um eine Zehnerpotenz. Die Silberionenkonzentration *steigt* darauf um eine Zehnerpotenz, denn das Ionenprodukt AgCl muß bestehen bleiben. Wenn aber die Silberionenkonzentration um eine Zehnerpotenz steigt, muß das Potential der Elektrode um 58 Millivolt steigen, also positiver werden. Ganz dasselbe aber hätte auch eintreten müssen, wenn es sich um eine reversible Elektrode

Chlor/Chlorion

gehandelt hätte. Auch Chlor hat als starkes Oxydans ein positives Potential gegen Wasserstoff. In der Kette mit Wasserstoff geht Chlor auf seiner Seite bei Stromlieferung *in Lösung*; mithin wirkt eine *Erniedrigung der Chlorionenkonzentration* um eine Zehnerpotenz *vergrößernd* auf die EMK, wie das allgemein der Fall ist, wenn etwas gegen sein Ion in Lösung geht (wie Zink am Zinkpol oder auch Bleidioxid beim positiven Pol des Bleiakkumulators). Also genau das, was wir gefunden haben. *Das also ist der Grund, weshalb man Elektroden vom Typus der Silberchloridelektrode „reversibel in bezug auf das Anion" nennt.* Bei der Kalomelelektrode ist es ganz dasselbe. Zwar senkt eine Erniedrigung der Chlorionenkonzentration um eine Zehnerpotenz die Quecksilber(I)-(Mercuro-)ionenkonzentration um *zwei* Zehnerpotenzen

$$\text{nach } [\text{Hg}]\,[\text{Cl}']\,[\text{Cl}'] = \text{konst.},$$

allein dafür ist das Quecksilber(II) (Mercuro)ion auch zweiwertig, und eine Erhöhung seiner Konzentration um zwei Zehnerpotenzen verschiebt das Potential um 58 Millivolt; also genau derselbe Effekt wie bei der Chlorsilberelektrode. Auch eine Kalomelelektrode *hängt in ihrem Potential von der Chlorionenkonzentration (der Kaliumchloridlösung) genau so ab, als wenn sie eine Chlorelektrode vom Chlorgasdruck 10^{-37} Atmosphären wäre.*

Normalelektroden sind also Halbelemente. Wenn man das Potential einer Elektrode, bestehend aus einem Metall und einer Elektrolytlösung, wissen will, schaltet man dieses Halbelement mit einer Normalelektrode zusammen zu einem ganzen Element, dessen EMK man messen kann.

---

[1]) Allgemein 46 Millivolt negativer als die Kalomelelektrode gleicher KCl-Konzentration.

Außer der Kalomelelektrode wird noch die *Wasserstoffelektrode* gebraucht. Sie besteht aus einem platinierten Platinblech, das in eine Lösung von Wasserstoffionen taucht, während an ihr Wasserstoffgas hochperlt, das durch ein Röhrchen eingeleitet wird. Ihr Potential hängt nur von der Wasserstoffionenkonzentration in der Lösung und dem Druck des Gases ab. Ist erstere gleich 1 und der Druck 1 atm, so hat die Wasserstoffelektrode das Potential Null (definitionsgemäß). Doch ist diese Nullsetzung genau so willkürlich wie die Festsetzung des Nullpunktes der CELSIUS-Skala. In Wirklichkeit ist der Potentialsprung $H_2/H^{\cdot}$ keineswegs null Volt. Wie groß er *absolut ist, ist noch nicht sicher geklärt.*

Eine $\frac{1}{1000}$ n Salzsäure hat schon recht genau den $H^{\cdot}$-Wert 10^{-3}. Schaltet man zwei Wasserstoffelektroden gegeneinander, von denen die eine in 0,001n HCl taucht, die andere in eine Lösung unbekannter Wasserstoffionenkonzentration, so bekommt man für jede Zehnerpotenz Unterschied 58 Millivolt Spannung. Nimmt man als solche unbekannte ,,Wasserstoffionenlösung" 0,001 n Natronlauge, so erhält man 466 (= 858) Millivolt Spannung. Das heißt, der Unterschied bei beiden Lösungen in der Wasserstoffionenkonzentration ist 8 Zehnerpotenzen. Die 0,001 n Natronlauge hat also den $H^{\cdot}$-Wert 10^{-11}. Ihre Hydroxylionenkonzentration ist aber 10^{-3}, und daraus ergibt sich für ihr Ionenprodukt

$$[H^{\bullet}] \cdot [OH'] = 10^{-14}.$$

(Diese Darstellung ist etwas korrekter als die schematische in Beispiel 33, S. 257, da sie mit verdünnteren Lösungen arbeitet.)

Tabelle 22

Lage der absoluten Nullelektrode (Tropfelektrode) in der gewöhnlichen, auf Wasserstoff bezogenen Skala

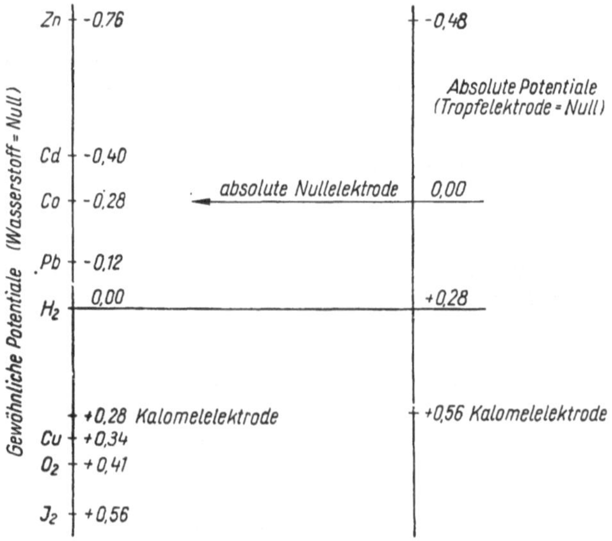

Oxydations-Reduktions-Elektroden

Wenn man eine Elektrode aufbaut aus Platin und einer Lösung, die an Eisen(III)-(Ferri)chlorid und Eisen(II)-(Ferro)chlorid je einmolar oder auch nur gleichmolar ist, so hat diese Elektrode das Potential + 0,75 Volt, d. h., mit einer Wasserstoffelektrode zusammengeschaltet, ergibt sie eine Kette, deren EMK 0,75 Volt beträgt; die $Fe^{\cdot\cdot\cdot}/Fe^{\cdot\cdot}$-Elektrode ist der positive Pol. Das heißt, die Eisen(III)-(Ferri)chloridlösung wirkt depolarisierend wie die Kupfersulfatlösung im DANIELL-Element, die Chromsäure im Tauchelement, die Salpetersäure im BUNSEN-Element und der Braunstein im LECLANCHÉ-Element. Die Oxydationskraft ist abhängig vom Verhältnis $\frac{Fe^{\cdot\cdot\cdot}}{Fe^{\cdot\cdot}}$; *steigt* dieses Verhältnis um eine Zehnerpotenz (sinkt also m. a. W. die Eisen(II)-(Ferro)chloridkonzentration auf $\frac{1}{10}$), so steigt das Potential der Elektrode um 58 Millivolt, denn der Vorgang $Fe^{\cdot\cdot\cdot} \rightarrow Fe^{\cdot\cdot}$ ist einwertig. *Sinkt* das Verhältnis $\frac{Fe^{\cdot\cdot\cdot}}{Fe^{\cdot\cdot}}$ um eine Zehnerpotenz, so tritt das umgekehrte ein, das Potential der Elektrode wird kleiner.

Solche Elektroden heißen Oxydations-Reduktions-Elektroden. Einige weitere sind in Tab. 23 aufgeführt.

Tabelle 23. Oxydations-Reduktions-Elektroden

$Pb^{\cdot\cdot\cdot\cdot}/Pb^{\cdot\cdot}$	+ 1,8	Volt
$Co^{\cdot\cdot\cdot}/Co^{\cdot\cdot}$	+ 1,79	Volt
$Mn^{\cdot\cdot\cdot\cdot\cdot\cdot\cdot}/Mn^{\cdot\cdot}$	+ 1,52	Volt
$Cr^{\cdot\cdot\cdot\cdot\cdot\cdot}/Cr^{\cdot\cdot\cdot}$	+ 1,3	Volt
$Tl^{\cdot\cdot\cdot}/Tl^{\cdot}$	+ 1,195	Volt
$Hg^{\cdot\cdot}/Hg_2^{\cdot\cdot}$	+ 0,914	Volt
$Fe^{\cdot\cdot\cdot}/Fe^{\cdot\cdot}$	+ 0,75	Volt
$Sn^{\cdot\cdot\cdot\cdot}/Sn^{\cdot\cdot}$	+ 0,20	Volt
$Cu^{\cdot\cdot}/Cu^{\cdot}$	+ 0,167	Volt

Eine Oxydations-Reduktions-Elektrode besonderer Art ist die *Chinhydronelektrode*. Löst man etwas Chinhydron in Wasser, so zerfällt es in der Lösung in seine beiden Komponenten Chinon und Hydrochinon, welche demnach in äquimolekularer Lösung vorliegen. Steckt man in diese Lösung einen Platindraht, so hat man eine Oxydations-Reduktions-Elektrode von

$$+ 0{,}704 \text{ Volt.}$$

Das heißt, das Oxydationsmittel Chinon wirkt im Innern des Elements depolarisierend, wobei Hydrochinon entsteht. Da letzteres schon in beträchtlicher Konzentration vorliegt, ist das System gegen kleine Zunahmen von Hydrochinon gut abgepuffert und ändert daher nicht gleich beim kleinsten Stromdurchgang sein Potential; die Elektrode zeigt gute Stabilität des Potentials.

Formal kann man sie auch als Wasserstoffelektrode auffassen. Mit dem Redoxsystem Chinon—Hydrochinon ist nämlich ein sehr kleiner Wasserstoffdruck im Gleichgewicht, und da auch Platin anwesend ist, ist demnach das Ganze eine Wasserstoffelektrode. Der Wasserstoffdruck, der dasselbe Potential ergäbe, beträgt

$$10^{-24}\ \text{atm},$$

und man kann demnach die Chinhydronelektrode als eine Wasserstoffelektrode vom Wasserstoffdruck 10^{-24} atm auffassen. Wie eine Wasserstoffelektrode ist sie auch abhängig von der Wasserstoffionenkonzentration der Lösung. Nach der alkalischen Seite hin kann man sich jedoch nicht allzu weit vom Neutralitätspunkt, dem p_H 7, entfernen; bei etwa p_H 8 beginnt sie zu versagen. Hydrochinon ist nämlich als Phenol immerhin eine schwache Säure und wirkt auf die höheren Alkalinitätsgrade schon ein.

Im folgenden ist stets anzunehmen, daß die Dissoziation der Metallsalze vollständig und das Berührungspotential zu vernachlässigen ist.

Beispiel 38 Zwei Eisen(III)-Eisen(II)-(Ferri-ferro-)Elektroden werden gegeneinander geschaltet. Die linke enthält Eisen(III)-Eisen(II)-(Ferri-ferro-)Salz im Verhältnis 1:1, die rechte im Verhältnis 10:1. Wie groß ist der Unterschied der Einzelpotentiale und demnach die EMK der Kette, und welches ist der positive Pol?

A: Der positive Pol ist rechts, denn die rechte Lösung hat die größere Oxydationswirkung (das entspricht einer stärkeren Kupfersulfatlösung im DANIELLElement). Der Unterschied ist eine Zehnerpotenz, einwertig (die Umladung von 3wertig auf 2wertig ist *eine* Wertigkeit); das macht **58 Millivolt**.

Beispiel 39 Zwei Thallium(III)-Thallium(I)-(Thalli-thallo-)Elektroden sind gegeneinander geschaltet. In der linken ist das Verhältnis Thallium(III)-Thallium(I)-(Thalli-thallo-)Salz 1:1, in der rechten 10:1. Wie groß ist der Unterschied der Einzelpolentiale und demnach die EMK der Kette, und welche ist der positive Pol?

A: Der positive Pol ist rechts. Der Unterschied ist eine Zehnerpotenz, zweiwertig (die Umladung von 3wertig auf 1wertig ist *zwei* Wertigkeiten); das macht **29 Millivolt**.

Beispiel 40 Desgleichen, mit Zinn(II)-Zinn(IV)-salzgemischen in der Lösung.

A: Der Unterschied ist eine Zehnerpotenz, zweiwertig (die Umladung von 4wertig auf 2wertig ist *zwei* Wertigkeiten); das macht **29 Millivolt**.

Beispiel 41 Eine Eisen(III)-Eisen(II)-(Ferri-ferro-)Elektrode ($Fe^{\cdot\cdot\cdot}:Fe^{\cdot\cdot} = 1$) wird gegen eine Normalwasserstoffelektrode geschaltet. EMK?

A: 0,75 Volt. Die Eisen(III)-Eisen(II)-Elektrode ist positiver Pol.

Beispiel 42 Eine Thallium(III)-Thallium(I)-(Thalli-thallo-)Elektrode ($Tl^{\cdot\cdot\cdot} : Tl^{\cdot}$ = 1,56), welche etwas Salpetersäure enthält, um die Hydrolyse des Thallium(III)-(Thalli)salzes hintanzuhalten, wird gegen eine Normalwasserstoffelektrode geschaltet. EMK?

A: log 1,56 = 0,193 12; also 0,193 Zehnerpotenzen, zweiwertig. Macht 29 · 0,193 = 5,6 Millivolt.
Das Normalumladepotential $Tl^{\cdot\cdot\cdot}/Tl^{\cdot}$ ist laut Tabelle + 1,195 Volt = 1195 Millivolt. Die vorliegende Elektrode ist noch etwas positiver, und zwar um 5,6 Millivolt. Macht 1195 + 5,6 = 1200,6 Millivolt = **1,2006 Volt**. Die beigesetzte Salpetersäure der Thallium(III)-Thallium(I)-(Thalli-thallo-)Elektrode erscheint nicht in der Rechnung (am Sprung Thallium(III)-Thallium(I)-(Thalli-thallo) = 0,193 Zehnerpotenzen wird ja durch sie nichts geändert).
Über die Unpolarisierbarkeit von Zellen, die ein Redoxsystem enthalten, wurde schon im Abschnitt H 4 berichtet (S. 258). Über die Ausnützung dieses Umstandes in der Dead-Stop-Methode siehe unter H 9.

9. Elektrische p_H-Messung und Titration

Die Messung der Wasserstoffionenkonzentration geschah früher vielfach durch Messung der katalytischen Wirkung oder der Leitfähigkeit. Diese Methoden haben heute sehr an Boden verloren gegenüber zwei anderen, nämlich der *kolorimetrischen und der potentiometrischen*. Die kolorimetrische erfolgt mittels einer Indikatorenskala (Folienkolorimeter, Doppelkeilkolorimeter). Die potentiometrische geschieht mit Hilfe von Chinhydron- oder Wasserstoffelektroden, zu denen später noch die Antimon- und Glaselektrode hinzugekommen sind, m. a. W., mit Elektroden, welche auf die Wasserstoffionenkonzentration ansprechen.

Allgemeines Meßprinzip; Prinzip I (Messung gegen *einen* Eichpunkt)

Das allgemeine Meßprinzip ist folgendes. Die zu untersuchende Lösung (Objektlösung) wird in eine „Meßelektrode" eingefüllt. Die Meßelektrode kann eine Chinhydron- oder eine Wasserstoffelektrode sein. Diese Meßelektrode wird durch eine zweite Elektrode, die „Bezugselektrode" zur Kette geschlossen. Als Bezugselektrode kann eine Elektrode *derselben* Art dienen (also Chinhydron- oder Wasserstoffelektrode) oder auch eine *andere* gute Normalelektrode, z. B. die Kalomel- oder Silberchloridelektrode; am meisten wird die bequeme, gesättigte Kalomelelektrode verwendet.

Zwischen die beiden Elektroden wird gesättigte Kaliumchloridlösung geschaltet unter Verwendung poröser Scheidewände — meist in Gestalt von sog. Glasfrittestopfen — welche eine Vermischung der Lösungen verhindern, andererseits aber doch dem elektrischen Strom den Durchgang gestatten; das Ganze hat das Aussehen von Abb. 79. Die sonst sehr wichtige Aufgabe solcher zwischengeschalteten KCl-Lösungen, die Eliminierung des Flüssigkeitspotentials, wird hier schon durch Differenzbildung herbeigeführt, wie unten dargelegt wird.

Man macht nun zeitlich nacheinander zwei Messungen der EMK dieser Kette. Bei der ersten Messung ist, wie eben erwähnt, die Meßelektrode mit der Objektflüssigkeit gefüllt, bei der zweiten dagegen mit einer zum Vergleich dienenden Pufferlösung von bekannter Wasserstoffionenkonzentration. Man mißt die *Differenz* der beiden EMK-Werte und kann so auf die Wasserstoffionenkonzentration der Objektlösung schließen, wobei lediglich zu beachten ist, daß als Umrechnungsfaktor gilt: *58 Millivolt pro Zehnerpotenz von [H˙], resp. pro Einheit des* p_H, was dasselbe ist.

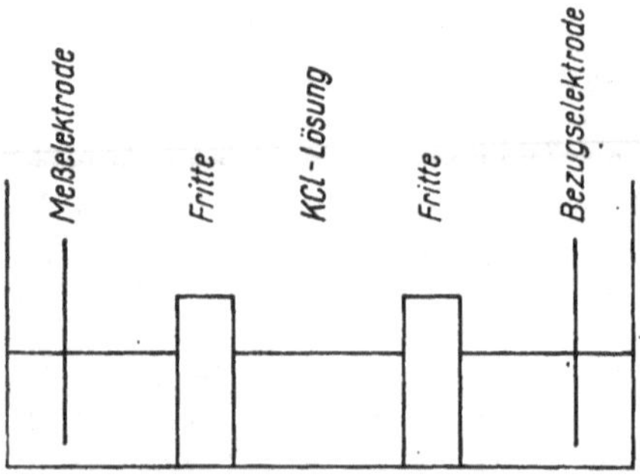

Abb. 79

Man sieht, daß durch diese Differenzbildung alle Einflüsse herausfallen bis auf den, den man messen will. Insbesondere ist z. B. gleichgültig, was für eine Bezugselektrode gewählt wurde und womit sie gefüllt ist, also z. B., ob als Bezugselektrode eine Silberchlorid- oder eine Kalomelelektrode genommen wurde und ob sie mit n KCl- oder 0,1 n KCl-Lösung beschickt ist, wenn es nur in beiden Fällen gleich gemacht wird. Es ist auch gleich, ob als Bezugselektrode eine Chinhydron- oder eine Platinwasserstoffelektrode benutzt wird und ob sie mit Pufferlösung $p_H = 3$ oder $p_H = 5$ beschickt ist, wenn es nur in beiden Fällen gleich gemacht wird.

Auch der Einfluß der Flüssigkeitspotentiale wird (in erster Näherung) durch Differenzbildung herausgebracht. Ferner sieht man, daß *eine* Vergleichsmessung für viele Objektmessungen genügt; da jedem gemessenen Potential ein bestimmter p_H-Wert entspricht, ist es also möglich, die Meßgeräte direkt mit einer p_H-Ableseskala auszustatten.

Diese Art der Messung ist die gebräuchliche bei den meist benützten Geräten für die p_H-Messung mit Hilfe von Chinhydron- oder Wasserstoffelektroden. *Sie setzt also voraus, daß der Umrechnungsfaktor (58 Millivolt pro Einheit) bekannt und gültig ist.*

Prinzip II (Messung zwischen *zwei* Eichpunkten)

Exakter und besser ist jedoch eine andere Art der Eichung, die bei Antimon- und Glaselektroden stets notwendig ist, die Messung *zwischen zwei Eichpunkten.* Hier macht man also nicht nur *eine* Vergleichsmessung mit *einer* bekannten Pufferlösung, sondern *zwei* Vergleichsmessungen mit *zwei* bekannten Pufferlösungen; diese wählt man so, daß die Objektlösung dazwischen liegt. Eine Objektlösung vom p_H 7,5 würde z. B. eingeschlossen zwischen zwei bekannte Lösungen von 7,0 und 8,0. Bei diesem Meßprinzip wird *der Umrechnungsfaktor mitgeeicht; die Methode setzt nur noch voraus, daß zwischen 7,0 und 8,0 Proportionalität herrscht.* Also sind drei Messungen zeitlich nacheinander erforderlich.

Prinzip III („Messen am gleichen Punkt der Charakteristik")

Ein drittes Meßprinzip, das bei der elektrometrischen p_H-Messung, vornehmlich bei der Antimon- und Glaselektrode, in Betracht kommt, besteht darin, daß man auch auf die Annahme dieser Proportionalität verzichtet und die bekannte

Vergleichslösung so wählt, daß sie mit der Objektlösung so genau wie möglich zusammenfällt. Man nennt dieses Meßprinzip „*das Messen am gleichen Punkt der Charakteristik*". Beispielsweise würde man also bei einer Objektlösung vom p_H 7,4 sich nicht damit begnügen, die Vergleichslösungen 7,0 und 8,0 heranzuziehen, sondern direkt mit der Vergleichslösung 7,4 vergleichen.

Dieses dritte Meßprinzip setzt von allen am wenigsten voraus; es verläßt sich nicht einmal mehr darauf, daß zwischen 7,0 und 8,0 Proportionalität herrscht (Proportionalität zwischen EMK und p_H-Wert). Es hilft stets auch dann noch weiter, *wenn diese Proportionalität gar nicht besteht*, insbesondere auch dann, wenn man gar nicht weiß, auf welcher Funktion die Unterteilung eigentlich beruht.

Wenn man beim dritten Meßprinzip („am gleichen Punkt der Charakteristik") sich eine dichte Reihe solcher angenommener Punkte graphisch aufzeichnet, erhält man eine *Eichkurve*, und das dritte Meßprinzip geht über in das des „*Messens längs einer Eichkurve*". Es ist ganz besonders dann empfehlenswert, wenn man befürchten muß, daß die Apparatur zeitliche Schwankungen zeigt, da sich diese dann in übersichtlicher Weise bei der Nachkontrolle der Eichkurve zu erkennen geben. Es ist das gegebene Prinzip bei Messungen mit der Antimon- und Glaselektrode.

Es ist nützlich, sich klarzumachen, daß das zweite und dritte Meßprinzip (also „zwischen zwei Eichpunkten" und „am gleichen Punkt der Charakteristik") das Meßinstrument als solches eigentlich entthronen und die ganze Meßgewalt in die Substanzskala legen, hier also in die Skala von Pufferlösungen. Das zweite macht immerhin noch von den Proportionalitätseigenschaften der Meßinstrumente Gebrauch, das dritte auch davon nicht mehr.

Die Antimonelektrode

Die Antimonelektrode besteht aus einem gegossenen Antimonstab, welcher in die zu messende Lösung eingetaucht wird und dessen Potential gegen eine Bezugselektrode, in der Regel eine gesättigte Kalomelelektrode, gemessen wird. Der Lösung wird meist etwas festes Antimontrioxid zugesetzt, doch genügen unter Umständen schon die kleinen Mengen, welche sich stets an der Metalloberfläche befinden.

Die Tatsache, daß die Antimonelektrode auf Wasserstoffionen anspricht, ist nur im ersten Augenblick überraschend, bei näherem Hinsehen erklärt sie sich sehr einfach. Die Antimon-Antimonoxid-Elektrode ist nämlich bloß eine „Elektrode zweiter Art", also eine, die reversibel in bezug auf das Anion ist; das Anion ist hier das Hydroxylion. Sie ist also ganz analog der Silberchloridelektrode.

Die Silberchloridelektrode besteht, wie wir gesehen haben, aus Silber, das in eine Paste aus Silberchlorid + Kaliumchloridlösung taucht. Die Lösung ist also an Silberchlorid gesättigt, das gelöste Silberchlorid ist in seine Ionen gespalten, und für diese gilt das Löslichkeitsprodukt:

$$[Ag^{\cdot}]\,[Cl'] = l.$$

Die Konzentration des Chlorions ist aber in dieser Gleichung gegeben (durch die jeweilige Konzentration der Kaliumchloridlösung); damit ist auch die des Silberions bestimmt. Die Silberionenkonzentration ist also von der Chlorionenkonzentration abhängig, und damit ist auch das Potential der Elektrode von der Chlorionenkonzentration abhängig, sie ist „reversibel in bezug auf das Anion". Sie verhält sich geradezu so, als ob sie eine Chlorelektrode von bestimmtem Chlordruck wäre Wenn die Chlorionenkonzentration nämlich *steigt*, sinkt die Silberionenkonzentration. Das Potential der Silberplatte in der verdünnten Silberlösung wird negativer.

Ganz ebenso ist es aber mit der Chlorelektrode (Platin-Chlor-Elektrode). Chlor geht im stromliefernden Element als positive Polsubstanz *in Lösung*, und der Pol wird positiver, wenn die Chlorionenkonzentration *sinkt* (die EMK des Elements steigt, wenn das osmotische Gefälle steigt). Mit anderen Worten, die Chlorelektrode wird *negativer*, wenn die Chlorionenkonzentration *steigt*, also ebenso wie bei der Silberelektrode.

Ersetzen wir die Silber-Silberchlorid-Elektrode durch eine *Silber-Silberoxid-Elektrode*, so ist es ganz analog. Diese Elektrode besteht aus einer Silberplatte, die in eine Paste aus Silberoxid und Kalilauge eintaucht. Auch das Silberoxid ist schwerlöslich und in wäßriger Lösung in seine Ionen gespalten, für die das Löslichkeitsprodukt gilt:

$$[Ag^{\cdot}]\,[OH'] = l.$$

Da die Hydroxylionenkonzentration wieder festgelegt ist (durch die Kalilauge), ist die Silberionenkonzentration von der Hydroxylionenkonzentration abhängig. Damit ist das Potential Silber/Silberion abhängig von der OH-Ionenkonzentration; *die Silber/Silberoxid-Elektrode spricht auf Hydroxylionen an*, oder auf Wasserstoffionen, die ja mit den Hydroxylionen unlöslich verbunden sind durch die Beziehung

$$[H^{\cdot}]\,[OH'] = 10^{-14}$$

(statt der Wasserstoffionenskala hätte man ebensogut eine Hydroxylionenskala aufstellen können).

Die Silber-Silberoxid-Elektrode läßt sich also als p_H-Elektrode gebrauchen und wird tatsächlich in diesem Sinn gebraucht, ebenso wie die Silber-Silberchlorid-Elektrode gebraucht wird als Chlorelektrode, die auf Chlorionen anspricht Sie hat jedoch zwei Nachteile. Erstens läßt sie sich nur im alkalischen Gebiet gebrauchen, da sich im sauren das Silberoxid auflöst. Und zweitens ist sie empfindlich gegen Halogenionen, Cyanionen etc., mit denen Silberhalogenide entstehen. Ähnlich steht es mit der *Quecksilber-Quecksilberoxid-Elektrode*, welche ebenfalls als p_H-Elektrode verwendet wird; sie unterliegt denselben Beschränkungen.

Besser steht es mit der dritten Elektrode dieser Art, der Antimon-Antimonoxid-Elektrode, kurz *Antimonelektrode* genannt. Da das Antimonoxid weder eine ausgesprochene Base noch eine ausgesprochene Säure ist, ist es in schwach alkalischen und schwach sauren Lösungen unlöslich und läßt sich daher noch bis zu einer Entfernung von einigen Zehnerpotenzen vom Neutralpunkt verwenden Immerhin ist auch die Antimonelektrode empfindlich gegen lösende Ionen wie das Tartration oder gegen oxydierende Substanzen, die das Antimon zur fünfwertigen Stufe oxydieren, oder Schwefelwasserstoff, der sie mit Antimontrisulfid überzieht Gegen diese Einflüsse unempfindlich ist nur die Glaselektrode

Die Antimonelektrode spricht also auf Wasserstoffionenkonzentrationen an — einfach als Elektrode zweiter Art. Voraussetzung für die ideale Gleichgewichtseinstellung ist allerdings völlige Abwesenheit von Luft, Anwesenheit von kubischem Antimonoxid (der stabilen Modifikation) und ein Zeitraum von mehreren Stunden. Dann wird aber ein Gradient erzielt, der dem theoretischen (58 Millivolt pro Einheit) genau gleich ist, so daß Bestimmungen mit einer Genauigkeit von 0,01 Einheiten im p_H-Wert möglich sind.

Da man praktisch nicht so lange warten und auch nicht die Luft so sorgfältig ausschließen kann, hat es sich eingebürgert, in der Praxis andere Arbeitsbedingungen einzuhalten, welche theoretisch weniger gut definiert und begründbar sind, aber immerhin erfahrungsgemäß reproduzierbare Werte liefern, jedoch nicht den genauen Gradienten 58 Millivolt pro Einheit geben. Den gültigen Gradienten muß man im Eichverfahren ermitteln; tatsächlich arbeitet man stets mit dem vierten („Messung längs der Eichkurve").

Die Antimonelektrode ersetzt also als Meßelektrode die Wasserstoffelektrode oder Chinhydronelektrode.

Die letzte und am universellsten anwendbare Elektrode zur p_H-Messung ist die *Glaselektrode*. Die Glaselektrode ist eigentlich gar keine Elektrode, sondern ein Diaphragma, und zwar eines aus Glas. Sie besteht in ihrer ursprünglichen Form aus einer sehr dünnen aufgeblasenen Glaskugel, so dünn, daß sie schon die Farben dünner Plättchen zeigt. Innerhalb und außerhalb dieser Kugel befinden sich zwei Lösungen; der Strom geht durch das Diaphragma hindurch. Das ist zunächst etwas verblüffend, denn Glas gehört zu den Isolatoren, und das Diaphragma hat, auch wenn es aus allerdünnsten und bestleitendem Glas gefertigt ist, noch einen Widerstand von ca. 50 Millionen Ohm. Für die Messung der EMK einer Kette, die ein solches Glasdiaphragma enthält und 50 Millionen Ohm inneren Widerstand besitzt, kommt denn auch zunächst nur die Kompensationsmethode (also stromlose Messung) in Betracht.

Dieses Glasdiaphragma hat nun eine merkwürdige Eigenschaft. Die beiden Lösungen — innen und außen — bekommen nämlich gegeneinander eine Potentialdifferenz. Und diese Potentialdifferenz beträgt genau 58 Millivolt, wenn die Wasserstoffionenkonzentrationen sich um eine Zehnerpotenz unterscheiden. Nehmen wir beispielsweise an, links (innen) (Abb. 80) befinde sich eine normale Salzsäure (p_H 1) und rechts (außen) eine zehntelnormale (p_H 2), so ist die rechte Flüssigkeit, also die mit dem *höheren* p_H, um 58 Millivolt *positiver* als die linke; und wenn man die beiden Flüssigkeiten durch je eine Silberchloridelektrode (oder Kalomelelektrode) ableitet, so erhält man die Potentialdifferenz beider Flüssigkeiten direkt zu 58 Millivolt (Abb. 80). Die beiden Silberchloridelektroden zeigen natürlich noch gegen die beiden Flüssigkeiten einen Potentialsprung, aber dieser hebt sich heraus.

Eine moderne Form der Glaselektrode zeigt Abb. 81. Ist nun die eine Flüssigkeit, z. B. die linke (innere), bekannt, etwa eine 0,1 n Salzsäure, und die rechte (äußere) unbekannt, so können wir die Wasserstoffionenkonzentration der unbekannten nun ermitteln, indem wir die EMK der Kette messen.

Dabei verfahren wir nach dem Meßprinzip III, das wir schon auf S. 276 betrachtet haben, also wie bei der Antimonelektrode. Wir ersetzen also zunächst auch die rechte (unbekannte) Lösung durch eine bekannte, z. B. durch eine Pufferlösung $p_H = 3$, dann durch eine andere bekannte, z. B. durch eine mit $p_H = 5$, dann durch eine Reihe von dazwischenliegenden Pufferlösungen. Wir bekommen so eine ganze Reihe von Punkten, eine Eichkurve. Dann füllen wir rechts die unbekannte Objektlösung ein; sie wird einen Wert geben, der einem der Werte auf der Eichkurve sehr nahe liegt, und dieser Pufferlösung setzen wir sie dann gleich. Wir messen also „am gleichen Punkt der Charakteristik" resp. „auf einer Eichkurve".

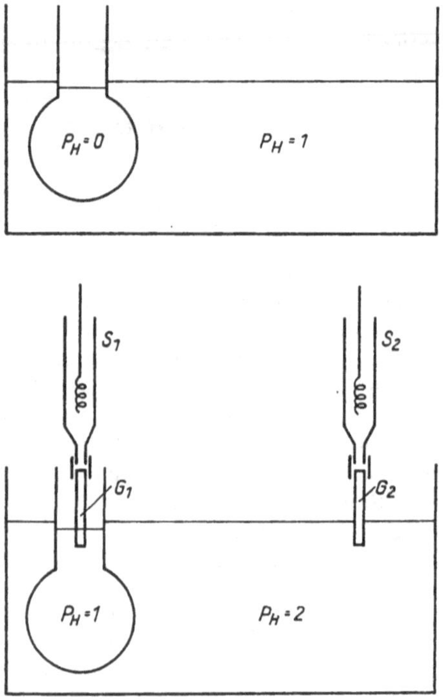

Abb. 80

G_1, G_2 Glasfrittestopfen mit KCl-Lösung getränkt; S_1, S_2 Silberchloridelektroden

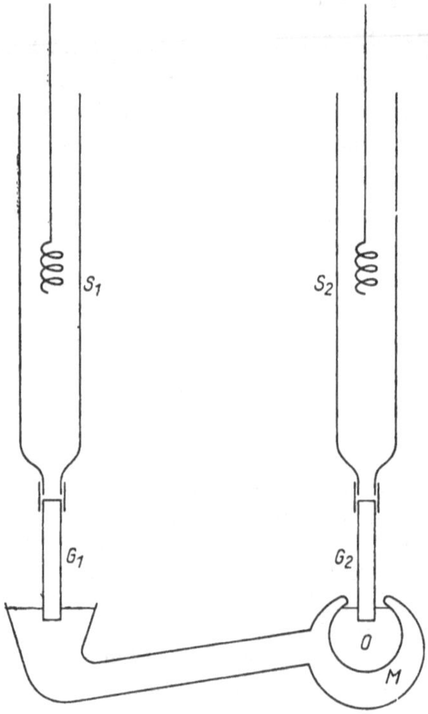

Abb. 81. Moderne Glaselektrode

S_1, S_2 Silberchloridelektroden; G_1, G_2 Glasfrittestopfen; O Objektlösung; M Membran

Wie wir schon früher betont haben, fallen bei dieser Meßart sämtliche Fehler heraus; insbesondere werden multiplikative Fehler eliminiert, d. h., wenn der Proportionalitätsfaktor 58 Millivolt pro p_H-Einheit nicht ganz genau stimmen sollte, wird diese Abweichung unschädlich gemacht. Auch additive Fehler fallen heraus. Ein solcher Fehler ist hier möglich in Form des sogenannten „Asymmetriepotentials". Unvollkommene Glaselektroden zeigen nämlich manchmal eine Asymmetrie folgender Art. Wenn man bei ihnen rechts und links *dieselbe* Lösung (aus derselben Flasche) einfüllt, müßten sie natürlich unter allen Umständen als Kette das Potential Null geben, wenn man die Lösungen wieder mit einer Kalomel- oder Chlorsilberelektrode ableitet (Abb. 80). Tatsächlich geben sie aber *nicht* die Spannung Null, sondern eine andere. Der Sinn kehrt sich um, wenn man die

Membrane umdreht. Das ganze Bild gleicht dem einer Waage, welche unbelastet nicht auf den Nullpunkt der Skala einspielt, der Fehler ist einfach ein Nullpunktsfehler. Ein solcher ist additiv. Bei der obigen Meßart wird er eliminiert. Bei der Waage wird er ganz analog eliminiert, wenn man das zu wägende Stück rechts auf die Waagschale legt, dann links mit feinem Bleischrot tariert, bis die Waage auf Null einspielt und nun rechts das Stück wegnimmt und durch Gewichte ersetzt, wobei man soviel davon nimmt, daß die Skala wieder auf Null kommt; man heißt das ,,Wägen nach der Substitutionsmethode". Diesem Verfahren gänzlich analog ist obige Meßart III.

Die Messung des Potentials der Kette geschieht, wie schon erwähnt, stromlos nach der Kompensationsmethode. Der Spannung der Kette wird eine andere, bekannte, entgegengeschaltet und letztere so lange verändert, bis sich beide gerade aufheben, bis also ein eingeschaltetes, hochempfindliches Nullinstrument Stromlosigkeit anzeigt. Als solches Nullinstrument dient meist ein Röhrenvoltmeter. Seit einigen Jahren ist es jedoch gelungen, relativ gut leitende Glassorten herzustellen und für Glasmembranen zu verwenden, so daß neuerdings auch Galvanometer der Empfindlichkeit 10^{-11} A/mm in Frage kommen.

Die Glaselektrode ist die universellst anwendbare aller Elektroden. Sie ist bis zu ebenso alkalischen Lsöungen verwendbar wie die Wasserstoffelektrode und dabei fester gegen Gifte und reduzierende Substanzen als die Antimonelektrode. Die Wirkungsweise der Glaselektrode ist noch nicht ganz geklärt. Die meistvertretene Deutung nimmt an, daß sich auf beiden Seiten des Glases ein sehr feines, gequollenes Filmhäutchen ausbildet, das gegen die verschiedenen p_H-Lösungen verschiedene Adsorptionseigenschaften aufweist. Das Glas kann nicht durch andere Membranen wie Cellophan etc. ersetzt werden (B. WURZSCHMITT).

Potentiometrische Titration

Am Endpunkt einer acidimetrischen Titration schnellt das p_H einer Lösung um mehrere Zehnerpotenzen hinauf (oder hinab) und da das Galvanometer dies durch Hochschnellen anzeigt, ergibt sich die Möglichkeit, potentiometrisch zu titrieren. *Die ganze potentiometrische Meßeinrichtung ersetzt hierbei nur den einen Tropfen Phenolphthalein oder Dimethylgelb, den man sonst anwenden würde.*

Differentialmethode und Dead-Stop-Methode

Bei potentiometrischer Endanzeige der Titration wird das Ende, das, was wir oben ,,Durchgehen" des Meßinstruments nannten, durch Abb. 82 dargestellt. Während der Titration ändert das Instrument seine Anzeige nur wenig (Punkt *A*, *B*), gegen das Ende etwas mehr (*C*), und am Ende schnellt es plötzlich hoch (*D*, *F*), um anschließend sich mit wieder geringer werdenden Änderungen des schon hohen Standes zu begnügen (*G*, *H*). Die Mitte des Anstiegs, Punkt *E*, ist das eigentliche Ende der Titration. Es ist der *Wendepunkt* der Titrationskurve. Differenziert man diese Kurve, oder anders ausgedrückt, trägt man statt der Instrumentanzeige die jeweilige Instrument*änderung* gegen den letzten Stand auf, so erhält man eine andere Kurve, die Kurve Abb. 83. Sie läßt noch schöner den Endpunkt der Titration erkennen; der Endpunkt ist die Spitze *E* dieser Kurve.

Diese Kurve kann man auf zweierlei Weise bekommen. Erstens: Man macht es wie eben beschrieben, titriert also z. B. mit *immer gleichen* Zusätzen von z. B. 0,1 ccm Lauge und notiert immer den Stand und bildet die Differenz gegen den vorherigen Stand. Oder zweitens: Die Kurve Abb. 83 kann man auch *direkt*

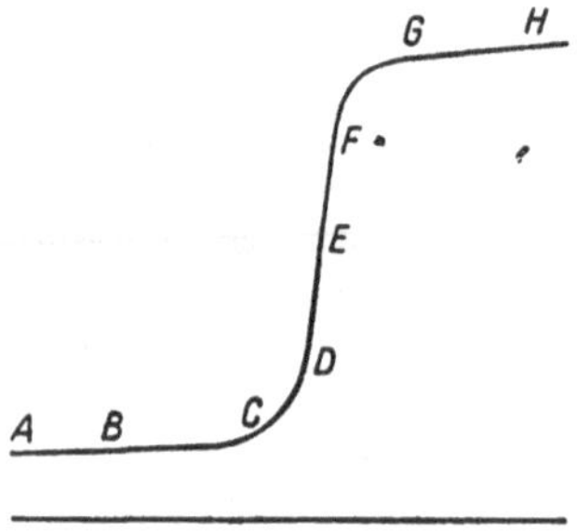

Abb. 82

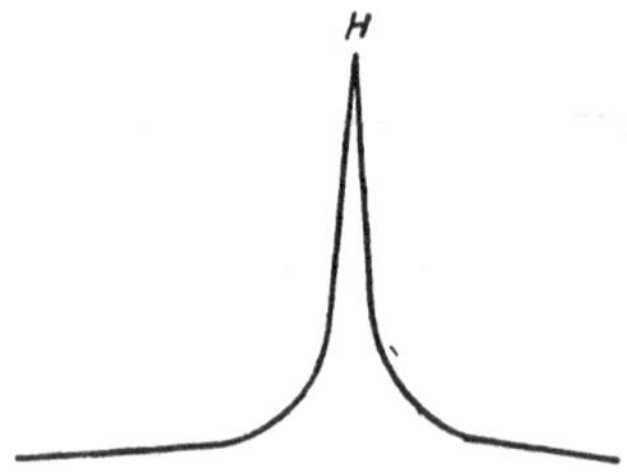

Abb. 83

entstehen lassen, indem man vor jedem Zusatz von Lauge einen kleinen Teil T der Gesamtlösung so abtrennt, daß er der nachfolgenden Vermischung mit dem Hauptteil entgeht (Abb. 84) und in ihn eine zweite Meßelektrode M_2 hineinragen läßt, welche mit der Hauptmeßelektrode M_1 über ein Galvanometer verbunden ist. Man braucht hier also gar keine Ableitungselektrode. Dann gibt das Galvanometer immer direkt die Differenz zwischen vorletztem (M_2) und letztem (M_1) Stand an. Die Abtrennung erfolgt durch eine darübergestülpte Glasglocke G. Diese hebt man nun wieder und überläßt das Ganze der Durchmischung durch den Rührer.

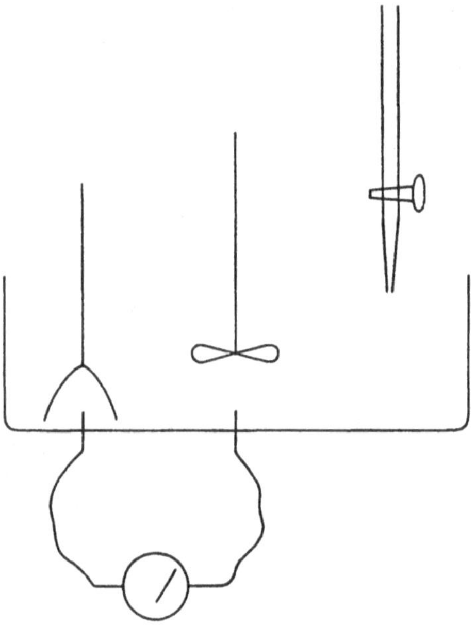

Abb. 84

Eine weitere Variante der elektrischen Titration ist die *Dead-Stop-Methode*[1]). Diese Methode ist bestimmt für Redoxsysteme, z. B. für die Reduktion von Eisen(III)-salz zu Eisen(II)-salz (etwa mit Titan(III)-chlorid) und ersetzt bei dieser Titration den Redoxindikator, z. B. Methylenblau, der ebenfalls umschlägt, sobald alles dreiwertige Eisen zum zweiwertigen reduziert ist. Die Dead-Stop-Methode beruht nicht darauf, ein Hochschnellen

[1]) Vgl. E. Abrahamczik in Houben/Weyl, Methoden der organischen Chemie, Thieme, Stuttgart 1955, Bd. 3/2, S. 162.

des Elektrodenpotentials festzustellen, sondern einen *Sprung in der Zersetzungsspannung*, und zwar den Sprung von Null auf Endlich. Es wird also die Zelle *nicht* als stromlieferndes Element benützt (wie bei den potentiometrischen Messungen), sondern als elektrolytische Zelle, *der ein Strom von außen zugeführt wird.* Die Spannung dieses Stroms wird so ausgewählt, daß eine bestimmte kleine Stromstärke — z. B. 50 Milliampere — durchgeht, solange die Zersetzungsspannung Null ist, daß sie aber nicht imstande ist, eine plötzlich auftretende Zersetzungsspannung von endlicher Größe zu überwinden. Die Zelle wird also in diesem Punkt plötzlich stromlos.

Das Redoxsystem Eisen(III)-Eisen(II)-(Ferri-ferro-)Salz zwischen Platinelektroden hat die *Zersetzungsspannung Null*, wie schon früher ausgeführt wurde (was man auch so ausdrückt, daß man sagt, die Zelle sei „*nicht polarisierbar*"). Sie hat die Zersetzungsspannung Null aber nur so lange, als wirklich Eisen(III)-(Ferri)salz neben Eisen(II)-(Ferro)salz vorhanden ist. Ist die letzte Spur Eisen(III)-salz durch Reduktion verschwunden, so ist das System plötzlich etwas ganz anderes geworden, nämlich eine Elektrolysierzelle, gefüllt mit Eisen(II)-sulfat, und wenn jetzt Strom durchgehen soll, muß mindestens Wasser zersetzt (Eisen wird hier nicht vor dem Wasserstoff abgeschieden) und als Wasserstoff an der Kathode abgeschieden werden. Dieser Vorgang aber braucht eine ganz beträchtliche Zersetzungsspannung und da die der Zelle gelieferte Spannung absichtlich so klein gewählt ist, daß diese Hürde nicht übersprungen werden kann, fällt jetzt also der Strom plötzlich von 50 Milliampere *auf null* — Dead-Stop-Methode.

Umgekehrt, wenn das Redoxsystem Eisen(III)-Eisen(II)-(Ferri-ferro-)Salz *oxydiert* wird (z. B. mit Cer(IV)-(Ceri)sulfat), dann gilt das gleiche. Es ist unpolarisierbar nur so lange, als wirklich Eisen(II)-(Ferro)salz neben dem Eisen(III)-(Ferri-)salz vorhanden ist. Ist die letzte Spur Eisen(II)-salz verschwunden, so ist das System auch jetzt plötzlich etwas ganz anderes geworden, nämlich eine Eisen(III)-salzlösung, die unter Wasserzersetzung elektrolysiert werden muß, wenn überhaupt Strom durchgehen soll. Und dazu muß an der Anode *Sauerstoff* abgeschieden werden, und das verlangt eine Zersetzungsspannung, die von der draufgesetzten Spannung nicht erreicht wird.

10. Leitfähigkeit

1 Ohm ist definiert als der Widerstand einer Quecksilbersäule von 1 qmm Querschnitt und 106,3 cm Länge bei 0 °C. Ein Kupferdraht von 1 qmm Querschnitt und 1 mm Länge besitzt $\frac{1}{57}$ Ohm, ein Silberdraht $\frac{1}{61}$ Ohm Widerstand. Silber ist das bestleitende Metall, Quecksilber das am schlechtesten leitende. Der Widerstand des 1-m-Drahtes aller übrigen reinen Metalle liegt also zwischen $\frac{1}{61}$ Ohm und 1 Ohm.

Als *spezifischen Widerstand* bezeichnet man den Widerstand eines 1-ccm-Würfels von einer Seite zur gegenüberliegenden. Er ist 10000mal kleiner als der eines Drahtes von 1 qm Querschnitt und 1 m Länge (100mal wegen des 100mal größeren Querschnitts und 100mal wegen der 100mal kürzeren Länge). Eine Quecksilbersäule von 1 qmm Querschnitt und 1 m Länge hat rund 1 Ohm, ein 1-ccm-

Würfel Quecksilber also rund $\frac{1}{10000}$ Ohm; ein solcher aus Kupfer $\frac{1}{570000}$ Ohm. Der spezifische Widerstand des Quecksilbers ist $\frac{1}{10000}$, der des Kupfers 570000.

Zwischen Quecksilber und der bestleitenden wäßrigen Lösung klafft ein Sprung von 4 Zehnerpotenzen. Die bestleitende wäßrige Lösung hat etwa den spezifischen Widerstand 1. Die bestleitende wäßrige Lösung ist eine 30prozentige Schwefelsäure von 40 °C; sie erreicht nicht ganz diese Leitfähigkeit, wir nehmen es jedoch im folgenden an und nennen diese Lösung „bestleitende Schwefelsäure". Die bestleitende Schwefelsäure hat also einen spezifischen Widerstand 1, d. h., der ccm-Würfel hat den Widerstand 1 Ohm. Man kann denselben Tatbestand aber auch so ausdrücken, daß man sagt, die bestleitende Schwefelsäure habe die *spezifische Leitfähigkeit* 1. Das heißt, wenn man an den Endflächen des ccm-Würfels eine Potentialdifferenz von 1 Volt aufrechterhält, geht durch den Würfel 1 Ampere. Beim Quecksilberwürfel gehen 10000 Ampere durch. Spezifischer Widerstand und spezifische Leitfähigkeit sind also reziproke Größen. Gesättigte Kochsalzlösung leitet viermal schlechter als bestleitende Schwefelsäure. Ihr spezifischer Widerstand ist 4 Ohm, ihre spezifische Leitfähigkeit $\frac{1}{4}$ Ampere; d.h., der ccm-Würfel hat 4 Ohm Widerstand und *läßt bei 1 Volt Potentialdifferenz* $\frac{1}{4}$ *Ampere durch.* Normale Kaliumchloridlösung leitet 10mal schlechter als bestleitende Schwefelsäure. Ihr spezifischer Widerstand ist 10 Ohm, ihre spezifische Leitfähigkeit $\frac{1}{10}$ Ampere. Normale Nickelsulfatlösung (äquivalentnormale) leitet noch viermal schlechter als normale Kaliumchloridlösung. Ihr spezifischer Widerstand ist 40 Ohm, ihre spezifische Leitfähigkeit $\frac{1}{40}$ Ampere. Nickelsulfat ist von den gewöhnlichen Salzen das schlechtestleitende. Die normalen (äquivalentnormalen) Lösungen aller übrigen Salze — wenn man von den schlecht dissoziierten Salzen des Quecksilbers und Cadmiums absieht — fallen zwischen n KCl- und n $NiSO_4$-Lösung, ihre spezifischen Widerstände also zwischen 10 und 40 Ohm, ihre spezifischen Leitfähigkeiten zwischen $\frac{1}{10}$ und $\frac{1}{40}$ Ampere. Nur die starken Säuren (Salzsäure, Salpetersäure, Perchlorsäure, Schwefelsäure, Bromwasserstoffsäure etc.) und Laugen haben in normaler Lösung eine noch bessere Leitfähigkeit als n Kaliumchloridlösung. Ihr spezifischer Widerstand liegt zwischen 1 und 10 Ohm, ihr spezifisches Leitvermögen also zwischen 1 und $\frac{1}{10}$ Ampere.

Es sei hier nachdrücklich auf einen Punkt hingewiesen. Wenn — wie oben — von einem spezifischen Widerstand, gemessen in *Ohm* und vor einer spezifischen Leitfähigkeit, gemessen in *Ampere*, gesprochen wurde, so geschah dies nur aus Gründen der *Erklärung* und ist *heute unerlaubt.* Ursprünglich galt als Einheit des spezifischen Widerstandes das Ohm. Als Einheit der spezifischen Leitfähigkeit galt nicht das Ampere, sondern das „reziproke Ohm", in englisch sprechenden Ländern, „reciprocal ohm" oder „r. o." oder „mho" abgekürzt. Die Leitfähigkeit eines Megohmstückes — also eines Widerstandes von 1 Million Ohm — wurde dementsprechend 1 reziprokes Megohm genannt oder 1 gemmho. Ein gemmho ist also eine viel kleinere Leitfähigkeit als 1 mho.

$$\begin{aligned} 1 \text{ gemmho} &= 10^{-6} \text{ mho} \\ &= 10^{-6} \text{ r. o.} \\ &= 10^{-6} \text{ reciprocal ohm} \\ &= 10^{-6} \text{ reziproke Ohm} \\ &= 10^{-6} \text{ Siemens.} \end{aligned}$$

Wenn also ein ccm-Würfel von einer Fläche zur gegenüberliegenden den Widerstand 1 Million Ohm aufwies, hieß das, sein Material hatte „die spezifische Leitfähigkeit 1 gemmho", und man kann diesen Ausdruck noch in älteren englischen Abhandlungen finden.

Durch neuere Festsetzungen der Dimension ist das aber alles überholt, und man hat heute als Dimension des spezifischen Widerstandes $\Omega \cdot$ cm zu setzen und als Einheit der spezifischen Leitfähigkeit $\mathbf{\Omega^{-1}\,cm^{-1}}$.

Tabelle 24. Spezifischer Widerstand
(Widerstand eines 1-ccm-Würfels)

Quecksilber	$^1/_{10000}$ Ohm (genauer Ω cm)	Temp. 0 °C
Bestleitende Schwefelsäure	1 Ohm	40 °C
n Salzsäure	3,3 Ohm	25 °C
n Salpetersäure	3,3 Ohm	25 °C
Gesättigte NaCl-Lösung	4 Ohm	25 °C
n Schwefelsäure	5 Ohm	25 °C
n Kalilauge	5,3 Ohm	25 °C
n Natronlauge	6,6 Ohm	25 °C
n KCl-Lösung	10 Ohm	18 °C
n KNO_3	12,5 Ohm	18 °C
n $BaCl_2$ [1])	14,3 Ohm	18 °C
n $SrCl_2$	14,6 Ohm	18 °C
n $AgNO_3$	14,7 Ohm	18 °C
n $CaCl_2$	14,8 Ohm	18 °C
n $NaNO_3$'	15,1 Ohm	18 °C
n LiCl	15,8 Ohm	18 °C
n $MgCl_2$	16,2 Ohm	18 °C
n $ZnCl_2$	18,2 Ohm	18 °C
n Na_2SO_4	19,8 Ohm	18 °C
nNa_2CO_3	22,0 Ohm	18 °C
n $ZnSO_4$	37,6 Ohm	18 °C
n $CuSO_4$	38,8 Ohm	18 °C
n $NiSO_4$	39,8 Ohm	18 °C

[1]) Also $^1/_2$ Mol $BaCl_2$ im Liter!

Wenn im folgenden immer noch fortgefahren wird, den spezifischen Widerstand mit Ohm zu benennen und die spezifische Leitfähigkeit mit Ampere, so geschieht das lediglich aus Gründen der *Erklärung*. Denn es ist tatsächlich durchsichtiger, die spezifische Leitfähigkeit durch *einen Satz* zu definieren und zu sagen: Wenn ein 1-ccm-Würfel einen Widerstand von 5 *Ohm* bietet, dann läßt er bei Anlegung von 1 Volt $\frac{1}{5}$ *Ampere* durch; er hat demnach den spezifischen Widerstand 1 und die spezifische Leitfähigkeit $\frac{1}{5}$.

Nur so — also als ausdrücklich zu Erklärungszwecken geschrieben — sind in den folgenden Tabellen die Bezeichnungen „Ohm" und „Ampere" aufzufassen.

Alle Leitfähigkeiten wäßriger Lösungen sind temperaturabhängig und nehmen mit steigender Temperatur nicht unbeträchtlich zu. Im folgenden ist eine kurze Tabelle der spezifischen Widerstände gegeben.

Tabelle 25. Spezifische Leitfähigkeit ($\varkappa$)

(Leitfähigkeit eines 1-ccm-Würfels)

Quecksilber	10000 A = 10000	Ω^{-1} cm^{-1}	0 °C
Bestleitende Schwefelsäure	1 A = 1,0	Ω^{-1} cm^{-1}	40 °C
n Salzsäure	$^1/_{3,3}$ A = 0,3	Ω^{-1} cm^{-1}	25 °C
n Salpetersäure	$^1/_{3,3}$ A = 0,3	Ω^{-1} cm^{-1}	25 °C
Gesättigte NaCl-Lösung	$^1/_4$ A = 0,25	Ω^{-1} cm^{-1}	25 °C
n Schwefelsäure	$^1/_5$ A = 0,2	Ω^{-1} cm^{-1}	25 °C
n Kalilauge	$^1/_{5,3}$ A = 0,188	Ω^{-1} cm^{-1}	25 °C
n Natronlauge	$^1/_{6,6}$ A = 0,151	Ω^{-1} cm^{-}	25 °C
n KCl-Lösung	$^1/_{10}$ A = 0,100	Ω^{-1} cm^{-1}	18 °C
n KNO_3	$^1/_{12,5}$ A = 0,800	Ω^{-1} cm^{-1}	18 °C
n $BaCl_2$	$^1/_{14,3}$ A = 0,070	Ω^{-1} cm^{-1}	18 °C
n $SrCl_2$	$^1/_{14,6}$ A = 0,0685	Ω^{-1} cm^{-1}	18 °C
n $AgNO_3$	$^1/_{14,7}$ A = 0,0678	Ω^{-1} cm^{-1}	18 °C
n $CaCl_2$	$^1/_{14,8}$ A = 0,0675	Ω^{-1} cm^{-1}	18 °C
n $NaCO_3$	$^1/_{15,1}$ A = 0,0659	Ω^{-1} cm^{-1}	18 °C
n LiCl	$^1/_{15,8}$ A = 0,0634	Ω^{-1} cm^{-1}	18 °C
n $MgCl_2$	$^1/_{16,2}$ A = 0,0615	Ω^{-1} cm^{-1}	18 °C
n $ZnCl_2$	$^1/_{18,2}$ A = 0,0550	Ω^{-1} cm^{-1}	18 °C
n Na_2SO_4	$^1/_{19,8}$ A = 0,0508	Ω^{-1} cm^{-1}	18 °C
n Na_2CO_3	$^1/_{22}$ A = 0,0455	Ω^{-1} cm^{-1}	18 °C
n $ZnSO_4$	$^1/_{37,6}$ A = 0,0266	Ω^{-1} cm^{-1}	18 °C
n $CuSO_4$	$^1/_{38,8}$ A = 0,0258	Ω^{-1} cm^{-1}	18 °C
n $NiSO_4$	$^1/_{39,8}$ A = 0,0251	Ω^{-1} cm^{-1}	18 °C

Wenn man 1000 solche ccm-Würfel auf eine große Platinplatte legt, eine zweite Platinplatte darüberdeckt und zwischen beiden Platten 1 Volt aufrechterhält, lassen diese 1000 Würfel natürlich 1000mal soviel Ampere durch wie einer 1000 Würfel n Kaliumchloridlösung lassen also **100 Ampere** durch 100 Ampere ist dann die *Äquivalentleitfähigkeit von Kaliumchlorid in normaler Lösung.* In den 1000 Würfeln ist dann ja gerade 1 Mol Kaliumchlorid enthalten. Etwas anders ausgedrückt: Wenn man zwischen zwei große Platinplatten von 1 cm Abstand, zwischen denen eine Potentialdifferenz von 1 Volt aufrechterhalten wird[1]), ein Liter n Kaliumchloridlösung schüttet, läßt diese Lösung **100 Ampere** durch. Schüttet man zu dieser zwischen den beiden Platten liegenden Lösung noch weiteres Wasser, so steigt die Zahl der durchgelassenen Ampere langsam noch etwas an, um schließlich bei **130 Ampere** einen Grenzwert zu erreichen. 130 Ampere heißt die „*Äquivalentleitfähigkeit von Kaliumchlorid bei unendlicher Verdünnung*".

Ein ccm-Würfel von 0,1 n Kaliumchloridlösung hat einen ca. 10mal größeren Widerstand als der von normaler, also ca. 100 Ohm; ein solcher von 0,01 n einen ca. 100mal größeren als der von normaler, also ca. 1000 Ohm. Doch nimmt bei dieser Verdünnung der Widerstand etwas langsamer zu als die Verdünnung fortschreitet, Die Leitfähigkeit eines Mols Kaliumchlorid ist beim Lösungsvolumen 1 Liter 100 Ampere; beim Lösungsvolumen ∞ ist sie 130 Ampere oder

$$\Lambda_1 = 100\ \mathrm{A}, \qquad \Lambda_\infty = 130\ \mathrm{A}$$

Eine Tabelle der verschiedenen Lösungen folgt unten; alle nehmen von Normalität bis zu unendlicher Verdünnung in einem ähnlichen Verhältnis zu, soweit es sich um anorganische Salze handelt. Die spezifischen Leitfähigkeiten von 1 n, 0,1 n und 0,01 n Kaliumchloridlösung sind sämtlich sehr gut definiert und ausgezeichnet reproduzierbar, so daß sie als Eichflüssigkeiten für Widerstandsgefäße verwendet werden können. Ihre spezifischen Leitfähigkeiten bei 19 °C sind (genau)

1n KCl	0,1 n KCl	0,01 n KCl	
0,10016 A	0,01143 A	0,001251 A	resp. $\Omega^{-1}\ \mathrm{cm}^{-1}$.

Aus den spezifischen Leitfähigkeiten ($\varkappa$) bekommt man also durch Multiplikation mit 1000 die Äquivalentleitfähigkeit bei Normalität (Λ); sie ist ja nur die Leitfähigkeit von 1000 Würfeln zusammen, also z. B.

n Salzsäure	$\varkappa = 0{,}3$ A	$\Lambda_1 = 300$ A
n Salpetersäure	$\varkappa = 0{,}3$ A	$\Lambda_1 = 300$ A
n Kalilauge	$\varkappa = 0{,}188$ A	$\Lambda_1 = 188$ A
n Kaliumchlorid	$\varkappa = 0{,}1$ A	$\Lambda_1 = 100$ A
n Nickelsulfat	$\varkappa = 0{,}025$ A	$\Lambda_1 = 25$ A

Die Zahlen der letzten Kolumne, also z. B. 380 A für (unendlich verdünnte) Salzsäure, 130 A für (unendlich verdünntes) Kaliumchlorid, lassen sich nun additiv in zwei Komponenten aufspalten, die den beiden Ionenarten entsprechen. Die 380 A der Salzsäure z. B. spalten sich auf in 315 und 65; die 315 A kommen dem Wasserstoffion, die 65 dem Chlorion zu. Das Wasserstoffion und das Chlorion beteiligen sich m. a. W. nicht gleichmäßig am Stromtransport; das Wasserstoffion übernimmt den Hauptanteil, weil es schneller wandert als das Chlorion. Wasserstoffion und Hydroxylion sind die am schnellsten wandernden Ionen, Wasser-

[1]) Wobei immer unterstellt wird, daß keine Polarisations-Gegenkraft auftritt.

Tabelle 26. Zunahme der Äquivalentleitfähigkeit von Normalität bis zu unendlicher Verdünnung (Λ bis Λ_∞)

(Kaliumchlorid: 100 bis 130 A bei 20 °C)

Salzsäure	300 bis 380	A	25 °C
Salpetersäure	300 bis 375	A	25 °C
Schwefelsäure	200 bis 368	A	25 °C
Kalilauge	184 bis 234	A	25 °C
Natronlauge	160 bis 208	A	25 °C
KCl	98,3 bis 128,1	A	18 °C
KNO_3	80,5 bis 124,4	A	18 °C
$^1/_2$ $BaCl_2$	70,1 bis 117,0	A	18 °C
$^1/_2$ $SrCl_2$	68,5 bis 116,0	A	18 °C
$AgNO_3$	67,8 bis 113,9	A	18 °C
$^1/_2$ $CaCl_2$	67,5 bis 113,3	A	18 °C
$NaCO_3$	67,8 bis 103,5	A	18 °C
LiCl	63,4 bis 97,2	A	18 °C
$^1/_2$ $MgCl_2$	61,5 bis 107,7	A	18 °C
$^1/_2$ $ZnCl_2$	55,0 bis 108,0	A	18 °C
$^1/_2$ Na_2SO_4	50,8 bis 108,3	A	18 °C
$^1/_2$ Na_2CO_3	45,5 bis 102,5	A	18 °C
$^1/_2$ $ZnSO_4$	26,6 bis 103,5	A	18 °C
$^1/_2$ $CuSO_4$	25,7 bis 103 5	A	18 °C
$^1/_2$ $NiSO_4$	25,1 bis 101,0	A	18 °C

Tabelle 27. Ionenbeweglichkeiten bei unendlicher Verdünnung (18 °C)

Kationen			Anionen		
$H^{\cdot}$	315	A	OH'	174	A
$Cs^{\cdot}$	68	A	$^1/_2$ CrO_4''	72	A
$Tl^{\cdot}$	66	A	$^1/_2$ SO_4''	68,3	A
$K^{\cdot}$	65	A	Br'	67,6	A
$Rb^{\cdot}$	64,3	A	J'	66,5	A
$NH_4^{\cdot}$	64	A	Cl'	65,5	A
$^1/_2$ Pb''	60,5	A	$^1/_2$ SoO_4''	65	A
$^1/_3$ La'''	59,2	A	$^1/_2$ Oxalat''	63	A
$^1/_2$ Ba''	55	A	NO_3'	61,7	A
Ag'	54,36	A	$^1/_2$ CO_3''	60,5	A
$^1/_2$ Sr''	51	A	NO_2'	59	A
$^1/_2$ Ca''	51	A	SH'	57	A
$^1/_2$ Mg''	45	A	CNS'	56,6	A
$^1/_2$ Cu''	45,3	A	ClO_3'	55,0	A
$^1/_2$ Co''	45	A	MnO_4'	53	A
$^1/_2$ Ni''	45	A	BrO_3'	49	A
$^1/_2$ Zn''	45	A	F'	46,6	A
$^1/_2$ Mn''	44,5	A	Acetat'	34	A
$^1/_2$ Fe''	44,5	A	JO_3'	33,9	A
Na'	43,5	A			
Li'	33 4	A			

Von den 380 A, die 1 Mol HCl in sehr großer Verdünnung zwischen zwei großen Platinplatten von 1 V Spannungsdifferenz durchläßt, fallen 315 A auf das H-Ion und 65 A auf das Cl-Ion. Von den 110 A, die ein *halbes* Mol Nickelchlorid in sehr großer Verdünnung durchläßt, fallen 65 A auf das Mol Chlorion und 45 A auf das halbe Mol Nickelion.

stoffion mit 315, Hydroxylion mit 174 A. Die meisten übrigen Ionen haben „*Ionenbeweglichkeiten*" in der Größe von 68 (Cäsiumion) bis herunter zu 19 A (Lithiumion). Man nimmt an, daß das Lithiumion eine erhebliche Hülle Hydratwasser mit herumschleppt die es schwer beweglich macht; die Lithiumsalze sind ja auch meist sehr zerfließlich und kritallisieren mit Kristallwasser. Beim Kaliumchlorid haben beide Ionen (zufällig) die gleiche Beweglichkeit, nämlich 65.

Es sei noch betont, daß der Widerstand der Elektrolytlösungen OHMscher Widerstand ist; nach Maßgabe dieses Widerstandes wird bei der Elektrolyse Stromenergie in JOULEsche *Wärme* verwandelt, genau wie bei einem Widerstandsofen. Mit der elektrochemischen Trennungsenergie der Elemente hat der ganze Effekt nichts zu tun, es ist eine Energie, die hierzu *zusätzlich* geleistet werden muß, vom Nützlichkeitsstandpunkt aus gesehen eine Energie*verschwendung*. Die Erscheinung gibt uns aber wichtige Aufschlüsse über Dissoziation, Hydrolyse, Löslichkeit schwerlöslicher Salze etc. und nimmt deshalb einen breiten Raum in der physikalischen Chemie ein.

Für organische Säuren mit nicht zu kleinem Molekül gibt es eine einfache Faustregel. Es hat sich herausgestellt, daß der Endwert für solche Säuren — etwa von der Größe der Buttersäure ab — nur noch von der Anzahl der Atome im Molekül, nicht mehr von der speziellen Natur der Säure abhängt. Zur Auffindung von Λ_∞ bei 25 °C kann daher folgende Tab. dienen:

Tabelle 28. Λ_∞ für organische Säuren

(N = Zahl der Atome im Molekül)

N	z. B.	
12	Buttersäure	376 A
15	Benzoesäure	373 A
18	Phenylessigsäure	371 A
22	Oxynaphthoesäure	369 A
25	Methoxynaphthoesäure	368 A
30	Methylanthrachinoncarbonsäure	367 A

Zwischenwerte können aus der Kurve Abb. 85 entnommen werden. Der Temperaturkoeffizient ist für alle Säuren geich 1,5% pro Grad.

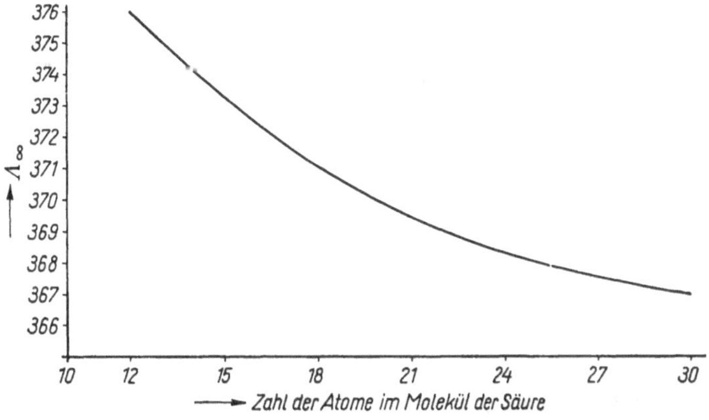

Abb. 85. Λ_∞ bei 29 °C für organische Säuren

Die Ursache dieser Regelmäßigkeit ist natürlich folgende. Von einer gewissen Größe ab bilden die Anionen organischer Säuren mit gleich vielen Atomen im Molekül – gleichgültig, welches diese Atome sind – Klumpen, die sich, besonders mit ihrer Hydratwasserhülle behangen, in Form und Größe derart ähneln, daß sie an dem Widerstand, den sie beim Durchschwimmen des Wassers finden, nicht mehr unterschieden werden können; sogar das Hinzukommen eines weiteren Atoms macht sehr wenig aus, wie die Zahlen obiger Tab. zeigen (zwischen $N = 25$ und $N = 30$ machen fünf hinzukommende Atome im Λ_∞ nur $\frac{1}{368} = 0{,}27\,\%$ aus, eines also nur 0,054%. Bei Λ_∞ ist zu bedenken, daß darin überall noch als konstanter Summand der Wert der Beweglichkeit des Wasserstoffions (**315 bei 25 °C**) enthalten ist, der allein schon den Hauptteil des Wertes ausmacht

ZUSAMMENFASSUNG

Spezifischer Widerstand. „Eine normale Kaliumchloridlösung hat den spezifischen Widerstand 10" heißt: Ein Würfel von 1 cm Seitenlänge aus dieser Flüssigkeit hat zwischen einer Seite und der gegenüberliegenden den Widerstand 10 Ohm. (Korrekte Dimensionsbezeichnung: Ω cm.)

Spezifische Leitfähigkeit. „Eine normale Kaliumchloridlösung hat die spezifische Leitfähigkeit $\frac{1}{10}$" heißt: Ein Würfel von 1 cm Seitenlänge aus dieser Flüssigkeit läßt zwischen einer Seite und der gegenüberliegenden bei 1 Volt Spannungsdifferenz $\frac{1}{10}$ Ampere durch. (Korrekte Dimensionsbezeichnung: Ω^{-1} cm^{-1}.)

[1]) Das Zustandekommen der Dimension Ω cm für den spezifischen Widerstand kann man sich am einfachsten klarmachen, wenn man annimmt, daß eine Substanz in Form verschieden großer Würfel vorliege, die alle gemessen werden.

Wir nehmen z. B. an, wir hätten zwei Würfel von 1 cm und 3 cm Kantenlänge; das Material habe den spezifischen Widerstand 4. Der erste Würfel hat dann den Durchgangswiderstand 4 Ohm, der zweite den Durchgangswiderstand $^4/_3$ Ohm. Bei beiden errechnet sich nun der spezifische Widerstand des Materials als Produkt von Ohmzahl und Kantenlänge:

$$4 \text{ Ohm} \cdot 1 \text{ cm} = 4 \qquad {}^4/_3 \text{ Ohm} \cdot 3 \text{ cm} = 4$$

also Ω cm, *q. c. d.*

Ganz ebenso ist es bei der Dimension Ω^{-1} cm^{-1} für die spezifische Leitfähigkeit.

Der erste der beiden obigen Würfel hat die Leitfähigkeit $^1/_4$ reziproke Ohm, also $^1/_4$ Siemens oder $^1/_4\,\Omega^{-1}$. Der zweite hat die Leitfähigkeit $^3/_4$ reziproke Ohm oder $^3/_4$ Siemens oder $^3/_4\,\Omega^{-1}$. Und bei beiden Würfeln erhält man die spezifische Leitfähigkeit des Materials durch Division des Siemens durch die Kantenlänge:

$^1/_4$ Siemens : 1 cm $= {}^1/_4$ $\qquad$ $^3/_4$ Siemens : 3 cm $= {}^1/_4$

also Siemens durch cm oder Ω^{-1} cm^{-1}, *q. e. d.*

Äquivalentleitfähigkeit. „Eine normale Kaliumchloridlösung hat die Äquivalentleitfähigkeit 100“ heißt: Ein Liter normale Kaliumchloridlösung, in Form von 1000 einzelnen 1-ccm-Würfeln zwischen zwei Platten von 1 cm Abstand und 1 Volt Spannungsdifferenz gegossen, läßt **100 Ampere** durch.

Äquivalentleitfähigkeit bei unendlicher Verdünnung. „Die Äquivalentleitfähigkeit einer sehr verdünnten Kaliumchloridlösung ist 130“ heißt: Wenn man ein Mol Kaliumchlorid in Form einer sehr verdünnten Lösung zwischen zwei große Platten gießt, die 1 cm Abstand haben und 1 Volt Spannungsunterschied zeigen, so läßt es **130 Ampere** durch.

Weiteres Zugießen von Wasser ändert diese Zahl nicht mehr. Ähnliche Werte geben die übrigen anorganischen Salze. Erheblich größer sind die Werte für sehr verdünnte Salzsäure und Salpetersäure; sie sind 380 und 377 Ampere. Von den 380 Ampere der Salzsäure übernimmt das Wasserstoffion 315 Ampere, das Chlorion 65 Ampere; von den 377 Ampere der Salpetersäure übernimmt das Wasserstoffion 315, das Nitration 62. Mit anderen Worten, diese Werte der Äquivalentleitfähigkeit lassen sich additiv aufspalten in zwei Komponenten für die beiden Ionenarten. Man sagt, 315 und 65 seien die „Ionenbeweglichkeiten“ des Wasserstoffions und des Chlorions bei unendlicher Verdünnung.

Beispiel 43 In einem Trog stehen sich in 1 cm Abstand zwei Nickelplatten gegenüber von 10 qcm, die den Trogquerschnitt ausfüllen. Dazwischen befindet sich äquivalentnormale Nickelsulfatlösung. Letztere hat den spezifischen Widerstand 40 Ohm. Wie groß ist der Widerstand dieser Zelle?

A: Es sind 10 ccm-Würfel. Widerstand **4 Ohm**.

Beispiel 44 Dasselbe wie in Beispiel 43. Es ist die spezifische Leitfähigkeit der n Nickellösung gegeben mit $\frac{1}{40}$ A. Wie groß ist der Widerstand dieser Zelle?

A: 1 Würfel läßt $\frac{1}{40}$ A durch (bei 1 V Potentialdifferenz),

10 Würfel lassen $\frac{1}{4}$ A durch, Widerstand **4 Ohm**.

Beispiel 45 Dasselbe wie in Beispiel 43. Es ist die Äquivalentleitfähigkeit der n Nickellösung gegeben mit $\frac{1000}{40}$ A $= 25$ A. Wie groß ist der Widerstand der Zelle?

A: a) 1000 Würfel lassen 25 A durch,

10 Würfel $0{,}25\ \text{A} = \frac{1}{4}\ \text{A}$;

Widerstand **4 Ohm**.

b) Die spezifische Leitfähigkeit ist $\frac{1}{1000}$ der Äquivalentleitfähigkeit, also $= \frac{1}{40}$ A. Von da ab wie unter Beispiel 44.

Beispiel 46 Zwei Silberplatten von 200 qcm stehen sich in einem Trog mit 2 cm Abstand gegenüber. Dazwischen befindet sich n Silbernitratlösung. Zwischen den Platten wird eine Potentialdifferenz von 1 V aufrechterhalten. Wieviel Ampere gehen durch die Zelle?
Gegeben ist die spezifische Leitfähigkeit der n Silbernitratlösung mit 0,068 A.

A: Wenn der Abstand nur 1 cm wäre, gingen 200 · 0,068 A durch. Beim Abstand 2 cm ist der Widerstand doppelt so hoch; es gehen nur 100 · 0,068 A. = **6,8 A** durch.

Beispiel 47 Ebenso. Gegeben ist die Äquivalentleitfähigkeit der n Silbernitratlösung mit 68 A. Wieviel Ampere gehen durch die Zelle?

A: Die spezifische Leitfähigkeit ist $\frac{1}{1000}$ von 68 A = 0,068 A Von da an wie unter Beispiel 46 zu rechnen. Es gehen **6,8 A** durch.

Beispiel 48 Ebenso. Gegeben ist der spezifische Widerstand der n Silbernitratlösung mit $\frac{1}{0{,}068}$ Ohm = 14,7 Ohm. Wieviel Ampere gehen durch die Zelle?

A: Spezifische Leitfähigkeit = $\frac{1}{14{,}7}$ A = 0,068 A. Von da wie unter Beispiel 46. **6,8 A.**

Beispiel 49 Unendlich verdünnte Cäsiumchloridlösung hat die Äquivalentleitfähigkeit 133 A. 65 davon fallen auf das Chlorion. Welche Ionenbeweglichkeit hat das Cäsiumion?

A: 133 – 65 = **68 A.**

Beispiel 50 Unendlich verdünnte Cäsiumnitratlösung hat die Äquivalentleitfähigkeit 128,5 A. 60,5 davon fallen auf das Nitration. Welche Ionenbeweglichkeit hat das Cäsiumion?

A: 128,5 – 60,5 = **68 A.**

Beispiel 51 Stark verdünnte Kaliumchloridlösung wird einem „Überführungsversuch" unterworfen. Als Kathode dient eine Quecksilberlache, welche alles abgeschiedene Kaliummetall quantitativ aufnehmen soll zu Kaliumamalgam, so daß nichts als KOH in die Lüsung tritt (das ist in Wirklichkeit natürlich nicht zu erreichen); als Anode dient eine Silberplatte, welche das abgeschiedene Chlor quantitativ aufnimmt zu Silberchlorid und es so der Lösung entzieht. Es wird 1 F = 96500 Coulomb durchgeschickt und daher 1 Mol Kaliumchlorid zersetzt. Durch Analyse wird festgestellt, daß Anoden- und Kathodenraumflüssigkeit gleichmäßig an KCl verarmen, jede also gerade um $\frac{1}{2}$ Mol KCl. Daraus wird der Schluß gezogen, daß Anion und Kation (beim KCl) gleich schnell wandern, die Ionenbeweglichkeit also gleich ist. Wie groß sind die Ionenbeweglichkeiten von Kaliumion und Chlorion?

A: Beide $\frac{130}{2} = 65$ A.

Beispiel 52 In einem analogen Versuch mit Lithiumchloridlösung wird festgestellt, daß sich die Elektrodenraumverarmungen und damit die Ionenbeweglichkeiten von Lithiumion und Chlorion verhalten wie 1:2. Die Äquivalentleitfähigkeit des Lithiumchlorids bei unendlicher Verdünnung ist 98 A. Wie groß sind die beiden einzelnen Ionenbeweglichkeiten?

A: Lithiumion 33 A, Chlorion 65 A.

Beispiel 53 Von den vier Salzen KCl, NaCl, KBr, NaBr wird die Äquivalentleitfähigkeit gegeben (a, b, c, d). Wie lassen sich daraus die Ionenbeweglichkeiten der vier beteiligten Ionen ableiten?

A: Überhaupt nicht. Man hat zwar vier Gleichungen und vier Unbekannte, aber die Gleichungen sind abhängig; man erhält stets nur die *Differenzen* (Kaliumwert minus Natriumwert oder Chlorwert minus Bromwert). Erst sobald man einen einzigen Absolutwert hat, lassen sich alle anderen ausrechnen.

Beispiel 54 Demnach müßte man eigentlich mit einer einzigen Überführungsmessung auskommen und mit Hilfe dieser (z. B. der $K^{\cdot}$- oder der Cl'-Beweglichkeit) und den nötigen Äquivalentleitfähigkeitsmessungen die Beweglichkeiten sämtlicher Ionen ausrechnen können. Stimmt das?

A: Prinzipiell ja.

Beispiel 55 Wie weiter unten gezeigt wird, kann man die absolute Wanderungsgeschwindigkeit des Permanganations durch einen einfachen Versuch direkt messen (in cm pro Sekunde) und daraus dann die Ionenbeweglichkeit des Permanganations ausrechnen. Somit müßte also auch dieser eine Versuch schon genügen, um die erste Ionenbeweglichkeit in die Hand zu bekommen und daraus alle übrigen ohne Überführungsversuche abzuleiten. Stimmt das?

A: Prinzipiell ja.

Beispiel 56 Eine verdünnte Essigsäurelösung hat das Äquivalentleitvermögen 3,5. Die Ionenbeweglichkeit des Acetations ist, wie aus Leitfähigkeitsmessungen an Natriumacetat festgestellt wurde, 35, die des Wasserstoffions 315. Wie groß ist die elektrolytische Dissoziation dieser Essigsäurelösung?

A: Vollständig dissozierte Essigsäure hat das Äquivalentleitvermögen $315 + 35 = 350$. Obige Lösung hat das Äquivalentleitvermögen 3,5, also ist sie zu 1% dissoziiert.
(Anwendung zur Bestimmung des Dissoziationsgrades.)

Beispiel 57 $\frac{1}{300}$ Mol Anilinhydrochlorid wird in 1 Liter Wasser gelöst. Die Lösung zeigt eine Äquivalentleitfähigkeit von 128. Auf Zusatz einiger Tropfen Anilin geht sie zurück auf 100. Zu wieviel Prozent war die Lösung hydrolysiert? (Freie Salzsäure hat die Äquivalentleitfähigkeit 380.)

A: Durch den Anilinzusatz wird die Hydrolyse praktisch ganz zurückgedrängt. Die Äquivalentleitfähigkeit des gänzlich unhydrolysierten Anilinhydrochlorids ist demnach 100, die des vollständig hydrolysierten = 380 (= freie Salzsäure). Zwischen diesen beiden Werten liegt der tatsächlich gefundene mit 128.

Erhöhung um 280 entspricht also 100% Hydrolyse,

Erhöhung um 28 entspricht also **10% Hydrolyse**.

(Anwendung zur Bestimmung des Hydrolysengrades γ)

Beispiel 58 Vollkommen dissoziierte Silberbromidlösung hat das Äquivalentleitvermögen 120 (= 53 + 67). Eine gesättigte wäßrige Silberbromidlösung hat das spezifische Leitvermögen $0{,}06 \cdot 10^{-6}$. Wie groß ist die Löslichkeit des Silberbromids (in Mol/Liter)?

A: Ein 1-ccm-Würfel läßt durch $0{,}06 \cdot 10^{-6}$ A,
1000-ccm-Würfel lassen durch $60 \cdot 10^{-6}$ A.
1 Mol dissoziiertes Silberbromid würde durchlassen 120 A. Wenn 1 Liter gesättigte Silberbromidlösung nur $60 \cdot 10^{-6}$ A durchläßt, so enthält es bloß **$0{,}5 \cdot 10^{-6}$ Mole Silberbromid** ($\sim$0,1 mg). (Anwendung zur Bestimmung der Löslichkeit schwerlöslicher Salze.)

Beispiel 59 Reinstes Wasser hat bei 19°C eine spezifische Leitfähigkeit von $0{,}462 \cdot 10^{-7}$ A, d. h., der ccm-Würfel läßt $0{,}462 \cdot 10^{-7}$ A durch. Wie groß berechnet sich hieraus das Ionenprodukt des Wassers bei 19°C?

A: Ein ganzes Liter Wasser läßt zwischen Platinplatten von 1 cm Abstand und 1 V Potentialdifferenz 1000mal soviel durch, nämlich $462 \cdot 10^{-7}$ A. Wenn es ein ganzes Mol dissoziiertes Wasser enthielte, also 1 Mol Wasserstoffion und 1 Mol Hydroxylion, müßte es durchlassen 315 + 147 A = 462 A. Tatsächlich läßt es nur $462 \cdot 10^{-7}$ A durch, also den 10^7. Teil. Es enthält also nur 10^{-7} Mole Wasserstoffion und 10^{-7} Mole Hydroxylion. Das Produkt aus diesen beiden Konzentrationen ist also

$$[H^{\cdot}]\,[OH'] = (10^{-7})^2 = 10^{-14}$$

(Kohlrauschsche Konstante), **und das ist einer der vier Wege, die zu dieser Konstante führen.**

Absolute Wanderungsgeschwindigkeit der Ionen. Die Ionenbeweglichkeit eines Ions (z. B. 65 [A] für Kaliumion oder Chlorion) gibt, durch 96500 dividiert, die absolute Wanderungsgeschwindigkeit des Ions in cm pro Sekunde; also z. B.

$$\frac{65}{96500} = 0{,}000674 \text{ cm pro Sekunde}$$

für Kaliumion oder Chlorion, das sind 2,42 cm pro Stunde.

Beispiel 60 Permanganation hat bei 25°C die Ionenbeweglichkeit 57 A. Wie groß ist die absolute Wanderungsgeschwindigkeit des Permanganations in cm/sec?

A: $\frac{57}{96500} = \mathbf{0{,}00059\ cm/sec} = 2{,}12$ cm pro Stunde

Beispiel 61 Wasserstoffion hat die Ionenbeweglichkeit 315 A. Wie groß ist die absolute Wanderungsgeschwindigkeit?

A: $\frac{315}{96500} = \mathbf{0{,}00327\ cm/sec}$

$= 11{,}7$ cm pro Stunde.

Beispiel 62 Silberion hat die Ionenbeweglichkeit 54 A. Wie groß ist die absolute Wanderungsgeschwindigkeit?

A. a) $\frac{54}{96500} = \mathbf{0{,}00056\ cm/sec}$

b) Aus dem Wert des Kaliumions durch Proportionalität
$65:54 = 0{,}000674:\mathbf{0{,}00056}$.

Die Ionenbeweglichkeit und die absolute Wanderungsgeschwindigkeit sind also untereinander durch einen Proportionalitätsfaktor verbunden. Seine Größe ist 96500 bei einwertigen Ionen.

Beispiel 63 Ein zylindrischer Natriumdraht von 2,42 mm Durchmesser, also 4,6 qmm Querschnitt wird unter Petroleum waagerecht ausgelegt und Strom von 0,13 A hindurchgeschickt. Aus diesem Draht wird ein 1 cm langes Stück abgegrenzt und für sich betrachtet. Dieses 1 cm lange Stück enthält 46 mg Natrium = **2 Millimole Natrium** und da jedes Natriumatom 1 bewegliches Valenzelektron besitzt, das den Stromtransport durch metallische Leitung übernehmen kann, $\frac{2}{1000}$ F = 2 · 96,5 Coulomb = 193 Coulomb bewegliche Elektronen (die ein unbewegliches Gittergerüst von ebensovielen positiven Natriumionen frei beweglich durchschweben).
Mit welcher Geschwindigkeit bewegen sich die Elektronen durch den Draht?

A: Wenn die Stromstärke 2 · 96,5 = 193 A betrüge, würden in der Sekunde gerade 193 Coulomb durch jeden Querschnitt des Drahtes hindurchgehen, d. h., die 1-cm-Säule der Elektronen würde sich in dieser Zeit um ihre eigene Länge fortbewegen. Da der Strom aber nicht 193 A beträgt, sondern bloß 0,13 A ist die Geschwindigkeit auch entsprechend geringer, nämlich

$$\frac{0{,}13}{193} = \mathbf{0{,}00067\ cm/sec},$$

das sind 0,0402 cm pro Minute oder 2,41 cm pro Stunde.

Beispiel 64 Angenommen, das Elektronengas im vorigen Beispiel bestünde zur Hälfte aus positiven Elektronen, die sich mit gleicher Geschwindigkeit durch den Draht in entgegengesetzter Richtung bewegen und so den Stromtransport bewältigen. Wie groß wäre die Geschwindigkeit dieser Elektronen?

A: Nicht anders, also auch 0,00067 cm pro Sekunde. Die Division lautete

$$\frac{0{,}13}{193} = \frac{2 \cdot 0{,}065}{2 \cdot 96{,}5} = \frac{0{,}065}{96{,}5} = 0{,}00067\ \text{cm/sec},$$

wobei $\frac{130}{2} = 65$ mA die beiden Teilstromstärken wären.

Beispiel 65 Und nun werde angenommen, das positive und negative Elektronengas des vorigen Beispiels werde ersetzt durch einen 1-ccm-Würfel einer mKCl-Lösung, die ebenfalls je 1 Millimol wandernder Ionen enthält und die unter dem Potentialgefälle von 1 Volt pro cm 130 Milliampere durchlasse[1]); die beiden Wanderungsgeschwindigkeiten von Kaliumion und Chlorion sind gleich.

Wie groß ist die absolute Wanderungsgeschwindigkeit des Chlorions?

A: Es ist alles völlig analog dem Beispiel 64; die absolute Wanderungsgeschwindigkeit des Chlorions ist

$$\frac{0{,}065}{96{,}5} = 0{,}00067\ \text{cm/sec}$$

oder $\frac{65}{96\,500} = 0{,}00067$ cm/sec (vgl. Tab. 29) (S. 297)

oder $\frac{U}{96\,500} = u,$

wobei U = Ionenbeweglichkeit in A, u = Wanderungsgeschwindigkeit des betreffenden Ions in cm/sec.

---

[1]) KCl-Lösung *dieser Konzentration* läßt allerdings etwas weniger durch.

Tabelle 29. Absloute Wanderungsgeschwindigkeiten der Ionen in cm/sec bei 18 °C

$H^{\cdot}$	315	0,003 260	cm/sec = 11,7 cm/h
OH'	174	0,001 800	cm/sec = 6,50 cm/h
Cl'	65,3	0,000 676	cm/sec = 2,43 cm/h
$K^{\cdot}$	64,2	0,000 666	cm/sec = 2,40 cm/h
NO_3'	61,7	0,000 640	cm/sec = 2,30 cm/h
MnO_4'	57,5	0,000 596	cm/sec = 2,14 cm/h
$Ag^{\cdot}$	54,3	0,000 562	cm/sec = 2,02 cm/h
$Na^{\cdot}$	43,0	0,000 470	cm/sec = 1,69 cm/h

Die erste Kolumne gibt die „Ionenbeweglichkeiten" bei unendlicher Verdünnung an (Ampere im bisherigen Sinne), die beiden anderen die absolute Wanderungsgeschwindigkeit der Ionen in cm pro Sekunde und cm pro Stunde. Alle drei Kolumnen sind einander proportional.

Bei gefärbten Ionen ist die absolute Wanderungsgeschwindigkeit in cm/sec direkt experimentell bestimmbar; analog z. B. die von Hydroxylionen, wenn man als Medium phenolphthaleinhaltiges Wasser wählt. Man hat auch Methoden ausgearbeitet, um von den übrigen ungefärbten Ionen die Wanderungsgeschwindigkeit direkt zu bestimmen. Doch empfiehlt sich meist die indirekte Hittorfsche Methode über die Überführungszahl. Der Proportionalitätsfaktor, der die Ionenbeweglichkeit mit der absoluten Wanderungsgeschwindigkeit verbindet, ist, wie schon oben gesagt, 96 500 bei einwertigen Ionen. Bei zweiwertigen ist er 193 000, bei dreiwertigen 289 500. Sind die beiden Größen einzeln experimentell bestimmbar (die absolute Wanderungsgeschwindigkeit nach der beim Permanganation beschriebenen Methode), so kann man durch Division ihren Proportionalitätskoeffizienten feststellen und also die Wertigkeit eines Ions erkennen. Ist er etwa 289 500, so ist das Ion dreiwertig. Man könnte so prinzipiell z. B. die Wertigkeit des Indiums und damit das Atomgewicht des Indiums feststellen (andere Wege sind die Molekulargewichtsbestimmung des Indiumchloriddampfes oder die Atomwärme des Indiums).

Apparatives zur Messung der spezifischen Leitfähigkeit. Zur Bestimmung der spezifischen Leitfähigkeit müßte man nach dem bisher Gesagten eigentlich Gefäße benutzen wie in Abb. 86, mit zwei Elektroden von 1 qcm Fläche und 1 cm Abstand,

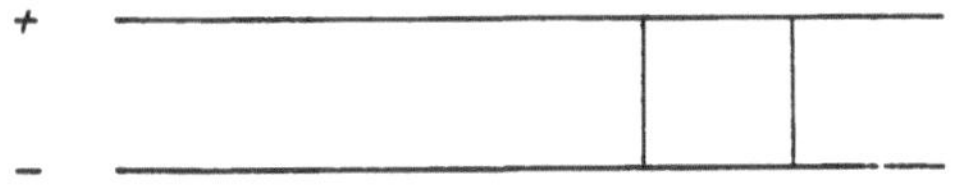

Abb. 86

bei denen die Strombahn 1 qcm Querschnitt hat, oder wenigstens ähnliche, geometrisch definierte Zellen wie etwa in Abb. 87. Heute benutzt man jedoch, nachdem diese grundlegenden Messungen mit geometrisch definierten Zellen schon ein für allemal gemacht sind[1]), nur noch Leitfähigkeitsgefäße wie in Abb. 88—92, also

[1]) F. Kohlrausch, L. Holborn und C. Diesselhorst haben lange, zylindrische Gefäße mit großen Elektroden, die den Querschnitt der Zylinder vollständig ausfüllten, genau ausgemessen und mit Hilfe der so gefundenen Widerstandskapazitäten das Leitvermögen einer Reihe von „Normallösungen" bei verschiedenen Temperaturen absolut bestimmt (Ann. Phys. *64*, 417).

Gefäße mit zwei Platten aus platiniertem Platin in festem, aber *beliebigem* Abstand voneinander, und eicht diese dann mit Eichflüssigkeiten von bekannter Leitfähigkeit, z. B. mit n Kaliumchloridlösung. Das geht sehr einfach, wie die folgenden Beispiele zeigen.

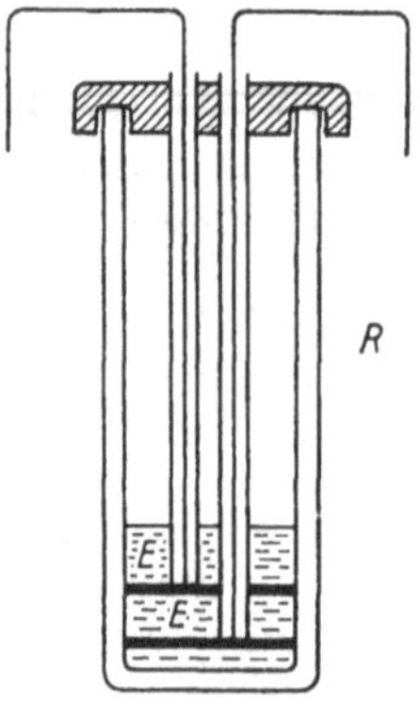

Abb. 87

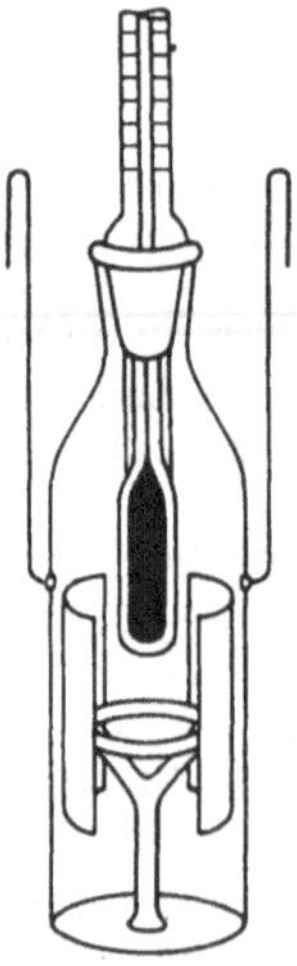

Abb. 88

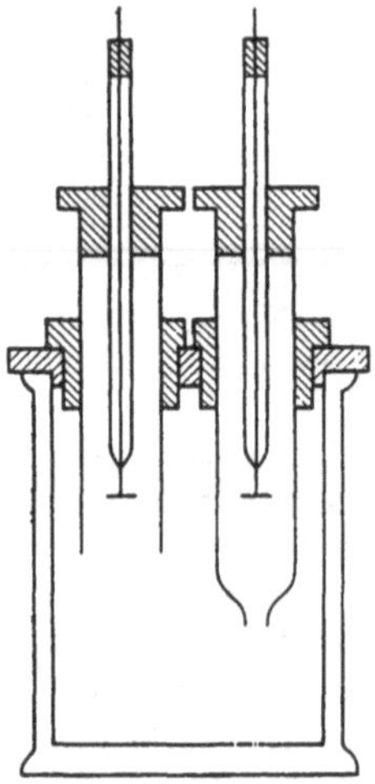

Abb. 89

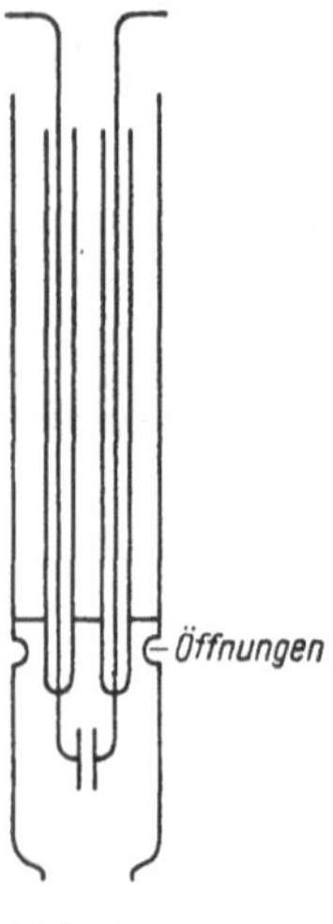

Abb. 90

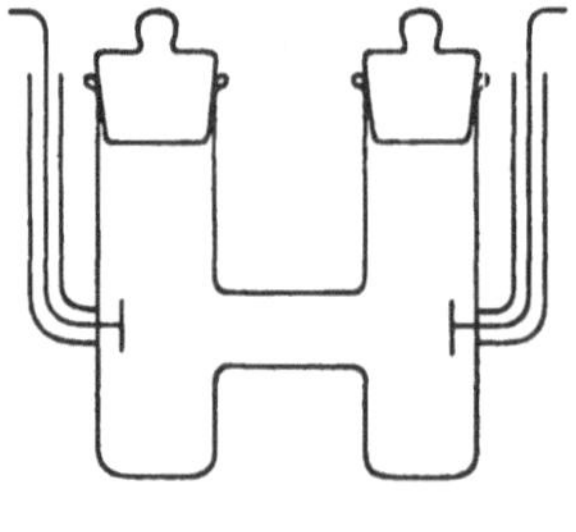

Abb. 91

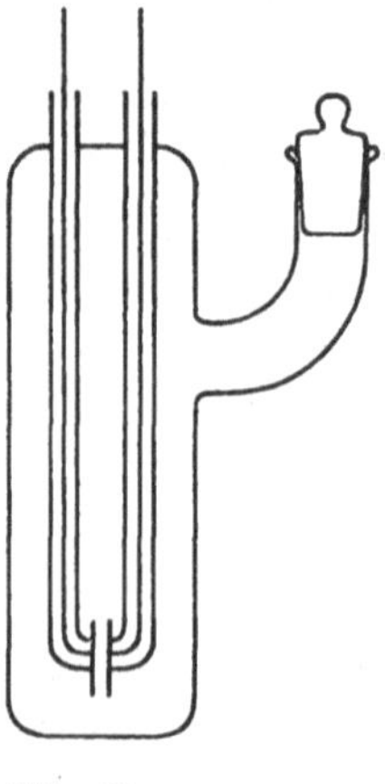

Abb. 92

Abb. 87—92. Widerstandsgefäße

Beispiel 66 Von einer gegebenen Lösung soll der spezifische Widerstand gemessen werden mit Hilfe eines ungeeichten Leitfähigkeitsgefäßes, etwa dem der Abb. 92. Man füllt zuerst n Kaliumchloridlösung ein und mißt den Widerstand des Gefäßes, und wiederholt dann die Messung mit der zu untersuchenden Lösung. Das zweite Mal mißt man doppelt so hohen Widerstand wie das erste Mal. Wie groß ist der spezifische Widerstand der Lösung?

A: Der spezifische Widerstand der n KCl-Lösung ist 10, der der zu untersuchenden Lösung doppelt so groß, also 20.

Widerstandskapazität. Wie man schon an diesem Beispiel sieht, genügt eine einfache Überlegung über Proportionalität, und der Begriff der „Widerstandskapazität" ist im Grunde (heute) fast überflüssig. Die *Widerstandskapazität* (in englisch sprechenden Ländern „*cell constant*") ist der Widerstand in Ohm, den ein Leitfähigkeitsgefäß hat, wenn man eine Flüssigkeit vom spezifischen Widerstand 1 einfüllt.

Ein Glasrohr von 1 cqm Querschnitt, und 50 cm Länge, beiderseits durch Platinplatten abgeschlossen, hat demnach die Widerstandskapazität 50.

Die Widerstandskapazität wird stets durch Eichung mit einer gut definierten Flüssigkeit bestimmt. Meist dient dazu normale oder zehntelnormale Kaliumchloridlösung. Erstere hat bei 19 °C den spezifischen Widerstand **10**, letztere **87**; gesättigte Kochsalzlösung hat bei 19°C den spezifischen Widerstand 4,0.

Beispiel 67. Ein Leitfähigkeitsgefäß wird mit n KCl-Lösung geeicht. Es zeigt den Widerstand 200 Ohm. Wie groß ist die Widerstandskapazität?

A: $\frac{200}{10} = 20$, d. h., mit einer Flüssigkeit gefüllt, deren spezifische Leitfähigkeit 1 ist, würde der Widerstand des Gefäßes 20 Ohm betragen.

Die Einheit der Widerstandskapazität ist eigentlich nicht Ohm, sondern $\mathbf{cm^{-1}}$. (Definiert man die Widerstandskapazität aber durch obigen Satz, so resultiert als Benennung Ohm). Man kann auch sagen:

Die Widerstandskapazität eines Leitfähigkeitsgefäßes ist der 10. Teil des Widerstandes in Ohm, den sie, mit n Kaliumchloridlösung gefüllt, gibt; oder der Widerstand in Ohm, den sie, mit „bestleitender Schwefelsäure" gefüllt, gibt. Benennung aber nicht Ohm, sondern cm^{-1}.

Das Leitfähigkeitsgefäß wird zur Widerstandsmessung in einer WHEATSTONE-schen Brücke mit einem bekannten Vergleichswiderstand aus Draht verglichen. Man kann es aber auch statt mit einem Drahtwiderstand mit einem *Leitfähigkeitsgefäß bekannter Widerstandskapazität vergleichen.* Man vergleicht also mit einer bereits bekannten Widerstandskapazität, indem man die beiden Leitfähigkeitsgefäße als Zweige derselben Brücke und gefüllt mit *derselben* leitenden Flüssigkeit einschaltet; die Leitfähigkeit dieser Flüssigkeit kann unbekannt bleiben. Die Widerstandskapazitäten verhalten sich dann wie die Widerstände, also wie die Abschnitte des Meßdrahtes. Der Vorteil dieses Verfahrens liegt darin, daß man die Temperatur nicht genau zu messen braucht; beide Gefäße werden nur in *dasselbe* Bad eingehängt.

Etwas anders ausgedrückt: Eine Widerstandskapazität wird bestimmt *entweder* mit Hilfe einer Flüssigkeit von genau bekanntem Leitvermögen *oder* durch

Vergleich mit einer anderen, bereits bekannten Widerstandskapazität; im zweiten Falle füllt man in die beiden miteinander zu vergleichenden Widerstandsgefäße *dieselbe* leitende Flüssigkeit ein; der spezifische Widerstand derselben kann unbekannt bleiben.

Beispiel 68 Ein eben gefertigtes Leitfähigkeitsgefäß soll geeicht werden. Eine n Kaliumchloridlösung steht nicht zur Verfügung, wohl aber ein anderes Leitfähigkeitsgefäß, dessen Widerstandskapazität 5 ist. Man füllt in beide Gefäße eine unbekannte verdünnte Magnesiumsulfatlösung aus derselben Flasche ein und vergleicht ihre Widerstände. Der Widerstand des unbekannten Gefäßes wird 3mal so hoch gefunden wie der des bekannten. Wie groß ist die Widerstandskapazität des zu eichenden Gefäßes?

A: 15 cm^{-1}.

Beispiel 69 Ein Widerstandsgefäß von der Form wie in Abb. 87 hat den Plattenabstand 5 mm, und die Fläche der beiden scheibenförmigen Elektroden ist 4 qcm. Wie groß ist die Widerstandskapazität?

A: $\frac{1}{8}$ cm^{-1}.

Beispiel 70 Ein Widerstandsgefäß hat die Form eines Glasrohres von 1 qcm Querschnitt und 3 cm Länge, an beiden Enden durch eine Platte aus platiniertem Platin abgeschlossen. Wie groß ist seine Widerstandskapazität mit korrekter Dimensionsbezeichnung?

A: 3 cm^{-1}.

Im allgemeinen muß man die Messung dieser Widerstände mit *Wechselstrom* ausführen. Mit Gleichstrom geht es nicht, weil durch die Polarisation in den Elektrolytzellen eine Gegenspannung auftritt, wodurch die Verhältnisse unsicher werden und man schlechte Resultate erhält. Da aber die gewöhnlichen Galvanometer auf Wechselstrom nicht ansprechen, muß man ein anderes Nullinstrument wählen; ein solches ist das Telephon. Den Wechselstrom liefert ein kleines Induktorium. Da das Tonminimum im Telephon nur dann gut wird, wenn die Elektroden sehr gut platiniert sind, muß auf diese Platinierung und die weitere Aufbewahrung der Elektroden viel Sorgfalt verwendet werden. Sie dürfen z. B. niemals trocken werden.

Trotzdem gibt es drei Fälle, in denen man mit *Gleichstrom* auskommt; sie sind alle drei sehr instruktiv. Der erste ist der Fall, daß man eine *unpolarisierbare* Zelle aufbaut, also etwa Kupfersulfatlösung zwischen Kupferelektroden oder Silbernitratlösung zwischen Silberelektroden. Da hier keine Polarisation auftreten kann (die Zersetzungsspannung ist Null), kann man mit Gleichstrom messen (aber gutes Rühren ist notwendig zur Verhütung von Konzentrationspolarisation).

Der zweite Fall ist der, daß man eine *sehr schlecht leitende* Flüssigkeit mit einem Leitfähigkeitsgefäß *sehr hoher Widerstandskapazität* mißt, so daß ein Widerstand von ca. 1 Million Ohm herauskommt, der auch beim Anlegen hoher Spannungen (mehrere hundert Volt) nur ganz niedrige Stromstärken durchläßt. Neben diesen hohen Spannungen sind dann die Polarisationsspannungen zu vernachlässigen.

Im dritten Fall endlich erledigt sich die Sache mit großer Eleganz. Auf der Welle eines Motors sitzt ein Kommutator, der die Richtung des Stromes einer Akkumulatorenbatterie mehrmals in der Sekunde umkehrt; so wird die Polarisation in der Elektrolysierzelle vermieden. *Auf derselben Welle sitzt aber noch ein zweiter Kommutator, der die Wirkung des ersten für den Galvanometerzweig wieder aufhebt*, so daß also das Galvanometer Gleichstrom bekommt, obwohl die Zelle von Wechselstrom durchflossen wird.

In diesen drei Fällen, die praktisch keine sehr große Bedeutung haben, da man sich daran gewöhnt hat, alle diese Messungen mit Wechselstrom auszuführen, ist es möglich, mit Gleichstrom[1]) zu arbeiten. Lediglich die dritte Methode wurde von JANDER zu genauen Leitfähigkeitstitrationen ausgenützt. Doch hat JANDER später für denselben Zweck noch eine andere Apparatur gebaut, welche ein — inzwischen in Amerika erfundenes — Wechselstromgalvanometer als Nullinstrument benützt. Das Prinzip dieser Apparatur ist folgendes: Der für die Messungen verwendete Wechselstrom wird der Sekundärwicklung eines kleinen Transformators entnommen, der nicht mit zerhacktem Gleichstrom, sondern mit richtigem Wechselstrom (des städtischen Netzes) gespeist wird. Dieser Wechselstrom geht, nachdem er die Primärwicklung des kleinen Transformators passiert hat, *noch durch die Wicklung des Feldmagneten des Nullinstruments* (Wechselstromgalvanometer), so daß sich also auch dieses Magnetfeld in der Sekunde 50mal ändert, synchron mit dem zu messenden Wechselstrom. Auf diese Weise wird nun auch die wechselnde Ablenkungsrichtung kommutiert. Wäre das Magnetfeld konstant (das eines Stahlmagneten), so wüßte die Nadel allerdings nicht, wohin sie sich wenden soll, da sie in der Sekunde 50mal anderswo hingezogen wird. So aber weiß sie es, da nun die Alblenkungsrichtung konstant geworden ist.

JANDER nennt diese beiden Methoden ,,visuelle Leitfähigkeitstitration", weil er dabei zur visuellen Bestimmung des Nullpunkts übergeht, im Gegensatz zur bisher üblichen ,,akustischen" (mit Telephon als Nullinstrument). Die Leitfähigkeitstitration hat mit zwei Nachteilen zu kämpfen: erstens muß man bei Fällungstitrationen immer in der Hitze arbeiten, da sich sonst die Fällungsgleichgewichte nicht schnell genug einstellen (es bilden sich etwas übersättigte Lösungen, und die Ionen, die eigentlich ausgefallen sein sollten, beteiligen sich noch an der Leitfähigkeit), und zweitens ist sie prinzipiell im Nachteil, sobald die Lösung überhaupt reich an irgendwelchen Salzen ist, welche mit der Bestimmung nichts zu tun haben, da diese Salze den Hauptteil des Stromtransports auf sich nehmen. Typisches Beispiel: das viele Natriumchlorid in einem BURGESS-PARR- oder WURZSCHMITT-Aufschluß bei der Titration des Sulfats in diesem Aufschluß.

Der prinzipielle Vorteil der ,,visuellen" Leitfähigkeitstitration gegenüber der ,,akustischen" besteht darin, daß das verwendete Zeigerinstrument *nicht mehr unbedingt als Nullinstrument verwendet werden muß*. Vielmehr können an dem Zeigerinstrument direkt Proportionale der Änderung der Leitfähigkeit während der Titration abgelesen werden; das bei der Telephonmethode nach jedem

[1]) genauer gesagt, ohne Induktorium.

Reagenszusatz erforderliche Aufsuchen des Tonminimums wird also vermieden.[1])

Diese ganze Leitfähigkeitsapparatur ersetzt nur den Indikator, *den einen Tropfen Phenolphthalein* bei der gewöhnlichen Titration. Statt des mit dem Auge wahrnehmbaren Farbumschlages weiß—rot erhält man einen mit dem Auge wahrnehmbaren *Knickpunkt* in der Leitfähigkeitskurve, eine plötzliche Richtungsänderung der im übrigen gradlinigen Auftragung. Derartige Knickpunkte, die den Endpunkt einer Reaktion anzeigen und daher einen Tropfen Indikator ersetzen können, liefern auch die Registrierungen anderer physikalischer Werte, von denen man es viel weniger erwartet, wie z. B. die des Brechungsindex der Lösung oder auch die der Temperatur der Lösung. Der Brechungsindex muß mit einem Interferometer[2]) gemessen werden, die Temperatur mit einem BECKMANN-Thermometer in einem WEINHOLD-Gefäß[3]).

Namentlich im letzteren Falle kann man auch Fällungstitrationen ausführen, wie z. B. die Bestimmung von Sulfat mit Bariumlösung, da diese Fällung einen erheblichen kalorimetrischen Effekt gibt. Die Bestimmung gelingt sogar noch mit überraschender Genauigkeit. Ein Tropfen eines chemischen Indikators ist natürlich unter allen Umständen das einfachste und eleganteste, allein die Bedeutung dieser Knickpunkte liegt eben darin, daß sie in Fällen noch zum Ziele führen, in denen es einen solchen Indikator überhaupt nicht gibt oder in denen sich der Umschlag wegen Färbung oder Trübung der Lösung nicht beobachten läßt. Bei Fällungstitrationen (wie z. B. für H_2SO_4 mit $BaCl_2$ oder für Metalle mit Oxychinolin) bietet auch einen ganz universell anwendbaren Ausweg die ,,Filtrationstitration" nach BUCHERER[4]), bei welcher durch Abfiltrieren einfach der Punkt festgestellt wird, bei dem weder ein Tropfen H_2SO_4 noch ein Tropfen $BaCl_2$-Lösung eine Trübung gibt; bei einiger Übung geht das sehr rasch und genau[5]). Ferner gibt es Fluoreszenzindikatoren, welche auf Umschlag der *Fluoreszenz* beruhen (z. B. Fluorescein, Umbelliferonessigsäure, Dioxypyrendisulfonsäure) und öfters noch funktionieren, wenn Farbindikatoren versagen. Weiter gibt es *Zweiphasenindikatoren*, die im zweiphasigen System arbeiten und am Umschlagspunkt das Lösungsmittel wechseln, wie z. B. Jodeosin, das beim Schütteln aus der Ätherschicht in die Wasserschicht hinüberwechselt, sobald die letztere alkalisch wird. Der Farbumschlag findet hier also auch in der Ätherschicht statt, welche nicht durch Färbungen etc. unbrauchbar gemacht ist. Beim Jodeosin ist allerdings der Farbumschlag in der Ätherschicht kaum beobachtbar (weil er zu schwach ist), wohl aber bei anderen derartigen Indikatoren, wie z. B. beim Resorufin, das von Orange nach farblos umschlägt, wenn es aus dem Äther auswandert.

Dasselbe gibt es in der Jodometrie; auch das Jod wandert im Zweiphasensystem aus der Chloroformschicht aus, wenn es mit Thiosulfat wegtitriert wird, und die

---

[1]) Über potentiometrische Abkürzungsverfahren vgl. COX, J. Amer. chem. Soc. *47*, 2138 [1925]; ROTH, Z. Elektrochem. angew. physik. Chem. *33*, 127 [1927]; ACKERMANN, Z. analyt. Chem. *79*, 8, [1929]; E. MÜLLER, Elektrometrische Maßanalyse, Dresden, Steinkopff 1940; Z. angew. Chem. *41*, 1153, 1176 [1928]; E. ABRAHAMCZIK in HOUBEN/WEYL, Methoden der organischen Chemie, Thieme, Stuttgart 1955, III/2, S. 135.

[2]) Ber. dtsch. chem. Ges. *61*, 92 [1928]

[3]) Z. angew. Chem. *48*, 463 [1935]

[4]) Z. analyt. Chem. *59*, 297 (1920); *82*, 1 (1930); *83*, 351 (1931).

[5]) 24—122 mg Schwefelsäure in 100 ccm Lösung bestimmte man mit ± 0,2 mg Fehler.

Chloroformschicht schlägt um von Violett nach Farblos. Da man acidimetrische Titrationen immer (durch Zugabe von Jodid/Jodat) in jodometrische verwandeln kann, bietet auch das einen Ausweg. Man kann aber auch das freigesetzte Jod in bicarbonatalkalischer Lösung mit Hydrazin zu Stickstoff umsetzen und letzteren über Kalilauge gasometrisch erfassen, wobei man gar keinen Indikator braucht; eine gasometrische Variante ist natürlich immer unabhängig von Trübungen und Färbungen. Mit anderen Worten, es gibt oft noch viele Auswege, die zum Ziele führen, wenn man keine konduktometrische oder potentiometrische Apparatur besitzt. In leichten Fällen von Färbung oder Trübung genügt es sogar, mehr Indikator zu nehmen oder einen farbkräftigeren Indikator zu wählen (z. B. Deltafarbstoff oder Bromkresolgrün) oder den Endpunkt durch Tüpfeln auf Indikatorpapier festzustellen. Sogar bei blauen oder schwarzen Farbstofflösungen gelingt dies noch, wenn man den in Farbenfabriken geübten Kunstgriff anwendet, die Lösung nicht direkt auf das Kongopapier zu tüpfeln, sondern eine Prise feinzerriebenen Kochsalzes zwischen zwei Blätter Filtrierpapier zu legen, das Ganze von oben her mit der zu prüfenden Lösung zu befeuchten und auf untergelegtes Kongopapier zu pressen, wobei auf dem Wege durch das Kochsalzfilter hindurch der Farbstoff ausgesalzen wird.

Überführungszahlen. Die Werte der „Äquivalentleitfähigkeiten bei unendlicher Verdünnung" lassen sich additiv aufspalten in zwei Komponenten für die beiden Ionenarten. Man sagt, 315 und 65 seien die „Ionenbeweglichkeiten" des Wasserstoffions und des Chlorions (380 ist die „Äquivalentleitfähigkeit der Salzsäure bei unendlicher Verdünnung").

Unterteilt man 1 im Verhältnis 315 zu 65, so erhält man das Verhältnis $0{,}83:0{,}17 = \frac{u}{u+v} : \frac{v}{u+v}$. Man nennt $\frac{u}{u+v}$ und $\frac{v}{u+v}$ (die sich also zu 1 ergänzen), die beiden *Überführungszahlen.* Das Verhältnis der beiden Überführungszahlen ist experimentell zu ermitteln; es ist nämlich identisch mit dem Verhältnis der Kathodenraumverarmung zur Anodenraumverarmung. Hierbei gehört zur Kathodenraumverarmung die Überführungszahl des *Anions*, zu der Anodenraumverarmung die Überführungszahl des Kations. Also:

Es verhält sich *Kathoden*raumverarmung zur Anodenraumverarmung wie Wanderungsgeschwindigkeit des *Anions* zur Wanderungsgeschwindigkeit des Kations.

Beide Ionen wandern; sie teilen sich also den Elektrizitätstransport, die Leitung, und da jedes Äquivalent der Ionen die nämliche Ladung hat, ist der Anteil eines jeden am Elektrizitätstransport offenbar proportional der Geschwindigkeit, mit der es sich bewegt. Sind u und v die absoluten Wanderungsgeschwindigkeiten der positiven und der negativen Ionen, so stellt $\frac{u}{u+v}$ den Anteil dar, den das Kation an dem Transport hat, und $\frac{v}{u+v}$ den Anteil, der auf das Anion kommt. Dies sind dann die HITTORFschen Überführungszahlen; man bezeichnet sie als $\frac{u}{u+v}$ und $\frac{v}{u+v}$ oder auch als n und $1 - n$ (n = die des Anions); in beiden Fällen ergänzen sie sich zu 1.

Das Ion, das zur Bestimmung der Verarmung herangezogen wird, muß jedoch so abgeschieden werden, daß es der Analyse auch entgeht, andernfalls kann man nicht von Verarmung sprechen. An den Beispielen wird dies klar werden. Die beiden Überführungszahlen $\frac{u}{u+v}$ und $\frac{v}{u+v}$ eines Elektrolyten verhalten sich also stets zueinander wie die beiden Ionenbeweglichkeiten, die zusammen die „Leitfähigkeit bei unendlicher Verdünnung" ergeben.

Die Ionen des sehr verdünnten Lithiumchlorids haben z. B. die Ionenbeweglichkeiten 33 und 65. Die Überführungszahlen sind demnach 0,337 und 0,663 (zusammen 1,0); (0,337 : 0,663 = 33 : 65).

Beispiel 71 Eine verdünnte Salzsäure wird zwischen Platinelektroden elektrolysiert. Der Elektrolyt ist in Anodenraum, Mittelraum und Kathodenraum unterteilbar. Die beiden Gase H_2 und Cl_2 werden an den Elektroden entwickelt und sollen dort durch einen durchgeblasenen Luftstrom sofort vollständig entfernt werden. Anoden- und Kathodenraum verarmen etwas an Salzsäure. Die Verarmungen verhalten sich wie 5 : 1.

a) Wie verhalten sich die Ionenbeweglichkeiten?

A: Wie 5 : 1, und zwar Wasserstoff : Chlor (Anodenraumverarmung : Kathodenraumverarmung wie die daraus *weg*wandernden Ionen).

b) Die Ionenbeweglichkeit des Wasserstoffions ist 315; wie groß ist die des Chlors?

A: 63

c) Welches sind die Überführungszahlen?

A: $\frac{5}{6}$ (Wasserstoff) und $\frac{1}{6}$ (Chlor).

Beispiel 72 Eine verdünnte Lithiumchloridlösung wird zwischen einer Quecksilberlache als Kathode und einem Silberblech als Anode elektrolysiert. Das abgeschiedene Lithium soll verlustlos von der Quecksilberlache aufgenommen, das Chlor verlustlos in Silberchlorid umgewandelt werden. Anoden- und Kathodenraum verarmen etwas an LiCl. Die Verarmungen verhalten sich wie 1 : 2.

a) Wie verhalten sich die Ionenbeweglichkeiten?

A: Wie 1 : 2, und zwar $Li^{\cdot} : Cl'$.

b) Die Ionenbeweglichkeit des Lithiums ist 33, wie groß ist die des Chlors?

A: 66

c) Welches sind die Überführungszahlen?

A: $\frac{1}{3}$ (Lithium) und $\frac{2}{3}$ (Chlor).

Beispiel 73 Verdünnte Silbernitratlösung wird zwischen Platinelektroden elektrolysiert. An der Anode scheidet sich Sauerstoff aus (und Salpetersäure), an der Kathode Silber. Anoden- und Kathodenraum verarmen etwas an Silbernitrat; die Verarmungen werden durch Silberbestimmung gemessen. Sie verhalten sich wie 47:53 (Anodenraum:Kathodenraum). Welches sind die Überführungszahlen?

A: 0,47 (Silberion) und 0,53 (Nitration).

Beispiel 74 Verdünnte Silbernitratlösung wird zwischen Platinelektroden elektrolysiert. Die Anodenraumverarmung beträgt 0,47 g Silber (auf Silber*metall* berechnet), die Kathodenraumverarmung 0,53 g Silber. Wieviel g Silber haben sich auf der Platinkathode abgeschieden?

A: 1 g Silber. Das auf der Kathode abgeschiedene Metall muß gleich der Gesamtverarmung sein. Denn der Elektrolyt verarmt nur dadurch, daß sich Silber an der Kathode abscheidet.

Beispiel 75 Im vorigen Beispiel sei nur die Anodenraumverarmung gemessen, nicht die Kathodenraumverarmung, dafür aber auch die Gewichtszunahme der Kathode = 1 g Silber. Wie groß ist die Kathodenraumverarmung?

A: 0,53 g Silber. Die eine der beiden Verarmungen kann immer *berechnet* werden als Differenz der Gesamtverarmung (= niedergeschlagenes Metall) und der anderen Verarmung. *Man braucht also prinzipiell immer nur die eine der beiden Verarmungen zu messen.*

Statt die Gewichtszunahme der Kathode im Überführungsapparat zu ermitteln, kann man natürlich auch ein *Silbercoulometer* einschalten und bei diesem die Gewichtszunahme der Kathode ermitteln. Das wird meistens noch bequemer und genauer sein. Außerdem kann man das auch bei Metallen machen, bei denen die Wägung der Kathode auf Schwierigkeiten stoßen würde, wie z. B. bei Lithium, Kalium oder Magnesium. Man muß nur von Silber auf Lithium etc. umrechnen. Ein Coulometer ergibt immer die durchgegangene Coulombzahl. Diese kann man aber natürlich auch mit einem Amperemeter und einer Uhr (als Amperesekunden) ermitteln. Das ist eine weitere Variante, die jedoch an Genauigkeit die des Silbercoulometers meist nicht erreicht.

Beispiel 76 Verdünnte Silbernitratlösung wird zwischen Platinelektroden elektrolysiert. In den Stromkreis wird außerdem ein Silbercoulometer (in Serie) geschaltet. Es wird so lange elektrolysiert, bis sich im Silbercoulometer 1 g Silbermetall an der Kathode abgeschieden hat. Die Anodenraumverarmung beträgt 0,47 g Silber (Metall!). Wie groß ist die Kathodenraumverarmung?

A: Natürlich ist nun auch an der Kathode des Überführungsapparates 1 g Silber abgeschieden. Die Gesamtverarmung beträgt also 1 g Silber. Und die Kathodenraumverarmung beträgt 1,00—0,47 g Silber = **0,53 g Silber**.

Beispiel 77 Ebenso; es werde gemessen die *Kathoden*raumverarmung mit 0,53 g und außerdem die Menge des an der Kathode niedergeschlagenen Silbers. Diese sei 1 g.

a) Wie groß sind die Überführungszahlen?

A: Die Verarmung des Anodenraums ist demnach 0,47 g, denn die Gesamtverarmung muß 1 g sein. Die Überführungszahlen sind dann 0,53 und 0,47.

b) Wie verhalten sich die Ionenbeweglichkeiten?

A: Ebenfalls wie 0,53:0,47.

c) Wie groß sind die Ionenbeweglichkeiten, wenn die Äquivalentleitfähigkeit des Silbernitrats 116 ist?

A: 116 ist im Verhältnis 0,53:0,47 zu unterteilen, also 61:55. Das heißt, von den 116 Ampere übernimmt das Nitration 61 Ampere, das Silberion 55.

Beispiel 78 Eine verdünnte Silbernitratlösung werde elektrolysiert. Die Kathodenraumverarmung wird gemessen zu 0,53 g. Gleichzeitig wird festgestellt, daß 895 Coulomb durch die Zelle geschickt wurden. Wie groß sind die Überführungszahlen?

A: Die 895 Coulomb entsprechen 1 g Silber, das auf der Kathode niedergeschlagen ist, und der Fall liegt genau wie bei Beispiel 78. Man kann also entweder *beide* Verarmungen messen oder nur *eine* dieser Verarmungen und dazu die Menge des kathodisch niedergeschlagenen Metalls oder auch die durchgegangene Coulombzahl angeben.

Beispiel 79 Eine verdünnte Silbernitratlösung werde zwischen Silberelektroden (statt Platinelektroden) elektrolysiert. An der Kathode werde 1 g metallisches Silber abgeschieden. Die Kathodenraumverarmung betrage wieder 0,53 g Silber.

a) Wie groß ist die Anodenraumverarmung?

A: Von einer Anodenraumverarmung kann man hier eigentlich nicht sprechen, denn an der Anode geht jetzt 1 g Silber in Lösung und das ist mehr, als ins Mittelstück auswandert. Im Anodenraum wird also die Lösung an Silber konzentrierter, nicht verdünnter (wie vorhin). Zieht man aber dieses eine Gramm Silber ab, so kommt eine Anodenraumverarmung von 0,47 heraus, wie vorher.

b) Wie sind die Überführungszahlen?

A: 0,47 (Silber) und 0,53 (Nitrat), wie vorher.

Beispiel 80 Lithiumchloridlösung werde zwischen zwei Cadmiumelektroden elektrolysiert. Wie kann man bei der Analyse vorgehen?

A: Beide Räume verarmen zunächst an Lithiumchlorid. Im Kathodenraum scheidet sich aber Lithium ab und löst sich gleich wieder auf zu LiOH, so daß also eine Bestimmung des Lithiums

hier nicht zum Ziel führen würde. Dagegen würde eine Bestimmung des *Chlorions* im Kathodenraum die richtige Kathodenverarmung geben.
Im Anodenraum ist es umgekehrt. Da würde eine Chlorbestimmung unrichtige Werte geben, weil ja jetzt $CdCl_2$ anwesend ist. Dagegen müßte eine *Lithium*bestimmung hier zum Ziel führen. Es ist aber gar nicht notwendig, *beide* Verarmungen zu ermitteln. Es genügt eine, wenn man ein Silbercoulometer mit einschaltet. Man muß nur von Silber auf Lithium umrechnen.

Überführungsapparate. Von Apparaten zur Messung der Überführungszahl ist eine große Anzahl bekannt. Zunächst ist zu sagen, daß sich die meisten darauf beschränken, die Verarmung an *einer* Elektrode — also der Kathode *oder* Anode, meist der Anode — zu messen. Wie wir gesehen haben, genügt das ja auch völlig; die Verarmung der anderen ergibt sich ja aus der Messung der einen mit größter Genauigkeit (wenn man außerdem noch ein Coulometer im Stromkreis liegen hat).

Zweitens ist zu bedenken, daß wir bei der apparativen Abgrenzung des Anoden- (oder Kathoden-)raums eine gewisse Freiheit haben. Wir können ein beliebig großes Stück des Mittelraums mit dazu nehmen; das macht nichts aus. Wichtig ist nur, daß wir ihn *nicht zu klein* abgrenzen, damit die *ganze* von der Konzentrationsänderung betroffene Elektrodenumgebung erfaßt wird. Nehmen wir noch ein Stück Mittelraum dazu, in dem keine Änderung passiert ist, so ist das ja für die Feststellung der Verarmung gleichgültig, wenn der Schnitt nur immer an der *gleichen* Stelle gemacht wird, und wir das durch diesen Schnitt abgetrennte Ende vor und nach der Elektrolyse analysieren.

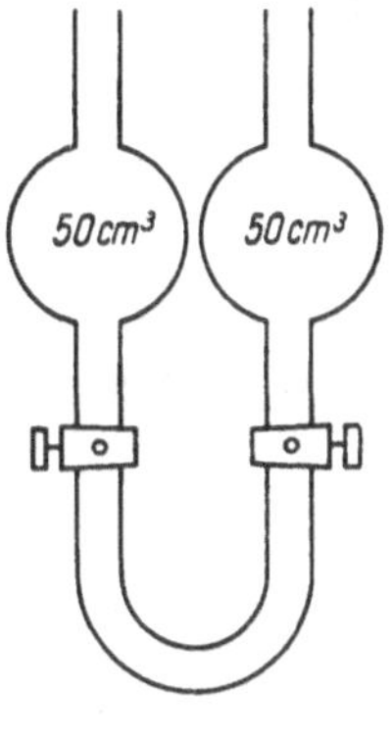

Abb. 93. Apparat nach Coehn

Dieser Schnitt, durch den also der Mittelraum von dem einen Ende oder von beiden Enden abgetrennt wird, wird nun bei dem einen Typ von Apparaten durch das Drehen zweier Glashähne oder durch das Einsetzen eines Glasstopfens in einen Schliff bewirkt. Beim Apparat von Coehn (Abb. 93) werden zwei Glashähne gedreht, beim Apparat von Hopfgartner (Abb. 94) wird ein Stopfen eingesetzt, und so werden beide Endräume oder nur einer abgetrennt. Das Volumen des abgeschnittenen Endes ist durch diesen Schliff genau festgelegt. Die Endräume werden reproduzierbar abgetrennt und damit der Schnitt immer an derselben Stelle geführt, wie verlangt wurde.

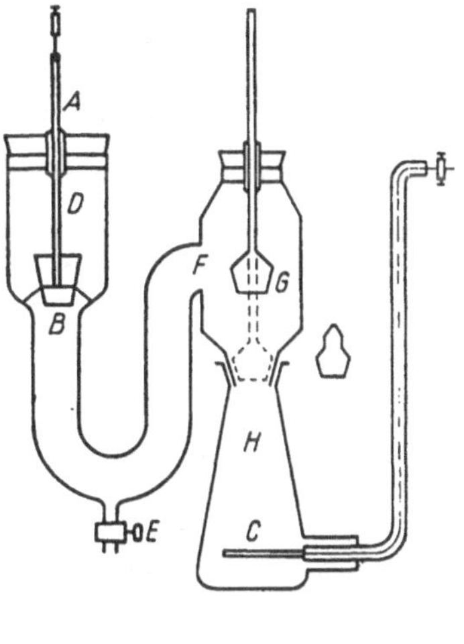

Abb. 94. Gerät zur Messung der Überführungszahlen nach Hopfgartner

A Kathode; *B* Tiegel; *C* Anode; *D* Kathodenraum; *E* Hahn zur Leerung des Kathodenraums; *F* Mittelraum; *G* Beweglicher Stopfen zur räumlichen Trennung von *F* und Anodenraum *H*

Nicht ganz so durchsichtig — wenigstens auf den ersten Blick — ist die Sache bei dem anderen Typ von Apparaturen, bei denen ein gewisses Volumen Flüssigkeit *abgelassen wird*, ohne daß eine solche definierte mechanische Trennvorrichtung wie obiger Schliffstopfen oder Hahn existierte. Abb. 95 und 96 zeigen zwei Apparaturen dieses Typs.

Bei dem Apparat der Abb. 95 ist der Anodenraum (dessen Verarmung festgestellt wird) die kugelförmige Erweiterung links unten; der Elektrolyt ist Silbernitratlsöung, die Elektrode Silber (z. B.). Der Kathodenraum (der unbeachtet bleibt) ist die kugelige Erweiterung *rechts* unten. Der übrigbleibende H-förmige Teil ist der Mittelraum.

Nach Beendigung des Stromdurchgangs läßt man die Flüssigkeit auf der Anodenseite (links) durch den Hahn so weit ab, daß das Niveau der Flüssigkeit etwa 1 cm über der kugelförmigen Erweiterung links stehen bleibt, also etwa zum Niveau $N - N'$. Der schraffierte Teil der Füllung des Apparats fällt nach links unten, und zwar so weit, bis das Niveau auf der Höhe $N - N'$ stehen bleibt. Der herausgeflossene Teil wird als die Anodenraumflüssigkeit angesehen. Erfahrungsgemäß ist damit auch wirklich unter den angewandten Versuchsbedingungen die ganze veränderte Schicht erfaßt — und ein Teil der unveränderten natürlich dazu.

Diese Art der Schnittführung ist nun auf den ersten Blick keineswegs so definiert wie die durch den Schliffstopfen bewirkte beim Apparat von Hopfgartner. Wir haben gesagt „*etwa* 1 cm" über dem Ende der kugeligen Erweiterung links. Trotzdem kommen wir ganz einfach weiter. Wir haben die herausgeflossene Lösung als die Anodenraumflüssigkeit erklärt; wir brauchen nun bloß noch die *Menge* dieser herausgeflossenen Lösung festzustellen und dieselbe Menge der ursprünglichen Silbernitratlösung (aus der Vorratsflasche) zu nehmen und diese *auch* zu analysieren. Die Differenz der enthaltenen Gramm Silbernitrat ist die Verarmung im Anodenraum.

Wir sagten eben „dieselbe Menge"; ist darunter nun zu verstehen „dasselbe Gewicht" oder „dasselbe Volumen"? Eine genauere Überlegung zeigt, daß weder das eine noch das andere ganz korrekt ist. Völlig korrekt ist „die Menge, die dasselbe Gewicht Wasser enthält", denn Wasser ist der einzige Bestandteil, dessen Menge sich nicht ändern darf, von dem kein Teil nach links oder rechts wandern darf; am Wasserkörper, der die Strombahn darstellt, werden eigentlich die zwei Schnitte geführt, die die drei Räume trennen. Wir wägen also den herausgeflossenen Teil, titrieren ihn, stellen fest, wieviel Gramm Wasser darin enthalten sind und nehmen nun soviel Urlösung aus der Vorratsflasche, daß auch in dieser Menge Lösung ebensoviele Gramm Wasser enthalten sind. Und diese beiden Silbernitratmengen vergleichen wir nun.

Ebenfalls von diesem Typus ist der Apparat Abb. 96. Er besteht nur aus zwei Bechergläsern und einem Verbindungsheber; letzterer trägt oben einen Hahn, durch den man Luft einlassen und so die im Heber befindliche Flüssigkeit symmetrisch nach beiden Seiten ablassen kann. Dieses Ablassen ist die Führung des Schnitts. Der Schnitt wird also in der Mitte geführt, *der ganze Mittelraum ist mitaufgeteilt oder auf das Volumen Null zusammengeschrumpft*. Wir haben also nur Anoden- und Kathodenraum, und die Apparatur erlaubt *prinzipiell*, die Verarmungen *beider* Räume zu messen (wenn die Elektrodenvorgänge dies gestatten). Im übrigen ist aber die weitere Behandlung dieselbe wie im vorigen Fall:

Die abgetrennte Menge (links) wird durch Wägung festgestellt, die gleiche Menge ursprüngliche Lösung (aus der Vorratsflasche) genommen und *auch* analysiert. Bei völliger Korrektheit muß man auch hier auf gleiche *Wasser*mengen beziehen.

Das Prinzip ist also beide Male, d. h. für den Überführungsapparat Abb. 95 und Abb. 96 folgendes: Man läßt *nach* dem Stromdurchgang einer willkürlichen

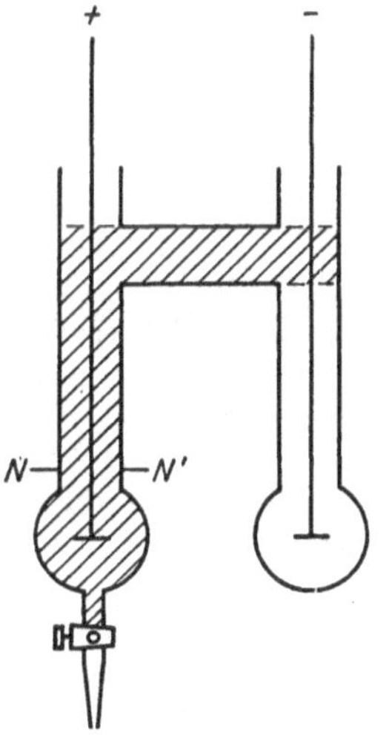

Abb. 95.
Überführungsapparate

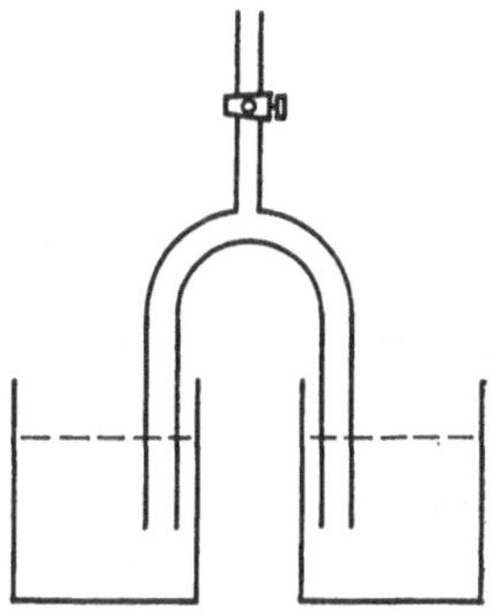

Abb. 96.
Überführungsapparate

Schnittführung entsprechend Anoden- resp. Kathodenflüssigkeit ab (im ersten Fall den Inhalt der linken Kugel, im zweiten den Inhalt des linken Becherglases + eine *beliebige* Menge aus dem U-förmigen Heber; die Gesamtmenge ist auf jeden Fall als *beliebig* resp. zufällig zu betrachten). Nun muß man noch den Gehalt derselben Menge Flüssigkeit *vor* dem Stromdurchgang wissen. Das kann man so machen, daß man aus der Vorratsflasche der Lösung das Gewicht dieser Menge abwägt und das Ganze titriert; noch genauer wird die Rechnung, wenn man nicht auf gleiche Mengen *Gesamtgewicht* bezieht, sondern auf gleiche Mengen des darin enthaltenen *Wassers*; denn dann ist kein Wasser zu- oder abgewandert, und das soll ja auch so sein.

J

EXTINKTION (BEER-LAMBERTSCHES GESETZ)

Zur Ableitung der Gesetze der Extinktion kann folgendes Gedankenexperiment dienen. Wir nehmen zwei ganz gleiche Meßzylinder und geben in den einen eine beliebig starke Kaliumchromatlösung bis zum Teilstrich 10 ccm. Beim Hereinblicken von oben konstatieren wir nun eine bestimmte Intensität der Gelbfärbung und fixieren diese, indem wir in den Vergleichszylinder ebenfalls 10 ccm derselben Lösung einfüllen. Nun schütten wir zu der Lösung im ersten Zylinder Wasser bis zum Teilstrich 20, 30, 40 und 50 ccm und vergleichen jedesmal die Farbintensität. Wir bemerken, daß sich diese *nicht ändert.* Das ist auch verständlich, denn wenn keine chemischen Vorgänge stattfinden, sondern lediglich der physikalische Vorgang der Verdünnung, so muß der Lichtstrahl pro Quadratzentimeter die gleiche Zahl Kaliumchromatmoleküle passieren wie vorher, und es liegt kein Grund zur Änderung vor. Haben wir beispielsweise auf 50 ccm verdünnt, so ist die Schichtdicke d auf das Fünffache gewachsen, zugleich aber die Konzentration c auf ein Fünftel gesunken, das Produkt cd also konstant geblieben. Bei gleichbleibendem cd ändert sich also die Extinktion nicht, und das Gesetz, das dies besagt, heißt das Beersche Gesetz. Die Untersuchung der Gültigkeit des Beerschen Gesetzes ist ein Mittel zur Unterscheidung physikalischer und chemischer Vorgänge (bei Mischungsvorgängen).

Wir nehmen nun 10 Küvetten mit verschwindend dünnen Wänden und von gleicher Schichtdicke (1 cm). Wir füllen wieder eine beliebige Kaliumchromatlösung ein. Dann konstatieren wir, daß die erste einen durchgehenden Lichtstrahl beispielsweise um $\frac{2}{10}$ schwächt also von 1 auf 0,8 bringt. Die primitivste Annahme wäre nun, zu vermuten, daß die zweite Küvette wieder 0,2 wegnimmt und daß der Lichtstrahl demnach der Reihe nach die Werte 0,8; 0,6; 0,4; 0,2; 0 annimmt, also linear abnimmt (Abb. 97).

Abb. 97. Lineare Schwächung

Diese Annahme erweist sich bei einigem Nachdenken als sehr unwahrscheinlich. Denn die zweite Küvette erhält ja nicht mehr die Intensität 1, sondern nur die $\frac{8}{10}$, auf die die erste den Lichtstrahl gebracht hat. Schwächt die zweite Küvette ihn ebenso, so bringt sie ihn auf

$\left(\frac{8}{10}\right)^2$, die dritte auf $\left(\frac{8}{10}\right)^3$ die vierte auf $\left(\frac{8}{10}\right)^4$ etc., die Intensität sinkt also *langsamer* als obiger Linie entspricht, nämlich längs $\left(\frac{8}{10}\right)^x$, also längs einer Exponentialfunktion a^x (Abb. 98), wobei a ein echter Bruch ist. Die Intensität nimmt also nach demselben Gesetz ab, nach dem ein auf Zinseszinsen gelegtes Kapital

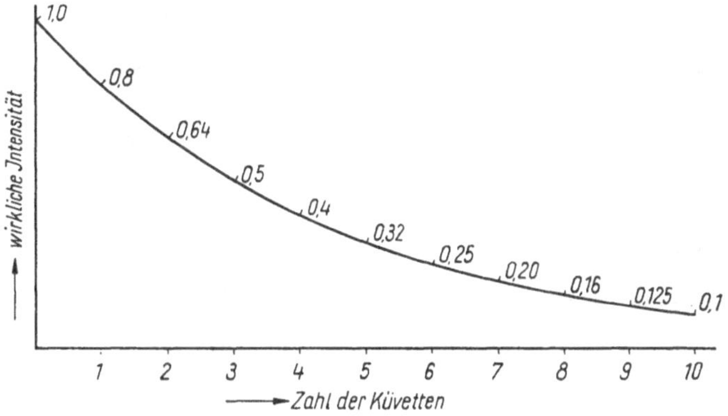

Abb. 98. Exponentielle Schwächung

abnimmt, wenn man die Zeit rückwärts verfolgt, nach demselben Gesetz, nach dem der Luftdruck abnimmt, wenn die Höhe zunimmt, nach demselben Gesetz, nach dem eine monomolekular reagierende Substanz mit fortschreitender Zeit verschwindet, z. B. Rohrzucker bei der Inversion oder Radium beim Zerfall. Alle diese Variablen nehmen längs der Funktion

$$a^x$$

ab, wobei a stets ein echter Bruch ist, nämlich $\frac{100}{104}$ pro Jahr bei dem Kapital, $\frac{7}{8}$ pro Kilometer Höhe beim Luftdruck und $\frac{95,62}{100}$ pro Jahrhundert beim Radium.

Nehmen wir nun wieder die erste Küvette und füllen jetzt Kaliumchromatlösung von 10facher Konzentration ein, so wäre die primitivste Annahme wieder die, daß die Küvette 10mal soviel wegnimmt wie vorher, daß der Strahl also auf die Intensität Null gebracht wird. Diese Annahme erweist sich aber ebenfalls sogleich als falsch, denn nach dem BEERschen Gesetz ist diese Küvette gleichbedeutend mit den 10 Küvetten der vorherigen Konzentration, und diese haben den Strahl von 1 nicht auf 0 geschwächt, sondern auf $\left(\frac{8}{10}\right)^{10} = 0,1$.

Also auch die *Konzentration* geht in die Intensitätsfunktion als Exponent ein, genau wie die Schichtdicke, natürlich auch das Produkt beider. Wenn wir im folgenden wie bisher die Intensität J als Variable betrachten und ihren Anfangswert willkürlich $= 1$ setzen, ferner als Bruchteil $a = \frac{1}{10}$ wählen, so haben wir

$$J = a^{cd}, \quad \text{wobei} \quad a = {}^1/_{10},$$

woraus folgt

$$J = 10^{-cd} \quad \text{oder} \quad cd = -\log J.$$

Nun bringt natürlich noch jede Substanz ihren eigenen Proportionalitätskoeffizienten ε mit, so daß die letzte Gleichung übergeht in

$$\varepsilon cd = -\log J.$$

Dabei definieren wir zweckmäßig εcd als die Extinktion und ε *als den eigentlichen Parameter der Extinktion, den „molekularen Extinktionskoeffizienten"*. Zur Definition der Einheit des molekularen Extinktionskoeffizienten wählen wir ε, c und $d = 1$ und definieren demnach: als eine ideal graue Substanz vom Extinktionskoefizienten 1 eine solche, die imstande ist, in normaler Lösung von der Schichtdicke 1 cm Licht jeder Wellenlänge auf $\frac{1}{10}$ seiner Anfangsintensität zu schwächen; als eine Substanz vom Extinktionskoeffizienten 2 für Gelb eine solche, die imstande ist, in normaler Lösung von der Schichtdicke 1 cm gelbes Licht auf $\frac{1}{100}$ zu schwächen; als eine Substanz vom Extinktionskoeffizienten 4 für Blau eine solche, die imstande ist, bei einer Normalität von 1 und einer Schichtdicke von 1 cm, also einem $cd = 1$ und einem $\varepsilon cd = 4$ blaues Licht auf 10^{-4} seiner Anfangsintensität zu schwächen oder bei einer Normalität 2 und einer Schichtdicke 3, also einem $cd = 6$ und einem $\varepsilon cd = 24$ blaues Licht auf 10^{-24} seiner Anfangsintensität zu schwächen.

Wir können also aus der Schlußintensität J die Extinktion εcd (Abb. 99) berechnen und hieraus den molekularen Extinktionskoeffizienten ε. Zur letztgenannten Operation brauchen wir aber die Kenntnis der Konzentration c!

Der molekulare Extinktionskoeffizient hat nun für jede Wellenlänge einen bestimmten Wert, und die so gezeichnete Kurve von ε wird durch eine Reihe von Punkten gebildet, von denen jeder einzelne einen charakteristischen Parameter — also ein Identitätskriterium — der Substanz darstellt.

Zur Zeichnung der Kurve von ε ist, wie oben dargelegt, die Kenntnis der Konzentration c notwendig. Ist man nicht im Besitz von c, so kann man auch die Kurve von ε nicht zeichnen; doch kann man in diesem Fall, wie Weigert gezeigt hat, einen mathematischen Ausweg beschreiten, der eine andere Kurve liefert, die ebenfalls für die betreffende Substanz als Identitätskriterium dienen kann. Berechnet man nämlich aus εcd statt ε die Funktion

$$\log \varepsilon cd$$

so hat man einen Ausdruck, in dem cd nur noch additiven Einfluß besitzt, denn

$$\log \varepsilon cd = \log \varepsilon + \log cd.$$

Zeichnet man also diese Kurve für wechselnde Werte von cd, so erhält man eine Schar von Kurven, die sich nur durch die additiven wechselnden Werte von $\log cd$ unterscheiden, *also äquidistant sind*; die Kurvenschar stellt im Grunde nur eine einzige Kurve dar, die in wechselnden Abständen von der x-Achse gezeichnet ist. Diese Kurve heißt die „*typische Farbkurve*“ (Abb. 100). Diese Kurve ist in sich charakteristisch, aber in ihrem Abstand von der x-Achse unbestimmt. Wir können sie willkürlich festlegen, indem wir sie so weit vertikal verschieben, daß z. B. der Wert bei einer bestimmten Wellenlänge $= 1$ wird; hierbei wird das additive

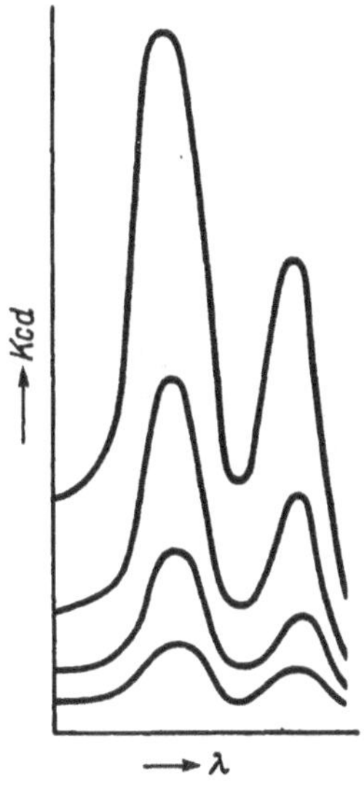

Abb. 99. *Kcd*

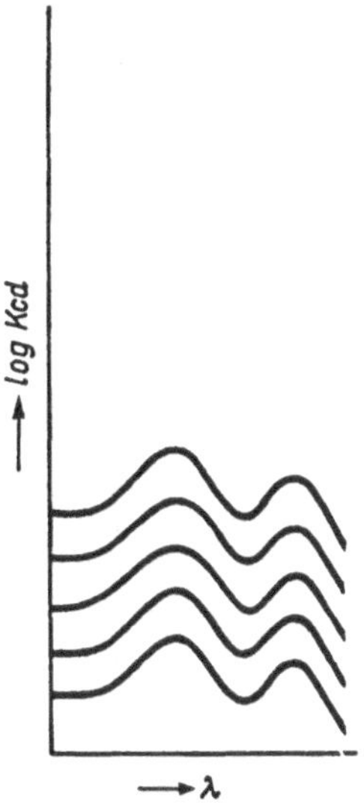

Abb. 100. log *Kcd*, typische Farbkurve (nach WEIGERT)

Glied + log cd ganz ungültig gesetzt. Dann sind alle übrigen Punkte der Kurve charakteristische Parameter der Substanz, also Identitätskriterien, die ganze Kurve natürlich um so mehr. Erfahren wir nun nachträglich zu einer der Kurven obiger Schar den zugehörigen Wert von c, so können wir die Kurve auch noch delogarithmieren zu der Kurve des wirklichen Extinktionskoeffizienten ε; doch liegt hierfür in der Regel kein Bedürfnis vor, da die Kurve von ε für die Charakterisierung einer Substanz auch nicht mehr leistet als die typische Farbkurve. Es hat sich daher eingebürgert, statt der Kurve des molekularen Extinktionskoeffizienten ε die typische Farbkurve log εcd aufzunehmen, gleichgültig ob man das Molekulargewicht kennt oder nicht.

Wie man aus Abb. 99 und 100 sieht, ist es sehr schwer, zwei Substanzen als identisch oder nichtidentisch zu erklären, wenn die Extinktionskurven *von verschiedenen cd-Werten* vorliegen, ganz leicht dagegen, wenn man nicht die Extinktionskurven, sondern die typischen Farbkurven vergleicht.

Der mathematische Charakter der typischen Farbkurve ist der eines Logarithmus von einem Logarithmus; sie ist die zweimal logarithmierte Intensität.

Die Messung der Farbintensität im Kolorimeter stellt ein Identitätskriterium nur bei *bekannter* Konzentration dar; ebenso die Feststellung des molekularen Extinktionskoeffizienten für eine einzelne Wellenlänge (wozu ja c notwendig ist);

dagegen ist das Verhältnis der Extinktionskoeffizienten für zwei verschiedene Wellenlängen ein Identitätskriterium bei *unbekannter* Konzentration, und darauf beruht dieselbe Eigenschaft der typischen Farbkurve.

Beispiel 1 In einen 100-ccm-Meßzylinder werden 10 ccm 1 m Kaliumchromatlösung gegossen. Den Zylinder stellt man auf weißes Papier und blickt von oben hinein. Dann werden aus einer Spritzflasche 10, 30 und 50 ccm Wasser dazugeschüttet. Wie ändert sich die Farbstärke der Kaliumchromatlösung?

A: Überhaupt nicht; das ist der einfachste Ausdruck des BEERschen Gesetzes. (Der Lichtstrahl passiert ja immer die gleiche Anzahl Kaliumchromatmoleküle.)

Beispiel 2 Eine Substanz hat den molaren Extinktionskoeffizienten 1 für Gelb. Wie groß ist das Schwächungsverhältnis für Natriumlicht, das die Substanz in normaler Lösung in einem Trog von 1 cm Dicke hervorruft?

A: $\frac{1}{10}$.

Beispiel 3 Eine Substanz hat den molaren Extinktionskoeffizienten 4 für Blau. Wie stark schwächt sie blaues Licht bei normaler Lösung und 1 cm Schichtdicke?

A: Auf den Bruchteil 10^{-4}.

Beispiel 4 Wie stark schwächt sie blaues Licht bei 2 nLösung und 3 cm Schichtdicke?

A: Auf $10^{-\varepsilon c d} = 10^{-2 \cdot 3 \cdot 4} = 10^{-24}$.

Beispiel 5 Wie stark schwächt sie blaues Licht bei $^1/_{40}$n Lösung und 10 cm Schichtdicke?

A: Auf $10^{-\varepsilon c d} = 10^{-4 \cdot {}^1/_{40} \cdot 10} = 10^{-1}$.
Es gelingt also ganz leicht, durch Verringerung der Konzentration unsinnige Schwächungsverhältnisse ins meßbare Gebiet zurückzuholen.

Beispiel 6 Man hat eine Anzahl von gleichgroßen flachen Küvetten, die alle 1 cm Schichtdicke aufweisen und mit einer bestimmten Lösung von grünem Chromchlorid gefüllt sind. Als Lichtquelle dient eine Lithiumflamme. Nach Durchgang durch *eine* Küvette ist das Licht auf 0,8 seiner Anfangsstärke gesunken. Auf welchen Bruchteil sinkt es, wenn man es nacheinander durch 1, 2, 3, 4, 5 usw. Küvetten gehen läßt?

A: Auf 0,8 0,64 0,5 0,4 0,316 0,25 0,20 0,158 0,125 0,1 seiner Anfangsintensität.

Beispiel 7 Und wie, wenn man es durch 20 Küvetten gehen läßt?

A: Auf 10^{-2} seiner Anfangsintensität.

Beispiel 8 Wie ändert sich die Intensität, wenn man bei einer Küvette bleibt und die Konzentration des Chromchlorids nicht ändert und wenn man sie auf das 2fache, 3fache, 4fache etc. erhöht?

A: Sie wird 0,8 0,64 0,5 0,4 etc. der Anfangsintensität.

Beispiel 9 Styrol (*Mg* 104) besitzt für monochromatisches Licht einer bestimmten Quecksilberlinie im UV den molaren Extinktionskoeffizienten a. Der molare Extinktionskoeffizient des Distyrols ist doppelt so groß, und es besteht Grund zu der Annahme, daß bei weiterer Polymerisation der molare Extinktionskoeffizient in demselben Maße weiter ansteigt. Nach welcher Formel kann man aus der Extinktion das Molekulargewicht eines Polystyrols berechnen?

A: Selbstverständlich überhaupt nicht. Wenn die Styrolkerne dieselbe Menge Licht verschlucken, gleichgültig ob sie miteinander verbunden sind oder nicht, kann man aus ihrer Lichtabsorption keinen Schluß auf ihre Verbundenheit ziehen. Anders ausgedrückt: Der molare Extinktionskoeffizient charakterisiert die Lichtschwächung, die ein Mol Styrol im Liter bei bestimmter Schichtdicke verursacht. Nach der Dimerisation ist die Konzentration auf die Hälfte gesunken und der molare Extinktionskoeffizient auf das Doppelte gewachsen; man hat also halb so viele Moleküle von doppelter Wirksamkeit, und alles bleibt beim alten. Das Produkt εc bleibt ja konstant.

Beispiel 10 In Abb. 101 ist die typische Farbkurve des Kaliumchromats, ausgemessen von v. HALBAN, dargestellt. Wie man sieht, hat sie ein ausgeprägtes Minimum bei 312 mμ. Wie groß ist die Lichtschwächung $\frac{J}{J_0}$, wenn ein Strahl dieses Lichts einen Trog von 3 cm Dicke durchsetzt, der mit $^1/_{300}$m Kaliumchromatlösung gefüllt ist?

A: Wie zu entnehmen, ist der log ε-Wert bei 312 mμ = 2,3. ε ist also $10^{2,3} = 200$.

$$\frac{J}{J_0} = 10^{-\varepsilon c d} = 10^{-200 \cdot \frac{1}{300} \cdot 3} = 10^{-2} = \mathbf{1:100}.$$

Beispiel 11 Dieselbe Kurve hat im etwas langwelligeren Ultraviolett bei 370 mμ ein Maximum. Wie groß ist die Schwächung, die ein Strahl dieser Wellenlänge in demselben Trog erleidet?

A: log ε bei 370 mμ ist 3,68,
$\varepsilon = 10^{3,68} = \mathbf{4786}$

$$\frac{J}{J_0} = 10^{-\varepsilon c d} = 10^{-4786 \cdot \frac{1}{300} \cdot 3} = \sim 10^{-47,9} = \sim 10^{-48} = 1\text{: 1 Oktillion},$$

also nicht mehr meßbar.

Beispiel 12 Wie groß ist die Schwächung S bei 370 mμ im 1-cm-Trog bei $\frac{1}{4786}$ m Lösung?

$$\textbf{A:}\; S = 10^{-\frac{4786}{4786}} = 10^{-1} = \frac{1}{10}$$

Also auch hier kann man den Effekt ganz leicht wieder ins meßbare Gebiet zurückholen.

Beispiel 13 Kaliumchromat besitzt nach Messungen von v. HALBAN bei 366 mμ (Licht der Analysenquarzlampe, nahe bei einem Maximum) einen Absolutwert der typischen Farbkurve ($\log \varepsilon$) von 3,645 und demnach einen molaren Extinktionskoeffizienten $\varepsilon = \text{Num } 3{,}645 = 4416$.
Es sei nun ein Trog gegeben, von 10 cm Länge und 3 cm Breite, der mit 100 ccm Wasser gefüllt werde; das Wasser steht in ihm also 3,333 cm hoch. Hierzu werde 1 Tropfen $= \frac{1}{20}$ ccm einer verdünnten Kaliumchromatlösung gegeben. Wie stark muß die Verdünnung gewählt werden, wenn dieser Tropfen eine Schwächung durchgehenden Lichts von 366 mμ auf $\frac{1}{10}$ der Anfangsintensität hervorrufen soll? Der Trog werde hierbei der *Länge* nach durchstrahlt, Schichtdicke also 10 cm.

$$\textbf{A:}\; 10^{-\varepsilon c d} = 10^{-1}$$

$$\varepsilon c d = 1$$

$$4416 \cdot c \cdot 10 = 1$$

$$c = \frac{1}{44160} = 2{,}26 \cdot 10^{-5}$$

Die Konzentration des Kaliumchromats *im Trog* ist demnach $2{,}26 \cdot 10^{-5}$. Im Tropfen ist sie aber nach den angegebenen Bedingungen 2000mal stärker, also $2000 \cdot 2{,}26 \cdot 10^{-5} = 4{,}52 \cdot 10^{-2} =$ **ca. $\frac{1}{22}$ molar.**

Beispiel 14 Benzpyren hat bei 300 mμ den Absolutwert der typischen Farbkurve 5. Auf welchen Bruchteil schwächt eine molare Lösung von 1 cm Dicke Licht dieser Wellenlänge?

$$\textbf{A:}\quad \varepsilon = 100000$$

$$\varepsilon c d = 100000$$

$$S = 10^{-100000}$$

Beispiel 15 Auf welchen Bruchteil schwächt 0,001 n Benzpyrenlösung von $\frac{1}{100}$ cm Schichtdicke Licht dieser Wellenlänge?

$$\mathbf{A}: \varepsilon c d = 100000 \frac{1}{1000} \cdot \frac{1}{100} = 1$$

$$S = 10^{-1}$$

also auf den Bruchteil $\frac{1}{10}$.

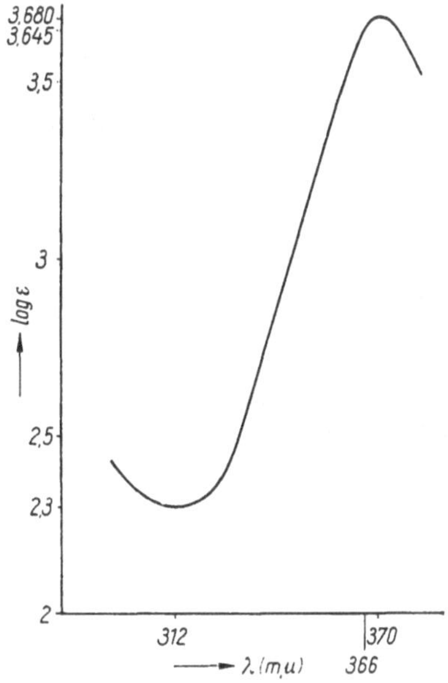

Abb. 101. Extinktion des Kaliumchromats im UV (log ε)

Bei der Abb. 101 ist als Abszisse die Wellenlänge genommen. Rechts ist Rot und links ist Violett. Nimmt man als Abszisse die Schwingungszahl, so wird es umgekehrt, rechts ist das kurzwellige Ende; diese Darstellungsart wird bevorzugt.

Beispiel 16 Gesetzt den Fall, wir hätten keine Kenntnis von der Form des BEER-LAMBERTschen Gesetzes; die Beziehungen zwischen Konzentration und Stärke des durchgelassenen Lichtes seien gänzlich unbekannt. Wäre es auch dann möglich, analytische Bestimmungen auf Grund der Farbstärke zu machen?

A: Das wäre durchaus möglich, und zwar mit Hilfe des *Konzentrationskolorimeters*. Angenommen, wir nehmen drei gleichdicke Tröge und füllen drei Kaliumpermanganatlösungen ein von verschiedener Konzentration, zwei bekannte und eine unbekannte. Die unbekannte falle zwischen die beiden bekannten. Dann ist ihre Konzentration schon zwischen zwei Grenzen eingeschlossen. Durch Halbieren oder Unterteilen der Lücke können wir die Grenzen nun enger ziehen und das Ganze wird zu einem Eingabelungsverfahren. Schließlich finden wir eine Konzentration, die der unbekannten artgleich ist. Das Eingabelungsverfahren ist unabhängig von der Form des BEER-LAMBERTschen Gesetzes, unabhängig von der Genauigkeit, mit der es erfüllt ist und unabhängig von Farbänderungen bei der Verdünnung. Wenn wir also das Eingabelungsverfahren anwenden können, ist es gleichgültig, ob der Effekt — hier die Farbstärke — mit der Konzentration proportional wächst, oder ob die Farbstärke der Konzentration etwa quadratisch oder kubisch proportional ist, ob die Beziehung, die wir zu kennen glauben, genau oder ungenau erfüllt ist, ja sogar, ob wir von einer solchen Beziehung Kenntnis haben oder nicht. Das ist alles gleichgültig, das Eingabelungsverfahren enthebt uns dessen.

Mit der geringsten Zahl von Vergleichslösungen kommt man aus, wenn man die Lücke halbiert, nachsieht, in welche Hälfte die unbekannte Lösung hineinfällt, nochmals halbiert usw. Wir gehen genau so vor, wie wir die kubischen Gleichungen numerisch gelöst haben bei den Gleichgewichtsaufgaben vom Typus der H_2O-Dissoziation, CO_2-Dissoziation und SO_3-Dissoziation. Die regula falsi gibt am Schluß des Eingabelns noch einen kleinen Vorteil. Da wir die einzelnen Dezimalen nacheinander festlegen, läßt sie sich auf folgende (selbstverständliche) Anweisung reduzieren. Angenommen, das Resultat sei schon zwischen den Werten 91 und 99 eingegabelt, die Rechnung habe aber ergeben, daß 91 viel genauer ist als 99, dann wird man natürlich nicht auf Mitte gehen (95), sondern auf 92. Ergibt sich nun tatsächlich, daß 92 schon zu groß ist, wird man die nächste Dezimale in Angriff nehmen usw.

Auf einem ähnlichen Gedanken beruht das „Titrationsverfahren der Ultraviolettkolorimetrie" von Krüger.[1] In einen Trog mit Wasser wird aus einer Bürette so lange eine bekannte konzentrierte Lösung der zu messenden Substanz hineingetropft, „hereintitriert", bis die Mischung im Trog gleich durchlässig geworden ist mit der unbekannten Lösung in einem zweiten Trog gleicher Dicke; die Vergleichung erfolgt im „Doppelmonochromator von Pohl" mit Hilfe einer Kaliumzelle. Der Vergleich kann auch in einfacherer Weise erfolgen auf Grund des eben eintretenden Erlöschens der Fluoreszenz eines eingetauchten fluoreszierenden Stabes. Das Verfahren wurde von J. Eisenbrand angegeben.[2]

Das Verfahren der Konzentrationskolorimetrie und ihr Gegenstück im Ultraviolettbereich, das Krügersche Verfahren, bieten also noch einen Ausweg, wenn die gewöhnliche Kolorimetrie wegen Nichterfüllung des Beerschen Gesetzes nicht mehr angewendet werden kann. Sehr viel häufiger ist allerdings der Fall, daß die Kolorimetrie aus einem anderen Grund versagt, nämlich wegen zeitlicher Inkonstanz der Färbung. Besonders gilt das von Färbungen kolloidaler Natur. Ab und zu helfen dann „Stabilisatoren".

Wenn mit der Verdünnung *chemische* Vorgänge verknüpft sind (z. B. Komplexbildungen oder Komplexauflösungen), so können diese natürlich mit Farbänderungen verbunden sein, und das Beersche Gesetz ist dann nicht erfüllt. Hierher gehören z. B. die Farbänderungen, welche Kupferchloridlösungen beim Verdünnen erleiden. Etwas anderes ist es bei der Erscheinung, daß Kaliumpermanganatlösung beim Verdünnen (scheinbar) ihren Farbton ändert. Sie wird dabei immer röter. Das gilt aber nur fürs Auge; der Spektrograph zeigt diese Änderung nicht an. Sie existiert, physikalisch gesprochen, gar nicht, und das Beersche Gesetz ist erfüllt. Ähnliche Farberscheinungen bei Lösungen wurden in der Chemie noch mehrfach beschrieben, ohne daß klar ersichtlich wäre, wie sie einzuordnen sind, so z. B. die ätherische Lösung des 1,2-Dimethyl-4,5-benzochinons (Dimethylorthochinons) von F. Diepolder (Ber. dtsch. chem. Ges. *42*, 292 (1909); vgl. R. Willstätter und F. Müller, Ber. dtsch. chem. Ges. *44*,

---

[1]) Krüger, Analytischer Fortschrittsbericht, Leverkusen.

[2]) J. Eisenbrand, Colorimetrie im Ultraviolett mit Hilfe fluoreszierender Stoffe, Z. angew. Chem. **42**, 445—448 (1929).

2179 (1911) und Ber. dtsch. chem. Ges. *37*, 4744 (1904)); ferner die wäßrige Lösung des Ammoniumsalzes der Uranooxalsäure (V. KOHLSCHÜTTER und H. ROSSI, Ber. dtsch. chem. Ges. *34*, 1472 (1901)). Beide Lösungen werden an den Originalstellen als „dichroitisch" bezeichnet. Von „Dichroismus" wird außerdem in der Literatur vielfach gesprochen bei Lösungen, welche ohne Zweifel *fluoreszierend* sind, so z. B. bei Lösungen von Chinizarin. Der Pleochroismus ist (definitionsgemäß) eine Anisotropieerscheinung und daher an anisotrope Körper wie Kristalle gebunden oder an isotrope Stoffe, denen durch Spannung oder orientierte Auflagerung (Methylenblau auf Asbestfasern) künstlich Anisotropie aufgezwungen ist. Bei Lösungen kann man niemals von Dichroismus sprechen.

In manchen dieser Fälle mag vielleicht die Erklärung zutreffen, daß in verschiedenen Spektralgebieten *zwei* Absorptionsbänder von verschiedener Stärke vorhanden sind. Bei größerer Schichtdicke oder Konzentration werden dann beide Bänder wirksam sein und die Mischfarbe bestimmen. Bei geringerer dagegen wird das schwächere in seiner Absorptionskraft „erschöpft" erscheinen und praktisch nur noch das stärkere, „persistentere" wirksam sein, so daß jetzt ein anderer Farbton erscheint. Vgl. hierzu C. WEYGAND, Organisch-chemische Experimentierkunst, Verlag Johann Ambrosius Barth, Leipzig 1948, 2. Aufl., S. 777, wo noch zwei weitere Beispiele angeführt sind, nämlich Brillantsäuregrün 6 B und Chlorophyll. Bei beiden erfolgt der Farbwechsel von reingrün (dünne Schicht) nach rot (dicke Schicht).

Echten Dichroismus (verschiedene Extinktion und damit verschiedene Farbe nach verschiedenen Kristallrichtungen) zeigen dagegen z. B. Turmalin, Bariumtetracyanoplatinat (Bariumplatincyanür), die Dichrosalze des Kobalts (CH. JOERGENSEN)[1]) und das Naphthazarinperchlorat (K. A. HOFMANN u. Mitarb.)[2]). Die Kristalle des Bariumtetracyanoplatinats erscheinen z. B. für gewöhnlich, d. h. quer zur Hauptasche betrachtet, schwefelgelb, in Richtung der Hauptachse betrachtet dagegen zeisiggrün.

Eine weitere hierhergehörige Erscheinung ist, daß es Stoffe gibt, die im festen Zustand intensiv gefärbt sind, sich aber in Lösungsmitteln farblos lösen. Solche Stoffe sind z. B.

1. Das Bleijodid PbJ_2. Es bildet tiefgelbe Kristalle, die sich in Wasser schwer (1:1540), aber völlig farblos lösen.
2. Das Quecksilberjodid HgJ_2. Es ist hochrot und löst sich in Methanol 1:32 farblos.
3. Das Antimonkakodyl $Sb_2(CH_3)_4$. Es bildet rote Kristalle, die sich in organischen Lösungsmitteln farblos lösen.
4. Die Base des Rhodamins B. Sie bildet ein rosenrotes Pulver, das sich in Äther oder Benzol farblos löst.
5. Das Magnesium — tetracyanoplatinat (Magnesiumplatincyanür). Es bildet dunkelgranatrote Kristalle, die sich in Wasser farblos lösen.
6. Das Titan(II)-chlorid $TiCl_2$ bildet ein schwarzes Pulver, das sich in schwach salzsaurem Wasser farblos löst.

---

[1]) CH. JÖRGENSEN, Z. anorg. Ch. *14*, 418 [1895], *17*, 475 [1898).

[2]) K. A. HOFMANN, A. METZLER, H. LECHER, Oxoniumperchlorate, B. 43 (1910) 178—183.

K

ABEGG-SACKURSCHE AUFGABENSAMMLUNG[1]

1. Aufgabentexte

1. Wie groß ist die Tragkraft B eines unten offenen Luftballons von $v = 1400$ cbm Inhalt, der mit Wasserstoff gefüllt wird, bei $h_1 = 1000$ m und bei $h_2 = 3000$ m Höhe? Das spezifische Gewicht des Wasserstoffs betrage 0,0695, bezogen auf Luft, die Dichte der Luft am Boden betrage 1,29 g/l, in 1000 m Höhe das 0,884fache, in 3000 m Höhe das 0,686fache.
2. (Vgl. die vorhergehende Aufgabe). Wieviel Gramm Gas gehen beim Aufstieg auf $h_1 = 1000$ und $h_2 = 3000$ m Höhe verloren, wenn der Luftballon von 1400 cbm auf der Erdoberfläche prall mit Wasserstoff gefüllt war? Wieviel Kilogramm Ballast müssen ausgeworfen werden, damit der Ballon prall von der Gleichgewichtslage in $h_1 = 1000$ m Höhe bis zu $h_2 = 3000$ m steigt?
3. Eine $c = 0{,}528$ n Harnstofflösung besitzt die Dichte $d = 1{,}0104$. Wieviel Gramm Wasser enthält sie pro Gramm Harnstoff? Wie groß ist das spezifische Volumen v des Harnstoffs in der Lösung?
4. Wie groß ist die Molarität einer $a = 4\%$igen Rohrzuckerlösung, wenn das spezifische Volumen des festen Rohrzuckers $v = 0{,}615$ ist und die Auflösung ohne Volumenänderung erfolgt?
5. Wie groß ist das spezifische Volumen von Kaliumhydroxid in einer Lösung, die 1 Mol KOH auf 1000 g Wasser enthält und deren Dichte 1,052 beträgt, wenn das spezifische Volumen des Wassers sich bei dem Lösungsvorgang nicht ändert?
6. Eine Lösung von $a = 0{,}684$ g Rohrzucker in 100 g Wasser hat einen Gefrierpunkt von $t_1 = -0{,}037\,°C$, eine Lösung von $b = 0{,}585$ g Kochsalz in 100 g Wasser einen Gefrierpunkt von $t_2 = 0{,}342\,°C$. Wie groß ist das scheinbare Molekulargewicht M' des Kochsalzes, und wie groß erschien sein Dissoziationsgrad α nach der alten Theorie der teilweisen Dissoziation dieses Salzes?
7. Äther siedet unter 760 mm Druck bei $t = 35{,}0\,°C$. Bei der Auflösung von $a = 12{,}8$ g Naphthalin in 100 g Äther wird der Siedepunkt des Äthers um $dt = 2{,}1°$ erhöht. Wie groß ist die Verdampfungswärme des Äthers?
8. Ein Thermostat von $v = 850$ l Inhalt Wasser besitzt eine konstante Temperatur von 25 °C, wenn ein in ihm befindlicher Heizkörper, dessen elektrischer Widerstand $w = 22$ Ohm beträgt, dauernd von einem Strom von $i = 3{,}1$ Ampere durchflossen wird. Um wieviel Grad kühlt sich der Thermostat

[1] Dr. R. Abegg und Dr. O. Sackur, Physikalisch-Chemische Rechenaufgaben, G. J. Göschen'sche Verlagsbuchhandlung, Berlin und Leipzig 1914 (Neudruck).

innerhalb $z = 30$ Minuten ab, wenn der Heizstrom ausgeschaltet wird? Es soll lineare Abkühlung angenommen werden.

9. Zur Lieferung des in der vorigen Aufgabe angegebenen Heizstroms steht nur eine Klemmenspannung von 220 Volt zur Verfügung. Die gewünschte Regulierung soll durch Einschaltung eines Glühlampenwiderstandes besorgt werden. Wieviel Lampen sind notwendig, a) wenn jede Lampe einen Widerstand von $w_1 = 1000$ Ohm und b) von $w_2 = 300$ Ohm besitzt?

10. Der Verteilungskoeffizient von Jod zwischen Wasser und Schwefelkohlenstoff beträgt 0,0017. Auf welchen Betrag sinkt die Konzentration von 1 l einer $a = 0{,}1\,\%$igen wäßrigen Jodlösung, a) wenn sie mit 50 ccm Schwefelkohlenstoff, b) wenn sie fünfmal mit je 10 ccm Schwefelkohlenstoff geschüttelt wird?

11. Bei der Verteilung von Pikrinsäure zwischen Wasser und Benzol gehen nur die ungespaltenen Moleküle der Säure in das Benzol, und zwar ist der Verteilungskoeffizient Benzol/Wasser $K_1 = 1/0{,}0281$. Die Dissoziationskonstante der Pikrinsäure in Wasser ist $K_2 = 0{,}164$. Welches ist die Konzentration c_0 einer wäßrigen Pikrinsäurelösung, die mit einer $c = 0{,}07$ n Benzollösung im Gleichgewicht ist?

12. Goldhydroxid löst sich in Salzsäure nach der thermochemischen Gleichung[1])

$$Au(OH)_3 + 4\,HCl = HAuCl_4 + 3\,H_2O + 23\,000 \text{ cal (exotherm)}$$

und in Bromwasserstoffsäure nach der entsprechenden Gleichung[1])

$$Au(OH)_3 + 4\,HBr = HAuBr_4 + 3\,H_2O + 36\,800 \text{ cal (exotherm)}$$

Beim Mischen von 1 Mol $HAuBr_4$ mit 4 Molen HCl werden 510 cal aufgenommen. Wieviel Prozent der Goldbromwasserstoffsäure haben sich hierbei in Goldchlorwasserstoffsäure umgesetzt?

13. Die Verbrennungswärme des Äthylalkohols ist $Q_1 = 341800$ cal, die Bildungswärmen des Kohlendioxids und des Wassers sind $Q_2 = 96000$ und $Q_3 = 68000$ cal. Wie groß ist die Bildungswärme des Äthylalkohols?[1])

14. Bei der Auflösung von $a = 10$ g metallischem Natrium in viel Wasser werden $Q_1 = 18\,800$ cal frei, bei der Auflösung von $b = 20$ g Natriumoxid $Q_2 = 20\,400$ cal. Wie groß ist die molekulare Bildungswärme von Na_2O, wenn die molekulare Bildungswärme des flüssigen H_2O aus gasförmigem Sauerstoff und Wasserstoff, $Q_3 = 68\,000$ cal ist?[1])

15. Erhitzt man $a = 3{,}6$ g Phosphorpentachlorid auf $t = 200\,°C$, so verdampft es vollständig, und der Dampf nimmt bei dem Druck von $P = 1$ atm den Raum von 1 l ein. Gleichzeitig spaltet es sich zum Teil in Phosphortrichlorid und Chlor. Wie groß ist der Dissoziationsgrad α und die Dissoziationskonstante K (in Mol pro Liter) bei dieser Temperatur?

16. (Vgl. die vorhergehende Aufgabe.)[2]) Welcher Druck P entsteht, wenn man $a = 3{,}6$ g Phosphorpentachlorid in $v = 1$ l Chlorgas von $t' = 18\,°C$ und $p = 1$ atm Druck bei konstantem Volumen auf $t = 200\,°C$ erhitzt?

---

[1]) Im alten chemischen Sinn.

[2]) $\dfrac{[PCl_3]\,[Cl_2]}{[PCl_5]} = K_c = 0{,}008\,15$ bei 200 °C.

17. Stickstoff und Sauerstoff vereinigen sich bei hohen Temperaturen unter Bildung von Stickoxid nach der Gleichung $N_2 + O_2 = 2\,NO$. Die Gleichgewichtskonstante $\frac{[NO]^2}{[N_2]\,[O_2]} = K$ ist bei $T = 2675°C$ gleich $3{,}5 \cdot 10^{-3}$. Welche Ausbeute an NO (in Prozenten des Gasgemisches) erhält man unter Normaldruck bei dieser Temperatur a) aus Luft, b) aus einem Gemisch von 40% O_2 und 60% N_2 und c) aus 80% O_2 und 20% N_2?

18. (Vgl. die vorhergehende Aufgabe.) Welche Anfangszusammensetzung muß das Gemisch von N_2 und O_2 haben, damit die Ausbeute an NO ein Maximum wird?

19. Ein Gemisch von $a = 10$ Volumenprozent SO_2 und $b = 90\%$ O_2 streicht mit einer Geschwindigkeit von $v = 5$ l in der Stunde (Atmosphärendruck und Zimmertemperatur 20 °C) durch ein auf $t = 723$ °C erhitztes Rohr, das mit „Kontaktmasse" gefüllt ist. In dem Rohr tritt eine Vereinigung zu SO_3 ein, und zwar soll das Gleichgewicht zwischen den drei Gasen SO_2, O_2 und SO_3 sich einstellen, während die Gase im Rohr verweilen. Beim raschen Austritt durch ein Kapillarrohr soll sich das Gleichgewicht nicht verschieben. Beim Austritt aus dem Reaktionsrohr passiert das Gas eine Lösung von Bariumchlorid und fällt aus dieser in $z = 2$ Stunden eine Menge von $A = 5{,}58$ g $BaSO_4$. Welches ist die Gleichgewichtskonstante K_{atm} der Reaktion $2\,SO_2 + O_2 = 2\,SO_3$ bei der Temperatur $t = 723$ °C?

19a. (Vgl. die vorhergehende Aufgabe.) Welche Menge $BaSO_4$ wird in $z = 2$ Stunden ausgefällt, wenn in den Ofen reines Schwefeltrioxid eintritt? Es soll angenommen werden, daß vom SO_3 ebenso viele Mole eintreten, wie vorher von dem gesamten Gasgemisch. Der Wert der Konstante sei

$$K_{atm} = \frac{(SO_2)^2\,(O_2)}{(SO_3)^2} = \frac{1}{2{,}6}.$$

20. Bei raschem Erhitzen von festem Ammoniumjodid auf $t = 357$ °C stellt sich ein Dampfdruck $P = 275$ mm ein, der sich im wesentlichen aus den Partialdrücken der Dissoziationsprodukte HJ und NH_3 zusammensetzt. Bei längerem Verweilen auf dieser Temperatur wächst der Dampfdruck, weil sich der Jodwasserstoff nach der Gleichung $2\,HJ = H_2 + J_2$ spaltet. Wie groß wird der Dampfdruck P' in mm bei vollständigem Gleichgewicht, wenn die Dissoziationskonstante $\frac{[H_2] \cdot [J_2]}{[HJ]^2} = K_c = 0{,}015$ ist?

21. Äther siedet unter 760 mm Druck bei $T_2 = 35{,}0$ °C, die molekulare Verdampfungswärme des Äthers ist $L = 6640$ cal. Wie groß ist der Dampfdruck p des Äthers bei $T_1 = 30$ °C; welches Volumen nimmt bei konstantem Druck von $P = 720$ mm ein Liter Luft ein, das durch Äther von 30 °C geleitet wird, und wieviel (x) g Äther verdampfen hierbei?

22. Welche molekulare Konzentration besitzt eine wäßrige Lösung irgendeiner beliebigen organischen Substanz, z. B. Harnstoff, die bei $t = 100{,}42$ °C einen Dampfdruck von $p = 758{,}2$ mm Quecksilber besitzt? Die molekulare Verdampfungswärme des Wassers ist $L = -9600$ cal.

23. $a = 9{,}2$ g Stickstoffdioxid nehmen bei $t_1 = 27$ °C und $P = 1$ atm Druck einen Raum von $v_1 = 2{,}95$ l ein und bei $t_2 = 111$ °C und dem gleichen Druck

einen Raum von $v_2 = 6{,}07$ l. Wie groß ist der Dissoziationsgrad α und die Dissoziationskonstante K bei t_1 und t_2 °C, und wie groß ist die Dissoziationswärme eines Mols N_2O_4?

24. Eisen und Wasserdampf reagieren nach der Gleichung

$$Fe + H_2O = FeO + H_2$$

bis zu einem gewissen Gleichgewichtszustand miteinander. Bei $t_1 = 1025$ °C ist im Gleichgewicht unter dem Gesamtdruck einer Atmosphäre der Partialdruck des Wasserstoffs $p_{H_2} = 427$ mm Hg, der Partialdruck des Wasserdampfes $p_{H_2O} = 333$ mm. Bei $t_2 = 900$ °C sind die entsprechenden Partialdrücke $p'_{H_2} = 450$ und $p'_{H_2O} = 310$ mm. Wie groß ist p_{O_2}, der Dissoziationsdruck des Eisen(II)-oxids (Eisenoxyduls) bei seiner Zersetzung in metallisches Eisen und Sauerstoff bei der Temperatur $T_3 = 1000$ °*abs.* = = 727 °C, wenn reiner Wasserdampf bei dieser Temperatur und einem Druck von $P = 0{,}1$ atm zu $6{,}46 \cdot 10^{-5}$ Prozent dissoziiert ist?

25. (Vgl. die vorhergehende Aufgabe.)[1]) Wie groß ist die Affinität des Eisens zum Sauerstoff von $\frac{1}{5}$ Atmosphärendruck (wie in der Luft) bei 1000 °*abs.*, und bei welcher Temperatur würde sich Eisen(II)-oxid an der Luft in metallisches Eisen und Sauerstoff spalten, wenn die Bildungswärme eines Mols Eisen(II)-oxid schätzungsweise von der Temperatur unabhängig zu 64600 cal angenommen wird?

26. (Unter Benutzung der Aufgabe 24.)[2]) Eisen und Kohlendioxid reagieren nach der Gleichung $Fe + CO_2 = FeO + CO$. Bei 1000 °*abs.* und dem Druck von 1 atm, ist im Gleichgewicht der Partialdruck des Kohlendioxids $p_{CO_2} = 495$ mm Hg, und der Partialdruck des Kohlenoxids $p_{CO} = 265$ mm. Wie groß ist der Dissoziationsgrad von reinem Kohlendioxid (in Kohlenoxid und Sauerstoff) bei dieser Temperatur und den Drücken $P_1 = 0{,}1$, $P_2 = 1$ und $P_3 = 10$ atm?

27. (Vgl. die vorhergehenden Aufgaben.) Kohlenoxid und Wasserdampf reagieren miteinander unter Bildung von Wassergas, d. h. einem Gemische dieser beiden Gase und ihrer Reaktionsprodukte Wasserstoff und Kohlendioxid. Welches ist die Zusammensetzung dieses Gleichgewichtsgemisches bei einer Temperatur von 1000 °*abs.*, das aus gleichen Volumina Wasserdampf und Kohlenoxid hergestellt wird, bei einem Gesamtdruck von $P_1 = 0{,}1$ und $P_2 = 10$ atm?

28. (Vgl. die vorhergehende Aufgabe.)[3]) Die Verbrennungswärme eines Mols Wasserstoff beträgt $Q_1 = 58000$ cal, die eines Mols Kohlenoxid $Q_2 = 68000$ cal. Welches ist die Zusammensetzung des Wassergases aus gleichen Volumina Wasserdampf und Kohlenoxid bei $T_1 = 800$ °*abs.* und $T_2 = 1200$ °*abs*?

---

[1]) (Der Dissoziationsdruck p_{O_2} des Eisen(II)-oxids bei seiner Zersetzung in metallisches Eisen und Sauerstoff bei der Temperatur $T_3 = 1000$ °*abs.* ist $3{,}1 \cdot 10^{-18}$ mm).

[2]) (Der Sauerstoffdruck über Eisen + Eisen(II)-oxid bei 1000 °*abs.* beträgt $3{,}1 \cdot 10^{-18}$ mm = $4{,}1 \cdot 10^{-21}$ atm).

[3]) $\left(\frac{[H_2]\,[CO_2]}{[H_2O]\,[CO]} = K = 3{,}26 \text{ bei } 1000\ °abs\right)$.

29. Ammoniak hat die Dissoziationskonstante $K = 1{,}8 \cdot 10^{-5}$, Magnesiumhydroxid das Löslichkeitsprodukt $1{,}22 \cdot 10^{-11}$. Wieviel Gramm festes Ammoniumchlorid muß man einer Mischung von 50 ccm 1 n NH_3-Lösung und 50 ccm 1 m $MgCl_2$-Lösung zufügen, damit der Niederschlag von Magnesiumhydroxid gerade verschwindet? (Es wird angenommen, daß das Volumen der Lösung durch die Auflösung des Salzes nicht verändert wird, und daß die Dissoziation der Neutralsalze vollständig ist.)

30. Welches ist die Dissoziationskonstante der Essigsäure, wenn eine Mischung von $c_3 = 0{,}05$ n Milchsäure und $c_4 = 0{,}38$ n Essigsäure die gleiche Wirkung hat wie die $c_2 = 0{,}1$ n Milchsäure?
Milchsäure hat die Dissoziationskonstante $K = 1{,}4 \cdot 10^{-4}$.

31 In einem sauer reagierenden Mineralwasser beträgt der Gesamtgehalt an freier und gebundener Kohlensäure $a = 0{,}620$ g im Liter, an freiem und gebundenem Schwefelwasserstoff $b = 0{,}018$ g und an Natriumoxid $c = 0{,}279$ g. Welches ist die Konzentration der freien Kohlensäure (H_2CO_3) und des freien Schwefelwasserstoffs (H_2S), wenn die erste Dissoziationskonstante der H_2CO_3 $K_1 = 3{,}04 \cdot 10^{-7}$ und des H_2S $K_2 = 0{,}91 \cdot 10^{-7}$ ist?

32 Die Löslichkeit des Calciumcarbonats in reinem Wasser beträgt $A = 1{,}3 \cdot 10^{-4}$ Mol im Liter. Wie groß ist seine Löslichkeit in kohlensäurehaltigem Wasser, das mit Kohlendioxid von $P_1 = \frac{1}{20}$ und $P_2 = \frac{1}{2}$ atm gesättigt ist, wenn der Absorptionskoeffizient von Kohlendioxid in Wasser $K_1 = 0{,}04354$ (d. h. $[H_2CO_3] = K_1 P$; P in atm) und die beiden Dissoziationskonstanten der Kohlensäure in Wasser $K_2 = 3{,}04 \cdot 10^{-7}$ und $K_3 = 1{,}3 \cdot 10^{-11}$ sind?

33. Ammoniak hat in wäßriger Lösung bei 25 °C die Dissoziationskonstante $K_1 = 1{,}8 \cdot 10^{-5}$, Wasser die Dissoziationskonstante $K_w = 0{,}8 \cdot 10^{-14}$. Eine Lösung, die an Ammoniak $c_1 = 0{,}01$ n und an Diketotetrahydrothiazol $c_2 = 0{,}02$ n ist, enthält $a_m = 1{,}7 \cdot 10^{-7}$ Mol·H˙-Ionen im Liter. Wie groß ist die Dissoziationskonstante K_2 der Säure Diketotetrahydrothiazol, und zu wieviel Prozent ist eine $c_3 = 0{,}001$ n und eine $c_4 = 0{,}1$ n Lösung des neutralen Ammoniumsalzes dieser Säure hydrolytisch gespalten?

34. Eine Methylacetatlösung wird durch eine $c_1 = 0{,}1$ n Lösung a-mal ($a = 3{,}3$) so rasch verseift wie durch eine $c_2 = 0{,}01$ n Lösung von KCN. Wie groß ist die Dissoziationskonstante der Blausäure, K, wenn die Dissoziationskonstante (Ionenprodukt) des Wassers $K_w = 0{,}8 \cdot 10^{-14}$ ist?

35. Die Löslichkeit des Silberchlorids beträgt bei 25°C $a = 1{,}4 \cdot 10^{-5}$ Mol/Liter. In Ammoniaklösungen ist die Löslichkeit größer, und zwar stets proportional der Gesamtkonzentration des Ammoniaks. Der Proportionalitätsfaktor ist $k = 0{,}05$. Die Löslichkeitserhöhung beruht auf der Bildung eines komplexen Ions nach dem Schema $Ag + nNH_3 = Ag(NH_3)_n$. Wieviel Moleküle NH_3 gehen in dieses komplexe Kation $Ag(NH_3)_n$ ein, und wie groß ist die Zerfallskonstante K des komplexen Ions?

36. Quecksilber(II)-ionen (Mercuriionen) bilden mit Kaliumjodid das komplexe Ion HgJ_4''. Die Zerfallskonstante des Komplexes beträgt

$$K_1 = \frac{[Hg^{\cdot\cdot}]\,[J']^4}{[Hg\,J_4'']} = 5 \cdot 10^{-31}.$$

Zwischen Quecksilber(II)-(Mercuri)- und Quecksilber(I)-(Mercuro)ionen stellt sich bei Gegenwart von metallischem Quecksilber ein Gleichgewicht ein, $\frac{[Hg_2^{\cdot\cdot}]}{[Hg^{\cdot\cdot}]} = K_2 = 120$. Wieviel Gramm Quecksilber(I)-jodid (Mercurojodid, Quecksilberjodür) lösen sich beim Schütteln von festem Quecksilber(I)-jodid mit einem Liter einer $c = 1$ n KJ-Lösung, wenn die Löslichkeit des $Hg_2J_2 = A = 3{,}1 \cdot 10^{-10}$ Mol/Liter beträgt? Wie konzentriert muß eine Lösung an KJ sein, damit sich in ihr gleichviel Quecksilber (in Gramm) in Gestalt von Quecksilber(I)- und Komplexsalz löst?

37. Das spezifische Leitvermögen einer $c_1 = 0{,}1$ n Essigsäurelösung beträgt bei 18 °C $\varkappa = 0{,}000471$, das einer $c_2 = 0{,}001$ n Natriumacetatlösung $= 0{,}0000871$. Wie groß ist die Dissoziationskonstante der Essigsäure, wenn die Beweglichkeit des $H^{\cdot}$-Ions $u_1 = 318$ und die des $Na^{\cdot}$-Ions $u_2 = 44{,}4$ beträgt und die Natriumacetatlösung als vollständig dissoziiert angesehen wird?

38. Wie groß ist die EMK der Ketten

I. Silber in $\frac{1}{100}$ n Silbernitratlösung[1]) — Silber in gesättigter Silberchloridlösung, die an KCl normal ist?

II. Silber in $\frac{1}{100}$ n Silbernitratlösung, die an NH_3 normal ist, — Silber in gesättigter Silberchloridlösung, die an KCl normal ist?

Das Löslichkeitsprodukt des Silberchlorids bei 25 °C ist $l = 2 \cdot 10^{-10}$, die Zerfallskonstante des Silberammoniakkomplexes

$$\frac{[Ag^{\cdot}]\,[NH_3]^2}{[Ag^{\cdot}\,(NH_3)_2^{\cdot}]} = K = 5{,}4 \cdot 10^{-8}.$$

39. Das Normalpotential des Silbers beträgt $\varepsilon_1 = +0{,}771$ Volt, das des Chlors $\varepsilon_2 = +1{,}366$ Volt, das des Broms $\varepsilon_3 = +0{,}99$ Volt. Das Löslichkeitsprodukt des Silberchlorids bei 25 °C ist $l_1 = 2 \cdot 10^{-10}$, das des Silberbromids $l_2 = 2 \cdot 10^{-13}$. Wie groß ist die Affinität des Silbers zu Chlor und Bromdampf von Atmosphärendruck in Kalorien und Volt?

40. Die EMK der Knallgaskette beträgt bei 25 °C $E_1 = 1{,}23$ Volt, die der Kette — Silber, gesättigte Lösung von Silberoxid/Wasserstoff — $E_2 = 1{,}18$ Volt. Wie groß ist die Affinität des Silbers zu Sauerstoff von Atmosphärendruck bei 25 °C und 35 °C, wenn die Bildungswärme eines Mols Ag_2O $Q = 6400$ cal beträgt?

41. Gegeben sei ein Bleiakkumulator, der mit 100 ccm 1 m Schwefelsäure gefüllt ist; seine Klemmenspannung beträgt $E = 1{,}88$ Volt. Das Normalpotential des Bleis beträgt $\varepsilon_1 = -0{,}12$ Volt, das Oxydationspotential Blei(IV)-ionen/Blei(II)-ionen (Plumbi/Plumboionen) $\varepsilon_2 = +1{,}80$ Volt, die Löslichkeit des Bleisulfats $a = 1{,}26 \cdot 10^{-4}$ Mol/Liter. Wie groß ist die Konzentration der Blei(IV)-ionen an der Bleidioxidelektrode

---

[1]) In dieser sei die Silberionenkonzentration $= 0{,}01$ angenommen.

a) im ruhenden Akkumulator,

b) nach der Entnahme von 1 Amperestunde?

Auf welchen Wert sinkt die Klemmenspannung nach dieser Entladung? Es soll dabei angenommen werden, daß die (scheinbare) Dissoziation der Schwefelsäure einfach nach der Gleichung $H_2SO_4 = 2H^{\cdot} + SO_4''$ erfolge und im ersten Fall 50%ig sei, im zweiten, bei gesunkener Säurekonzentration, 60%ig; ferner, daß die Löslichkeit des Bleidioxids resp. die Konzentration der Blei(IV)-ionen im zweiten Fall wegen erhöhter OH-Ionenkonzentration, von der sie in der 4. Potenz abhängig ist, im Verhältnis 1:0,33 zurückgegangen sei.

42. Das Normalpotential einer Kupferelektrode gegen Kupfer(II)-ionen (Cupriionen) beträgt +0,329 Volt, das einer solchen gegen Cuproionen + 0,424 Volt.

a) Welchen Wert hat die Gleichgewichtskonstante $\frac{[Cu^{\cdot}]^2}{[Cu^{\cdot\cdot}]}$ zwischen Kupfer(I)-ionen (Cuproionen) und Kupfer(II)-ionen (Cupriionen) bei Gegenwart von metallischem Kupfer?

b) Welches Potential nimmt eine Kupferplatte an, die in eine Lösung taucht, die an Kupfer(I)-chlorid (Kupferchlorür) bzw. Kupfer(I)-bromid (Kupferbromür) gesättigt und an HCl bzw. HBr je 0,1 n ist? Die Löslichkeiten des Kupfer(I)-chlorids und Kupfer(I)-bromids sind $a = 1{,}1 \cdot 10^{-3}$ und $b = 2{,}04 \cdot 10^{-4}$ Mol pro Liter. $t = 24\,°C$.

43. Das Potential einer Quecksilberelektrode in $c = 1$ n KCl-Lösung, die an Kalomel gesättigt ist, beträgt $\varepsilon_1 = +0{,}283$ Volt, das Löslichkeitsprodukt des Kalomels, Hg_2Cl_2, $l = 3{,}5 \cdot 10^{-18}$. Eine $c' = 0{,}001$ m Eisen(III)-chloridlösung wird beim Schütteln mit festem Kalomel und Quecksilber so weit reduziert, daß das Verhältnis der Eisen(III)- (Ferri-) zu den Eisen(II)- (Ferro-)ionen $\frac{[Fe^{\cdot\cdot\cdot}]}{[Fe^{\cdot\cdot}]} = x$ wird. Wie groß ist x, wenn das Normaloxydationspotential Eisen(III)-ionen/Eisen(II)-ionen $= \varepsilon_0 = +0{,}743$ Volt ist?

44. In einem mit Radiumemanation gefüllten Raum herrscht zu einem bestimmten Zeitpunkt unter dem Einfluß einer starken Potentialdifferenz, welche hinreichend ist, einen Sättigungsstrom zu erzeugen, die Stromstärke $i = 35{,}4$ (in willkürlichen Einheiten). Nach $t_1 = 12$ Stunden ist diese Stromstärke auf $i_1 = 32{,}4$ und nach $t_2 = 200$ Stunden auf $i_2 = 8{,}10$ gesunken. Nach welcher Zeit hat die Stromstärke den Betrag $i_3 = 10$ erreicht, und in welchem Zeitraum sinkt sie jeweilig auf die Hälfte?

45. Eine $a = 5$%ige Rohrzuckerlösung besitzt in einem 20 cm langen Rohr ein Drehungsvermögen von $\alpha_a = +66{,}7°$. Nach vollständiger Inversion besitzt sie ein Drehungsvermögen von $\alpha_0 = -19{,}7°$. Enthält die Lösung gleichzeitig $c_1 = 0{,}01$ m HCl, so nimmt der Drehungswinkel nach $z = 20$ Minuten um $\alpha = 69{,}2°$ ab. Um wieviel nimmt er in der gleichen Zeit ab bei einem Gehalt an $c_2 = 0{,}1$ n Milchsäure, wenn die Dissoziationskonstante der Milchsäure $= K = 1{,}4 \cdot 10^{-4}$ ist?

46. Der Druck der Luft entspricht auf der Erdoberfläche dem Gewicht einer Quecksilbersäule von 76 cm Höhe. Die Dichte der Luft nimmt mit steigender Höhe nach dem BOYLEschen Gesetz ab. Wie groß ist die Dichte x der

Luft bei $h_1 = 1000$ m und bei $h_2 = 3000$ m Höhe, wenn sie auf der Erdoberfläche $= s = 0{,}00129$ beträgt? ($t = 0$°C.)

47. Eine $c_1 = 0{,}01$ n Äthylacetatlösung wird durch eine $c_2 = 0{,}002$ n Natriumhydroxidlösung in $z = 23$ Minuten zu $a = 10\%$ verseift. In wieviel (z) Minuten wird sie durch eine $c_3 = 0{,}005$ n Kaliumhydroxidlösung zum gleichen Betrage verseift?

48. (Vgl. die vorhergehende Aufgabe.) Wie ändern sich diese Zeiten a) bei Verringerung aller Konzentrationen auf $1/n = 1/10$, und andererseits b) bei Erhöhung der Temperatur um $t = 15°$, wenn einer Erhöhung um je 10° eine Verdoppelung der Geschwindigkeitskonstanten entspricht? (Im Falle b sollen die Konzentrationen nicht als verringert angenommen werden).

2. Lösungen

Aufgabe 1

Nach dem Archimedischen Prinzip ist der Auftrieb gleich Gewicht der verdrängten Luft minus Gewicht des Wasserstoffs.

1. Wie groß ist das Gewicht der verdrängten Luft am Boden? 1 cbm Luft wiegt 1,29 kg, 1400 cbm wiegen 1800 kg.
2. Wie groß ist das Gewicht des Wasserstoffs am Boden? 0,0695mal soviel, also 125 kg.
3. Wie groß ist Tragkraft des Ballons am Boden? 1800 — 125 = 1675 kg
4. Wie ändern sich diese Zahlen für 1000 m Höhe? Die beiden Gewichte multiplizieren sich mit 0,883, daher auch ihre Differenz, die Tragkraft.

Gewicht der Luft in 1000 m Höhe	$1800 \cdot 0{,}883 = 1590$ kg
Gewicht des Wasserstoffs in 1000 m Höhe	$125 \cdot 0{,}883 = 110$ kg
Auftrieb in 1000 m Höhe	$1675 \cdot 0{,}883 =$ **1480 kg**

5. In 3000 m Höhe werden:

Luftgewicht	$1800 \cdot 0{,}686 = 1235$ kg
Wasserstoffgewicht	$125 \cdot 0{,}686 = 85{,}7$ kg,
Auftrieb	$1675 \cdot 0{,}686 =$ **1150 kg.**

Aufgabe 2

Nach der Lösung der vorhergehenden Aufgabe ist das

Gewicht des Wasserstoffs am Boden	125 kg
Gewicht des Wasserstoffs in 1000 m Höhe	110 kg
Es gehen verloren 125 — 110 =	**15 kg Wasserstoff**

Analog beim Aufstieg von 0 auf 3000 m Höhe:

Gewicht des Wasserstoffs am Boden	125 kg,
Gewicht des Wasserstoffs in 3000 m Höhe	86 kg.
Es gehen verloren	**39 kg Wasserstoff**

Das Gewicht des Ballasts, der ausgeworfen werden muß, ist gleich der Differenz der Tragkraft in 1000 und 3000 m Höhe, also

$$1480 - 1150 = \mathbf{330\ kg\ Ballast}.$$

Aufgabe 3

1 Liter der Harnstofflösung wiegt	1010,4 g
und enthält Harnstoff	31,7 g,
also Wasser	978,7 g
auf 31,7 g Harnstoff;	
pro Gramm Harnstoff demnach	30,9 g Wasser
1 cdm Lösung sind	1000,0 ccm,
davon Wasser	978,7 ccm
und Harnstoff	21,3 ccm

31,7 g Harnstoff haben demnach in der Lösung das Volumen 21,3 ccm,
1 g Harnstoff hat also in der Lösung das Volumen **0,67 ccm**.

Aufgabe 4

Rohrzucker hat das Molekulargewicht 342.
1 g Rohrzucker nimmt 0,615 ccm ein,
4 g Rohrzucker nehmen 2,46 ccm ein.

100 g Lösung enthalten	96 g Wasser	oder	96,00 ccm Wasser
	4 g Zucker		+ 2,46 ccm Zucker
zusammen	100 g	zusammen	98,46 ccm.

In 98,46 ccm Lösung sind enthalten 4 g Zucker,
in 1000 ccm Lösung sind enthalten 40,6 g Zucker.

Die Molarität ist demnach $\frac{40,6}{342} = \mathbf{0,119\ n}$.

Aufgabe 5

KOH hat das Molekulargewicht 56.

Die Lösung enthält	56 g KOH
	+ 1000 g Wasser
zusammen	1056 g,

1052 g davon nehmen ein 1000 ccm,
1056 g davon nehmen ein 1004 ccm.
Hiervon fallen 1000 ccm auf das Wasser und nur 4 ccm auf das KOH.

Spezifisches Volumen für letzteres hieraus $= \frac{4}{56} = \mathbf{0,071}$ (das entspricht einem spezifischen Gewicht von 14,3).
Die Kleinheit dieses Wertes macht es wahrscheinlich, daß die Annahme, das Wasser ändere sein Volumen bei der Auflösung nicht, unzulässig ist. (Es gibt sogar Salze mit negativem Lösungsvolumen, z. B. Magnesiumsulfat bei $c = 0,07$. Eine 0,07 m Magnesiumsulfatlösung nimmt weniger Raum ein als das Wasser, aus dem sie hergestellt wurde.)

Aufgabe 6

Rohrzucker, M = 342, Kochsalz, $M = 58{,}5$.

Die Rohrzuckerlösung ist $\frac{1}{50}$ m, die Kochsalzlösung $\frac{1}{10}$ m. Wenn das Kochsalz völlig in Ionen zerfallen wäre, wäre die Kochsalzlösung osmotisch $\frac{1}{5}$ molar und müßte demnach eine zehnmal so große Gefrierpunktserniedrigung zeigen wie die Zuckerlösung, also 0,37°. Wenn es dagegen gar nicht gespalten wäre, wäre nur der halbe Wert dieser Gefrierpunkterniedrigung zu erwarten, also 0,185°. Tatsächlich zeigt die Kochsalzlösung aber eine Gefrierpunkterniedrigung, die **zwischen** diesen beiden Werten liegt, nämlich 0,342°.

0,185° Depression würden also entsprechen	0% Spaltung,
0,370° Depression würden entsprechen	100% Spaltung,
also	
0,000° über 0,185° entsprechen	0% Spaltung,
0,185° über 0,185° entsprechen	100% Spaltung,
0,157° über 0,185° entsprechen	85% Spaltung.

Der Dissoziationsgrad α schien also **0,85** zu sein. Über die heutigen Anschauungen zu diesem Punkt vgl. die Lehrbücher.

Aufgabe 7

Die Lösung ist gerade normal (im BECKMANNschen Sinne, 1 Mol pro kg Lösungsmittel; richtiger: molal). Die Siedepunktserhöhung ist also direkt gleich der (ebullioskopischen) BECKMANN-Konstante für Äther, = 2,1°. Sie ist $\frac{RT^2}{1000\,W}$, wobei 1000 W die Verdampfungswärme von 1 kg Lösungsmittel ist; R ist die Gaskonstante in Kalorien, also $R = \sim 2$ cal, genau 1,985 cal, und T ist die absolute Siedetemperatur des Äthers, also $T = 273 + 35 = 308$ °*abs*.

$$\frac{RT^2}{1000\,W} = 2{,}1$$

$$2{,}1 \cdot 1000\,W = RT^2$$

$$W = \frac{RT^2}{2100}\,\text{cal} = \frac{1{,}985 \cdot 308^2}{2100}$$

$$= \frac{1{,}985 \cdot 94\,864}{2100}$$

$$= 1882:21$$

$$= 89{,}7\ \text{cal}$$

89,7 cal ist also die Verdampfungswärme von 1 g Äther. (Die von 1 g Wasser ist ca. 6mal so groß.)

Aufgabe 8

Im stationären Zustand gibt der Thermostat durch die Wände sekündlich ebensoviel Wärme ab, wie ihm durch den Draht elektrische Energie zugeführt wird. Man braucht also bloß den Umrechnungsfaktor zu wissen, nach dem sich elektrische Energie in Wärme umsetzt.

1 Wattsekunde = 0,24 cal

Schaltet man den Heizstrom aus, so muß der Thermostat weiter ebensoviel cal sekündlich abgeben, und daraus läßt sich seine Abkühlung berechnen. Da der Betrag dieser Abkühlung sehr gering ist, kann man lineare Abkühlung annehmen.

An den Enden des Widerstandes herrschen 22 · 3,1 Volt Spannungsunterschied = 68 Volt. Da 3,1 Ampere hindurchfließen, ist die Leistung

3,1 · 68 Watt = 210 Watt,
1 Wattsekunde = 0,24 cal,
210 Wattsekunden = 50,4 cal.
In einer Sekunde fließen also 50,4 cal ab,
in 1800 Sekunden 90720 cal oder 90,72 kcal.
850 kcal würden eine Abkühlung bewirken von 1°,
91 kcal eine solche von **0,106°**.

Aufgabe 9

Klemmenspannung 220 Volt, 3,1 Ampere, man braucht 71 Ohm Widerstand. Davon werden 22 vom Heizkörper gestellt, die restlichen 49 Ohm müssen als Vorschaltwiderstand gestellt werden.

Es kommen nur parallelgeschaltete Lampen in Betracht.

a) 3 Lampen je 1000 Ohm haben $\frac{1000}{3} = 333$ Ohm,

x Lampen je 1000 Ohm haben $\frac{1000}{x} = 49$ Ohm.

$$x = \frac{1000}{49} = \textbf{20 Lampen}$$

b) $\frac{300}{x} = 49; \quad x = \frac{300}{49} = \textbf{6 Lampen}$

Aufgabe 10

a) Vor dem Ausschütteln ist in dem Liter Wasser 1 g Jod vorhanden; nach dem Ausschütteln noch x g Jod, gelöst in 1000 ccm Wasser; die Konzentration ist dann $\frac{x}{1000}$.

Im Schwefelkohlenstoff befinden sich nach dem Ausschütteln die restlichen $(1 - x)$ g Jod, und zwar sind sie in 50 ccm zusammengedrängt; die Jodkonzentration im Schwefelkohlenstoff ist demnach $\frac{1-x}{50}$.

„Der Verteilungskoeffizient von Jod zwischen Wasser und Schwefelkohlenstoff ist $K = 0{,}0017$“ heißt:

Die Konzentrationen in Wasser und in Jod verhalten sich wie 0,0017:1, oder $\frac{x}{1000} = 0{,}0017 \cdot \frac{1-x}{50}$, woraus $x = 0{,}033$ g Jod.

Nach dem Ausschütteln befinden sich im Wasser also noch 0,033 g Jod. Das ist ein Gehalt von 0,033‰ oder
0,0033%.

b) Wenn man einmal mit 10 ccm Schwefelkohlenstoff ausschüttelt, sind die Konzentrationen:

$\frac{x}{1000}$ in Wasser und $\frac{1-x}{10}$ in Schwefelkohlenstoff.

$$\frac{x}{1000} = 0{,}0017\,\frac{1-x}{10} \text{ oder}$$

$$x = 0{,}17 - 0{,}17\,x, \text{ woraus}$$

$$\mathbf{x = 0{,}1453\ g}.$$

Nach einmaligen Ausschütteln befinden sich im Wasser noch 0,1453 g Jod; vorher waren es 1 g. Eine einmalige Ausschüttelung entspricht demnach einer Multiplikation mit 0,1453, eine fünfmalige mit $0{,}1453^5$ oder 0,0000648 $= 6{,}48 \cdot 10^{-5}$.

Am Schluß sind demnach noch vorhanden

	$6{,}48 \cdot 10^{-5}$ in 1000 ccm,
das sind	$6{,}48 \cdot 10^{-5}$‰,
oder	**$6{,}48 \cdot 10^{-6}$ %**.

Die Ausschüttelung ist also nahezu gelungen; der Rest ist ca. 500mal kleiner als im Falle a.

Aufgabe 11

Der Verteilungssatz gilt nur für die ungespaltenen Pikrinsäuremoleküle; die Ionen lösen sich in Benzol nicht. Nun ist die Konzentration der Pikrinsäuremoleküle im Benzol schon gegeben, nämlich 0,07 normal. Damit ist nach dem Verteilungssatz auch die Konzentration der ungespaltenen Moleküle im Wasser gegeben; sie ist 0,0281mal so groß, also

$$0{,}07 \cdot 0{,}0281 = \mathbf{0{,}001967\ Mol\ im\ Liter}.$$

Die Menge der ungespaltenen Pikrinsäure im Wasser haben wir also; wir brauchen nur noch die der gespaltenen. Bezeichnen wir die Konzentration der ungespaltenen Pikrinsäure im Wasser mit P, die der Pikrinsäureionen mit P' und die der Wasserstoffionen mit h, so gilt

$$\frac{P' \cdot h}{P} = K = 0{,}164$$

P ist bekannt und $P' = h$, und so erhalten wir

$$\frac{P'^2}{0{,}001\,967} = 0{,}164, \text{ woraus}$$

$$P'^2 = 0{,}000\,323 \text{ und}$$

$$P' = \mathit{0{,}018}.$$

Damit haben wir auch den dissoziierten Anteil und brauchen bloß noch die beiden Teile zu addieren.

$$0{,}001\,967 + 0{,}018 = 0{,}019\,97$$
$$= \mathbf{0{,}02}$$

Aufgabe 12

Einfachster Fall; Umsatz wird aus Wärmetönung berechnet.

36 800
– 23 000

13 800 cal Wärmetönung, wenn sich 100% umsetzen,
510 cal Wärmetönung, wenn sich x% umsetzen,

x = 3,7%.

Aufgabe 13

Die Reaktion lautet

$$C_2H_5OH \text{ gibt } 2\,CO_2 + 3\,H_2O.$$

Man kann nun $2\,CO_2 + 3\,H_2O$ auf zwei Wegen sich bilden lassen:

1. Weg: Direkt aus den Elementen durch Verbrennung.
2. Weg: In zwei Zügen;
   a) man läßt die Elemente zusammentreten zu Äthylalkohol,
   b) man verbrennt den Äthylalkohol zu $2\,CO_2 + 3\,H_2O$

1. Weg |————————————————|
2. Weg |————————|————————|
a *b*

Der zweite Weg besteht aus zwei Strecken, die zusammen so lang sein müssen wie der erste Weg. Das erste Stück *a* ist die Bildungswärme des Äthylalkohols, das zweite Stück *b* die Verbrennungswärme des Äthylalkohols. Das zweite Stück ist gegeben, das erste gesucht und durch Differenzbildung erhältlich.

1. Weg: $2\,CO_2$	$= 2 \cdot 96000 =$	192000 cal
$3\,H_2O$	$= 3 \cdot 68000 =$	204000 cal
	zusammen	396000 cal

396000
− 341800 (Verbrennungswärme des Äthylalkohols)
54200 cal (Bildungswärme des Äthylalkohols)

Aufgabe 14

Na, $M = 23$

Na_2O, $M = 62$

Wir müssen erst einmal auf Mole umrechnen:

10 g Na geben 18800 cal, 23 g Na daher **43400** cal,
20 g Na_2O geben 20400 cal, 62 g Na_2O daher **63300** cal.

Für die Reaktion $2\,Na + n\,H_2O = 2\,NaOH\text{ aq.} + H_2$ kann man nun zwei Wege einschlagen:

1. Direkte Einwirkung von Natrium auf viel Wasser; +86800 cal;
2. a) man spaltet erst ein Mol Wasser in $H_2 + \frac{1}{2}\,O_2$; −68000 cal;
   b) dann Verbrennung von 2 Na im so gewonnenen Sauerstoff; gibt + x cal;
   c) dann Auflösung vom so gewonnenen Na_2O in viel Wasser; gibt +63200 cal.

Die Summe der drei Stücke des zweiten Wegs muß gleich sein dem ersten Weg.

$$-68000 + x + 63200 = 86800$$

$$x = \mathbf{91800\ cal}$$

Aufgabe 15

Es ergeben sich folgende Fragen:

1. Wie groß ist das Molekulargewicht des PCl_5?
2. Wie viele Mole sind 3,6 g PCl_5?
3. Welchen Raum müßten diese x Mole bei 200 °C *undissoziiert* eigentlich einnehmen?
4. Welchen Raum nehmen sie wirklich ein?
5. Wie groß ist demnach der Dissoziationsgrad α?
6. Welches ist die Molzahl und Konzentration des PCl_3?

7. Welches ist die Molzahl und Konzentration des Cl_2?
8. Welches ist die Molzahl und Konzentration des PCl_5?
9. Wie setzt sich aus den letzten drei Größen K zusammen?

Antworten

1. Das Molekulargewicht von PCl_5 = **208**.
2. 3,6 g PCl_5 sind **0,0173 Mole**.
3. 1 Mol nimmt theoretisch ein bei 0 °C 22,4 Liter, 0,0173 Mole nehmen theoretisch ein bei 200 °C $22{,}4 : 0{,}0173 : \frac{473}{273} =$ **0,67 Liter**.
4. tatsächlich aber *1 Liter*.
5. 1,00 — 0,67 = *0,33*.

Von 0,67 Molen sind demnach dissoziiert *0,33 Mole*, von 1 Mol sind demnach dissoziiert 0,33 : 0,67 = 0,49 Mole.

$$\alpha = \mathbf{0{,}49}$$

6. $[PCl_3] = 0{,}49 \cdot 0{,}0173$
7. $[Cl_2] = 0{,}49 \cdot 0{,}0173$
8. $[PCl_5] = 0{,}51 \cdot 0{,}0173$
9. $K = \frac{[PCl_3]\,[Cl_2]}{[PCl_5]} = \frac{0{,}49^2 \cdot 0{,}0173^2}{0{,}51 \cdot 0{,}0173}$

$K = \mathbf{0{,}00815}$.

Aufgabe 16

Die Dissoziation des PCl_5 wird durch die Gegenwart des Chlorgases nach dem Massenwirkungsgesetz zurückgedrängt. Wiederum muß

$$\frac{[PCl_3]\,[Cl_2]}{[PCl_5]} = k \text{ sein.}$$

Da das Volumen 1 Liter ist, sind alle Konzentrationen gleich den Molzahlen Wir haben drei unbekannte Konzentrationen bzw. Molzahlen und kürzen sie ab:

$[PCl_3] = T$,

$[PCl_5] = P$,

$[Cl_2] = C$ (also große Buchstaben für die Unbekannten).

Für diese drei Unbekannten können wir drei Gleichungen beibringen:

1. $[PCl_5] + [PCl_3] = 0{,}0173$ oder $P + T = a$,

---

[1]) 1 Liter Chlorgas von 18 °C und 1 atm = 0,0419 Mole Cl_2.

2. $[Cl_2] = 0{,}0419$[1]$) + [PCl_3]$ oder $C = b + T$,

3. $$\frac{[PCl_3]\,[Cl_2]}{[PCl_5]} = 0{,}00815 \text{ oder } \frac{TC}{P} = k\,.$$

Mit Worten: 1. Der Gesamtphosphor beträgt 0,0173 Mole, 2. das freie Chlor ist gleich der Summe des aufgepreßten (0,0149 Mole) und des durch Dissoziation entstandenen, 3. die Konstante muß gelten.
Die Auflösung ergibt

$$1.\; P + T = a\,,$$

$$2.\; C = b + T\,,$$

$$3.\; \frac{TC}{P} = k\,.$$

$$\frac{T}{P} = \frac{k}{b + T}$$

$$P = a - T$$

$$\frac{T}{a - T} = \frac{k}{b + T}$$

$$bT + T^2 = ak - kT$$

$$T^2 + (b + k)\,T - ak = 0 \qquad b + k = 0{,}05005$$

$$T^2 + 0{,}05T - 0{,}000141 = 0 \qquad ak = 0{,}000141$$

$$T = 0{,}0027 \text{ (Trichlorid)}$$

$$P = 0{,}0146 \text{ (Pentachlorid)}$$

$$C = 0{,}0446 \text{ (freies Chlor)}$$

Die Summe der drei Molzahlen $T + P + C = 0{,}0619$ Mole. Bei 200 °C sind das **2,4 atm** $\left(= 0{,}0619 \cdot 22{,}4 \cdot \frac{473}{273}\right)$.

Probe

1. Das freie Chlor ist 0,0446 Mole. Davon sind 0,0419 aufgepreßtes Chlor, der Rest $0{,}0446 - 0{,}0419 = 0{,}0027$ Mole ist durch Dissoziation entstandenes Chlor. Diese Menge ist gleich der des Trichlorids (ebenfalls 0,0027 Mole), wie es sein muß.

2. Der Gesamtphosphor ist 0,0027 (Trichlorid) + 0,0146 Mole (Pentachlorid) = 0,0173 Mole; die Phosphorbilanz stimmt.

3. $\frac{TC}{P} = k$ oder $\frac{0{,}0027 \cdot 0{,}0446}{0{,}0146} = k = 0{,}0082$; die Konstante gilt.

(Die Originallösung bei Abegg/Sackur ist falsch; die Phosphorbilanz stimmt nicht.)

Aufgabe 17

VORBEMERKUNGEN

1. Frage 1 und 3 müssen das gleiche Resultat ergeben, da die Reaktion in bezug auf Stickstoff und Sauerstoff symmetrisch ist. Man beachte überhaupt, daß es gleichgültig ist, ob der chemisch reaktionsträge Stickstoff im Überschuß vorliegt oder der Sauerstoff.
2. Da rechts und links vom Gleichheitszeichen gleich viele Moleküle stehen, die Reaktion also ohne Volumenänderung verläuft, ist das Gleichgewicht druckunabhängig. Die Temperatur wird nicht variiert, bleibt also auch außer Betracht. Man hat es nur mit Molzahlen zu tun.
3. Man kann sich also praktischerweise vorstellen, man habe ein Volumen von 1 Liter und darin eingeschlossen 100 Mole Gas. (Bei Luft sind das 80 Mole Stickstoff und 20 Mole Sauerstoff.) Dann werden Molzahlen und Konzentrationen in Mol pro Liter identisch.

Frage 1: Vor der Reaktion hat man 80 Mole Stickstoff und 20 Mole Sauerstoff. Nach der Reaktion hat man

$80 - x$ Mole Stickstoff

$20 - x$ Mole Sauerstoff

$2\,x$ Mole Stickoxid

An Stelle der Konzentrationen kann man, wie schon erwähnt, die Molzahlen verwenden.
Man hat dann

$$\frac{4x^2}{(80 - x)(20 - x)} = K = 3{,}5 \cdot 10^{-3} \qquad (1)$$

$$x^2 + \frac{100\,K}{4 - K}\,x - \frac{1600\,K}{4 - K} = 0$$

Da K klein gegen 4, kann man setzen 4 statt $4 - K$; dann wird

$$x^2 + 25\,Kx - 400\,K = 0.$$

$$x = -\frac{25\,K}{2} \pm \sqrt{\frac{625\,K^2}{4} + 400\,K}$$

$$= -12{,}5\,K \pm \sqrt{156\,K^2 + 400\,K}$$

Die negative Diskriminante scheidet aus. Das Glied mit K^2 ist fast 3 Zehnerpotenzen kleiner als das mit K; es kann gegen dieses vernachlässigt werden.

$$x = -12{,}5\,K + \sqrt{400\,K}$$
$$= -12{,}5\,K + 20\sqrt{K}$$
$$= -12{,}5 \cdot 3{,}5 \cdot 10^{-3} + 20 \cdot \sqrt{35} \cdot 10^{-4}$$
$$= -12{,}5 \cdot 3{,}5 \cdot 10^{-3} + 20 \cdot \sqrt{35} \cdot 10^{-2}$$
$$= -4{,}37 \cdot 10^{-2} + 118{,}4 \cdot 10^{-2}$$
$$= 114 \cdot 10^{-2}$$
$$= 1{,}14$$
$$2x = 2{,}28$$

Die Ausbeute an NO beträgt **2,28 Volumenprozent** des Gasgemisches.

Frage 2: Resultat aus Symmetriegründen ebenso, also 2,28%.

Frage 3: Gleichung 1 geht über in

$$\frac{4x^2}{(60 - x)(40 - x)} = K, \text{ allgemein}$$

$$\frac{4x^2}{(b - x)(a - x)} = K$$

Die Auflösung gibt unter den analogen Vereinfachungen

$$4x^2 = K(ab - ax - bx + x^2)$$
$$= abK - aKx - bKx + Kx^2$$
$$(4 - K)x^2 - abK + (aK + bK)x = 0.$$
$$x^2 + \frac{K(a + b)}{4}x - \frac{abK}{4} = 0$$
$$x = -\frac{K}{8}(a + b) + \sqrt{\frac{K^2(a + b)^2}{64} + \frac{abK}{4}}$$
$$= -\frac{K}{8}(a + b) + \sqrt{\frac{abK}{4}}$$
$$2x = -\frac{K}{4}(a + b) + \sqrt{abK} \qquad (2)$$

Bei Einsetzen der Zahlenwerte 40 und 60 für a und b ergibt das

$$
\begin{aligned}
2x &= -\,100\,\frac{K}{4} + \sqrt{40\cdot 60}\cdot\sqrt{K} \\
&= -25\cdot 3{,}5\cdot 10^{-3} + \sqrt{2400}\cdot 5{,}92\cdot 10^{-2} \\
&= -8{,}75\cdot 10^{-2} + 49\cdot 5{,}92\cdot 10^{-2} \\
&= -8{,}75\cdot 10^{-2} + 290 + 10^{-2} \\
&= \quad 281\cdot 10^{-2} = 2{,}8\ \%
\end{aligned}
$$

Aufgabe 18

Wie schon aus Symmetriegründen zu vermuten ist, hat die Ausbeute ein Maximum, wenn das Gasgemisch aus **50% Sauerstoff** und **50% Stickstoff** besteht.

Will man es tatsächlich beweisen, so kann dazu die Gleichung 2 herangezogen werden im Verein mit der Tatsache, daß $a + b = 100$ ist. Die Ausbeute an NO ist nach dieser Gleichung

$$
\begin{aligned}
2x &= \sqrt{abK} - \frac{K}{4}\,(a+b) \qquad \text{oder} \\
&= \sqrt{abK} - \frac{K\cdot 100}{4}
\end{aligned}
$$

Dieser Ausdruck wird aber, wie leicht ersichtlich, ein Maximum, wenn der Ausdruck $\sqrt{abK}$ ein Maximum wird; und dieser, wenn abK ein Maximum wird; und dieser, wenn ab ein Maximum wird. Mit anderen Worten, man kann der Reihe nach das additive Glied, das Wurzelzeichen und den Faktor K weglassen. ab wird aber ein Maximum, wenn $a = b$ wird (von allen Rechtecken gleichen Umfangs ist das Quadrat das größte).

Aufgabe 19

Die Reaktionsgleichung lautet

$$2\,SO_2 + O_2 = 2\,SO_3$$

und die Konstante ist

$$\frac{(SO_2)^2\cdot(O_2)}{(SO_3)^2} = K$$

Da rechts und links vom Gleichheitszeichen nicht gleich viele Moleküle stehen, ist es nicht einerlei, ob man K auf Millimeter, Atmosphären oder Mol pro Liter bezieht. Hier ist nach K_{atm} gefragt. Dazu muß man die Partialdrücke der einzelnen Molekülarten im Gleichgewichtsgas in Atmosphären kennen.

Wir beantworten der Reihe nach folgende Fragen (die Werte sind aus der darauffolgenden Berechnung schon eingesetzt).

1. Wie viele Mole SO_3 wurden gebildet?

   A: 0,0250 Mole SO_3.

2. Wie viele Mole O_2 und SO_2 sind in den Ofen eingetreten?

   A: 0,0417 Mole SO_2 und 0,3753 Mole O_2.

3. Wie viele Mole O_2, SO_2 und SO_3 sind aus dem Ofen ausgetreten?

   A: 0,3628 Mole O_2; 0,0167 Mole SO_2; 0,0250 Mole SO_3; zusammen 0,4045 Mole Gas.

4. Welchen Druck üben diese 0,4045 Mole Gesamtgas bei der gegebenen Temperatur aus?

   A: 1 Atmosphäre.

5. Wie groß sind darin die Partialdrücke des O_2, SO_2 und SO_3?

   A: 0,897 atm O_2 0,0413 atm SO_2 0,0618 atm SO_3

6. Wie setzen sich diese Partialdrücke zur Gleichgewichtskonstante zusammen?

   A: $\frac{(SO_2)^2\,(O_2)}{(SO_3)^2} = \frac{0{,}0413^2 \cdot 0{,}897}{0{,}0618^2} = K_{\text{atm}} = \mathbf{0{,}400}$

   resp. reziprok definiert

$$\frac{(SO_3)^2}{(SO_2)^2\,(O_2)} = 2{,}5$$

Berechnung

1. 5,84 g Bariumsulfat entsprechen 0,0250 Molen SO_3.
2. In den Ofen treten ein 0,4170 Mole Gas; davon sind 10% = 0,0417 Mole SO_2 und der Rest 0,3753 Mole O_2.
3. Aus dem Ofen treten aus 0,0250 Mole SO_3; daher verschwinden ebenso viele Mole SO_2 und halb so viele Mole O_2; es bleiben demnach noch übrig 0,0167 Mole SO_2 und 0,3628 Mole O_2; das macht alles zusammen 0,4045 Mole Gas (mit dem SO_3).

5. $\frac{0{,}3628}{0{,}4045} = 0{,}897$ atm O_2

   $\frac{0{,}0167}{0{,}4045} = 0{,}0413$ atm SO_2

   $\frac{0{,}0205}{0{,}4045} = 0{,}0618$ atm SO_3

Aufgabe 19a

Der Gesamtdruck des austretenden Gases ist 1 atm. Der Partialdruck des SO_2 hierin sei x atm. Dann ist also

$$(SO_2) = x\,\text{atm},\ (O_2) = \frac{x}{2}\,\text{atm},\ (SO_3) = (1 - 1{,}5\,x)\,\text{atm},$$

und es gilt

$$\frac{x^2 \cdot 0{,}5\,x}{(1 - 1{,}5x)^2} = \frac{1}{2{,}6} = 0{,}385,$$

$$\frac{x^3}{(1 - 1{,}5\,x)^2} = \frac{2}{2{,}6},$$

$$x^3 = 0{,}77\,(1 - 1{,}5\,x)^2.$$

Die Gleichung ist kubisch. Man gelangt einfacher zum Ziel durch Probieren. Derjenige Wert von x genügt der Gleichung, für den die beiden Seiten der Gleichung einander gleich werden. x kann nur zwischen 0 und 0,666 liegen, denn 0,666 ist der Wert für völligen Zerfall des SO_3, 0 der für völlige Erhaltung des SO_3. Wir gabeln ein und gehen immer auf Mitte.

$x = 0{,}1)$	$0{,}1^3$	$= 0{,}77$	$(1 - 0{,}15)^2$	
	0,001	= 0,555	(links zu wenig)	
$x = 0{,}6)$	$0{,}6^3$	$= 0{,}77$	$(1 - 1{,}5 \cdot 0{,}6)^2$	
	0,216	= 0,007	(links zu viel)	
$x = 0{,}4)$	$0{,}4^3$	$= 0{,}77$	$(1 - 1{,}5 \cdot 0{,}4)^2$	
	0,064	= 0,123	(links zu wenig)	
$x = 0{,}5)$	$0{,}5^3$	$= 0{,}77$	$(1 - 1{,}5 \cdot 0{,}5)^2$	
	0,125	= 0,048	(links zu viel)	
$x = 0{,}45)$	0,091	= 0,084	(links zu viel)	
$x = 0{,}44)$	0,085	= 0,089	(links zu wenig)	
$x = 0{,}446)$	0,0886	= 0,0854	(links zu viel)	
$x = 0{,}443)$	*0,0869*	= *0,0867*	(ziemlich genau gleich)	

0,443 ist der richtige Wert für x.

Die Partialdrücke für SO_2 und SO_3 im Austrittsgas sind also 0,443 und 0,336 Atmosphären. Nach dem Wortlaut der Aufgabe treten ein 0,417 Mole SO_3. Ebenso groß muß aber auch die Gesamtzahl derMole SO_2 plus SO_3 im Austrittsgas sein, da sich ja 1 SO_3 in 1 SO_2 verwandelt. Die Zahl der Mole SO_3 ist also absolut

$$= \frac{0{,}336}{0{,}443 + 0{,}336} \cdot 0{,}417 = \frac{0{,}336}{0{,}779} \cdot 0{,}417 = 0{,}18 \text{ Mole } SO_3.$$

Dem entsprechen 0,18 Mole Bariumsulfat oder 0,18 · 233 = **41,9 g $BaSO_4$**

Probe

1. Der Partialdruck für SO_2 im Austrittsgas ist 0,443 atm, der für SO_3 0,336 atm zusammen 0,779 atm. Der Partialdruck für O_2 ist dann $1 - 0{,}779 = 0{,}221$ atm. Das ist *die Hälfte* des Werts für SO_2, wie es sein muß.

2. $\frac{(SO_2)^2\,(O_2)}{(SO_3)^2} = \frac{0{,}443^2 \cdot 0{,}221}{0{,}336^6} = 0{,}39$, wie verlangt.

Die Konstante gilt.

Aufgabe 20

Wir müssen zunächst einige Vorfragen erledigen.

1. Auf was wollen wir die Gleichgewichtskonstanten beziehen, Millimeter, Atmosphären oder Mol pro Liter?
Wir entscheiden uns für Millimeter. P ist in Millimetern gegeben, und beim Resultat ist ebenfalls nach Millimetern gefragt. Nun ist allerdings die Konstante

$$\frac{[H_2]\,[J_2]}{[HJ]^2} = K_c = 0{,}015$$

auf Mol pro Liter bezogen. Da aber die Reaktion ohneMolekülzahländerung vor sich geht (rechts und links vom Gleichheitszeichen stehen gleich viele Moleküle), gilt sie auch unverändert für Millimeter; wir brauchen sie also gar nicht umzurechnen. Wir verwenden für die Konzentrationen runde Klammern.

2. Weshalb steigt eigentlich der Druck? Die Dissoziation des Jodwasserstoffs geht *ohne* Molekülzahlvermehrung vor sich; aus *diesem* Grunde brauchte der Druck also gar nicht anzusteigen. Doch ist dann HJ verschwunden; es ist also weniger HJ da, als dem Gleichgewichtsprodukt mit dem vorhandenen NH_3 entsprechen würde. Da sich dieses Gleichgewicht aber wieder einstellt, muß Ammoniumjodid nachverdampfen, und *dieses nachverdampfende* Ammoniumjodid verursacht den Druckanstieg.

3. Wie viele Unbekannte haben wir eigentlich?
Wir haben vier, nämlich die mm-Partialdrücke von

HJ	(Säure)	NH_3 (Base)	J_2	H_2;	abgekürzt:
s		b	i	h	

(die Unbekannten werden also durch *kleine* Buchstaben ausgedrückt, für die Bekannten P und K verwenden wir große). Für diese vier Unbekannten müssen wir natürlich vier Gleichungen beibringen.

4. Nach dem Text der Aufgabe besteht der Anfangsdruck 275 mm $= P$ „im wesentlichen“ aus den Partialdrücken von HJ und NH_3. Das heißt, daß der Dampfdruck des undissoziierten Ammoniumjodids vernachlässigt werden kann. Da im Anfang diese beiden Partialdrücke von HJ und NH_3 einander gleich und beide $\frac{P}{2}$ sind, wird nach dem Massenwirkungsgesetz ihr Pro-

dukt eine Konstante, also $= \left(\frac{P}{2}\right)^2 = K'$. Diese Konstante gilt auch nach längerem Erhitzen. $(NH_3)\,(HJ) = K' \cdot (NH_4J)$. NH_4J kann als fester Körper fortgelassen werden.

Nun wollen wir diese vier Gleichungen aufstellen. Nach längerem Erhitzen gilt

1. $(NH_3)\,(HJ) = \frac{P^2}{4}$ oder 1. $bs = \frac{P^2}{4}$,

2. $(H_2) = (J_2)$ oder 2. $h = i$,

3. $\frac{(H_2)\,(J_2)}{(HJ)^2} = K$ oder 3. $\frac{hi}{s^2} = K;\ i = s\sqrt{K}$,

4. $(NH_3) - (HJ) = 2(J_2)$ oder 4. $b = s + 2i$.[1])

Mit Worten:

1. Für (NH_3) und (HJ) über festem Ammoniumjodid gilt das Massenwirkungsgesetz; ihre Drücke bilden ein Produkt, das konstant ist.

2. Bei der Dissoziation von HJ entsteht ebensoviel H_2 wie J_2.

3. Für diese Dissoziation gilt das Massenwirkungsgesetz, die Konstante ist K.

4. Die Zahl der Ammoniakmoleküle, denen *kein* HJ gegenübersteht, ist doppelt so groß wie die der entstehenden Jodmoleküle (m. a. W., die Zahl

---

[1]) In der Lösung von ABEGG-SACKUR (Dr. R. ABEGG und Dr. O. SACKUR, Physikalisch-Chemische Rechenaufgaben, G. J. Göschen'sche Verlagshandlung, Berlin und Leipzig 1914 (Neudruck)) befindet sich folgender Fehler (S. 44 unten, Gleichung (1)):

$$(NH_3) = (HJ) + \frac{(H_2) + (J_2)}{2}, \text{ also}$$

$$(NH_3) = (HJ) + \frac{2\,(J_2)}{2}$$

$$= (HJ) + (J_2), \text{ was auf}$$

4. $b = s + i$ hinausläuft.

Das diese Gleichung falsch ist, erkennt man auf Grund folgender Überlegung: Angenommen, es spalten sich 3 Mole Ammoniumjodid, und zwar in $3\,NH_3$ und 3 HJ. Wir nehmen weiter an, von den drei Molen HJ spalten sich zwei in $H_2 + J_2$. Dann haben wir die Bilanz:

$$3\,NH_3 = HJ + H_2 + J^2 \text{ oder}$$

$$3 = 1 + 1 \text{ (nach } b = s + i\text{)},$$

was offenbar falsch ist, während nach $b = s + 2\,i$

$$3 = 1 + 2$$

das Richtige herauskommt.

der zerfallenden HJ-Moleküle ist *doppelt* so groß wie die der daraus entstehenden J_2-Moleküle; $2\,HJ = J_2 + H_2$).

1. $bs = \frac{P^2}{4}$

2. $h = i$

3. $\frac{hi}{s^2} = K;\ i = s\sqrt{K}$

4. $b = s + 2i.$

Von den vier Unbekannten lassen sich drei, nämlich h, i und b, sogleich eliminieren; wir erhalten zunächst

$$b = \frac{P^2}{4s}$$

$$b = s + 2s\sqrt{K}$$

und daraus

$$\frac{P^2}{4s} = s\,(1 + 2\sqrt{K})\ \text{(mit nur noch einer Unbekannten)}$$

oder $$s^2 = \frac{P^2}{4\,(1 + 2\sqrt{K})}$$

und $$s = \frac{P}{2}\,\frac{1}{\sqrt{1 + 2\sqrt{K}}}$$

$$= \mathbf{123{,}2\ mm}$$

Der Partialdruck des HJ beträgt also 123,2 mm. Daraus errechnet sich nun weiter

$$b = \frac{P^2}{4s} = \mathbf{153{,}4\ mm}$$

$$\text{ferner } i = h = s\sqrt{K} = 14{,}9\ \text{mm},$$

und der Gesamtdruck wird

$s + b + i + h = 123{,}2 + 153{,}4 + 14{,}9 + 14{,}9 =$ **306,4 mm**[1])

Aufgabe 21

Es ist nach dem Dampfdruck *bei einer anderen Temperatur* gefragt; es muß die CLAUSIUS-CLAPEYRONsche Gleichung genommen werden.

---

[1]) Infolge von Fehlerkompensation kommt bei ABEGG-SACKUR auch bei dem falschen Ansatz der Gleichung (4) ($b = s + i$) der richtige Wert heraus. Nach diesem Ansatz wird $s =$ 129,8 mm, $b =$ 145,6 mm und $h = i =$ 159 mm, zusammen 307,0 mm, wie oben, obwohl die Einzelkomponenten beträchtlich anders sind.

Wir verwenden das in Kapitel „Dampftension und Isochore" empfohlene cartesische Diagramm. Die Ordinateneinheit ist 1 Dezimeter und entspricht einem Unterschied von 1 im Logarithmus des Dampfdrucks. Die Abzisseneinheit ist ebenfalls 1 Dezimeter und entspricht einem Unterschied von $1 \cdot 10^{-3}$ im $\frac{1}{T}$-Wert.

In diesem Diagramm entspricht eine Neigung (der Dampfdruckgeraden) von 45° einer Verdampfungswärme von 4580 cal; Steigungsmaß und Verdampfungswärme sind einander proportional.

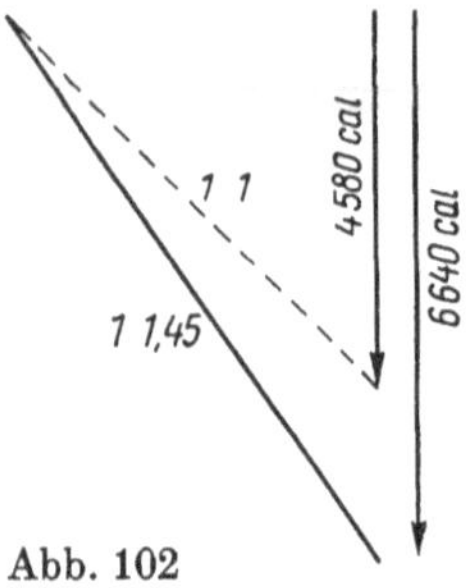

Abb. 102

Die Verdampfungswärme ist gegeben, nämlich 6640 cal. Das ist etwas mehr als 4580. Wir können also schon angeben, mit welcher Neigung die Dampfdruckgerade im Diagramm liegt; sie zeigt eine Steigung von etwas mehr als 1 : 1, genau von $\frac{6640}{4580}$: 1, d. i. von etwa 1,45 : 1, nach rechts unten fallend wie alle Dampfdruckgeraden (Abb. 102).

Frage 1: Wie groß ist der Dampfdruck des Äthers bei 30 °C? Wir bezeichnen die höhere Temperatur mit T_2, die niedrigere mit T_1.

$$35\,^\circ\text{C} = 308\,^\circ abs = T_2, \quad p_2 = 760 \text{ mm};$$

$$30\,^\circ\text{C} = 303\,^\circ abs = T_1, \quad p_1 = \text{gesucht}.$$

$$T_2 = 308, \quad \frac{1}{T_2} = \frac{1}{308}, \quad p_2 = 760, \quad \log p_2 = 2{,}8808;$$

$$T_1 = 303, \quad \frac{1}{T_1} = \frac{1}{303}, \quad p_1 = \text{unbekannt, niedriger als } p_2,$$

(Wenn man das bedenkt, braucht man auf das Vorzeichen nicht mehr zu achten.)

$$\frac{1}{303} - \frac{1}{308} = 0{,}003300 - 0{,}003246 = 0{,}000054$$

$$= 0{,}054 \cdot 10^{-3}$$

entsprechend 0,054 dm horizontal (= 5,4 mm).

Dem entsprechen bei $Q = 4580$ cal 0,054 dm vertikal,

bei $Q = 6640$ cal **0,078 dm vertikal**.

1 dm vertikal	= 1,000 Unterschied im Logarithmus,
0,078 dm vertikal	= 0,078 Unterschied im Logarithmus.
$\log p_2$	= 2,8808
	− **0,078** („Unterschied im Logarithmus")
$\log p_1$	= 2,8028
p_1	= **635 mm**

Frage 2: Auf welches Volumen dehnt sich bei $P = 720$ mm ein Liter Luft aus, das durch Äther von 30 °C geleitet wird?

Gesamtdruck	720 mm
Ätherpartialdruck	*635 mm*
Luftpartialdruck	85 mm

Also Luft : Äther	= 85 : 635
Luft : Gesamt	= 85 : 720
	= 1 : 8,47 Liter

Es dehnt sich auf **8,47 Liter** aus.

Frage 3: Wieviel g Äther verdampfen hierbei?
Ätherpartialdruck 625 mm, Volumen 8,5 Liter, 303 °*abs*. Daraus läßt sich nach den Gasgesetzen die Zahl der Mole und damit die Zahl der Gramm Äther berechnen.

Bei 273 °*abs* sind 22,4 Liter von 760 mm 1 Mol = 74 g
bei 303 °*abs* sind 8,5 Liter von 635 mm = x g

$$x = \frac{74 \cdot 8{,}5 \cdot 635 \cdot 273}{22{,}4 \cdot 760 \cdot 303}$$

= **21,1** g Äther verdampfen hierbei.

Aufgabe 22

Die Aufgabe zerfällt in zwei Fragen:

1. Welchen Dampfdruck hat reines Wasser bei 100,42 °C?
2. Wie berechnet sich aus der beobachteten Dampfdruckerniedrigung die molare Konzentration?'

Frage 2 ist eine Sache des Molenbruches, Frage 1 wird mit Hilfe der Clausius-Clapeyronschen Gleichung gelöst.

1. **TEIL**

Wir verwenden dasselbe Diagramm wie in der vorhergehenden Aufgabe.

$$T_1 = 373{,}42\,°abs; \quad \frac{1}{T_1} = \frac{1}{373{,}00} = 0{,}0026809651$$

$$T_2 = 373\,°abs; \quad \frac{1}{T_2} = \frac{1}{373{,}42} = 0{,}0026779497$$

$$\frac{1}{T_1} - \frac{1}{T_2} = 0{,}0000030154$$

$$p_1 = 760{,}00; \ \log p_1 = 2{,}88081,$$

$$\log p_2 = \text{gesucht.}$$

$$\frac{1}{T_1} - \frac{1}{T_2} = 0{,}0000030154$$

$$= 0{,}0030154 \cdot 10^{-3}$$

d. i. horizontal 0,0030154 dm,
dem entsprechen vertikal 0,0030154 dm bei $L = 4580$ cal
hingegen x dm bei $L = 9600$ cal

$$x = 0{,}0030154 \cdot \frac{9600}{4580}$$

$$= 0{,}006320 \text{ dm vertikal}$$

(Unterschied im log p) (*mehr*, weil der Druck steigt).

$$\log p = 2{,}88081$$
$$+\ 0{,}00632$$
$$2{,}88713$$

$$p_2 = 771{,}2 \text{ mm}$$

2. **TEIL**

Die Dampfdruckerniedrigung ist $771{,}2 - 758{,}2 = \mathbf{13{,}0}$ **mm**, die relative Dampfdruckerniedrigung ist $\frac{13}{771{,}2}$.

Der Molenbruch ist $\frac{n}{N}$, wobei

n die Zahl der Fremdstoffmoleküle und
N die Zahl der Wassermoleküle ist. Der Molenbruch ist gleich der relativen Dampfdruckerniedrigung, also gleich $\frac{13}{771{,}2} = 0{,}01686$.

Die Lösung enthält also auf 1 Mol Wasser 0,01686 Mole Fremdstoff, das sind auf

18 g Wasser 0,01686 Mole Fremdstoff; auf

$$1000 \text{ g Wasser } 0{,}01686 \; \frac{1000}{18} = 0{,}936 \text{ Mole}$$

Fremdstoff; der Fremdstoff hat die molale Konzentration **0,936**.

Aufgabe 23

Das sind fünf Fragen, nämlich nach α_1, α_2, K_1, K_2 und Q. Die ersten vier überschreiten nicht die Anforderungen des Kapitels ,,Dissoziierendes Gas" (Gasgleichgewichte); erst die letzte Frage, die nach Q, rückt die Aufgabe in das Kapitel ,,Isochore" ein. Zwei Zustände sind gegeben, der bei 27° und der bei 111 °C; von beiden muß zunächst K gefunden werden.

Vorfragen

1. Wieviel Mole N_2O_4 sind 9,2 g?
2. Welchen Raum müßten diese bei 27 °C eigentlich einnehmen?
3. Welchen Raum nehmen sie wirklich ein?
4. Wie groß ist demnach der Dissoziationsgrad α bei 27 °C?
5. Wie groß ist die Dissoziationskonstante$_{27}$?
6. Wie groß ist der Logarithmus der Dissoziationskonstante$_{27}$?
7. Welchen Raum müßte das Gas bei 111 °C eigentlich einnehmen?
8. Welchen Raum nimmt es wirklich ein?
9. Wie groß ist demnach der Dissoziationsgrad α bei 111 °C?
10. Wie groß ist die Dissoziationskonstante$_{111}$?
11. Wie groß ist der Logarithmus der Dissoziationskonstante$_{111}$?
12. Wie groß ist die Differenz der Logarithmen von K_{25} und K_{111}?
13. Wie groß sind die beiden T-Werte (absolute Temperatur)?
14. Wie groß sind die beiden $\frac{1}{T}$-Werte?
15. Wie groß ist die Differenz der beiden $\frac{1}{T}$-Werte?
16. Wie groß ist der *Quotient der Differenzen* von Frage 12 und 15, also der Quotient der Differenzen im log K-Wert und im $\frac{1}{T}$-Wert?

Antworten

1. $\frac{1}{10}$ Mol N_2O_4

2. $2{,}24\,\frac{300}{273}$ Liter $=$ **2,46 Liter**

3. **2,95 Liter** (gegeben)

4. $\frac{2{,}95}{2{,}46} = 1{,}2$; $\alpha_{27} = \mathbf{0{,}2}$ oder $\frac{1}{5}$.

5. **0,0068**; Berechnung s. u.

6. $\log 0{,}0068 = \mathbf{0{,}83251 - 3}$

7. $2{,}24 \cdot \frac{384}{273} = \mathbf{3{,}14}$ **Liter**

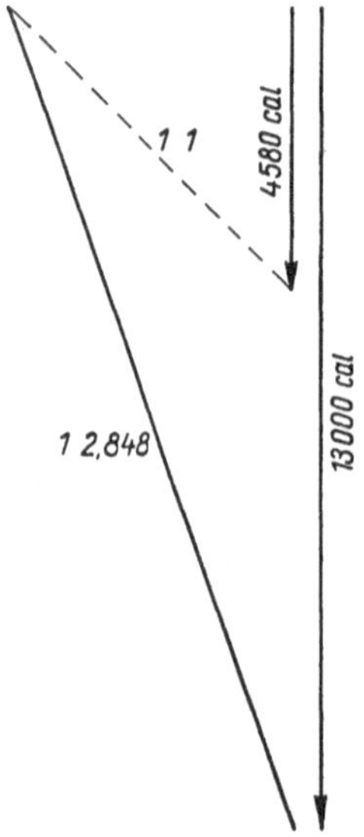

Abb. 103

8. **6,07 Liter** (gegeben)

9. $\frac{6{,}07}{3{,}14} = 1{,}93$; $k_{111} = \mathbf{0{,}93}$ oder 93%.

10. **0,816**, Berechnung s. u.

11. $\log 0{,}816 = 0{,}91169 - 1$

12. $(0{,}91169 - 1) - (0{,}83251 - 3) = \mathbf{2{,}0792}$ (Dezimeter im Diagramm)[1]) (Abb. 103)

13. **300** °*abs* und **384** °*abs*

14. $\frac{1}{300}$ und $\frac{1}{384} = \mathbf{3{,}33 \cdot 10^{-3}}$ und $\mathbf{2{,}6 \cdot 10^{-3}}$

15. $\mathbf{0{,}73 \cdot 10^{-3}}$ (0,73 Dezimeter im Diagramm)

16. $\frac{2{,}0792}{0{,}73} = \mathbf{2{,}848}$

Die Isochore liegt also mit einer Neigung von 1 : 2,848 im Diagramm (Abb. 103). Die Bildung der zwei Moleküle Dissoziationsprodukt NO_2 ist wie die Bildung des Wasserdampfes aus Wasser ein endothermer Vorgang; die Gerade fällt also nach rechts unten.

---

[1]) Wir verwenden dasselbe Diagramm wie in den beiden vorhergehenden Aufgaben.

Schlußfrage: Wie groß ist die Wärmetönung Q?

A: 4580 · 2,848 cal = **13000 cal** (4580mal obigem Quotienten.) Also umgekehrt wie in der vorigen Aufgabe. Dort war die molekulare Verdampfungswärme Q (= 9600 cal) gegeben, und es mußte aus ihr die Steilheit der Geraden errechnet werden. Hier ist diese Steilheit gegeben (in Form des Steigungsmaßes 2,848:1), und es muß aus ihr die Wärmetönung Q errechnet werden (= 13000 cal).

Zu Frage 5: Der Dissoziationsgrad $\alpha = \frac{1}{5}$, das Volumen $v = 2{,}95$ Liter. Für die Dissoziationskonstante benötigt man die Konzentrationen in Mol pro Liter. Die Menge des N_2O_4 ist $\frac{4}{5} \cdot \frac{1}{10}$ Mol $= \frac{4}{50}$ Mol, die des NO_2 ist *2mal* $\frac{1}{5} \cdot \frac{1}{10}$ Mol (da ja für jedes zerfallende Mol N_2O_4 2 Mole NO_2 entstehen) $= \frac{2}{50}$. Die Konzentrationen in Mol pro Liter sind demnach $\frac{4}{50\,v}$ und $\frac{2}{50\,v}$ und die Dissoziationskonstante wird

$$\frac{[NO_2]^2}{[N_2O_4]} = \frac{\left(\frac{2}{50\,v}\right)^2}{\frac{4}{50\,v}} = \frac{1}{50\,v} = \frac{1}{50 \cdot 2{,}95} = \mathbf{0{,}0068} = K_{27}.$$

Zu Frage 10: Analog ist bei 111 °C $\alpha = 0{,}93$ und $v = 60{,}7$ Liter

$$[N_2O_4] = 0{,}07 \cdot \frac{1}{10} \cdot \frac{1}{6{,}07} = 0{,}001\,155 \text{ Mol/Liter}$$

$$[NO_2] = 2 \cdot 0{,}93 \cdot \frac{1}{10} \cdot \frac{1}{6{,}07} = 0{,}0306 \text{ Mol/Liter}$$

$$K_{111} = \frac{[NO_2]^2}{[N_2O_4]} = \frac{0{,}0306^2}{0{,}001\,155^2} = \mathbf{0{,}816}$$

Resultate

α_{27} = **0,20**

α_{111} = **0,93**

K_{27} = **0,0068**

K_{111} = **0,816**

Q = **13000 cal**

Aufgabe 24[1])

Der Grundgedanke ist folgender. Eisen(II)-oxid spaltet sich bei starker Weißglut in Eisen und Sauerstoff. Mit zunehmender Temperatur nimmt auch der Sauerstoffdruck zu, etwa wie der Wasserdampfdruck über Wasser oder der Kohlendioxiddruck über Calciumcarbonat. Über dem System Fe + FeO herrscht also bei jeder Temperatur ein ganz bestimmter Sauerstoffdruck, der den Charakter einer Gleichgewichtskonstante hat (die beiden anderen Reaktionsteilnehmer sind ja fest und können daher weggelassen werden). Bei 1000 °*abs* ist dieser Druck von der Größenordnung 10^{-17} mm, also viel zu klein, um experimentell gemessen werden zu können. Trotzdem kann man dieser Größe beikommen, und zwar auf folgendem Wege. Dem bestimmten Sauerstoffdruck entspricht bei derselben hohen Temperatur ein ganz bestimmtes Verhältnis $\frac{(H_2)}{(H_2O)}$, das errechnet werden kann.
Man kennt sehr genau die Konstante der Dissoziation des Wassers in seine Elemente Sauerstoff und Wasserstoff. Die Konstantengleichung lautet

$$\frac{(H_2)^2 \cdot (O_2)}{(H_2O)^2} = K'$$

Sie stellt eine Beziehung her zwischen Wasserstoff, Wasserdampf und Sauerstoff oder zwischen dem Verhältnis $\frac{(H_2)}{(H_2O)}$ und (O), was noch deutlicher wird, wenn man sie umschreibt:

$$\frac{(H_2)^2}{(H_2O)^2} = K' \cdot \frac{1}{(O_2)} \quad \text{oder} \quad \frac{(H_2)}{(H_2O)} = \sqrt{K'}\sqrt{\frac{1}{(O_2)}}$$

Einem bestimmten Verhältnis $\frac{(H_2)}{(H_2O)}$ entspricht also auch ein ganz bestimmter, sehr kleiner, aber berechenbarer Sauerstoffdruck (O_2).
Wir können also aus dem gemessenen Verhältnis $\frac{(H_2)}{(H_2O)}$ über Fe + FeO den dazugehörigen sehr kleinen Sauerstoffdruck ausrechnen und haben damit den Sauerstoffdruck, der bei 1000 °*abs* mit dem System Fe + FeO im Gleichgewicht steht.
Wir haben folgende drei Reaktionen:

1. $2\,FeO = 2\,Fe + O_2$

   $(O_2) = K''$; die Konstante hat den Charakter eines Sauerstoffdrucks.

[1]) Es wird empfohlen, zuerst die Zusammenfassung des Gedankenganges der ganzen Aufgabengruppe 24—28 am Schluß der Lösung 28 zu lesen.

2. $Fe + H_2O = FeO + H_2$

$$\frac{(H_2) \cdot FeO}{(H_2O) \cdot Fe} = K\text{; nach Weglassen der festen Substanzen}$$

$$\frac{(H_2)}{(H_2O)} = K$$

K ist ein Verhältnis zweier Gaskonzentrationen; es ist also gleichgültig, in welchem Maß diese gemessen werden (mm, atm oder Mol/Liter), das Verhältnis bleibt das gleiche.

3. $\frac{(H_2)^2 (O_2)}{(H_2O)^2} = K'$;

die Gleichung stellt eine Beziehung her zwischen $\frac{(H_2)}{(H_2O)}$ und (O_2); das Verhältnis $\frac{(H_2)}{(H_2O)}$ ist dimensionslos, also eine reine Zahl, (O_2) ist ein Sauerstoffdruck.

Bei der Reaktion 2 ist es gleichgültig, in welchem Maß wir messen, bei 1 und 3 nicht; wir müssen uns also für eines entscheiden und wählen mm, welches Maß wir natürlich auch für Reaktion 2 beibehalten; um dies auszudrücken, verwenden wir für die Konzentrationen runde Klammern.

Wir brauchen also zunächst das Verhältnis $\frac{(H_2)}{(H_2O)}$ über Fe + FeO bei 1000 °*abs* und dann die Dissoziationskonstante K_{mm} des Wassers bei 1000 °*abs*. Beide sind aber nicht gegeben, und so zerfällt die Aufgabe in drei Teilfragen, nämlich:

1. Wie groß ist das Verhältnis $\frac{(H_2)}{(H_2O)}$ über Fe + FeO bei 1000 °*abs*?
2. Wie groß ist die Dissoziationskonstante K_{mm} des Wassers bei 1000 °*abs*?
3. Mit welchem absoluten Sauerstoffdruck in mm steht das in Frage 1 gewonnene Verhältnis von $\frac{(H_2)}{(H_2O)}$ bei 1000 °*abs* im Gleichgewicht?

Frage 2 und 3 sind einfach Aufgaben über Gleichgewichte, Frage 1 dagegen ist eine über die Reaktionsisochore.

1. TEIL

a) Wie groß ist das Verhältnis $\frac{(H_2)}{(H_2O)}$ über Fe + FeO bei 1298 °*abs* (= 1025 °C)?

A: $\frac{427}{333} = 1{,}1282$ (gegeben)

b) Wie groß ist das Verhältnis $\frac{(H_2)}{(H_2O)}$ bei 1173 °*abs* (= 900 °C)?

A: $\frac{450}{310} = 1{,}451$ (gegeben)

c) Wie groß ist das Verhältnis $\frac{(H_2)}{(H_2O)}$ bei 1000 °*abs*?

A: Wir nennen es x.
x ist aus den beiden ersten Angaben auszurechnen.

1000 °*abs* ist die niedrigste der Temperaturen, $x = K$ für 1000 °K, der höchste Wert der drei.

Nimmt man nicht die Größen T und K, sondern an ihrer Stelle $\frac{1}{T}$ und $\log K$, so erhält man eine lineare Beziehung, wie Abb. 104 zeigt.
Die drei absoluten Temperaturen betragen also

T_1	T_2	T_3	
1298°	1173°	1000°	(fallend),

die dazugehörigen K — Werte

1,1282	1,451	x	(steigend).

Die $\frac{1}{T}$ Werte dagegen sind

$0{,}770 \cdot 10^{-3}$,	$0{,}8525 \cdot 10^{-3}$,	$1{,}0 \cdot 10^{-3}$	(steigend),

und die $\log K$-Werte

0,1080	0,1618	$\log x$	(steigend).

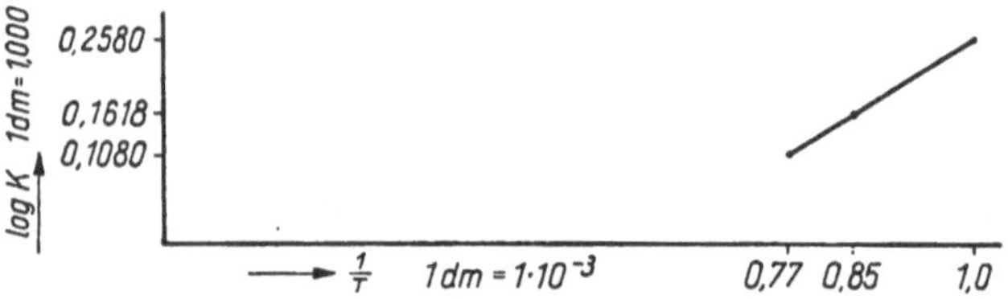

Abb. 104

Die zwei letzten Reihen sind beide steigend und stehen in linearer Beziehung, wie Abb. 104 zeigt. Wir entnehmen dem Diagramm oder erhalten durch Rechnung[1])

$$\log x = 0{,}2580 \quad \text{und daraus} \quad x = \mathbf{1{,}81}.$$

Das gesuchte Verhältnis $\frac{H_2}{H_2O}$ bei 1000 °*abs* ist also $= 1{,}81$.

$$(0{,}8525 - 0{,}7700) : (1{,}0000 - 0{,}8525) = (0{,}1618 - 0{,}1080) : (y - 0{,}1618)$$
$$0{,}0825 : 1475 = 0{,}0538 : 0{,}0962$$
$$y - 0{,}1618 = 0{,}0962$$
$$y = 0{,}2580$$
$$y = \log x = 0{,}2580$$

2. **TEIL**

Nun kommt die Berechnung der Dissoziationskonstanten des Wassers bei 1000 °*abs*. Hierzu dient die Angabe, daß Wasserdampf von 0,1 Atmosphären Druck bei 1000 °*abs* zu $6{,}46 \cdot 10^{-5}\%$ oder zum Bruchteil $6{,}46 \cdot 10^{-7}$ dissoziiert ist.

Da 1 Mol H_2O bei der Dissoziation 1 Mol H_2 gibt, kommen im Gleichgewicht auf 1 Mol H_2O $6{,}46 \cdot 10^{-7}$ Mole H_2 und halb so viele, nämlich $\frac{6{,}46}{2} \cdot 10^{-7}$ Mole O_2. Für einen Wasserdampfdruck von 76 mm $\left(= \frac{1}{10}\,\text{atm}\right)$ werden dann die Zahlen:

$$H_2O\ 76\ \text{mm} \qquad H_2\ 76 \cdot 6{,}46 \cdot 10^{-7}\ \text{mm} \qquad O_2\ 76 \cdot \frac{6{,}46}{2} \cdot 10^{-7}\ \text{mm}.$$

Diese Drücke setzen sich zur Dissoziationskonstanten zusammen.

$$\frac{(76 \cdot 6{,}46 \cdot 10^{-7})^2 \cdot 76 \cdot \frac{6{,}46}{2} \cdot 10^{-7}}{76^2} = K'_{\text{mm}}$$

$$= 6{,}46^3 \cdot \frac{76}{2} \cdot 10^{-21}$$

$$= \mathbf{1{,}02 \cdot 10^{-17}}$$

3. **TEIL**

Endlich müssen wir noch ausrechnen, mit welchem absoluten Sauerstoffdruck das Verhältnis $\frac{H_2}{H_2O} = 1{,}81$ bei 1000 °*abs* im Gleichgewicht steht.

Das Verhältnis ist von den Maßeinheiten unabhängig, und wir wählen

$$H_2 = 1{,}81\ \text{mm} \qquad H_2O = 1\ \text{mm}$$

und erhalten

$$\frac{1{,}81^2 \cdot p_{O_2}}{1^2} = 1{,}02 \cdot 10^{-17},$$

wobei p_{O_2} die Unbekannte ist. Die Auflösung nach p_{O_2} gibt

$$p_{O_2} = \frac{1{,}02}{1{,}81^2} \cdot 10^{-17} = \mathbf{3{,}1 \cdot 10^{-18}\ mm}$$

ZUSAMMENFASSUNG

Wir haben der Reihe nach die Fragen beantwortet:

1. Wie groß ist das Verhältnis $\frac{(H_2)}{(H_2O)}$ über Fe + FeO bei $T_1 = 1298$ °*abs*?

A: 1,1282 (gegeben)

2. Wie groß ist es bei $T_2 = 1173\,°abs$?

A: 1,451 (gegeben)

3. Wie groß ist es bei $T_3 = 1000\,°abs$?

A: 1,81 (errechnet)

4. Wie groß ist die Dissoziationskonstante des Wassers bei $1000\,°abs$?

A: $1{,}02 \cdot 10^{-17}$ für mm (errechnet aus α)

5. Wie groß ist der Sauerstoffdruck beim Verhältnis

$$\frac{(H_2)}{(H_2O)} = 1{,}81 \text{ bei } 1000\,°abs?$$

A: $3{,}1 \cdot 10^{-18}$ mm

Aufgabe 25

1. TEIL

Affinität. Bei $3{,}1 \cdot 10^{-18}$ mm geht die Vereinigung arbeitslos vor sich. Die Affinität des Eisens zu Sauerstoff von $\frac{1}{5}$ Atmosphärendruck ist einfach gleich der Ausdehnungsarbeit, die man vorher dadurch gewinnen kann, daß man 1 Mol (!) Sauerstoff bei $1000\,°abs$ sich von $\frac{760}{5}$ mm auf $3{,}1 \cdot 10^{-18}$ mm ausdehnen läßt.

Die Aufgabe könnte ebensogut lauten: Welche Ausdehnungsarbeit kann 1 Mol Sauerstoff leisten, wenn es sich bei $1000\,°abs$ von $\frac{760}{5}$ mm Druck auf $3{,}1 \cdot 10^{-18}$ mm Druck ausdehnt?

Vorfrage. Wir wollen erst einmal ausrechnen, um wie viele Zehnerpotenzen der Druck eigentlich abfällt. Er fällt von $\frac{760}{5} = 152$ mm auf $3{,}1 \cdot 10^{-18}$ mm. Die Zahl der Zehnerpotenzen ist die Differenz der Logarithmen.

$$\log 152 = 2{,}18184$$
$$\log 3{,}1 \cdot 10^{-18} = 0{,}49136 - 18$$
$$\text{Differenz} = 19{,}7$$

Also: **19,7 Zehnerpotenzen**

Die Affinität ergibt sich nach der Formel

$$A = RT \ln \frac{p_2}{p_1}$$

die den Vorteil hat, 1. daß sie schon für ein Mol gilt, 2. daß R darin gleich im cal-Maß eingesetzt werden kann.

$$A = 1{,}98 \cdot 1000 \cdot 2{,}3 \cdot \log \frac{\frac{760}{5}}{3{,}1 \cdot 10^{-18}}$$
$$= 4580 \cdot 19{,}7$$
$$= \mathbf{90000\ cal}$$

Die Affinität des Eisens zu Sauerstoff von $\frac{1}{5}$ atm Druck bei 1000 °*abs* beträgt 90000 cal. Das heißt, die 90000 cal entsprechende Energie läßt sich beim Ablauf der Reaktion $2\,Fe + O_2 = 2\,FeO$ als *mechanische* Energie gewinnen.
Wir erhielten also das Resultat, daß 1 Mol Sauerstoff, wenn es sich vor der Reaktion bei 1000 °*abs* von $\frac{1}{5}$ atm auf $3{,}1 \cdot 10^{-18}$ mm[1]) ausdehnt, hierbei die Ausdehnungsarbeit **90000 cal** leistet.

2. **TEIL**

Der zweite Teil ist eine Aufgabe über die *Reaktionsisochore*. Bei 1000 °*abs* ist der Sauerstoffdruck $3{,}1 \cdot 10^{-18}$ mm. Mit steigender Temperatur wird auch der Dissoziationsdruck des Sauerstoffs größer, geradeso wie der Dampfdruck des Wassers mit steigender Temperatur zunimmt oder der CO_2-Druck dissoziierenden Calciumcarbonats. Die Frage lautet: Wann erreicht dieser Druck $\frac{1}{5}$ Atmosphäre? Zu jeder Temperatur gehört ein Druck. Es handelt sich um zwei Zustände; bei der Temperatur 1000 °*abs* ist der Druck $3{,}1 \cdot 10^{-18}$ mm; das ist der eine Zustand. Vom zweiten Zustand ist der Druck gegeben, nämlich $\frac{760}{5}$ mm = 152 mm, also 19,7 Zehnerpotenzen höher; die dazugehörige Temperatur x ist gesucht.
Wählt man für das Diagramm nicht p und T, sondern $\log p$ und $\frac{1}{T}$, so erhält man ein einfaches lineares Diagramm nach Abb. 105 oder Abb. 106.

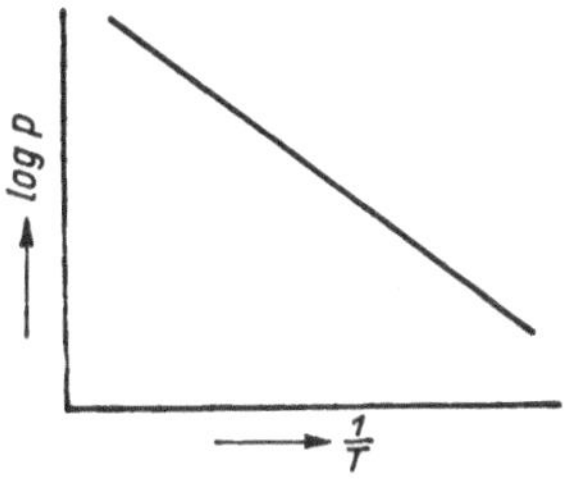

Abb. 105. Diagramm 1

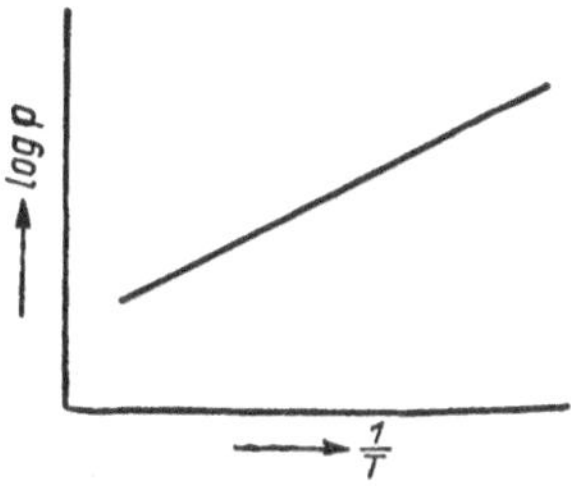

Abb. 106. Diagramm 2

[1]) Das heißt, von 410 Liter auf $2{,}04 \cdot 10^{22}$ Liter (19,7 Zehnerpotenzen im Volumen). $2{,}04 \cdot 10^{22}$ Liter sind ein Volumen, das dem eines Würfels von 2730 km Kantenlänge gleich ist. Die Berechnung geht also von der völlig utopischen Vorstellung aus, wir besäßen eine Expansionsmaschine, welche gestattet, bei 1000°*abs* 410 Liter Sauerstoff von $\frac{1}{5}$ atm auf $20{,}4 \cdot 10^9$ Kubikkilometer auszudehnen und die Expansionsarbeit dabei verlustlos zu gewinnen. Daß es diese Maschine nicht gibt, tut für die Richtigkeit der Berechnung nichts zur Sache.

Frage 1: Welches Diagramm ist hier zuständig, 1 oder 2?

A: Diagramm 1. Die Sauerstoffentwicklung ist *endotherm* wie die Wasserdampfentwicklung, und für diese ist das Diagramm 1 charakteristisch. Die Steilheit der Linie wird groß sein, denn auch die Wärmetönung Q ist sehr groß.

Frage 2: Wie groß ist die Wärmetönung der Reaktion?

A: Die Reaktion lautet

$$2\,FeO = O_2 + 2\,Fe,$$

und ihre Wärmetönung ist $2 \cdot 64600 = 129200$ cal.

Frage 3: Wie groß ist die Steilheit der Linie im Diagramm?

A: 4580 cal entsprechen einer Steilheit von 45° oder 1:1. Nun sind 129200 cal 28,3mal so viel, und dementsprechend ist auch die Steilheit 28,3 mal so groß, also 28,3:1 (Abb. 107).

Frage 4: Welche Einheiten wählen wir für die Achsen des Diagramms?

A: Den Logarithmus zählen wir 1, 2, 3, 4 usw. und wählen für diese Einheit 1 Dezimeter, wie auf S. 134 empfohlen. Den $\frac{1}{T}$-Wert zählen wir $1 \cdot 10^{-3}$, $2 \cdot 10^{-3}$, $3 \cdot 10^{-3}$ usw. und wählen für diese Einheit ebenfalls 1 Dezimeter, wie früher empfohlen.

Frage 5: Wie sieht dann das Diagramm wirklich aus?

A: Wie in Abb. 107. Die Linie verläuft steil nach oben und würde in der Höhe 2,83 Meter über der Abszisse die Ordinate schneiden.

Frage 6: Wo liegt Zustand 1, der gegebene Zustand?

A: Beim Punkt Z_1. Die Temperatur ist 1000 °*abs*, der $\frac{1}{T}$-Wert also $1 \cdot 10^{-3}$.

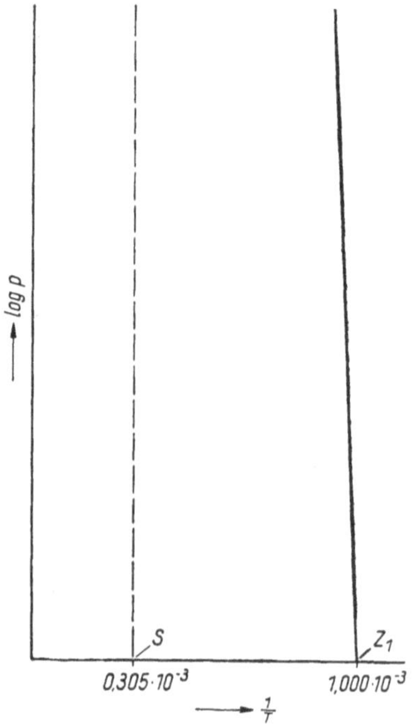

Abb. 107

Frage 7: Wo liegt Zustand 2, der gesuchte Zustand?

A: 19,7 Zehnerpotenzen[1]) höher, also 19,7 Dezimeter höher. Er liegt also auf der steilen Linie, und zwar 1,97 Meter über der

[1]) Das ergibt sich aus dem ersten Teil der Aufgabe 25.

Abszisse. (Der Unterschied im $\log p$ ist 19,7 Zehnerpotenzen, also 19,7 Dezimeter.)

Frage 8: Welcher Abszissenwert gehört zu diesem Zustand?

A: Der Anblick der Zeichnung ergibt, daß der Punkt S um 0,695 Dezimeter weiter links liegt als Punkt Z_1. Denn $28{,}3:19{,}7 = 1:0{,}695$.

Der Abszissenwert ist also $1{,}000 - 0{,}695 = 0{,}305$; Einheit: 10^{-3}.

Frage 9: Wie groß sind nun $\frac{1}{T}$ und T?

A: $\frac{1}{T} = 0{,}305 \cdot 10^{-3}$

$T = \mathbf{3280°}\boldsymbol{abs}$

Bei 3280°*abs.* würde sich also das Eisen(II)-oxid an der Luft in Eisen und Sauerstoff spalten.

Aufgabe 26

Das Ganze ist eine Frage nach einem Gleichgewicht. Das Gleichgewicht, um das es sich hier handelt, ist das Gleichgewicht des Zerfalls des Kohlendioxids in Kohlenoxid und Sauerstoff, das Zerfallsgleichgewicht des CO_2.

$$2\,CO_2 = 2\,CO + O_2$$

$$\frac{(CO)^2}{(CO_2)^2} \cdot (O_2) = K_{\text{atm}}$$

Was diese Konstantengleichung charakterisiert, ist folgendes: Wenn das *Verhältnis* der Partialdrücke von CO und CO_2 konstant bleibt, bleibt natürlich auch das Quadrat dieses Quotienten konstant, also der Bruch links. Dann muß aber auch der absolute Wert von (O_2) konstant bleiben, m. a. W., zu einem bestimmten Verhältnis der Partialdrücke von CO und CO_2 gehört ein ganz bestimmter gleichbleibender Sauerstoffpartialdruck in Atmosphären, wie sehr auch die absoluten Werte von (CO) und (CO_2) schwanken mögen.

Nun wissen wir aus der Aufgabe 24 folgendes: Mit einem Gemisch von Eisen und Eisen(II)-oxid ist bei 1000°*abs* ein absoluter Sauerstoffdruck von

$$\mathbf{3{,}1 \cdot 10^{-18}\ mm = 4{,}1 \cdot 10^{-21}\ atm}$$

im Gleichgewicht. Das heißt, wenn man ein Gemisch von Fe und FeO in einem leeren Raum auf 1000°*abs* erhitzt, so erfüllt es diesen Raum mit Sauerstoff vom Druck $4{,}1 \cdot 10^{-21}$ atm. Das Eisen(II)-oxid gibt unter Zerfall in Eisen und Sauerstoff so lange Sauerstoff in den Raum ab, bis der Druck von $4{,}1 \cdot 10^{-21}$ atm erreicht ist. Pumpt man nun diesen Sauerstoff ab, so daß dieser Druck dauernd unterschritten wird, so spaltet sich alles Eisen(II)-oxid in Eisen und Sauerstoff. Hält man umgekehrt den Sauerstoffdruck über dem Wert $4{,}1 \cdot 10^{-21}$ atm, so oxydiert sich alles Eisen zu Eisen(II)-oxid.

Nun wissen wir weiter folgendes. Mit dem gleichen Gemisch von Fe und FeO ist bei 1000 °*abs* ein Gemisch von Kohlenoxid und Kohlendioxid im Gleichgewicht, das diese Gase im Verhältnis 265 mm:495 mm (= 0,535) enthält. (Änderung des Gesamtdrucks würde an diesem Verhältnis nichts ändern, da das Gleichgewicht druckunabhängig ist; der Vorgang

$$Fe + CO_2 = FeO + CO$$

hat rechts und links vom Gleichheitszeichen nach Streichung der festen Stoffe nur je ein Molekül Gas, die Reaktion verläuft also ohne Volumenänderung.)

Das heißt folgendes: Wenn man das Gemisch von Fe und FeO bei 1000 °*abs* einem langsamen Gasstrom aussetzt, der aus CO und CO_2 im Verhältnis 0,535:1 gemischt ist, so ereignet sich nur dann nichts, wenn dieses Verhältnis genau eingehalten wird. Wird es auch nur ein wenig zugunsten von CO_2 verschoben, so wird allmählich alles Eisen oxydiert zu Eisen(II)-oxid; wird es auch nur wenig verschoben zugunsten von Kohlenoxid, so wird allmählich alles Eisen(II)-oxid reduziert zu Eisen (das ist der Hochofenprozeß).

Nun gibt aber das Gemisch Fe + FeO, wie wir gesehen haben, Sauerstoff ab bis zum absoluten Druck $4{,}1 \cdot 10^{-21}$ atm. Das tut es auch bei Gegenwart der beiden Gase CO_2 und CO. *Das heißt aber nichts anderes, als daß dann diese drei Gase bei 1000° abs miteinander im Gleichgewicht sind.* Es herrscht also Gleichgewicht, wenn der Sauerstoff den absoluten Druck $4{,}1 \cdot 10^{-21}$ atm besitzt und die Gase CO und CO_2 die Drücke 265 und 495 mm besitzen oder überhaupt im Druckverhältnis 265:495 = 0,535 stehen.

Wir haben also

$$K_{\text{atm}} = \frac{(CO)^2}{(CO_2)^2} \cdot (O_2) = \left(\frac{265}{495}\right)^2 \cdot 4{,}1 \cdot 10^{-21}$$

$$= 0{,}535^2 \cdot 4{,}1 \cdot 10^{-21}$$

$$= \mathbf{1{,}17 \cdot 10^{-21}}$$

Diese Zahl ist die Gleichgewichtskonstante des Zerfallsgleichgewichts des CO_2 bei 1000 °*abs*, die Dissoziationskonstante des Kohlendioxids. Gefragt ist aber nach dem Dissoziations*grad* α des Kohlendioxids, dem Prozentsatz, bis zu dem sich reines Kohlendioxid bei dieser Temperatur von selbst aufspaltet in CO und O_2. Da dieser Prozentsatz sicherlich sehr klein ist, haben wir ein Gas, das fast ganz aus Kohlendioxid besteht und nur Spuren von CO und O_2 enthält, und zwar doppelt soviel CO wie O_2.

Bleiben wir zunächst beim Gesamtdruck 1 atm, so können wir den Partialdruck des CO_2 ohne Fehler = 1 atm setzen. Der Partialdruck des CO wird dann gleich α, dem Dissoziationsgrad, denn nach

$$2CO_2 = 2CO + O_2$$

entsteht aus zerfallendem CO_2 gleich viel CO. Der Partialdruck des O_2 ist halb so groß wie der des CO, also gleich $\frac{\alpha}{2}$.

Wir erhalten

$$\frac{p_{CO}^2 \cdot p_{O_2}}{p_{CO_2}^2} = \frac{\alpha^2 \cdot \frac{\alpha}{2}}{1} = 1{,}17 \cdot 10^{-21}$$

$$\text{oder} \quad \frac{\alpha^3}{2} = 1{,}17 \cdot 10^{-21}$$

$$\alpha^3 = 2{,}34 \cdot 10^{-21}$$

$$\alpha = 10^{-7} \cdot \sqrt[3]{2{,}34}$$

$$= \mathbf{1{,}33 \cdot 10^{-7}}$$

für 1 atm Gesamtdruck.

Für andere Gesamtdrücke von q Atmosphären geht die Gleichung über in

$$\frac{(q\alpha)^2 \frac{q\alpha}{2}}{q^2} = 1{,}17 \cdot 10^{-21}$$

resp. $$q\frac{\alpha^3}{2} = 1{,}17 \cdot 10^{-21},$$

woraus $$\alpha^3 = \frac{1}{q} \cdot 2{,}34 \cdot 10^{-21}$$

$$\alpha = \sqrt[3]{\frac{1}{q}} \cdot 1{,}33 \cdot 10^{-7};$$

für $q = 0{,}1$ wird $$\alpha = \sqrt[3]{10} \cdot 1{,}33 \cdot 10^{-7} = \mathbf{2{,}86 \cdot 10^{-7}}$$

und für $q = 10$ $$\alpha = \sqrt[3]{0{,}1} \cdot 1{,}33 \cdot 10^{-7} = \mathbf{0{,}616 \cdot 10^{-7}}$$

Zusammenfassung. Aufgabe 26 ist analog der Aufgabe 22. Der Aufgabe 22 lag die Dissoziationsgleichung des Wassers in die Elemente Wasserstoff und Sauerstoff zugrunde; die Konstante lautete

$$\frac{(H_2)^2}{(H_2O)^2}(O_2) = K$$

Gegeben war das Verhältnis $\frac{(H_2)}{(H_2O)}$, daher auch sein Quadrat und die Konstante K; *gesucht war der Sauerstoffdruck* (O_2).
Der Aufgabe 26 liegt zugrunde die völlig analog gebaute Dissoziationsgleichung des Kohlendioxids in Kohlenoxid und Sauerstoff; die Konstante lautete

$$\frac{(CO)^2}{(CO_2)^2}(O_2) = K' \text{ (gesucht)}$$

Hier ist ebenfalls gegeben das Verhältnis $\frac{(CO)}{(CO_2)}$ (= 0,535), daher auch sein Quadrat und der Sauerstoffdruck (O_2) (= $4,1 \cdot 10^{-21}$), m. a. W. die ganze linke Seite; sie wird zusammengesetzt zu K, *das gesucht ist,*

$$K'_{atm} = 1,17 \cdot 10^{-21}$$

Würde man nun *über einem Gemenge von Fe + FeO* den Gesamtdruck steigen lassen, so bliebe das Verhältnis $\frac{(CO)}{(CO_2)}$ unverändert gleich 0,535, und der Sauerstoffdruck bliebe unverändert gleich $4,1 \cdot 10^{-21}$ Atmosphären.
Hier ist jedoch nach etwas anderem gefragt. Hier ist gefragt, wie *bei Abwesenheit von Fe + FeO* das Verhältnis $\frac{(CO)}{(CO_2)}$ würde, wenn Kohlendioxid freiwillig dissoziierte, d. h. wenn doppelt so viel CO als O_2 entsteht. Wir haben also außer der Konstantengleichung noch die weitere Bedingung

$$(O_2) = \frac{1}{2}(CO)$$

und damit

$$\frac{(CO)^2 \frac{1}{2}(CO)}{(CO_2)^2} = 1,17 \cdot 10^{-21}$$

Bei 1 atm Gesamtdruck können wir (CO_2) ruhig = 1 atm setzen; die beiden nur in Spuren auftretenden Gase CO und O_2 ändern daran nichts.
Dann wird

$$\frac{1}{2}(CO)^3 = 1,17 \cdot 10^{-21}\,\text{atm}$$

$$(CO)^3 = 2,34 \cdot 10^{-21}\,\text{atm}$$

und

$$(CO) = \sqrt[3]{2,34} \cdot 10^{-7}\,\text{atm}$$

$$= \mathbf{1,33 \cdot 10^{-7}\,atm}$$

und damit $\alpha = \mathbf{1,33 \cdot 10^{-7}}$.

Aufgabe 27

Zunächst: Es handelt sich eigentlich nicht um die Reaktion der Wassergasbildung, sondern um ihre Fortsetzung, die Wassergasentgiftungsreaktion, technisch „Konvertierung" genannt.
Die Wassergasbildungsreaktion lautet

$$H_2O + C = CO + H_2$$

Wasser wird durch Kohle reduziert zu Wasserstoff. Zwecks Wassergasentgiftung resp. Leuchtgasentgiftung oder Wasserstoffgewinnung kann man nun mit dem entstandenen Kohlenoxid ein zweites Molekül Wasser reduzieren:

$$H_2O + CO = CO_2 + K_2.$$

Dies ist die hier betrachtete Reaktion.
Sofort sieht man, daß die Reaktion ohne Molekülvermehrung oder -verminderung verläuft; rechts und links vom Gleichheitszeichen stehen gleich viele Moleküle, und das Gleichgewicht, d. h., die Gaszusammensetzung bei einer bestimmten Temperatur, wird druckunabhängig.

$$\frac{p_{CO} \cdot p_{H_2O}}{p_{CO_2} \cdot p_{H_2}} = K \qquad (1)$$

Einem bestimmten Verhältnis der Partialdrücke von CO und CO_2 entspricht demnach auch ein ganz bestimmtes, anderes Verhältnis der Partialdrücke von H_2O und H_2.
Aus der vorigen Aufgabe (Nr. 26) hat man eine andere Konstante bei derselben Temperatur (1000 °*abs*), nämlich

$$\frac{p^2_{CO} \cdot p_{CO_2}}{p^2_{CO_2}} = K_2 = 1{,}17 \cdot 10^{-21} \text{ (für Atmosphären!)} \qquad (2)$$

und aus Aufgabe Nr. 24

$$\frac{p^2_{H_2} \cdot p_{O_2}}{p^2_{H_2O}} = K_1 = 1{,}02 \cdot 10^{-17} \text{ für mm} \qquad (3)$$

$$= \frac{1}{760} \cdot 1{,}02 \cdot 10^{-17} \text{ für atm}$$

$$K_1 = \mathbf{1{,}342 \cdot 10^{-20}} \text{ für atm.}^{1)}$$

Dividiert man (3) durch (2), so fällt der Sauerstoffdruck heraus, und man erhält:

$$\frac{p^2_{H_2} \cdot p^2_{CO_2}}{p^2_{H_2O} \cdot p^2_{CO}} = \frac{K_1}{K_2} = K^2$$

$$\frac{p_{H_2} \cdot p_{CO_2}}{p_{H_2O} \cdot p_{CO}} = K = \sqrt{\frac{K_1}{K_2}}$$

$$= \sqrt{\frac{1{,}342 \cdot 10^{-20}}{1{,}17 \cdot 10^{-21}}}$$

$$= \sqrt{11{,}5} = \mathbf{3{,}39} \text{ bei } 1000\,°abs$$

[1]) Bei ABEGG/SACKUR, Physikalisch-Chemische Rechenaufgaben, G. I. Göschen'sche Verlagsbuchhandlung, Berlin und Leipzig 1914 (Neudruck) (S. 52, Mitte) ist ein Rechenfehler unterlaufen, nämlich $\frac{1}{760} = 0{,}001\,24$ statt $0{,}001\,316$.

Umrechnung auf Volumprozente. Das Gasgemisch besteht ursprünglich aus 1 Volumen Wasserdampf und 1 Volumen Kohlenoxid. Von dem 1 Volumen Wasserdampf setze sich der Bruchteil x um. Dann haben wir

x Volumina H_2

x Volumina CO_2

$1 - x$ Volumina H_2O und schließlich auch $1 - x$ Volumina CO

$$\frac{H_2 \cdot CO_2}{H_2O \cdot CO} = \frac{x^2}{(1-x)^2} = K$$

$$\frac{x}{1-x} = \sqrt{K} = \sqrt{3{,}39}$$

$$= 1{,}84$$

$$\frac{x}{1-x} = \sqrt{K}$$

$$x = \frac{\sqrt{K}}{1+\sqrt{K}}$$

$$= 0{,}647$$

$x:(1-x) = 0{,}647:0{,}353$ (zusammen 1)

oder $= 0{,}323:0{,}177$ (zusammen 0,5)

oder $= 32{,}3\ :17{,}7$ (zusammen 50%)

also	**32,3% H_2**	**17,7% H_2O**
	32,3% CO_2	**17,7% CO**

Zusammenfassung. Das Wassergasgleichgewicht läßt sich aus den Gleichgewichten für CO_2-Dissoziation und für H_2O-Dissoziation durch einfache Division erhalten.

Aufgabe 28

Es handelt sich um die zweite Stufe der Darstellung von Wasserstoff aus Kohle und Wasserdampf, die Reduktion von H_2O durch Kohlenoxid. Sie ist identisch mit der (vorgeschlagenen) Entgiftungsreaktion des Leuchtgases und heißt technisch „Konvertierung“ des Wassergases. Ein Blick auf die Zahlen lehrt, daß die Oxydationswärme des CO größer ist als die von H_2, m. a. W., die Reaktion ist exotherm; Kohlenoxid + Wasserdampf erhitzen sich bei Gegenwart eines Katalysators weiter.

Gegeben ist die Gleichgewichtskonstante der Wassergasreaktion bei 1000 °*abs*

$$K = \frac{[H_2] \cdot [CO_2]}{[H_2O] \cdot [CO]} = 3{,}26 \text{ (s. Fußnote des Textes der Aufgabe 28.)}$$

Diese Konstante ist druckunabhängig — und hier sogar unabhängig von der Maßeinheit des Drucks —, aber nicht temperaturunabhängig.
Sie soll nun für die Temperaturen 800 °*abs* und 1200 °*abs* ausgerechnet werden. Dazu muß man zuerst die Wärmetönung der Wassergasreaktion kennen.
Die Reaktion lautet

$$CO + H_2O = H_2 + CO_2.$$

1 Mol CO wird auf Kosten von 1 H_2O zu CO_2 oxydiert. Da das Kohlenoxid die größere Verbrennungswärme hat, ist die Wasserstoffbildung *exotherm*, und zwar um 68000 — 58000 = **10000 cal**. Die Konstante

$$K = \frac{[H_2] \cdot [CO_2]}{[CO] \cdot [H_2O]}$$

sinkt demnach mit steigender Temperatur. Nimmt man für das Diagramm nicht K und T, sondern $\log K$ und $\frac{1}{T}$, so erhält man eine Gerade, welche nach rechts *steigt* (Abb. 108) (also anders als bei der Wasserdampfbildung aus Wasser, welche *endotherm* ist). Zunächst kann man die *Steigung* dieser Geraden ausrechnen. Die Steilheit ist nämlich der Wärmetönung proportional. 4580 cal entsprechen dabei einer Steigung von 1:1, 10000 cal einer $\frac{10000}{4580}$ = 2,19mal stärkeren, also einer Steigung von 1:2,19. Die Gerade (CB) ist demnach parallel zu der gestrichelten Linie OS in Abb. 109.

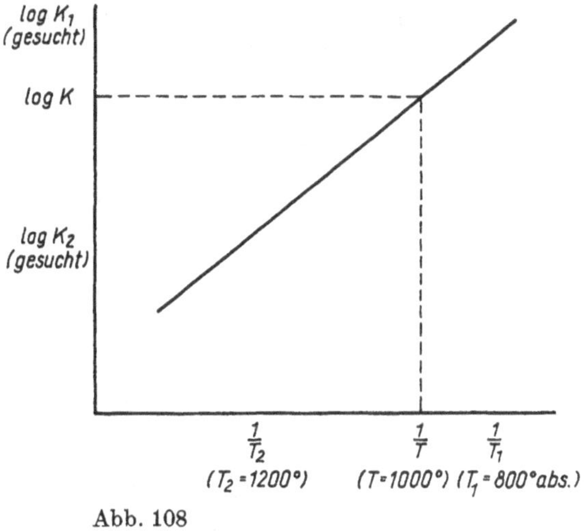

Abb. 108

Das gegebene Wertepaar von $\log K$ und $\frac{1}{T}$ ist 0,51322 (= log 3,26) und $1 \cdot 10^{-3}$. Dem entspricht der Punkt A (Abb. 109), durch den man nun die Gerade CB legen kann (parallel zu OS).

Zu den T-Werten 800° und 1200° gehören die $\frac{1}{T}$-Werte $1{,}25 \cdot 10^{-3}$ und $0{,}833 \cdot 10^{-3}$, und zu diesen Abszissenwerten kann man die Ordinatenwerte schon dem Diagramm entnehmen. Zu dem T-Wert 800° $\left(\frac{1}{T}\text{-Wert } 1{,}25 \cdot 10^{-3}\right)$ erhält man den Ordinatenwert 1,05 und zu dem T-Wert 1200° ($0{,}833 \cdot 10^{-3}$) den Ordinatenwert 0,15.

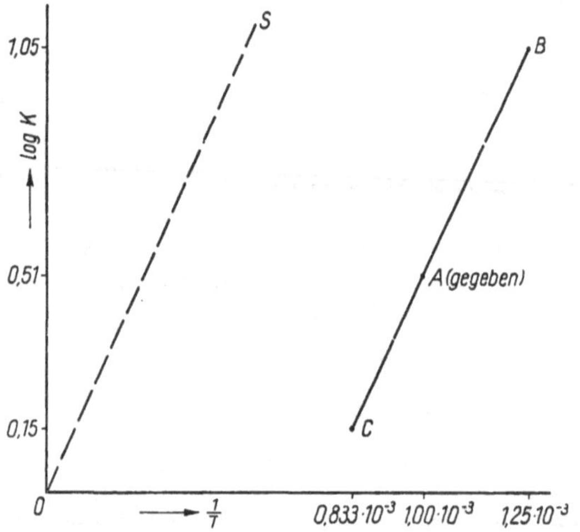

Abb. 109.
Ordinate: 1 = 1 Dezimeter,
Abszisse: $1 \cdot 10^{-3}$ = 1 Dezimeter

Natürlich werden wir nun die Werte auf Grund der Diagrammbeziehung genauer ausrechnen, als sie uns das Diagramm liefert.
Zunächst für 800 °*abs*:

$$\left.\begin{aligned} \frac{1}{T} &= \frac{1}{1000} = 1 \cdot 10^{-3} \\ \frac{1}{T_1} &= \frac{1}{800} = 1{,}25 \cdot 10^{-3} \end{aligned}\right\} \text{Diff.} = 0{,}25 \cdot 10^{-3}$$

$$\left(\frac{1}{T_2} = \frac{1}{1200} = 0{,}833 \cdot 10^{-3}\right)$$

$$K = 3{,}26; \quad \log K = 0{,}51322.$$

Bei $Q = 4580$ entspricht eine Differenz von $1 \cdot 10^{-3}$ in $\frac{1}{T}$ einer Differenz in $\log K$ von 1,0.

Bei $Q = 10000$ und Differenz $1{,}0 \cdot 10^{-3}$ 2,18.

Bei $Q = 10000$ und Differenz $0{,}25 \cdot 10^{-3}$ 0,5457.

$$\begin{aligned} \text{Also} \quad & 0{,}51322 \\ + \, & 0{,}5457 \\ \log K_1 = \, & 1{,}05892 \end{aligned}$$

$$\boldsymbol{K_1 = 11{,}5}$$

Dann für 1200 °*abs*:

$$\left.\begin{array}{l} \frac{1}{T} = \frac{1}{1000} = 1 \cdot 10^{-3} \\ \frac{1}{T_2} = \frac{1}{1200} = 0{,}833 \cdot 10^{-3} \end{array}\right\} \text{Diff.} = 0{,}167 \cdot 10^{-3}$$

Bei $Q = 10000$ und Differenz $1{,}0 \cdot 10^{-3}$ 2,18.

Bei $Q = 10000$ und Differenz $0{,}167 \cdot 10^{-3}$ 0,364.

$$\begin{aligned} \text{Also} \quad & 0{,}51322 \\ & -\mathbf{0{,}364} \\ \log K_2 &= 0{,}1492 \\ \mathbf{K_2} &= \mathbf{1{,}41} \end{aligned}$$

2. **TEIL**

Man muß jetzt noch aus K_1 und K_2 die Gaszusammensetzung errechnen. Das geht ziemlich einfach, da $[H_2] = [CO_2]$ und $[CO] = [H_2O]$. Setzt man den Gesamtdruck $= 1$ und $[H_2] = [CO_2] = x$ und $[CO] = [H_2O] = y$, so wird

1. $x + x + y + y = 1$

2. $\frac{x \cdot x}{y \cdot y} = 11{,}5$ für 800 °*abs*

Die Ausrechnung ergibt $x = 0{,}377$

also $H_2 = CO_2 =$ **37,7%**

und $CO = H_2O =$ **12,3%** für 800 °*abs*

Für $T_2 = 1200$

$$\frac{x^2}{y^2} = 1{,}41.$$

$$x = 0{,}276,$$

also $H_2 = CO_2 =$ **27,6%**

und $CO = H_2O =$ **22,4%**

Wir haben die fertige Formel nicht benutzt und uns den Gedankengang der Lösung an Hand des Diagramms klar gemacht. Wir wollen uns aber nachträglich auch die üblicherweise gebrauchte fertige Formel ansehen. Sie beinhaltet genau dasselbe, was wir schon gemacht haben. Sie lautet:

$$\log \frac{K}{K_1} = \frac{Q}{2{,}3R}\left(\frac{1}{T} - \frac{1}{T_1}\right)$$

Wir sehen sofort: $\frac{Q}{2{,}3R}$ ist das Steigungsmaß der Diagrammlinie $\frac{10000}{4{,}580}$. R ist die Gaskonstante, also 1,985, und 2,3 ist der Umrechnungsfaktor von natürlichem auf BRIGGschen Logarithmus. Ihr Produkt ist 4,58. Wenn wir hierfür (bisher) 4580 gesetzt haben, haben wir den Nenner mit 1000 multipliziert. Zum Ausgleich mußten wir auch den Zähler mit 1000 multiplizieren, und das taten wir, indem wir den Faktor 10^{-3} bei den $\frac{1}{T}$-Werten wegließen resp. $1 \cdot 10^{-3}$ zur (Dezimeter-) Einheit der Abszisse erklärten, was dasselbe ist. Also

$$\log K - \log K_1 = \frac{Q}{4580}\left(\frac{1}{T} \cdot 1000 - \frac{1}{T_1} \cdot 1000\right),$$

wonach wir bisher verfahren sind.

Ferner sehen wir sofort: Je nachdem ob man Q positiv oder negativ rechnet, je nachdem ob man $\left(\frac{1}{T} - \frac{1}{T_1}\right)$ oder $\left(\frac{1}{T_1} - \frac{1}{T}\right)$ rechnet, und je nachdem ob man $\frac{K}{K_1}$ oder $\frac{K_1}{K}$ schreibt, wird der Sinn obigen Ausdrucks positiv oder negativ. Es gibt also zahlreiche Vorzeichenverwechslungsmöglichkeiten, und *wir rechnen deshalb das Vorzeichen am besten im Kopf aus.*

K ist gegeben $= 3{,}26$, K_1 ist gesucht und *größer* als K.

$\frac{K}{K_1}$ ist also ein echter Bruch, sein Logarithmus also *negativ*, und die rechte Seite muß negativ werden.

$$\frac{1}{T} - \frac{1}{T_1} = \frac{1}{1000} - \frac{1}{800} = 1 \cdot 10^{-3} - 1{,}25 \cdot 10^{-3} = -0{,}25 \cdot 10^{-3}$$

$$\log K - \log K_1 = -\frac{10000}{2{,}3 \cdot 1{,}985} \cdot 0{,}25 \cdot 10^{-3}$$

$$= -\frac{10000}{4{,}58} \cdot 0{,}25 \cdot 10^{-3}$$

$$= -0{,}5457 \text{ (unter allen Umständen negativ!)}$$

$$\log K - \log K_1 = -0{,}5457$$

$$\log 3{,}26 - \log K_1 = -0{,}5475$$

$$\log 3{,}26 + 0{,}5457 = \log K_1$$

$$0{,}5132 + 0{,}5457 = \log K_1$$

$$1{,}0589 = \log K_1$$

$\mathbf{K_1 = 11{,}5}$, wie schon vorher gefunden.

Dasselbe für $T_2 = 1200\,°abs$:

$$\log \frac{K}{K_2} = \frac{Q}{2{,}3\,R}\left(\frac{1}{T} - \frac{1}{T_2}\right)$$

$K = 3{,}26$; K_2 ist gesucht und *kleiner* als K.

$\frac{K}{K_2}$ ist also kein echter Bruch, sondern > 1, sein Logarithmus also *positiv*, und die rechte Seite muß positiv werden.

$$\frac{1}{T} - \frac{1}{T_2} = \frac{1}{1000} - \frac{1}{1200} = 1 \cdot 10^{-3} - 0{,}833 \cdot 10^{-3}$$

$$= +\,0{,}167 \cdot 10^{-3}$$

$$\log \frac{K}{K_2} = \frac{10000}{4{,}58} \cdot 0{,}167 \cdot 10^{-3}$$

$$= 0{,}364$$

$$\log 3{,}26 - \log K_2 = 0{,}364$$

$$\log K_2 = \log 3{,}26 - 0{,}364$$

$$= 0{,}513 - 0{,}364$$

$$= 0{,}149$$

$\boldsymbol{K_2 = 1{,}41}$, wie schon vorher gefunden.

ZUSAMMENFASSUNG DER AUFGABENGRUPPE 24—28

Die Aufgaben 24—28 bilden eine zusammengehörige Gruppe, da jede das Resultat der vorhergehenden benützt.
In der ersten Aufgabe (24) wird nach dem Dissoziationsdruck des Eisen(II)-oxids bei 1000°*abs* gefragt. Dieser Dissoziationsdruck beträgt $3{,}1 \cdot 10^{-18}$ mm (Sauerstoff), wie wir gesehen haben. Zu seiner Berechnung stehen zwei Konstanten zur Verfügung, nämlich die Konstante des ferrum-reductum-Gleichgewichts und die der Wasserdampfdissoziation.
Das ferrum-reductum-Gleichgewicht sagt aus, daß über Eisen und Eisen(II)-oxid bei 1000°*abs* ein Verhältnis $H_2 : H_2O = 1{,}81$ herrscht. Das Dissoziationsgleichgewicht des Wasserdampfes zeigt aber, daß mit einem Wasser-Wasserdampfgemisch dieses Verhältnisses ein Sauerstoffdruck von $3{,}1 \cdot 10^{-18}$ mm im Gleichgewicht steht, d. h. sich einstellt. Diese Sauerstoffkonzentration herrscht also auch über dem Fe + FeO-Gemisch, mit anderen Worten, sie steht damit im Gleichgewicht und damit ist die erste Frage gelöst. Dieser sehr kleine Sauerstoffdruck $3{,}1 \cdot 10^{-18}$ mm ist der entschei-

dende Angelpunkt für alle fünf Aufgaben. (Das ferrum-reductum-Gleichgewicht ist nicht für die Temperatur 1000 °*abs* direkt gegeben, jedoch für zwei andere Temperaturen, so daß es über die Isochorengleichung für 1000 °*abs* ausgerechnet werden kann. Das Wasserdampfdissoziations-Gleichgewicht ist zwar für diese Temperatur gegeben, jedoch in Form des Dissoziationsgerades α, so daß aus diesem erst die Konstante K_{atm} ausgerechnet werden muß).

In der zweiten Aufgabe (25) wird dieses Resultat der ersten (24) benützt und nach dem Dissoziationsdruck bei anderen Temperaturen gefragt. Da die Dissoziationswärme angegeben ist, ist das über die Isochorengleichung sofort möglich (im 2. Teil der Aufgabe). Auch die Affinität des Eisens zu Sauerstoff von $^1/_5$ atm. Druck bei 1000 °*abs* kann ausgerechnet werden (im 1. Teil der Aufgabe).

Die dritte Aufgabe (26) unternimmt etwas ganz ähnliches wie die erste. Wenn wir statt des ferrum-reductum-Gleichgewichts das Hochofengleichgewicht nehmen und statt des Gleichgewichts der Wasserdampfdissoziation das der CO_2-Dissoziation, können wir ganz analog zu Aufgabe 24 den Dissoziationsdruck des Eisen(II)-oxids ausrechnen:

Über dem Fe—FeO-Gemisch ist bei 1000 °*abs* ein Gemisch $CO : CO_2 = 0{,}535$ im Gleichgewicht; mit diesem $CO-CO_2$-Gemisch ist aber laut Dissoziationsgleichgewicht des Kohlendioxids nur ein Sauerstoffdruck von $3{,}1 \cdot 10^{-18}$ mm $= 4{,}1 \cdot 10^{-21}$ Atmosphären verträglich, ganz wie in Aufgabe 24. Wir könnten also auch auf diesem zweiten Wege den Dissoziationsdruck des Eisen(II)-oxids ausrechnen. Die Rechnungsrichtung ist jedoch im zweiten Teil der Aufgabe etwas anders; der Sauerstoffdruck $3{,}1 \cdot 10^{-18}$ mm $= 4{,}1 \cdot 10^{-21}$ atm wird als *gegeben* betrachtet und dazu benützt, um umgekehrt die Konstante der CO_2-Dissoziation auszurechnen und aus dieser den Dissoziationsgrad α von CO_2 bei dieser Temperatur und zwei anderen Drücken. Die Aufgabe 26 benützt also das Resultat der Aufgabe 24.

In der vierten Aufgabe (27) wird nun das Fazit aus den Resultaten von 24 und 26 gezogen: beide Gasgemische, das H_2-H_2O-Gemisch 1 und das $CO-CO_2$-Gemisch sind mit dem Sauerstoffdruck $3{,}1 \cdot 10^{-18}$ mm $= 4{,}1 \cdot 10^{-21}$ atm im Gleichgewicht, also auch miteinander oder beide mit dem Fe—FeO-Gemisch bei 1000 °*abs*. Und daraus ergibt sich das Wassergasgleichgewicht für die Temperatur 1000 °*abs*.

In der fünften Aufgabe (28) endlich wird — ähnlich wie in der zweiten (25) — von diesem Gleichgewicht des Wassergases bei 1000 °*abs* ausgegangen und nach der Gleichgewichtskonstanten bei anderen Temperaturen gefragt. Da die Wärmetönung der Wassergaskonvertierung gegeben ist, ist das auch über die Isochorengleichung ohne weiteres möglich. Diese Wärmetönung (10000 cal) ist nicht direkt gegeben, sondern als Differenz der Verbrennungswärmen von Kohlenoxid und Wasserstoff. (10000 = 68000 — 58000). Die Aufgabe 28 benützt also das Resultat der Aufgabe 27.

Der Grundgedanke der ganzen Aufgabengruppe ist also, die Messung des experimentell ganz unzugänglichen Sauerstoffdrucks von $3{,}1 \cdot 10^{-18}$ mm O_2 durch die Messung des Verhältnisses eines Gasgemisches ($H_2 + H_2O$ oder $CO + CO_2$) zu ersetzen. In Aufgabe 27 wird dann noch gezeigt, wie man aus zwei solchen Gleichgewichten ein drittes ausrechnen kann.

Aufgabe 29

Wir nehmen zunächst an, es heiße 500 ccm, damit das Gesamtvolumen 1 Liter wird. Die verbrauchten x Mole Salmiak können ja am Schluß wieder mit $\frac{1}{10}$ multipliziert werden.

Da *gerade* kein Magnesiumhydroxid mehr ausgefällt werden soll, ist der Gedankengang ausnehmend einfach. Da alles Mg in Lösung bleiben soll, ist $[Mg^{\cdot\cdot}] = 0{,}5$. Mit dieser Magnesiumionen-Konzentration ist eine ganz bestimmte Hydroxylionen-Konzentration gerade noch verträglich; sie kann aus dem Löslichkeitsprodukt des Magnesiumhydroxids ausgerechnet werden. Damit haben wir zwei Ionenkonzentrationen. Eine dritte Konzentration erhalten wir ebenfalls leicht; es ist die Konzentration des undissoziierten NH_3. Diese ist *0,5*, gerade wie es sich aus der Beimischung ergibt. Denn es kann ja nichts vom beigemischten NH_3 in NH_4 übergehen, sonst müßte nämlich Magnesiumhydroxid ausgefallen sein.

Diese Menge NH_3 würde natürlich längst genügend OH'-Ionen abdissoziieren um die erlaubte Grenze zu überschreiten, bis zu der sich kein Magnesiumhydroxid abscheidet. Aber da man $[NH_3]$ und $[OH']$ kennt, kann man leicht ausrechnen, wieviel NH_4 zugegeben werden muß, um das $[OH']$ auf jene Grenze herabzudrücken.

Zuerst berechnen wir die eben noch erlaubte Hydroxylionenkonzentration.

$$[Mg^{\cdot\cdot}]\,[OH']^2 = l \qquad [Mg^{\cdot\cdot}] = 0{,}5$$

$$[OH']^2 = \frac{l}{0{,}5} = 2l$$

$$[OH'] = \sqrt{2l}$$

$$= \mathbf{4{,}9 \cdot 10^{-6}}$$

Daraus die mindest notwendige Ammoniumionen-Konzentration

$$\frac{[NH_4^{\cdot}]\,[OH']}{[NH_3]} = K = 1{,}8 \cdot 10^{-5}$$

$$\frac{[NH_4^{\cdot}]\,4{,}9 \cdot 10^{-6}}{0{,}5} = 1{,}8 \cdot 10^{-5}$$

$$[NH_4^{\cdot}] = 0{,}5 \cdot 1{,}8 \cdot 10^{-5}\,\frac{1}{4{,}9 \cdot 10^{-6}}$$

$$= \mathbf{1{,}84}$$

Dem entsprechen ebenso viele Mole Salmiak, das sind $1{,}84 \cdot 53{,}5$ g Salmiak, also $= 98$ g Salmiak.

$\frac{1}{10}$ davon $=$ **9,8** g Salmiak.

Aufgabe 30

1. Welche Wasserstoffionenkonzentration hat eine $c_2 = 0{,}1$ n Milchsäure?

M sei die Konzentration der undissoziierten Milchsäure,
M' die des Lactations,
h die des Wasserstoffions.

a) *Roh:* Eine normale Milchsäure hat $h = \sqrt{K}$,
eine 0,1 n eine 3,16mal kleinere $(\sqrt{cK})$.

$$h = \sqrt{\frac{K}{10}} = \sqrt{14 \cdot 10^{-6}} = \mathbf{3{,}74 \cdot 10^{-3}}$$

b) *Genauer:* $\frac{M'h}{M} = K;\quad \begin{matrix} M' = h \\ M = c_2 - h \end{matrix}$

$$h^2 = K(c_2 - h)$$
$$= c_2K - Kh$$
$$h^2 + Kh - c_2K = 0$$
$$h = -\frac{K}{2} + \sqrt{\frac{K^2}{4} + c_2K}$$
$$= -0{,}7 \cdot 10^{-4} + \sqrt{0{,}49 \cdot 10^{-8} + 0{,}1 \cdot 1{,}4 \cdot 10^{-4}}$$
$$= -0{,}7 \cdot 10^{-4} + \sqrt{14 \cdot 10^{-6}}$$ (das erste Glied unter der Wurzel kann man vernachlässigen)
$$\left(= \sqrt{c_2K} - \frac{K}{2}\right)$$
$$= 3{,}74 \cdot 10^{-3} - 0{,}7 \cdot 10^{-4}$$
$$= 3{,}74 \cdot 10^{-3} - 0{,}07 \cdot 10^{-3}$$
$$= \mathbf{3{,}67 \cdot 10^{-3}}$$

2. Dieselbe Wasserstoffionenkonzentration $= h$ herrscht auch in der Mischung. Wir haben zunächst:

1. $M + M' = 0{,}05$
2. $\frac{M' \cdot h}{M} = K_m$

} 2 Gleichungen, 2 Unbekannte

$$M = \frac{M'h}{K_m}$$
$$M = 0{,}05 - M'$$
$$M' = \mathbf{0{,}00184} \text{ (Milchsäureion)}$$
$$M = \mathbf{0{,}04816} \text{ (undissoziierte Milchsäure)}$$

E sei die Konzentration der undissoziierten Essigsäure, E' die des Acetations. Von M' aus können wir nun E' berechnen, denn

$$M' + E' = h$$
$$E' = h - M'$$
$$= 3{,}67 \cdot 10^{-3} - 1{,}84 \cdot 10^{-3}$$
$$E' = \mathbf{1{,}83 \cdot 10^{-3}} \text{ (Acetation).}$$

Von E' aus kann man E berechnen, denn

$$E + E' = 0{,}38$$
$$E = 0{,}38 - E' = 0{,}38 - 0{,}00183$$
$$E = \mathbf{0{,}378} \text{ (undissoziierte Essigsäure).}$$

Aus diesen Stücken setzen wir nun K_e zusammen.

$$K_e = \frac{E' \cdot h}{E} = \frac{1{,}83 \cdot 10^{-3} \cdot 3{,}67 \cdot 10^{-3}}{0{,}378}$$
$$= 18 \cdot 10^{-6}$$
$$= \mathbf{1{,}8 \cdot 10^{-5}}$$

Zusammenfassung. Da die Wasserstoffionenkonzentration bekannt ist, kann man 2 Gleichungen aufstellen, welche M und M' liefern (aus Summe und und Dissozionskonstante). Aus M' ist dann leicht E' zu berechnen (ihre Summe ist gleich h) und aus E' dann E (ihre Summe ist die Gesamtessigsäure).

Aufgabe 31

1. Lösung

Zunächst müssen wir die Gewichte auf Mol/Liter umrechnen.

Na_2O	0,009 n an $Na^{\cdot}$
Gesamt-CO_2	0,0141 m an Gesamt-H_2CO_3
Gesamt-H_2S	0,00053 m an Gesamt-H_2S

Eine durch Bicarbonat gepufferte Lösung von freier Kohlensäure hat einen p_H-Wert von ca. 6—7. Die Wasserstoffionenkonzentration ist also von der Größenordnung 10^{-6} n; die $H^{\cdot}$-Ionen verschwinden also in der Kationenfront gegen die $Na^{\cdot}$-Ionen, welche 0,009 n ausmachen. Die Natriumionen aber schaffen sich eine gleich große Gegenfront von Anionen. Da die Kohlensäure dreimal stärker ist als die Schwefelwasserstoffsäure und außerdem in

26fachem Überschuß über diese vorliegt, ist die Annahme berechtigt, daß diese Gegenfront so gut wie ganz von Bicarbonationen gestellt wird.

$$[HCO_3'] = 0{,}009$$ [1])

Damit haben wir die erste Unbekannte. Die freie Kohlensäure $[H_2CO_3]$ stellt natürlich den Rest gegen die Gesamtkohlensäure dar, also

$$[H_2CO_3] = 0{,}0141 - 0{,}009$$
$$= \mathbf{0{,}0051}.$$

Im Besitz dieser beiden Werte können wir nun als drittes die Wasserstoffionenkonzentration ausrechnen, nämlich aus der Gleichung für die Dissoziationskonstante der Kohlensäure.

$$[H^{\cdot}] = K_1 \frac{[H_2CO_3]}{[HCO_3']}$$
$$= 3{,}04 \cdot 10^{-7} \cdot \frac{0{,}0051}{0{,}009}$$
$$= 1{,}72 \cdot 10^{-7}$$

Diesen Wert von $[H^{\cdot}]$ kann man nun in die Gleichung für die Dissoziationskonstante des Schwefelwasserstoffs einsetzen.

$$\frac{[SH'][H^{\cdot}]}{[H_2S]} = K_2$$

$$\frac{[SH']}{[H_2S]} = \frac{K_2}{[H^{\cdot}]} = \frac{0{,}91 \cdot 10^{-7}}{1{,}72 \cdot 10^{-7}} = 0{,}53$$

Damit haben wir das Verhältnis von dissoziiertem zu undissoziiertem Schwefelwasserstoff $[SH'] : [H_2S] = 0{,}53 : 1$. Auch ihre Summe kennen wir: $[SH'] + [H_2S] = 0{,}00053$. Hiervon ist $[SH']$ der Bruchteil $\frac{0{,}53}{1{,}53}$, nämlich 0,000184[2]) und $[H_2S]$ der Rest, nämlich 0,000346.
Die Konzentration der freien Kohlensäure ist also **0,0051**, die des freien Schwefelwasserstoffs **0,000346**.

2. Lösung

Es läßt sich zeigen, daß die Aufgabe auch ohne die vereinfachende Annahme, daß die Bicarbonationen die Natriumionen praktisch allein absättigen, gelöst werden kann.

---

[1]) Der Wert ist eine Kleinigkeit zu hoch.

[2]) Wenn $SH' = 0{,}000184$ ist, reiht sich diese Anionenkonzentration in die Front der Bicarbonationen ein; diese haben wir zu 0,009 angenommen, also 49mal so groß. Wir haben mit der Annahme, daß die Bicarbonationenkozentration = 0,009 ist, keinen erheblichen Fehler gemacht.

Wir haben 6 Lösungspartner, nämlich

$$\begin{matrix} [Na^{\cdot}] & [HCO_3'] & [SH'] & [H_2CO_3] & [H_2S] & [H^{\cdot}] & \text{oder} \\ n & b & s & \beta & \sigma & h, & \end{matrix}$$

also kleine Buchstaben für die Unbekannten, während wir mit $C = 0{,}009$ die molekulare Konzentration des Gesamtnatriums, $A = 0{,}0141$ die der Gesamtkohlensäure und $B = 0{,}00053$ die des Gesamtschwefelwasserstoffs bezeichnen.

Hierzu können wir 6 Gleichungen beibringen, nämlich:

1. das Gesamtnatriumion ist C,
2. die Gesamtkohlensäure ist A,
3. der Gesamtschwefelwasserstoff ist B,
4. die Dissoziationskonstante der Kohlensäure ist K_1,
5. die Dissoziationskonstante der Schwefelwasserstoffsäure ist K_2,
6. Elektroneutralität,

also drei Konzentrationen, zwei Konstanten und Elektroneutralität.
Die Tatsache, daß wir für 6 Unbekannte 6 Gleichungen beibringen konnten, bedeutet, daß die Aufgabe ohne weitere Annahmen lösbar ist.
Die 6 Unbekannten können wir gleich auf 4 verringern. Natriumion ist nämlich direkt gegeben, und h kommt nur in den beiden Gleichungen der Dissoziationskonstanten vor; dividieren wir diese durcheinander, so fällt es heraus.

$$\frac{[H^{\cdot}]\,[HCO_3']}{[H_2CO_3]} = K_1$$

$$\frac{[H^{\cdot}]\,[SH']}{[H_2S]} = K_2$$

$$\frac{[HCO_3']\,[H_2S]}{[SH']\,[H_2CO_3]} = \frac{K_1}{K_2} = K_3$$

$$\frac{b\sigma}{s\beta} = K_3 = 3{,}34$$

Wir bekommen also

1. $b + s = C$
2. $b + \beta = A$
3. $s + \sigma = B$
4. $\frac{b\sigma}{s\beta} = K_3$

$$s = B - \sigma$$

$$b = C - s = C - B + \sigma = G + \sigma \qquad G = C - B = 0{,}00847$$

$$\beta = A - b = A - C + B - \sigma = F - \sigma \qquad F = A - C + B = 0{,}00563$$

$$\frac{\sigma(G + \sigma)}{(B - \sigma)\cdot(F - \sigma)} = K_3$$

$$\sigma^2 + l\,\sigma + h = 0, \quad \text{woraus} \quad l = -\frac{G + K_3F + K_3B}{K_3 - 1} = 0{,}0124$$

$$\text{und} \quad h = \frac{K_3BF}{K_3 - 1} = 4{,}26 \cdot 10^{-6}$$

$$\sigma = -\frac{l}{2} + \sqrt{\frac{l^2}{4} - h}$$

$$= -0{,}0062 + 0{,}00653$$

$$= \mathbf{0{,}00033}$$

Die Konzentration des undissoziierten Schwefelwasserstoffs ist also 0,00033, woraus sich die übrigen Konzentrationen leicht ergeben.

ZUSAMMENFASSUNG

Von der Überlegung ausghend, daß die Kohlensäure dreimal stärker ist als die Schwefelwasserstoffsäure und außerdem in 26fachem Überschuß über diese vorliegt, kann man zunächst die vereinfachende Annahme machen, daß die Anionen ganz von den Bicarbonationen gestellt werden. Natürlich kann das nicht streng gelten, denn sonst wäre ja die Aufgabe sehr einfach erledigt: die freie Kohlensäure wäre das, was von der Gesamtkohlensäure noch übrigbleibt, und der Schwefelwasserstoff wäre gänzlich undissoziiert, da ja für weitere Anionen kein Raum mehr ist. Tatsächlich hängen jedoch die Dissoziationen der beiden Säuren über die Wasserstoffionenkonzentration zusammen: man erhält die Beziehung

$$[HCO_3'][H^{\cdot}] = K_1[H_2CO_3]$$

$$[HS'][H^{\cdot}] = K_2[H_2S]$$

$$\frac{[HS']}{[HCO_3']} = \frac{K_2}{K_1}\frac{[H_2S]}{[H_2CO_3]} \qquad \text{oder}$$

$$\frac{[HS']}{[H_2S]} = \frac{K_2}{K_1}\frac{[HCO_3']}{[H_2CO_3]}$$

Das heißt also: Das Verhältnis von dissoziiertem zu undissoziiertem Schwefelwasserstoff ist das Verhältnis von dissoziierter und undissoziierter Kohlensäure, multipliziert mit dem Faktor $\frac{K_2}{K_1}$, der gegeben ist. Wenn die eingangs gemachte Annahme auch nur annähernd stimmt, können wir doch schon einen ziemlich genauen Wert für das Verhältnis $\frac{[HCO_3']}{[H_2CO_3]}$ und damit auch für $\frac{[HS']}{[H_2S]}$ ableiten. Wir haben also das Verhältnis für dissoziierten und undissoziierten Schwefelwasserstoff und da wir auch die Summe dieser beiden kennen, können wir die Summe in diesem Verhältnis unterteilen[1]) und erhalten so [HS'] und $[H_2S]$.

Man erhält für [HS'] den Wert 0,000184, während die Konzentration des Gesamtanions 0,009 war, also 49mal so groß. Die Anionenfront besteht also zu 2% aus SH'-Ionen und zu 98% aus Bicarbonationen, so daß wir nachträglich bewiesen haben, daß unsere Annahme doch ziemlich zutreffend war.

Man kann aber auch ganz ohne diese vereinfachende Annahme auskommen. Man hat nämlich 6 Lösungspartner und kann dazu 6 Gleichungen aufstellen (3 Konzentrationen, 2 Konstanten und Elektroneutralität). Natriumion ist schon gegeben, und Wasserstoffion läßt sich leicht eliminieren, so daß man dann nur noch ein System mit 4 Unbekannten hat.

Aufgabe 32

a) Strenggenommen haben wir schon bei der „Kohlensäure" *drei* Zustände resp. Konzentrationen, die aber einander proportional sind, so daß der mittlere bei der Aufgabenstellung weggelassen ist, Diese sind:

CO_2 gasförmig	CO_2 gelöst	H_2CO_3
P	weggelassen	$[H_2CO_3]$

$[H_2CO_3] = K_1P$. Nun sind K_1 und P numerisch gegeben; damit auch $[H_2CO_3]$. Das System wird gewissermaßen an diesem Ende festgehalten, die anderen Konzentrationen müssen sich nach der gegebenen von H_2CO_3 einstellen.

b) Nun haben wir noch vier Unbekannte, nämlich Bicarbonation, Carbonation, Calciumion und Wasserstoffion:

$[HCO_3']$	$[CO_3'']$	$[Ca^{\cdot\cdot}]$	$[H^{\cdot}]$
b	k	c	h

(also kleine Buchstaben für die Unbekannten).

Für diese vier Unbekannten können wir vier Gleichungen beibringen, nämlich:

1. Das Löslichkeitsprodukt des Calciumcarbonats beträgt A^2;
2. die erste Dissoziationskonstante der Kohlensäure beträgt K_2;

[1]) Man kann natürlich auch über den isolierten Wert $[H^{\cdot}]$ rechnen, wie wir es getan haben.

3. die zweite Dissoziationskonstante der Kohlensäure beträgt K_3;
4. das Gesetz der Elektroneutralität muß erfüllt sein; die Summe der positiven Ionen muß gleich sein der Summe der negativen.

(1) $[Ca^{\cdot\cdot}][CO_3'']$ $= A^2$ oder (1) $ck = A^2$.

(2) $\dfrac{[H^{\cdot}][HCO_3']}{[H_2CO_3]} = K_2$ oder (2) $\dfrac{hb}{K_1 P} \doteq K_2$.

(3) $\dfrac{[H^{\cdot}][CO_3'']}{[HCO_3']} = K_3$ oder (3) $\dfrac{hk}{b} = K_3$.

(4) $[H^{\cdot}] + 2Ca^{\cdot\cdot} = [HCO_3'] + 2[CO_3'']$
oder (4) $h + 2c = b + 2k$,

vereinfacht

(4′) $2Ca^{\cdot\cdot} = [HCO_3']$ oder (4′) $2c = b$.

In Gleichung (4) kann nämlich $[H^{\cdot}]$ gegen $[Ca^{\cdot\cdot}]$ und $[CO_3'']$ gegen $[HCO_3']$ vernachlässigt werden. Da Kohlensäure eine sehr schwache Säure ist, ist die Wasserstoffionenkonzentration auch bei Gegenwart freier Kohlensäure sehr klein. Vollends $[CO_3'']$ ist schon in gesättigter wäßriger Calciumcarbonatlösung minimal; in Gegenwart einer merklichen Menge Calciumion ist es nach dem Gesetz des Löslichkeitsprodukts noch sehr stark weiter herabgedrückt; es ist also gegen Bicarbonation zu vernachlässigen. Anders ausgedrückt, das Calcium ist gänzlich als Bicarbonat gelöst, nicht als Carbonat (was dem Chemiker ohnehin als selbstverständlich erscheint).
Alles weitere erledigt sich nun durch Auflösen dieses Gleichungssystems. Man eliminiert zuerst h:

(1) $ck = A^2$

(2) $\dfrac{b^2}{k} = \dfrac{K_1 K_2}{K_3} P = \varrho P$, wobei $\dfrac{K_1 K_2}{K_3} = \varrho$

(3) $2c \doteq b$,

dann k:

(1) $cb^2 = A^2 \varrho P$

(2) $2c = b$,

dann b:

$$4c^3 = A^2 \varrho P$$

$$c = \sqrt[3]{\frac{A^2 \varrho}{4}} \sqrt[3]{P}$$

$$= 0{,}016 \sqrt[3]{P}$$

$[Ca^{\cdot\cdot}]$ wird demnach für $P = \frac{1}{20}$ Atmosphären

$$= 0{,}016 \cdot 0{,}37 = \mathbf{0{,}0059\ Mol/Liter}$$

und für $P = \frac{1}{2}$ Atmosphäre

$$= 0{,}016 \cdot 0{,}794 = \mathbf{0{,}0127\ Mol/Liter}$$

Die Löslichkeit steigt längs der *dritten Wurzel* des Druckes des Kohlendioxids. Sie ist also vom CO_2-Druck abhängig, jedoch in auffällig schwachem Maße. Verringerung der CO_2-Konzentration um drei Zehnerpotenzen setzt sie nur um *eine* Zehnerpotenz herab. Bei 5% CO_2 in der Luft beträgt sie ca. 6 Millimole Calcium im Liter, bei $5 \cdot 10^{-3}$% CO_2 in der Luft aber noch ca. 0,6 Millimole Calcium im Liter, das sind ca. 24 mg Calcium im Liter. Das ist interessant für die Theorie der Tropfsteinbildung, denn aller Tropfstein ist ja durch die Phase Calciumbicarbonatlösung hindurchgegangen. Diese geringe Löslichkeit des Calciums könnte Bedenken erzeugen, ob wir nicht ein wenig voreilig waren, als wir (in Gleichung 4′) $H^{\cdot}$ gegen $Ca^{\cdot\cdot}$ in der Kationenfront vernachlässigten. Aber eine Berechnung von $[H^{\cdot}]$ aus $[HCO_3']$, $[H_2CO_3]$ und K_2 (Gleichung 2) zeigt, daß $[H^{\cdot}]$ doch um einige Zehnerpotenzen gegen $[Ca^{\cdot\cdot}]$ zurückbleibt. Eine andere, aber erheblich kompliziertere Berechnung des Verhältnisses $(H^{\cdot}) : [Ca^{\cdot\cdot}]$ gibt die Originallösung der Aufgabe bei Abegg/Sackur.

Aufgabe 33

VORBEMERKUNGEN

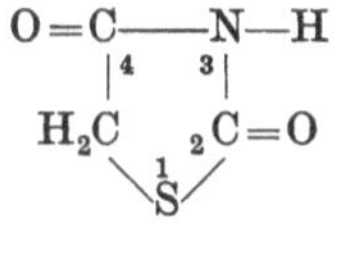

2,4-Diketo-tetrahydrothiazol oder „Senfölessigsäure", *Sm.* 112°, entsteht aus Rhodanessigsäure oder Rhodanacetamid durch Eindampfen mit Säuren.

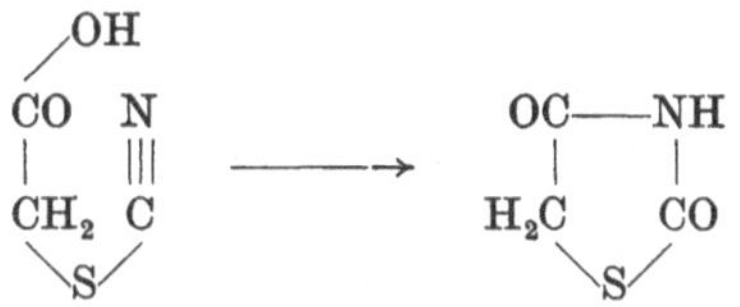

Rhodanessigsäure Diketotetrahydrothiazol

Für die Lösung der Aufgabe ist jedoch nur wichtig zu wissen, daß es sich um eine *schwache einbasische Säure* handelt; alles andere ist gleichgültig.

Der Name „Senfölessigsäure"[1]) ist falsch gebildet; die Verbindung ist Thiosuccinimid und hat wie Succinimid ein saures Wasserstoffatom am Stickstoff:

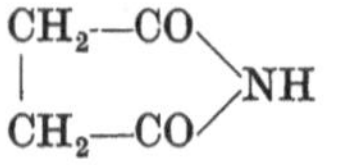

Succinimid

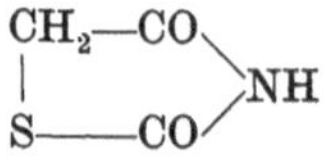

Thiosuccinimid

Da die Verbindung ein Fünfring mit zwei Heteroatomen ist, ist sie unter den Thiazolderivaten zu registrieren.

1. TEIL

1. Lösung

Bei Salzbildung aus schwacher Säure und schwacher Base ist der p_H-Wert auch bei Überschuß der einen Komponente nicht weit von 7 entfernt. Hier haben wir doppelt soviel Säure wie Base. Man hat 6 Unbekannte (A und A' sind die Säure und ihr Ion):

$$\begin{matrix} [H'] & [OH'] & [NH_3] & [NH_4] & [A] & [A'], \text{ abgekürzt:} \\ h & o & N & n & D & d \end{matrix}$$

(also Buchstaben *ohne* Indices für die Unbekannten), dazu 6 Gleichungen, drei Konzentrationen, zwei Konstanten, Elektroneutralität.

(1) $N + n = c_1 \quad = 0{,}01$ (Gesamtammoniak)

(2) $D + d = c_2 \quad = 0{,}02$ (Gesamtthiazol)

(3) $h = a_m \quad = 1{,}7 \cdot 10^{-7}$ (Wasserstoffionenkonzentration)

(4) $\frac{no}{N} = K_b \quad = 1{,}8 \cdot 10^{-5}$ (Ammoniakkonstante)

(5) $oh = K_w \quad = 0{,}8 \cdot 10^{-14}$ (Wasserkonstante)

(6) $n + h = d + o =$ resp. (Elektroneutralität)

$n = d$

(h und o sind sehr klein gegen n und d, das geht aus dem p_H hervor.) h ist nun bekannt (3), und o ist aus (5) errechenbar.

$h = 1{,}7 \cdot 10^{-7}$

$o = \frac{K_w}{h} = \frac{0{,}8 \cdot 10^{-14}}{1{,}7 \cdot 10^{-7}} = 0{,}47 \cdot 10^{-7}$, und (4) wird nun nach $\frac{n}{N}$ auflösbar.

[1]) Vgl. RICHTER/ANSCHÜTZ, Chemie der Kohlenstoffverbindungen, 12. Aufl. von Dr. R. ANSCHÜTZ und Dr. F. REINDEL, 1. Band. Leipzig, Akademische Verlagsgesellschaft m.b.H., 1928, S. 580.

Die Säure ist zwar nur schwach, aber im doppelten Überschuß vorhanden, und wir vermuten gefühlsmäßig, daß das Ammoniak so gut wie ganz neutralisiert sein wird; um uns über die Richtigkeit dieser Annahme Gewißheit zu verschaffen, untersuchen wir zunächst das Verhältnis

$$\frac{n}{N} = [NH_4^{\cdot}] : [NH_3].$$

(4) $$\frac{n}{N} = \frac{K_b}{o} = \frac{1{,}8 \cdot 10^{-5}}{0{,}47 \cdot 10^{-7}} = \frac{1{,}8}{0{,}47} \cdot 10^2 = 382$$

N ist $\frac{1}{382}$ von n, also dagegen zu vernachlässigen, d. h., praktisch *das gesamte Ammoniak ist in Ammoniumion übergegangen.* Dann wird aber nach (1) und (6): $n = d = 0{,}01$; die beiden Salzionen haben die Konzentration 0,01; desgleichen die überschüssige Säure.

$$A = A' \doteq 0{,}01 \quad \text{und}$$

$$K_s = \frac{A'}{A} h$$

$$\mathbf{K_s = h = 1{,}7 \cdot 10^{-7}}$$

Unter diesen speziellen Umständen, d. h., wenn von der Säure doppelt soviel zugegen ist wie von der Base, wird die Säurekonstante einfach gleich der Wasserstoffionenkonzentration der Lösung. Eine halb neutralisierte schwache Säure hat demnach eine Wasserstoffionenkonzentration, die gleich ist dem Wert der Dissoziationskonstante der Säure, *unabhängig von der Verdünnung*, jedoch bei steigender Verdünnung nur so lange, wie nicht für die Ausbildung der Wasserstoffionen ein zu großer, d. h., ein merklicher Bruchteil der undissoziierten Säurehälfte abgezweigt wird.

Wird z. B. eine $\frac{2}{1000}$n Säure von der Dissoziationskonstante $K = 10^{-5}$ halb neutralisiert, so bleibt $\frac{1}{1000}$ Mol freie Säure übrig. Zur Ausbildung der 10^{-5} Mol Wasserstoffionen werden davon nur 1% abgezweigt, also noch kein merklicher Betrag.

2. Lösung

Statt über den Hydrolysengrad kann man auch über die Hydrolysenkonstante rechnen.

1. $[H^{\cdot}]$ ist gegeben, damit auch $[OH']$.

$$[OH'] = \frac{0{,}8 \cdot 10^{-14}}{1{,}7 \cdot 10^{-7}} = \mathbf{0{,}47 \cdot 10^{-7}}$$

2. $$\frac{[NH_4^{\cdot}]\,[OH']}{[NH_3]} = 1{,}8 \cdot 10^{-5}$$

$$\frac{[NH_4^{\cdot}]}{[NH_3]} = \frac{1{,}8 \cdot 10^{-5}}{[OH']} = \frac{1{,}8 \cdot 10^{-5}}{0{,}47 \cdot 10^{-7}} = 382$$

Das Gesamtammoniak unterteilt sich also im Verhältnis 382:1 (wie schon in Lösung 1 gefunden) in Ammoniumion und freies Ammoniak.

Das $NH_4^{\cdot}$ ist also $= \mathbf{0{,}01}$. Das NH_3 ist $\frac{1}{382}$ davon $= \mathbf{0{,}262 \cdot 10^{-4}}$.

3. Die Konzentration des nicht hydrolysierten Salzes ist dann 0,01. Die Säure ist im doppelten Überschuß. Die Konzentration der freien Säure ist 0,01.

4. Damit haben wir also die Konzentrationen der freien Säure, der freien Base und des Salzes. Wir können somit die Hydrolysenkonstante ausrechnen. Diese ist

$$K_{hy} = \frac{\text{Konz. d. freien Säure} \cdot \text{Konz. d. freien Base}}{[\text{Konz. des unhydrolysierten Salzes}]^2}$$

$$= \frac{0{,}01 \cdot 0{,}262 \cdot 10^{-4}}{0{,}01^2} = 0{,}262 \cdot \frac{10^{-4}}{0{,}01}$$

$$= 0{,}262 \cdot 10^{-2}$$

5. $K_{hy} = \frac{K_w}{K_s \cdot K_b}$. In dieser Gleichung ist nur K_s unbekannt.

$$0{,}262 \cdot 10^{-2} = \frac{0{,}8 \cdot 10^{-14}}{K_s \cdot 1{,}8 \cdot 10^{-5}}$$

$$K_s = \frac{0{,}8 \cdot 10^{-14}}{0{,}262 \cdot 10^{-2} \cdot 1{,}8 \cdot 10^{-5}} = \frac{0{,}8}{0{,}262 \cdot 1{,}8} \cdot 10^{-7}$$

$$= \mathbf{1{,}7 \cdot 10^{-7}}\text{, wie vorher gefunden.}$$

2. TEIL

1. Lösung

Wie groß ist der Hydrolysengrad einer 0,001 n und einer 0,1 n Lösung des neutralen Ammoniumsalzes des Diketotetrahydrothiazols in Wasser?

Der Fall liegt hier völlig anders als im ersten Teil. Während dort die Neutralisation des unterschüssigen Ammoniaks praktisch vollständig war ($^{381}/_{382}$), ist hier keine der Komponenten im Überschuß und die Hydrolyse noch weit beträchtlicher. Das p_H lag dort schon nahe am Neutralpunkt, obwohl die Säure im Überschuß war; hier kann man dasselbe erst recht annehmen.

γ sei der Hydrolysengrad; γ ist der nicht in Ionen gespaltene, also *hydrolysierte* Anteil, während $1 - \gamma$ der in Ionen dissoziierte, also neutralisierte Anteil ist. c_3 ist die Konzentration des Ammoniumsalzes im Wasser.

Man hat sieben Unbekannte, die sechs von Teil 1 und als neue Unbekannte den Hydrolysengrad γ; dazu sieben Gleichungen: vier Konzentrationen und drei Konstanten.

(1) $N = c_3\gamma$ (hydrolysiertes Ammoniak)

(2) $D = c_3\gamma$ (hydrolysiertes Thiazol)

(3) $n = c_3(1 - \gamma)$ (nicht hydrolysiertes Ammoniak)

(4) $d = c_3(1 - \gamma)$ (nicht hydrolysiertes Thiazol)

(5) $\frac{no}{N} = K_b; \quad \frac{c_3(1-\gamma)}{c_3\gamma} o = K_b; \quad \frac{1-\gamma}{\gamma} o = K_b$ (Basenkonstante)

(6) $\frac{dh}{D} = K_s; \quad \frac{c_3(1-\gamma)}{c_3\gamma} h = K_s; \frac{1-\gamma}{\gamma} h = K_s$ (Säurekonstante)

(7) $oh = K_w$ (Wasserkonstante)

Wenn wir die Gleichungen (5) und (6) in der rechts geschriebenen Form multiplizieren, gehen o und h in das bekannte Produkt oh ($= K_w$) über, und wir erhalten eine Gleichung, in der nur die eine Unbekannte γ vorkommt. Mit anderen Worten, das System (5), (6), (7) ist für sich auflösbar.

(5,6) $\frac{(1-\gamma)^2}{\gamma^2} [\mathrm{OH'})] [\mathrm{H'}] = K_b K_s;$ c_3 fällt hier schon heraus!

$$= \frac{(1-\gamma)^2}{\gamma^2} K_w = K_b K_s$$

$$\frac{(1-\gamma)^2}{\gamma^2} = \frac{K_b K_s}{K_w}$$

$$\frac{\gamma^2}{(1-\gamma)^2} = \frac{K_w}{K_b K_s}$$

$$\frac{\gamma}{1-\gamma} = \sqrt{\frac{K_w}{K_b K_s}}$$

Und das ist die Hydrolysenformel für Salze aus einer schwachen Säure und einer schwachen Base, die wir auf S. 122 eingeführt haben. γ ist der Hydrolysengrad und $\frac{\gamma}{1-\gamma}$ *das Verhältnis des hydrolysierten zum nicht hydrolysierten Anteil*; der Ausdruck rechts ist eine Konstante! Die Konzentration des Salzes kommt darin gar nicht vor, der Hydrolysengrad γ ist also von der Konzentration unabhängig. (Das gilt *nicht* für Salze aus schwacher Säure plus *starker* Base oder umgekehrt; hierfür s. Aufgabe 34.)

$$\frac{K_w}{K_b K_s} = \frac{0{,}8 \cdot 10^{-14}}{1{,}8 \cdot 10^{-5} \cdot 1{,}7 \cdot 10^{-7}} = \frac{1}{382}$$

$$\frac{\gamma}{1-\gamma} = \sqrt{\frac{K_w}{K_b K_s}} = \sqrt{\frac{1}{382}} = 0{,}0512$$

$$\gamma = \mathbf{0{,}049}$$

0,049 ist der Hydrolysengrad; die Lösung ist also zu 4,9% hydrolysiert.

2. Lösung

Wenn das Neutralsalz in Wasser gelöst wird, wird die Konzentration der freien Säure gleich der der freien Base, beide $= \gamma c$, wenn γ der Hydrolysengrad ist. Die Konzentration des unhydrolysierten Salzes wird $1 - \gamma$. Wir haben also

$$K_{hy} = \frac{\text{Konz. d. fr. Säure} \cdot \text{Konz. d. fr. Base}}{[\text{Konz. des unhydrolysierten Salzes}]^2}$$

$$= \frac{\gamma c \cdot \gamma c}{(1-\gamma)^2 c^2} = \frac{\gamma^2}{(1-\gamma)^2} \quad \text{oder}$$

$$\frac{\gamma}{1-\gamma} = \sqrt{K_{hy}} = \sqrt{0{,}262 \cdot 10^{-2}} = \sqrt{26{,}2 \cdot 10^{-4}} = \sqrt{26{,}2} \cdot 10^{-2}$$

$$= 5{,}12 \cdot 10^{-2} = 0{,}0512 = s$$

$$\gamma = s - s\gamma$$

$$\gamma + s\gamma = s$$

$$\gamma(1 + s) = s$$

$$\gamma = \frac{s}{1+s} = \frac{0{,}0512}{1{,}0512} = 0{,}049 = \mathbf{4{,}9\%}$$

unabhängig von der Verdünnung (wie vorher gefunden).

ZUSAMMENFASSUNG

Man hat 6 Unbekannte, nämlich die beiden Komponenten, undissoziiert und dissoziiert, und die Ionen des Wassers. Dazu 6 Gleichungen: zwei Konzentrationen, zwei Konstanten, das p_H und die Elektroneutralität. Vernachlässigen kann man $[H^{\cdot}]$ und $[OH']$ neben anderen Ionen.

Man ermittelt zunächst das Verhältnis $NH_3 : NH_4^{\cdot}$ und findet 1:382; das Ammonium liegt praktisch ganz als Salz vor; das vereinfacht die Sache natürlich sehr. Die Säure ist also gerade halb neutralisiert und ihre Konstante gleich dem p_H.

Im zweiten Teil liegt die Sache ganz anders. Kein Teil ist im Überschuß, die Hydrolyse ist stärker. Man hat nun eine Unbekannte mehr, nämlich den Hydrolysengrad γ. Man kann vier Konzentrationen als Funktion von γ ausdrücken, desgleichen zwei Konstanten; K_b und K_s/K_w sind gegeben. Also nur drei Unbekannte: o, h, γ. Auf sehr einfache Weise ergibt sich, daß c_3, die Konzentration des Diketotetrahydrothiazolammoniums im Wasser, herausfällt. Die Hydrolyse eines Salzes aus schwacher Säure und schwacher Base ist von der Verdünnung *unabhängig*.

Aufgabe 34

1. Lösung

Die verdünntere Lösung hat 4 Ionen- bzw. Molekülkonzentrationen, nämlich Kaliumion, Cyanion, Hydroxylion und freie undissoziierte Blausäure; ebenso die konzentriertere. Das sind also acht Unbekannte. Von diesen fallen zwei gleich weg, nämlich die beiden Kaliumkonzentrationen, die ja gegeben sind.
Nun wählen wir *die Hydroxylionenkonzentration in der verdünnteren Lösung* als Schlüsselunbekannte und nennen sie x. Sofort sehen wir, daß die zugehörige Konzentration der freien Blausäure ebenfalls x ist. Ferner ist die Hydroxylionenkonzentration der konzentrierteren Lösung $= 3{,}3x$, denn die verseifende Wirkung ist natürlich der Kalilaugekonzentration proportional. Und die freie Blausäure der konzentrierteren Lösung ist ebenfalls $3{,}3x$. Von den 6 übrigbleibenden unbekannten Ionenkonzentrationen haben wir 3 schon als Funktion von x ausgedrückt. Mit x selbst zusammen sind das 4; es bleiben also noch 2 übrig, nämlich die beiden Cyanionenkonzentrationen. Aber auch diese beiden lassen sich noch als Funktion von x ausdrücken. Nach dem Gesetz der Elektroneutralität muß nämlich die Anionenmenge gleich der Kationenmenge sein. Dem 0,01 Mol Kaliumionen stehen ebenso viele Anionen gegenüber, nämlich Hydroxyl- und Cyanionen. Und [CN′] ist einfach das, was nach Abzug von [OH′] noch übrigbleibt. Damit haben wir also alle anderen Ionen als Funktion von x ausgedrückt.

(1) $[OH']_2 = x$ (Der Index 2 gehört zur verdünnteren Lösung,

(2) $[OH']_1 = 3{,}3x$ der Index 1 zur konzentrierteren.)

(3) $[HCN]_2 = x$

(4) $[HCN]_1 = 3{,}3x$

(5) $[CN']_2 = 0{,}01 - x$

(6) $[CN']_1 = 0{,}1 - 3{,}3x$

Nun brauchen wir aber immer noch eine Gleichung, um x selbst auszurechnen. Dazu dient uns die Dissoziationsgleichung der Blausäure. Sie lautet

$$\frac{[CN'][H^{\cdot}]}{[HCN]} = K_s$$

Dadurch kommt aber eine neue Unbekannte hinzu, nämlich [H˙], die Wasserstoffionenkonzentration, und auch die Konstante K_s ist uns nicht bekannt.
Doch läßt sich die neue Unbekannte [H˙] ebenfalls leicht als Funktion von x darstellen. Sie hängt nämlich mit der Hydroxylionenkonzentration über den bekannten Wert des Ionenproduktes des Wassers (nämlich 10^{-14}) zusammen:

$$[H^{\cdot}]\,[OH'] = K_w; \quad \text{also} \quad [H^{\cdot}] = \frac{K_w}{[OH']} = \frac{K_w}{x}$$

Wir erhalten also

$$(7)\quad [H^{\cdot}]_2 = \frac{K_w}{x} \quad \text{und}$$

$$(8)\quad [H^{\cdot}]_1 = \frac{K_w}{3{,}3x}$$

Nun ist noch K_s unbekannt. Darüber hilft jedoch die Tatsache hinweg, daß wir K_s *zweimal* ausdrücken können, nämlich in den Werten der verdünnteren und in denen der konzentrierteren Lösung. Diese Ausdrücke für K_s können wir aber gleichsetzen und haben damit K_s eliminiert und besitzen somit endlich eine Gleichung, in der nur die Unbekannte x vorkommt.

$$\frac{[CN']_2\,[H^{\cdot}]_2}{[HCN]_2} = K_s = \frac{[CN']_1\,[H^{\cdot}]_1}{[HCN]_1}$$

$$(9)\quad \frac{(0{,}01 - x)\cdot\frac{K_w}{x}}{x} = \frac{(0{,}1 - 3{,}3x)\cdot\frac{K_w}{3{,}3x}}{3{,}3x}$$

Die Auflösung ergibt

$$x = \mathbf{0{,}001\,172}$$

Mit x haben wir jetzt die OH'-Ionenkonzentration der verdünnteren Lösung.

$$[OH']_2 = 0{,}001\,172$$

$$[CN']_2 = 0{,}01 - 0{,}001\,172 = 0{,}008\,828$$

$$[H^{\cdot}]_2 = \frac{K_w}{0{,}001\,172} = \frac{0{,}8\cdot 10^{-14}}{0{,}001\,172}$$

$$[HCN]_2 = 0{,}001\,172 \quad \text{und}$$

$$K = \frac{[CN']\,[H^{\cdot}]}{[HCN]} = \frac{0{,}008\,828\cdot K_w}{0{,}001\,172^2}$$

$$= \frac{0{,}008\,828\cdot 0{,}8\cdot 10^{-14}}{0{,}001\,172^2}$$

$$= \mathbf{5{,}1\cdot 10^{-11}}$$

2. Lösung

Dasselbe Resultat läßt sich etwas einfacher erhalten unter Verwendung einer fertigen Formel für den *Hydrolysengrad* halbschwacher Salze; diese Formel ist der Formel für den Dissoziationsgrad eines binären Elektrolyten ganz analog. Letztere lautet:

$$\frac{\alpha^2}{(1-\alpha)v} = K$$

α = Dissoziationsgrad; v = Volumen, in dem 1 Mol des Elektrolyten enthalten ist, in Litern; K = Dissoziationskonstante des Elektrolyten.
Die Formel für den Hydrolysengrad lautet:

$$\frac{\gamma^2}{(1-\gamma)v} = K$$

γ = Hydrolysengrad; v = Volumen, in dem 1 Mol des Salzes gelöst ist, in Litern; K = Konstante (Hydrolysenkonstante des Salzes).

$$K = \frac{K_w}{K_s},$$

wobei K_w das Ionenprodukt des Wassers und
K_s die Dissoziationskonstante der schwachen Säure ist; resp.

$$K = \frac{K_w}{K_b},$$

wobei K_b die Dissoziationskonstante der schwachen Base ist.
γ ist also der Hydrolysengrad, der Bruchteil, zu dem das halbschwache Salz hydrolysiert ist. Bei Cyankalium z. B. der Bruchteil, zu dem es in undissoziierte HCN und in KOH gespalten ist; letzteres ist vollständig dissoziiert in Kalium- und Hydroxylionen. Bei Anilinhydrochlorid der Bruchteil, zu dem es in undissoziiertes Anilin und in dissoziierte HCl gespalten ist.
Es sei betont, daß diese Formel nur für den Hydrolysengrad „halbschwacher" Salze gilt, nicht etwa für Salze *schwacher* Säuren mit *schwachen* Basen, wie z. B. Ammoniumacetat. Für diese ist ein Beispiel in Nr. 33 durchgerechnet. Dort ergibt sich, daß die Hydrolyse solcher Salze von der Verdünnung *unabhängig* ist, während wir hier bei der Formel für den Hydrolysengrad stärkste Abhängigkeit fanden.

Wir nennen wieder γ_2 den Hydrolysengrad der verdünnteren Lösung, γ_1 den der konzentrierteren. Dann wird

$$0{,}1\,\gamma_1 = 3{,}3 \cdot 0{,}01 \cdot \gamma_2 \quad \text{(die Wirksamkeit der stärkeren Lösung ist das 3,3fache der verdünnteren)}$$

$$\gamma_2 = \frac{0{,}1}{3{,}3 \cdot 0{,}01}\gamma_1$$

$$= 3{,}03\,\gamma_1$$

$$(1)\quad \frac{\gamma_1^2}{(1-\gamma_1)v_1} = \frac{K_w}{K_s} = \frac{\gamma_2^2}{(1-\gamma_2)v_2}$$

$$(2)\quad \gamma_2 = 3{,}03\,\gamma_1$$

$$\frac{\gamma_1^2}{(1-\gamma_1)\cdot 10} = \frac{3{,}03^2\gamma_1^2}{(1-3{,}03\gamma_1)\cdot 100} \quad \text{(nur noch eine Unbekannte)}$$

$$(1-3{,}03\gamma_1)\cdot 100\gamma_1^2 = 9{,}18\gamma_1^2(1-\gamma_1)\cdot 10$$

$$100 - 303\gamma_1 = 91{,}8 - 91{,}8\gamma_1$$

$$\gamma_1 = \frac{8{,}2}{211{,}2}$$

$$= 0{,}0387$$

$$\frac{K_w}{K_s} = \frac{\gamma_1^2}{(1-\gamma_1)10} = \frac{0{,}387^2}{9{,}613} = 0{,}000157$$

$$K_s = \frac{0{,}8\cdot 10^{-14}}{0{,}000157}$$

$$= \mathbf{5{,}1\cdot 10^{-11}}$$

wie vorher gefunden.

Aufgabe 35

„Der Proportionalitätsfaktor ist $k = 0{,}05$" heißt: In einer 1n Lösung von NH_3 lösen sich 0,05 Mole Silberchlorid; die Lösung wird an Chlorion einerseits und an komplexem Silberion andererseits 0,05n. Die Löslichkeit ist stets proportional der Gesamtkonzentration des Ammoniaks; da aber das übrigbleibende Ammoniak stets ein konstanter Bruchteil des Gesamtammoniaks ist, ist die Löslichkeit natürlich auch proportional der Konzentration des *übrigbleibenden* Ammoniaks, also dem Wert $[NH_3]$. Beispielsweise sei angenommen $n = 3$, es gingen also 3 Ammoniakmoleküle in den Komplex ein, dann wäre der Proportionalitätsfaktor in bezug auf das Gesamtammoniak 1:20, in bezug auf das überschüssige Ammoniak 1:17. Die Löslichkeit in NH_3-Lösungen werde allgemein a' genannt.

$$[Cl'] = [Ag\{NH_3\}_n] = a'^{1)}$$

Da das komplexe Silberion einwertig ist, bleibt für etwaiges Ammoniumion nichts mehr übrig, $[NH_4^{\cdot}]$ muß also praktisch $= 0$ sein, ebenso wie $[Ag^{\cdot}]$, dessen Menge schon wegen der großen Chlorionenkonzentration um viele Zehnerpotenzen kleiner sein muß als in einer reinen wäßrigen Lösung von Silberchlorid.

Das Löslichkeitsprodukt ist

$$l = \underset{0}{a}^2$$

Die Reaktionsgleichung lautet:

$$Ag^{\cdot} + n\,NH_3 = Ag\{NH_3\}_n^{\cdot}$$

daher ist nach dem Massenwirkungsgesetz

$$\frac{[Ag^{\cdot}]\,[NH_3]^n}{[Ag\{NH_3\}_n^{\cdot}]} = K$$

K und n sind Unbekannte. Wir haben also die beiden Massenwirkungsgleichungen

(1) $[Ag^{\cdot}] \cdot [Cl'] = l$

(2) $\dfrac{[Ag^{\cdot}]\,[NH_3]^n}{[Ag\{NH_3\}_n^{\cdot}]} = K$

$[NH_3]$ ist hierbei die Konzentration des überschüssigen Ammoniaks. Da $[Cl']$ und $[Ag\{NH_3\}_n^{\cdot}] = a'$ sind, wählen wir diese Größe als Schlüsselunbekannte und setzen ein:

$$[Ag^{\cdot}]a' = l$$

$$\frac{[Ag^{\cdot}]\,[NH_3]^n}{a'} = K$$

Durch Division erhalten wir

$$\frac{a'^2}{[NH_3]^n} = \frac{l}{K}$$

$$a' = \sqrt{\frac{l}{K}} \cdot \sqrt{[NH_3]^n}$$

(3) $$= \varrho \sqrt{[NH_3]^n}$$

1) Die geschweifte Klammer hat hier nur die Bedeutung einer gewöhnlichen runden Klammer in chemischen Formeln; sie wurde nur gewählt, weil runde und eckige Klammern hier immer Konzentrationen bedeuten.

NH_3 ist hierbei das überschüssige Ammoniak, ϱ ein Proportionalitätsfaktor. Nun haben wir oben gezeigt, daß a' proportional ist $[NH_3]$ der Konzentration des überschüssigen Ammoniaks, d. h., Gleichung (3) muß werden

$$a' = \varrho[NH_3]$$

und das ist mit Gleichung (3) $a' = \varrho \sqrt{[NH_3]^n}$ nur vereinbar, wenn

$$n = 2 \text{ ist.}$$

In den Komplex gehen also 2 Ammoniakmoleküle ein, 18 bleiben übrig. $a' = \frac{1}{20}$ des Gesamtammoniaks oder $\frac{1}{18}$ des überschüssigen, also

$$= \frac{1}{18}[NH_3].$$

Nach (3) ist

$$a' = \frac{[NH_3]}{18} = \sqrt{\frac{l}{K}}[NH_3]$$

und das läßt sich nach K auflösen

$$K = 18^2 a^2 = 18^2 \cdot 1{,}4^2 \cdot 10^{-10}$$
$$= \mathbf{6{,}35 \cdot 10^{-8}}$$

Aufgabe 36

VORBEMERKUNG

Da in dieser Aufgabe die Substanzbezeichnungen alter und neuer Art aufeinandertreffen, wenn man die Originallösung studiert, seien der Übersicht wegen von den vorkommenden Substanzen die alten und neuen Bezeichnungen vorangestellt.

HgJ_2 hochrot, in Wasser unlöslich, heißt in alter Nomenklatur Mercurijodid, in neuer Quecksilber(II)-jodid;

Hg_2J_2 grüngelb, in Wasser unlöslich, heißt in alter Nomenklatur Mercurojodid, in neuer Quecksilber(I)-jodid; das Quecksilber ist in ihm (scheinbar) einwertig;

HgJ_4K_2 blaßgelb, in Wasser farblos löslich, heißt in alter Nomenklatur Kaliumquecksilberjodid, in neuer Kalium-tetrajodomercurat(II); es ist ein Komplexsalz.

HgJ_4'' ist das Anion dieses Salzes. Wir nennen es hier das „Komplexion" (es ist zweiwertig).

1. TEIL

Wieviel Gramm Mercurojodid (Quecksilber(I)-jodid, Hg_2J_2) lösen sich beim Schütteln von festem Mercurojodid mit einer normalen Kaliumjodidlösung? Wenn man Quecksilber(I)-jodid (Hg_2J_2) mit Kaliumjodidlösung zusammenbringt, fällt es auseinander in HgJ_2 und Hg, das sich abscheidet. Das HgJ_2 löst sich im Kaliumjodid auf zu Kaliumquecksilberjodid, HgJ_4K_2. Wenn man weiß, mit welcher Begierde sich dieses Komplexsalz bildet, ist man geneigt, anzunehmen, der Vorgang verlaufe vollständig, bis alles Kaliumjodid aufgebracht ist. In der Tat wäre es so, wenn man HgJ_2 in Kaliumjodidlösung auflösen würde. Hier, d. h. in Gegenwart von Hg, scheint der Vorgang jedoch nur bis zu einer gewissen Grenze zu verlaufen, denn sonst wäre nicht nach dieser Grenze gefragt. Wenn der Vorgang aber nur bis zu einer Grenze verläuft, muß die Lösung am Schluß ein Gemisch von Kaliumjodid- und Kaliumquecksilberjodidlösung (Komplexsalzlösung) sein; daneben höchstens noch Spuren von Mercuro- und Mercuriion. Mercuroion kann nämlich nur in äußerst geringer Konzentration neben Jodion vorhanden sein — dem Löslichkeitsprodukt nach; und die des Mercuriions ist noch 120mal kleiner.

Nach der Auflösung des Quecksilber(I)-jodids unter Hg-Abscheidung hat man also in Lösung zwei Salze, nämlich *Kaliumjodid und Kaliumquecksilberjodid* (Komplexsalz), KJ und HgJ_4K_2. Dem Kation Kaliumion stehen zwei Anionen gegenüber, nämlich Jodion und Komplexion, wir haben Elektroneutralität zwischen $K^{\cdot}$ einerseits und J' und HgJ_4'' andererseits. Die in sehr geringen Spuren noch vorhandenen Kationen Mercuroion $Hg_2^{\cdot\cdot}$ und Mercuriion $Hg^{\cdot\cdot}$ spielen *neben Kaliumion* keine Rolle (in der Anionenfront).

Wir haben also 5 unbekannte Ionenarten, nämlich

$K^{\cdot}$	J'	HgJ_4''	$Hg^{\cdot\cdot}$	$Hg_2^{\cdot\cdot}$,	abgekürzt
k	i	q	g	h	

(also kleine Buchstaben für die Unbekannten).

Von diesen ist Kaliumion schon durch die erste Gleichung gegeben[1]); es bleiben also noch vier. Wir wählen Jodion (i) als Schlüsselunbekannte, die anderen lassen sich nämlich leicht als Funktion von i ausdrücken.

Zunächst Mercuroion. Wir haben (nach dem Löslichkeitsprodukt)

$$h i^2 = 4A^3 \quad \text{oder} \quad h = \frac{4A^3}{i^2}$$

Dann Mercuriion. Es ist 120mal kleiner, also

$$g = \frac{4A^3}{120\,i^2}$$

---

[1]) Nur im ersten Teil der Aufgabe.

Dann Komplexion. Es läßt sich durch Jodion und Mercuriion ausdrücken:

$$\frac{g i^4}{q} = K_1; \quad q = \frac{g i^4}{K_1} = \frac{4A^3 \cdot i^4}{120 i^2 K_1} = \frac{4A^3 i^2}{120 K_1}$$

Das Komplexion können wir aber noch auf eine andere Weise ausdrücken, nämlich als Differenz zwischen Kaliumion (= 1) und Jodion, also

$$q = \frac{1 - i}{2}; \quad (q \text{ ist zweiwertig!})$$

Die beiden Ausdrücke für das Komplexion können wir gleichsetzen und haben dann eine Gleichung, in der nur noch i vorkommt:

$$\frac{4A^3 i^2}{120 K_1} = \frac{1 - i}{2}$$

Die Auflösung ergibt

$$\boldsymbol{i = 0{,}391}$$

Damit haben wir die erste der vier Unbekannten errechnet. Die übrigen drei sind nun unschwer zu erhalten; wir brauchen aber bloß eine, das Komplexion. Dem Kaliumion (1,0) stehen also gegenüber 0,391 Mole Jodion. Es bleiben 0,609 Mole Kaliumion, denen halb so viel Komplexion gegenübersteht, also **0,304 Mole** Komplexion.
1 Mol Hg_2J_2 gibt bei der Auflösung 1 Mol HgJ_4'' (unter Abspaltung von 1 Hg). Man verbraucht also zur Bildung von 0,304 Molen Komplexion **0,304 Mole Hg_2J_2**. Das ist in Gramm

$$654 \cdot 0{,}304 = \mathbf{199\,g} \text{ Quecksilber(I)-jodid, } Hg_2J_2$$

Von diesen 199 g Hg_2J_2 wird aber nur die Hälfte des darin enthaltenen Hg gelöst, die andere Hälfte wird als Metall abgeschieden.

2. TEIL

Im zweiten Teil der Aufgabe ist die Angabe $k = 1$ gestrichen; die Normalität der Kaliumjodidlösung ist jetzt gesucht.
An ihre Stelle tritt die Gleichung

$$q = 2h$$

da der Wortlaut der Frage heißt „gleich viel Quecksilber (in Gramm) in Form von Mercuro- und Komplexsalz".
Es soll gleich viel Quecksilber (in Gramm) in Form von Mercuro- und Komplexsalz vorliegen. Das ist der Fall, wenn die Konzentration der Komplexionen *doppelt so groß* ist wie die der Mercuroionen, da die Komplex-

ionen nur ein Quecksilberatom enthalten, die Mercuroionen aber zwei; also $q = 2h$.[1])
Wählen wir wieder i als Schlüsselunbekannte, so bekommen wir wieder:

$$h = \frac{4A^3}{i^2} \quad g = \frac{4A^3}{120i^2} \quad q = \frac{4A^3i^2}{120K_1}$$

q können wir auch hier durch eine andere Form ausdrücken, nämlich

$$q = 2h = \frac{8A^3}{i^2}$$

und diese beiden Ausdrücke für q gleichsetzen:

$$\frac{4A^3i^2}{120K_1} = \frac{8A^3}{i^2} \quad \text{oder}$$

$$\begin{aligned} i^4 &= 240K_1 \\ &= 240 \cdot 5 \cdot 10^{-31} \\ &= 12000 \cdot 10^{-32} \\ i &= \sqrt[4]{12000} \cdot 10^{-8} \\ &= 10{,}4 \cdot 10^{-8} \end{aligned}$$

Aus i kann man nun q errechnen:

$$\begin{aligned} q &= \frac{8A^3}{i^2} \\ &= \frac{8 \cdot 3{,}1^3 \cdot 10^{-30}}{10{,}4^2 \cdot 10^{-16}} \\ q &= 2{,}17 \cdot 10^{-14} \end{aligned}$$

Auf $i = 10{,}4 \cdot 10^{-8}$ Äquivalente Jodion kommen noch als Anion hinzu $2q = 4{,}34 \cdot 10^{-14}$ Äquivalente Komplexion, *also sechs Zehnerpotenzen weniger.*
Die Anionenfront wird also praktisch ganz durch das Jodion gestellt, und wir können die Kaliumionenkonzentration der der Jodionen gleichsetzen,

$$\begin{aligned} k &= i \\ &= \mathbf{10{,}4 \cdot 10^{-8}}. \end{aligned}$$

---

[1]) Hier ist in der Orginallösung ein Ansatzfehler:
$(HgJ_4'') \doteq \frac{1}{2}(Hg_2)$ oder $q = \frac{1}{2}h$ statt richtig $q = 2h$! (S. 91, Zeile 5).

Das Resultat ist also: in einer $10{,}4 \cdot 10^{-8}$ normalen Kaliumjodidlösung geht gleich viel Quecksilber (in Gramm) in Form von Mercuro- und Komplexionen in Lösung. Da das Mercuroion in halber Konzentration vorkommt wie das Komplexion, welches wir gegen das Jodion vernachlässigen konnten, spielt das Mercuroion als basisches Ion — ebenso wie das Mercuriion — neben dem Kaliumion auch hier noch keine Rolle.

Die Schlußkonzentrationen sind:

$$K^{\cdot} = 10{,}4 \cdot 10^{-8}$$

$$J' = 10{,}4 \cdot 10^{-8}$$

$$HgJ_4'' = 2{,}17 \cdot 10^{-14}$$

$$Hg_2^{\cdot\cdot} = 1{,}08 \cdot 10^{-14}$$

und wir haben das etwas überraschende Resultat, daß diese sehr verdünnte Kaliumjodidlösung zum allergrößten Teil gar nicht in Reaktion getreten ist; nur etwa 1 Milliontel davon hat lösend auf das Hg_2J_2 gewirkt.[1])

Zusatzfrage: Wieviele g Kaliumjodid muß man zum Wasser geben, das mit Quecksilber(I)-jodid geschüttelt wird, wenn 1 Liter einer Lösung entstehen soll, die an J′ 0,1 m ist?

A: In beiden Teilen der Aufgabe haben wir die Gleichung aufgestellt

$$q = \frac{4A^3}{120K_1} i^2 = 1{,}986\, i^2$$

Hier wird $i = \frac{1}{10}$ und $q = 0{,}01986$, d. h., die Lösung wird ca. $\frac{1}{50}$ m an Komplexsalz. Zur Bildung dieses Komplexsalzes braucht man aber $2 \cdot 0{,}01986$ Mole KJ oder 0,03972 Mole. Dazu soll dem Auf-

---

[1]) In der Originallösung dieser Aufgabe (Neudruck 1914) finden sich vier Fehler:

1. Auf S. 90, Zeile 7 heißt es

$$x = \frac{Mc - M(J')}{4} \quad \text{statt richtig} \quad x = \frac{Mc - M(J')}{2}.$$

2. Auf derselben Seite, Zeile 14, wird das Molekulargewicht des Hg_2J_2 fälschlich mit 554 eingesetzt statt richtig mit 654.

3. Auf S. 91 ein Rechenfehler bei der Berechnung der vierten Wurzel.

4. Auf S. 91, Zeile 5 heißt es

$$(4a) \quad (HgJ_4'') = \frac{1}{2}(Hg_2^{\cdot\cdot}) \quad \text{statt richtig} \quad (HgJ_4'') = 2(Hg^{\cdot\cdot}) \quad \text{oder} \quad q = 2h.$$

Als Resultat des ersten Teils dieser Aufgabe erscheint bei ABEGG-SACKUR der Wert 84,0 g Hg_2J_2. Da dieser Wert experimentell erhalten sein dürfte und daher wohl stimmt, ist anzunehmen, daß eine der gegebenen Konstanten korrekturbedürftig ist, vermutlich K_1.

gabentext nach noch $\frac{1}{10}$ Mol übrig bleibendes KJ kommen. Zusammen ist das

0,1397 Mole

= **23,24 g Kaliumjodid.**

Aufgabe 37

„Das spezifische Leitvermögen einer $c = 0,1$ n Essigsäurelösung beträgt $x = 0,000471$" heißt:

Durch den 1-ccm-Würfel einer solchen Lösung gehen bei 1 Volt von einer Seite zur gegenüberliegenden 0,000471 Ampere.
1 Mol in dieser Form zwischen zwei Platten von 1 cm Abstand läßt 10000mal soviel durch, also 4,71 Ampere.

„Das spezifische Leitvermögen einer 0,001 m Natriumacetatlösung (identisch mit einer 0,001 n Natriumacetatlösung)[1]) beträgt 0,0000781" heißt:

Durch den 1-ccm-Würfel gehen 0,0000781 Ampere.
1 Mol zwischen zwei Platten läßt eine Million mal soviel durch, also 78,1 Ampere.
Von diesen 78,1 Ampere kommen auf das Natriumion 44,4 Ampere (Das beinhaltet der Satz „die Beweglichkeit des Natriumions beträgt 44,4") und der Rest,
78,1 − 44,4 = 33,7 Ampere
auf das Acetation.

Zu diesen 33,7 Ampere für das Acetation kommen noch 318,0 Ampere für das Wasserstoffion, so daß die Äquivalentleitfähigkeit der vollständig dissoziierten Essigsäure
33,7 + 318,0 = 351,7 Ampere
beträgt.

1 Mol Essigsäure müßte also, wenn es zu 100% dissoziiert wäre, 351,7 Ampere durchlassen; tatsächlich läßt es aber in Form $\frac{1}{10}$ n Essigsäure nur 4,71 Ampere durch; das ist der Bruchteil 0,01328 des geforderten Wertes, und zugleich ist dieser letztere Wert der Dissoziationsgrad α.
1,328% der Essigsäure sind also dissoziiert; die Konzentration des undissoziierten Anteils ist nicht 0,1, sondern etwas weniger, nämlich 0,0987. Die Ionenkonzentrationen sind beide $0,001328 = 0,1\,\alpha$.

$$K = \frac{0,001328^2}{0,0987} = \mathbf{1,79 \cdot 10^{-5}}$$

(Dissoziationskonstante der Essigsäure).

[1]) Diese wird hier als praktisch unendlich verdünnt betrachtet.

Aufgabe 38

Es handelt sich um zwei Konzentrationsketten. Der Stoff, der rechts und links in verschiedenen Konzentrationen vorhanden ist, ist das Silberion. Im ersten Fall ist seine Konzentration links $= \frac{1}{100}$, rechts ist sie sehr niedrig, weil das Silberchlorid schon an sich sehr wenig löslich und seine Löslichkeit durch die Anwesenheit des KCl noch weiter herabgesetzt wird.
Im zweiten Fall ist die Elektrode rechts dieselbe wie im ersten; links dagegen ist jetzt die Silberionenkonzentrationen ebenfalls stark verringert, und zwar durch Komplexbildung mit Ammoniak.

1. TEIL

Frage 1: Wie hoch ist die Silberionenkonzentration links?

A: $\frac{1}{100}$

Frage 2: Wie hoch ist sie rechts?

A: $[Ag^{\cdot}]\,[Cl'] = 2 \cdot 10^{-10}$, $[Cl'] = 1$

$[Ag^{\cdot}] = \mathbf{2 \cdot 10^{-10}}$

Frage 3: Wie viele Zehnerpotenzen Unterschied macht das?

A: $\log 0{,}01 - \log 2 \cdot 10^{-10}$

$$= \log \frac{10^{-2}}{2 \cdot 10^{-10}}$$

$$= \log 0{,}5 \cdot 10^{8} = \log 5{,}0 \cdot 10^{7}$$

= **7,69897 Zehnerpotenzen**

Frage 4: Wie viele Millivolt pro Zehnerpotenz (einwertig) gelten bei 25 °C?

A: 59,15 Millivolt (Tabelle 20, S. 267), gekürzt **59 Millivolt**

Frage 5: Wie viele Millivolt macht das also hier aus?

A: 7,699 · 59 Millivolt

= **0,454 Volt**

Frage 6: Welcher Pol ist der negative?

A: Der stromliefernde Vorgang ist der Ausgleich der Silberionenkonzentrationen. Rechts geht Silber in Lösung, links scheidet es sich aus. Da aber rechts Silber in Lösung geht, ist dieser Pol der negative; er ist gewissermaßen der „Zinkpol" des Elements.

2. TEIL

Frage 1: Wie hoch ist die Silberionenkonzentration rechts?

A: Wie oben; $\mathbf{2 \cdot 10^{-10}}$

Frage 2: Wie hoch ist sie links?

A: Das muß man erst ausrechnen. Dazu dient die Formel

$$\frac{[Ag^{\cdot}]\,[NH_3]^2}{[Ag\,(NH_3)_2^{\cdot}]} = 5{,}4 \cdot 10^{-8}$$

Da das Silber fast vollständig in den Komplex übergegangen ist, kann man setzen $[NH_3] = 0{,}98$ und $[Ag\,(NH_3)_2^{\cdot}] = 0{,}01$.
Man erhält dann

$$[Ag^{\cdot}] = \frac{5{,}4 \cdot 10^{-8} \cdot 0{,}01}{0{,}98^2}$$

$$= \mathbf{5{,}62 \cdot 10^{-10}}$$

Die Silberkonzentration ist also links immer noch ein wenig höher als rechts.

Frage 3: Wie viele Zehnerpotenzen Unterschied macht das?

A: $\log 5{,}62 \cdot 10^{-10} - \log 2 \cdot 10^{-10}$

$$= \log \frac{5{,}62}{2}$$

$$= \log 2{,}81$$

$= \mathbf{0{,}4487}$ **Zehnerpotenzen** $\sim$ 0,45 Zehnerpotenzen

Frage 4: Wie viele Millivolt macht das?

A: $59 \cdot 0{,}45$ Millivolt

= 26,3 Millivolt

= **0,0263 Volt**

Da die Silberionenkonzentration links immer noch ein wenig höher ist als rechts, kehrt sich also die Stromrichtung *nicht* um.

Aufgabe 39

1. **TEIL**

Die Aufgabe könnte ebensogut lauten:
,,Wieviel Energie in Voltcoulomb oder cal kann gewonnen werden, wenn man die Reaktion

$$2\,Ag + Cl_2 = 2\,AgCl$$

in einem galvanischen Element sich abspielen läßt?"

Das Element[1]) besteht aus einer Silberelektrode und einer Chlorelektrode (Chlor von Atmosphärendruck), die beide in gesättigter Silberchloridlösung stehen. Es bilden sich 2 Mole festes Silberchlorid, die sich aus der gesättigten wäßrigen Lösung ausscheiden.

„Das Normalpotential des Silbers beträgt $\varepsilon_1 = +0{,}771$ Volt" heißt: Wenn man aus Wasserstoff in n Säure einerseits und Silber in n Silberionenlösung andererseits eine Kette vom Typus des DANIELL-Elements zusammenbaut, so zeigt der Silberpol die Spannung $+0{,}771$ Volt gegen Wasserstoff $= 0$. Die Silbernitratlösung wirkt „depolarisierend" im Innern des Elements, indem sich am Silberpol statt des Wasserstoffs Silber abscheidet. Ebenso wirken andere Oxydationsmittel, wie Chromsäure, Braunstein, etc., auch Chlor; letzteres mit dem Potential $+1{,}366$ Volt (gegen Wasserstoff $= 0$). Die Normalpotentiale des Silbers und des Chlors liegen also auf *derselben* Seite gegenüber dem Wasserstoff. Sie liegen beide auf der +-Seite.[2]) Die Kette

$$\text{Ag/n Ag} \;\text{———————}\; \text{n Cl}'/\text{Cl}_2 \; 1 \text{ atm}$$

zeigt also die EMK $\varepsilon_2 - \varepsilon_1 = 1{,}366 - 0{,}771 =$ **0,595 Volt**. Silber geht hier ebenfalls in Lösung, es ist der negative Pol (also anders als bei der Wasserstoff-Silber-Kette, wo Silber positiver Pol ist). Es gehen hier Chlor *und* Silber in Lösung, und eine Verringerung der Konzentration des betreffenden Ions (Ag˙ resp. Cl′) wirkt *beide Male* erhöhend auf die EMK.

Frage 1: Wie groß ist die Silber- und die Chlorionenkonzentration?

A: $[\text{Ag}^\cdot]\,[\text{Cl}'] = 2 \cdot 10^{-10}$

$$[\text{Ag}^\cdot] = [\text{Cl}'] = \sqrt{2} \cdot 10^{-5}$$

$$[\text{Ag}^\cdot] = \mathbf{1{,}41 \cdot 10^{-5}}$$

Frage 2: Wie viele Zehnerpotenzen Unterschied gegen 1?

A: $\log 1{,}41 \cdot 10^{-5} = 0{,}14922 - 5 = -4{,}85078$

$= $ **4,85 Zehnerpotenzen**

Frage 3: Wievielwertig ist das Ion?

A: Einwertig; es gilt also der Faktor **59 Millivolt**.

Frage 4: Wieviele Millivolt macht das aus?

A: $4{,}85 \cdot 59 =$ **286 Millivolt**.

Frage 5: Wie ist es auf der Seite des Chlors?

A: Genauso; die Chlorionenkonzentrationen ist ja auch 4,85 Zehnerpotenzen kleiner als 1; also ebenfals **286 Millivolt**.

---

[1]) Das Element muß so groß gedacht werden, daß es sich durch den Umsatz von 2 AgCl nicht merklich ändert, weder in seiner Zusammensetzung, noch in seiner Klemmenspannung.

[2]) Gegen Vorzeichenfehler schützt am sichersten ein Blick auf das Diagramm der Abb. 76, S. 251.

Frage 6: Wie ist dann die Gesamt-EMK?

A: 0,595 + 0,286 + 0,286 = **1,167 Volt.**

Frage 7: Wie groß ist die freie Energie in Voltcoulomb?

A: Die Reaktion hieß $2\,Ag + Cl_2 = 2\,AgCl$.

Es gehen also 2 F = 2 · 96500 Coulomb durch.

2 · 96500 · 1,167 = **226000 Voltcoulomb** (Wattsekunden)

oder = 226000 · 0,239 cal = **54000 cal.**

2. TEIL

Bildung von Silberbromid.

$$[Ag^{\cdot}] = [Br'] = \sqrt{2 \cdot 10^{-13}}$$
$$= \sqrt{0{,}2} \cdot \sqrt{10^{-12}}$$
$$= 0{,}447 \cdot 10^{-6}$$
$$= \mathbf{10^{-6,35}} \text{ (Tafel 1, am Schluß des Buches)}$$

6,35 Zehnerpotenzen, einwertig.

6,35 · 59 = **375 Millivolt**, zweimal.

Also $\varepsilon_1 - \varepsilon + 2 \cdot 0{,}375$ Volt

= 0,99 − 0,771 + 0,375 + 0,375

= **0,969 Volt**

2 · 96500 · 0,969 = **187000 Voltcoulomb**

oder 187000 · 0,239 = **44800 cal.**

Zusammenfassung. Zu beachten sind folgende Punkte:

1. Die beiden angegebenen Normalpotentiale liegen auf derselben Seite, nämlich auf der +-Seite.
2. Beide Komponenten gehen in Lösung, bei beiden wirkt niedrige Ionenkonzentration auf die EMK *erhöhend.*
3. Auch bei Cl′ ist der Faktor 59 Millivolt anzuwenden. Chlor*ion* ist einwertig. Etwas anderes wäre es, wenn es sich um verschiedene Drücke von Chlor*gas* Cl_2 handeln würde.
4. Der Faktor 59 Millivolt ist temperaturabhängig. 59 Millivolt gilt für 25 °C.
5. Die Gleichung lautet

$$2\,Ag + Cl_2 = 2\,AgCl$$

und die freie Energie wird auf diese Reaktionsgleichung bezogen.

Aufgabe 40

1. **TEIL**

Gefragt ist nach der Affinität der Silberoxidbildung. Die zugehörige Reaktion lautet

$$O_2 + 4\,Ag = 2\,Ag_2O$$

es ist also nach der Affinität der Bildung von $2\,Ag_2O$ gefragt. Demgegenüber ist die Wärmetönung der Bildung von $1\,Ag_2O$ gegeben mit $Q = 6400$ cal. Wir multiplizieren diese am besten schon gleich mit 2, um die vergleichbare Größe zu erhalten, also **12800 cal.**
Die Reaktion der Knallgaskette lautet

$$O_2 + 2\,H_2 = 2\,H_2O$$

vierwertig! Umrechnungsfaktor ist also 92160 cal = 1 Volt. Diese Reaktion können wir uns auf zwei Wegen vollzogen denken, nämlich 1. auf dem Weg der direkten Vereinigung in der Knallgaskette und 2. auf dem Weg der Zwischenbildung des Silberoxids. Dieser zweite Weg besteht also aus zwei Stücken, nämlich dem Stück $O_2 + 4\,Ag = 2\,Ag_2O$ und dem Stück $2\,Ag_2O + 2\,H_2 = 2\,H_2O\ (+ 4\,Ag)$.
Gegeben ist die Affinität von Weg 1 und die Affinität des zweiten Stücks von Weg 2. Durch Differenzbildung muß sich also die Affinität des ersten Stücks errechnen lassen, denn beide Wege liefern offenbar dieselbe Gesamtaffinität, da sie ja vom gleichen Anfangs- zum gleichen Endzustand führen. Die Affinität des ersten Wegs ist 1,23 Volt (vierwertig), die des zweiten Stücks des zweiten Weges 1,18 Volt; Differenz = 0,05 Volt. Umrechnungsfaktor ist 92160 cal = 1 Volt; 0,05 Volt sind demnach

$$92160 \cdot 0{,}05 = \mathbf{4608\ cal}$$

Wir haben also als erstes Resultat: Die Affinität der Bildung von 2 Molen Ag_2O ist 4608 cal.
Die Wärmetönung der Bildung derselben $2\,Ag_2O$ beträgt 12800cal.

2. **TEIL**

Im zweiten Teil ist gefragt nach derselben Affinität, jedoch bei einer 10° höheren Temperatur; wie leicht ersichtlich, brauchen wir zur Beantwortung dieser Frage die GIBBS-HELMHOLTZsche Gleichung.
Wie wir aus den eben zusammengestellten Zahlen sehen, ist die Wärmetönung *größer* als die Affinität, es fließt also bei 25 °C während der Stromlieferung Wärme ab, das Element ($O_2 + 4\,Ag = 2\,Ag_2O$) ist vom Typus *ab*flutende Wärme, der Temperaturkoeffizient seiner EMK ist demnach *negativ*. Die EMK und damit die Affinität werden also bei der höheren Temperatur *kleiner* sein.
Und zwar fließen ab:

$$12800 - 4608 = \mathbf{8192\ cal}$$

oder

$$\begin{array}{ccccc} 12800 & - & 8192 & = & 4608 \text{ cal} \\ 0{,}139 & - & 0{,}089 & = & 0{,}05 \text{ Volt} \end{array}$$

Wärmetönung — abflutende Wärme = Affinität.

Bilanz bei 25 °C

Die abflutende Wärme ist also 8192 cal, und zwar ist sie gleich 298mal Temperaturkoeffizient bei 298 °*abs* (= 25 °C); dieser Temperaturkoeffizient ist demnach

$$8192 : 298 = 27{,}5 \text{ cal pro Grad; negativ}$$

(Wir könnten ihn auch in Volt pro Grad umrechnen, doch ist das hier nicht nötig.)
Auf 10° macht das 275 cal aus. Um diese nimmt also die Affinität ab. Wir erhalten so für diese

$$4608 - 275 = \mathbf{4333\ cal} \text{ bei } 35\,°C$$

Aufgabe 41

a) VORBEMERKUNGEN

Der Bleiakkumulator ist ein Element, dessen negativer Pol aus Blei besteht, das in eine verdünnte Bleiionenlösung eintaucht, und dessen positiver Pol aus Bleidioxid besteht, das ebenfalls in dieselbe verdünnte Lösung eintaucht. Bei Stromlieferung geht links Blei in Lösung unter Bildung von Bleisulfat; rechts geht Bleidioxid *auch* in Lösung unter Bildung von Bleisulfat. Die stromliefernde Reaktion ist

$$Pb + PbO_2 + 2\,H_2SO_4 = 2\,PbSO_4 + 2\,H_2O$$

Da rechts sich kein Metall ausscheidet (wie etwa das Kupfer im DANIELL-Element), ist der Bleiakkumulator *nicht* etwa ein Analogon zum DANIELL-Element, sondern ein Analogon zu einem Zink–Jod-Element, das wir kurz betrachten wollen, und in dem ebenfalls links und rechts etwas in Lösung geht. („Links" sei im folgenden immer der negative Pol angenommen, also der Zinkpol, „rechts" der positive.)
Das Zink—Jod-Element bestehe (links) aus einer Platte Zink, die in normale Zinkjodidlösung taucht und (rechts) aus einer Platte Jod, die in dieselbe Lösung taucht. Bei Stromdurchgang gehen beide Platten in Lösung. Das Halbelement links liefert um so mehr Spannung, je verdünnter die Zinkionenlösung ist. Das Halbelement rechts liefert ebenfalls um so mehr Spannung, je *verdünnter* die Jodionenkonzentration ist; beide Male geht Zink resp. Jod in die Ionenform über. Dem Zink werden wir ein negatives „Normalpotential" zuschreiben (bezogen auf Wasserstoff), dem Jod ein positives. Bei Zusammenstellung werden sich ihre Werte *addieren* (absolut genommen; also etwa aus $-0{,}76$ und $+0{,}54$ wird 1,3 werden), vgl. das Diagramm Abb. 76 auf S. 251.

Nehmen wir nun weiter an, wir hätten es durch irgendein Mittel in der Hand, die Löslichkeit des elementaren Jods in der Flüssigkeit etwas zu variieren, so wird eine Vergrößerung der Konzentration des freien Jods in der Flüssigkeit (unmittelbar an der Jodplatte) auf das Potential des Jods *vergrößernd* wirken, da ja das osmotische Gefälle gelöstes Jod $\rightarrow$ Jodidion größer wird. Diesem Zink—Jod-Element analog ist der Bleiakkumulator. An Stelle des Jods ist das Bleidioxid getreten, an Stelle des Zinks die Bleiplatte. Beide gehen in Lösung, nur liefern sie diesmal *dasselbe* Ion, nämlich Blei(II)-ion (Plumboion). Die niedrige Bleiionenkonzentration, die durch die geringe Löslichkeit des Bleisulfats verursacht wird, wirkt sich also *zweimal* günstig aus, im osmotischen Gefälle links und im osmotischen Gefälle rechts. Ungünstig wirkt sich dagegen die geringe Löslichkeit des Bleidioxids aus; denn analog dem Jod würde größere Löslichkeit das Potential des rechten Halbelements erhöhen. (Die Konzentration der Blei(IV)-ionen (Plumbiionen) ist das, wonach gefragt ist). Unter ,,Bleiionen" schlechthin sind im folgenden Blei(II)ionen (Plumboionen) zu verstehen.

b) LÖSUNG DER AUFGABE 41

,,Das Normalpotential des Bleis beträgt $\varepsilon_1 = -0{,}12$ Volt" heißt demnach:

(1) Wenn eine Bleiplatte in eine molare (!) Blei(II)-ionen (Plumboionen)-lösung eintaucht, liefert dieses Halbelement (gegen Wasserstoff) 0,12 Volt Spannung, wobei das Blei der negative Pol wird (ebenso wie vorher das Zink); bei geringerer Bleiionenkonzentration wird die Spannung größer. ,,Das Oxydationspotential Blei(IV)-ionen/Blei(II)-ionen (Plumbi-/Plumboionen)" $\varepsilon_2 = +1{,}80$ Volt heißt:

(2) Wenn eine Bleidioxidplatte, an deren Oberfläche eine Konzentration gelöster Blei(IV)-ionen (Plumbiionen) = 1 herrscht (was es gar nicht gibt, da das Bleidioxid nicht entfernt so stark löslich ist), in eine molare (!) Blei(II)-ionen(Plumboionen)lösung eintaucht, liefert dieses Halbelement (gegen Wasserstoff) 1,80 Volt Spannung, wobei das Bleidioxid der positive Pol wird (ebenso wie vorher das Jod); bei geringerer Bleiionenkonzentration wird die Spannung ebenfalls größer.

Wenn man nun die Platten (1) und (2) zu einer Kette verbindet, so zeigt diese die EMK **1,92 Volt**; beide Werte addieren sich, absolut genommen. Ist die Bleiionenkonzentration nun nicht = 1, sondern = $3{,}17 \cdot 10^{-8}$, wie wir inzwischen durch Nebenrechnung festgestellt haben, so gibt das in Millivolt umgerechnet 221 Millivolt (man beachte, daß das Blei zweiwertig ist!), und dieser Einfluß addiert sich *zweimal*, so daß wir also bekommen

$$0{,}12 + 1{,}80 + 0{,}221 + 0{,}221 = \mathbf{2{,}36\ Volt}$$

für das hypothetische Element

$Pb/PbSO_4$, verd. H_2SO_4 ——— $PbSO_4$, verd. H_2SO_4/n PbO_2-Lösung.

Der wirkliche Bleiakkumulator zeigt dagegen eine Klemmenspannung von **1,88 Volt**. Die Differenz von 0,48 Volt kommt natürlich auf Rechnung des einzigen Unterschiedes gegen unser hypothetisches Element, nämlich der Tatsache, daß die Blei(IV)-ionen(Plumbiionen)-konzentration an der Bleidioxidplatte eben nicht 1, sondern sehr viel kleiner ist. 0,48 Volt entsprechen bei Zweiwertigkeit[1]) 16,3 Zehnerpotenzen, und um so viele Zehnerpotenzen ist also die Blei(IV)-ionen(Plumbiionen)-konzentration von 1 verschieden.

1. TEIL

Frage 1: Wie groß ist die Bleiionenkonzentration in einer gesättigten Lösung von Bleisulfat von 1 m Schwefelsäure, wenn letztere als zu 50% dissoziiert angenommen wird?

A: In der wäßrigen Lösung von Bleisulfat ist bei Annahme vollständiger Dissoziation des Bleisulfats

$$[Pb^{\cdot\cdot}] = a$$

$$[SO_4''] = a$$

$$[Pb^{\cdot\cdot}]\,[SO_4''] = a^2 = l \text{ und } [Pb^{\cdot\cdot}] = \frac{a^2}{[SO]_4''}$$

In obiger Schwefelsäure ist $[SO_4''] = 0{,}5$

$$[Pb^{\cdot\cdot}] = \frac{a^2}{0{,}5} = 1{,}26^2 \cdot 10^{-8} \cdot 2$$

$$= \mathbf{3{,}17 \cdot 10^{-8}}$$

Frage 2: Wie viele Zehnerpotenzen macht das aus (gegen 1)?

A: $\log 3{,}17 \cdot 10^{-8} = 0{,}50106 - 8$

$= -\ 7{,}49894$ Zehnerpotenzen

Also $=$ **7,5 Zehnerpotenzen Unterschied**

Frage 3: Wie viele Millivolt macht das aus?

A: Beide Vorgänge sind zweiwertig! Eine Zehnerpotenz entspricht demnach $\frac{59}{2}$ Millivolt, d. i. 29,5 Millivolt.

$7{,}5 \cdot 29{,}5 =$ **221 Millivolt** $= 0{,}221$ Volt

Diese 0,221 Millivolt addieren sich zweimal; s. oben.)

[1]) Die Wertigkeitsdifferenz zwischen Blei(IV)- und Blei(II)-ionen (Plumbi- und Plumboionen) ist zwei.

Frage 4: Wie vielen Zehnerpotenzen entsprechen die 0,48 Volt?

A: Der Vorgang $Pb^{\cdot\cdot\cdot\cdot} \rightarrow Pb^{\cdot\cdot}$ ist zweiwertig (Änderung um zwei Wertigkeiten), also Umrechnungsfaktor 29,5 Millivolt. 29,5 Millivolt entsprechen 1 Zehnerpotenz, 480 Millivolt entsprechen $\frac{480}{29,5} =$ **16,3 Zehnerpotenzen**

Frage 5: Wie groß ist dann die Blei(IV)-ionen (Plumbiionen)-konzentration?

A: Um16,3 Zehnerpotenzen verschieden von 1 (kleiner),

$$\text{also } 10^{-16,3} = \mathbf{5 \cdot 10^{-17}}$$

Zusammenfassend wollen wir noch die EMK des Bleiakkumulators als Summe der einzelnen Glieder darstellen:

$$1,88 = 0,12 + 1,80 + 2 \cdot 0,221 - 0,480$$

In der üblichen Formelsprache ist dies

$$E = \varepsilon_1 - \varepsilon_2 + 2 \frac{RT}{2} \ln \frac{Pb^{\cdot\cdot}}{1} - \frac{RT}{2} \ln \frac{Pb^{\cdot\cdot\cdot\cdot}}{1}$$

$$1,88 = 0,12 + 1,80 + 2 \cdot 0,221 - 0,480$$

Alle Glieder, die spannungserhöhend wirken, sind hier positiv — das sind die ersten drei; nur das letzte wirkt spannungsverringernd und wird deshalb negativ gerechnet.
Im dritten Glied bedeutet die 2 vor dem Bruch, daß der Einfluß der Schwerlöslichkeit des Bleisulfats sich *zweimal* auswirkt, die 2 unter dem Bruchstrich dagegen, daß beide Ionenvorgänge ($Pb \rightarrow Pb^{\cdot\cdot}$ und $Pb^{\cdot\cdot\cdot\cdot} \rightarrow Pb^{\cdot\cdot}$) *zweiwertig* sind; das dritte Glied berücksichtigt den Einfluß der Schwerlöslichkeit des Bleisulfats, die ebenfalls spannungserhöhend wirkt.
Das vierte Glied endlich berücksichtigt die geringe Blei(IV)-ionen(Plumbiionen)-konzentration an der Bleidioxidplatte.
Dieses Glied allein wirkt den anderen dreien entgegen; es muß also negativ werden. Geht man von den natürlichen zu den BRIGGschen Logarithmen über, so bekommt man

$$E = \varepsilon_1 - \varepsilon_2 + 2 \cdot 2,3 \frac{RT}{2} \log Pb^{\cdot\cdot} - 2,3 \frac{RT}{2} \log Pb^{\cdot\cdot\cdot\cdot}$$

Hierbei muß unserer Rechnung nach $2,3 \frac{RT}{2} = 0,0295$ (Volt) (= 29,5 Millivolt) werden. R ist hier die Gaskonstante, im elektrischen Energiemaß ausgedrückt[1]); ihr Wert ist $0{,}86 \cdot 10^{-4}$. T ist die absolute Temperatur $= 298°$. Und dieser Ausdruck wird

$$2{,}3\,\frac{RT}{2} = 2{,}3\,\frac{0{,}86 \cdot 10^{-4} \cdot 298}{2}$$

$$= 2{,}3 \cdot \frac{2{,}56 \cdot 10^{-3}}{2}$$

$$= \frac{59}{2} \cdot 10^{-3}\ \text{Volt}$$

$$= 29{,}5\ \text{Millivolt, q. e. d.}$$

(Ableitung dieser wichtigen Größe.)

2. TEIL

Was hat sich nach Entnahme der Amperestunde geändert? Sichtbar ist nur, daß eine ganze Menge Blei und Bleidioxid in Bleisulfat übergegangen ist. Dabei wurde Schwefelsäure verbraucht, und die Schwefelsäurekonzentration ist gesunken. Die SO_4''-Ionenkonzentration ist ebenfalls gesunken, die Bleiionenkonzentration ist also etwas größer, was sich, wie wir gesehen haben, auf die EMK *ungünstig* auswirkt, und zwar *zweimal*. Da auch die $H^{\cdot}$-Ionenkonzentration etwas gesunken ist, ist die OH'-Ionenkonzentration etwas gestiegen. Die Blei(IV)-ionen-(Plumbiionen)-konzentration hängt nach

$$[Pb^{\cdot\cdot\cdot\cdot}]\,[OH']^4 = 1 \quad \text{oder} \quad [Pb^{\cdot\cdot\cdot\cdot}] = K \cdot [H^{\cdot}]^4$$

von dieser in vierter Potenz ab und geht also etwas *zurück*, nach dem Text der Aufgabe im Verhältnis 1:0,33. Geringere Blei(IV)-ionen-(Plumbiionen)-konzentration wirkt auf die EMK *ungünstig*, so daß also beide Einflüsse im gleichen Sinn wirken, nämlich *verringernd* auf die EMK.

Frage 1: Wieviel Mole Bleisulfat werden bei Entnahme einer Amperestunde gebildet?

A: Wenn 2F, also 2 · 96500 Amperesekunden durchgehen, werden 2 Mole $PbSO_4$ gebildet (rechts eines und links eines). Auf 1F also 1 Mol.

Auf 96500 Amp. Sek. 1 Mol,

auf 3600 Amp. Sek. 3600/96500 Mole

$= 0{,}0374$ Mole $PbSO_4$

[1]) Das heißt in Volt · F ausgedrückt: 1,985 cal sind $0{,}86 \cdot 10^{-4}$ Volt · F (96500 Voltcoulomb sind 1 Volt · F).

0,0374 Mole Schwefelsäure werden also verbraucht. Anfänglich sind da 0,1 Mole; es bleiben 0,0626 Mole übrig, die Schwefelsäure ist nunmehr 0,63 m. Da sie jetzt scheinbar zu 60% dissoziiert sein soll, ist die Sulfationenkonzentration (rechnungsmäßig)

$$SO_4'' = 0{,}63 \cdot 0{,}6 = \mathbf{0{,}38}$$

Frage 2: Wie groß ist die Bleiionenkonzentration?

$$\textbf{A:}\ [Pb^{\cdot\cdot}] = \frac{a^2}{0{,}38} = \frac{1{,}26^2}{0{,}38} \cdot 10^{-8} = \mathbf{4{,}2 \cdot 10^{-8}}$$

Frage 3: Wieviel Zehnerpotenzen macht das aus (gegen 1)?

A: $\log 4{,}2 \cdot 10^{-8} = 0{,}62325 - 8$

$= -7{,}37675$

Also $=$ **7,38** Zehnerpotenzen Unterschied.

Frage 4: Wie viele Millivolt macht das aus?

A: 7,38 · 29,5 Millivolt

= 217 Millivolt

= **0,217 Volt** (wieder zweimal zu addieren; s. unten.)

Frage 5: Wie groß ist die Blei(IV)-ionen-(Plumbiionen)-konzentration?

A: $5 \cdot 10^{-17} \cdot 0{,}33 = \mathbf{1{,}5 \cdot 10^{-17}}$ (s. Frage 5 im ersten Teil der Aufgabe.)

Frage 6: Wieviel Zehnerpotenzen macht das aus (gegen 1)?

A: $1{,}5 \cdot 10^{-17} = 10^{-16{,}8}$

= **16,8** Zehnerpotenzen.

Frage 7: Wieviele Millivolt macht das aus?

A: 16,8 · 29,5 = 495 Millivolt = 0,495 Volt

Frage 8: Wie summiert sich daraus die EMK?

A: 0,120 + 1,80 + 0,217 + 0,217 − 0,495 Volt = **1,86 Volt**

Die Klemmenspannung beträgt also jetzt nur noch 1,86 Volt.

Anmerkung. Aus der vorstehenden Rechnung geht deutlich hervor, welch außerordentlich günstigen Einfluß die Schwerlöslichkeit des Bleisulfats, die noch durch die Anwesenheit verdünnter Schwefelsäure gesteigert wird, ausübt. Die große Schwerlöslichkeit des PbO_2 wirkt zwar entgegengesetzt, ist aber nicht zu entbehren, weil man bei merklicher Löslichkeit des PbO_2 sofort Diffusionserscheinungen bekäme resp. zu ihrer Verhinderung ein Diaphragma benötigen würde. Daß man nur ein Metall hat, ist ein weiterer gewaltiger Vorteil. Im Bleiakkumulator treffen so unwahrscheinlich viele günstige Umstände zusammen, und zwar physikochemische wie rein technische, daß es aussichtslos erscheint, noch einmal ein ähnlich bevorzugtes System zu finden; vgl. hierzu Chemiker-Ztg. *65*, 1 (1941).

Aufgabe 42

1. TEIL

„Das Normalpotential einer Kupferelektrode gegen Kupfer(II)-ionen (Cupriionen) beträgt +0,329 Volt" heißt: Wenn man eine Kette zusammenbaut aus einer Wasserstoffelektrode in n Säure und Kupfer in n Kupfer(II)-ionen(Cupriionen)-lösung, so hat diese Kette eine EMK von 0,329 Volt; das Kupfer ist dabei der positive Pol (wie beim DANIELL-Element). Analog ist das Normalpotential einer Kupferelektrode gegen Kupfer(I)-ionen (Cuproionen) zu verstehen. In beiden Fällen ist Kupfersalz der Depolarisator; es scheidet sich bei Stromlieferung Kupfer an der Kupferplatte aus. Die depolarisierende Wirkung und die EMK steigen, wenn die Kupferlösung konzentrierter wird. Bei Gegenwart von metallischem Kupfer stellt sich ein Gleichgewicht zwischen (Kupfer(II)-ionen und Kupfer(I)-ionen (Cupri- und Cuproionen) ein. Die Reaktion lautet

$$Cu^{\cdot\cdot} + Cu = 2\,Cu^{\cdot},$$

und die Konstante ist

$$\frac{[Cu^{\cdot}]^2}{[Cu^{\cdot\cdot}]} = \frac{c^{\cdot 2}}{c^{\cdot\cdot}} = K.$$

Tatsächlich taucht also jede Kupferelektrode in ein Gemisch von Kupfer(II)-ionen und Kupfer(I)-ionen (Cupri- und Cuproionen) ein. Man kann sie also als Kupfer(II)-(Cupri)- und auch als Kupfer(I)-(Cupro)-elektrode auffassen. Da sie aber nur *ein Potential* zeigen kann, muß bei beiden Berechnungsarten das gleiche herauskommen.
Eine Kupfer(II)-(Cupri)-elektrode hat, wenn die Konzentration der Kupfer-(II)-ionen (Cupriionen) $= c^{\cdot\cdot}$ ist, das Potential

$$+\,0{,}329 + 0{,}0295 \log c^{\cdot\cdot}$$

Ebenso hat eine Kupfer(I)-(Cupro)elektrode, wenn die Konzentration der Kupfer(I)-(Cupro)-ionen $= c^{\cdot}$ ist, das Potential

$$+\,0{,}424 + 0{,}059 \log c^{\cdot}$$

Im Gleichgewicht müssen diese beiden Potentiale gleich sein, also

$$0{,}329 + 0{,}0295 \log c^{\cdot\cdot} = 0{,}424 + 0{,}059 \log c^{\cdot}$$

Daraus folgt:

$$0{,}059 \log c^{\cdot} - 0{,}0295 \log c^{\cdot} = 0{,}329 - 0{,}424$$

$$0{,}0295\,(2 \log c^{\cdot} - \log c^{\cdot\cdot}) = -0{,}095$$

$$0{,}0295 \log \frac{c^{\cdot 2}}{c^{\cdot\cdot}} = -0{,}095$$

$$\log \frac{c^{\cdot 2}}{c^{\cdot\cdot}} = -\frac{0{,}095}{0{,}0295} = -3{,}22 = 0{,}78 - 4$$

$$\frac{c^{\cdot 2}}{c^{\cdot\cdot}} = \mathbf{0{,}6 \cdot 10^{-3}}$$

Die Gleichgewichtskonstante hat also den Wert $0{,}6 \cdot 10^{-3}$.

2. TEIL

A. Kupfer(I)-chlorid (Kupferchlorür)

1. Das Potential dieser Elektrode ist das gleiche, unabhängig davon, ob wir sie als Kupfer(I)-(Cupro)- oder als Kupfer(II)-(Cupri)-elektrode auffassen. Wie berechnen sie zunächst als Kupfer(I)-(Cupro)-elektrode. Die Löslichkeit des Kupfer(I)-chlorids in Wasser beträgt $a = 1{,}1 \cdot 10^{-3}$. Das Löslichkeitsprodukt $[Cu^{\cdot}]\,[Cl']$ ist dann $a^2 = 1{,}21 \cdot 10^{-6}$.
Ist hierin $[Cl'] = 0{,}1$, so wird $[Cu^{\cdot}] = 1{,}21 \cdot 10^{-5} = c^{\cdot}$.
Die Kupfer(I)-(Cupro)-elektrode ist also $= 1{,}21 \cdot 10^{-5}$; das Potential der Kupfer(I)-(Cupro)-elektrode wird dann

$$+0{,}424 + 0{,}059 \log c^{\cdot}$$
$$= +0{,}424 + 0{,}059 \log 1{,}21 \cdot 10^{-5}$$
$$= +0{,}424 - 0{,}290$$
$$= \mathbf{+\,0{,}134\ Volt}$$

2. Nun dieselbe Elektrode als Kupfer(II)-(Cupri)-elektrode aufgefaßt. Die Kupfer(II)-(Cupri)-ionenkonzentration kann man errechnen aus der Kupfer-(I)-ionenkonzentration und der Gleichgewichtskonstanten.

$$[Cu^{\cdot}] = 1{,}21 \cdot 10^{-5}$$

$$\frac{[Cu^{\cdot}]^2}{[Cu^{\cdot\cdot}]} = K$$

$$[Cu^{\cdot\cdot}] = \frac{[Cu^{\cdot}]^2}{K} = \frac{1{,}21^2 \cdot 10^{-10}}{0{,}6 \cdot 10^{-3}}$$
$$= 2{,}44 \cdot 10^{-7}$$
$$= 0{,}244 \cdot 10^{-6}$$
$$= 10^{-6{,}61}$$

Die Konzentration der Kupfer(II)-ionen (Cupriionen) ist also noch ca. 50mal kleiner als die der Kupfer(I)-ionen (Cuproionen).

Wie viele Millivolt macht das aus? (Zweiwertig)

A: $6{,}61 \cdot 29{,}5 = 195$ Millivolt $= 0{,}195$ Volt

Wie ist also das Potential der Kupfer(II)-(Cupri)-elektrode?

A: $0{,}329 - 0{,}195 =$ **0,134 Volt**, wie vorher gefunden.

B. Kupfer(I)bromid (Kupferbromür)

1. Als Kupfer(I)-(Cupro)-elektrode. Die Löslichkeit des Kupfer(I)-bromids in Wasser beträgt

$$2{,}04 \cdot 10^{-4} \text{ Mol pro Liter.}$$

$$[Cu^{\cdot}]\,[Br'] = 2{,}04^2 \cdot 10^{-8} = 4{,}16 \cdot 10^{-8}$$

$$[Br'] = 0{,}1$$

$$[Cu^{\cdot}] = 4{,}16 \cdot 10^{-7}$$

Die Kupfer(I)-ionen(Cuproionen)-konzentration ist also $4{,}16 \cdot 10^{-7}$; das Potential der Kupfer(I)-(Cupro)-elektrode wird dann

$$+\,0{,}424 + 0{,}059 \log 4{,}16 \cdot 10^{-7}$$

$$= 0{,}424 + 0{,}059 \cdot (0{,}61909 - 7)$$

$$= 0{,}424 + 0{,}059 \cdot (-\,6{,}3809)$$

$$= 0{,}424 - 0{,}377$$

$$= \mathbf{0{,}047\ Volt.}$$

2. Als Cuprielektrode.

$$[Cu^{\cdot}] = 4{,}16 \cdot 10^{-7}$$

$$\frac{[Cu^{\cdot}]^2}{[Cu^{\cdot\cdot}]} = 0{,}6 \cdot 10^{-3}$$

$$[Cu^{\cdot\cdot}] = \frac{[Cu^{\cdot}]^2}{0{,}6 \cdot 10^{-3}} = \frac{4{,}16^2 \cdot 10^{-14}}{0{,}6 \cdot 10^{-3}}$$

$$= 28{,}8 \cdot 10^{-11}$$

$$= 2{,}88 \cdot 10^{-10}$$

Die Kupfer(II)-ionen(Cupriionen)-konzentration ist demnach $2{,}88 \cdot 10^{-10}$, also noch etwa um 3 Zehnerpotenzen kleiner als die Kupfer(I)-ionen(Cuproionen)-konzentration. Das Potential als Kupfer(II)-(Cupri)-elektrode wird dann

$$= 0{,}329 + 0{,}0295 \log 2{,}88 \cdot 10^{-10}$$

$$= 0{,}329 + 0{,}0295\,(0{,}45939 - 10)$$

$$= 0{,}329 + 0{,}0295\,(-\,9{,}54061)$$

$$= 0{,}329 - 0{,}282$$

$$= \mathbf{0{,}047\ Volt}$$

Anhang. Wir haben gesehen, daß in der betrachteten Kupfer(I)-chloridlösung die Kupfer(I)-ionen(Cuproionen) im ca. 50fachen Überschuß über die Kupfer(II)-ionen(Cupriionen) waren, bei der Kupfer(I)-bromidlösung sogar im ca. 1000fachen Überschuß. Bei einer gewöhnlichen normalen Kupfersulfatlösung, die mit Kupfer im Gleichgewicht steht, sind natürlich die Kupfer(I)-ionen(Cuproionen) nur in sehr geringer Menge neben den Kupfer(II)-ionen(Cupriionen) vertreten. Es existiert nun offenbar eine Konzentration, bei der Kupfer(I)- und Kupfer(II)-ionenkonzentration (Cupro- und Cupriionenkonzentration) einander gleich sind; unterhalb dieser Konzentration sind die Kupfer(I)-ionen (Cuproionen) im Überschuß, oberhalb derselben die Kupfer(II)-ionen (Cupriionen). Wo liegt diese Konzentration?

A: $\frac{c^{\cdot 2}}{c^{\cdot\cdot}} = 0{,}6 \cdot 10^{-3}; \quad c^{\cdot} = c^{\cdot\cdot}$

$$\mathbf{c^{\cdot} = 0{,}6 \cdot 10^{-3} = c^{\cdot\cdot}}$$

Eine Lösung, die an Gesamtkupferionen $1{,}2 \cdot 10^{-3}$ n ist und mit Kupfermetall im Gleichgewicht steht, enthält demnach gleich viele Kupfer(I)- und Kupfer(II)-ionen (Cupro- und Cupriionen); an beiden ist sie $0{,}6 \cdot 10^{-3}$ n; dieser Wert ist identisch mit dem der Gleichgewichtskonstanten.

Aufgabe 43

„Das Potential einer Normalkalomelelektrode beträgt +0,283 Volt" heißt: Wenn man ein galvanisches Element aufbaut aus einer Platinwasserstoffelektrode in Normalsäure einerseits und einer Quecksilberelektrode andererseits, die in einer Quecksilber(I)-(Mercuro)ionenlösung liegt, welche an Kalomel gesättigt und an Chlorion normal ist — was eine ganz bestimmte Quecksilber(I)-(Mercuro)-ionenkonzentration bedingt —, so zeigt dieses Element die elektromotorische Kraft 0,283 Volt, und das Quecksilber wird der positive Pol (also analog dem Kupferpol im DANIELL-Element). Bei Änderung der Quecksilber(I)-(Mercuro)-ionenkonzentration um eine Zehnerpotenz ändert sich das Potential um 29 Millivolt (das Quecksilber(I)-(Mercuro)-ion hat die Formel $Hg^{\cdot\cdot}$ und ist zweiwertig), und zwar wird es bei Vergrößerung positiver.

„Das Normaloxydationspotential Eisen(III)-/Eisen(II)-ionen (Ferri-/Ferroionen) beträgt + 0,743 Volt" heißt:

Wenn man ein galvanisches Element aufbaut aus einer Platinwasserstoffelektrode in Normalsäure einerseits und einer Platinelektrode in einer Lösung andererseits, die an Eisen(III)- und Eisen(II)-ionen (Ferri- und Ferroionen) *gleichnormal* ist (also z. B. $[Fe^{\cdot\cdot\cdot}] = 0{,}1$ und $[Fe^{\cdot\cdot}] = 0{,}1$), so zeigt dieses Element eine elektromotorische Kraft von 0,743 Volt, und zwar wird der Eisen(III)-Eisen(II)-Pol (Ferri-Ferro-Pol) der positive.[1])

Bei Änderung des Verhältnisses $\frac{[Fe^{\cdot\cdot\cdot}]}{[Fe^{\cdot\cdot}]}$ um eine Zehnerpotenz — also z. B. wenn $[Fe^{\cdot\cdot\cdot}] = 0{,}01$ und $[Fe^{\cdot\cdot}] = 0{,}1$ wird — ändert sich das Potential um 58 Millivolt (die Wertigkeit ändert sich um eins), und zwar wird es bei Verkleinerung des Verhältnisses (wie hier) negativer.

Der Gedankengang der Lösung ist folgender: Die Eisen[III)-(Ferri)-lösung wird durch das Schütteln mit Quecksilber so weit reduziert, daß ihr Oxydationspotential gleich wird dem einer Kalomelelektrode von der *Chlorionenkonzentration*, die die Eisenlösung am Schluß hat. Das Reduktionspotential der Kalomelelektrode hängt nämlich nur von dieser Chlorionenkonzentration ab, das der Eisen(III)-Eisen(II)-[Ferri-Ferro)-lösung nur von dem Verhältnis $\frac{[Fe^{\cdot\cdot\cdot}]}{[Fe^{\cdot\cdot}]}$.

Das Problem läßt sich nun ganz außerordentlich vereinfachen, wenn man von der sehr leicht auf chemischem Wege zu beweisenden Voraussetzung Gebrauch macht, daß die Reduktion zur Eisen(II)-(Ferro)-stufe *sehr weitgehend* ist. Nähert sie sich nämlich der Vollständigkeit, konvergiert also das Verhältnis $\frac{[Fe^{\cdot\cdot\cdot}]}{[Fe^{\cdot\cdot}]}$ gegen Null, so konvergiert die Chlorionenkonzentration, auf die allein es hier ankommt, gegen den *endlichen* Wert 0,002 (reines Eisen(II)-(Ferro)-chlorid in $\frac{1}{1000}$ m Lösung), und das Verhältnis $\frac{[Fe^{\cdot\cdot\cdot}]}{[Fe^{\cdot\cdot}]}$ kann sich noch um ungezählte Zehnerpotenzen weiter verringern, ohne daß sich das in der Chlorionenkonzentration bemerkbar macht.

Wir setzen also für die Chlorionenkonzentration der Gleichgewichtslösung den Konvergenzwert 0,002 ein.

Dann gehört natürlich zu dieser Chlorionenkonzentration eine bestimmte Quecksilber(I)-(Mercuro)-ionenkonzentration, die sich von der der Normalkalomelelektrode um eine bestimmte Anzahl Zehnerpotenzen unterscheidet. Diese Anzahl der Zehnerpotenzen läßt sich sofort in Millivolt umrechnen, und damit haben wir das Potential der *Gleichgewichts-Kalomelelektrode* errechnet. Von da ab ist die ganze Aufgabe einfach. Die beiden Quecksilber-(I)-(Mercuro)-ionenkonzentrationen hängen mit den zugehörigen Chlorionenkonzentrationen über das Löslichkeitsprodukt l des Kalomels zusammen, und bei der Quotientbildung fällt l heraus; dieser Zahlenwert der Aufgabe ist also für die Lösung unnötig.

Haben wir also das Potential der Gleichgewichtselektrode errechnet, so lautet die nächste Frage: Um wie viele Zehnerpotenzen muß sich das Verhältnis

---

[1]) Vgl. Diagramm Abb. 76 auf S. 251. Die Eisen(III)-Eisen(II)-(Ferri-Ferro)-Elektrode würde nahe beim Punkt Ag = + 0,80 liegen.

$\frac{[Fe^{\cdot\cdot\cdot}]}{[Fe^{\cdot\cdot}]}$ verringern, damit das Potential der Eisen(II)-Eisen(III)-(Ferro-Ferri)-Elektrode von $+0,743$ Volt auf das der Gleichgewichtselektrode sinkt? Wir bemerken hier noch, daß zu der kleineren Chlorionenkonzentration 0,002 die *größere* Quecksilber(I)-(Mercuro)-ionenkonzentration gehört. Das Potential der Gleichgewichts-Kalomelelektrode wird demnach *positiver* als das der Normalkalomelelektrode, denn die Quecksilber(I)-(Mercuro)-ionenkonzentration spielt hier dieselbe Rolle wie die Kupferkonzentration im DANIELL-Element.

1. Wie groß ist die Quecksilber(I)-ionen-(Mercuroionen)konzentration in der n Kaliumchloridlösung? ([Cl′] = 1)

$$[Hg^{\cdot\cdot}]\,[Cl']^2 = l$$

$$[Hg^{\cdot\cdot}] = \frac{l}{1^2} = l$$

2. Wie groß ist sie in der an Chlorion 0,002 n Gleichgewichtslösung?

$$[Hg^{\cdot\cdot}]\,[0,002]^2 = l$$

$$[Hg^{\cdot\cdot}] = \frac{l}{0,002^2}.$$

3. Wie groß ist das Verhältnis dieser beiden Mercuroionenkonzentrationen

$$l : \frac{l}{0,002^2}\,{}^{1)} = 1 : \frac{1}{4 \cdot 10^{-6}} = 1 : 0,25 \cdot 10^6 = 1 : 10^{5,4},$$

also 5,4 Zehnerpotenzen.

4. Wie viele Millivolt macht das aus? (Das Quecksilber(I)-(Mercuro)-ion ist zweiwertig!)

$$5,4 \cdot 0,029 \text{ Volt} = \mathbf{0,157\ Volt}$$

5. Wie groß ist nun das Potential der Gleichsgewichts-Kalomelelektrode? Die Gleichgewichtselektrode ist positiver als die Kalomelnormalelektrode, also

$$0,283 + 0,157 = \mathbf{+\,0,440\ Volt}$$

6. Wie viele Zehnerpotenzen bei $\frac{Fe^{\cdot\cdot\cdot}}{Fe^{\cdot\cdot}}$ macht das aus?

Der Vorgang ist einwertig.

$$0,743 - 0,440 \text{ Volt} = 0,303 \text{ Volt Differenz}$$

---

1) l fällt damit aus der Rechnung heraus

58 Millivolt machen bei Einwertigkeit 1 Zehnerpotenz, 303 Millivolt machen bei Einwertigkeit **5,2 Zehnerpotenzen**.

$$x = \frac{Fe^{\cdots}}{Fe^{\cdot\cdot}} \text{ ist also } \mathbf{10^{-5,2}}$$

ZUSAMMENFASSUNG

Die *Gleichgewichtslösung* charakterisiert sich durch den Gehalt von

$$0{,}001\ Fe^{\cdot\cdot} + \text{Spur } Fe^{\cdots}$$

d. h., durch den Chlorionengehalt **0,002 + Spur**. Dem Chlorionengehalt entspricht ein bestimmter Quecksilber(I)-ionen(Mercuroionen)-gehalt, welch letzterer durch einen ganz bestimmten Sprung von *Zehnerpotenzen* von dem Quecksilber(I)-ionen(Mercuroionen)-gehalt der Normalkalomelelektrode getrennt ist, und daraus ergibt sich endlich ein ganz bestimmtes Potential von

$$\mathbf{+\ 0{,}440\ Volt}$$

für die Gleichgewichtselektrode. All diese Größen sind bei Schwanken der Spur Fe *nur wenig* davon abhängig und daher durch den Limeswert von [Cl′] gut definiert.
Die Spur $Fe^{\cdots}$ *dagegen* entspricht, wenn sie etwas schwankt, einem völlig willkürlichen Sprung von Zehnerpotenzen gegen den Wert $Fe^{\cdots} = 0{,}001$ (welcher bei dem Wert $Fe^{\cdot\cdot} = 0{,}001$ der Normaloxydationselektrode entspricht); wenn sie etwas zurückgeht, kann das sofort beispielsweise 10 Zehnerpotenzen in diesem Sprung ausmachen. Andererseits aber entspricht der richtige Wert von $Fe^{\cdots}$ einem ganz bestimmten Sprung von Zehnerpotenzen gegen $Fe^{\cdots} = 0{,}001$, und durch den Potentialsprung

$$0{,}743 - 0{,}440 \text{ Volt}$$

wird dieser Sprung von Zehnerpotenzen definiert, dem nur *ein* sehr kleiner Wert von $Fe^{\cdots}$ genügt. Aus der an sich (bei geringem Schwanken) möglichen großen Zahl von Zehnerpotenzen wird also durch das Potential der Gleichgewichtselektrode *eine* herausgegriffen, welche die allein richtige ist.
Wir kommen so zum Wert des Verhältnisses $\frac{Fe^{\cdots}}{Fe^{\cdot\cdot}} = 10^{-5,2}$; die Reaktion des Eisen(III)-(Ferri)-salzes zur Eisen(II)-(Ferro)-stufe durch Quecksilber ist also praktisch vollständig.
Wenn wir uns noch darüber klar werden wollen, wie groß der mögliche Fehler ist, den wir durch diese Vereinfachung gemacht haben, so überlegen wir wie folgt: $c = 0{,}002$ für (Cl′) war ein Grenzwert, also jedenfalls einen sehr kleinen Betrag zu niedrig, desgleichen der Wert der Gleichgewichtselektrode + 0,440 Volt. Der Wert 0,440 ist abgeleitet aus $c = 0{,}002$, und das gilt nur für völlige Reduktion, also für den Wert $\frac{Fe^{\cdots}}{Fe^{\cdot\cdot}} = x = 0$; tatsächlich

haben wir x aber von der Größe $10^{-5,2}$ gefunden. Wenn $x = 0$ wäre, wäre $c = 0{,}002$; ist $x = 10^{-5}$, so ist $c = 0{,}00200001$. Man sieht sofort, daß die übrigen Ungenauigkeiten der Rechnung viel bedeutender sind als diese Differenz.

In der Originalfassung von ABEGG-SACKUR wird eine Lösung angegeben, welche nicht von der chemisch leicht zu beweisenden Voraussetzung Gebrauch macht, daß die Reduktion des $Fe^{\cdot\cdot\cdot}$ weitgehend ist; diese Lösung ist jedoch erheblich komplizierter.

Aufgabe 44

1. Lösung

Zunächst bemerkt man, daß *drei* Zustände gegeben sind (der Anfangszustand und zwei weitere), während nur zwei nötig wären; die Kurve des logarithmischen Abfalls wird durch *zwei* Punkte schon festgelegt (so wie der Kreis durch drei). Der dritte Zustand (Intensität zu einer bestimmten Zeit t_2) kann demnach aus den zwei ersten berechnet und so kontrolliert werden. Außerdem kann man die Kurvenkonstante aus dem zweiten und dem dritten Zustand getrennt berechnen und, wenn die Werte nicht genau gleich sein sollten, das Mittel nehmen. Hier stimmen sie mit genügender Genauigkeit überein, wie sich zeigen wird.

Der Abfall erfolgt längs der Kurve

$$i = 10^{-kt}, \quad \text{vgl. Abb. 10,}$$

welche den Abfall von 1 auf 0,1 wiedergibt — also Abfall um eine Zehnerpotenz. (i = Intensität, t = Zeit, k = Konstante.) Ist der Anfangswert nicht 1, wie hier, sondern 35,4, so braucht man nur mit diesem Anfangswert zu multiplizieren und erhält mit

$$i = 35{,}4 \cdot 10^{-kt}$$

die Intensität als Funktion der Zeit t. k ist dabei eine Konstante, die (aus dem zweiten oder dritten Zustand) erst ausgerechnet werden muß.

Wir erhalten so aus dem 2. Zustand:

$$35{,}4 \cdot 10^{-k \cdot 12} = 32{,}4, \text{ daraus } k;$$

$$10^{-12k} = \frac{32{,}4}{35{,}4}$$

$$-12\,k = \log 32{,}4 - \log 35{,}4$$

$$k = \frac{\log 35{,}4 - \log 32{,}4}{12}$$

$$= \frac{1}{12}\,(1{,}5490 - 1{,}5105)$$

$$= \frac{0{,}0385}{12}$$

$$= \mathbf{0{,}0032}$$

Ebenso aus dem 3. Zustand:

$$35{,}4 \cdot 10^{-k \cdot 200} = 8{,}1$$

$$10^{-200k} = \frac{8{,}1}{35{,}4}$$

$$-200\,k = (\log 8{,}1 - \log 35{,}4)$$

$$k = \frac{1}{200}(\log 35{,}4 - \log 8{,}1)$$

$$= \frac{1}{200}(1{,}5490 - 0{,}9085)$$

$$= \frac{0{,}6410}{200}$$

$$= \mathbf{0{,}0032} \text{ (wie vorher).}$$

Frage 1: Im Besitz dieses k-Wertes können wir nun die ganze Kurve konstruieren und so auch den t-Wert für $i = 10$ suchen.

$$35{,}4 \cdot 10^{-kt} = 10 \ (t \text{ gesucht, } k = 0{,}0032)$$

$$35{,}4 \cdot 10^{-0{,}0032\,t} = 10$$

$$-0{,}0032\,t = \log 10 - \log 35{,}4$$

$$t = \frac{\log 35{,}4 - \log 10}{0{,}0032}$$

$$= \frac{1{,}5490 - 1{,}0000}{0{,}0032}$$

$$= \frac{0{,}5490}{0{,}0032}$$

$$= \mathbf{172 \ Stunden}$$

Frage 2: Die Frage nach der Halbwertszeit erledigt sich genauso, die Intensität i ist die Hälfte der Anfangsintensität, und diesen Wert haben wir in die Gleichung einzusetzen.

$$35{,}4 \cdot 10^{-kt} = \frac{1}{2} \cdot 35{,}4$$

$$10^{-kt} = \frac{1}{2}$$

$$-kt = \log \frac{1}{2}$$

$$kt = \log 2$$

$$t = \frac{\log 2}{0{,}0032}$$

$$= \frac{0{,}3010}{0{,}0032}$$

$$= 94 \text{ Stunden}$$

$$= \mathbf{3{,}9\ Tage}$$

2. Lösung

Graphisch. Aufgaben über logarithmischen Abfall lassen sich bequem graphisch lösen. Der Faktor

$$10^{-kt},$$

der den Abfall von 1 auf Null ausdrückt, wird dargestellt durch die Kurve in Abb. 110, die den Abfall um eine Zehnerpotenz darstellt. Nimmt man nun

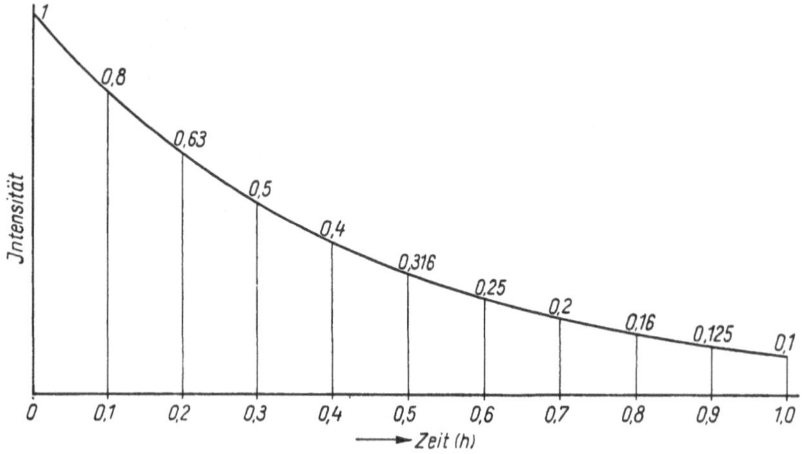

Abb. 110

ein logarithmisches Netz, d. i. ein Netz, in dem die Ordinatenteilung logarithmisch ist, während die Abszissenteilung linear bleibt, *so wird diese abfallende Kurve zu einer Geraden, die sich nach rechts senkt* (Abb. 111). Mit Hilfe einer solchen Geraden läßt sich das Resultat direkt ablesen.

Beträgt der Anfangswert nicht 1, wie hier, so kann man auf logarithmischem Papier auch mit den nichtreduzierten numerischen Intensitätswerten arbeiten. Erstrecken sich die Werte aber über zwei Zehnerpotenzbereiche, wie hier (von 35,4 nach 8,10), so muß man ein Papier verwenden, dessen Teilung zwei Zehnerpotenzen umfaßt (Abb. 111). Für die lineare Abszissenteilung kann man als Zeiteinheit wählen, was man will. Man erhält so Gerade, die sich mit größerer oder geringerer Steilheit nach rechts unten ziehen.

Man sieht ohne weiteres, wie die Wertepaare zusammengehören.

Intensität	Zeit	
35,4	0 Stunden	
32,4	12 Stunden	
17,7 (Halbwert)	94 Stunden	= **3.9 Tage**
10,0	172 Stunden	
8,1	200 Stunden	

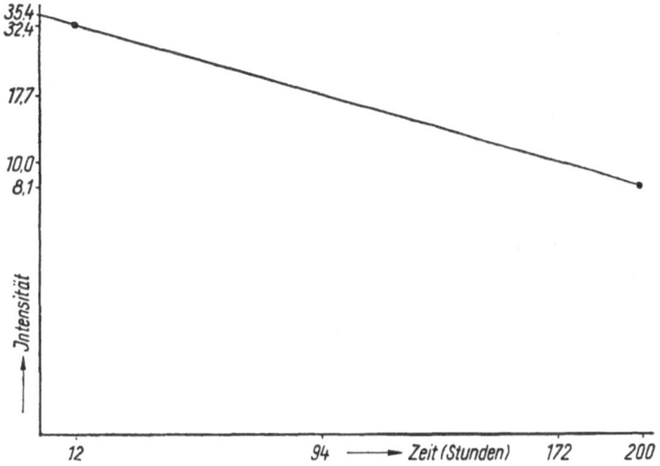

Abb. 111

Aufgabe 45

VORBEMERKUNGEN

1. Die Werte 5%, 20 cm, 20 min erscheinen nicht in der Rechnung.

2. Die Reaktion ist pseudomonomolekular. Ursprünglich bimolekular, erscheint sie mathematisch monomolekular, da der eine Reaktionspartner, Wasser, in so großem Überschuß vorhanden ist, daß sich seine Konzentration während der Reaktion nicht merklich ändert. Sein Einfluß ist daher konstant und kann in die Konstante einbezogen werden.

3. Die Aufgabe zerfällt in zwei Teile; der Hauptteil ist „monomolekulare Reaktion"; der Nebenteil ist die Frage: Welche Wasserstoffionenkonzentration hat eine 0,1 n Milchsäure?

4. Wie stets bei solchen Aufgaben über Drehung hat man sich von vornherein klarzumachen, daß sich anfängliche Rechts- und endliche Linksdrehung als Reaktionsbereich addieren. Es ist nämlich klar, daß der Nullzustand

auch Null heißen muß und nicht —19,7 (Endzustand, Rohrzuckerkonzentration Null; die Rohrzuckerkonzentration ist proportional der „Intensität").

5. Desgleichen überlege man sich vorher:
was ist „Intensität" und was ist „Abnahme"?
Antwort: *„Intensität" in Graden bezieht sich nicht auf die absolute Rechtsdrehung, sondern auf den Reaktionsbereich.* Die Anfangsintensität ist also die Summe von anfänglicher Rechts- und endlicher Linksdrehung, hier also

$$66{,}7 + 19{,}7 = 86{,}4°$$

Der Gang der Intensität, die dem noch vorhandenen Rohrzucker entspricht, läuft also *von 86,4° nach Null,* nicht von 66,7 nach —19,7.
„Abnahme" dagegen ist eine Differenz und als solche davon unabhängig, ob man sie von 86,4 oder 66,7° aus rechnet.

Lösung

1. Welche Wasserstoffionenkonzentration hat eine 0,1 n Milchsäure?
A: $3{,}67 \cdot 10^{-3}$ (Aufgabe 30).

2. Die Wasserstoffionenkonzentration der Salzsäure und der Milchsäure verhalten sich also wie

$$0{,}01 : 0{,}00367$$

oder

$$1 : 0{,}367$$

Ebenso verhalten sich die k-Werte der Exponenten in den Ausdrücken

$$10^{-k_1 t} \text{ resp. } 10^{-k_2 t}; \quad k_1 : k_2 = 1 : 0{,}367$$

3. Die Aufgabe könnte — rein mathematisch — ebensogut lauten: Ein radioaktives Präparat hat die Anfangsintensität 86,4 (in willkürlichen Einheiten) und nach 20 Minuten eine um 69,2 kleinere. Ein zweites radioaktives Präparat besteht aus einer anderen Substanz, die langsamer zerfällt; es hat aber ebenfalls die Anfangsintensität 86,4. Die Zerfallskonstanten k verhalten sich bei den Substanzen wie 1 : 0,367. Auf welche Intensität ist dieses zweite Präparat nach 20 Minuten gesunken, resp. um wieviel hat sie abgenommen?
Die Intensität klingt in jedem dieser Fälle ab längs der Funktion

$$i = 10^{-kt}$$

wenn wir den Reaktionsbereich von 1 bis Null gehen lassen resp. längs der Funktion

$$i = 86{,}4 \cdot 10^{-kt}$$

wenn wir den Reaktionsbereich von 86,4 bis Null gehen lassen, wobei aber die k-Werte der beiden Präparate verschieden sind. Der Faktor 10^{-kt} wird für den Anfangswert

$$t = 0 \text{ gleich } 10^{-0} = 1$$

Was wir zunächst erledigen müssen, ist, den k-Wert für den Ansatz mit Salzsäure aus den gegebenen Daten zu errechnen. Daraus können wir dann den k-Wert für den Ansatz mit Milchsäure ermitteln — er ist 0,367mal so groß — und diesen dann in die zweite Abklinggleichung einsetzen.
Da *t beide Male* = 20 Minuten ist, können wir, wenn wir wollen, für *t* zwar diesen Wert 20 einsetzen; wir können aber auch $t = 1$ setzen, also die 20 Minuten zur Zeiteinheit wählen. Dann fällt *t* ganz weg, und die Gleichung wird

$$i = 86{,}4 \cdot 10^{-k}$$

a) Wie groß ist der k-Wert für den Salzsäureansatz?
Der Salzsäureansatz hat nach 20 Minuten den Intensitätswert 86,4 — 69,2 = 17,2.

$$17{,}2 = 86{,}4 \cdot 10^{-k}$$

und daraus läßt sich k berechnen:

$$10^{-k} = \frac{17{,}2}{86{,}4}$$

$$-k = \log 17{,}2 - \log 86{,}4$$

$$k = \log 86{,}4 - \log 17{,}2$$

$$\mathbf{k_1 = 0{,}70098 = 0{,}701}$$

b) Wie groß ist k für den Milchsäureansatz? Kleiner, nämlich 0,367mal so groß,

$$\text{also } 0{,}701 \cdot 0{,}367$$

$$= \mathbf{0{,}257}$$

c) Wie lautet die Intensitätsgleichung für den Milchsäureansatz? Nach 20 Minuten ist

$$i = 86{,}4 \cdot 10^{-k}, \quad \text{wobei} \quad k = 0{,}257$$

also $i = 86{,}4 \cdot 10^{-0{,}257}$.

$$\log i = \log 86{,}4 - 0{,}257$$

$$= 1{,}936 - 0{,}257$$

$$= 1{,}679$$

$$i = 47{,}7$$

Der Milchsäureansatz ist also nach 20 Minuten auf den Intensitätswert 47,7 zurückgegangen. Da jedoch nach der *Abnahme* gefragt ist, erhalten wir für diese

$$86{,}4 - 47{,}7$$

$$= \mathbf{38{,}7^\circ}.$$

Zusammenfassung. Wir haben zwei Abfallkurven, die des salzsauren Systems und die des milchsauren Systems. Die Kurve des salzsauren Systems ist festgelegt durch zwei Punkte, die gegeben sind, nämlich 1. die Anfangsintensität 86,4 zur Zeit Null und 2. die Intensität 17,2 zur Zeit 20 Minuten resp. 1.

Die Kurve des milchsauren Systems ist nicht festgelegt durch zwei Punkte, sondern durch einen Punkt (die Anfangsintensität) und die Anfangstangente; von dieser ist angegeben, daß sie im Verhältnis 0,367 : 1 weniger steil ist als die Anfangstangente des salzsauren Systems. Damit ist auch die zweite Kurve gegeben und jeder Punkt von ihr könnte berechnet werden. Um die völlige Gleichheit des mathematischen Reaktionsablaufs mit dem des radioaktiven Zerfalls noch mehr zu betonen, können wir auch hier die Halbwertszeit ausrechnen, also die Zeit, nach der die Hälfte des Rohrzuckers verschwunden ist.

Wir haben dann für das salzsaure System:

$$i = 86{,}4 \cdot 10^{-kt} = \frac{1}{2} \cdot 86{,}4 \quad \text{oder}$$

$$10^{-kt} = \frac{1}{2}, \quad k_1 = 0{,}701 \text{ für die Zeiteinheit } 20$$

$$\begin{aligned} -kt &= -\log 0{,}5 \\ &= 0{,}69897 - 1 \\ kt &= 0{,}30103 \\ t &= 0{,}30103 : 0{,}701 \\ &= 0{,}43 \end{aligned}$$

Also $0{,}43 \cdot 20$ Minuten = **8,6 Minuten** Halbwertszeit.

Im milchsauren System wird

$$86{,}4 \cdot 10^{-kt} = \frac{1}{2} \cdot 86{,}4; \quad k = 0{,}257 \text{ für die Zeiteinheit 20 min,}$$

$$\begin{aligned} 10^{-kt} &= \frac{1}{2} \\ -kt &= \log 0{,}5 \\ kt &= 0{,}301 \\ t &= 0{,}301 : 0{,}257 \\ &= 1{,}17 \end{aligned}$$

Also $1{,}17 \cdot 20$ Minuten = **23,4 Minuten** Halbwertszeit.

Aufgabe 46

Wenn wir eine 8000 m tiefe Stelle des Meeres aufsuchen und in den verschiedenen Höhen Druckmessungen machen, so finden wir folgendes. In 0 m Höhe, also am Meeresgrund, herrschen 800 Atmosphären, in 1 km Höhe 700, in 2 km Höhe 600, in 3 km Höhe 500, in 4 km 400 und so fort, schließlich in 8 km Höhe null Atmosphären. Der Druck nimmt ganz stetig ab und geht in bestimmter Höhe auf Null zurück.
Nicht so im Luftmeer. Das Wasser ist inkompressibel und hat am Grunde keine andere Dichte als an der Oberfläche. Die Luft aber ist kompressibel, und in 1 km Höhe hat sie schon merklich an Dichte abgenommen. Die noch darüber lastenden Schichten werden immer dünner und dehnen sich immer mehr aus. Die Kurve der Druckabnahme — und damit der Dichteabnahme, denn die Dichte ist dem Druck proportional — wird nicht wie beim Wasser durch Abb. 112 wiedergegeben, sondern durch Abb. 113.

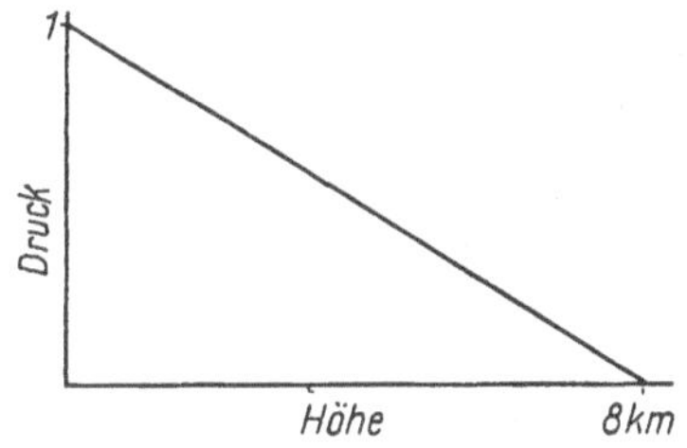

Abb. 112

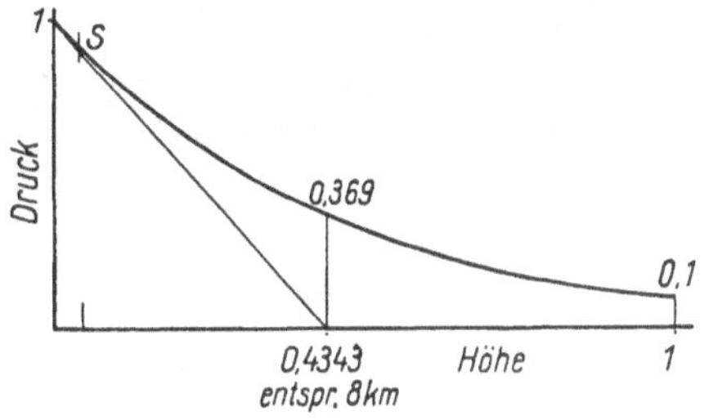

Abb. 113

Diese Abb. 113 ist die Kurve logarithmischer Abnahme, die wir schon kennen. Auf der Abszisse ist die Höhe aufgetragen in einem uns unbekannten Maßstab; die Ordinate bedeutet den Druck; seine Abnahme ist gezeichnet von 1 auf $\frac{1}{10}$; den zu dem Druckwert $\frac{1}{10}$ gehörenden Abszissenwert *nehmen wir vorläufig mit 1 an.*
Zunächst können wir eine Vorfrage erledigen. In welcher Höhe würde die Atmosphäre zu Ende sein, wenn die Luft inkompressibel wäre und die Abnahme des Drucks so weiter ginge, wie sie am Boden ist (also so wie es beim Meerwasser ist)?
Der Druck am Boden beträgt 76 cm Quecksilbersäule. Das sind 1033 g pro qcm. Eine 1-m-Säule Luft von 1 qcm (100 ccm) wiegt 0,129 g; in 1 m Höhe ist der Druck also schon um 0,129 g zurückgegangen. „Wenn die Abnahme des Drucks so weiter ginge, wie sie am Boden ist", d. h. wenn sie auf der Anfangstangente weiterliefe (Abb. 113), wäre die Atmosphäre also plötzlich zu Ende in

$$\frac{1033}{0{,}129} = 8008 \text{ Metern}$$

$$= \mathbf{8\ Kilometern\ Höhe}$$

Die Funktion der Kurve ist wie in den beiden vorhergehenden Aufgaben

$$d = 10^{-kh},$$

wobei d die Dichte (mit 1 beginnend) ist, h die Höhe in Kilometern und k eine unbekannte Proportionalitätskonstante. In den beiden vorhergehenden Aufgaben war die Kurve durch zwei Punkte festgelegt, durch den Anfangszustand und einen späteren, also durch zwei Wertepaare.
Hier haben wir *nicht* zwei Zustände, sondern nur einen, den Anfangszustand. Wäre uns der Druck in irgend einer Höhe gegeben, so hätten wir zwei Zustände, also zwei Punkte der Kurve und könnten die Kurve durch diese zwei Punkte festlegen wie in den beiden vorhergehenden Aufgaben.
Wir haben hier einen Zustand und die Anfangstangente. Die Anfangstangente trifft aber die Abszisse im Punkt **0,4343**, wie die Kurve und die mathematische Berechnung lehren. Zu diesem Abszissenwert 0,4343 gehört aber ein Intensitätswert von **0,369**, wie die Ausrechnung ergibt.[1])
Wir können also sagen, durch die Anfangstangente ist uns ein zweiter Zustand gegeben, nämlich: „In der Höhe 8 km ist der Druck 0,369 (Anfangsdruck = 1 gerechnet)."

Oder $d = 10^{-k\cdot 8} = 0{,}369 = 10^{-0{,}4343}$

also $-8k = -0{,}4343$

und daraus $k = \mathbf{0{,}0543}$

wenn wir die Höhe in Kilometern rechnen.
Nun ist also die Kurve festgelegt als

$$d = 10^{-kh} = 10^{-0{,}0543h}$$

und wenn wir für h die Werte 1 und 3 einsetzen, erhalten wir

$$d_1 = 10^{-0{,}0543\cdot 1} = \mathbf{0{,}883} \quad \text{und}$$

$$d_2 = 10^{-0{,}0543\cdot 3}$$

$$= 0{,}883^3 \quad = \mathbf{0{,}686}$$

Die Dichte der Luft ist also in 1000 und 3000 m Höhe **0,883** bzw. **0,686** der Dichte am Boden (vgl. Aufgabe 1 und 2).
Der Bruch 0,883 ist aber fast gleich $^7/_8$, und wir können uns also auch die Formel zurechtlegen.
In h Kilometern Höhe ist der Luftdruck

$$\left(\frac{7}{8}\right)^h \textbf{ Atmosphären}$$

[1]) Natürlich haben die Werte 0,4343 und 0,369 in der Mathematik Bedeutnug. — 0,4343 ist $\log\frac{1}{e}$ und 0,369 ist $\frac{1}{e}$.

in 1 km Höhe also $\frac{7}{8}$ Atmosphären. Denselben Wert haben wir aber auch unter der Annahme *stetiger* Abnahme gefunden. Das heißt also, bis zum Wert 1 km Höhe kann die Abnahmekurve *annähernd* als mit ihrer Tangente zusammenfallend angesehen werden. Graphisch deutlich wird dies beim Betrachten der Abb. 113. Die Kurve fällt tatsächlich bis zum Punkt S noch annähernd mit ihrer Tangente zusammen.

Zusatz 1. Der Abszissenwert 0,4343, dem wir hier begegnet sind, spielt auch in der Radioaktivität eine große Rolle. Er entspricht der „mittleren Lebensdauer". In Aufgabe 44 haben wir gesehen, daß die Halbwertszeit dem Abszissenwert 0,301 entspricht. Der Zeitwert, in dem das Radium vollständig zerfallen wäre, *wenn der Zerfall so weiterginge, wie er beginnt,* heißt „mittlere Lebensdauer". Er ist $\frac{0{,}4343}{0{,}301}$ mal so groß wie die Halbwertszeit, also rund $\frac{10}{7}$ der Halbwertszeit.

Beispiel. Radium zerfällt im Jahrhundert zu 4,38%. In 22,8 Jahrhunderten = 2280 Jahren wäre es also vollständig zerfallen, wenn der Zerfall so weiterginge. 2280 ist das $\frac{10}{7}$fache der Halbwertszeit 1580 Jahre. 2280 Jahre beträgt durchschnittlich die Lebensdauer eines Radiumatoms von seiner Entstehung aus Ionium bis zu seinem Zerfall in Radon und Helium.

Zusatz 2. Bestünde die Erdatmosphäre nicht aus Luft, sondern aus Chlorgas vom gleichen Anfangsdruck, so erfolgte natürlich der Dichteabfall schneller. Chlorgas ist im Verhältnis der Molekulargewichte schwerer als Luft, also $\frac{71}{29} = 2{,}5$mal so schwer. Der Wert $\frac{7}{8}$ der Anfangsdichte wäre nicht in 1 km Höhe, sondern schon in $\frac{1}{2{,}5} = 0{,}4$ km Höhe erreicht. Noch schneller ginge es in einer Atmosphäre aus Xenon. Xenon ist 4,5mal so schwer wie Luft, und der $\frac{7}{8}$-Wert wäre schon in 0,222 km Höhe erreicht, also in 222 Metern.

Noch schwerere Gase besitzen wir nicht. Angenommen aber, wir besäßen ein solches von dem ungeheuren Molekulargewicht $5{,}6 \cdot 10^9$, so wäre das $\frac{7}{8}$ Abfallsintervall für dieses Gas schon erreicht in 5 μ Höhe, und die ganze „Atmosphäre" wäre schon in ca. 0,1 mm Höhe praktisch zu Ende.

Tatsächlich kann aber ein solches Gas ersetzt werden durch eine Suspension von feinsten Gummiguttkügelchen in Wasser. Die Kügelchen haben alle den gleichen Radius von 0,212 μ, das Volumen 0,038 Kubikmikron und das Gewicht $0{,}045 \cdot 10^{-9}$ mg. Da sie aber in Wasser schweben, verlieren sie ca. $\frac{4}{5}$ dieses Gewichts durch Auftrieb und wirken nur noch mit dem Gewicht $0{,}008 \cdot 10^{-9}$ mg. Gelänge es nun, die hypsometrische Verteilung dieses

„Gases" auf verschiedene Höhenschichten im Mikroskop zu messen, — das Resultat war 5 μ für das $\frac{7}{8}$ Abfallintervall, der Wert, den wir oben genommen haben —, so hätten wir das Molekulargewicht eines Teilchens vom absoluten Gewicht $8 \cdot 10^{-9}\,\gamma$ bestimmt und könnten daraus auf das absolute Gewicht eines Teilchens vom Atomgewicht 1, also eines Wasserstoffatoms, schließen.

Das ist tatsächlich PERRIN gelungen. Es ist PERRINS Weg zur LOSCHMIDTschen Zahl. PERRIN fand so: *das Molekulargewicht 5,6 Milliarden entspricht einem absoluten Gewicht von 8 Milliardstel γ.* Daraus errechnet sich das absolute Gewicht des Wasserstoffatoms zu $1{,}4 \cdot 10^{-24}$ g, während der heute allgemein angenommene Wert $1{,}67 \cdot 10^{-24}$ g ist. Aus $1{,}4 \cdot 10^{-24}$ g ergibt sich die LOSCHMIDTsche Zahl zu $7 \cdot 10^{23}$, während der allgemein angenommene Wert dieser Größe $6{,}02 \cdot 10^{23}$ ist. Die Übereinstimmung ist in Anbetracht der sehr schwierigen Messung ganz vorzüglich.

Aufgabe 47

VORBEMERKUNGEN

Die beiden Reaktionspartner, Äthylacetat und Natriumhydroxid, sind *nicht* in gleicher Konzentration vorhanden; es handelt sich um eine *asymmetrisch* bimolekulare Reaktion. Wenn die Natronlauge verbraucht ist (d. h. in Natriumacetat übergeführt ist) ist erst $\frac{1}{5}$ des Äthylacetats verseift, und die Reaktion ist in dieser Form zu Ende. Wir wollen die Lösung mit Hilfe einer fertigen Formel ausführen und diese dann ableiten.

Formel für asymmetrisch bimolekulare Reaktionen:

$$kz = \frac{2{,}3}{c_2 - c_1} \log \frac{c_1(c_2 - x)}{c_2(c_1 - x)}$$

Hierbei sind c_1 und c_2 die beiden Anfangskonzentrationen der Reaktionsteilnehmer (hier also von Äthylacetat und Natronlauge); k, ist die Geschwindigkeitskonstante, z die Zeit in Minuten und x die zur Zeit z umgesetzte Menge, also hier die des entstandenen Natriumacetats.

k kann aus dem ersten Fall errechnet und dann in den zweiten eingesetzt werden.

Frage 1: Wie groß ist k? Aus dem ersten Fall ergibt sich

$$kz = \frac{2{,}3}{c_2 - c_1} \log \frac{c_1(c_2 - x)}{c_2(c_1 - x)}; \quad \text{hier ist}$$

$$z = 23$$

$$c_1 = 0{,}01$$

$$c_2 = 0{,}002$$

$$x = 10\% \text{ von } 0{,}01, \text{ also } = 0{,}001$$

$$23\,k = \frac{2{,}3}{0{,}002 - 0{,}01} \log \frac{0{,}01\,(0{,}002 - 0{,}001)}{0{,}002\,(0{,}01 - 0{,}001)}$$

$$k = -\frac{1}{10 \cdot 0{,}008} \log 5 \cdot \frac{0{,}001}{0{,}009}$$

$$= -\frac{1}{0{,}08} \log 0{,}5555$$

$$= -\frac{1}{0{,}08}(0{,}74468 - 1) = +\frac{1}{0{,}08} \cdot 0{,}25532$$

$$= \mathbf{3{,}19}$$

Frage 2: Wie groß ist im zweiten Fall z bei gleichbleibendem x?

$$kz = \frac{2{,}3}{c_3 - c_1} \log \frac{c_1(c_3 - x)}{c_3(c_1 - x)}; \quad \text{hierbei ist}$$

$$k = 3{,}19$$

$$c_1 = 0{,}01$$

$$c_3 = 0{,}005$$

$$x = 0{,}001$$

$$3{,}19\,z = \frac{2{,}3}{0{,}005 - 0{,}01} \log \frac{0{,}01\,(0{,}005 - 0{,}001)}{0{,}005\,(0{,}01 - 0{,}001)}$$

$$= \frac{2{,}3}{-0{,}005} \log 2 \cdot \frac{0{,}004}{0{,}009}$$

$$= -460 \log 0{,}8888$$

$$= -460\,(0{,}94880 - 1)$$

$$= 460 \cdot 0{,}05120$$

$$= 23{,}55$$

$$z = \mathbf{7{,}38} \text{ Minuten}$$

Anhang: Ist x die zur Zeit z umgesetzte Menge, so ist die Geschwindigkeit der Verseifung $\frac{dx}{dz}$; sie ist gegeben durch

$$\frac{dx}{dz} = +\,k\,[\text{Ester}] \cdot [\text{OH}']$$

$$= +\,k\,(c_1 - x)\,(c_2 - x)$$

(Geschwindigkeit ist eine positive Größe und x entstehendes Produkt, auch positiv.)

$$\frac{dx}{(c_1 - x)(c_2 - x)} = + k\,dz$$

$$\frac{dx}{c_2 - c_1}\left(\frac{1}{c_1 - x} - \frac{1}{c_2 - x}\right) = + k\,dz\ ^{1)}$$

$$\frac{1}{c_2 - c_1}[\ln(c_2 - x) - \ln(c_1 - x)] = + kz + \text{Const}$$

Da bei $z = 0 \quad x = 0$ ist, ist

$$\frac{1}{c_2 - c_1}\ln\frac{c_2}{c_1} = \text{Const}, \quad \text{und daher}$$

$$\frac{1}{c_2 - c_1}\left(\ln\frac{c_2 - x}{c_1 - x} - \ln\frac{c_2}{c_1}\right) = + kz;$$

$$\boldsymbol{\frac{1}{c_2 - c_1}\ln\frac{c_1(c_2 - x)}{c_2(c_1 - x)} = kz}, \quad \textbf{q. e. d.} \quad \text{(Ableitung dieser Formel)}$$

Aufgabe 48

1. **TEIL**

Bei Verringerung aller Konzentrationen auf $\frac{1}{n} = \frac{1}{10}$ wird

$c_1 = 0{,}001$

$c_2 = 0{,}0002$

$c_3 = 0{,}0005$

$x = 10\%$ von $0{,}001 = 0{,}0001$

$$kz_1 = \frac{2{,}3}{(c_2 - c_1)}\log\frac{c_1(c_2 - x)}{c_2(c_1 - x)}$$

$$3{,}19 z_1 = \frac{-2{,}3}{0{,}0008}\log\frac{0{,}001 \cdot 0{,}0001}{0{,}0002 \cdot 0{,}0009}$$

$$z_1 = -900 \log 0{,}556$$

$$= \textbf{230 Minuten}$$

[1]) Beweis für die Richtigkeit: wieder ausmultiplizieren.

$$\frac{1}{c_2 - c_1}\left(\frac{1}{c_1 - x} - \frac{1}{c_2 - x}\right) = \frac{1}{c_2 - c_1}\,\frac{(c_2 - x) - (c_1 - x)}{(c_1 - x)(c_2 - x)}$$

$$= \frac{1}{c_2 - c_1}\,\frac{c_2 - c_1}{(c_1 - x)(c_2 - x)} = \frac{1}{(c_1 - x)(c_2 - x)}, \text{ q. e. d.}$$

und entsprechend wird

$$z_2 = -1440 \log 0{,}89$$
$$= \mathbf{73{,}4\ Minuten}$$

Beide Reaktionszeiten sind also ver-n-facht bzw. verzehnfacht.

2. **TEIL**

Wenn eine Erhöhung der Temperatur um 10° die Konstante mit 2 multipliziert, dann multipliziert sie eine Erhöhung um 5° mit $\sqrt{2}$ und eine Erhöhung um 15° mit $2\sqrt{2}$.[1]) Wir erhalten also als neues k der höheren Temperatur $3{,}19 \cdot 2\sqrt{2} = $ **9,02**.
Die Gleichung

$$kz = \frac{2{,}3}{c_2 - c_1} \log \frac{c_1(c_2 - x)}{c_2(c_1 - x)}$$

gilt für beide Fälle, den niedrigerer und den höherer Temperatur. Da auch x in beiden Fällen gleich sein soll (nämlich $= 0{,}001$, s. vorhergehende Aufgabe, Frage 1), sind alle rechts vorkommenden Größen konstant und also *der ganze Ausdruck rechts eine Konstante*, daher auch der Ausdruck links. k und z bilden also ein konstantes Produkt. Die Zeiten verhalten sich demnach ceteris paribus umgekehrt wie die Geschwindigkeitskonstanten

$$z = 23 \cdot \frac{3{,}19}{9{,}02} = \mathbf{8{,}1\ Minuten}\ \text{bzw.}$$

$$z = 7{,}34 \cdot \frac{3{,}19}{9{,}02} = \mathbf{2{,}6\ Minuten}$$

---

[1]) Wenn eine Erhöhung um 10° verdoppelt, eine Erhöhung um 20° vervierfacht usw., läuft die Konstante auf einer geometrischen Reihe, hier also auf der Reihe 1, $\sqrt{2}$, 2, $2\sqrt{2}$.

SACHREGISTER

Wenn sich im folgenden ein Zitat auf eine Aufgabe des Abschnittes „K" bezieht, ist es durch drei Zahlen charakterisiert, von denen die erste fetter gedruckt ist; sie ist die Nummer der Aufgabe. Die beiden anderen, in Klammern beigefügten Zahlen bedeuten die Seitenzahlen des Aufgabentextes und der Lösung.

[H·]	p_H																
0,1002	999	0,1151	939	0,1321	879	0,1517	819	0,1742	759	0,2000	699	0,2296	639	0,2636	579	0,3027	5
0,1005	998	0,1153	938	0,1324	878	0,1521	818	0,1746	758	0,2004	698	0,2301	638	0,2642	578	0,3034	5
0,1007	997	0,1156	937	0,1327	877	0,1524	817	0,1750	757	0,2009	697	0,2307	637	0,2649	577	0,3041	5
0,1009	996	0,1159	936	0,1330	876	0,1528	816	0,1754	756	0,2014	696	0,2312	636	0,2655	576	0,3048	5
0,1012	995	0,1161	935	0,1334	875	0,1531	815	0,1758	755	0,2018	695	0,2314	635	0,2661	575	0,3055	5
0,1014	994	0,1164	934	0,1337	874	0,1535	814	0,1762	754	0,2023	694	0,2323	634	0,2667	574	0,3062	5
0,1016	993	0,1167	933	0,1340	873	0,1538	813	0,1766	753	0,2028	693	0,2328	633	0,2673	573	0,3069	5
0,1019	992	0,1169	932	0,1343	872	0,1542	812	0,1770	752	0,2032	692	0,2333	632	0,2679	572	0,3076	5
0,1021	991	0,1172	931	0,1346	871	0,1545	811	0,1774	751	0,2037	691	0,2339	631	0,2685	571	0,3083	5
0,1023	990	0,1175	930	0,1349	870	0,1549	810	0,1778	750	0,2042	690	0,2344	630	0,2692	570	0,3090	5
0,1026	989	0,1178	929	0,1352	869	0,1552	809	0,1782	749	0,2046	689	0,2350	629	0,2698	569	0,3097	5
0,1028	988	0.1180	928	0,1355	868	0,1555	808	0,1785	748	0,2051	688	0,2355	628	0,2704	568	0,3105	5
0,1030	987	0,1183	927	0,1358	867	0,1560	807	0,1791	747	0,2056	687	0,2360	627	0,2710	567	0,3112	5
0,1033	986	0,1186	926	0,1361	866	0,1563	806	0,1795	746	0,2061	686	0,2366	626	0,2716	566	0,3119	5
0,1035	985	0,1189	925	0,1365	865	0,1567	805	0,1799	745	0,2065	685	0,2371	625	0,2723	565	0,3126	5
0,1038	984	0,1191	924	0,1368	864	0,1570	804	0,1803	744	0,2070	684	0,2377	624	0,2729	564	0,1333	5
0,1040	983	0,1194	923	0,1371	863	0,1574	803	0,1807	743	0,2075	683	0,2382	623	0,2735	563	0,3141	5
0,1042	982	0,1197	922	0,1374	862	0,1578	802	0,1811	742	0,2080	682	0,2388	622	0,2742	562	0,3148	5
0,1045	981	0,1199	921	0,1377	861	0,1581	801	0,1816	741	0,2084	681	0,2393	621	0,2748	561	0,3155	5
0,1047	980	0,1202	920	0,1380	860	0,1585	800	0,1820	740	0,2089	680	0,2399	620	0,2754	560	0,3162	5
0,1050	979	0,1205	919	0,1384	859	0,1589	799	0,1824	739	0,2094	679	0,2404	619	0,2761	559	0,3170	4
0,1052	978	0,1208	918	0,1387	858	0,1592	798	0,1828	738	0,2099	678	0,2410	618	0 2767	558	0,3177	4
0,1054	977	0,1211	917	0,1390	857	0,1596	797	0,1832	737	0,2104	677	0,2415	617	0,2773	557	0,3184	4
0,1057	976	0,1213	916	0,1393	856	0,1600	796	0,1837	736	0,2109	676	0,2421	616	0,2780	556	0,3192	4
0,1059	975	0,1216	915	0,1396	855	0,1603	795	0,1841	735	0,2113	675	0,2427	615	0,2786	555	0,3199	4
0,1062	974	0,1219	914	0,1400	854	0,1607	794	0,1845	734	0,2118	674	0,2432	614	0,2793	554	0,3206	4
0,1064	973	0,1222	913	0,1403	853	0,1611	793	0,1849	733	0,2123	673	0,2438	613	0,2799	553	0,3214	4
0,1067	972	0,1225	912	0,1406	852	0,1614	792	0,1854	732	0,2128	672	0,2443	612	0,2805	552	0,3221	4
0,1069	971	0,1227	911	0,1409	851	0,1618	791	0,1858	731	0,2133	671	0,2449	611	0,2812	551	0,3228	4
0,1072	970	0,1230	910	0,1413	850	0,1622	790	0,1862	730	0,2138	670	0,2455	610	0,2818	550	0,3236	4
0,1074	969	0,1233	909	0,1416	849	0,1626	789	0,1866	729	0,2143	669	0,2460	609	0,2825	549	0,2343	4
0,1076	968	0,1236	908	0,1419	848	0,1629	788	0,1871	728	0,2148	668	0,2466	608	0,2831	548	0,3251	4
0,1079	967	0,1239	907	0,1422	847	0,1633	787	0,1875	727	0,2153	667	0,2472	607	0,2838	547	0,3258	4
0,1081	966	0,1242	906	0,1426	846	0,1637	786	0,1879	726	0,2158	666	0,2477	606	0,2844	546	0,3266	4
0,1084	965	0,1245	905	0,1429	845	0,1641	785	0,1884	725	0,2163	665	0,2483	605	0,2851	545	0,3273	4
0,1086	964	0,1247	904	0,1432	844	0,1644	784	0,1888	724	0,2168	664	0,2489	604	0,2858	544	0,2381	4
0,1089	963	0,1250	903	0,1435	843	0,1648	783	0,1892	723	0,2173	663	0,2495	603	0,2864	543	0,3289	4
0,1091	962	0,1253	902	0,1439	842	0,1652	782	0,1897	722	0,2178	662	0,2500	602	0,8781	542	0,3296	4
0,1094	961	0,1256	901	0,1442	841	0,1656	781	0,1901	721	0,2183	661	0,2506	601	0,2877	541	0,3304	4
0,1096	960	0,1259	900	0,1445	840	0,1660	780	0,1905	720	0,2188	660	0,2512	600	0,2884	540	0,3311	4
0,1099	959	0,1262	899	0,1449	839	0,1663	779	0,1910	719	0,2193	659	0,2518	599	0,2891	539	0,3319	4
0,1102	958	0,1265	898	0,1452	838	0,1667	778	0,1914	718	0,2198	658	0,2523	598	0,2897	538	0,3327	4
0,1104	957	0,1268	897	0,1455	837	0,1671	777	0,1919	717	0,2203	657	0,2929	597	0,2904	537	0,3334	4
0,1107	956	0,1271	896	0,1459	836	0,1675	776	0,1923	716	0,2208	656	0,2535	596	0,2911	536	0,3342	4
0,1109	955	0,1274	895	0,1462	835	0,1679	775	0,1928	715	0,2213	655	0,2541	595	0,2917	535	0,3350	4
0,1112	954	0,1276	894	0,1446	834	0,1683	774	0,1932	714	0,2218	654	0,2547	594	0,2924	534	0,3357	4
0,1114	953	0,1279	893	0,1469	833	0,1687	773	0,1936	713	0,2223	653	0,2553	593	0,2931	533	0,3365	4
0,1117	952	0,1282	892	0,1472	832	0,1690	772	0,1941	712	0,2228	652	0,2559	592	0,2938	532	0,3373	4
0,1119	951	0,1285	891	0,1476	831	0,1694	771	0,1945	711	0,2234	651	0,2564	591	0,2944	531	0,3381	4
0,1122	950	0,1288	890	0,1479	830	0,1698	770	0,1950	710	0,2239	650	0,2570	590	0,2951	530	0,3388	4
0,1125	949	0,1291	889	0,1483	829	0,1702	769	0,1954	709	0,2244	649	0,2576	589	0,2958	529	0,3396	4
0,1127	948	0,1294	888	0,1486	828	0,1706	768	0,1959	708	0,2249	648	0,2582	588	0,2965	528	0,3404	4
0,1130	947	0,1297	887	0,1489	827	0,1710	767	0,1963	707	0,2254	647	0,2588	587	0,2972	527	0,3412	4
0,1132	946	0,1300	886	0,1493	826	0,1714	766	0,1968	706	0,2259	646	0,2594	586	0,2979	526	0,3420	4
0,1135	945	0,1303	885	0,1496	825	0.1718	765	0.1972	705	0 2265	645	0,2600	585	0,2985	525	0,3428	4
0,1138	944	0,1306	884	0,1500	824	0,1722	764	0,1977	704	0,2270	644	0,2606	584	0,2992	524	0,3426	4
0,1140	943	0,1309	883	0,1503	823	0,1726	763	0,1982	703	0,2275	643	0,2612	583	0,2999	523	0,3443	4
0,1143	942	0,1312	882	0,1507	822	0,1730	762	0,1986	702	0,2280	642	0,2618	582	0,3006	522	0,3451	4
0,1146	941	0,1315	881	0,1510	821	0,1734	761	0,1991	701	0,2286	641	0,2624	581	0,3013	521	0,3459	4
0,1148	940	0,1318	880	0,1514	820	0,1738	760	0,1995	700	0,2291	640	0,2630	580	0,3020	520	0,3467	4

$2{,}291 \cdot 10^{-8} = 0{,}2291 \cdot 10^{-7} = 10^{-7{,}640}$ [H·] $= 0{,}2291 \cdot 10^{-7}$; $p_H = 7{,}640$ $i = 0{,}2291$; $t = 0{,}640$.

Die dreistellige Zahl ist Exponent, p_H und Zeit. Die vierstellige ist Numerus, Wasserstoffionenkonzentration und Intensit…

5526 Rast, Phys.-chem. Rechnungen · Akademie-Verlag, Berlin

3475	459	0,3990	399	0,4581	339	0,5260	279	0,6039	219	0,6934	159	0,7962	099	0,9141	039
3483	458	0,3999	398	0,4592	338	0,5272	278	0,6053	218	0,6950	158	0,7980	098	0,9162	038
2391	457	0,4009	397	0,4603	337	0,5284	277	0,6067	217	0,6966	157	0,7998	097	0,9183	037
3499	456	0,4018	396	0,4613	336	0,5297	276	0,6081	216	0,6982	156	0,8017	096	0,9204	036
3508	455	0,4027	395	0,4624	335	0,5309	275	0,6095	215	0,6998	155	0,8035	095	0,9226	035
2516	454	0,4036	394	0,4634	334	0,5321	274	0,6109	214	0,7015	154	0,8054	094	0,9247	034
3524	453	0,4046	393	0,4645	333	0,5333	273	0,6124	213	0,7031	153	0,8072	093	0,9268	033
3532	452	0,4055	392	0,4656	332	0,5346	272	0,6138	212	0,7047	152	0,8091	092	0,9290	032
3540	451	0,4064	391	0,4667	331	0,5358	271	0,6152	211	0,7063	151	0,8110	091	0,9311	031
3548	450	0,4074	390	0,4677	330	0,5370	270	0,6166	210	0,7079	150	0,8128	090	0,9333	030
3556	449	0,4083	389	0,4688	329	0,5383	269	0,6180	209	0,7096	149	0,8147	089	0,9354	029
3565	448	0,4093	388	0,4699	328	0,5395	268	0,6194	208	0,7112	148	0,8166	088	0,9376	028
3574	447	0,4102	387	0,4710	327	0,5408	267	0,6209	207	0,7129	147	0,8185	087	0,9397	027
3581	446	0,4111	386	0,4721	326	0,5420	266	0,6223	206	0,7145	146	0,8204	086	0,9413	026
3589	445	0,4121	385	0,4732	325	0,5433	265	0,6237	205	0,7161	145	0,8222	085	0,9441	025
3597	444	0,1430	384	0,4742	324	0,5445	264	0,6252	204	0,7178	144	0,8241	084	0,9462	024
3606	443	0,4140	383	0,4753	323	0,5458	263	0,6266	203	0,7194	143	0,8260	083	0,9484	023
3614	442	0,4150	382	0,4764	322	0,5470	262	0,6281	202	0,7211	142	0,8279	082	0,9506	022
3622	441	0,4159	381	0,4775	321	0,5483	261	0,6295	201	0,7228	141	0,8299	081	0,9528	021
3631	440	0,4169	380	0,4786	320	0,5495	260	0,6310	200	0 7244	140	0,8318	080	0,9550	020
3639	439	0,4178	379	0,4797	319	0,5508	259	0,6324	199	0,7261	139	0,8337	079	0,9572	019
3648	438	0,4188	378	0,4808	318	0,5521	258	0,6339	198	0,7278	138	0,8356	078	0,9594	018
2656	437	0,4198	377	0,4819	317	0,5534	257	0,6353	197	0,7295	137	0,8375	077	0,9616	017
3663	436	0,4207	376	0,4831	316	0,5546	256	0,6368	196	0,7311	136	0,8395	076	0,9638	016
3673	435	0,4217	375	0,4842	315	0,5559	255	0,6383	195	0,7328	135	0,8414	075	0,9661	015
3681	434	0,4227	374	0,4853	314	0,5572	254	0,6397	194	0,7345	134	0,8433	074	0,9683	014
3690	433	0,4236	373	0,4864	313	0,5585	253	0,6412	193	0,7362	133	0,8463	073	0,9705	013
3698	432	0,4246	372	0,4875	312	0,5598	252	0,6427	192	0,7379	132	0,8472	072	0,9727	012
3707	431	0,4256	371	0,4887	311	0,5610	251	0,6442	191	0,7396	131	0,8492	071	0,9750	011
3715	430	0,4266	370	0,4898	310	0,5623	250	0,6457	190	0,7413	130	0,8511	070	0,9772	010
3724	429	0,4276	369	0,4909	309	0,5636	249	0,6471	189	0,7430	129	0,8531	069	0,9795	009
3733	428	0,4285	368	0,4920	308	0,5649	248	0,6486	188	0,7447	128	0,8551	068	0,9817	008
3741	427	0,4295	367	0,4932	307	0,5662	247	0,6501	187	0,7464	127	0,8570	067	0,9840	007
3750	426	0,4305	366	0,4943	306	0,5675	246	0,6516	186	0,7482	126	0,8590	066	0,9863	006
3758	425	0,4315	365	0,4955	305	0,5689	245	0,6531	185	0,7499	125	0,8610	065	0,9885	005
3767	424	0,4325	364	0,4966	304	0,5702	244	0,6546	184	0,7516	124	0,8630	064	0,9908	004
3776	423	0,4335	363	0,4977	303	0,5716	243	0,6561	183	0,7534	123	0,8650	063	0,9931	003
3784	422	0,4345	362	0,4989	302	0,7528	242	0,6577	182	0,7551	122	0,8670	062	0,9954	002
3793	421	0,4355	361	0,5000	301	0,5741	241	0,6592	181	0,5768	121	0,8690	061	0,9977	001
3802	420	0,4365	360	0,5012	300	0,5754	240	0,6607	180	0,7586	120	0,8710	060		
3811	419	0,4375	359	0,5023	299	0,5768	239	0,6622	179	0,7603	119	0,8730	059		
3819	418	0,4385	358	0,5035	298	0,5781	238	0,6637	178	0,7621	118	0,8750	058		
3828	417	0,4395	357	0,5047	297	0,5794	237	0,6653	177	0,7638	117	0,8770	057		
3837	416	0,4406	356	0,5058	296	0,5808	236	0,6668	176	0,7656	116	0,8790	056		
3846	415	0,4416	355	0,5070	295	0,5821	235	0,6683	175	0,7674	115	0,8810	055		
3855	414	0,4426	354	0,5082	294	0,5834	234	0,6699	174	0,7691	114	0,8831	054		
3864	413	0,4436	353	0,5093	293	0,5846	233	0,6714	173	0,7709	113	0,8851	053		
3873	412	0,4446	352	0,5105	292	0,5861	232	0,6730	172	0,7727	112	0,8872	052		
3882	411	0,4457	351	0,5117	291	0,5875	231	0,6745	171	0,7745	111	0,8892	051		
3890	410	0,4467	350	0,5129	290	0,5888	230	0,6761	170	0,7762	110	0,8913	050		
3899	409	0,4477	349	0,5140	289	0,5902	229	0,6776	169	0,7780	109	0,8933	049		
3908	408	0,4487	348	0,5152	288	0,5916	228	0,6792	168	0,7798	108	0,8954	048		
3917	407	0,4498	347	0,5164	287	0,5929	227	0,6806	167	0,7816	107	0,8974	047		
3926	406	0,4508	346	0,5176	286	0,5943	226	0,6823	166	0,7834	106	0,8995	046		
3936	405	0,4519	345	0,5188	285	0,5957	225	0,6839	165	0,7852	105	0,9016	045		
3945	404	0,4529	344	0,5200	284	0,5970	224	0,6855	164	0,7870	104	0,9036	044		
3954	403	0,4539	343	0,5212	283	0,5984	223	0,6871	163	0,7889	103	0,9057	043		
3963	402	0,4550	342	0,5224	282	0,5998	222	0,6887	162	0,7907	102	0,9078	042		
3972	401	0,4560	341	0,5236	281	0,6012	221	0,6902	161	0,7925	101	0,9099	041		
3981	400	0,4571	340	0,5248	280	0,6026	220	0,6918	160	0,7943	100	0,9120	040		

Kolibri 360 GmbH
Ferdinand-Jühlke-Straße 7
99095 Erfurt, Deutschland
produktsicherheit@kolibri360.de